高等学校教材

物理化学

（上册）

何玉萼　袁永明　薛　英　编

化学工业出版社
教材出版中心
·北京·

图书在版编目（CIP）数据

物理化学．上册/何玉萼，袁永明，薛英编．—北京：化学工业出版社，2006.3（2025.2重印）
高等学校教材
ISBN 978-7-5025-8012-4

Ⅰ．物…　Ⅱ．①何…②袁…③薛…　Ⅲ．物理化学-高等学校-教材　Ⅳ．O64

中国版本图书馆 CIP 数据核字（2006）第 025035 号

责任编辑：宋林青　刘俊之　　　文字编辑：林　丹
责任校对：吴　静　　　装帧设计：张　辉

出版发行：化学工业出版社（北京市东城区青年湖南街 13 号　邮政编码 100011）
印　　装：北京科印技术咨询服务公司海淀数码印刷分部
787mm×1092mm　1/16　印张 22¾　彩插 1　字数 593 千字　　2025 年 2 月北京第 1 版第 9 次印刷

购书咨询：010-64518888　　　售后服务：010-64518899
网　　址：http://www.cip.com.cn
凡购买本书，如有缺损质量问题，本社销售中心负责调换。

定　　价：50.00 元　　

前 言

物理化学是化学最重要的基础学科之一。随化学学科的发展，化学与材料、生命、信息、能源等学科的相互渗透日益加深，物理化学的研究对象与其他学科的结合更加紧密，其他学科应用物理化学的理论与方法也日益普遍。在物理化学的学科边界日渐模糊的同时，我们仍发现物理化学无所不在：物理化学是用物理的方法研究化学问题，因其原理自成系统，已成为化学反应普遍遵循的平衡规律和速率规律的基础；现代化学以及物理、材料、生命、医药学等许多领域，都需要物理化学提供坚实的理论基础以及先进的实验研究方法和手段，物理化学已成为其他许多学科攻坚科学难关的武器库。据统计，1901～1988 年获诺贝尔化学奖者共 110 位，其中近 70 位是物理化学家或从事物理化学领域研究的科学家。这表明，近 90 年来化学学科中最热门的课题和最引人注目的成就，60%集中在物理化学领域。

因此，物理化学仍是化学中一个活跃的研究领域，物理化学课程至今仍是国内外高等院校化学、化工、材料、生命、医药等类专业本科生的一门主干基础课，其基本原理和研究方法仍是课堂教学的基本内容。在长期的教学实践中，我们深感一本好的物理化学教材对于课程的教与学十分重要，在总结多年教学经验及参考国内外优秀教材的基础上，我们编写了这本《物理化学》。

全书分上、下册共十章。除绪论外，上册第 1～6 章分别为热力学第一定律及热化学、热力学第二定律、统计热力学基础、多组分体系热力学、相平衡和化学平衡。下册第 7～10 章分别为化学动力学、电化学、界面现象和胶体分散体系。其中化学动力学包括宏观反应动力学、反应速率理论及基元反应动力学；电化学含电解质溶液、电化学平衡及电极过程等内容；界面现象包括界面热力学和界面反应动力学两部分。

本书系统阐述了物理化学的基本概念、基本原理及基本研究方法，同时适当介绍与该学科知识密切相关的近代发展及在科研、生产中的应用，以体现基础与发展、宏观与微观、理论与应用的有机联系。如在热力学部分安排了非平衡态热力学基础一节，化学动力学部分对分子反应动态学做了简介。统计热力学基础单独设章并紧接在热力学第一、第二定律之后，以便后续各章运用其结论，这将加深学生对统计力学方法、分子微观运动特征与体系宏观性质间联系的理解。为适应动力学领域内对界面反应的研究越来越广泛和深入的趋势，我们将一些与界面性质相关的动力学内容，如气-固催化反应，液体表面反应和胶束催化反应等内容归并到界面现象一章中，便于学生在学习了必要的化学动力学及界面性质的知识后，更容易理解和掌握这些反应的动力学规律及有关解释，同时增强学生对不同学科知识的交叉渗透、相互促进、协同发展的认识。各章在阐述基本理论的同时，还注意通过典型例子介绍物理化学在实际中的应用，如光化学应用于不对称有机合成，电化学与金属的腐蚀及防腐蚀，化学电源及应用，表面活性剂在表面改性及改变反应速率和控制反应机理方面的应用，胶体稳定性及破坏的应用等。

为了让读者了解物理化学学科在化学以及人类自然科学发展中所起的重大作用，书后我们还选编了 20 世纪物理化学领域诺贝尔化学奖获奖情况。

为了解决目前课堂教学学时减少，而物理化学的基本概念和基本公式对于初学者又难以理解掌握的矛盾，在教材的编写过程中，我们力图做到选材恰当，基本概念表达清晰准确，公式推导过程严谨简洁，文顺意畅。每章后除推荐精选的参考资料外，还有足够数量的习题供学生做必要练习，其中一部分综合习题有一定难度，以供学有余力的学生加深练习。同时还编写了与国家高教研究中心化学试题库物理化学组题形式、难度相当的自我检查题，供学生自查学习水平。这些将有利于学生通过教材加深对课堂授课内容的理解和应用。因此，该教材既保持了一定理论水准，又不失基础课教材便于教学及学生自学的特点。我们希望学生通过本教材的学习，既能完整、系统地掌握物理化学的基本理论和研究方法，又能对其发展和应用前景有所了解，为后续专业课学习和今后在相关领域的深入提高打下基础。

本书所用物理量的符号与单位均符合国家标准 GB 3100～3102—93《量和单位》。

本书编写分工如下：袁永明撰写第 1、2、5、8 章，薛英撰写第 3 章，胡常伟、童冬梅完成第 7 章，何玉萼撰写绪论和第 4、6、9、10 章，并对全书进行了统稿和规范。

在本书的编写过程中，我们得到了四川大学化学学院的大力支持，也得到了物理化学教研室许多同志的热情帮助和关心，尤其是鄢国森、田安民、罗久里、孙泽民、潘慰曾、罗寿辉、陈豫等教授，在我们长期的教学和科研实践中给予不断指导帮助，对此我们深表谢意。

限于作者水平，书中疏漏之处在所难免，恳请同行专家及读者批评指正。

编者

2005 年 10 月

目　录

上　册

下 册

绪　论

1. 物理化学及主要研究内容

化学变化本质上就是组成物质分子的原子或原子团重新组合形成新的物质分子的过程。化学变化过程中，分子中一些化学键被破坏，形成了新的化学键，各种物质微粒的微观状态和能量也发生了变化。

观察任何化学变化都会发现，化学反应总伴随着这种或那种物理现象，如反应体系的体积或压力变化，吸收或放出热量，电阻或电导改变，特征吸收波长或吸光度改变，电池中自发化学变化产生电流或电位差等，而物理的力、热、光、电场和磁场等的作用也会引起相关的化学变化，如金属氧化物或金属盐的热分解，有机物的光解，水的电解等。

人们从物理现象和化学变化间的联系入手，研究化学变化的规律，逐渐形成了化学的一个分支学科——物理化学。物理化学是运用物理学等基础学科的理论和实验方法，研究化学反应普遍遵循的平衡规律和速率规律的学科。

作为一门基础学科，化学是在原子、分子及分子以上层次研究物质的形成与转化、分离与分析、结构与形态、功能与应用，以及复杂体系化学过程的科学，作为化学学科的一个分支，物理化学的主要任务是研究和解决以下三个方面的问题。

(1) 化学变化的方向和限度　一个化学反应在指定的条件下能否向预期的方向自动进行？如能自动进行，可以进行到什么程度？反应条件如温度、压力或浓度等变化，对反应自动进行的方向和限度有什么影响？反应进行过程中能量变化的数量关系如何？我们可以从体系获得或需给体系提供多少能量？如何设计化学反应以提高能量利用率？这一类有关化学反应方向及平衡的问题是由物理化学中的一个分支——化学热力学研究解决。化学热力学研究的成果将为化学反应投入实际应用的可能性提供理论依据。

今天人们再也不会坐等“点石成金”，化学热力学的分析表明，常温常压下石墨碳不可能自动转变为金刚石碳。但热力学的分析还表明，常温下若压力提高到 1.5×10^9 Pa 以上就有可能实现这一转变。事实上在获得这样高压的实验装置中已成功实现了这一转变。

又如甲醇脱氢制甲醛，化学热力学的分析表明，常温常压下反应的趋势很小，甲醇的转化率不到1%。但若体系中添加适量氧气（空气），甲醇将部分氧化脱氢

$$CH_3OH(g)+\frac{1}{2}O_2(g)=\!=\!=HCHO(g)+H_2O(g)$$

在同样的温度压力条件下，甲醇的转化率几乎达到100%。这是因为体系中同时发生了如下反应

$$H_2(g)+\frac{1}{2}O_2(g)=\!=\!=H_2O(g)$$

此反应使体系中 H_2 的浓度降至极低，甲醇将不断生成甲醛，这就是目前工业上所采用的甲醇部分氧化脱氢制甲醛的生产工艺。

(2) 化学反应的速率和机理　若化学反应在一定的条件下可以自动进行，那么反应进行的速率怎样？反应经历了什么样的详尽步骤（机理）？改变反应条件，如温度、浓度及使用催化剂等，反应的速率和机理又将怎样变化？如果体系中可能同时发生几个反应，怎样控制

反应条件以抑制副反应，使主反应按预期的速率进行？这类有关化学反应速率和机理的问题由化学动力学研究解决。化学动力学的任务就是把热力学上可能发生的反应变为现实。

前面提到的甲醇部分氧化脱氢制甲醛的反应，虽然常温常压下热力学趋势很大，但若检测放置在空气中的甲醇却难以发现有甲醛的生成。化学动力学的研究还表明，在此条件下反应速率很低，没有实际应用价值，但若加入催化剂并适当提高反应温度，反应将以显著的速率进行并获得经济效益。

(3) 物质结构和反应性能间的关系　不同的化学反应有不同的热力学趋势和反应速率，这显然是因为反应参与物有不同的微观结构。研究物质内部结构与反应性能间的关系，总结规律并指导新物质的合成，不仅可以认识化学变化的本质，还可以预测一定条件下物质通过化学反应其结构会发生怎样的变化，生成的产物会具有什么样的特性，这样就有可能设计并合成出具有各种特殊性能的新材料、新产品。研究原子、分子和晶体的微观结构，研究原子和分子的运动规律，研究物质结构和反应性能间的关系，由物理化学的另一个分支——结构化学承担。

物理化学三个基本研究方向取得的成果，在指导人们科学地利用化学反应，高效、节能、环保、快速地实现化学反应，促进人类社会进步、促进经济和自然科学发展方面起了重要作用。

2. 物理化学的近代发展

随着科学和工程技术的发展，物理化学的三个组成部分在近代也取得较大的发展❶。总的趋势是宏观研究与微观研究相结合，但更多地向微观层次深入；体相研究与表面相研究相结合，但更多地向表面延伸；在微观研究领域中，表现出静态观测与动态观测相结合，但更多地向动态研究转移；理论与实践结合更紧密并进入更高层次，对内发展新的方法，开拓新的应用途径，对外解决其他学科的重大问题。

经典的化学热力学处理宏观平衡态体系，它不能给出体系宏观性质与微观状态间的联系，也不能解释宏观现象的微观本质。利用物理学中的统计力学原理，处理由大量物质微粒组成的宏观聚集体系，通过对微观量求统计平均，从而导出体系的宏观热力学性质，并对热力学定律进行微观说明，这就是联系宏观与微观的平衡态统计热力学。

经典热力学的原理可以解释不需要和外界进行物质交换和能量交换就能维持其结构体系的特征。而自然界的实际体系通常需要不断和外界进行物质和能量交换，即在开放和非平衡下才能形成和维持。如生物体需时刻从外界摄取氨基酸、空气和水等，并把众多无序的小分子合成为排列相对有序的复杂蛋白质大分子以维持生命。从孤立体系到开放体系，从平衡态到非平衡态，热力学理论和方法的拓展和延伸，逐步发展形成了非平衡态热力学及非平衡态统计力学。在其发展和形成过程中，普里高京（I. Prigogine，1917～1998，比利时）做出了重大贡献。他提出的有关非平衡态涨落及耗散、非平衡态相变及自组织结构的形式，对非平衡态及不可逆过程的特征性能具有重大意义。他因创建了耗散结构理论，曾获得 1977 年诺贝尔奖。

继后，普里高京及其学派，又把不可逆过程热力学推广到非线性区域，从而建立了非线性非平衡态热力学。

随着物理学、结构化学、近代仪器分析技术和计算机的发展，从实验手段到理论基础，物质结构的研究已从原子扩展到分子、分子片、超分子、宏观或介观聚集态以及复杂高级结构水平，对化学反应的研究也进入微观层次。

---

❶ 梁文平，杨俊林，陈拥军，李灿．新世纪的物理化学——学科前沿与展望．北京：科学出版社，2004。

结构化学中比较成熟的是原子结构和晶体结构。近年来由于高水平光谱、现代波谱、电子能谱、显微成像、核磁共振等技术与理论的发展，对于确定分子结构，特别是大分子和复杂分子的空间结构起了很好的推动作用。例如在结构化学的支持下，生物科学获得了有关蛋白质和核酸片段空间结构最完整的信息，在突破分子层次后，进入了以基因为中心的研究领域，从研究生物和生物分子进入到创造新生物和新生物分子的发展阶段。物理化学参与并促进了化学生物学的形成和发展。

利用激光交叉分子束技术研究分子的态-态反应，使化学动力学从研究宏观速率现象和速率测定，不仅扩展到基元反应，还进一步深入到分子层次和量子层次，成功跟踪了分子内和分子间能量的转移，实现了对一些反应微观过程的控制。使传统化学动力学的研究目标从反应的唯象速率进展到反应的本质即化学键的具体变化机制，从而演变为以化学键及其变化进行直接观察和操纵为目的的分子反应动力学。美籍华人李远哲教授因在这一领域开创性的杰出工作曾获 1986 年诺贝尔化学奖。

近代表面分析技术，如紫外及 X 射线电子能谱，低能电子衍射，红外、拉曼光谱以及 20 世纪 80 年代以后发展起来的扫描隧道显微技术、原子力显微技术、非线性光学技术等，已成为人们探索物质表面结构的有力武器，帮助人们在原子、分子水平上揭示和阐述各相关学科中遇到的科学问题，人们实现了“看到”并“操纵”原子和分子，使现代表面化学日渐成熟。

如在化学动力学中，各种近代表面分析技术已不仅用于研究催化剂的表面结构，还用于研究反应条件下催化剂表面结构的重构，表面物种及转化的动态过程，确定反应速率和反应选择性的控制机理，获取催化剂和催化反应进程的实时、实态信息和图像。随着对催化剂和催化作用在分子水平上信息的不断积累，物理化学对化学反应的指导和预测作用日益增强。

扫描隧道显微镜以及随后衍生出来的各种扫描探针显微仪具有原子级的空间分辨能力，将人们的研究对象延伸到单个原子和分子水平，使对纳米尺度的各种化学问题研究成为可能，由此发展了作为材料化学和物理化学的一个前沿交叉学科——纳米化学。

如对原子力显微镜的“针尖”进行各种化学修饰，使其具有化学识别和化学响应功能，用于研究纳米尺度的表面化学问题：表面局域酸碱解离，给出表面解离常数；自组装单分子膜中的电化学反应，给出微区氧化-还原性质；通过测量氢键强度，确定各种相互作用：抗原-抗体作用，DNA 互补碱基对间相互作用，双电层力，疏水作用等；通过针尖诱导表面发生限域化学反应，用于超高密度的信息存储或纳米结构加工，构筑各种可控纳米结构等。

随化学、生物、材料及其他自然科学研究方法的日趋微观化，理论及计算化学作为研究分子内和分子间相互作用最基础的科学，在解释和预测小分子和中等大小分子的基态，激发态电子结构和化学性能方面也取得瞩目成绩。1998 年诺贝尔化学奖授予给量子化学家卡尔（W. Kohn）和波普（J. A. Pople）以表彰他们在这一领域的杰出贡献。近年来已开始向创建多参考组态电子相关、激发态和相对论效应的新理论，建立新的多层次不同精度的组合型计算方法方面发展，使大分子体系结构的优化设计和功能模拟的可靠计算已成为可能。建立和发展适用于复杂化学体系的理论和方法，以逐步精确模拟生物、材料和催化体系的介观和宏观性质，开展功能材料、高性能高选择催化剂以及创新药物的优化、设计和筛选，将是理论和计算化学在 21 世纪初的发展目标。

作为一门基础理论课，物理化学课程主要涉及宏观化学热力学和化学动力学的内容。结构化学另设课程开出。物理化学学科的近代发展将在专业基础课及研究生课中开出。

3. 物理化学的研究方法

同其他自然科学一样，物理化学学科的形成和发展过程也遵循“实践-理论-再实践”这一循环反复、不断深化、不断发展的科学认知规律，对于自然科学适用的研究方法同样也适用于物理化学。由于学科的特殊性，物理化学还有其特定的研究方法，这就是热力学方法、统计力学方法、动力学方法和量子力学方法。

(1) 热力学方法　热力学方法研究的对象是由大量物质微粒组成的宏观物质体系。它以热力学三大实验定律为基础，由实验直接可测的宏观热力学量如温度 T、压力 p、体积 V 等，以及在此基础上经数学处理、严格定义的一系列导出热力学量，如焓 H、熵 S、Gibbs 函数 G、Helmholtz 函数 A 和化学势 μ 等来描述体系的宏观状态，或由其改变来描述体系状态的变化，从而得出一定条件下体系的状态发生变化时体系与环境交换的能量，体系状态变化过程自动进行的方向和限度。因热力学方法是以宏观热力学量（化学热力学中也称为热力学函数或状态函数）及其改变来描述体系的宏观状态及状态变化的规律，所以热力学方法通常又称为状态函数法，它是一种宏观的研究方法。

热力学方法建立在实验及实验定律的基础之上，数学处理严谨，因此所得的结论具有普遍性和可靠性。经典热力学方法只适用于平衡态，因体系处于平衡态，其宏观状态一定，宏观热力学量才具有确定值。体系的状态发生改变，宏观热力学量的改变值也是确定的。热力学方法的结论具有统计平均的意义，它代表大量物质微粒的宏观行为，因此不适用于个别粒子的个体行为。

热力学方法是一种宏观演绎的方法，它具有两个显著的特点，即不涉及物质的任何微观性质，也不涉及状态变化的机理及变化的速率。这些特点也决定了它的优点和局限性。

用热力学方法处理平衡态问题十分简便。它不需要物质微观结构的知识，也不必考虑过程的细节，由直接可测物理量 T、p、V 和能量等的变化就可推知体系其他热力学函数 H、S、G 等的改变，而这些量的改变值只与过程的始、终态有关，与变化的途径无关。

因热力学方法不涉及物质的微观结构和速率（即不考虑时间概念），因此它只能告诉我们，一定条件下变化能否发生和可以进行到怎样的程度，但不能告诉我们发生变化的根本原因，也不能告诉我们变化的详尽机理和变化所需的时间，即热力学方法只能帮助我们认识现象，而不能从微观上解释这些现象的本质及说明其内在联系。

(2) 统计力学方法　统计力学方法仍然以大量物质微粒组成的宏观物质体系作为研究对象。它由单个粒子（分子、原子等）运动遵循的力学规律得出其微观运动的特征，如速度、动量、能量、频率等，并在统计原理的基础上，运用力学规律对其微观量求统计平均，得出大量粒子的平均行为，从而得出体系的宏观性质以及对宏观热力学定律进行微观解释。

统计力学方法是一种微观的方法。统计力学方法的研究结果可以加深我们对宏观现象本质的认识和正确解释宏观定律，并提供了预测物质特征及过程变化特征的广泛可能性。

用统计力学方法处理问题时，还必须具备有关物质结构的知识。由于人们对物质结构的认识还在不断深化之中，目前提出的物质结构模型还需不断加以完善，因此统计力学方法所得的结论具有一定近似性。对于理想的简单分子体系，所得的结果能较好地与实验结果吻合，但对于复杂分子体系，特别是凝聚体系，运用统计力学方法处理还存在着困难。因此，在一些领域内，统计力学方法还不能代替经典的热力学方法和实验。

(3) 动力学方法　动力学方法用于处理非平衡态体系状态变化的速率和机理问题。利用物理学的实验方法，对一定条件下体系中各稳定物种或中间短寿命活泼物种浓度随时间的变化进行动态监测，从而得出有关化学反应的动力学特征、反应条件对反应速率的影响及有关反应机理的信息。

动力学方法是一种动态的研究方法，所得结果的可靠性主要取决于实验研究方法和实验仪器的先进性，动力学模型的合理性及对物质结构的认识。近年来，由于实验研究方法和技术的不断改进，不仅可对快速反应，如质子传递、光分解、化学异构等反应进行动力学测量，甚至还可以在原位和实时地跟踪分子反应的细节，为研究化学反应机理提供了前所未有的新信息。

(4) 量子力学方法　量子力学方法是以单个粒子（分子或原子）为研究对象，通过求解单个微观粒子运动遵循的波动方程——薛定谔（Schrödinger）方程，得出单个粒子的波函数及能级，并结合光谱数据得到单个粒子的运动特征。量子力学方法是一种微观的方法。

在物理化学课程有关化学热力学和动力学内容的学习中，主要运用热力学、统计力学和动力学方法，量子力学方法将在结构化学课程中采用。

4. 物理化学课程的学习方法

作为一门基础理论学科，物理化学的内容丰富，知识结构严谨，近代发展很快，与其他基础学科的渗透越来越广泛，对其深入发展的促进作用越来越显著。通过物理化学课程的学习，学生不仅可以掌握物理化学的基本原理和基本计算方法，科学地分析化学反应的可能性、现实性以及发生化学反应的内在原因，加深对化学变化一般规律认识，还能从实验现象归纳、演绎上升为理论，再回归解释和预测现象、指导实验这一知识不断深化、完善的过程中，受到科学思维方法和科学研究综合素质的初步训练，使学生在善于思考、学以致用、开拓创新等方面得到提高。

如何通过物理化学课程的学习达到以上目的，如何学好物理化学，下面仅提出几点参考意见。

(1) 重视课堂教学环节，提高学习效率　物理化学是一门理论性较强的基础课，学生通过教师课堂教学掌握基本内容尤为重要。尽管目前教学手段多样，甚至可以通过多媒体课件或网络获取国内外著名大学教学名师的教案，但仍不能取代课堂授课。教师授课过程中，不仅融合了自身对知识的理解和体会，还融合了科学研究中积累的创新知识、科学思维方法和学科前沿进展内容等。授课内容经教师精心组织和表达，知识主线清晰，突出了重点，化解了难点，更易于理解和接受，其学习效果是自学书本或教案无法替代的。因此，课堂授课是学生获取知识最有效的途径，应自觉听好每一堂课。

(2) 准确理解和掌握有关的基本概念和术语　由于物理化学原理自成体系，学习中会涉及许多新的概念和术语。首先要弄清楚为什么要提出这些概念，这些概念和术语是如何定义的，它们之间有什么区别和联系，运用这些概念在什么条件下可以解决什么问题等。只有真正搞清楚了这些问题才能准确无误地掌握并运用这些概念去处理实际问题。

(3) 准确掌握和运用物理化学中有关定律和公式　物理化学中有关化学变化的基本规律通常是以定量的数学关系式进行表达的，与其他课程相比，公式特别多，又特别复杂，这是初学者感到物理化学特别难学的主要原因。但这正好表明物理化学中对化学变化规律的描述更严格、更科学，因为越是科学的知识，定量化程度越高。学习过程中应注意掌握为解决什么问题而导出该公式，公式推导的重要步骤依据了什么原理或实验定律，使用了什么数学处理方法，公式涉及的物理量是什么量纲，还应特别注意导出过程中引入了什么近似或限制条件，最后还应掌握有关公式的物理意义，记忆公式的数学表达式，通过例题了解公式的应用。只有这样才能记得住、用得对。否则只记住公式的形式，不加分析、不分条件乱代公式，往往会得出错误的结论。

(4) 重视实践学习环节　学习知识的目的在于应用。在校期间，除注重实验外，做习题练习是运用知识解决实际问题的基本手段。认真完成一定数量的物理化学习题，不仅可以加深对课堂学习的物理化学基本原理的理解、熟练准确地运用基本公式进行计算，同时对于培养自己独立思考、提高分析解决实际问题和准确运算的能力都是十分重要的。在做习题前，应先复习课堂讲授内容，解题过程中应阐明每一步的理论依据，给出正确的计算公式，代入数据计算得出结果。解题后要进行必要的小结或讨论，对不同类型题目的解法加以比较，才能做到举一反三，收到实效。

(5) 注重对知识系统的归纳、总结和比较，积极主动培养自学能力　物理化学是一门知识结构十分严谨的学科，学习中应经常归纳总结，掌握规律。学完一章后应主动进行小结，找出节和节、节和章及章与章间的联系，使知识系统化、连贯化。还应注意分析比较与前继课程所学知识的联系，深化及交叉渗透的情况。学生除通过课堂讲授获取知识外，还应根据自身能力自学教学参考书，阅读教学参考文献，参加有关的专题讲座，做出读书笔记或撰写小论文。只要认真这样做了，就可以达到启发思维，拓宽知识面，提高自学能力的目的。学生在校学习的时间很有限，自学将是学生今后获取知识的主要途径。不论今后向什么方向发展，只有具备了一定的自学能力，才有可能较好解决离开学校后所面临的再学习提高问题。

学习方法应因人而异，以上介绍的几点仅供学习者参考，相信经过自身努力，大家是可以学习好物理化学这门课的。

第 1 章　热力学第一定律及热化学

The First Law of Thermodynamics and Thermochemistry

1.1　热力学常用的一些基本概念

Some Basic Concepts in Thermodynamics

热力学从经验总结出的三大定律出发，通过严格准确的逻辑推理来推求体系宏观性质的变化，得出许多重要结论。在逻辑推理过程中常常使用到一些基本概念，其中一些已成为热力学中的专门术语。掌握这些基本概念对于准确领会热力学的基本原理是十分重要的。

1.1.1　体系与环境

在进行观测或实验研究时，首先必须把观测或研究的对象（包括一定的物质和空间）与周围区分开来，这被区分出来的研究对象称为体系（system），有时我们强调称它为热力学体系；而与体系密切相关的周围部分（有限空间）称为环境（surroundings）。体系与环境的划分是为了研究问题的方便人为划定的，是相对的，并不是固定不变的。体系与环境之间的相互关系主要是进行物质交换和能量交换。根据体系与环境之间是否有物质交换和能量交换把体系分为三类。

(1) 隔离体系　又称孤立体系（isolated system），体系与环境之间既无物质交换，也无能量交换。

(2) 封闭体系（closed system）　体系与环境之间只有能量交换，但无物质交换。

(3) 敞开体系（open system）　体系与环境之间既有能量交换，也有物质交换。

例如，研究水的蒸发过程，如图 1-1 所示。图（a）用电阻丝加热水，水吸收热量，一部分蒸发变为水蒸气。当把“容器内的水”视为体系时，则体系与环境（空气与电阻丝）间既有能量交换又有物质交换，这种体系为敞开体系。图（b）用电阻丝加热水，如果把“水和蒸发到空中的水蒸气”一起视为体系，则体系与环境之间就只有能量交换而无物质交换，这种体系为封闭体系；但是，如果把水放置在一个绝热容器内让其蒸发，如图 1-1（c），“容器内的水和水蒸气”与环境之间既无物质交换又无能量交换，这种体系就是一个孤立体系。

孤立体系在热力学中是一个十分重要的概念，但这是一个相对的概念。绝对的孤立体系在实际生活中是不存在的，因为体系与环境之间的能量交换不可能完全避免，只能尽可能地减小。此外，体系与环境之间一般有确定的边界，这个边界可以是实际存在的，如图 1-1（a），容器壁和气-液界面就是体系与环境的边界，而图 1-1（c），容器壁就是体系与环境的边界；也可以是假想的，如图 1-1（b），水蒸气弥散在空气中，可以假想水蒸气与周围空气之间有一界面。

1.1.2　状态与性质

一个热力学体系在一定条件下，它的温度 T、压力 p、体积 V、浓度 c、黏度 η、……这些宏观物理量有完全确定的值，这时称体系处于一定的状态。因此，状态是体系所有宏观性质（包括物理性质和化学性质）的综合表现，而 T、p、V、c、η、……称为体系的性质。

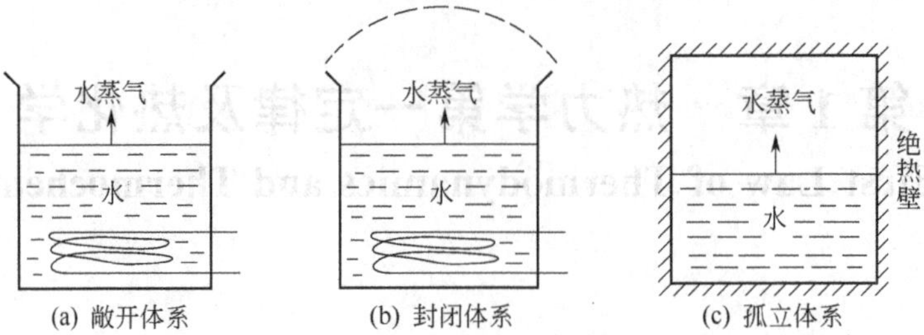

图 1-1　水的蒸发过程

可以说体系的状态是由体系的宏观性质来确定的，或者说是用体系的宏观性质来描写的。这些性质改变时，体系的状态就会跟着发生变化。因此，又把这些性质称为热力学变数或热力学函数。

热力学函数是描述体系状态的，是体系状态的单值函数，体系处于一定状态时，体系的这些热力学函数有唯一的确定值，这种函数有两个重要特征。①这些函数值只与体系当前的状态有关，与这个状态是由怎样变化得来的无关。如水在 25℃、101.325kPa 下其密度为 $9.97\times10^2\mathrm{kg\cdot m^{-3}}$，无论从海水淡化或者从高山上冰雪融化得来的水都是如此。②热力学函数的改变值只取决于体系开始时的状态（称为始态）和终了时的状态（称为终态），与过程变化所经历的具体途径无关。在热力学中把具有这种特征的函数称为状态函数（state function）。因此，热力学性质、热力学函数、状态函数只不过是描述体系宏观状态的这些宏观性质的不同称呼。

体系的热力学性质可以分为广度性质和强度性质。

广度性质（extensive property）　又称为容量性质，这种性质的值与体系中物质的数量成正比，具有简单加和性，即体系的总的这些性质是组成该体系各部分该性质的简单加和。如体积 V、内能 U、熵 S、焓 H、热容量 C_p 等。

强度性质（intensive property）　其值与体系内物质的数量无关，不具有简单加和性的性质为强度性质。如温度 T、压力 p、浓度 c 等。显然，广度性质除以体系的量后就变成与体系的量无关的强度性质，如摩尔体积 V_m、摩尔内能 U_m 等。

如果体系内各部分的所有强度性质皆相同，则此体系是均匀的，称均相体系（homogeneous system），否则为复相体系（heterogeneous system）。

应该注意，体系各个性质之间是相互依赖相互联系的，并不完全是独立的。只要少数几个性质确定之后，其余的性质也就完全确定了，体系的状态也就确定了。大量的事实证明，在无外场存在的条件下，对于无化学变化和相变化的均相封闭体系，只要指定了两个可独立变化的性质，则体系的其余性质就随之而确定，这种体系又叫做双变量体系（two variables system）。

1.1.3　状态函数的数学特征

热力学方法简单说来也叫做状态函数法，因此，状态函数的概念在热力学中是十分重要的概念。前已指出状态函数的数值只取决于体系当前的状态，其改变值只与始终态有关，而与过程进行的具体途径无关。因此，状态函数的微小增量——微分，在数学上是全微分（total differential），用符号“d”来表示。有限过程状态函数的改变值“Δ”可以用数学关系式进行严格准确的计算。

下面我们复习一些有关全微分的重要性质。

(1) 全微分的积分只与始终态有关　若函数 Z 是一个状态函数，其微分为全微分 $\mathrm{d}Z$，如果从始态到终态进行积分，其积分值只取决于始终态而与积分途径无关，这是状态函数的单值性所决定的：

$$\Delta Z=\int_{始}^{终}\mathrm{d}Z=Z_{终}-Z_{始} \tag{1-1}$$

若进行环程积分，积分值为零

$$\Delta Z=\oint \mathrm{d}Z=0 \tag{1-2}$$

（2）尤拉关系式　若函数 Z 是状态函数，它是 x、y 的连续函数，$Z=f(x,y)$，Z 的微分为全微分：

$$\mathrm{d}Z=\left(\frac{\partial Z}{\partial x}\right)_y \mathrm{d}x+\left(\frac{\partial Z}{\partial y}\right)_x \mathrm{d}y=M\mathrm{d}x+N\mathrm{d}y$$

则

$$\frac{\partial}{\partial y}\left(\frac{\partial Z}{\partial x}\right)_y=\frac{\partial}{\partial x}\left(\frac{\partial Z}{\partial y}\right)_x \tag{1-3}$$

或

$$\left(\frac{\partial M}{\partial y}\right)_x=\left(\frac{\partial N}{\partial x}\right)_y$$

这个关系式称为尤拉关系式，$\frac{\partial}{\partial x}$、$\frac{\partial}{\partial y}$是两个微分算符，它们“作用”在状态函数上与其先后次序无关，即两微分算符作用在状态函数上的顺序可以对易，因此也把以上关系式称为对易关系。

（3）归一化关系

$$\mathrm{d}Z=\left(\frac{\partial Z}{\partial x}\right)_y \mathrm{d}x+\left(\frac{\partial Z}{\partial y}\right)_x \mathrm{d}y$$

当 $\mathrm{d}Z=0$ 时

$$\left(\frac{\partial Z}{\partial x}\right)_y \mathrm{d}x=-\left(\frac{\partial Z}{\partial y}\right)_x \mathrm{d}y$$

即

$$\left(\frac{\partial x}{\partial y}\right)_Z=-\frac{\left(\frac{\partial Z}{\partial y}\right)_x}{\left(\frac{\partial Z}{\partial x}\right)_y}$$

或写成

$$\left(\frac{\partial Z}{\partial x}\right)_y\left(\frac{\partial x}{\partial y}\right)_Z\left(\frac{\partial y}{\partial Z}\right)_x=-1 \tag{1-4}$$

此式称为归一化关系式，三个变量 x、y、Z 按上、下、外的一定方向循环（顺时针或反时针）构成的三个偏导数的乘积等于负 1，有时也把这个关系式称为循环法则。

以上几个关系式常被作为判断函数 Z 是否是状态函数的充分必要条件。

（4）连锁法则

若函数 $Z=f(x,y)$

则

$$\left(\frac{\partial Z}{\partial x}\right)_y\left(\frac{\partial x}{\partial Z}\right)_y=1$$

一般地若　　$Z=f(x_1,x_2,\cdots,x_n,y)$

则

$$\left(\frac{\partial Z}{\partial x_1}\right)_y\left(\frac{\partial x_1}{\partial x_2}\right)_y\cdots\left(\frac{\partial x_n}{\partial Z}\right)_y=1 \tag{1-5}$$

这个关系式称为偏导数的连锁法则。

（5）复合函数的微分法

若　　$F=F(x,Z)$，　$Z=Z(x,y)$

则　　$F=F[x,Z(x,y)]$

根据复合函数的微分法

$$\left(\frac{\partial F}{\partial x}\right)_y=\left(\frac{\partial F}{\partial x}\right)_Z+\left(\frac{\partial F}{\partial Z}\right)_x\left(\frac{\partial Z}{\partial x}\right)_y \tag{1-6}$$

这可以简单证明如下。

$$\mathrm{d}F=\left(\frac{\partial F}{\partial x}\right)_Z\mathrm{d}x+\left(\frac{\partial F}{\partial Z}\right)_x\mathrm{d}Z$$

$$\mathrm{d}Z=\left(\frac{\partial Z}{\partial x}\right)_y\mathrm{d}x+\left(\frac{\partial Z}{\partial y}\right)_x\mathrm{d}y$$

将后式代入前式得

$$\mathrm{d}F=\left[\left(\frac{\partial F}{\partial x}\right)_Z+\left(\frac{\partial F}{\partial Z}\right)_x\left(\frac{\partial Z}{\partial x}\right)_y\right]\mathrm{d}x+\left(\frac{\partial F}{\partial Z}\right)_x\left(\frac{\partial Z}{\partial y}\right)_x\mathrm{d}y$$

当 $\mathrm{d}y=0$ 时

$$\left(\frac{\partial F}{\partial x}\right)_y=\left(\frac{\partial F}{\partial x}\right)_Z+\left(\frac{\partial F}{\partial Z}\right)_x\left(\frac{\partial Z}{\partial x}\right)_y$$

以上这些关系式在讨论热力学函数间的相互关系时经常用到。

1.1.4 状态方程式

前面谈到，体系的状态函数 p、T、V 之间不是完全独立的，对于均相封闭体系，只有两个是独立的，它们之间的关系可表示为

$$p=f(T,V) \tag{1-7}$$

这种定量关系式称为状态方程式（state equation）。

（1）理想气体的状态方程式　理想气体的状态方程式为

$$pV=nRT \tag{1-8}$$

式中，$R=8.314\mathrm{J\cdot K^{-1}\cdot mol^{-1}}$，为摩尔气体常数；$n$ 为物质的量，mol。

物质的量是国际单位制（SI）中在量纲上独立的 7 个基本物理量之一，是化学中极其重要的量，其定义为物质体系中指定的基本单元数目 N 除以 Avogadro 常数 L，即

$$n=\frac{N}{L}$$

根据气体分子运动论，从微观分子模型来看，理想气体分子之间无相互作用，分子体积可以忽略。因此，理想气体是一种科学的抽象，客观实际中是不存在的。实际气体只有在温度不是太低、压力趋于零时才满足理想气体的行为。由于理想气体的状态方程式比较简单，使用起来十分方便，通常在压力不是太高时可以使用它进行近似计算。

（2）实际气体的状态方程式　实际气体并不服从理想气体的行为。这是因为实际气体分子本身具有一定体积、分子之间存在有相互作用。1879 年 J. D. van der Waals 对此进行校正，提出了一个著名的、较为准确的气体状态方程式，称为 van der Waals 状态方程式：

$$\left(p+\frac{n^2a}{V^2}\right)(V-nb)=nRT \tag{1-9a}$$

对于物质的量为 1mol 气体上式可写为

$$\left(p+\frac{a}{V_\mathrm{m}^2}\right)(V_\mathrm{m}-b)=RT \tag{1-9b}$$

式中，a、b 称为 van der Waals 常数；$\frac{a}{V_\mathrm{m}^2}$常称为内压力（internal pressure）。

（3）其他气体方程式

① 贝塞罗气体方程式

$$p=\frac{RT}{V_\mathrm{m}-b}-\frac{a}{TV_\mathrm{m}^2}$$

② 维里方程式

$$pV_m = RT(1 + Bp + Cp^2 + \cdots)$$

气体的状态方程式可以通过实验测定归纳总结获得。

除气体物质外，凝聚体系也有各自遵守的状态方程式，与气体物质相比，较难通过实验确定。

定义物质的恒压膨胀系数（isobaric expansivity coefficient）为 $\alpha = \frac{1}{V}\left(\frac{\partial V}{\partial T}\right)_p$，物质的恒温压缩系数（isothermal compressibility coefficitent）为 $\kappa = -\frac{1}{V}\left(\frac{\partial V}{\partial p}\right)_T$，它们是物质的一种性质，可以通过密度测定出来。固体物质的 α 值在 $10^{-5} \sim 10^{-4} K^{-1}$ 之间，液体的 α 值在 $10^{-3.5} \sim 10^{-3} K^{-1}$ 之间，气体的 α 值比固体和液体都大；固体物质的 κ 值在 $10^{-11} \sim 10^{-10} Pa^{-1}$ 之间，液体的 κ 值约为 $10^{-9} Pa^{-1}$，气体的 κ 值比固体和液体大得多，如理想气体在 101.325kPa 下 κ 值约为 $10^{-5} Pa^{-1}$。由此可知，固体和液体是很难压缩的。

由恒压膨胀系数 α 和恒温压缩系数 κ 可得

$$\left(\frac{\partial V}{\partial T}\right)_p = \alpha V \tag{1-10}$$

$$\left(\frac{\partial V}{\partial p}\right)_T = -\kappa V \tag{1-11}$$

$$\left(\frac{\partial p}{\partial T}\right)_V = -\frac{\left(\frac{\partial V}{\partial T}\right)_p}{\left(\frac{\partial V}{\partial p}\right)_T} = \frac{\alpha}{\kappa} \tag{1-12}$$

可见，物质状态参数 p、V、T 之间的关系可由 α、κ 确定，由这这些关系式也可以导出其状态方程式来，由式（1-10）

$$\frac{dV}{V} = \alpha dT$$

如果把 α 视为常数，恒压下积分上式得到凝聚体系的状态方程式

$$V = V_0 \exp[\alpha(T - T_0)] \tag{1-13}$$

由式（1-11）

$$\frac{dV}{V} = -\kappa dp$$

把 κ 视为常数，恒温下积分上式得

$$V = V_0 \exp[\kappa(p_0 - p)] \tag{1-14}$$

由式（1-7）可见，p、V、T 的关系可用三维立体图表示，图上的任一点代表体系的一个状态。通常，为了方便，可以固定一个变量而用平面图形表示其他两个变量之间的关系。如固定温度，在 p-V 图上表示 p 与 V 的关系的曲线为恒温线（isotherms），相应的还有恒压线（isobars）和恒容线（isochores）。

1.1.5 过程与平衡

前面提到的状态，当然是指热力学平衡态（thermodynamical equilibrium state），当热力学体系处于热力学平衡态时，体系的性质具有确定值且不随时间而改变。热力学平衡态一般说来包括下列几个平衡。

热平衡（thermal equilibrium） 若体系内各部分间无绝热壁存在，体系达热平衡后各部分温度相等。

力平衡（mechanical equilibrium） 若体系内无刚性壁存在时，达力平衡后各部分压力相等。

相平衡（phase equilibrium） 若体系内存在有几个相，体系达相平衡后，相与相之间无物质转移。

化学平衡（chemical equilibrium） 体系达化学平衡时，体系内无宏观化学反应进行，体系的组成不随时间改变。

体系处于热力学平衡态是相对的、有条件的，一旦条件发生变化（如环境的温度、压力改变），体系的性质和状态也会随之而变，从一个平衡态变化到另一个平衡态，这时称体系发生了一个过程（process），而体系在变化过程中所经历的具体步骤称为途径（path）。热力学中将过程分为以下三大类。

（1）简单物理变化过程 指体系的状态参数 p、T、V 发生变化的过程，体系的相态保持不变，也没有化学反应发生。如体系的温度保持不变的恒温过程，体系压力保持不变的恒压过程，体积保持不变的恒容过程，环境压力不变的恒外压过程，体系反抗环境压力为零进行膨胀的自由膨胀过程，以及绝热过程、循环过程等。体系在这些变化过程中皆只有状态参数 p、T、V 发生变化，而无相变化和化学变化发生。

（2）相变化过程 指体系相态发生变化的过程，如液体的蒸发过程、固体的熔化过程和升华过程以及两种晶体之间相互变化的过程。

（3）化学变化过程 指体系内发生了化学反应。

热力学的主要内容就是研究在各种不同变化过程中热力学函数变化的规律，并根据这些变化规律来判定体系与环境之间的能量交换及变化自动进行的方向和限度问题。显然，不同的变化过程有各自不同的规律，因此，掌握各种变化过程的特征是尤为重要的。

1.1.6 热和功

热力学体系的状态发生变化时，体系与环境之间的能量交换有两种方式：传热和做功。

1.1.6.1 热量

由于温差而在体系与环境之间传递的能量称为热量，或简称热（heat）。必须强调指出，热量是传递的能量，只有在体系状态发生变化时，体系与环境之间才可能有热量的传递，体系处于一定状态时，说“体系含有多少热量”是毫无意义的。因为环境传给体系热量后，这些热量就变成了体系的内能。由于热量存在于传递过程，因此，它与过程进行的具体途径有关，沿不同途径变化，传递的热量一般不同。因此，热不是状态函数，而是途径的函数，数学上称为泛函（functional）。

上面对热量的定义仅适用于无相变化和化学变化的均相体系。这种体系从环境吸收热量时温度升高，放出热量给环境时温度降低，这种热称为显热（obvious heat）。另外还有一种热量传递过程：体系相态发生变化时体系与环境之间传递的相变热，如蒸发热、熔化热、升华热等及化学反应的热效应，这些热量传递过程可在维持等温的条件下进行。相对于显热可将这种热称为广义潜热（latent heat）。

热量的符号用“Q”表示，体系吸收热量，即环境传热给体系，Q 为正；体系放出热量，即体系传热给环境，Q 为负。在微小变化过程中传递的热量用符号“δQ”表示，其中“δ”表示“不是全微分”。

关于热的本质问题，历史上曾有过十分激烈的争论，在 17 世纪和 18 世纪被“热质说”所统治，热质说认为热量是存在于一切物体中的一种物质称为热质，较热的物体含热质较多，较冷的物体含热质较少。一直到能量守恒和转换定律确立之后，热质说才被抛弃。现在，从微观上看，我们知道，热总是和大量分子的无规则运动相联系的，分子平均平动能越高、分子热运动越混乱，则表征这种运动的物理量温度就越高。当两个温度不同的物体接触时，由于分子无规则运动的混乱程度不相同，它们就可能通过接触碰撞交换能量，这就是热。

1.1.6.2　功

除了热传递以外，其他各种形式传递的能量称为功（work）。功也是途径的函数，沿不同的途径，体系所做的功不同，所以功也不是状态函数。功的符号用“W”表示，体系对环境做功，W 为正；环境对体系做功，体系得到功，W 为负。在微小变化过程中体系与环境交换的功用符号“δW”表示。

功的概念来源于机械功，它等于力 f 乘以在力的方向上发生的位移 dl，以后又逐渐扩大到电功（在电场力作用下搬迁电荷做的功）、体积功（体系反抗外压力体积膨胀或压缩过程做的功），还有表面功、磁功等。在微小变化过程中

$$\delta W_{机械}=f\mathrm{d}l$$
$$\delta W_{电}=E\mathrm{d}q$$
$$\delta W_{体积}=p_{外}\ \mathrm{d}V$$
$$\delta W_{表面}=\gamma \mathrm{d}A$$
……

一般来说，各种形式的功都可以看成是体系受广义力作用发生广义位移时与环境交换的能量形式，因此可以用一个通式表示

$$\delta W=X\mathrm{d}x$$

式中，X 为广义力；$\mathrm{d}x$ 为广义位移。

在热力学中经常遇到的是体积功 δW_e，除体积功之外的其他各种功通常不涉及体系的体积变化，常称为非体积功 δW_f。体系在微小变化过程中所做的总功可表示为

$$\delta W=\delta W_e+\delta W_f$$

无论哪种形式的功都伴随着体系内大量质点的定向运动，这是一种有序的运动，因此与热相对比，从微观上看功可以理解为体系在质点做有序运动时与环境交换的能量。

1.2　热力学第一定律
The First Law of Thermodynamics

1.2.1　第一定律的表述

热力学第一定律实质上就是能量守恒和转换定律，即“自然界中一切物质都具有一定能量，能量有各种不同形式，各种不同形式的能量能够从一种形式转变为另一种形式，但不管如何转换，能量既不能创生，也不能消灭，在转换过程中，总能量是保持不变的”。

应该指出，热力学第一定律是人类长期以来实践经验的总结。长期以来人类都想制造一种机器，这种机器不需外界供给能量，体系本身能量也不减少，却能连续不断地对外做功，人们把这种机器称为“第一类永动机”（the first kind of perpetual motion machine）。人类大量实践经验指出，这样的机器是不可能制造成功的。由于以上的历史原因，所以，也可以把热力学第一定律表述为“第一类永动机是不可能制造成功的”。显然，第一类永动机是与能量守恒和转换定律相矛盾的。

焦耳（J. P. Joule，1818～1889，英国人）从 1840 年起，前后经过 20 多年时间用不同方法测定热与功相互转变的定量关系，他得到的结果都是一样的。后来经过精确测定

1 卡(cal)＝4.1840 焦耳(J)

称为热功当量定律。焦耳的实验奠定了热力学第一定律的基础，也为能量守恒和转换定律提

出了定量的实验根据。

1.2.2 封闭体系内热力学第一定律的数学表达式

一个物质体系的总能量由下列几个部分组成：体系整体在空间以一定速度运动的动能、体系在外力场（引力场、电磁场等）中的位能以及体系内部各种粒子运动能和相互作用能的总和即内能（internal energy）。在热力学中通常研究的热力学体系是一个宏观上相对静止的体系，并且忽略外力场影响，因此体系的能量只考虑它的内能。内能用符号“U”表示。对于一个封闭体系，当体系从状态 1 变化到状态 2 时，若体系从环境吸收了 Q 的热量，对环境做了 W 的功，根据热力学第一定律，体系内能的增量为

$$\Delta U=U_2-U_1=Q-W \tag{1-15a}$$

若体系发生的是微小变化过程，则上式可写为

$$\mathrm{d}U=\delta Q-\delta W \tag{1-15b}$$

式（1-15）就是封闭体系热力学第一定律的数学表达式。这个式子充分表达了体系的内能与热和功相互转化的定量关系，它是能量守恒和转换定律在热现象领域内的特殊形式。

1.2.3 内能函数

第一定律建立在内能函数（internal energy fuction）的基础上。内能是体系内部所有微粒各种形态能量的总和，包括内部分子在空间运动的平动能（U_t）、分子内的转动能（U_r）、振动能（U_v）、电子运动的能量（U_e）、原子核的能量（U_n）以及分子间相互作用的位能（V）等。目前，人们对微观世界的运动形态了解得还不十分清楚，有待继续不断深入探讨。所以，内能绝对值的大小还无法确定。但这一点并不妨碍内能的应用，因为我们最关心的是体系在变化过程中内能的改变值 ΔU。

内能既然是体系内部能量的总和，是体系本身的一种性质，因此，它取决于体系的状态。当体系处于一定状态时，内能就有完全确定的值；当体系状态发生变化时，内能也要随之改变，但其改变值只取决于体系的始态和终态，与变化途径无关。所以，内能函数是状态函数。这是可以用热力学第一定律来证明的。下面，我们用反证法来简单证明。

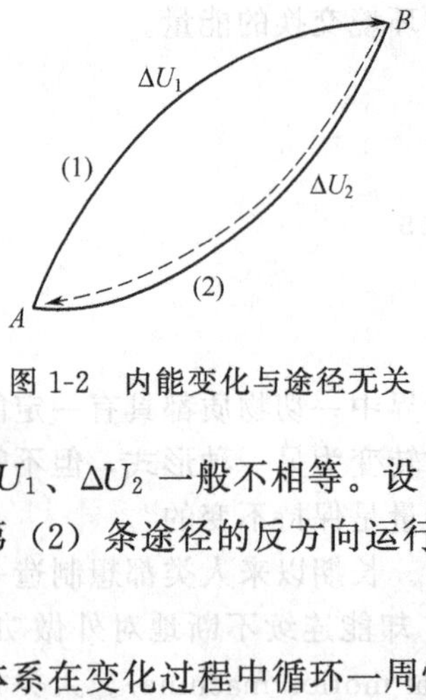

图 1-2 内能变化与途径无关

设内能不是状态函数，若体系自 A 可经两条不同的途径（1）和（2）到达 B，如图 1-2 所示，体系从 A 经第（1）条途径到达 B 其内能改变为 ΔU_1，经第（2）条途径其内能改变为 ΔU_2，若内能不是状态函数，其改变值 ΔU 与变化途径有关，ΔU_1、ΔU_2 一般不相等。设 $\Delta U_1>\Delta U_2$，现在让体系经第（1）条途径从 A 变化到 B，再沿第（2）条途径的反方向运行回到 A（此时，内能增量为 $-\Delta U_2$），总过程的内能改变为

$$\Delta U=\Delta U_1+(-\Delta U_2)>0$$

体系在变化过程中循环一周恢复原态，却凭空创造出了 $\Delta U_1-\Delta U_2>0$ 的能量。如此循环反复，在体系并无能量损失的条件下，却能不断地创造出能量来，这就制成了第一类永动机。显然，这是违背热力学第一定律的。所以，内能必定是状态函数，从始态 A 变化到终态 B，无论经什么途径，内能的改变值 ΔU 是一定的。

内能既然是状态函数，是体系的性质，所以它与其他状态函数一样可以用一些独立变量来确定。对于一定量的单组分均相封闭体系，常将内能 U 表示成 T、V 的函数

$$U=f(T,V)$$

在微小变化过程中，内能的微小改变用全微分表示为

$$dU=\left(\frac{\partial U}{\partial T}\right)_V dT+\left(\frac{\partial U}{\partial V}\right)_T dV \tag{1-16}$$

也可以把内能U表示为T，p的函数

$$U=f(T,p)$$

相应的全微分表示式为

$$dU=\left(\frac{\partial U}{\partial T}\right)_p dT+\left(\frac{\partial U}{\partial p}\right)_T dp \tag{1-17}$$

1.2.4 体积功的计算、可逆过程的概念

1.2.4.1 体积功的计算

体积功（volume work）即体系在外压力（external pressure）作用下体积膨胀（或压缩）过程与环境交换的能量形式，本质上是机械功。设有一理想气体置于汽缸内，如图1-3所示，用一热源加热，气体受热后反抗外力$p_{外}$体积膨胀推动活塞（假定活塞的横截面积为A，本身的质量可以忽略，活塞与汽缸壁的摩擦力也可以忽略）移动了距离dl，按机械功的定义

$$\delta W_e=f dl=p_{外} A dl=p_{外} dV \tag{1-18a}$$

如果活塞从位置1最后移动到位置2，气体在整个膨胀过程中做的功应是各个微小体积变化所做的功之和

$$W_e=\sum_1^2 p_{外} dV \tag{1-18b}$$

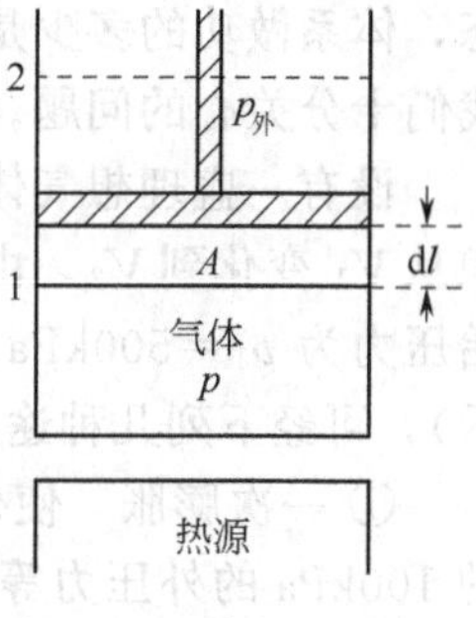

图1-3 体积功示意

要注意的是，气体在做体积功时，体系的压力p与环境压力$p_{外}$一般是不相同的。当$p>p_{外}$时，气体体积膨胀，体系对环境做功；而当$p<p_{外}$时，气体被压缩，此时环境对体系做功，体系得到功。但计算体积功时必须用气体反抗的环境压力$p_{外}$乘以dV。式（1-18）是求算体积功的基本式子。下面讨论一些典型过程体积功的求算。

① 自由膨胀过程　当体系反抗的外压为零时即$p_{外}=0$，这种过程为气体的自由膨胀，如气体向真空膨胀

$$W_e=\sum_1^2 p_{外} dV=0$$

② 恒外压过程　体系反抗恒定的外压膨胀，$p_{外}=$常数

$$W_e=\sum_1^2 p_{外} dV=p_{外}(V_2-V_1)=p_{外}\Delta V \tag{1-19}$$

③ 外压比体系的压力小一个无限小的过程　$p_{外}=p-dp$

$$\delta W_e=p_{外} dV=(p-dp)dV\approx p dV$$

$$W_e=\sum_1^2 p dV \tag{1-20}$$

这里p是体系的压力，如果体系为理想气体，并且在膨胀过程中保持温度不变，压力随体积连续变化，可用积分代替式（1-20）中的求和，则

$$W_e=\int_{V_1}^{V_2} p dV=\int_{V_1}^{V_2}\frac{nRT}{V}dV=nRT\ln\frac{V_2}{V_1}$$

④ 恒容过程　体系在变化过程中体积恒定不变

$$W_e=0$$

【例1-1】 1mol H_2由始态$p_1=101.325kPa$，$V_1=22.4dm^3$，$T_1=273.15K$分别经下列

两条不同途径等温膨胀到相同的终态 $p_2=50.663\mathrm{kPa}$，$V_2=44.8\mathrm{dm}^3$，求两过程的功 W。途径 a 为自由膨胀，途径 b 为反抗恒定的 50.663kPa 的外压。

［**解**］ 途径 a　$W_a=\sum_1^2 p_{外}\,\mathrm{d}V=0$

途径 b　$W_b=p_{外}\,\Delta V=50663\mathrm{Pa}(0.048-0.0224)\mathrm{m}^3=1135\mathrm{J}$

上面计算充分说明，从同一始态出发沿不同途径变化到相同终态时，体系做的功是不相同的。所以功不是状态函数的增量，它不仅与体系本身性质的变化有关，还与变化途径有关。

1.2.4.2　可逆过程

功既然不是状态函数的增量，而与途径有关，从同一始态出发经不同途径到达相同的终态，体系做功的多少是不同的，那么，哪一种途径体系能够对外做最大的功呢？这个问题是我们十分关心的问题。因为，我们总是希望体系能做最多的功为我们所利用。

设有一盛理想气体的汽缸放在一大热源上，气体从热源吸热膨胀推动活塞对外做功，体积从 V_1 变化到 V_2。由于热源足够大，体系在膨胀过程中可维持温度恒定不变。若体系的初始压力为 $p_1=500\mathrm{kPa}$，终态压力 $p_2=100\mathrm{kPa}$，并且用一个砝码代替 100kPa（如图 1-4 所示），可经下列几种途径完成。

① 一次膨胀　使外压突然减小到 100kPa（即一次取下四个砝码），此时气体反抗恒定的 100kPa 的外压力等温膨胀到终态 100kPa，体系做的功为

$$W_1=p_2(V_2-V_1)=100\mathrm{kPa}(V_2-V_1)$$

可在 p-V 图中用矩形面积 $abcd$ 表示气体所做的功，如图 1-4（d）。

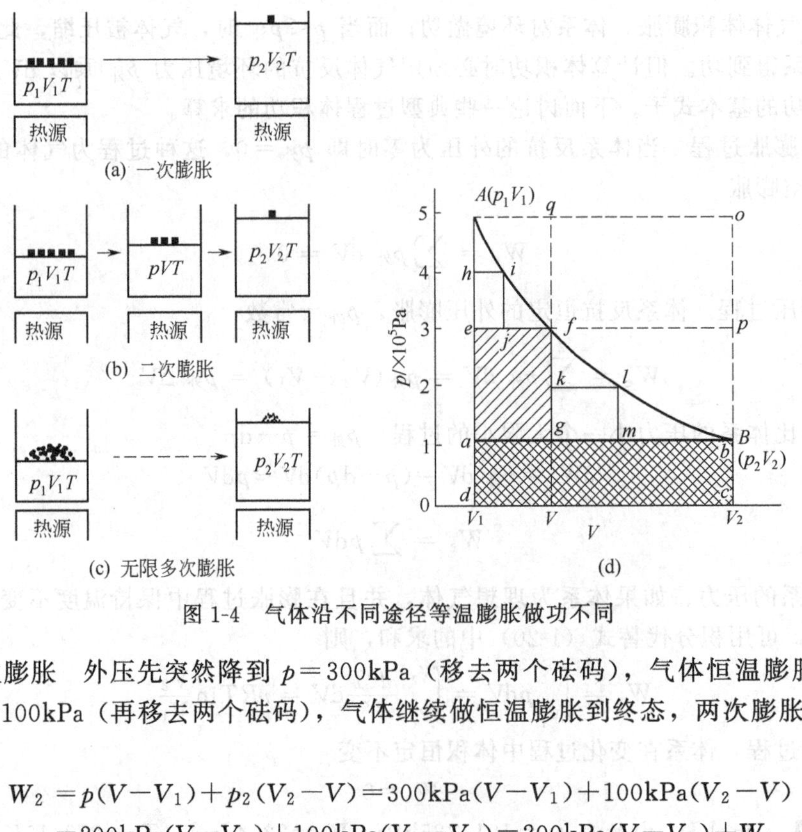

图 1-4　气体沿不同途径等温膨胀做功不同

② 二次膨胀　外压先突然降到 $p=300\mathrm{kPa}$（移去两个砝码），气体恒温膨胀到体积 V，再突然降到 100kPa（再移去两个砝码），气体继续做恒温膨胀到终态，两次膨胀过程体系做的总功为

$$\begin{aligned}W_2&=p(V-V_1)+p_2(V_2-V)=300\mathrm{kPa}(V-V_1)+100\mathrm{kPa}(V_2-V)\\&=200\mathrm{kPa}(V-V_1)+100\mathrm{kPa}(V_2-V_1)=200\mathrm{kPa}(V-V_1)+W_1\end{aligned}$$

在 p-V 图中可用 $efgbcd$ 所围的面积来表示此过程所做的功。可见气体在二次膨胀过程中所做的功比一次膨胀过程所做的功要多。

如果我们每次取走一个砝码，即每次减少 100kPa 分成四次恒温膨胀到终态 100kPa，则体系做的功又会增加，在 p-V 图中可用 $hijfklmbcd$ 所围的面积表示。如果再增加膨胀次数，体系做的功还会继续增多。

③ 无限多次膨胀　如果将 500kPa 的外压改用一堆细砂子代替，每次取下一粒砂子使外压减少 dp 进行膨胀，直到外压减至 100kPa 为止，这时，体系做的功为

$$W_3 = \int_{V_1}^{V_2} p\mathrm{d}V = \int_{V_1}^{V_2} \frac{nRT}{V}\mathrm{d}V = nRT\ln\frac{V_2}{V_1}$$

在 p-V 图中此过程体系做的功可用曲线 AB 下的面积表示。显然这个功是气体在恒温膨胀过程中所能做的最大功。在这个过程中，每次膨胀体系与环境的压力差都是无限小，体系本身的压力变化 dp 趋于零，因此过程进行的速度无限慢、时间无限长，在变化过程中，体系随时都有充足的时间由微小的 压力不均匀到均匀，由不平衡到平衡。所以，在变化过程进行的每一瞬间，体系是无限接近于平衡态，在任一短时间内，体系的状态参数 p、V、T 都有确定值。可以说体系整个变化过程可看成是由一系列无限接近于平衡态的状态构成，这种过程称为准静态过程（quasistatic process）。准静态过程是一种理想抽象的过程，实际上是办不到的，因为一个过程必定引起状态的改变，而状态改变一定会破坏平衡。但当一个过程进行得非常非常的缓慢、变化速度趋于零时这个过程也就趋于准静态过程。

④ 气体压缩复原　现在我们再来看看将气体压缩复原的情况。若将气体从 p_2V_2 的状态用 500kPa 的外压一次恒温压缩（即将四个砝码一次加上）回复到原态 p_1V_1，则体系做功为

$$W_1' = p_1(V_1 - V_2) = 500\text{kPa}(V_1 - V_2)$$

因为 $V_2 > V_1$ 表示压缩过程体系做负功。实际是环境对体系做功，可用图中矩形面积 $Aocd$ 表示。若分两步压缩，第一步用 300kPa 的外压压缩至体积为 V，再用 500kPa 的外压压缩回原态，则环境做的功比一次压缩时少，可用图中面积 $Aqfpcd$ 表示。若分四次压缩回到原态（每次增加一个砝码），环境做的功又会减少。若每次增加 dp（即用 500kPa 的细砂子代替五个砝码，每次加上一粒细砂）无限缓慢地将气体压缩复原，显然此时环境做的功最少，它等于曲线 AB 下的面积。按前面的定义，最后一个过程为准静态过程，即准静态的压缩过程环境对体系做的功最少，它的绝对值等于体系在膨胀过程中做的最大功。

在无摩擦、体系每一步都无限接近于平衡态条件下进行的过程称为可逆过程（reversible process）。上面的准静态过程如果无摩擦阻力时就是可逆过程。可逆过程发生之后，可以沿着与这个过程相反的途径进行使体系和环境同时恢复原态，即体系恢复原态的过程同时消除了原来过程对环境所产生的一切影响，环境也恢复了原态，不留下任何“痕迹”。总括起来，可逆过程有以下三个特征。

① 过程是以无限小的变化进行，速度无限慢、时间无限长，每一步都无限接近于平衡态。

② 沿着其相反的方向进行，可使体系和环境同时恢复原态不留下任何痕迹。

③ 在可逆膨胀过程中体系对环境做最大功，在可逆压缩过程中环境对体系做最小功，并且体系在可逆膨胀中做的最大功等于在可逆压缩中环境对体系做的最小功。

可逆过程在热力学中是一种极其重要的理想的过程，客观世界中可逆过程并不存在。由于可逆过程是在体系无限接近于平衡态的条件下进行的，因此，它与平衡态有关。而热力学方法只适用于平衡态，因为体系处于平衡态时体系的状态参数 p、V、T 才有完全确定的值，状态函数之间的关系才符合热力学关系式。以后，我们看到一切重要的热力学函数的增量只

有通过可逆过程才能求得。

可逆过程在实际中虽然不存在，但很多实际过程可以近似当成可逆过程处理（或可设计成可逆过程），例如气体的缓慢升温或降温过程、液体在其沸点蒸发过程、固体在其熔点熔化过程、可逆电池在外加电压与电池电动势相差无限小的充电或放电过程，化学反应也可以通过适当安排使之在可逆情况下进行。

可逆过程体系对外做最大功，环境对体系做最小功，这是理想情况下的功 W^{id}。实际发生的过程都是不可逆的。实际过程的不可逆程度可以用实际过程做的功 W^{re} 与理想功 W^{id} 相比较即热力学效率 η 来表示。

体系做功过程 $$\eta \xlongequal{\text{def}} \frac{W^{id}}{W^{re}}$$

体系得功过程 $$\eta \xlongequal{\text{def}} \frac{W^{re}}{W^{id}}$$

1.2.5 焓 *H*

对于只有体积功而无其他功的封闭体系，$\delta W_f = 0$，第一定律可写成

$$dU = \delta Q - p_{外}\, dV$$

如果过程变化是恒容的 $dV = 0$，则

$$dU = \delta Q_v \tag{1-21a}$$

在有限的变化过程中

$$\Delta U = Q_v \tag{1-21b}$$

式（1-21）表示在无非体积功的恒容过程中，体系内能的改变值等于体系与环境交换的热量。

如果过程是在恒压下进行，即 $p_1 = p_2 = p_{外} =$ 常数

$$dU = \delta Q_p - d(pV)$$

$$\Delta U = U_2 - U_1 = Q_p - \Delta(pV) = Q_p - (p_2V_2 - p_1V_1)$$

上式整理 $$(U_2 + p_2V_2) - (U_1 + p_1V_1) = Q_p$$

括号中 U、p、V 皆是体系的性质，是状态函数，它们的有效组合也必定是状态函数。热力学中我们定义这个函数为焓（enthalpy），并用符号"H"表示：

$$H \xlongequal{\text{def}} U + pV \tag{1-22}$$

则前式可表示为

$$H_2 - H_1 = \Delta H = Q_p \tag{1-23}$$

式（1-23）指出在无非体积功的恒压过程中，焓 H 的改变值 ΔH 等于体系与环境交换的热量 Q_p。

焓是我们定义的一个热力学函数，今后我们会看到有了这个函数后，处理热化学问题就方便得多。不要深入去追究焓 H 的物理意义，不能把焓 H 误解为"体系中所含的热量"，只能按定义式（1-22）来理解它，它是一个状态函数，体系处于一定状态时，焓 H 有完全确定值，体系发生变化时其改变值只取决于始终态，与变化途径无关。根据定义式（1-22），由于内能 U 的绝对值无法确定，故焓 H 的绝对值也无法确定。此外，焓与内能一样具有能量量纲，单位为"焦耳"（J）或"千焦"（kJ）。

从式（1-21）和式（1-23）可以看出，虽然内能和焓的绝对值无法确定，但是在一定条件下，可以用体系与环境交换的热量来衡量体系的内能改变 ΔU 和焓的改变 ΔH。反过来，当一个体系与环境交换的热量（如化学反应热）无法通过实验测定时，在一定条件下可以通过热力学方法由体系的性质内能 U 或焓 H 的改变值来进行求算，这就是式（1-21）和式

(1-23) 的重要意义。

内能和焓是我们在讨论体系与环境能量交换时引出的两个热力学函数，其中内能有明确的物理意义，是热力学第一定律的核心；焓无确切的物理意义，但由于化学反应通常都在恒压下进行，因此，在实际使用时，焓 H 更为有用。

1.3 热容量、关于热的计算

Heat Capacity、Calculation of the Heat

1.3.1 热平衡原理

当两个温度不同的物体相接触时，热量必自高温物体传向低温物体，高温物体放出热量温度降低，低温物体吸收热量温度升高，当两物体温度相等时，热量传递才停止，此时两物体处于热平衡状态。在热量传递过程中，高温物体放出的热量等于低温物体吸收的热量，这是一个客观的经验事实，称为热平衡原理。由于它的重要性，R. H. Fowler 又称它为热力学第零定律（Zeroth Law of Thermodynamics），因为它是在热力学第一定律和第二定律之后确立的，但是，在逻辑上应放在这两个定律之前。

1.3.2 热容量的定义

当体系内无相变化和化学变化发生时，体系从环境吸收热量温度升高，放出热量温度降低。要想知道体系在变化过程中从环境吸收了多少热量或放出了多少热量给环境，就要知道体系温度改变 1℃吸收或放出了多少热量。对于组成不变的均相封闭体系，温度升高 1℃时体系吸收的热量称为热容量（heat capacity），用符号"C"表示。若体系从环境吸收了 Q 的热量，温度从 T_1 升高到 T_2，则定义体系的平均热容为

$$\langle C\rangle=\frac{Q}{T_2-T_1}$$

由于在不同温度下体系温度升高 1℃所吸收的热量并不相同，因此，热容量应按下式严格定义

$$C\xlongequal{\text{def}}\lim_{\Delta T\to 0}\frac{Q}{\Delta T}=\frac{\delta Q}{\mathrm{d}T}$$

热容量的单位为"$\mathrm{J\cdot K^{-1}}$"，若物质的质量为 1kg（或 1g）则称为比热容（specific heat），单位为"$\mathrm{J\cdot K^{-1}\cdot kg^{-1}}$（或 $\mathrm{J\cdot K^{-1}\cdot g^{-1}}$）"；若物质的量为 1mol，则称为摩尔热容（molar heat capacity），用符号"C_m"表示，单位为"$\mathrm{J\cdot K^{-1}\cdot mol^{-1}}$"。

1.3.3 恒容热容（C_V）和恒压热容（C_p）

由于热量传递随途径不同而变化，所以热容量也是途径的函数。恒容过程的热容量称为恒容热容量 C_V（heat capacity at constant volume），恒压过程的热容量称为恒压热容量 C_p（heat capacity at constant pressure）。按热容量的定义，并且体系与环境间无非体积功（$\delta W_\mathrm{f}=0$），则

$$C_V=\frac{\delta Q_V}{\mathrm{d}T}=\left(\frac{\partial U}{\partial T}\right)_V \tag{1-24}$$

$$C_p=\frac{\delta Q_p}{\mathrm{d}T}=\left(\frac{\partial H}{\partial T}\right)_p \tag{1-25}$$

C_p、C_V 是物质的一种性质，随体系所处的物态、温度不同而有不同的数值。热容量受压力影响较小，一般都把它表示成温度的函数。手册上查出的多是 1mol 物质在 101.325kPa

下的恒压摩尔热容（$C_{p,\mathrm{m}}$），常将它表示成如下的经验方程式

$$C_{p,\mathrm{m}}=a+bT+cT^2+\cdots \tag{1-26a}$$

或

$$C_{p,\mathrm{m}}=a+bT+c'T^{-2}+\cdots \tag{1-26b}$$

式中，a、b、c、c'为经验常数，由各物质的特性所决定，一些物质的摩尔恒压热容，列在附录表Ⅱ-4中。

对于理想气体，根据气体分子运动论以及经典的能量按自由度均分原理可导出常温下如下关系式。

单原子理想气体恒容摩尔热容 $C_{V,\mathrm{m}}=\frac{3}{2}R$

双原子理想气体恒容摩尔热容 $C_{V,\mathrm{m}}=\frac{5}{2}R$

有了热容量的数值后，就容易计算出体系与环境交换的热量。对于无非体积功的恒容过程，根据式（1-24）

$$Q_V=\Delta U=\int_{T_1}^{T_2} nC_{V,\mathrm{m}}\mathrm{d}T \tag{1-27}$$

对于无非体积功的恒压过程，根据式（1-25）

$$Q_p=\Delta H=\int_{T_1}^{T_2} nC_{p,\mathrm{m}}\mathrm{d}T \tag{1-28}$$

如果在积分区间 C_V、C_p 可以视为常数，上式还可以表示为

$$Q_V=\Delta U=nC_{V,\mathrm{m}}(T_2-T_1)$$

$$Q_p=\Delta H=nC_{p,\mathrm{m}}(T_2-T_1)$$

式（1-27）和式（1-28）为无相变化和化学变化的单组分均相封闭体系，当温度发生变化时体系与环境交换的热量计算公式，前者适用于恒容过程，后者适用于恒压过程。

1.3.4 C_p 与 C_V 的关系

手册上通常只能查出物质的恒压摩尔热容 $C_{p,\mathrm{m}}$，为了计算恒容热效应，常需恒容摩尔热 $C_{V,\mathrm{m}}$的数据，为此，必须找出 C_p 与 C_V 的关系。对于任意的均相体系，根据热容量的定义

$$C_p-C_V=\left(\frac{\partial H}{\partial T}\right)_p-\left(\frac{\partial U}{\partial T}\right)_V=\left[\left(\frac{\partial(U+pV)}{\partial T}\right)\right]_p-\left(\frac{\partial U}{\partial T}\right)_V$$

$$=\left(\frac{\partial U}{\partial T}\right)_p+p\left(\frac{\partial V}{\partial T}\right)_p-\left(\frac{\partial U}{\partial T}\right)_V$$

为了找出$\left(\frac{\partial U}{\partial T}\right)_p$与$\left(\frac{\partial U}{\partial T}\right)_V$的关系，可将内能表示为 T、V 的函数 $U=f(T,V)$

$$dU=\left(\frac{\partial U}{\partial T}\right)_V\mathrm{d}T+\left(\frac{\partial U}{\partial V}\right)_T\mathrm{d}V$$

两边在压力恒定下除以 $\mathrm{d}T$

$$\left(\frac{\partial U}{\partial T}\right)_p=\left(\frac{\partial U}{\partial T}\right)_V+\left(\frac{\partial U}{\partial V}\right)_T\left(\frac{\partial V}{\partial T}\right)_p$$

故

$$C_p-C_V=\left[\left(\frac{\partial U}{\partial T}\right)_V+\left(\frac{\partial U}{\partial V}\right)_T\left(\frac{\partial V}{\partial T}\right)_p\right]+p\left(\frac{\partial V}{\partial T}\right)_p-\left(\frac{\partial U}{\partial T}\right)_V$$

所以

$$C_p-C_V=\left[\left(\frac{\partial U}{\partial V}\right)_T+p\right]\left(\frac{\partial V}{\partial T}\right)_p \tag{1-29}$$

这是 C_p 与 C_V 的普遍关系式。如果将内能表示成焓的关系 $U=H-pV$，很容易导出

$$C_p-C_V=\left[V-\left(\frac{\partial H}{\partial p}\right)_T\right]\left(\frac{\partial p}{\partial T}\right)_V \tag{1-30}$$

借用热力学第二定律的重要结果

$$\left(\frac{\partial U}{\partial V}\right)_T=T\left(\frac{\partial p}{\partial T}\right)_V-p$$

$$\left(\frac{\partial H}{\partial p}\right)_T=V-T\left(\frac{\partial V}{\partial T}\right)_p$$

可将 C_p 与 C_V 的关系表示成

$$C_p-C_V=T\left(\frac{\partial p}{\partial T}\right)_V\left(\frac{\partial V}{\partial T}\right)_p \tag{1-31}$$

式（1-29）、式（1-30）、式（1-31）普遍适用于任何均相封闭体系。对于理想气体 $pV=nRT$

$$\left(\frac{\partial p}{\partial T}\right)_V=\frac{nR}{V}\quad\left(\frac{\partial V}{\partial T}\right)_p=\frac{nR}{p}$$

代入（1-31）式可得

$$C_p-C_V=nR \tag{1-32a}$$

对于 1mol 理想气体

$$C_{p,\mathrm{m}}-C_{V,\mathrm{m}}=R \tag{1-32b}$$

【例 1-2】 将 1mol 298.15K、101.325kPa 的 O_2(g) 分别经（1）恒压过程，（2）恒容过程加热到 398.15K，试计算过程所需的热量。

［解］（1）恒压加热

由附录表Ⅱ-4 可查得 O_2(g) 在 273～1500K 范围内恒压摩尔热容为

$$C_{p,\mathrm{m}}/\mathrm{J\cdot K^{-1}\cdot mol^{-1}}=25.72+12.98\times10^{-3}T/\mathrm{K}-3.86\times10^{-6}(T/\mathrm{K})^2$$

$$\begin{aligned}Q_p&=n\int_{T_1}^{T_2}C_{p,\mathrm{m}}\mathrm{d}T=1\mathrm{mol}\times\int_{298.15\mathrm{K}}^{398.15\mathrm{K}}[25.72+12.98\times10^{-3}T/\mathrm{K}-\\&\quad 3.86\times10^{-6}(T/\mathrm{K})^2]\mathrm{J\cdot K^{-1}\cdot mol^{-1}}\mathrm{d}T\\&=25.72(398.15-298.15)\mathrm{J}+\frac{12.98\times10^{-3}}{2}(398.15^2-298.15^2)\mathrm{J}-\\&\quad\frac{3.86\times10^{-6}}{3}(398.15^3-298.15^3)\mathrm{J}\\&=26.13\mathrm{kJ}\end{aligned}$$

（2）恒容加热

由于气体压力较低可将气体近似为理想气体

$$C_{V,\mathrm{m}}=(C_{p,\mathrm{m}}-R)=17.41+12.98\times10^{-3}T-3.86\times10^{-6}(T/\mathrm{K})^2$$

$$Q_V=n\int_{T_1}^{T_2}C_{V,\mathrm{m}}\mathrm{d}T$$

将 $C_{V,\mathrm{m}}$ 代入积分可得

$$Q_V=17.81\mathrm{kJ}$$

1.3.5 相变热

一定量的物质在相态发生变化时与环境交换的热量称为相变热。通常，物质的相变化过程是在恒温、恒压两相平衡条件下发生的，如 100℃、101.325kPa 下水蒸发为水蒸气；0℃、101.325kPa 下冰融化为水等，这些过程是恒压且无非体积功的相变化过程，因此，这

些相变热为恒压热，$Q_p=\Delta H$，可用符号 $\Delta_l^g H$，$\Delta_s^l H$ 等表示，下标表示始态，上标表示终态，或用专门符号表示为 $\Delta_{vap}H$，$\Delta_{fus}H$ 等。

【例 1-3】 求 1mol 水在 100℃、101.325kPa 下蒸发为水蒸气过程的 ΔH、ΔU、W。已知 100℃、101.325kPa 下水的摩尔蒸发热为 40.70kJ·mol^{-1}。

［**解**］ $\Delta_{vap}H=Q_p=1\text{mol}\times40.70\text{kJ}\cdot\text{mol}^{-1}=40.70\text{kJ}$

$$W=p_{外}(V_2-V_1)\approx pV(g)=nRT$$

$$=1\text{mol}\times8.314\times10^{-3}\text{kJ}\cdot\text{K}^{-1}\cdot\text{mol}^{-1}\times373.15\text{K}=3.10\text{kJ}$$

$$\Delta_{vap}U=\Delta_{vap}H-p_{外}\Delta V\approx40.70\text{kJ}-3.10\text{kJ}=37.60\text{kJ}$$

计算中的近似是因为忽略了蒸发前水的体积 V_1。

有时候物质的相变化过程不一定是在两相平衡条件下发生的。例如水蒸气在 25℃、101.325kPa 下凝结为水，如何求出这个过程的热效应？上面例题中已知 1mol 水在 100℃、101.325kPa 蒸发过程的热效应 $\Delta_{vap}H=40.70\text{kJ}$，而在 100℃、101.325kPa 下水蒸气凝结过程的热效应为 $\Delta_g^l H=-\Delta_{vap}H=-40.70\text{kJ}$。上面的问题可以一般地归纳为，已知在 T_1 温度下由 α 相变化到 β 相的相变热 $\Delta_\alpha^\beta H(T_1)$，如何求出在 T_2 温度下由 α 相变化到 β 相的相变热 $\Delta_\alpha^\beta H(T_2)$？利用热力学方法，可以设计如下过程求算。

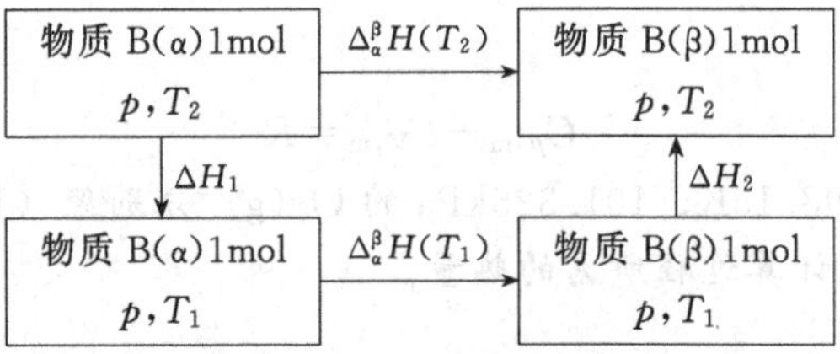

由于焓 H 是状态函数，其改变值只取决于始终态与变化途径无关，故

$$\Delta_\alpha^\beta H(T_2)=\Delta_\alpha^\beta H(T_1)+\Delta H_1+\Delta H_2$$

其中 ΔH_1、ΔH_2 分别为恒压下由于温度变化引起的焓变

$$\Delta H_1=n\int_{T_2}^{T_1}C_{p,m}(\alpha)\mathrm{d}T=-n\int_{T_1}^{T_2}C_{p,m}(\alpha)\mathrm{d}T$$

$$\Delta H_2=n\int_{T_1}^{T_2}C_{p,m}(\beta)\mathrm{d}T$$

所以 $$\Delta_\alpha^\beta H(T_2)=\Delta_\alpha^\beta H_m(T_1)+\int_{T_1}^{T_2}\Delta_\alpha^\beta C_p\mathrm{d}T \tag{1-33}$$

式中 $$\Delta_\alpha^\beta C_p=nC_{p,m}(\beta)-nC_{p,m}(\alpha)$$

应用式 (1-33)，对于水蒸气在 25℃、101.325kPa 下凝结过程，若水的恒压摩尔热容 $C_{p,m}(l)=75.29\text{J}\cdot\text{K}^{-1}\cdot\text{mol}^{-1}$，水蒸气的恒压摩尔热容 $C_{p,m}(g)=33.58\text{J}\cdot\text{K}^{-1}\cdot\text{mol}^{-1}$，室温附近 $\Delta_g^l C_{p,m}=41.71\text{J}\cdot\text{K}^{-1}\cdot\text{mol}^{-1}$。

$$\Delta_g^l H(298.15\text{K})=\Delta_g^l H(373.15\text{K})+\int_{373.15}^{298.15}\Delta_g^l C_p\mathrm{d}T$$

$$=40.70\text{kJ}+41.71\times10^{-3}(298.15-373.15)\text{kJ}$$

$$=-43.83\text{kJ}$$

即 1mol 水蒸气在 25℃、101.325kPa 下凝结为水时放出 43.83kJ 的热。

1.4 热力学第一定律对理想气体的应用

Application of the First Law of Thermodynamics to Perfect Gas

1.4.1 理想气体的内能和焓

焦耳在1843年进行了如下实验：把用活塞连通的两个大小相等的容器放入水浴中，水中插入一支温度计，如图1-5所示。容器的一边抽成真空，另一边充入一定量的低压气体。打开活塞，气体向真空容器膨胀，最后达平衡。达平衡后测定水浴温度。实验发现，气体向真空膨胀前后水浴温度不变，说明低压气体向真空膨胀过程与环境无热交换，$Q=0$，同时，气体在膨胀过程未对环境做功，$W=0$（气体在膨胀过程的极短时间内，存在压力不平衡，后一部分气体要对先进入真空容器的前部分气体做功，但这是体系内一部分气体对另一部分气体做功，未对环境做功），根据热力学第一定律 $\Delta U=0$，即低压气体在向真空膨胀前后内能不变。应用微分式

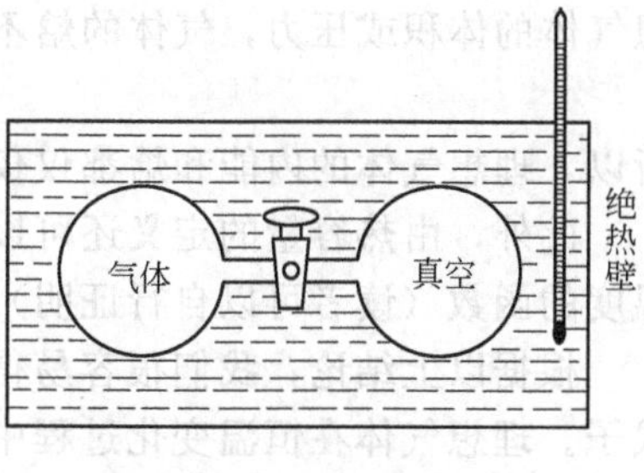

图1-5 焦耳实验装置示意

$$dU=\left(\frac{\partial U}{\partial T}\right)_V dT+\left(\frac{\partial U}{\partial V}\right)_T dV=0$$

现温度不变 $dT=0$，又 $dU=0$ 则

$$\left(\frac{\partial U}{\partial V}\right)_T dV=0$$

但 $dV\neq 0$

所以

$$\left(\frac{\partial U}{\partial V}\right)_T=0 \tag{1-34}$$

此式指出，在温度不变时，改变气体的体积，气体内能不变；气体在温度不变体积发生变化时，气体的压力必发生变化，由式（1-34）可得

$$\left(\frac{\partial U}{\partial p}\right)_T=\left(\frac{\partial U}{\partial V}\right)_T\left(\frac{\partial V}{\partial p}\right)_T=0 \tag{1-35}$$

即温度不变时，改变气体压力，气体的内能也保持不变。

式（1-34）、式（1-35）指出，气体在温度恒定不变时，改变气体的体积或压力，气体的内能保持不变，因此，气体的内能仅仅是温度的函数。

$$U=f(T) \tag{1-36}$$

应该指出，焦耳实验是不够精确的，因为水的热容量很大，气体在膨胀时，吸收的热量如果不是很多，水浴的温度变化不一定能测出来。但进一步实验指出，气体压力越低，即气体越接近理想气体，温度测量的仪器越精密，上面的结论越可靠。这说明理想气体的内能仅仅是温度的函数，在温度一定时，改变气体压力或体积，内能保持不变。

理想气体分子之间无相互作用，因此体系的内能只包括分子的运动能，而恒温下改变气体压力或体积，仅改变分子之间的距离，并不能改变分子的运动能即内能。只有温度改变引起分子的运动能改变，才引起体系内能的改变。

又根据焓的定义，$H=U+pV$

$$\left(\frac{\partial H}{\partial p}\right)_T=\left(\frac{\partial U}{\partial p}\right)_T+\left[\frac{\partial(pV)}{\partial p}\right]_T$$

对于理想气体，$\left(\frac{\partial U}{\partial p}\right)_T=0$，$\left[\frac{\partial(pV)}{\partial p}\right]_T=\left[\frac{\partial(nRT)}{\partial p}\right]_T=0$

所以
$$\left(\frac{\partial H}{\partial p}\right)_T=0 \tag{1-37}$$

又
$$\left(\frac{\partial H}{\partial V}\right)_T=\left(\frac{\partial H}{\partial p}\right)_T\left(\frac{\partial p}{\partial V}\right)_T=0 \tag{1-38}$$

式（1-37）、式（1-38）指出，理想气体的焓 H 也仅仅是温度的函数，在温度一定时改变理想气体的体积或压力，气体的焓不变。

$$H=f'(T) \tag{1-39}$$

所以，理想气体的内能和焓都仅仅是温度的函数。这是理想气体具有的非常重要的性质。

此外，由热容量的定义还可以得出，理想气体的恒容热容 C_V 和恒压热容 C_p 也仅仅是温度的函数（读者可以自行证明）。

根据以上结论，我们很容易得出理想气体的各种简单 pVT 变化过程中求算 ΔU、ΔH 的式子。理想气体在恒温变化过程中

$$\Delta U_T=0$$
$$\Delta H_T=0$$

而在变温过程中（温度从 T_1 变化到 T_2）

$$\Delta U = n\int_{T_1}^{T_2} C_{V,\mathrm{m}}\mathrm{d}T \tag{1-40}$$

$$\Delta H = n\int_{T_1}^{T_2} C_{p,\mathrm{m}}\mathrm{d}T \tag{1-41}$$

式（1-40）、式（1-41）是很容易证明的。例如式（1-40），对于单组分均相体系

$$\mathrm{d}U=\left(\frac{\partial U}{\partial T}\right)_V\mathrm{d}T+\left(\frac{\partial U}{\partial V}\right)_T\mathrm{d}V$$

对于理想气体，$\left(\frac{\partial U}{\partial V}\right)_T=0$，故有

$$\mathrm{d}U=\left(\frac{\partial U}{\partial T}\right)_V\mathrm{d}T=C_V\mathrm{d}T$$

所以
$$\Delta U=n\int_{T_1}^{T_2}C_{V,\mathrm{m}}\mathrm{d}T$$

同理可证式（1-41）成立。式（1-40）、式（1-41）适用于理想气体的任何变温过程，前者不一定要求恒容条件，后者不一定要求恒压条件，只要温度由 T_1 变化到 T_2，就可以用以上两式来求算理想气体的 ΔU、ΔH。但若体系不是理想气体，则式（1-40）要在恒容条件下才成立；式（1-41）则要在恒压条件下成立。

1.4.2 理想气体的绝热过程

当体系状态发生变化时，若体系与环境之间无热量交换，这种过程称为绝热过程（adiabatic process），体系也可以称为绝热体系（adiabatic system）。

对于绝热过程，$Q=0$，根据热力学第一定律

$$\Delta U=-W$$

首先，我们讨论绝热可逆过程。由可逆过程体积功的计算式，对于理想气体

$$W=\int_{V_1}^{V_2}p\mathrm{d}V=\int_{V_1}^{V_2}\frac{nRT}{V}\mathrm{d}V$$

这里不能把温度 T 当成常数而将 nRT 提出积分号外，因为气体在绝热过程中，如绝热膨胀过程，由于气体膨胀对外做功，不能从环境吸取热量，只能靠消耗自己的内能对外做功，因

此气体的温度必下降。所以气体在绝热过程中，气体本身的 p、V、T 都在改变，为了能计算体积功，必须找出 p、V、T 之间的关系。

对于理想气体不做非体积功的绝热可逆过程

$$dU=-\delta W=-p_{外}\,dV=-p\,dV$$

即
$$C_V\,dT=-\frac{nRT}{V}dV$$

上式整理
$$\frac{dT}{T}+\frac{nR}{C_V}\times\frac{dV}{V}=0$$

而
$$\frac{nR}{C_V}=\frac{C_p-C_V}{C_V}=\frac{C_p}{C_V}-1$$

定义
$$\gamma\xlongequal{\text{def}}\frac{C_p}{C_V}$$

称 γ 为热容商（heat capacity ratio）或绝热指数（adiabatic exponent），代入前式得

$$\frac{dT}{T}+(\gamma-1)\frac{dV}{V}=0$$

这是一个可分离变量的常微分方程。积分上式即可找出 p、V、T 间的关系。

积分上式得
$$\ln T+(\gamma-1)\ln V=常数$$

两边取指数
$$TV^{\gamma-1}=常数 \tag{1-42a}$$

将理想气体状态方程式 $T=\dfrac{pV}{nR}$ 代入上式可得

$$pV^{\gamma}=常数 \tag{1-42b}$$

将 $V=\dfrac{nRT}{p}$ 代入可得

$$p^{1-\gamma}T^{\gamma}=常数 \tag{1-42c}$$

式（1-42）是理想气体在绝热可逆变化过程中 p、V、T 之间的关系式，称为绝热可逆过程方程式（equation of adiabatic reversible process）。过程方程式和状态方程式不同，状态方程式指体系在一定状态下 p、V、T 之间遵守的关系式；而过程方程式则指体系在一特定的变化过程中状态参数 p、V、T 之间的关系式。如理想气体在恒温变化过程中满足 $pV=nRT=常数$，此式就是恒温过程方程式。从理想气体的 p、V、T 图可以清楚说明过程方程式和状态方程式的区别。图 1-6 中曲面（$afhbdkgc$）上的任何一点代表理想气体的一个状态，其 p、V、T 满足状态方程式 $pV=nRT$ 的关系。而曲面上的任何一条曲线则代表一个过程。对于 ab 线，$\dfrac{V}{T}=常数$，为恒压线；对于 cd 线，$\dfrac{p}{T}=常数$，为恒容线；对于 fg 线，$pV=常数$，为恒温线；对于 hl 线，$pV^{\gamma}=常数$，为绝热线。

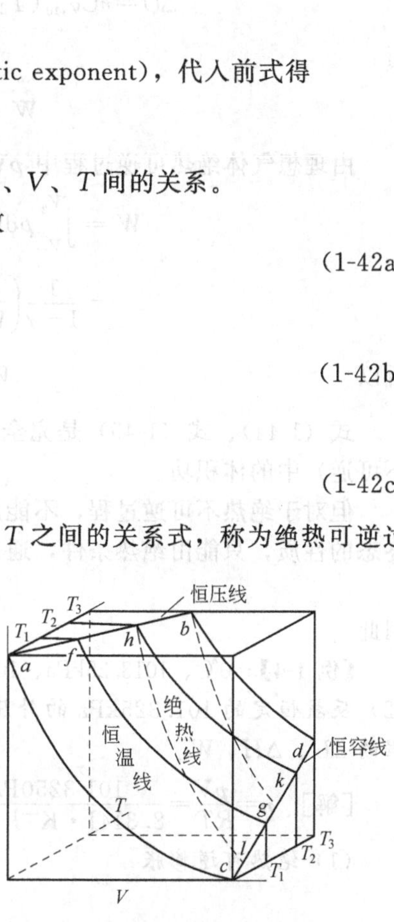

图 1-6　过程方程式图解

根据过程方程式的概念，式（1-42）还可以表示成

$$T_1V_1^{\gamma-1}=T_2V_2^{\gamma-1}$$
$$p_1V_1^{\gamma}=p_2V_2^{\gamma} \tag{1-43}$$

$$p_1 T_1^{\gamma} = p_2^{1-\gamma} T_2^{\gamma}$$

利用过程方程式（1-43），可以求出理想气体在绝热可逆变化（膨胀或压缩）中体系终态的性质。若已知气体始、终态的温度 T_1、T_2，即可以利用式（1-40）、式（1-41）求出理想气体在绝热可逆变化过程中的 ΔU、ΔH

$$\Delta U = n\int_{T_1}^{T_2} C_{V,\mathrm{m}} \mathrm{d}T$$

$$\Delta H = n\int_{T_1}^{T_2} C_{p,\mathrm{m}} \mathrm{d}T$$

如果将 C_V、C_p 视为常数

$$\Delta U = nC_{V,\mathrm{m}}(T_2 - T_1) \qquad \Delta U = nC_{p,\mathrm{m}}(T_2 - T_1)$$

而

$$W = -\Delta U = nC_{V,\mathrm{m}}(T_1 - T_2) \tag{1-44}$$

由理想气体绝热可逆过程中 pV 间的关系，也可以直接求算绝热可逆过程的功

$$W = \int_{V_1}^{V_2} p\mathrm{d}V = \int_{V_1}^{V_2} \frac{K}{V^{\gamma}}\mathrm{d}V = \left.\frac{K}{(1-\gamma)V^{\gamma-1}}\right|_{V_1}^{V_2}$$

$$= \frac{1}{1-\gamma}\left(\frac{K}{V_2^{\gamma-1}} - \frac{K}{V_1^{\gamma-1}}\right) = \frac{1}{1-\gamma}\left(\frac{K}{V_2^{\gamma}}V_2 - \frac{K}{V_1^{\gamma}}V_1\right)$$

所以

$$W = \frac{1}{1-\gamma}(p_2V_2 - p_1V_1) \tag{1-45}$$

式（1-44）、式（1-45）是完全等价的，都可以用来求算理想气体在绝热过程（可逆或不可逆）中的体积功。

但对于绝热不可逆过程，不能用绝热可逆过程方程式（1-42）或式（1-43）来计算体系终态的性质，只能由绝热条件，通过解方程式来获得，即绝热过程

$$Q = 0$$

因此

$$\Delta U = -W$$

【例 1-4】 0℃、1013.25kPa、10dm³ 的单原子理想气体（1）经绝热可逆膨胀到 101.325kPa，（2）反抗恒定的 101.325kPa 的外压绝热不可逆膨胀到 101.325kPa，求终态的温度 T_2 和过程的 ΔU、ΔH、W。

［解］ $n = \dfrac{pV}{RT} = \dfrac{101\ 3250\mathrm{Pa} \times 10 \times 10^{-3}\mathrm{m}^3}{8.314\mathrm{J \cdot K^{-1} \cdot mol^{-1}} \times 273.15\mathrm{K}} = 4.462\mathrm{mol}$

（1）绝热可逆膨胀

$$\gamma = \frac{C_p}{C_V} = \frac{\frac{3}{2}R + R}{\frac{3}{2}R} = \frac{5}{3} = 1.667$$

$$p_1^{1-\gamma} T_1^{\gamma} = p_2^{1-\gamma} T_2^{\gamma}$$

$$T_2 = T_1\left(\frac{p_1}{p_2}\right)^{\frac{1-\gamma}{\gamma}} = 273.15\mathrm{K}\left(\frac{1013.25}{101.325}\right)^{\frac{1-1.667}{1.667}} = 108.8\mathrm{K}$$

$$\begin{aligned}\Delta U &= nC_{V,\mathrm{m}}(T_2 - T_1)\\ &= 4.462\mathrm{mol} \times \frac{3}{2} \times 8.314 \times 10^{-3}\mathrm{kJ \cdot K^{-1} \cdot mol^{-1}} \times (108.8 - 273.15)\mathrm{K}\\ &= -9.15\mathrm{kJ}\end{aligned}$$

$$\Delta H = nC_{p,\mathrm{m}}(T_2 - T_1)$$
$$= 4.462\mathrm{mol} \times \frac{5}{2} \times 8.314 \times 10^{-3}\mathrm{kJ \cdot K^{-1} \cdot mol^{-1}} \times (108.8 - 273.15)\mathrm{K}$$
$$= -15.24\mathrm{kJ}$$

$$W = -\Delta U = 9.15\mathrm{kJ}$$

(2) 绝热不可逆膨胀

因为 $Q=0$，$\Delta U = -W$

$$nC_{V,\mathrm{m}}(T_2 - T_1) = p_{外}(V_1 - V_2) = p_2\left(\frac{nRT_2}{p_1} - \frac{nRT_2}{p_2}\right)$$

$$n \times \frac{3}{2}R(T_2 - T_1) = nR\left(\frac{p_2}{p_1}T_1 - T_2\right)$$

将 $T_1 = 273.15\mathrm{K}$，$p_1 = 1013.25\mathrm{kPa}$，$p_2 = 101.325\mathrm{kPa}$ 代入解得

$$T_2 = 174.8\mathrm{K}$$
$$\Delta U = nC_{V,\mathrm{m}}(T_2 - T_1) = -5.47\mathrm{kJ}$$
$$\Delta H = nC_{p,\mathrm{m}}(T_2 - T_1) = -9.12\mathrm{kJ}$$
$$W = -\Delta U = 5.47\mathrm{kJ}$$

可见气体经绝热可逆和不可逆膨胀到相同终态压力时，可逆膨胀温度降低多，做功多。

1.4.3 绝热可逆过程与恒温可逆过程的比较

绝热过程和恒温过程在热力学研究中是两个非常重要的过程，前者是理想的不传热，后者是理想的传热，因此是两个极端的过程。

绝热可逆过程和恒温可逆过程体系做的功可用 p-V 图表示，如图 1-7 所示。

对于恒温可逆过程

$$pV = nRT = K$$
$$p = KV^{-1}$$
$$\left(\frac{\partial p}{\partial V}\right)_T = -KV^{-2} = -\frac{p}{V} \tag{1-46}$$

对于绝热可逆过程

$$pV^{\gamma} = K', \quad \gamma = \frac{C_p}{C_V}$$
$$p = K'V^{-\gamma}$$
$$\left(\frac{\partial p}{\partial V}\right)_S = -\gamma KV^{-\gamma-1} = -\frac{\gamma p}{V} \tag{1-47}$$

这里脚标“S”表示绝热可逆条件。由于气体的 $\gamma = \frac{C_p}{C_V} > 1$，所以，$\left|\left(\frac{\partial p}{\partial V}\right)_S\right| > \left|\left(\frac{\partial p}{\partial V}\right)_T\right|$，即绝热线的坡度比恒温线的坡度大，绝热可逆膨胀过程气体压力降低比恒温可逆膨胀显著，如图 1-7 所示。这是因为，恒温可逆膨胀只有体积增大导致压力降低，而绝热可逆膨胀，一方面气体体积增大导致压力降低；另一方面，绝热膨胀过程，气体温度降低也使压力降低，两个因素皆使气体压力降低。所以，从相同始态出发膨胀到相同终态体积时，在绝热可逆膨胀过程中气体做的

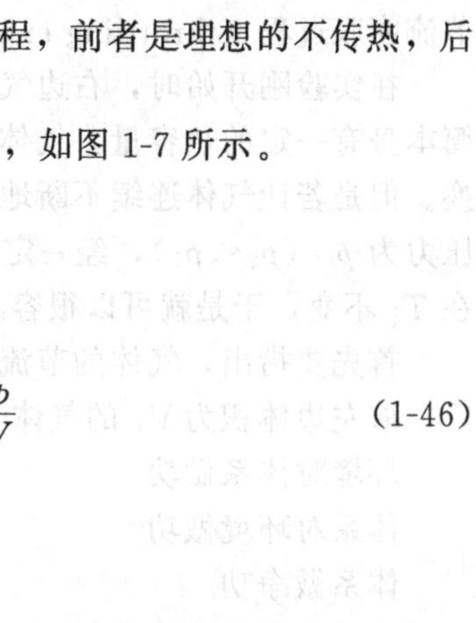

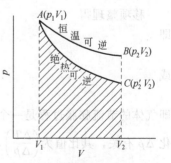

图 1-7 绝热可逆过程和恒温可逆过程

功比在恒温可逆膨胀过程中少。

实际过程，体系与环境不可能完全恒温，也不可能完全绝热，而是介于二者之间，这种过程称为多方过程，其过程方程式可表示为 pV^n＝常数，式中 $\gamma>n>1$。

1.5 实际气体的内能和焓

Internal Energy and Enthalpy of Real Gas

1.5.1 气体的节流膨胀——焦耳-汤姆逊实验

前面我们已经指出，焦耳在 1843 年所做的实验是不够精确的，由于水的热容量较大，不容易测定出气体在膨胀前后的温度变化。1853 年焦耳和汤姆逊（W. Thomson，1824～1907，英国格拉斯哥大学教授，即 Lord. Kelvin）改进了实验，能精确地观测气体膨胀而发生的温度改变。焦耳-汤姆逊实验装置如图 1-8 所示，在一个绝热圆筒的中部安置一个多孔塞（用棉花或软木塞等材料做成），使气体不能通畅地通过，因而在多孔塞两边产生一定压力差。把温度为 T_1 压力为 p_1 的气体从左边连续不断地压过多孔塞，气体通过多孔塞后压力降低发生膨胀，这个过程称为节流膨胀过程（throttling expansion process）。

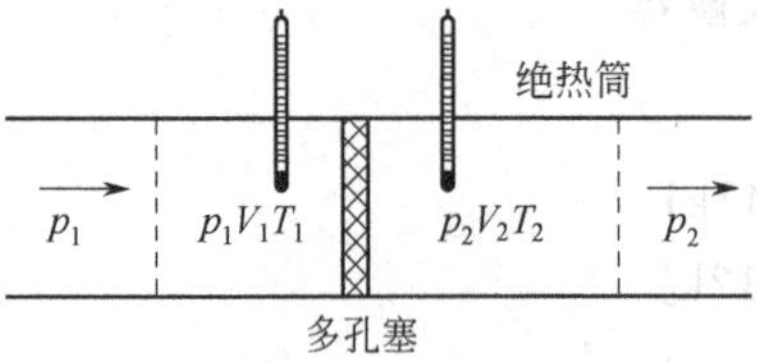

图 1-8 焦耳-汤姆逊实验装置

在实验刚开始时，右边气体的温度不容易稳定，这是因为，尽管圆筒是绝热的，但绝热筒本身有一定的热容量，气体在膨胀过程所产生的热效应一部分要用来与容器壁进行热交换。但是若让气体连续不断地通过多孔塞，并一直维持进气压力为 p_1、温度为 T_1、出气的压力为 p_2（$p_2<p_1$），经一定时间气体与容器壁的热交换达平衡后，右边气体的温度就稳定在 T_2 不变，于是就可以很容易观测出气体在膨胀前后的温度变化。

首先要指出，气体的节流膨胀过程是一个等焓过程（isenthalpic process）。当达稳定态后，取左边体积为 V_1 的气体为体系，经节流膨胀后气体体积变为 V_2。在节流膨胀过程中

环境对体系做功 $W_{环}=p_1V_1$

体系对环境做功 $W_2=p_2V_2$

体系做净功 $W=W_2-W_{环}=p_2V_2-p_1V_1$

由于过程是绝热的 $Q=0$

由热力学第一定律

$$\Delta U=U_2-U_1=-W=-p_2V_2+p_1V_1$$

移项整理得 $U_2+p_2V_2=U_1+p_1V_1$

即

$$H_2=H_1$$

或

$$\Delta H=0$$

即气体的节流膨胀过程是一个等焓过程。气体经节流膨胀后温度的变化 ΔT 与膨胀后压力变化 Δp 有关，其比值为$\left(\frac{\Delta T}{\Delta p}\right)$，用微分表示

$$\mu_{\text{J-T}}\overset{\text{def}}{=\!=\!=}\left(\frac{\partial T}{\partial p}\right)_H \tag{1-48}$$

$\mu_{J\text{-}T}$称为焦耳-汤姆逊系数（Joule-Thomson coefficient），它表示气体经节流膨胀后温度随压力的变化率。由于节流膨胀压力降低，dp 为负值。所以，当 $\mu_{J\text{-}T}$为正值时，表示气体经节流膨胀后温度随压力降低而降低；反之，$\mu_{J\text{-}T}$为负值时，表示气体经节流膨胀后温度随压力降低而升高。实验指出，大多数气体在常温常压下进行节流膨胀后温度降低，即$\mu_{J\text{-}T}>0$；但少数气体例外，如 He、H_2 在常温下进行节流膨胀后温度是升高的，即 $\mu_{J\text{-}T}<0$；但实验进一步指出，即使 He、H_2 这些少数气体在很低的温度下经节流膨胀后温度也会降低，$\mu_{J\text{-}T}$ 也会为正值。当 $\mu_{J\text{-}T}=0$ 时气体的温度称为转换温度（inversion temperature）。

一次节流膨胀，只能测定出一个$\left(\frac{\Delta T}{\Delta p}\right)_H$ 值，得到（p_1,T_1）和（p_2,T_2）两组值，在 T-p 图中可以标出这两点：$1(p_1,T_1)$、$2(p_2,T_2)$。显然，这两点具有相同的焓值。如果从相同的始态（$p_1V_1T_1$）出发，调节多孔塞右边气体的压力到 p_3，进行节流膨胀，可以得到点 $3(p_3,T_3)$。如此类推，可以得到 4，5，6，…，这些点具有相同的焓值，连接这些点得到一条曲线为等焓线（isenthalpic curve），见图 1-9。曲线上任一点的斜率，即是气体在此温度和压力下的焦耳-汤姆逊系数 $\mu_{J\text{-}T}=\left(\frac{\partial T}{\partial p}\right)_H$。图中在点 4 左侧 $\mu_{J\text{-}T}=\left(\frac{\partial T}{\partial p}\right)_H>0$，气体经节流膨胀后，温度降低，右侧 $\mu_{J\text{-}T}<0$，气体经节流膨胀后，温度升高，而在点4$\mu_{J\text{-}T}=\left(\frac{\partial T}{\partial p}\right)_H=0$，气体经节流膨胀后温度不变，这个温度就是气体的转换温度。

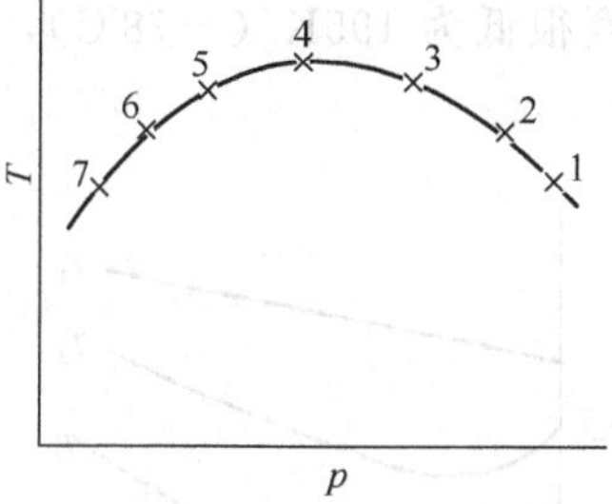

图 1-9　气体的等焓线

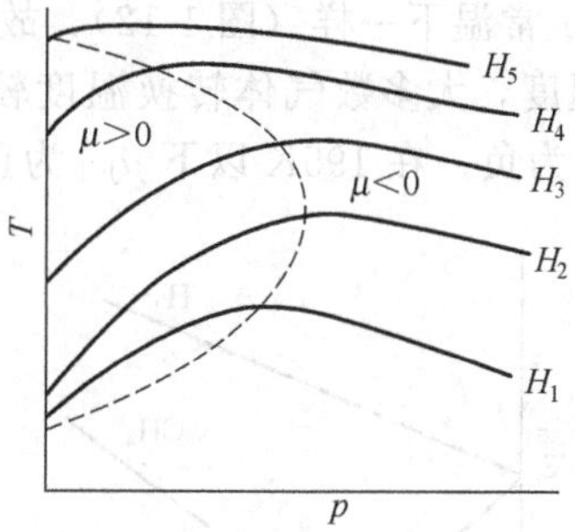

图 1-10　气体的转换曲线

如果我们取气体的另一个始态如上完全相同的步骤进行节流膨胀，可以得到另一条等焓线，把各条等焓线的最高点——转换点连接起来即得到气体的转换曲线如图 1-10 所示。在转换曲线上 $\mu_{J\text{-}T}=0$；在曲线以内 $\mu_{J\text{-}T}>0$，气体经节流膨胀后温度降低，因此，这个区称为制冷区（cooling region）；曲线以外 $\mu_{J\text{-}T}<0$，气体经节流膨胀后温度升高为致热区（heating region）。不同气体有各自不同的转换曲线，只有在制冷区以内气体经节流膨胀后才能降温或液化。节流膨胀是目前工业制冷的一种重要手段。目前人类所能获得的最低温度为 1×10^{-6}K，十分接近 0K。

下面讨论为什么在不同条件下气体的 $\mu_{J\text{-}T}$值或为正、或为负、或为零。

对于均相封闭体系

$$dH=\left(\frac{\partial H}{\partial T}\right)_p dT+\left(\frac{\partial H}{\partial p}\right)_T dp=C_p dT+\left(\frac{\partial H}{\partial p}\right)_T dp$$

在节流膨胀过程中 $dH=0$

$$\mu_{J\text{-}T}=\left(\frac{\partial T}{\partial p}\right)_H=-\frac{1}{C_p}\left(\frac{\partial H}{\partial p}\right)_T=-\frac{1}{C_p}\left[\frac{\partial(U+pV)}{\partial p}\right]_T$$

$$=-\frac{1}{C_p}\left(\frac{\partial U}{\partial p}\right)_T-\frac{1}{C_p}\left[\frac{\partial(pV)}{\partial p}\right]_T \tag{1-49}$$

从上式可以看出 $\mu_{J\text{-}T}$ 的符号由两项决定。

对于理想气体，$\left(\frac{\partial U}{\partial p}\right)_T=0$，$\left[\frac{\partial(pV)}{\partial p}\right]_T=0$，所以 $\mu_{J\text{-}T}=\left(\frac{\partial T}{\partial p}\right)_H=0$。即理想气体经节流膨胀后温度不变。

对于实际气体，节流膨胀过程 $dp<0$，膨胀过程体积增大，分子之间的距离增大，因此，分子之间相互作用的位能增高，$dU>0$，即 $\left(\frac{\partial U}{\partial p}\right)_T<0$，式（1-49）中第一项 $\left[-\frac{1}{C_p}\left(\frac{\partial U}{\partial p}\right)_T\right]>0$，在节流膨胀过程中总是为正；第二项的符号由 $\left[\frac{\partial(pV)}{\partial p}\right]_T$ 的正负决定，其数值可以从气体的 pV_m-p 等温线上求出。它取决于气体本身的性质和所处的温度、压力条件。例如 0℃ 时由实验可以得出 H_2 和 CH_4 气体的 pV_m-p 图。如图 1-11 所示，对于 CH_4，在压力较小时（$p<p_0$），$\left[\frac{\partial(pV)}{\partial p}\right]_T<0$，故 $\left\{-\frac{1}{C_p}\left[\frac{\partial(pV)}{\partial p}\right]_T\right\}>0$，与第一项一起考虑，可知 $\mu_{J\text{-}T}>0$；而在压力较高时，$\left[\frac{\partial(pV)}{\partial p}\right]_T>0$，$\left\{-\frac{1}{C_p}\left[\frac{\partial(pV)}{\partial p}\right]_T\right\}<0$，这时 $\mu_{J\text{-}T}$ 的正负由两项数值的相对大小决定，所以 $\mu_{J\text{-}T}$ 随气体所处的温度压力不同而改变，可为正、为负或为零。H_2 在常温下 $\left[\frac{\partial(pV)}{\partial p}\right]_T>0$，故 $\left\{-\frac{1}{C_p}\left[\frac{\partial(pV)}{\partial p}\right]_T\right\}<0$，且其绝对值比第一项大，所以，$\mu_{J\text{-}T}<0$，因此 H_2 经节流膨胀后温度升高。但是，在极低温度下，其 pV_m-p 图也变得与 CH_4 常温下一样（图 1-12），故在极低温度下 $\mu_{J\text{-}T}$ 也可以出现正值。每种气体都有自己的转换温度，大多数气体转换温度较高，H_2 的转换温度很低为 195K（－78℃），在 195K 以上 $\mu_{J\text{-}T}$ 为负，在 195K 以下 $\mu_{J\text{-}T}$ 为正。

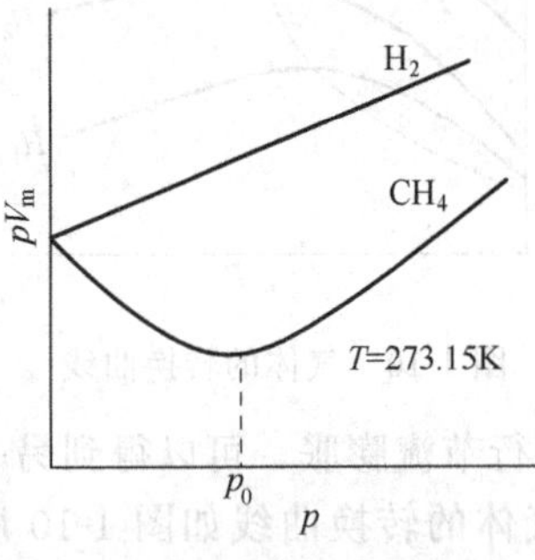

图 1-11　H_2 和 CH_4 气体的 pV_m-p 图

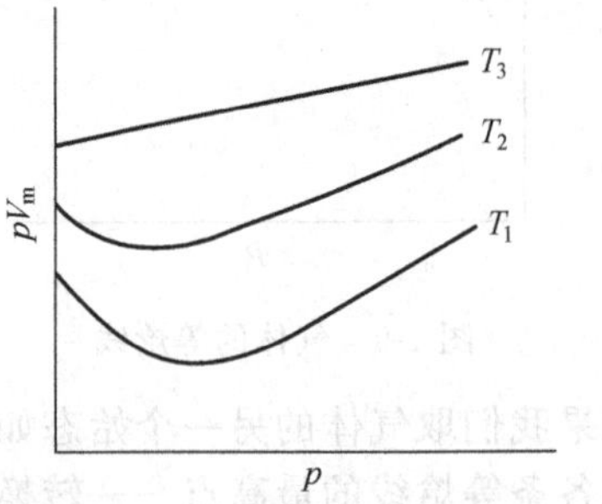

图 1-12　H_2 在不同温度下的 pV_m-p 图

1.5.2　实际气体 ΔU 和 ΔH 的计算

前已指出，对于单组分均相体系

$$dU=\left(\frac{\partial U}{\partial T}\right)_V dT+\left(\frac{\partial U}{\partial V}\right)_T dV=C_V dT+\left(\frac{\partial U}{\partial V}\right)_T dV \tag{1-50}$$

$$dH=\left(\frac{\partial H}{\partial T}\right)_p dT+\left(\frac{\partial H}{\partial p}\right)_T dp=C_p dT+\left(\frac{\partial H}{\partial p}\right)_T dp \tag{1-51}$$

对于理想气体，内能和焓都仅仅是温度的函数，$\left(\frac{\partial U}{\partial V}\right)_T=0$，$\left(\frac{\partial H}{\partial p}\right)_T=0$。但实际气体则不同，实际气体在节流膨胀过程中 $dH=0$，而 $C_p\neq0$，$dT\neq0$，$dp\neq0$，由式（1-51）可知

$$\left(\frac{\partial H}{\partial p}\right)_T\neq0$$

而

$$\left(\frac{\partial U}{\partial V}\right)_T=\left(\frac{\partial H}{\partial V}\right)_T-\left[\frac{\partial(pV)}{\partial V}\right]_T$$

其中 $$H \neq pV,\ \left(\frac{\partial H}{\partial V}\right)_T \neq \left[\frac{\partial (pV)}{\partial V}\right]_T$$

故 $$\left(\frac{\partial U}{\partial V}\right)_T \neq 0$$

即实际气体的内能和焓不仅是温度的函数，也是体积或压力的函数。

以上两个偏导数可以通过焦耳-汤姆逊系数求算。

$$\mu_{\text{J-T}} = \left(\frac{\partial T}{\partial p}\right)_H = -\frac{\left(\frac{\partial H}{\partial p}\right)_T}{\left(\frac{\partial H}{\partial T}\right)_p} = -\frac{1}{C_p}\left(\frac{\partial H}{\partial p}\right)_T$$

$$\left(\frac{\partial H}{\partial p}\right)_T = -C_p \mu_{\text{J-T}} \tag{1-52}$$

而 $$\left(\frac{\partial U}{\partial V}\right)_T = \left[\frac{\partial (H - pV)}{\partial V}\right]_T = \left(\frac{\partial H}{\partial V}\right)_T - \left[\frac{\partial (pV)}{\partial V}\right]_T$$
$$= \left(\frac{\partial H}{\partial p}\right)_T \left(\frac{\partial p}{\partial V}\right)_T - \left[\frac{\partial (pV)}{\partial V}\right]_T$$
$$= -C_p \mu_{\text{J-T}} \left(\frac{\partial p}{\partial V}\right)_T - \left[\frac{\partial (pV)}{\partial V}\right]_T \tag{1-53}$$

$\left(\frac{\partial p}{\partial V}\right)_T$ 和 $\left[\frac{\partial (pV)}{\partial V}\right]_T$ 可以通过实验或由状态方程式求得。将式（1-52）、式（1-53）进行积分就可以求算出实际气体在恒温物理变化过程中的 ΔU 和 ΔH。

【例 1-5】 已知 CO_2 的 $\mu_{\text{J-T}} = \left(\frac{\partial T}{\partial p}\right)_H = 0.0107\text{K} \cdot \text{kPa}^{-1}$，求 25℃ 将 1mol CO_2 由 101.325kPa 压缩至 1013.25kPa 时的 ΔH。假定 $C_{p,\text{m}}(CO_2、\text{g}) = 37.13\text{J} \cdot \text{K}^{-1} \cdot \text{mol}^{-1}$ 且不随压力变化。

［解］ $$\left(\frac{\partial H}{\partial p}\right)_T = -C_p \mu_{\text{J-T}}$$

$$\Delta H = -\int_{p_1}^{p_2} C_p \mu_{\text{J-T}} \, \mathrm{d}p = -C_p \mu_{\text{J-T}} (p_2 - p_1)$$
$$= -37.13\text{J} \cdot \text{K}^{-1} \cdot \text{mol}^{-1} \times 0.0107\text{K} \cdot \text{kPa}^{-1} \times (1013.25 - 101.325)\text{kPa}$$
$$= 362.3\text{J}$$

也可以将第二定律的公式

$$\left(\frac{\partial U}{\partial V}\right)_T = T\left(\frac{\partial p}{\partial T}\right)_V - p$$

$$\left(\frac{\partial H}{\partial p}\right)_T = V - T\left(\frac{\partial V}{\partial T}\right)_p$$

代入式（1-50）和式（1-51）中积分得

$$\Delta U = n\int_{T_1}^{T_2} C_{V,\text{m}} \mathrm{d}T + \int_{V_1}^{V_2} \left[T\left(\frac{\partial p}{\partial T}\right)_V - p\right] \mathrm{d}V \tag{1-54}$$

$$\Delta H = n\int_{T_1}^{T_2} C_{p,\text{m}} \mathrm{d}T + \int_{p_1}^{p_2} \left[V - T\left(\frac{\partial V}{\partial T}\right)_p\right] \mathrm{d}p \tag{1-55}$$

如果已知实际气体的状态方程式，即可求出偏导数 $\left(\frac{\partial p}{\partial T}\right)_V$ 和 $\left(\frac{\partial V}{\partial T}\right)_p$，代入式（1-54）、式（1-55）中则可以求算出 ΔU 和 ΔH。例如，若气体的状态方程式符合范德华气体状态方程式

$$\left(p+\frac{an^2}{V_2}\right)(V-nb)=nRT$$

$$p=\frac{nRT}{V-nb}-\frac{an^2}{V_2}$$

$$\left(\frac{\partial p}{\partial T}\right)_V=\frac{nR}{V-nb}$$

假定该气体变化过程是恒温的，则

$$\Delta U=\int_{V_1}^{V_2}\left[T\left(\frac{\partial p}{\partial T}\right)_V-p\right]\mathrm{d}V=\int_{V_1}^{V_2}\left[\frac{nRT}{V-nb}-p\right]\mathrm{d}V$$

$$=\int_{V_1}^{V_2}\frac{an^2}{V^2}\mathrm{d}V=an^2\left(\frac{1}{V_1}-\frac{1}{V_2}\right)$$

ΔH 也可以由定义式直接求算

$$\Delta H=\Delta U+\Delta(pV)=an^2\left(\frac{1}{V_1}-\frac{1}{V_2}\right)+(p_2V_2-p_1V_1)$$

若实验测定了恒压膨胀系数 α 和恒温压缩系数 κ，则 $\left(\frac{\partial V}{\partial T}\right)_p=V\alpha$，由式（1-12）$\left(\frac{\partial p}{\partial T}\right)_V=\frac{\alpha}{\kappa}$，代入式（1-54）或式（1-55）积分，也可以求得 ΔU 和 ΔH。

对于凝聚体系，恒压膨胀系数 α 和恒温压缩系数 κ 容易由实验测定，因此，上面这种方法更适用于凝聚体系简单物理变化过程的 ΔU 和 ΔH 的计算。

1.6 化学反应的热效应——热化学

Heat Effect of Chemical Reactions——Thermochemistry

化学反应常伴随有热量的吸收和放出，研究化学反应的热效应并对这些热效应进行准确测定，成为物理化学中的一个重要分支称为热化学。

早在热力学第一定律建立以前，由于生产实践的需要，热化学就已经取得了很大的成就。最先注意到化学反应热效应的是法国著名科学家拉瓦锡（1743～1794），他同 P. S. 拉普拉斯一起，设计了第一台简陋的量热计，后来，M. 贝特罗发明了精确测定燃烧热的方法——贝特罗量热计，R. A. 法夫尔和 T. 西尔伯曼对反应热进行实验测定，得到了不少反应热的比较精确的数据，J. 汤姆生在 1882～1886 年间出版了四卷本的《热化学》著作。在实验测定基础上，当时已总结出一些著名的定律，如赫斯（G. Hess，1802～1850，生于瑞士，俄国科学院院士，著名化学家）在 1840 年就总结出一条关于反应热效应的定律称为赫斯定律。这些实验方法的建立和热化学定律的发现为热化学的发展奠定了坚实的基础。

反应热的实验数据，无论在理论研究或者在生产实践中都具有十分重要的价值。化工设备的设计、生产流程的确定都必须有准确的反应热的数据。一个化学反应要能够正常进行，必须知道反应需要吸收或放出多少热量，以便确定外界应补给反应体系多少热量或从反应体系中取走多少热量；化学反应平衡常数的计算，更是离不开反应热的数据；利用测定反应进行过程中放出的热量随时间变化的规律来研究反应速率的热动力学是近年来发展起来的研究反应速率的一种方法。

应该指出，虽然热化学的一些定律及公式建立在热力学第一定律之前，但是，当热力学第一定律确立之后，热化学的定律和公式就成为热力学第一定律的必然推论，因此，热化学实质上是热力学第一定律在化学反应中的具体应用。

1.6.1 化学反应的热效应——恒容反应热和恒压反应热

化学反应的热效应通常是指反应在恒温条件（反应物和产物温度相等）下进行，体系与环境之间无非体积功交换（$W_f=0$），化学反应吸收或放出的热量。在恒容条件下的热效应为恒容反应热，恒压条件下的热效应为恒压反应热，由热力学第一定律可知，前者为反应的内能改变，后者为反应的焓变。

$$Q_V = \Delta_r U = \sum U_{产物} - \sum U_{反应物}$$

$$Q_p = \Delta_r H = \sum H_{产物} - \sum H_{反应物}$$

通常称的反应热如不特别加以注明，为恒压反应热 Q_p，即反应的焓变 $\Delta_r H$。

反应热可以用量热计进行测定，即把反应物质置于热容量已知的量热计中进行反应，测定量热计的温度变化，即可算出反应放出或吸收了多少热量。实验室中的量热计，如用于测定有机化合物燃烧热的量热计为“弹式量热计”，反应在恒容条件下进行，因此，测出的反应热为恒容反应热 $\Delta_r U$。有关反应热的实验测定将在物理化学实验中做专门介绍。

1.6.2 反应进度

化学反应的焓变 $\Delta_r H$ 和内能改变 $\Delta_r U$ 是与发生反应的物质的量有关的，在化学反应进行过程中，物质的量随着反应进行不断变化，为此，我们定义一个描述反应进行程度的物理量——反应进度（extent of reaction），用符号 ξ 表示。

对于任意一个化学反应

$$\nu_D D + \nu_E E \longrightarrow \nu_G G + \nu_H H$$

可用一个通式来表示

$$0 = \sum_B \nu_B B \tag{1-56}$$

式中，B 代表 D、E、G、H 等各种物质；ν_B 代表反应物 D、E 和产物 G、H 的计量系数 ν_D、ν_E、ν_G、ν_H。并且规定，对于反应物取负号，产物取正号。于是式（1-56）可表示为

$$0 = -\nu_D D - \nu_E E + \nu_G G + \nu_H H$$

这就是前式。若反应开始时各物质的物质的量为 $n_{B,0}$，反应进行到 t 时刻时各物质的物质的量为 n_B

	$\nu_D D$	+ $\nu_E E \longrightarrow$	$\nu_G G$	+ $\nu_H H$
$t=0$	$n_{D,0}$	$n_{E,0}$	$n_{G,0}$	$n_{H,0}$
$t=t$	n_D	n_E	n_G	n_H
Δn_B	$n_D - n_{B,0}$	$n_E - n_{E,0}$	$n_G - n_{G,0}$	$n_H - n_{H,0}$

各物质的物质的量的增量 Δn_B 彼此不一定相等，但$\dfrac{\Delta n_B}{\nu_B}$则是相同的

$$\frac{\Delta n_D}{-\nu_D} = \frac{\Delta n_E}{-\nu_E} = \frac{\Delta n_G}{\nu_G} = \frac{\Delta n_H}{\nu_H}$$

定义
$$\xi \overset{\text{def}}{=\!=} \frac{\Delta n_B}{\nu_B} = \frac{n_B - n_{B,0}}{\nu_B} \tag{1-57}$$

ξ 称为反应进度，其单位为“mol”。将式（1-57）改写为

$$\Delta n_B = n_B - n_{B,0} = \nu_B \xi$$

微分得 $$d n_B = \nu_B d\xi \tag{1-58}$$

根据式（1-57），当反应开始时，$\Delta n_B = 0$，$\xi = 0$，当反应进行到各物质的物质的量的改变值等于化学计量系数，$\Delta n_B = \nu_B \text{mol}$ 时，$\xi = 1\text{mol}$，称反应发生了一摩尔反应，或称进行了一个单位反应，即按化学反应计量式进行完了的反应就称为发生了一个摩尔反应，此时，反应的焓变和内能改变分别称为反应的摩尔焓变 $\Delta_r H_m$ 和反应的摩尔内能改变 $\Delta_r U_m$，其单位为"$J \cdot mol^{-1}$"或"$kJ \cdot mol^{-1}$"，即

$$\Delta_r H_m = \frac{\Delta_r H}{\xi}$$

$$\Delta_r U_m = \frac{\Delta_r H}{\xi}$$

引入反应进度 ξ 后，在反应进行的任何时刻，用任一反应物或任一产物的改变量来表示反应进行程度，所得结果都是相同的。

【例 1-6】 1.0mol $N_2(g)$ 和 2.0mol $H_2(g)$ 混合气通过合成氨塔，经过多次循环反应最后有 0.5mol NH_3 生成，试分别以如下两个计量式为基础计算反应进度 ξ。

（1）$N_2 + 3H_2 \longrightarrow 2NH_3$

（2）$\frac{1}{2}N_2 + \frac{3}{2}H_2 \longrightarrow NH_3$

［解］ （1）

	n_{N_2}	n_{H_2}	n_{NH_3}
$t=0$	1.0	2.0	0
$t=t$	0.75	1.25	0.5

用 NH_3 的物质的量的变化来计算 $$\xi = \frac{\Delta n_B}{\nu_B} = \frac{(0.5-0)\text{mol}}{2} = 0.25\text{mol}$$

用 H_2 的物质的量的变化来计算 $$\xi = \frac{(1.25-2.0)\text{mol}}{-3} = 0.25\text{mol}$$

用 N_2 的物质的量的变化来计算 $$\xi = \frac{(0.75-1.0)\text{mol}}{-1} = 0.25\text{mol}$$

（2）根据（2）式，分别用 NH_3、H_2 和 N_2 的物质的量的增量来计算反应进度为

$$\xi = \frac{(0.5-0.1)\text{mol}}{1} = \frac{(1.25-2.0)\text{mol}}{-\frac{3}{2}} = \frac{(0.75-1.0)\text{mol}}{-\frac{1}{2}} = 0.5\text{mol}$$

根据以上计算可见，对于同一反应计量式，无论用反应物还是用产物来计算反应进度 ξ 是相同的；但反应计量式写法不同，则反应进度 ξ 的值是不同的，若反应按其计量系数完全反应时，反应进度皆为 1mol。

1.6.3 恒压反应热与恒容反应热的关系

前已指出，弹式量热计测出的为恒容反应热，若要知道恒压反应热，必须找出恒压反应热和恒容反应热之间的关系。应用热力学原理，根据状态函数的性质，可以设计如下过程找出它们之间的关系。

设有一化学反应

$$\nu_D D + \nu_E E \longrightarrow \nu_G G + \nu_H H$$

若在恒温恒容和恒温恒压下进行了 1mol 反应（$\xi = 1\text{mol}$），设计过程如下。过程（Ⅰ）是恒温恒压的化学反应过程，$Q_p = \Delta_r H_m$，过程（Ⅱ）是恒温恒容的化学反应过程，$Q_V = \Delta_r U_m$，过程（Ⅲ）是产物的恒温简单状态变化过程。

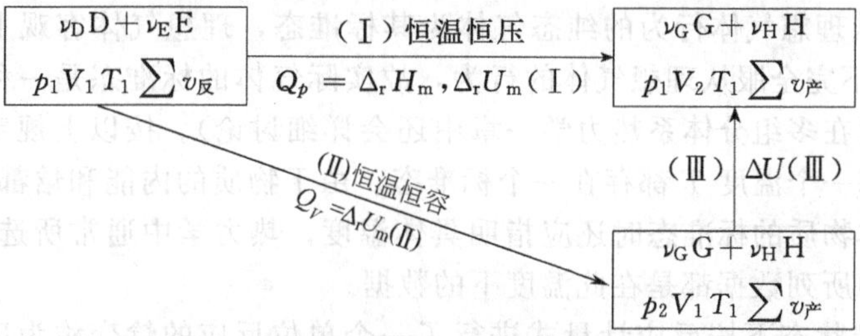

$$Q_p-Q_V=\Delta_r H_m-\Delta_r U_m=[\Delta_r U_m(Ⅰ)+p_1\Delta V(Ⅰ)]-\Delta_r U_m(Ⅱ)$$

而
$$\Delta_r U_m(Ⅰ)=\Delta_r U_m(Ⅱ)+\Delta U(Ⅲ)$$

故
$$\Delta_r H_m-\Delta_r U_m=\Delta U(Ⅲ)+p_1\Delta V(Ⅰ)$$

若反应体系为理想气体反应，由于理想气体的内能仅是温度的函数，在温度不变时内能不变。因此 $\Delta U(Ⅲ)=0$，而

$$p_1\Delta V(Ⅰ)=p_1V_2-p_1V_1=(\nu_G+\nu_H)RT-(\nu_D+\nu_E)RT$$
$$=\sum_B \nu_B RT$$

故
$$\Delta_r H_m-\Delta_r U_m=\sum_B \nu_B RT$$

或
$$Q_p-Q_V=\sum_B \nu_B RT \tag{1-59}$$

式中，$\sum\nu_B$ 为产物计量系数之和减去反应物计量系数之和。若反应体系内既有气体，又有凝聚物质，则 $\sum\nu_B$ 为气相产物与气相反应物计量系数之差。

若反应体系为凝聚体系　　$\Delta U(Ⅲ)\approx 0$，$p_1\Delta V(Ⅰ)\approx 0$，$Q_p-Q_V\approx 0$

1.6.4 热化学方程式

表示化学反应与热效应关系的化学反应计量式称为热化学方程式。由于 U、H 的数值与体系所处的状态有关，所以，在写热化学方程式时，首先，必须注明反应的温度和压力，若不注明，则表示反应是在25℃、101.325kPa下进行。其次，要注明各物质的物态，一般在反应式中用“气”或“g”代表气态、“液”或“l”代表液态、“固”或“s”代表固态，晶体物质常需注明结晶状态。最后给出反应的摩尔焓变。例如

$$C_6H_6(l)+7\frac{1}{2}O_2(g)\longrightarrow 6CO_2(g)+3H_2O(l)\qquad \Delta_r H_m=-3268\text{kJ}\cdot\text{mol}^{-1}$$

表示在298.15K、101.325kPa下进行了1mol反应时，反应放出热量3268kJ。

如果反应是在溶液中进行，还要注明溶剂及各物质的浓度，如

$$NaOH(aq,\infty)+HCl(aq,\infty)\longrightarrow NaCl(aq,\infty)+H_2O(l)\qquad \Delta_r H_m=-57.32\text{kJ}\cdot\text{mol}^{-1}$$

式中“aq”代表水溶液，“∞”代表无限稀释的意思。

1.6.5 反应的标准摩尔焓变 $\Delta_r H_m^{\ominus}$

化学反应的摩尔焓变是化学反应按计量方程式进行时产物与反应物焓的差值。

$$\Delta_r H_m=\sum H_{产物}-\sum H_{反应物}=\sum_B \nu_B H_m(B)$$

因此，若能知道参加反应的各物质的焓的绝对值，利用上式计算反应焓变是非常方便的，但是焓 H 的绝对值是无法确定的，在讨论化学反应焓变时，我们关心的是一个反应在变化过程中焓的改变值 ΔH。为此，人们采用相对标准来计算反应的焓变。这个相对标准在热力学中称为热力学标准态（thermodynamic standard states）。

对于纯固体和纯液体规定，在反应温度 T、压力为101.325kPa（称为标准压力用符号“$p^{\ominus}$”表示）时的纯固体、纯液体本身的状态为其标准态。对于气体物质规定，在反应温度

T、压力 $p^{\ominus}$ 时服从理想气体行为的纯态气体为其标准态，理想气体客观上是不存在的，实际气体在 $p^{\ominus}$ 下并不完全服从理想气体的行为，故实际气体的标准态是一种假想态（关于标准态的规定，以后在多组分体系热力学一章中还会详细讨论）。按以上规定，标准态没有指定温度，因此，每一个温度 T 都存在一个标准态。由于物质的内能和焓都是与温度有关的，因此，在规定具体物质的标准态时还应指明具体温度，热力学中通常所选温度为 298.15K，所以热力学表册中所列数据都是在此温度下的数据。

各物质在标准状态下按反应计量式进行了一个单位反应的焓变称为反应的标准摩尔焓变，用符号 $\Delta_r H_m^{\ominus}$ 表示。

例如

$$H_2(g,纯,298.15K,p^{\ominus})+\frac{1}{2}O_2(g,纯,298.15K,p^{\ominus})\longrightarrow H_2O(l,纯,298.15K,p^{\ominus})$$

$$\Delta_r H_m^{\ominus}(298.15K)=\sum_B \nu_B H_m^{\ominus}(B,298.15K)=-285.84kJ\cdot mol^{-1}$$

表示在 298.15K、101.325kPa 下 1mol 纯态 $H_2(g)$ 与 $\frac{1}{2}$mol 纯态 $O_2(g)$ 完全反应生成同温同压下 1mol 纯 $H_2O(l)$ 的标准摩尔焓变 $\Delta_r H_m^{\ominus}$ 为 -285.84kJ。

这里，要特别指出，反应的标准摩尔焓变 $\Delta_r H_m^{\ominus}$ 指各物质处于标准态（纯态）不变，按照反应计量式进行了 1mol 反应的焓变，这意味着，参加反应的各物质不能发生混合，且还必须维持温度、压力不变的条件。因此，与实际反应不同，这只是一个假想的过程，前面提到的化学反应的内能改变 $\Delta_r U_m$ 以及后面涉及的化学反应的热力学函数改变都具有这样的含义。关于这个问题，我们在化学平衡一章中还要进行专门讨论。

1.7 反应焓的计算

The Calculation for Reaction Enthalpy

1.7.1 赫斯（Hess）定律

G. H. 赫斯在 1840 年在大量实验基础上总结出："化学反应无论是一步完成还是分几步完成，反应的热效应是相同的"，这个结论称为赫斯定律。换言之，反应的热效应只取决于始、终态，与变化具体途径无关。显然，赫斯定律只能适用于恒压过程或恒容过程，即在恒压或恒容条件下反应的热效应只取决于始、终态，与变化的具体途径无关。因为

在恒容下 $$Q_V=\Delta_r U_m \xi$$

在恒压下 $$Q_p=\Delta_r H_m \xi$$

$\Delta_r U$、$\Delta_r H$ 是状态函数的增量，只取决于始、终态，与变化所经历的具体途径无关。只要始、终态确定后，$\Delta_r U$（即 Q_V）、$\Delta_r H$（即 Q_p）就有完全确定之值。由此可见，赫斯定律是热力学第一定律的必然结果。赫斯定律是热化学中最重要的定律之一，它奠定了热化学的基础。它的重要意义在于，有了赫斯定律，我们就可以从一些易于用实验测定的反应的热效应来计算那些难于用实验测定或用实验不能直接测定的反应的热效应。

【例 1-7】 计算 25℃、101.325kPa 下，下面反应的标准摩尔反应焓 $\Delta_r H_m^{\ominus}$。

$$C(石墨)+\frac{1}{2}O_2(g)\longrightarrow CO(g)$$

［解］ 此反应很难控制到只生成 $CO(g)$，而 $CO(g)$ 不进一步氧化为 $CO_2(g)$，所以，此反应的摩尔反应焓很难通过实验直接测定，但以下两个反应的摩尔反应焓很容易获得。

(1) C(石墨)$+O_2(g) \longrightarrow CO_2(g)$ $\quad \Delta_r H_{m,1}^{\ominus}(298.15K)=-393.5kJ \cdot mol^{-1}$

(2) $CO(g)+\frac{1}{2}O_2(g) \longrightarrow CO_2(g)$ $\quad \Delta_r H_{m,2}^{\ominus}(298.15K)=-282.8kJ \cdot mol^{-1}$

由赫斯定律，可以设计如下过程来求算所求反应的标准摩尔反应焓。

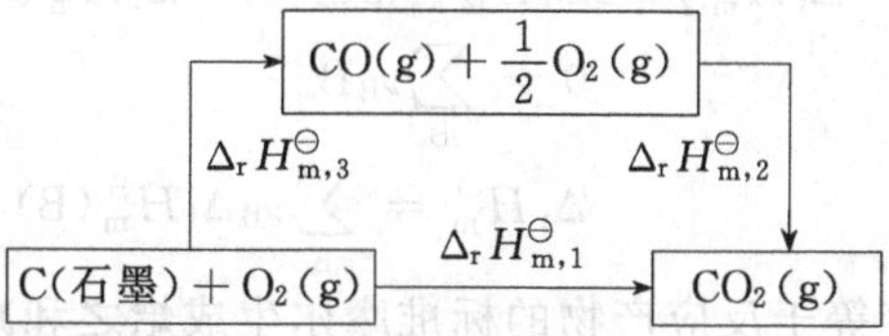

$$\Delta_r H_{m,3}^{\ominus}=\Delta_r H_{m,1}^{\ominus}-\Delta_r H_{m,2}^{\ominus}=(-393.5kJ \cdot mol^{-1})-(-282.8kJ \cdot mol^{-1})$$
$$=-110.7kJ \cdot mol^{-1}$$

上面这种办法可称为闭合回路法，即把未知反应和已知反应构成闭合回路，从中找出具有相同始、终态而途径不同的反应来。

也可以直接用代数加、减法求算。

(1) C(石墨)$+O_2(g) \longrightarrow CO_2(g)$ $\quad \Delta_r H_{m,1}^{\ominus}=-393.5kJ \cdot mol^{-1}$

(2) $CO(g)+\frac{1}{2}O_2(g) \longrightarrow CO_2(g)$ $\quad \Delta_r H_{m,2}^{\ominus}=-282.8kJ \cdot mol^{-1}$

(1)−(2) 得

(3) C(石墨)$+\frac{1}{2}O_2(g) \longrightarrow CO(g)$ $\quad \Delta_r H_{m,3}^{\ominus}$

故 $\quad \Delta_r H_{m,3}^{\ominus}=\Delta_r H_{m,1}^{\ominus}-\Delta_r H_{m,2}^{\ominus}=-110.7kJ. mol^{-1}$

在进行代数加减时必须注意，同一物质只有当其物态相同时才能进行代数加减。

1.7.2 物质的标准摩尔生成焓

在反应温度 T、由处于标准态的“稳定单质”生成 1mol 标准态下指定相态的物质 B 的反应的焓变称为该物质 B 的标准摩尔生成焓（standard molar enthalpy of formation）或标准摩尔生成热（standard molar heat of formation），用符号 $\Delta_f H_m^{\ominus}(B)$ 表示，其单位为“$J \cdot mol^{-1}$”或“$kJ \cdot mol^{-1}$”。相应的反应为该化合物的生成反应。所以化合物的标准摩尔生成焓就是其生成反应的标准摩尔焓变。例如，在 298.15K，101.325kPa 下反应

$$C(石墨)+O_2(g) \longrightarrow CO_2(g) \quad \Delta_r H_m^{\ominus}(298.15K)=-393.51kJ \cdot mol^{-1}$$

因此 $CO_2(g)$ 的标准摩尔生成焓 $\Delta_f H_m^{\ominus}(CO_2,g,298.15K)=\Delta_r H_m^{\ominus}=-393.51kJ \cdot mol^{-1}$。

物质的生成焓并不是这种物质焓的绝对值，它是相对于生成它的稳定单质的相对焓值。按此规定，稳定单质的标准摩尔生成焓为零。因为稳定单质自己生成自己的过程无状态变化，所有热力学函数的增量皆为零。所谓稳定单质，即在此温度 T、标准压力 $p^{\ominus}$ 下最稳定形态的单质，如碳 C 稳定单质为 C（石墨），而不是 C（金刚石），溴（Br_2）在 25℃的稳定单质为液态 $Br_2(l)$，而不是气体 $Br_2(g)$。

根据以上定义，我们可以通过实验及热力学处理得出在标准状态下由稳定单质生成物质 B 的标准摩尔生成焓。298.15K 时一些物质的标准摩尔生成焓列于附录表Ⅱ-1 和表Ⅱ-2 中。

1.7.2.1 原子的标准摩尔生成焓

附录表Ⅱ-1 中还列出了一些原子的标准摩尔生成焓的数据。原子的标准摩尔生成焓定义为由标准状态下稳定单质生成 1mol 标准状态下的气态原子的焓变。

下面讨论如何利用物质的标准摩尔生成焓 $\Delta_f H_m^{\ominus}(B)$ 的数据来求一个化学反应的标准摩尔焓变 $\Delta_r H_m^{\ominus}$。如在 25℃、101.325kPa 下反应

(1) $Cl_2(g)+2Na(s) \longrightarrow 2NaCl(s)$ $\quad \Delta_r H_{m,1}^{\ominus}=2\Delta_f H_m^{\ominus}(NaCl,s)$

(2) $Cl_2(g)+Mg(s) \longrightarrow MgCl_2(s)$　　$\Delta_r H_{m,2}^{\ominus}=\Delta_f H_m^{\ominus}(MgCl_2,s)$

利用赫斯定律 (1)－(2) 得

(3) $2Na(s)+MgCl_2(s) \longrightarrow Mg(s)+2NaCl(s)$　　$\Delta_r H_{m,3}^{\ominus}$

$$\Delta_r H_{m,3}^{\ominus}=\Delta_r H_{m,1}^{\ominus}-\Delta_r H_{m,2}^{\ominus}=2\Delta_f H_m^{\ominus}(NaCl,s)-\Delta_f H_m^{\ominus}(MgCl_2,s)$$

对于一般的化学反应

$$0=\sum_B \nu_B B$$

则

$$\Delta_r H_m^{\ominus}=\sum_B \nu_B \Delta_f H_m^{\ominus}(B) \tag{1-60}$$

即化学反应的标准摩尔焓变等于反应产物的标准摩尔生成焓之和减去反应物的标准摩尔生成焓之和。

1.7.2.2　离子的标准摩尔生成焓

溶液中进行的反应，反应物、产物通常以离子的形式存在，如果知道了离子的标准摩尔生成焓，也可以利用式 (1-60) 来计算溶液中反应的标准摩尔焓变。但是，由于溶液中正、负离子总是同时生成，整个溶液呈电中性，不可能获得只有一种正离子或只有一种负离子的溶液，因此，无法用实验来测定单独一种离子的生成焓。例如，将 1mol HCl(g) 在 25℃、标准压力下溶解于大量水中

$$HCl(g) \longrightarrow H^+(aq,\infty)+Cl^-(aq,\infty) \qquad \Delta_{sol} H_m^{\ominus}=-75.14kJ\cdot mol^{-1}$$

即标准下溶解过程放出 75.14kJ 的热量，而 HCl(g) 的标准摩尔生成焓可从表册中查得 $\Delta_f H_m^{\ominus}(HCl,g)=-92.30kJ\cdot mol^{-1}$，根据式 (1-60)

$$\Delta_{sol} H_m^{\ominus}=\sum_B \nu_B \Delta_f H_m^{\ominus}(B)$$
$$=\Delta_f H_m^{\ominus}(H^+,aq,\infty)+\Delta_f H_m^{\ominus}(Cl^-,aq,\infty)-\Delta_f H_m^{\ominus}(HCl,g)$$

由此可以求得正、负离子标准摩尔生成焓之和

$$\Delta_f H_m^{\ominus}(H^+,aq,\infty)+\Delta_f H_m^{\ominus}(Cl^-,aq,\infty)=\Delta_{sol} H_m^{\ominus}+\Delta_f H_m^{\ominus}(HCl,g)$$
$$=-75.14kJ\cdot mol^{-1}-92.30kJ\cdot mol^{-1}=-167.44kJ\cdot mol^{-1}$$

如果我们选定一种离子对其标准摩尔生成焓规定一个数值，就可以获得其他各种离子在无限稀释的水溶液中相对生成焓。为此，规定："在指定温度 T、101.325kPa 下，在无限稀释的水溶液中 H^+ 的标准摩尔生成焓为零。" 有了这一规定，由上式就可以确定出 Cl^- 的相对标准摩尔生成焓

$$\Delta_f H_m^{\ominus}(Cl^-,aq,298.15K)=-167.44kJ\cdot mol^{-1}$$

有了 Cl^- 的标准摩尔生成焓，若将 1mol KCl 溶解于极大量水中，又可以确定出 K^+ 的标准摩尔生成焓。用此方法可以确定出其他离子的标准摩尔生成焓，附录表Ⅱ-3 列出了一些离子在 298.15K 的标准摩尔生成焓。利用这些数据可以求算溶液中一些反应的摩尔焓变。

【例 1-8】 利用标准摩尔生成焓计算下面反应的 $\Delta_r H_m^{\ominus}$ (298.15K)。

$$CH_4(g)+O_2(g) \longrightarrow CO_2(g)+2H_2O(l)$$

[解] 查得 25℃ 时 $\Delta_f H_m^{\ominus}(CH_4,g)=-74.85kJ\cdot mol^{-1}$，$\Delta_f H_m^{\ominus}(CO_2,g)=-393.51\ kJ\cdot mol^{-1}$，$\Delta_f H_m^{\ominus}(H_2O,l)=-285.84kJ\cdot mol^{-1}$

$$\Delta_r H_m^{\ominus}(298.15K)=\sum_B \nu_B \Delta_f H_m^{\ominus}(B)$$
$$=(-393.51kJ\cdot mol^{-1})-2\times 285.84kJ\cdot mol^{-1}-(-74.85kJ\cdot mol^{-1})$$
$$=-890.34kJ\cdot mol^{-1}$$

【例 1-9】 在含有 Ca^{2+} 的水溶液中通入 $CO_2(g)$，将有 $CaCO_3(s)$ 沉淀产生，求沉淀生成反应的 $\Delta_r H_m^{\ominus}$。

［解］ $Ca^{2+}(aq,\infty)+CO_2(g)+H_2O(l) \longrightarrow CaCO_3(s)+2H^+(aq,\infty)$

查得 $\Delta_f H_m^{\ominus}(Ca^{2+},aq,\infty)=-542.96kJ\cdot mol^{-1}$，$\Delta_f H_m^{\ominus}(CO_2,g)=-393.51kJ\cdot mol^{-1}$，$\Delta_f H_m^{\ominus}(H_2O,l)=-285.84kJ\cdot mol^{-1}$，$\Delta_f H_m^{\ominus}(CaCO_3,s)=-1206.87kJ\cdot mol^{-1}$

$$\begin{aligned}\Delta_r H_m^{\ominus}(298.15K) &= \sum_B \nu_B \Delta_f H_m^{\ominus}(B) = -1206.87kJ\cdot mol^{-1}+0-(-542.96kJ\cdot mol^{-1}\\ &\quad -393.51kJ\cdot mol^{-1}-285.84kJ\cdot mol^{-1})\\ &=15.44kJ\cdot mol^{-1}\end{aligned}$$

1.7.3 物质的标准摩尔燃烧焓

许多物质的标准摩尔生成焓 $\Delta_f H_m^{\ominus}$ 可通过其生成反应测定，但有机物通常很难由单质生成，故有机物的标准摩尔生成焓数据很难获得。有机物容易燃烧，其燃烧焓容易获得。

1mol 物质在反应温度 T、标准状态下"完全燃烧"的摩尔反应焓变称为物质的标准摩尔燃烧焓（standard molar enthalpy of combustion）或标准摩尔燃烧热（standard molar heat of combustion)，用符号 $\Delta_c H_m^{\ominus}(B)$ 表示。"完全燃烧"是指在燃烧反应中 C 氧化为 $CO_2(g)$、H 氧化为 $H_2O(l)$、S 氧化为 $SO_2(g)$、N 变为 $N_2(g)$ 等。由实验及热力学处理得到的 298.15K 有机物的标准摩尔燃烧焓已列于附录表Ⅱ-5 中。根据赫斯定律，很容易导出由标准摩尔燃烧焓计算标准摩尔反应焓的公式

$$\Delta_r H_m^{\ominus} = -\sum_B \nu_B \Delta_c H_m^{\ominus}(B) \tag{1-61}$$

【例 1-10】 利用物质的标准摩尔燃烧焓的数值求 298.15K、101.325kPa 时，下面酯化反应的焓变 $\Delta_r H_m^{\ominus}$（298.15K）。

$$CH_3COOH(l)+C_2H_5OH(l) \longrightarrow CH_3COOC_2H_5(l)+H_2O(l)$$

［解］ 查得各物质的标准摩尔燃烧焓为：$\Delta_c H_m^{\ominus}(CH_3COOH,l)=-871.5kJ\cdot mol^{-1}$，$\Delta_c H_m^{\ominus}(C_2H_5OH,l)=-1366.75kJ\cdot mol^{-1}$，$\Delta_c H_m^{\ominus}(CH_3COOC_2H_5,l)=-2234kJ\cdot mol^{-1}$，$\Delta_c H_m^{\ominus}(H_2O,l)=0$

$$\begin{aligned}\Delta_r H_m^{\ominus} &= -\sum_B \nu_B \Delta_c H_m^{\ominus}(B) = \Delta_c H_m^{\ominus}(CH_3COOH,l)+\Delta_c H_m^{\ominus}(C_2H_5OH,l)-\\ &\quad \Delta_c H_m^{\ominus}(CH_3COOC_2H_5,l)-\Delta_c H_m^{\ominus}(H_2O,l)\\ &=-871.5kJ\cdot mol^{-1}-1366.75kJ\cdot mol^{-1}-(-2234kJ\cdot mol^{-1})=-4.25kJ\cdot mol^{-1}\end{aligned}$$

从物质的标准摩尔燃烧焓也可以求物质的标准摩尔生成焓。

【例 1-11】 已知苯乙烯（气）的标准摩尔燃烧焓 $\Delta_c H_m^{\ominus}(295.15K)=-4437kJ\cdot mol^{-1}$，求 298.15K 苯乙烯的标准摩尔生成焓 $\Delta_f H_m^{\ominus}$（298.15K）。

［解］ 苯乙烯的生成反应为

$$8C(\text{石墨})+4H_2(g) \longrightarrow C_6H_5C_2H_3(g) \qquad \Delta_r H_m^{\ominus}$$

$$\Delta_f H_m^{\ominus}(C_6H_5C_2H_3,g) = \Delta_r H_m^{\ominus} = -\sum_B \nu_B \Delta_c H_m^{\ominus}(B)$$

$$=8\Delta_c H_m^{\ominus}(\text{石墨})+4\Delta_c H_m^{\ominus}(H_2,g)-\Delta_c H_m^{\ominus}(C_6H_5C_2H_3,g)$$

$$\Delta_c H_m^{\ominus}(\text{石墨})=\Delta_f H_m^{\ominus}(CO_2,g)=-393.5kJ\cdot mol^{-1}$$

$$\Delta_c H_m^{\ominus}(H_2,g)=\Delta_f H_m^{\ominus}(H_2O,l)=-285.8kJ\cdot mol^{-1}$$

所以
$$\begin{aligned}\Delta_f H_m^{\ominus}(C_6H_5C_2H_3,g) &= 8\times(-393.51kJ\cdot mol^{-1})+\\ &\quad 4\times(-285.84kJ\cdot mol^{-1})-(-4437kJ\cdot mol^{-1})\\ &=145.56kJ\cdot mol^{-1}\end{aligned}$$

1.7.4 键焓

一切化学反应实际上都是原子或原子团的重新排列组合，反应过程中都有旧键的断裂和

新键的生成。化学反应的热效应实质上就是这些化学键在断裂和生成过程中的能量变化（键的断裂过程需要供给能量，键的生成过程会放出能量。）因此，如果能知道化学反应中化学键的改变情况以及各个键的键焓数据，那么，就可以计算出反应的焓变来。

在指定温度 T、101.325kPa 下将气态化合物中 1mol 某种键拆散使其成为两个部分（气态原子或原子团）所需的能量为此化合物中该键的键能（bond energy）。在结构化学中为键的解离能。由热力学关系式 $\Delta H=\Delta U+\Delta(pV)=\Delta U+\sum\nu_B RT$ 求出键焓（bond enthalpy）。热力学数据手册上通常列出的是 25℃、$p^\ominus$ 时的平均键焓，可用符号 $\Delta_b H_m^\ominus$ 表示。某一种键的平均键焓与分子中具体的一个化学键的键焓常是不相同的。例如，从光谱数据得知，在 25℃，$p^\ominus$ 下

$$\text{H—O—H}(g) \longrightarrow H(g)+\text{O—H}(g) \qquad \Delta_r H_{m,1}^\ominus=502.1\text{kJ}\cdot\text{mol}^{-1}$$

$$\text{O—H}(g) \longrightarrow O(g)+H(g) \qquad \Delta_r H_{m,2}^\ominus=423.4\text{kJ}\cdot\text{mol}^{-1}$$

$\Delta_r H_{m,1}^\ominus$、$\Delta_r H_{m,2}^\ominus$ 分别是拆散 H_2O 分子中第一个 O—H 和第二个 O—H 的键焓，而 O—H 的平均键焓为

$$\Delta_b H_m^\ominus=\frac{\Delta_r H_{m,1}^\ominus+\Delta_r H_{m,2}^\ominus}{2}=\frac{502.1\text{kJ}\cdot\text{mol}^{-1}+423.4\text{kJ}\cdot\text{mol}^{-1}}{2}=462.8\text{kJ}\cdot\text{mol}^{-1}$$

平均键焓可以通过标准摩尔生成焓的数据求算，反过来也可以通过平均键焓来估算物质的生成焓，如

$$CH_4(g) \longrightarrow C(g)+4H(g) \qquad \Delta_r H_m^\ominus$$

25℃、$p^\ominus$ 下，$CH_4(g)$、C(g)、H(g) 标准摩尔生成焓 $\Delta_f H_m^\ominus(B)$ 可查得，分别为 $-74.85\text{kJ}\cdot\text{mol}^{-1}$、$718.38\text{kJ}\cdot\text{mol}^{-1}$、$217.94\text{kJ}\cdot\text{mol}^{-1}$，于是

$$\begin{aligned}\Delta_r H_m^\ominus &= \sum_B \nu_B \Delta_f H_m^\ominus(B)\\ &=718.38\text{kJ}\cdot\text{mol}^{-1}+4\times217.94\text{kJ}\cdot\text{mol}^{-1}-(-74.85\text{kJ}\cdot\text{mol}^{-1})\\ &=1664.99\text{kJ}\cdot\text{mol}^{-1}\end{aligned}$$

$\Delta_r H_m^\ominus$ 是拆散 $CH_4(g)$ 中 4 个 C—H 所需的能量，则 C—H 的平均键焓为

$$\Delta_b H_m^\ominus(\text{C—H})=\frac{\Delta_r H_m^\ominus}{4}=\frac{1664.99\text{kJ}\cdot\text{mol}^{-1}}{4}=416.2\text{kJ}\cdot\text{mol}^{-1}$$

又

$$CH_3\text{—O—H}(g) \longrightarrow C(g)+O(g)+4H(g) \qquad \Delta_r H_m^\ominus(298.15\text{K})$$

$\Delta_f H_m^\ominus(298.15\text{K})/\text{kJ}\cdot\text{mol}^{-1}$ $\quad -201.25 \qquad 718.38 \quad 247.52 \quad 217.94$

$$\begin{aligned}\Delta_r H_m^\ominus(298.5\text{K}) &= \sum_B \nu_B \Delta_f H_m^\ominus(B)\\ &=718.38\text{kJ}\cdot\text{mol}^{-1}+247.52\text{kJ}\cdot\text{mol}^{-1}+4\times217.94\text{kJ}\cdot\text{mol}^{-1}-\\ &\quad(-201.25\text{kJ}\cdot\text{mol}^{-1})\\ &=2038.91\text{kJ}\cdot\text{mol}^{-1}\end{aligned}$$

$\Delta_r H_m^\ominus$ 是拆散 $CH_3OH(g)$ 中 3 个 C—H、1 个 C—O 和 1 个 O—H 所需的能量。

$$\Delta_r H_m^\ominus=3\Delta_b H_m^\ominus(\text{C—H})+\Delta_b H_m^\ominus(\text{C—O})+\Delta_b H_m^\ominus(\text{O—H})$$

故 C—O 的平均键焓为

$$\begin{aligned}\Delta_b H_m^\ominus(\text{C—O})&=\Delta_r H_m^\ominus-3\Delta_b H_m^\ominus(\text{C—H})-\Delta_b H_m^\ominus(\text{O—H})\\ &=2038.91\text{kJ}\cdot\text{mol}^{-1}-3\times416.2\text{kJ}\cdot\text{mol}^{-1}-462.8\text{kJ}\cdot\text{mol}^{-1}=327.5\text{kJ}\cdot\text{mol}^{-1}\end{aligned}$$

但是利用上面方法自 $CH_3—O—CH_3(g)$ 算出的 C—O 的平均键焓 $\Delta_b H_m^\ominus(C—O)$ 数值不同（为 $340kJ \cdot mol^{-1}$），故平均键焓的数据除需对分子内同种键的键焓进行平均以外，还需对不同化合物中同种类型的键的键焓取平均值，像这样对大量物质中同一种键的键焓取平均值后得到平均键焓：$\Delta_b H_m^\ominus(C—O)=343kJ \cdot mol^{-1}$、$\Delta_b H_m^\ominus(O—H)=463kJ \cdot mol^{-1}$、$\Delta_b H_m^\ominus(C—H)=416kJ \cdot mol^{-1}$ 等，表 1-1 和表 1-2 列出了一些化学键的平均键焓之值。

表 1-1　某些化学键在 25℃、$p^\ominus$ 下的平均键焓 $\Delta_b H_m^\ominus$

键	$\Delta_b H_m^\ominus/kJ \cdot mol^{-1}$	键	$\Delta_b H_m^\ominus/kJ \cdot mol^{-1}$	键	$\Delta_b H_m^\ominus/kJ \cdot mol^{-1}$
H—H	435.9	S—H	339	Se—Cl	243
D—D[①]	442	Si—H	326	Ag—Cl	301
C—C	342	Li—H	481	Sn—Cl	318
C=C	613	Na—H	197	Sb—Cl	310
C≡C	845	K—H	180	F—Cl	253
N—N	85	Cu—H	276	Br—Cl	218
N≡N（N_2 中）	945.4	As—H	247	I—Cl	209
O—O	139	Se—H	276	Rb—Cl	427
O=O（O_2 中）	498.3	Rb—H	163	C—N	293
F—F（F_2 中）	158.0	Ag—H	243	C≡N	879
Cl—Cl（Cl_2 中）	243.3	Te—H	238	C—O	343
Br—Br（Br_2 中）	192.9	Cs—H	176	C=O	707
I—I（I_2 中）	151.2	C—Cl	328	C—F	443
Cl—F	251	N—Cl	192	C—Br[①]	276
C—H	416	O—Cl	218	C—S	272
N—H	354	Na—Cl	410	C=S	536
O—H	463	Si—Cl	381	P≡N	577
F—H（HF 中）	568.2	P—Cl	326	S=O	498
Cl—H（HCl 中）	432.0	S—Cl	255	Si—O[①]	374
Br—H（HBr 中）	366.1	K—Cl	423	Si—Si[①]	176
I—H（HI 中）	298.3	Cu—Cl	368	P—P[①]	172
P—H[①]	322	As—Cl	293	S—S[①]	264

① 摘至 Chemistry Data Book, Second Edition in SI, 1982。

表 1-2　25℃、$p^\ominus$ 某些化学键的键焓在不同化合物中的数值[①]

O—H	$\Delta_b H_m^\ominus/kJ \cdot mol^{-1}$	C—H	$\Delta_b H_m^\ominus/kJ \cdot mol^{-1}$	C—C	$\Delta_b H_m^\ominus/kJ \cdot mol^{-1}$
HO—H	498.7	CH_3—H	431.8	CH_3—CH_3	368
HOO—H	374.5	CCl_3—H	377	CF_3—CF_3	406
CH_3O—H	439	CF_3—H	444	CH_3—CH_2—CH_3	356
CH_3CH_2O—H	435	N≡C—H	540	$(CH_3)_3$C—CH_3	335
CH_3CO—H（O）	469	$HOCH_2$—H	385	CH_3C—CH_3（O）	335
		CH_3CH_2—H	410	N≡C—C≡N	603
		$(CH_3)_3C$—H	385	HC≡C—CH_3	490
		HC—H（O）	364	⬡—CH_3	427
		CH_3C—H（O）	360	⬡—CH_2—⬡	301
		⬡—H	469		
		⬡—CH_2—H	356		

① 摘自 Berry-Ross, Physical Chemistry. 1980, 565。

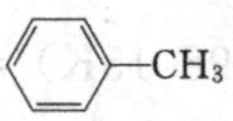

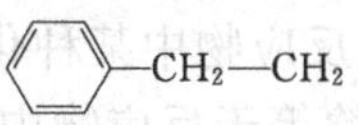

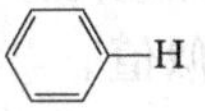

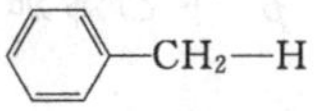

平均键焓是对大量化合物中同一种类型键的键焓统计平均值，它对一个具体化合物来说只能是一个近似值。因此，利用平均键焓求算出的反应焓也只是一个近似值。

利用平均键焓的数据可以估算一个气态化合物的标准摩尔生成焓。化合物的生成反应，如 $CH_4(g)$ 的生成反应可表示为

$$C(石墨) + 2H_2(g) \xrightarrow{\Delta_f H_m^{\ominus}(CH_4,g)} CH_4(g)$$

$$\Delta H_1 \downarrow \qquad \nearrow \Delta H_2$$

$$C(g) + 4H(g)$$

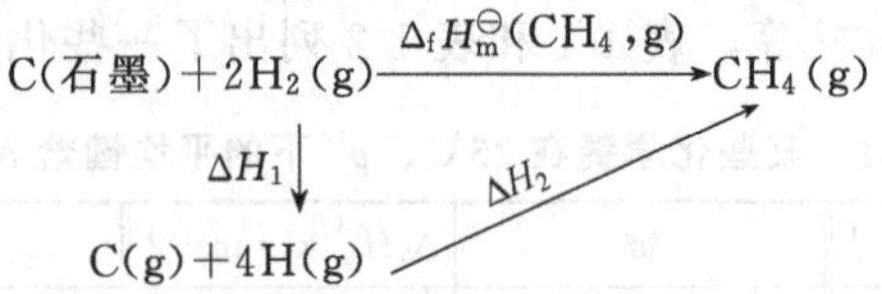

ΔH_1 为气态原子的生成焓之总和，$\Delta H_1 = \sum n \Delta_f H_m^{\ominus}$（气态原子），式中 n 为化合物中某种原子的数目，求和是对化合物中原子种类求和。ΔH_2 为气态原子形成气态化合物的焓变，即气态化合物解离过程的逆过程的焓变，气态化合物解离为气态原子的焓变等于化合物中所有化学键键焓之和，故 $\Delta H_2 = -\sum m \Delta_b H_m^{\ominus}$（化合物），$m$ 为化合物中某种键的数目，求和是对化合物中键的种类求和，所以，气态化合物 B 的标准摩尔生成焓可以用下式求算。

$$\Delta_f H_m^{\ominus}(B) = \Delta H_1 + \Delta H_2 = \sum n \Delta_f H_m^{\ominus}(气态原子) - \sum m \Delta_b H_m^{\ominus}(B) \tag{1-62}$$

【例 1-12】 由平均键焓数据估算 $C_2H_5OH(g)$ 的标准摩尔生成焓 $\Delta_f H_m^{\ominus}$（298.15K）。

[解] $C_2H_5OH(g)$ 的生成反应为

$$2C(石墨) + \frac{1}{2}O_2(g) + 3H_2(g) \longrightarrow C_2H_5OH(g)$$

$$\downarrow \qquad \nearrow$$

$$2C(g) + O(g) + 6H(g)$$

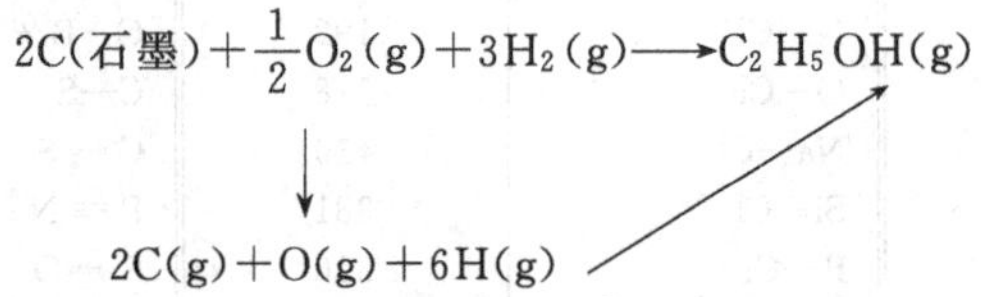

查得 $C(g)$、$O(g)$、$H(g)$ 的标准摩尔生成焓 $\Delta_f H_m^{\ominus}$（298.15K）分别为 $718.38 kJ \cdot mol^{-1}$，$247.52 kJ \cdot mol^{-1}$，$217.94 kJ \cdot mol^{-1}$。而 C_2H_5OH 的结构式为

$$H-\overset{\overset{\displaystyle H}{|}}{\underset{\underset{\displaystyle H}{|}}{C}}-\overset{\overset{\displaystyle H}{|}}{\underset{\underset{\displaystyle H}{|}}{C}}-O-H$$

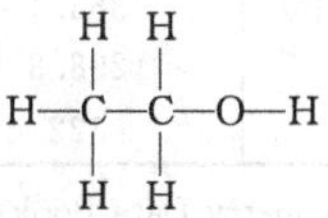

，其中有 1 个 C—C、5 个 C—H、1 个 C—O 和 1 个 O—H，它们的平均键焓为 C—C $342 kJ \cdot mol^{-1}$，C—H $416 kJ \cdot mol^{-1}$，C—O $343 kJ \cdot mol^{-1}$，O—H $463 kJ \cdot mol^{-1}$，根据式（1-62）则

$$\Delta_f H_m^{\ominus}(C_2H_5OH,g) = \sum n \Delta_f H_m^{\ominus}(气态原子) - \sum m \Delta_b H_m^{\ominus}(C_2H_5OH,g)$$
$$= (2 \times 718.38 kJ \cdot mol^{-1} + 247.52 kJ \cdot mol^{-1} + 6 \times 217.94 kJ \cdot mol^{-1}) - (342 kJ \cdot mol^{-1} + 5 \times 416 kJ \cdot mol^{-1} + 343 kJ \cdot mol^{-1} + 463 kJ \cdot mol^{-1})$$
$$= -236.08 kJ \cdot mol^{-1}$$

将一个分子全部解离为气态原子所需的能量应等于分子中全部化学键键焓之和。根据这一结论，利用化学键的平均键焓可以导出求算化学反应的摩尔焓变的公式。

$$\Delta_r H_m^{\ominus}(298.15K) = \sum_i m_i \Delta_b H_m^{\ominus}(反应物) - \sum_j m_j \Delta_b H_m^{\ominus}(产物) \tag{1-63}$$

式中，m_i 为反应物中某种化学键的数目；m_j 为产物中某种化学键的数目。

上式表示，反应焓等于反应物中各种键的平均键焓之和减去产物中各种键的平均键焓之和。显然，利用公式（1-63）求算出的反应焓也是一个近似值。

【例 1-13】 利用平均键焓的数据估算 $25℃$、$p^{\ominus}$ 下乙烯加氢反应的标准摩尔焓变 $\Delta_r H_m^{\ominus}$（298.15K）。

[解] 乙烯加氢反应的方程式为

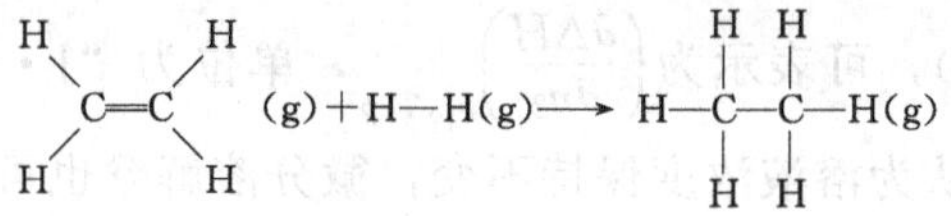

$$\begin{array}{c} \begin{array}{c} \text{H} \\ | \\ \text{C}=\text{C} \\ | \quad | \\ \text{H} \quad \text{H} \end{array} \begin{array}{c} \text{H} \\ | \\ \end{array} (g)+\text{H}-\text{H}(g) \longrightarrow \begin{array}{c} \text{H H} \\ | \ | \\ \text{H}-\text{C}-\text{C}-\text{H}(g) \\ | \ | \\ \text{H H} \end{array} \end{array}$$

反应前后键的变化为

$$4\text{C}-\text{H}+\text{C}=\text{C}+\text{H}-\text{H} \longrightarrow 6\text{C}-\text{H}+\text{C}-\text{C}$$

可简化为

$$\text{C}=\text{C}+\text{H}-\text{H} \longrightarrow 2\text{C}-\text{H}+\text{C}-\text{C}$$

查得 $\Delta_b H_m^{\ominus}(\text{C}=\text{C})=613\text{kJ}\cdot\text{mol}^{-1}$，$\Delta_b H_m^{\ominus}(\text{H}-\text{H})=435.9\text{kJ}\cdot\text{mol}^{-1}$，$\Delta_b H_m^{\ominus}(\text{C}-\text{H})=416\text{kJ}\cdot\text{mol}^{-1}$，$\Delta_b H_m^{\ominus}(\text{C}-\text{C})=342\text{kJ}\cdot\text{mol}^{-1}$

所以
$$\begin{aligned} \Delta_r H_m^{\ominus} &= \sum_i m_i \Delta_b H_m^{\ominus}(\text{反应物}) - \sum_j m_j \Delta_b H_m^{\ominus}(\text{产物}) \\ &= (613\text{kJ}\cdot\text{mol}^{-1}+435.9\text{kJ}\cdot\text{mol}^{-1}) - (2\times416\text{kJ}\cdot\text{mol}^{-1}+342\text{kJ}\cdot\text{mol}^{-1}) \\ &= -125.1\text{kJ}\cdot\text{mol}^{-1} \end{aligned}$$

实测值为 $-137.0\text{kJ}\cdot\text{mol}^{-1}$。

1.7.5 溶解焓和稀释焓

1.7.5.1 溶解焓

在指定温度 T 和指定压力 p 下，将一定量的溶质溶解于一定量的溶剂中所产生的热效应称为该溶质的溶解焓（enthalpy of solution），用符号"$\Delta_{sol}H$"表示，若溶质的物质的量为 1mol 则为摩尔溶解焓 $\Delta_{sol}H_m$。如不注明温度和压力，则表示 25℃、$p^{\ominus}$。实验指出溶解焓不仅与温度、压力有关，而且与溶液浓度有关。表 1-3 列出了 $n_2=1\text{mol}$ H_2SO_4 溶解于不同量 n_1 水中的摩尔溶解焓。根据表列数据用 $-\Delta_{sol}H_m$ 对 n_1/n_2 作图，如图 1-13 所示。可见，摩尔溶解焓实际上是一个积分值，它是溶质溶解过程溶液浓度由零变为指定浓度时体系总的焓变，故称为积分溶解焓（integral enthalpy of solution）。积分溶解焓随浓度而改变，在无限稀释下积分溶解焓达到极大值不再改变，此时若再加入溶剂不再产生热效应，这时的摩尔溶解焓为无限稀释的摩尔溶解焓，用符号 $\Delta_{sol}H_m^{\infty}$ 表示。

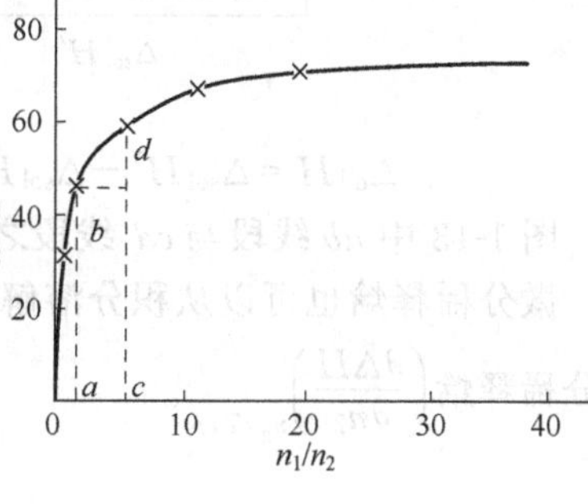

图 1-13 H_2SO_4 在 H_2O 中的积分溶解焓

表 1-3 25℃，$p^{\ominus}$ 下 H_2SO_4 在不同量水中的 $\Delta_{sol}H_m$

H_2O 的物质的量 /1mol H_2SO_4 (n_1/n_2)	$-\Delta_{sol}H_m$/kJ·mol^{-1}	H_2O 的物质的量 /1mol H_2SO_4 (n_1/n_2)	$-\Delta_{sol}H_m$/kJ·mol^{-1}
0.5	15.73	50.0	73.35
1.0	28.07	100.0	73.97
1.5	36.90	1000.0	78.58
2.0	41.92	10000.0	87.07
5.0	58.03	100000	93.64
10.0	67.03	∞	96.19
20.0	71.50		

在指定温度 T、指定压力 p 下，向指定浓度的溶液中加入极微量的溶质 dn_2 所产生的微量焓变 ΔH 对溶质的物质的量 n_2 求导，即得摩尔微分溶解焓（differential enthalpy of solution)（也称为定浓溶解焓），可表示为$\left(\frac{\partial \Delta H}{\partial n_2}\right)_{n_1,T,p}$，单位为“$J \cdot mol^{-1}$”或“$kJ \cdot mol^{-1}$”。由于加入溶质的量极少可认为溶液浓度保持不变，微分溶解焓也可以理解为在极大量的某指定浓度的溶液中加入 1mol 溶质所产生的热效应。由于溶液的量极大，加入 1mol 溶质时可认为溶液浓度保持不变。

微分溶解焓可通过积分溶解焓求得。先测定在一定量的溶剂中加入不同量的溶质的积分溶解焓 $\Delta_{sol}H$，用 $\Delta_{sol}H$ 对溶质的物质的量 n_2 作图，曲线上任一点的斜率则为该浓度的微分溶解焓$\left(\frac{\partial \Delta H}{\partial n_2}\right)_{n_1,T,p}$。

1.7.5.2　稀释焓

在指定温度 T 和压力 p 下，将一定量的溶剂加入到一定量的溶液中使溶液稀释所产生的热效应为该溶液的积分稀释焓（integral enthalpy of dilution)，用符号“$\Delta_{dil}H$”表示，若加入的溶剂为 1mol，则为摩尔积分稀释焓 $\Delta_{dil}H_m$。积分稀释焓也与溶液浓度有关。在指定温度、指定压力和指定浓度的溶液中加入微量溶剂 dn_1 所引起的焓变 ΔH 对 n_1 求导即得微分稀释焓$\left(\frac{\partial \Delta H}{\partial n_1}\right)_{n_2,T,p}$。

积分稀释焓 $\Delta_{dil}H$ 可从积分溶解焓求得。例如把物质的量为 4mol 的 H_2O 加到含 1mol H_2SO_4 和 2mol H_2O 的溶液中稀释，可设计如下过程求 $\Delta_{dil}H$。

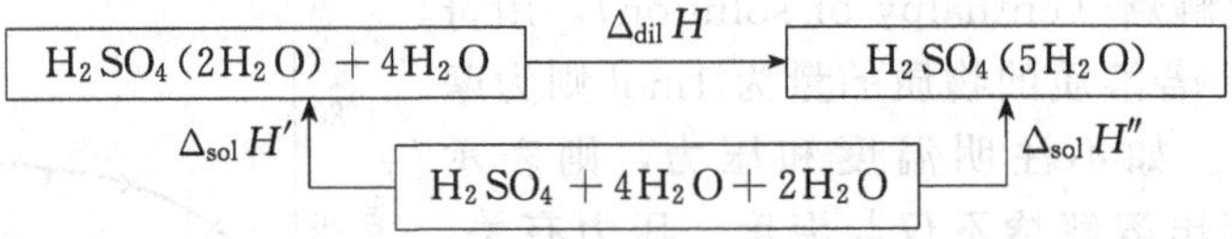

$$\Delta_{dil}H=\Delta_{sol}H''-\Delta_{sol}H'=(-58.03kJ)-(-41.92kJ)=-16.11kJ$$

图 1-13 中 ab 线段与 cd 线段之差（$cd-ab$）即为此时的 $\Delta_{dil}H$。

微分稀释焓也可以从积分溶解焓得到。图 1-13 中曲线上任一点的斜率即为此浓度下的微分稀释焓$\left(\frac{\partial \Delta H}{\partial n_2}\right)_{n_2,T,p}$。

1.8　反应焓与温度的关系

The Dependence of Reaction Enthalpy on Temperature

物质的标准摩尔生成焓和燃烧焓的数据，大多是 298.15K 的数据，利用这些数据可以计算出 298.15K 时的反应焓 $\Delta_rH_m^\ominus$（298.15K)。为了求得其他温度下的反应焓，必须知道反应焓与温度的关系。在恒压下，若已知 T_1 温度的摩尔反应焓 $\Delta_rH_m(T_1)$，要求 T_2 温度的摩尔反应焓 $\Delta_rH_m(T_2)$，根据状态函数的性质可设计如下过程求算。

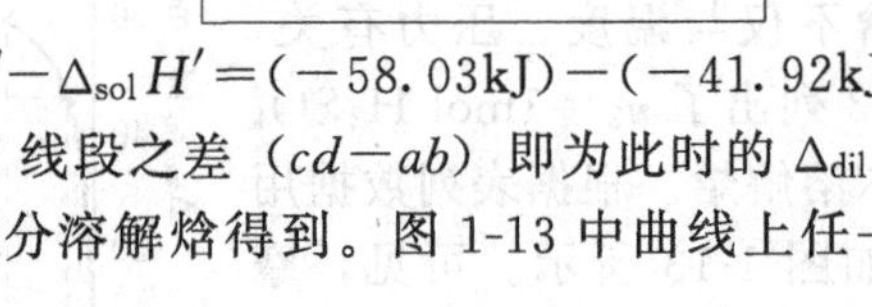

$$\Delta_rH_m(T_2)=\Delta_rH_m(T_1)+\Delta H_2-\Delta H_1$$

ΔH_1、ΔH_2 分别是反应物和产物在恒压下温度由 T_1 变化到 T_2 的焓变。

$$\Delta H_1 = \int_{T_1}^{T_2} [dC_{p,\mathrm{m}}(\mathrm{D}) + eC_{p,\mathrm{m}}(\mathrm{E})]\mathrm{d}T$$

$$\Delta H_2 = \int_{T_1}^{T_2} [gC_{p,\mathrm{m}}(\mathrm{G}) + hC_{p,\mathrm{m}}(\mathrm{H})]\mathrm{d}T$$

将 ΔH_1、ΔH_2 代入前式得

$$\Delta_\mathrm{r} H_\mathrm{m}(T_2) = \Delta_\mathrm{r} H_\mathrm{m}(T_1) + \int_{T_1}^{T_2} \Delta_\mathrm{r} C_p \mathrm{d}T \tag{1-64}$$

式中 $\Delta_\mathrm{r} C_p = [gC_{p,\mathrm{m}}(\mathrm{G}) + hC_{p,\mathrm{m}}(\mathrm{H})] - [dC_{p,\mathrm{m}}(\mathrm{D}) + eC_{p,\mathrm{m}}(\mathrm{E})]$

对于反应 $0 = \sum \nu_\mathrm{B} \mathrm{B}$

$$\Delta_\mathrm{r} C_p = \sum_\mathrm{B} \nu_\mathrm{B} C_{p,\mathrm{m}}(\mathrm{B})$$

式（1-64）称为基尔霍夫（G. R. Kirchhoff，1824～1884，德国化学家）定律，此式是其积分式。根据式（1-64）可由 T_1 温度的摩尔反应焓 $\Delta_\mathrm{r} H_\mathrm{m}(T_1)$ 求出 T_2 温度的摩尔反应焓 $\Delta_\mathrm{r} H_\mathrm{m}(T_2)$ 来。必须注意以下两点。

① 若在 T_1～T_2 的温度范围内，物质相态发生变化，则不能直接使用式（1-64）。例如，已知下面反应 $H_2(g, p^\ominus) + I_2(s) \longrightarrow 2HI(g, p^\ominus)$ 在 298.15K 的摩尔反应焓 $\Delta_\mathrm{r} H_\mathrm{m}^\ominus(T_1)$，要求反应 $H_2(g, p^\ominus) + I_2(g, p^\ominus) \longrightarrow 2HI(g, p^\ominus)$ 在 400K 的摩尔反应焓 $\Delta_\mathrm{r} H_\mathrm{m}^\ominus(T_2)$。

由于在 298.15～400K 的温度范围内 I_2 的相态发生了变化（在 387K、$p^\ominus$ 下固体 I_2 会升华为 I_2 蒸气），此时不能直接用式（1-64）求 $\Delta_\mathrm{r} H_\mathrm{m}^\ominus(T_2)$。根据赫斯定律可设计如下过程分步进行计算。

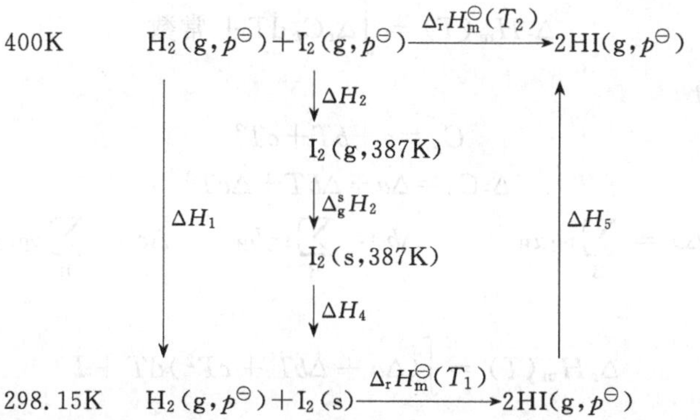

$$\Delta_\mathrm{r} H_\mathrm{m}^\ominus(T_2) = \Delta_\mathrm{r} H_\mathrm{m}^\ominus(T_1) + \Delta H_1 + \Delta H_2 + \Delta_\mathrm{g}^\mathrm{s} H + \Delta H_4 + \Delta H_5$$

② 基尔霍夫定律对于相变化过程是适用的。如

$$\mathrm{B}(\alpha, T_2, p) \xrightarrow{\Delta_\alpha^\beta H(T_2)} \mathrm{B}(\beta, T_2, p)$$

由基尔霍夫定律 $$\Delta_\alpha^\beta H(T_2) = \Delta_\alpha^\beta H(T_1) + \int_{T_1}^{T_2} \Delta_\alpha^\beta C_p \mathrm{d}T$$

$$\Delta_\alpha^\beta C_p = C_p(\beta) - C_p(\alpha)$$

这就是在相变热的计算中介绍的式（1-33）。

【例 1-14】 计算甲醇脱氢反应在 500℃时的 $\Delta_\mathrm{r} H_\mathrm{m}^\ominus(T_2)$。

$$CH_3OH(g) \longrightarrow HCHO(g) + H_2(g)$$

已知 25℃时 $\Delta_\mathrm{f} H_\mathrm{m}^\ominus(CH_3OH, g) = -201.25\mathrm{kJ \cdot mol^{-1}}$，$\Delta_\mathrm{f} H_\mathrm{m}^\ominus(HCHO, g) = -115.9\mathrm{kJ \cdot mol^{-1}}$。

［解］ $\Delta_r H_m^{\ominus}(298.15K)=\sum_B \nu_B \Delta_f H_m^{\ominus}(B)$

$$=-115.9kJ\cdot mol^{-1}-(-201.25kJ\cdot mol^{-1})=85.35kJ\cdot mol^{-1}$$

查得 $C_{p,m}(CH_3OH,g)/J\cdot K^{-1}\cdot mol^{-1}=20.42+103.68\times10^{-3}(T/K)-24.64\times10^{-6}(T/K)^2$

$C_{p,m}(HCHO,g)/J\cdot K^{-1}\cdot mol^{-1}=18.82+58.38\times10^{-3}(T/K)-15.61\times10^{-6}(T/K)^2$

$C_{p,m}(H_2,g)/J\cdot K^{-1}\cdot mol^{-1}=29.07-0.8364\times10^{-3}(T/K)+2.013\times10^{-6}(T/K)^2$

$\Delta_r C_p/J\cdot K^{-1}\cdot mol^{-1}=27.47-46.14\times10^{-3}(T/K)+11.04\times10^{-6}(T/K)^2$

$$\Delta_r H_m^{\ominus}(773K)=\Delta_r H_m^{\ominus}(298.15K)+\int_{298}^{773}\Delta_r C_p dT$$

$$=85.35\times10^3+\int_{298}^{773}[27.47-46.14\times10^{-3}(T/K)+11.04\times10^{-6}(T/K)^2]dT$$

$$=88.26kJ\cdot mol^{-1}$$

基尔霍夫定律可以由热容定义直接导出

$$\left(\frac{\partial H}{\partial T}\right)_p=C_p$$

$$\left(\frac{\partial \Delta_r H_m}{\partial T}\right)_p=\Delta_r C_p \tag{1-65}$$

此式称为基尔霍夫定律微分式，此式做定积分即得式（1-64）。由式（1-65）可知，当 $\Delta_r C_p>0$ 时，反应焓 $\Delta_r H_m$ 随温度升高而增加，若反应为吸热反应，$\Delta_r H_m>0$，则温度升高时多吸些热，若为放热反应，$\Delta_r H_m<0$，温度升高时少放些热；当 $\Delta_r C_p<0$ 时，反应焓随温度升高而降低；当 $\Delta_r C_p=0$ 时，反应焓不随温度改变。

将式（1-65）取不定积分

$$\Delta_r H_m(T)=\int\Delta_r C_p dT+\text{常数}$$

若各物质的热容量为

$$C_p=a+bT+cT^2$$

$$\Delta_r C_p=\Delta a+\Delta bT+\Delta cT^2$$

$$\Delta a=\sum_B \nu_B a_B \qquad \Delta b=\sum_B \nu_B b_B \qquad \Delta c=\sum_B \nu_B c_B$$

代入上式积分得

$$\Delta_r H_m(T)=\int(\Delta a+\Delta bT+cT^2)dT+I$$

$$=\Delta aT+\frac{\Delta b}{2}T^2+\frac{\Delta c}{3}T^3+I \tag{1-66}$$

利用 298.15K 时 $\Delta_r H_m^{\ominus}$（298.15K），代入上式可确定出积分常数 I，然后，就可以利用上式求出任一温度 T 的 $\Delta_r H_m^{\ominus}(T)$ 来。

1.9 绝 热 反 应

Adiabatic Reaction

前面我们讨论的反应焓是在恒温恒压条件下反应的热效应，即反应放出或吸收的热量能够及时取走或得到补充，反应的始终态处于相同温度。但是，如果反应放出或吸收的热量完全不能取走或得到补充，即反应在绝热条件下进行，此时，反应体系的温度将会发生变化。

例如，常见的燃烧反应、爆炸反应，反应在瞬间完成，反应放出的热量来不及取走，这时，可近似认为过程是绝热的。在绝热条件下，反应终态的温度可设计如下过程求算。

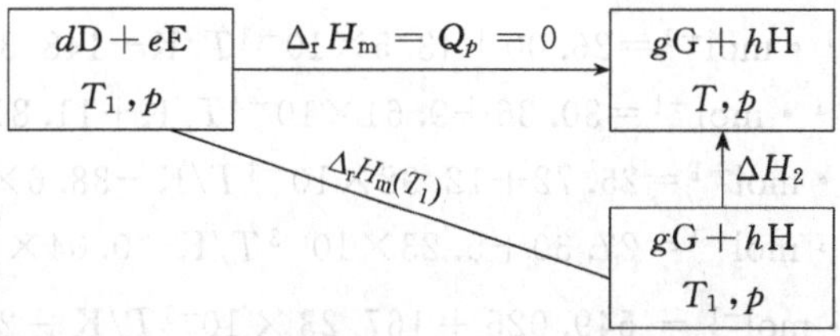

$\Delta_r H_m(T_1)$ 是反应在 T_1 温度下的摩尔反应焓，可用前面讨论过的各种方法求算。如果反应温度为25℃，则可直接由各物质的标准摩尔生成焓 $\Delta_f H_m^{\ominus}(B)$ 或标准摩尔燃烧焓 $\Delta_c H_m^{\ominus}(B)$ 求出，如果反应是在其他温度下进行，则可利用基尔霍夫定律求出。ΔH_2 是恒压下产物由温度 T_1 变化到 T 的为焓变，是产物的简单物理变化过程的焓变，若B代表任一产物，则

$$\Delta H_2 = \int_{T_1}^{T} \sum_B C_p(B) dT$$

于是

$$\Delta_r H_m = \Delta_r H_m(T_1) + \Delta H_2 = 0$$

或

$$-\Delta_r H_m(T_1) = \Delta H_2 = \int_{T_1}^{T} \sum_B C_p(B) dT$$

此式是关于 T 的一元方程，解此方程即可求出终态的温度 T 来。

【例 1-15】 101.325kPa、25℃时用过量1倍的空气使甲烷燃烧，求燃烧反应在理论上所能达到的最高火焰温度。

［解］ 燃烧反应在瞬间完成，可认为反应体系是绝热的，反应式为

$$CH_4(g) + 2O_2(g) \longrightarrow CO_2(g) + 2H_2O(g)$$

以1mol $CH_4(g)$ 为计算的基准，反应始、终态及物料关系如下。

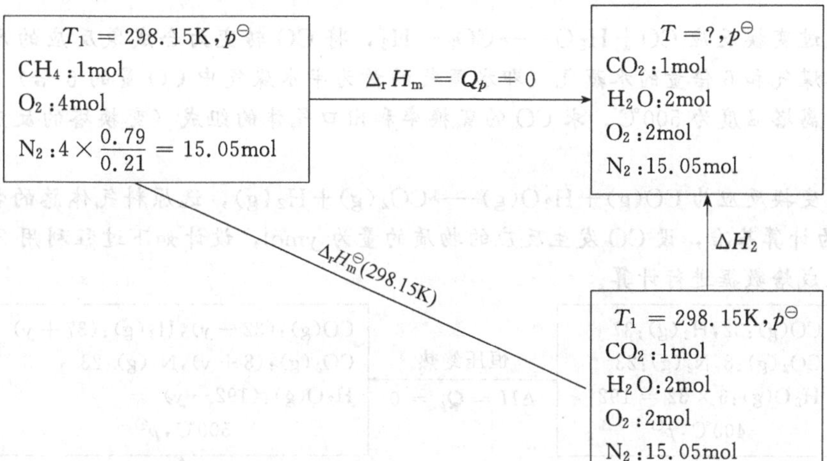

$$-\Delta_r H_m^{\ominus}(298.15K) = \Delta H_2 = \int_{T_1}^{T} \sum C_p(B) dT$$

$$\begin{aligned}\Delta_r H_m^{\ominus}(298.15K) &= \Delta_f H_m^{\ominus}(CO_2, g) + 2\Delta_f H_m^{\ominus}(H_2O, g) - \Delta_f H_m^{\ominus}(CH_4, g) \\ &= -393.51kJ \cdot mol^{-1} + 2(-241.83kJ \cdot mol^{-1}) - (-74.85kJ \cdot mol^{-1}) \\ &= -802.32kJ \cdot mol^{-1}\end{aligned}$$

$$\sum_B C_p(B) = C_{p,m}(CO_2,g) + 2C_{p,m}(H_2O,g) + 2C_{p,m}(O_2,g) + 15.05C_{p,m}(N_2,g)$$

查得各物质的热容量为

$$C_{p,m}(CO_2,g)/J \cdot K^{-1} \cdot mol^{-1} = 26.00 + 43.5 \times 10^{-3}T/K - 148.3 \times 10^{-7}(T/K)^2$$

$$C_{p,m}(H_2O,g)/J \cdot K^{-1} \cdot mol^{-1} = 30.36 + 9.61 \times 10^{-3}T/K + 11.8 \times 10^{-7}(T/K)^2$$

$$C_{p,m}(O_2,g)/J \cdot K^{-1} \cdot mol^{-1} = 25.72 + 12.98 \times 10^{-3}T/K - 38.6 \times 10^{-7}(T/K)^2$$

$$C_{p,m}(N_2,g)/J \cdot K^{-1} \cdot mol^{-1} = 27.30 + 5.23 \times 10^{-3}T/K - 0.04 \times 10^{-7}(T/K)^2$$

$$\sum_B C_{p,m}(B)/J \cdot K^{-1} \cdot mol^{-1} = 549.025 + 167.23 \times 10^{-3}T/K - 205.9 \times 10^{-7}(T/K)^2$$

所以 $802.32 \times 10^3 = \int_{298.15}^{T} [549.025 + 167.23 \times 10^{-3}T - 205.9 \times 10^{-7}T^2]dT$

$$= 549.025(T - 298.15) + \frac{167.23 \times 10^{-3}}{2}(T^2 - 298.15^2) - \frac{205.9 \times 10^{-7}}{3}(T^3 - 298.15^3)$$

整理化简为

$$549T + 0.08362T^2 - 6.863 \times 10^{-6}T^3 - 973273 = 0$$

利用牛顿迭代法求解得

$$T = 1479.8K$$

在工业生产和科学研究中，估算火焰的最高温度具有重要意义，用火焰来焊接或切割金属，火焰的最高温度就限定了它所能熔化的金属的种类；火箭所用的高能燃料所产生的火焰温度很高，喷气管的材料和质量必须能经受住火焰的最高温度才能正常工作。

【例 1-16】 某厂制得的半水煤气的组成如下

组　分	CO	H_2	CO_2	N_2
体积/%	32	37	8	23

需要通过变换反应 $CO + H_2O \longrightarrow CO_2 + H_2$，将 CO 转变为合成氨反应的原料气 H_2，假设将半水煤气和 6 倍量的水蒸气（即水蒸气的量为半水煤气中 CO 量的 6 倍）在 400℃通入变换塔，离塔温度为 500℃。求 CO 的变换率和出口气体的组成（变换塔的反应可近似为绝热反应）。

［解］ 变换反应为 $CO(g) + H_2O(g) \longrightarrow CO_2(g) + H_2(g)$，选原料气体总的物质的量为 100mol 作为计算基准，设 CO 发生反应的物质的量为 ymol，设计如下过程利用 25℃物质的标准摩尔生成焓数据进行计算。

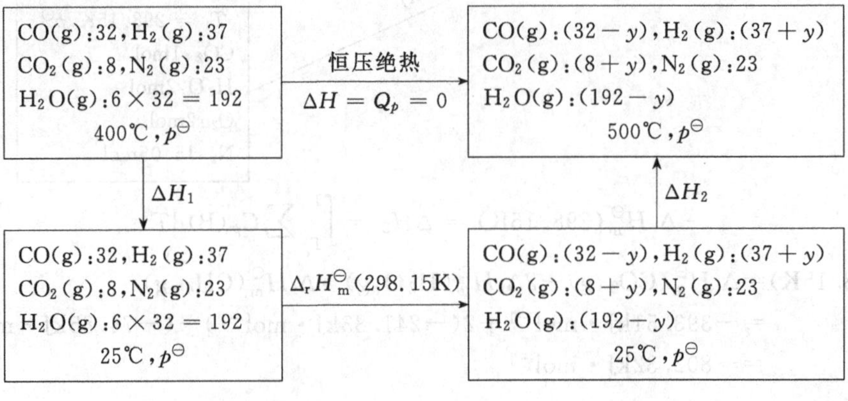

$$\Delta H = \Delta H_1 + \Delta_r H_m^{\ominus}(298.15K) + \Delta H_2 = 0$$

查得25℃、$p^{\ominus}$下各物质的标准摩尔生成焓分别为 $\Delta_f H_m^{\ominus}(CO_2, g) = -393.51 kJ \cdot mol^{-1}$，$\Delta_f H_m^{\ominus}(H_2O, g) = -241.83 kJ \cdot mol^{-1}$，$\Delta_f H_m^{\ominus}(CO, g) = -110.52 kJ \cdot mol^{-1}$

$$\Delta_r H_m^{\ominus}(298.15K) = y[\Delta_f H_m^{\ominus}(CO_2, g) + \Delta_f H_m^{\ominus}(H_2, g) - \Delta_f H_m^{\ominus}(CO, g) - \Delta_f H_m^{\ominus}(H_2O, g)]$$
$$= y[-393.51 - (-110.52) - (-241.83)] = -41.16y kJ$$

为了计算方便，采用平均摩尔热容。查得25℃各物质的平均摩尔热容如下。

物质	CO(g)	H_2(g)	CO_2(g)	N_2(g)	H_2O(g)
$\langle C_{p,m}\rangle/J \cdot K^{-1} \cdot mol^{-1}$	29.14	28.84	37.13	29.12	33.58

$$\Delta H_1 = \int_{673}^{298} \sum C_{p,m} dT = \int_{673}^{298} [32 \times 29.14 + 37 \times 28.84 + 8 \times 37.13 + 23 \times 29.12 + 192 \times 33.58] dT = 9413.72 \times (298 - 673) = -3530.145 kJ$$

$$\Delta H_2 = \int_{298}^{773} \sum C_p dT$$
$$= \int_{298}^{773} [(32-y)29.14 + (37+y)28.84 + (8+y)37.13 + 23 \times 29.12 + (192-y)33.58] dT = \int_{298}^{773} (9413.72 + 3.25y) dT = (4471.51 + 1.544y) kJ$$

即 $$-3530.145 + 4471.51 + 1.544y - 41.16y = 0$$

解得　$y = 23.76 mol$

CO的变换率为

$$x = \frac{23.76}{32} \times 100\% = 74.3\%$$

因此出口气的组成如下。

物质	CO(g)	H_2(g)	CO_2(g)	N_2(g)	H_2O(g)	混合气
物质的量/mol	8.24	60.76	31.76	23	168.24	292
体积/%	2.82	20.81	10.88	7.88	57.62	100

实际上变换塔并不完全绝热，因此 $\Delta H \neq 0$，但若能估算出变换塔的热损失，仍可以按上述方法求算。

本章学习要求

1. 掌握热力学的一些基本概念，如体系、环境、状态、性质、过程、平衡、热和功、热容量等，重点掌握状态函数及其数学特征。

2. 掌握内能 U 及焓 H 的定义（物理意义）及其功能，公式 $\Delta U = Q_V$、$\Delta H = Q_p$ 的严格使用条件，并能熟练地计算理想气体在恒温、恒压、恒容以及绝热等各种简单状态变化过程的 ΔU、ΔH、Q 和 W。

3. 掌握体积功的准确定义，能熟练地计算各种变化过程中的体积功。

4. 掌握相变化过程 ΔU、ΔH、Q、W 的计算。

5. 掌握真实气体在简单状态变化过程中 ΔU、ΔH 的计算原则。

6. 掌握赫斯定律和基尔霍夫定律以及物质的标准摩尔生成焓 $\Delta_f H_m^{\ominus}$、标准摩尔燃烧焓

$\Delta_c H_m^\ominus$ 的准确定义，能熟练地用赫斯定律、基尔霍夫定律以及生成焓 $\Delta_f H_m^\ominus$、燃烧焓 $\Delta_c H_m^\ominus$ 的数据计算摩尔反应焓 $\Delta_r H_m^\ominus(T)$。

参考文献

1 谢乃贤，高倩雷. 功、热概念新论介绍. 化学通报. 1989，8：48

2 王军民，刘芸. 在热化学中引入反应进度的概念. 大学化学. 1988，3（5）：16

3 杨永华. 也谈公式 $Q_p=\Delta H$ 的压力条件. 化学通报. 1990，4：64

4 毛善成，陈国防，王军. 关于最稳定单质的标准生成焓为零的讨论. 大学化学. 2002，1：56

5 李健宇. 关于水合离子标准生成焓的参比标准. 大学化学. 2000，12：12

6 Anacker E W，et al. Some Comments on Partial Derivatives in Thermodynamics. Chem. Educ.，1987，64：670

7 Barrow G M. Thermodynamics Should be Build Energy——Not on Heat and Work. Chem. Educ.，1988，65：122

8 Gislason E A，Craig N C. General Definitions of Work and Heat in Thermodynamic Processes. Chem. Educ.，1987，64：660

9 Craig N C，Gisiason E A. First law of thermodynamics；Irreversible and reversible processes. Chem. Educ.，2002，79（2）：193

10 Ferguson A. Work done during reversible and irreversible isothermal expansion of an ideal gas. Chem. Educ.，2004，81（4）：606

11 Mark J E. Some aspects of rubberlike elasticity useful in teaching basic concepts in physical chemistry. Chem. Educ.，2002，79（12）：1437

思 考 题

1. 体系的同一状态，能否具有两个不同的温度？体系的两个不同状态，能否具有相同的温度？体系的状态发生了变化，体系的所有性质是否都会发生变化？体系某一个性质发生了变化，体系的状态是否一定发生了变化？

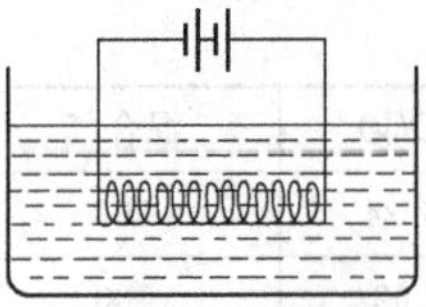

思考题 3 题图

2. 有一绝热的真空容器，上有一活塞与大气连通，打开活塞，气体迅速进入容器，当容器内压力与大气压力相等时关闭活塞，试问，容器内气体的温度与大气相比谁高？

3. 在一绝热箱中装有水，水中有一电阻丝由蓄电池供电加热，如左图所示，若分别以水、电阻丝、电池为体系，判断体系的 ΔU、Q、W 的符号。设电池放电时无热效应，通电后电阻丝和水的温度皆有所升高。

4. 在炎热的夏天，有人提议打开室内正在运行中的电冰箱的门，以降低室内温度，你认为是否可行？

5. 下面图中所表示的几种循环过程，体系所做的功是大于零、等于零或小于零？

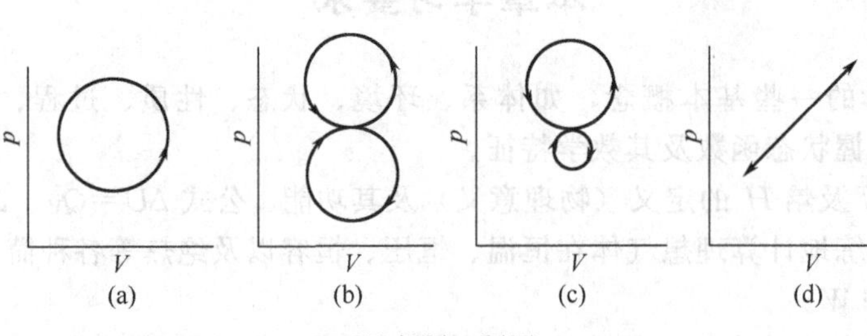

思考题 5 题图

6. 反应 $Fe+CuSO_4(aq)$ ══ $FeSO_4(aq)+Cu$ 可通过以下两条不同途径完成。第一条途径，让其在烧杯中自动进行，此时放热为 Q_1，焓变为 ΔH_1；第二条途径，使其在可逆电池中进行，此时放热为 Q_2，焓变为 ΔH_2，试问 Q_1 与 Q_2 是否相等？ΔH_1 与 ΔH_2 是否相等？

7. 一绝热圆筒上有一个无摩擦、无重量的理想的绝热活塞，圆筒内装有一定量的理想气体，圆筒内壁绕有电阻丝，缓慢通电加热，气体保持恒定压力慢慢膨胀，因为过程是一个恒压过程，$Q_p=\Delta H$，又因为过程是绝热的 $Q=0$，所以 $\Delta H=0$，这个结论是否正确？

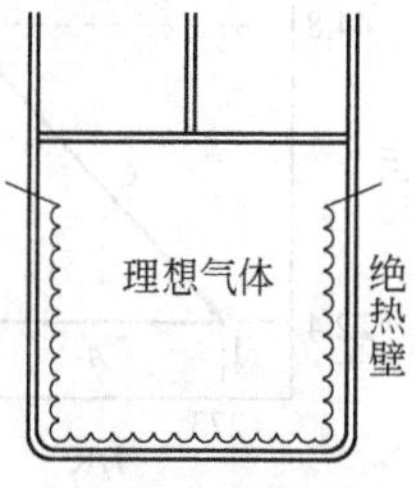

思考题 7 题图

8. 当热从环境传向体系时，体系的内能是否一定会增加？体系的焓是否也一定会增加？

9. 为什么理想气体恒容过程其焓变可用公式 $\int_{T_1}^{T_2} nC_{p,\mathrm{m}}\mathrm{d}T$ 计算，而在恒压过程中内能改变可用公式 $\Delta U=\int_{T_1}^{T_2} nC_{V,\mathrm{m}}\mathrm{d}T$ 计算？此二式的严格使用条件是什么？

10. 在一个绝热恒容容器内装有 $H_2(g)$ 和 $Cl_2(g)$ 混合气体，用电火花使其燃烧发生如下反应：

$$H_2(g)+Cl_2(g)=\!=\!=2HCl(g)$$

由于此容器绝热，反应完成后气体温度会上升，若将气体视为理想气体，则反应过程内能改变 ΔU 是否会大于零？焓的改变 ΔH 是否会小于零？

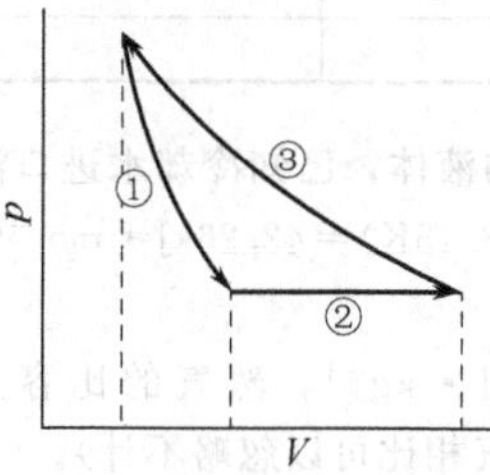

思考题 11 题图

11. 有一理想气体经①绝热可逆膨胀，②恒压可膨胀，③恒温可逆压缩回到原态，如左图所示，试在 p-V 图中用适当的面积分别表示各个过程的 Q、W、ΔU 及总的循环过程的 Q、W、ΔU。

12. 在 100℃、$p^\ominus$ 下让 $H_2O(l)$ 向真空容器蒸发为 100℃、$p^\ominus$ 的水蒸气。①假定水蒸气可以视为理想气体，由于蒸发过程是恒温的，所以 $\Delta U=0$；②由于 $\Delta H=\Delta U+p\Delta V$，水蒸气向真空蒸发时不做功 $W=p\Delta V=0$，所以 $\Delta H=\Delta U=0$，以上两结论是否正确？为什么？

13. 已知以下反应在 25℃时的 $\Delta_r H_m^\ominus$

$$C(石墨)+\frac{1}{2}O_2(g)=\!=\!=CO(g) \qquad \Delta_r H_m^\ominus \quad (\text{Ⅰ})$$

$$CO(g)+\frac{1}{2}O_2(g)=\!=\!=CO_2(g) \qquad \Delta_r H_m^\ominus \quad (\text{Ⅱ})$$

$$H_2(g)+\frac{1}{2}O_2(g)=\!=\!=H_2O(g) \qquad \Delta_r H_m^\ominus \quad (\text{Ⅲ})$$

$$2H_2(g)+O_2(g)=\!=\!=2H_2O(l) \qquad \Delta_r H_m^\ominus \quad (\text{Ⅳ})$$

(1) $\Delta_r H_m^\ominus$(Ⅰ)、$\Delta_r H_m^\ominus$(Ⅱ)、$\Delta_r H_m^\ominus$(Ⅲ)、$\Delta_r H_m^\ominus$(Ⅳ) 是否分别为 $CO(g)$、$CO_2(g)$、$H_2O(g)$、$H_2O(l)$ 的标准摩尔生成焓 $\Delta_f H_m^\ominus(B)$？

(2) $\Delta_r H_m^\ominus$(Ⅰ)、$\Delta_r H_m^\ominus$(Ⅱ)、$\Delta_r H_m^\ominus$(Ⅲ) 是否分别为 C(石墨)、$CO(g)$、$H_2(g)$ 的标准摩尔燃烧焓 $\Delta_c H_m^\ominus(B)$？

14. 根据 $\left[\frac{\partial(\Delta_r H_m)}{\partial T}\right]_p=\Delta_r C_p$，若 $\Delta_r C_p<0$ 时，温度升高反应吸收或放出的热量减少，此结论是否正确？

习　题

1-1　25℃时 100g 理想气体 N_2 从 1013.25kPa 经下列过程变化到 101.325kPa，求体系在变化过程中所做的体积功。

① 反抗 101.325kPa 的外压恒温膨胀。

② 恒温可逆膨胀。

③ 自由膨胀。

1-2　将 2mol 100℃、101.325kPa 的水蒸气恒压加热至 400℃，求过程吸收的热量。已知 $H_2O(g)$ 的恒压摩尔热容为

$$C_{p,\mathrm{m}}/\mathrm{J\cdot K^{-1}\cdot mol^{-1}}=30.00+10.71\times10^{-3}\,T/\mathrm{K}+0.34\times10^{5}\,(T/\mathrm{K})^2$$

1-3　N_2 在常温常压下可视为理想气体，其 $C_p=1.4C_V$，求 N_2 的 $C_{p,\mathrm{m}}$ 及 $C_{V,\mathrm{m}}$ 之值。将 25℃、

$100dm^3$、$2p^{\ominus}$ 的 N_2 恒容加热至 100℃，求过程所吸收的热量。

1-4　今有 A、B、C 三种液体，其温度分别为 303K、293K、283K，在恒压下若将等质量的 A 与 B 混合，混合后液体的温度为 299K，若将 A 与 C 等质量混合，混合后液体的温度为 298K，试求 B、C 等质量混合后终态的温度（假定所有混合过程无热量损失）。

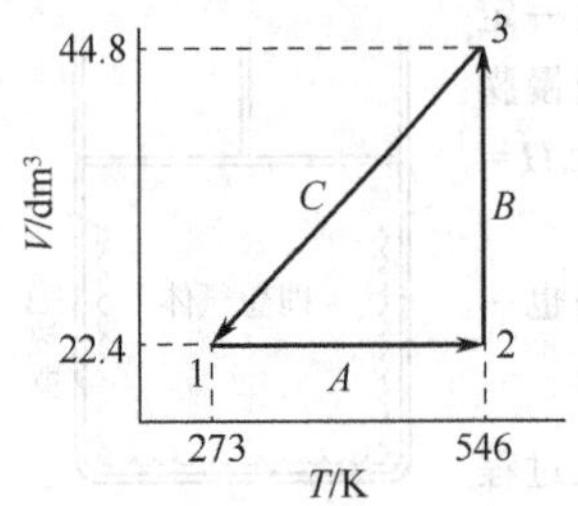

习题 1-5 题图

1-5　1mol 单原子理想气体 $C_{V,m}=\frac{3}{2}R$，经 A、B、C 三步从始态 1 经态 2、态 3 又回到始态（如图所示），设各步均为可逆，求各态的压力及各过程的 Q、W、ΔU（将答案直接填入下表）。

p/kPa	步骤	过程名称	Q/kJ	W/kJ	ΔU/kJ
态 1	A				
态 2	B				
态 3	C				

1-6　乙苯蒸馏塔顶冷凝器用冷却水每小时将 1000kg 乙苯蒸气冷凝成同温度的液体，已知冷却水进口温度为 293K，出口温度为 313K，乙苯在 298.15K 的标准摩尔蒸发焓为 $\Delta_{vap}H_m^{\ominus}(298.15K)=42.26kJ \cdot mol^{-1}$，求每小时所需冷却水的量。水的比热容为 $4.184J \cdot K^{-1} \cdot g^{-1}$。

1-7　0.02kg 乙醇在其沸点时蒸发为蒸气，已知乙醇的蒸发焓为 $857.7kJ \cdot kg^{-1}$，蒸气的比容为 $0.607m^3 \cdot kg^{-1}$，试求蒸发过程的 W、Q、ΔU、ΔH（设液体乙醇的体积与其蒸气相比可以忽略不计）。

1-8　在 0℃时将 100g 铜压力从 100kPa 升至 1×10^5 kPa，试求环境所做的功。铜的密度为 $\rho=8.93\times10^3 kg \cdot m^{-3}$，压缩系数 $\kappa=7.70\times10^{-11}Pa^{-1}$。

1-9　1.0×10^{-3}kg 水从 373K、101.325kPa 的始态经下列不同过程变化为 373K、101.325kPa 的水蒸气，求各过程的 W、Q、ΔU 和 ΔH。已知水的蒸发焓为 $2259kJ \cdot kg^{-1}$。

① 在 373K、101.325kPa 下蒸发为水蒸气。

② 先在 373K、50.6625kPa 下蒸发为水蒸气，然后缓慢加压成 373K、101.325kPa 的水蒸气。

③ 把水放入恒温 373K 的真空箱中、水立即全部汽化为 373K、101.325kPa 的水蒸气。

1-10　1mol 单原子理想气体从 202.65kPa、$0.0112m^3$ 的始态沿着 $pT=K$（K 为常数）可逆压缩至 405.3kPa，求过程的 ΔU、ΔH、W 及 Q。

1-11　1mol 单原子理想气体从始态 $p_1=100kPa$，$T_1=273K$，沿着 $pV^{-1}=K$（K 为常数）可逆膨胀至 $p_2=105kPa$，求过程的 ΔU、ΔH、W 及 Q。

1-12　纯物质的恒压膨胀系数 $\alpha=\frac{1}{V}\left(\frac{\partial V}{\partial T}\right)_p$，恒温压缩系数 $\kappa=-\frac{1}{V}\left(\frac{\partial V}{\partial p}\right)_T$，试证明：

① $C_p-C_V=T\left(\frac{\partial V}{\partial T}\right)_p\left(\frac{\partial p}{\partial T}\right)_V$

② $C_p-C_V=-T\left(\frac{\partial V}{\partial T}\right)_p^2\left(\frac{\partial p}{\partial V}\right)_T$

③ $C_p-C_V=TV\frac{\alpha^2}{\kappa}$

1-13　对于单组分均相体系，证明：

① $\left(\frac{\partial U}{\partial V}\right)_p=C_p\left(\frac{\partial T}{\partial V}\right)_p-p$

② $C_p-C_V=\left[V-\left(\frac{\partial H}{\partial p}\right)_T\right]\left(\frac{\partial p}{\partial T}\right)_V$

1-14　一真空绝热筒有一活塞与大气相通，大气的温度设为 T_0，打开活塞气体迅速进入筒内，当筒内气体压力与大气压力相等时关闭活塞，证明筒内气体的温度 $T=\gamma T_0$（$\gamma=\frac{C_p}{C_V}$为大气的热容商，大气可视为理想气体）。

1-15　①利用热力学关系式 $\left(\frac{\partial U}{\partial V}\right)_T=T\left(\frac{\partial p}{\partial T}\right)_V-p$，证明对于理想气体 $\left(\frac{\partial U}{\partial V}\right)_T=0$。

② 证明纯物质均相封闭体系$\left(\frac{\partial U}{\partial p}\right)_V=C_V\left(\frac{\partial T}{\partial p}\right)_V$，并由此证明理想气体$\left(\frac{\partial U}{\partial p}\right)_V=\frac{V}{\gamma-1}$。

1-16 已知内能U是状态函数，根据热力学第一定律，利用全微分的性质证明热Q不是状态函数。

1-17 $p^{\ominus}$下在100g、-5℃的过冷水中加入少量冰屑，则过冷水将部分凝结为冰，最后形成0℃的冰水混合物，由于过程进行得很快，可视为绝热。已知冰的熔化热为333.46J·g^{-1}，0～-5℃水的比热容为4.238J·K^{-1}·g^{-1}。

① 求凝结出冰的量；

② 过程的ΔH为多少？

1-18 将1mol H_2(g)从25℃、100kPa的始态经绝热可逆压缩至终态体积5dm^3，设H_2(g)可视为理想气体，求：

① 终态的T_2、p_2；

② 过程的W、ΔU、ΔH。

1-19 甲烷气体在室温和常压下可近似视为理想气体，热容商$\gamma=\frac{C_p}{C_V}=1.31$，现将3dm^3、373K、101.325kPa的甲烷气体经绝热可逆膨胀到10.1325kPa，求终态的温度、体积及膨胀过程气体做的功。

1-20 某理想气体$C_{p,\mathrm{m}}=35.6$J·K^{-1}·mol^{-1}，始态的温度为25℃、压力为1013.25kPa，求2mol该气体经绝热可逆膨胀至101.325kPa过程的ΔU、ΔH、W。

1-21 上题中若气体反抗101.325kPa的恒定外压绝热膨胀到终态，求终态的温度及过程的ΔU、ΔH、W。

1-22 右图为理想气体的可逆循环过程，$A\longrightarrow B$为恒温可逆膨胀过程，AC为绝热可逆膨胀过程。体系由状态B沿$B\longrightarrow C$变化到达C，指出过程的性质，求过程的内能改变ΔU及焓的改变ΔH（分别用图中适当的面积表示）。

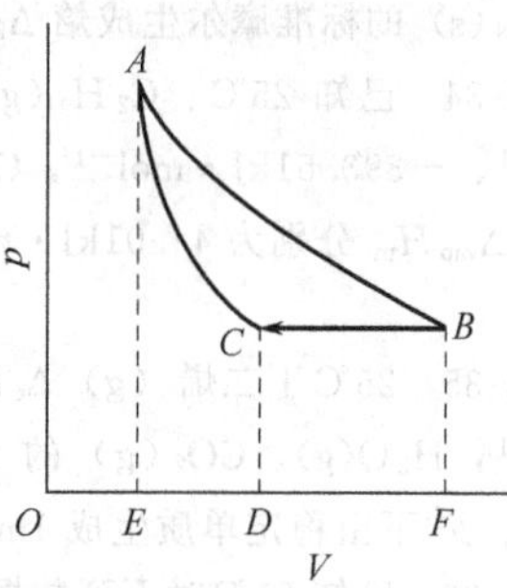

习题1-22题图

1-23 在573K及0～10^6Pa压力内，N_2(g)的$\mu_{\text{J-T}}$与温度无关，可表示为

$$\mu_{\text{J-T}}/\text{K}\cdot\text{Pa}^{-1}=1.42\times10^{-7}-2.60\times10^{-14}p/\text{Pa}$$

当N_2(g)的压力自6.0×10^6Pa做节流膨胀到2.0×10^6Pa时，求温度的变化。

1-24 某气体其状态方程式为 $pV_{\mathrm{m}}=RT+bp$

其中b为常数，求1mol气体恒温可逆膨胀过程ΔU，ΔH，Q和W的表达式。

1-25 已知N_2(g)服从van der Waals气体方程式，且$a=0.1408$Pa·m^6·mol^{-2}，$b=3.913\times10^{-5}$m^3·mol^{-1}。

① 证明 $\mu_{\text{J-T}}=\frac{1}{C_{p,\mathrm{m}}}\left(\frac{2a}{RT}-b\right)$。

② 将1mol N_2(g)在300K从101.325kPa的终态恒温压缩至506.625kPa的始态，求压缩过程的ΔH。

1-26 导出van der Waals气体的恒压膨胀系数$\alpha=\frac{1}{V}\left(\frac{\partial V}{\partial T}\right)_p$和恒温压缩系数$\kappa=-\frac{1}{V}\left(\frac{\partial V}{\partial p}\right)_T$的表达式。

1-27 100℃、101.325kPa下将1mol NH_3恒温压缩至体积为10dm^3，求最少需做多少功。

① 假定NH_3(g)可视为理想气体。

② 假定NH_3(g)服从van der Waals方程式，且$a=0.4225$Pa·m^6·mol^{-2}，$b=3.707\times10^{-5}$m^3·mol^{-1}。

1-28 0.500g正庚烷放在弹形量热计中，通氧燃烧后量热计温度升高2.94K，若量热计本身及其附件的总热容量为8.177kJ·K^{-1}，计算298.15K正庚烷的标准摩尔燃烧焓$\Delta_c H_{\mathrm{m}}^{\ominus}$（量热计开始时平均温度为298.15K）。

1-29 求25℃、$p^{\ominus}$下反应$4NH_3(g)+5O_2(g)=\!=\!=4NO(g)+6H_2O(g)$的$\Delta_r H_{\mathrm{m}}^{\ominus}$(298.15K)。已知下列数据

① $2NH_3(g)=\!=\!=N_2(g)+3H_2(g)$ $\qquad\Delta_r H_{\mathrm{m}}^{\ominus}(1)=92.38$kJ·mol^{-1}

② $2H_2(g)+O_2(g)=\!=\!=2H_2O(l)$ $\qquad\Delta_r H_{\mathrm{m}}^{\ominus}(2)=-571.69$kJ·mol^{-1}

③ $H_2O(l) \longrightarrow H_2O(g)$　　$\Delta_r H_m^\ominus(3)=44.02kJ\cdot mol^{-1}$

④ $N_2(g)+O_2(g) \longrightarrow 2NO(g)$　　$\Delta_r H_m^\ominus(4)=180.75kJ\cdot mol^{-1}$

1-30　利用物质的标准摩尔生成焓的数据计算 298.15K 下列反应的摩尔焓变 $\Delta_r H_m^\ominus$ (298.15K)：

① $C_2H_4(g)+H_2(g) \longrightarrow C_2H_6(g)$；

② $2Fe_2O_3(s)+3C$(石墨)$\longrightarrow 4Fe(s)+3CO_2(g)$。

1-31　在天然气的综合利用中甲烷氧化偶联制乙烯的反应是最有经济价值的，试由物质的标准摩尔生成焓的数据计算 25℃甲烷氧化偶联反应的标准摩尔反应焓 $\Delta_r H_m^\ominus$ (298.15K)。反应式如下：

$$2CH_4(g)+O_2 \longrightarrow CH_2=CH_2(g)+2H_2O(g)$$

1-32　在 298.15K 及 $p^\ominus$ 下环丙烷、石墨及氢的标准摩尔燃烧焓 $\Delta_c H_m^\ominus$ 分别为 $-2092kJ\cdot mol^{-1}$、$-393.8kJ\cdot mol^{-1}$ 及 $-285.84kJ\cdot mol^{-1}$，已知丙烯 (g) 的标准摩尔生成焓 $\Delta_f H_m^\ominus=20.5kJ\cdot mol^{-1}$，试求：

① 环丙烷的标准摩尔生成焓 $\Delta_f H_m^\ominus$ (298.15K)。

② 环丙烷异构化为丙烯 (g) 的标准摩尔反应焓 $\Delta_r H_m^\ominus$ (298.15K)。

1-33　25℃萘 ($C_{10}H_8$) 的标准摩尔燃烧焓 $\Delta_c H_m^\ominus$ (298.15K) $=-5154.19kJ\cdot mol^{-1}$，$CO_2(g)$、$H_2O(l)$ 的标准摩尔生成焓 $\Delta_f H_m^\ominus$ (298.15K) 分别为 $-393.51kJ\cdot mol^{-1}$、$-285.84kJ\cdot mol^{-1}$，试求 $C_{10}H_8(s)$ 的标准摩尔生成焓 $\Delta_f H_m^\ominus$ (298.15K)。

1-34　已知 25℃、$C_2H_4(g)$、$H_2O(g)$、$CO_2(g)$ 的 $\Delta_f H_m^\ominus$ 分别为 $52.28kJ\cdot mol^{-1}$、$-241.82kJ\cdot mol^{-1}$、$-393.51kJ\cdot mol^{-1}$，$C_2H_5OH(l)$ 的 $\Delta_c H_m^\ominus(298.15K)=-1366.8kJ\cdot mol^{-1}$，水和乙醇的摩尔蒸发焓 $\Delta_{vap}H_m$ 分别为 $44.01kJ\cdot mol^{-1}$ 和 $42.6kJ\cdot mol^{-1}$，求 25℃、$p^\ominus$ 下反应的摩尔焓变 $\Delta_r H_m^\ominus$。

$$C_2H_4(g)+H_2O(g) \longrightarrow C_2H_5OH(g)$$

1-35　25℃丁二烯 (g) $\Delta_c H_m^\ominus(298.15K)=-2542kJ\cdot mol^{-1}$，$H_2O(l)$ 的摩尔蒸发焓为 $44.01kJ\cdot mol^{-1}$，$H_2O(g)$、$CO_2(g)$ 的 $\Delta_f H_m^\ominus$ (298.15K) 分别为 $-241.82kJ\cdot mol^{-1}$、$-393.51kJ\cdot mol^{-1}$，求 25℃、$p^\ominus$ 下由稳定单质生成 1mol 丁二烯的 $\Delta_r H_m^\ominus$ 和 $\Delta_r U_m^\ominus$。

1-36　已知 25℃时下列数据

物　质	$CH_2=CHCN(l)$	C(石墨)	$H_2(g)$	HCN(g)	$C_2H_2(g)$
$\Delta_c H_m^\ominus/kJ\cdot mol^{-1}$	−1761	−393.51	−285.8		
$\Delta_f H_m^\ominus/kJ\cdot mol^{-1}$				129.7	226.8
$\Delta_{vap}H_m/kJ\cdot mol^{-1}$	32.8				

求反应 $HCN(g)+C_2H_2(g) \longrightarrow CH_2=CHCN(g)$ 在 25℃的标准摩尔反应 $\Delta_r H_m^\ominus$ (298.15K)。

1-37　已知 25℃时下列数据：$C_6H_6(l)$ 的 $\Delta_c H_m^\ominus=-3267kJ\cdot mol^{-1}$，$CO_2(g)$、$H_2O(g)$ 的 $\Delta_f H_m^\ominus$ 分别为 $-393.51kJ\cdot mol^{-1}$、$-241.82kJ\cdot mol^{-1}$，$H_2O(l)$ 的 $\Delta_{vap}H_m^\ominus(298.15K)=44.01kJ\cdot mol^{-1}$，求 $C_6H_6(l)$ 在 25℃时的标准摩尔生成焓 $\Delta_f H_m^\ominus$。

1-38　$B_2H_6(g)+3O_2(g) \longrightarrow B_2O_3(s)+3H_2O(g)$　$\Delta_r H_m^\ominus(298.15K)=-2020kJ\cdot mol^{-1}$，25℃、$p^\ominus$ 下由元素硼燃烧生成 1mol $B_2O_3(s)$ 放热 $1264kJ\cdot mol^{-1}$，而 25℃、$p^\ominus$ $H_2O(g)$ 的生成焓为 $\Delta_f H_m^\ominus=-241.82kJ\cdot mol^{-1}$，求硼烷 $B_2H_6(g)$ 的 $\Delta_f H_m^\ominus$ (298.15K)。

1-39　利用平均键焓的数据估算下列反应的标准摩尔反应焓 $\Delta_r H_m^\ominus$ (298.15K)。

$$CH_3CH_2OH(g) \longrightarrow CH_3OCH_3(g)$$

1-40　已知下列数据，求丙炔 298.15K 的标准摩尔生成焓 $\Delta_f H_m^\ominus$ (298.15K)。

$\Delta_r H_m^\ominus(C,g,298.15K)=718.38kJ\cdot mol^{-1}$，$\Delta_f H_m^\ominus(H,g,298.15K)=217.94kJ\cdot mol^{-1}$ 及平均键焓 $\Delta_b H_m^\ominus(C—C)=324kJ\cdot mol^{-1}$，$\Delta_b H_m^\ominus(C—H)=416kJ\cdot mol^{-1}$，$\Delta_b H_m^\ominus(C\equiv C)=845kJ\cdot mol^{-1}$。

1-41　乙醇 (l) 和乙酸 (l) 的标准摩尔燃烧焓 $\Delta_c H_m^\ominus(298.15K)$ 分别为 $-1366.5kJ\cdot mol^{-1}$、$-871.5kJ\cdot mol^{-1}$，它们在大量水中的摩尔溶解焓 $\Delta_{sol}H_m$ 分别为 $11.21kJ\cdot mol^{-1}$、$1.46kJ\cdot mol^{-1}$，求在大量水溶液中乙醇氧化反应的焓变 $\Delta_r H_m^\ominus$ (298.15K)。

$$C_2H_5OH(aq,\infty) + O_2(g) \longrightarrow CH_3COOH(aq,\infty) + H_2O(l)$$

1-42 某工厂生产过程燃烧天然气所用空气为理论量的 2 倍，天然气与空气的初始温度均为 25℃，如果从烟囱放出废气的温度为 100℃，问燃烧 1mol CH_4(g) 可得到多少热量。已知 CH_4(g)、CO_2(g)、H_2O(l) 的标准摩尔生成焓分别为 $-74.81kJ\cdot mol^{-1}$、$-393.51kJ\cdot mol^{-1}$、$-285.82kJ\cdot mol^{-1}$，水的摩尔蒸发焓 $\Delta_{vap}H_m^\ominus=44.01kJ\cdot mol^{-1}$，各物质的平均摩尔热容 $\langle C_{p,m}\rangle$ 为

物　质	O_2(g)	N_2(g)	CO_2(g)	H_2O(l)
$\langle C_{p,m}\rangle/J\cdot K^{-1}\cdot mol^{-1}$	29.36	29.12	37.13	75.30

1-43 求反应 C(石墨)+CO_2(g)══2CO(g)在 25℃及 1000℃时的标准摩尔反应焓 $\Delta_r H_m^\ominus$。已知下列数据。

物　质	$\Delta_f H_m^\ominus(298.15K)/kJ\cdot mol^{-1}$	$C_{p,m}/J\cdot K^{-1}\cdot mol^{-1}$
C(石墨)	0	$17.15+4.27\times10^{-3}T/K$
CO(g)	−110.52	$26.86+6.97\times10^{-3}T/K$
CO_2(g)	−393.51	$26.00+43.5\times10^{-3}T/K$

1-44 求 25℃时燃烧水煤气在理论上可能达到的最高火焰温度。假定水煤气中含有 H_2 和 CO 的物质的量相等，且有二倍可供完全燃烧的空气（空气中 O_2 和 N_2 的物质的量比近似取 1∶4），设反应产物不发生离解，水煤气燃烧反应如下：

$$H_2(g)+CO(g)+O_2(g) \longrightarrow H_2O(g)+CO_2(g)$$

已知下列数据。

物　质	$\Delta_f H_m^\ominus(298.15K)/kJ\cdot mol^{-1}$	$C_{p,m}/J\cdot K^{-1}\cdot mol^{-1}$
CO(g)	−110.52	—
O_2(g)	0	$25.72+12.98\times10^{-3}T/K-38.6\times10^{-7}(T/K)^2$
H_2O(g)	−241.82	$30.36+9.61\times10^{-3}T/K+11.8\times10^{-7}(T/K)^2$
CO_2(g)	−393.51	$26.00+43.5\times10^{-3}T/K-148.3\times10^{-7}(T/K)^2$
N_2(g)	0	$27.30+5.23\times10^{-3}T/K-0.04\times10^{-7}(T/K)^2$

1-45 1mol H_2 与过量50%的空气在一绝热恒容密闭容器内混合点火即发生爆炸，求爆炸所能达到的量高温度和最高压力。假定所有气体均按理想气体处理，且用平均摩尔热容做近似计算。$\langle C_{V,m}\rangle(H_2O,g)=33.58J\cdot K^{-1}\cdot mol^{-1}$，$\langle C_{V,m}\rangle(N_2,g)=\langle C_{V,m}\rangle(O_2,g)=29.3J\cdot K^{-1}\cdot mol^{-1}$。

综 合 习 题

1-46 用细管连接的两个体积 V 相等的玻璃球；球中充入 0℃、101.325kPa 的理想气体。若将其中一个球放入 100℃的沸水中，另一球仍保持 0℃，达平衡后求球内气体的压力。细管的体积可忽略不计。

1-47 某锅炉注入 20℃的软水以生产 180℃的饱和水蒸气。已知 100℃、101.325kPa 下水的蒸发焓 $\Delta_{vap}H^\ominus=2256kJ\cdot kg^{-1}$，求锅炉中每生产 1kg 蒸汽所需的热量。水的平均热容可取 $4.184kJ\cdot kg^{-1}\cdot K^{-1}$，水蒸气的热容 $C_{p,m}=(30.36+9.61\times10^{-3}T/K)/J\cdot K^{-1}\cdot mol^{-1}$。

1-48 有一绝热容器，内含 n_1 摩尔的理想气体，温度为 T_0，压力 p_1（小于大气压力），容器的左端有一无摩擦的绝热活塞，左壁上开一个小孔，则大气慢慢进入容器，活塞向右移动，当活塞停止移动时，求进入容器内的空气的温度。假定大气的温度为 T_0，热容量为 C_V。

1-49 容积为 $27m^3$ 的绝热容器，内有一个小加热器，容器壁上有一个小孔与大气相通（大气压力为 101.325kPa），缓慢地加热容器内的气体，使温度从 0℃升至 20℃，问需供给容器内的空气多少热量？设空气为理想气体，$C_{V,m}=20.40J\cdot K^{-1}\cdot mol^{-1}$。

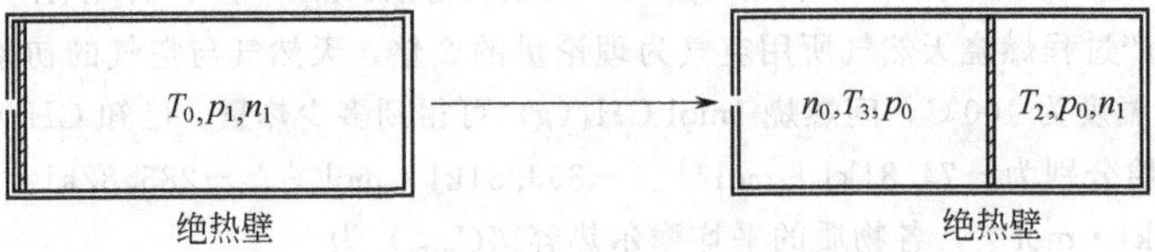

综合习题 1-48 题图

1-50　有一实际气体其状态方程式为 $pV_m=RT+bp$，其中 b 是一个仅与温度有关的参数，将 1mol 该气体在恒压下由 T_1 温度升至 T_2 温度，求体系所做的功 W。

1-51　已知 N_2(g) 压力从 1000kPa 经节流膨胀压力降到 100kPa 时温度降低了 0.12K，N_2(g) 的恒压摩尔热容 $C_{p,m}=24.69\text{J}\cdot\text{K}^{-1}\cdot\text{mol}^{-1}$，试计算在 25℃时 1mol N_2(g) 从 100kPa 加压到 500kPa 过程的焓变 ΔH。

1-52　在 300K 下将 10kg α-TNT 由 100kPa 逐渐加压至 1×10^5kPa，试求过程的 W、Q、ΔU。已知 α-TNT 的密度 $\rho=1.60\times10^3\text{kg}\cdot\text{m}^{-3}$，恒温压缩系数 $\kappa=-\frac{1}{V}\left(\frac{\partial V}{\partial p}\right)_T=7.69\times10^{-12}\text{Pa}^{-1}$，恒压膨胀系数 $\alpha=-\frac{1}{V}\left(\frac{\partial V}{\partial T}\right)_p=2.30\times10^{-4}\text{K}^{-1}$。

1-53　在一绝热恒容量热计中，CO(g) 按下式反应

$$CO(g)+\frac{1}{2}O_2(g)=\!=\!=CO_2(g)$$

由于氧量不足，CO(g) 不能完全燃烧。若混合气（CO 和 O_2）的起始温度为 25℃，反应后的温度升至 1025℃。

① 求以上反应在 25℃的标准摩尔反应焓 $\Delta_r H_m^{\ominus}$。

② 求混合气中 CO(g) 与 O_2(g) 的体积比。

已知 25℃时 CO(g)、CO_2(g) 的标准摩尔生成焓 $\Delta_f H_m^{\ominus}$(B) 分别为 $-110.52\text{kJ}\cdot\text{mol}^{-1}$、$-393.5\text{kJ}\cdot\text{mol}^{-1}$。为简便计算，CO(g)、$CO_2$(g) 的热容 $C_{p,m}$ 分别取 $31.8\text{J}\cdot\text{K}^{-1}\cdot\text{mol}^{-1}$、$50.4\text{J}\cdot\text{K}^{-1}\cdot\text{mol}^{-1}$，并忽略量热计本身的热容。

1-54　某工厂中生产氯的办法如下：将比例为 1∶2（体积比）的 25℃的氧气和氯化氢混合气连续通过一个 386℃的催化剂层，如果气体混合物通过很慢，在塔中的反应几乎可以达成平衡，即有 80% 的 HCl 转化为 Cl_2(g) 和 H_2O(g)，欲使催化剂床层温度保持不变，求每通过 1mol HCl 时需从床层中取走多少热量？所需数据可查附录。

1-55　在制备发烟硫酸的过程中，将 380℃的 SO_2 与空气的混合气通过有铂催化剂的反应器，反应后温度升高不超过 100℃，有 97% 的 SO_2 转化成 SO_3。假设 SO_3 不解离，反应后的热量也不散失，计算一体积 SO_2 所需空气的最小体积。已知 380℃时反应

$$SO_2(g)+\frac{1}{2}O_2(g)=\!=\!=SO_3(g)\qquad \Delta_r H_m^{\ominus}=-92.05\text{kJ}\cdot\text{mol}^{-1}$$

每种气体的摩尔热容可用下式表示

$$C_{p,m}/\text{J}\cdot\text{K}^{-1}\cdot\text{mol}^{-1}=27.2+4.184\times10^{-3}T/\text{K}$$

1-56　工业上的环氧乙烷是在固定床催化剂（Al_2O_3 上载银）上用空气直接氧化制得。假定进入流动反应器的原料气为 200℃，内含物质的量比为 5% 的乙烯和 95% 的空气，如果控制出口温度不超过 260℃，则有 50% 乙烯转化为环氧乙烷，而 40% 完全燃烧为二氧化碳，为了维持这个反应温度，问每摩尔乙烯进料要移走多少热量？假定在反应过程中，热量不散失。已知在 25～260℃的温度区间各物质的平均摩尔热容 $\langle C_{p,m}\rangle$ 如下。

物质	乙烯	环氧乙烷	空气	H_2O(g)	CO_2(g)	N_2(g)	O_2(g)
$\langle C_{p,m}\rangle/\text{J}\cdot\text{K}^{-1}\cdot\text{mol}^{-1}$	58.6	64.9	30.7	34.6	43.5	29.6	33.8

25℃时各物质的标准摩尔生成焓 $\Delta_f H_m^{\ominus}$（298.15K）如下。

物质	乙烯	环氧乙烷	$CO_2(g)$	$H_2O(g)$
$\Delta_f H_m^{\ominus}(298.15K)/kJ \cdot mol^{-1}$	55.292	−51.003	−393.514	−241.827

已知空气中氧含量为 21%（体积比），氮为 79%。原料气中乙烯和空气的物质的量比为 5%∶95%＝1∶19。

自我检查题

一、选择题

1. 一绝热恒容容器中间有一隔板隔开，一边装有 1mol 的理想气体，另一边为真空，抽掉隔板后，气体充满整个容器，以气体为体系，则在变化过程中__________。

(A) $\Delta U=0$ $\Delta H=0$ $\Delta T=0$ (B) $\Delta U=0$ $\Delta H>0$ $\Delta T=0$

(C) $\Delta U>0$ $\Delta H>0$ $\Delta T>0$ (D) $\Delta U<0$ $\Delta H<0$ $\Delta T<0$

2. 对于理想气体，下列哪些式子不能成立__________。

(A) $\left(\frac{\partial U}{\partial V}\right)_T=0$ (B) $\left(\frac{\partial H}{\partial p}\right)_T=0$ (C) $\left(\frac{\partial H}{\partial T}\right)_p=0$ (D) $\left(\frac{\partial C_V}{\partial V}\right)_T=0$

3. 一定量理想气体，由始态（$p_1V_1T_1$）出发，分别经恒温可逆压缩和绝热可逆压缩到相同的体积 V_2，终态的压力谁大__________。

(A) p_2(恒温)＞p_2(绝热) (B) p_2(恒温)＜p_2(绝热)

(C) p_2(恒温)＝p_2(绝热) (D) 无法比较

4. 将 2mol A 置于封闭体系中进行反应：$2A \longrightarrow 3B$，体系中产生了 2mol B，此时反应进度 ξ 为__________ mol。

(A) $\frac{2}{5}$ (B) $\frac{3}{5}$ (C) $\frac{2}{3}$ (D) 1

5. 下面哪些过程式子 $\Delta H=Q_p$ 是适用的__________。

(A) 理想气体从 1000kPa 反抗恒定的 100kPa 的外压恒温膨胀到 100kPa

(B) 0℃、101.325kPa 下冰融化为水

(C) 在可逆电池中电解 $CuSO_4$ 的水溶液

(D) 将 1mol $N_2(g)$ 置于钢瓶内从 25℃加热至 100℃

二、填空题

1. 热力学第一定律当表达为 $dU=\delta Q-p_{外}\,dV$ 时其适用条件为________________。

2. 定义恒压膨胀系数 $\alpha=\frac{1}{V}\left(\frac{\partial V}{\partial T}\right)_p$，恒容压力系数 $\beta=\frac{1}{p}\left(\frac{\partial p}{\partial T}\right)$，恒温压缩系数 $\kappa=-\frac{1}{V}\left(\frac{\partial V}{\partial p}\right)_T$，则 α、β、κ 三者之间的关系为______________________。

3. 一实际气体状态方程式为 $pV_m=RT+bp$（b 为大于零的常数），该气体向真空绝热膨胀后温度如何变化。____________________

4. 石墨（C）和金刚石（C）在 25℃、101.325kPa 下的标准摩尔燃烧焓 $\Delta_c H_m^{\ominus}$ 分别为 −393.4kJ · mol^{-1}，−395.3kJ · mol^{-1}，则金刚石的标准摩尔生成焓 $\Delta_f H_m^{\ominus}$（298.15K）为__________ kJ · mol^{-1}。

5. 理想气体在下列三种变化中判断各物理量的符号（分别用“＋”、“－”、“0”表示“＞”、“＜”、“＝”）

过　程	ΔT	Q	W	ΔU	ΔH
恒温膨胀					
绝热膨胀					
向真空膨胀					

三、计算题

1. 已知 100℃、101.325kPa 下水的摩尔蒸发焓为 40.9kJ · mol^{-1}，

① 求1mol水在100℃、101.325kPa下蒸发过程的W、Q、ΔU、ΔH。假定水蒸气可以视为理想气体，液体水的体积相对于水蒸气可以忽略不计。

② 若水和水蒸气的比热容分别为$C_p(\mathrm{l})=4.184\mathrm{J\cdot g^{-1}\cdot K^{-1}}$，$C_p(\mathrm{g})=1.865\mathrm{J\cdot g^{-1}\cdot K^{-1}}$，求25℃水的摩尔蒸发焓。

2. 1mol单原子理想气体，从25℃、200kPa的始态经下列途径使其体积加倍，求终态的压力及各过程的Q、W、ΔU、ΔH；画出p-V示意图，比较三种过程的W及ΔU的大小。

① 恒温可逆膨胀。

② 绝热可逆膨胀。

③ 沿着$p/\mathrm{Pa}=10132.5V_\mathrm{m}/\mathrm{m^3\cdot mol^{-1}}+b$的途径可逆变化。

3. 已知298.15K丙烯腈（l），石墨和氢气的标准摩尔燃烧焓$\Delta_\mathrm{c}H_\mathrm{m}^\ominus$（298.15K）分别为$-1760.71\mathrm{kJ\cdot mol^{-1}}$、$-393.51\mathrm{kJ\cdot mol^{-1}}$、$-285.85\mathrm{kJ\cdot mol^{-1}}$，HCN（g）和$C_2H_2$（g）的标准摩尔生成焓$\Delta_\mathrm{f}H_\mathrm{m}^\ominus$（298.15K）分别为$129.70\mathrm{kJ\cdot mol^{-1}}$和$226.73\mathrm{kJ\cdot mol^{-1}}$，丙烯腈（l）的正常凝固点为$-82$℃，正常沸点为78.5℃，摩尔蒸发焓$\Delta_\mathrm{vap}H_\mathrm{m}^\ominus(298.15\mathrm{K})=32.84\mathrm{kJ\cdot mol^{-1}}$，试求下面反应在298.15K的摩尔焓变$\Delta_\mathrm{r}H_\mathrm{m}^\ominus$（298.15K）。

$$C_2H_2(g)+HCN(g)\longrightarrow CH_2{=}CH{-}CN(g)$$

四、问答题

1. 理想气体从同一始态出发经恒温可逆压缩和绝热可逆压缩到相同体积，哪一种过程所需功大？为什么？

2. 证明对于理想气体下式成立

$$\left(\frac{\partial U}{\partial V}\right)_p=\frac{C_V p}{nR}$$

3. 某一定量的气体，其状态方程式为$p(V_\mathrm{m}-b)=RT$，其中b为常数，并设恒容摩尔热容$C_{V,\mathrm{m}}$也为常数，证明：

① 内能U仅是温度的函数；

② 热容商$\gamma=\dfrac{C_p}{C_V}=$常数。

第 2 章 热力学第二定律
The Second Law of Thermodynamics

热力学第一定律是关于能量守恒和转换的定律，它指出能量可以从一种形式转变成另一种形式，但无论怎样转变，能量既不能消灭，也不能创生，体系的总能量保持恒定不变。在第一定律的讨论中，我们介绍了两个重要的热力学函数，即内能 U 和焓 H，并且根据这两个函数在变化过程中其改变值 ΔU、ΔH 的计算，解决了在变化过程中体系与环境之间的能量交换问题。例如，合成氨的反应：

$$3H_2(g)+N_2(g)\!=\!=\!=2NH_3(g)$$

若反应在恒容条件下进行，可以通过内能改变 $\Delta_r U_m$ 的计算，知道反应在恒容过程吸收的热量为 $Q_V=\Delta_r U_m$；若反应在恒压下进行，可以通过焓的改变 $\Delta_r H_m$ 的计算，知道反应在恒压过程的热量为 $Q_p=\Delta_r H_m$。如果反应逆向进行，即 $NH_3(g)$ 分解，则在分解过程体系吸收的热量与 $NH_3(g)$ 合成过程吸收的热量数值相等符号相反。这是热力学第一定律得到的结果。但是，上面反应在指定条件（如 25℃、101.325kPa）下是 $H_2(g)$ 与 $N_2(g)$ 反应合成 $NH_3(g)$，还是 $NH_3(g)$ 分解为 $H_2(g)$ 和 $N_2(g)$？热力学第一定律不能回答这样的问题。

自然界中的变化千差万别，一切变化都不能违背热力学第一定律，但不违背热力学第一定律的过程是否都能够进行呢？历史上曾经有人试图设计一种机器，它从蕴藏着大量能量的海水中吸取热量将它全部转变为功，推动机器运转，这种机器并不违背热力学第一定律，如果这种机器能够设计成功，航海就不需要携带燃料了。然而，这种机器永远也没有设计成功。又如，在 25℃、101.325kPa 下，将 1mol$H_2(g)$ 在 $O_2(g)$ 中完全燃烧生成 1mol$H_2O(l)$，在此过程中放出 285.84kJ 的热。在同样条件之下，用这些热量加热 1mol$H_2O(l)$ 能否使 $H_2O(l)$ 分解产生 1mol$H_2(g)$ 和 0.5mol$O_2(g)$？显然，这个过程也是不违背热力学第一定律的。然而，实验指出，这个过程是不能实现的。人类长期的大量实践经验指出，自然界中一切自动进行的变化过程都有确定方向，不可能自动逆转。在指定条件之下，一个变化过程向什么方向自动进行？能进行到什么程度为止？当外界条件发生变化时，对反应自动进行的方向和限度有什么影响？这些问题是热力学研究的中心问题，解决这些问题是热力学第二定律的任务。

2.1 自发过程的共同特征——不可逆性
The Common Characteristics of Spontaneous Process——Irreversibility

在前一章我们介绍了可逆过程的概念。所谓可逆过程，即过程进行中每一步都无限接近于平衡态的过程。这个过程发生之后，沿着这个过程的反方向途径进行，可使体系和

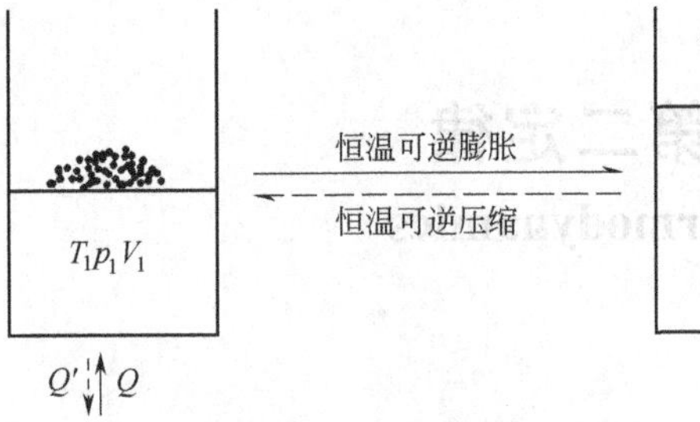

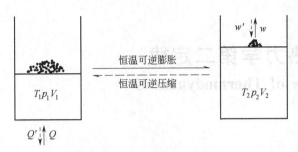

图 2-1 理想气体恒温可逆膨胀

环境同时恢复原态，不留下任何“痕迹”。所谓不留下任何痕迹，即不留下任何永久性的、不可消除的变化。也就是说在体系和环境恢复原态时，体系和环境皆无功和热的损失。例如，我们在前面介绍的理想气体的恒温可逆膨胀（图 2-1），将压力为 500kPa 的理想气体恒温可逆膨胀到 100kPa（用相当于 500kPa 的细砂子代替 500kPa 的压力，每次取走一粒砂子，经过无限长的时间，气体无限缓慢地膨胀直至 100kPa）。

在此过程中体系对环境做功 $W=\int_{V_1}^{V_2} p\mathrm{d}V=nRT_1\ln\dfrac{V_2}{V_1}$

由于过程恒温 $\qquad\qquad \Delta U=0$

体系从环境吸热 $\qquad\qquad Q=W=nRT_1\ln\dfrac{V_2}{V_1}$

即在恒温可逆膨胀过程中，环境失去了 Q 的热，得到了 W 的功，它们的数值相等。现沿着此过程的反方向途径将气体恒温可逆地压缩回到原态（即将取出的细砂子一粒一粒地慢慢加上去），这时环境对体系做的功为 $W'=nRT_1\ln\dfrac{V_2}{V_1}$，恰好等于体系在膨胀过程对环境做的功 W，而体系放给环境的热量 $Q'=nRT_1\ln\dfrac{V_2}{V_1}$ 也恰好等于体系在膨胀过程中从环境吸取的热量。这就是说，一个可逆过程发生之后，沿着这个可逆过程的反方向途径进行，当体系恢复原态时，环境也完全恢复原态，没有功和热的得失，好像过程根本没有发生过一样，没有留下任何永久性的变化，没有留下任何“痕迹”。这是可逆过程的特征。

现在要问，自然界中自动进行的过程，他们是否也具有这样的特征？他们是不是可逆的呢？他们又具有什么样的共同特征呢？

自然界中自动进行的过程，简称自发过程（spontaneous process），这种过程不需外力作用，任其自然就能发生。例如热传递过程：热量总是自动地从高温物体传向低温物体，高温物体的温度逐渐降低，低温物体的温度逐渐升高，当两物体的温度相等时，热量的传递才停止，最后两物体处于热平衡状态。而相反的过程，即热量自动地从低温物体传向高温物体，使低温物体的温度越来越低、高温物体的温度越来越高，这种过程从来也没有发生过。又如气体的膨胀过程：气体总是自动地从高压状态向低压状态膨胀，直到压力相等为止，而相反的过程，气体自动地从低压向高压压缩，使高压气体的压力越来越高，低压气体的压力越来越低，这样的过程也是从来没有发生过的。化学反应过程，例如，在 25℃、101.325kPa 下，H_2(g) 在 O_2(g) 中会自动燃烧生成水，反应会放出热量。

$$H_2(g)+\frac{1}{2}O_2(g) \xlongequal{} H_2O(l) \qquad \Delta_r H_m$$

而它的逆过程即在相同条件下加热水使其分解产生 H_2(g) 和 O_2(g) 也是不会发生的。还可以举出许多这样的例子：水总是自动从高处向低处流动，溶液总是自动从高浓度向低浓度扩散等。这些例子充分说明，自然界中自动进行的过程总是有确定的变化方向，“一去不复返”，是单方向的趋于平衡态，它们都不可能自动逆转。要注意，不是“不可能逆转”，而是“不可能自动逆转”。在外力帮助下是可以使过程向相反的方向进行的。但是，当借助于外力的帮助，使过程沿反方向进行，体系回复到原态时，环境必不能回复到原态，必定留下了永久性的、无法消除的变化，即必定留下了痕迹。下面我们对前面举到的几个例子再进行进一步的分析。

2.1.1 热传递过程

设有两个热源（体系）：一个为高温热源，温度为 T_2，一个为低温热源，温度为 T_1，让两热源接触，经一定时间后，有 Q_1 的热量自动地从高温热源传向了低温热源，如图 2-2（a）所示。

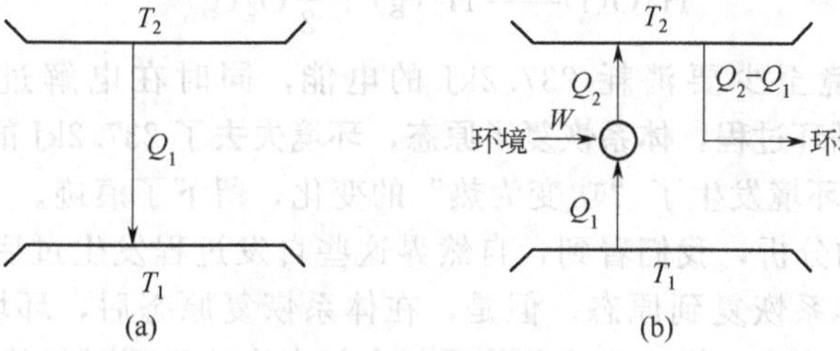

图 2-2　热传递过程的不可逆性

现在，若要使 Q_1 的热量从低温热源重新回到高温热源，没有外力帮助是办不到的。为了实现这一目的，可在两热源之间安置一个制冷机（相当于热泵），环境对制冷机做功 W，制冷机从低温热源取出 Q_1 的热量，根据热力学第一定律，传给高温热源的热量为 $Q_2 = Q_1 + W$，见图 2-2（b）。结果高温热源多出了相当于 $W = Q_2 - Q_1$ 的热量。如果再从高温热源取出$W = Q_2 - Q_1$的热传给环境，则高低温热源（体系）在循环一周后完全恢复了原态，但是环境并没有恢复原态，环境付出了 W 的功，得到了 $Q_2 - Q_1 = W$ 的热，即环境发生了"功变为热"的变化，留下了痕迹。

2.1.2 理想气体的恒温膨胀

在第 1 章中，我们曾经讨论过理想气体的恒温膨胀，如图 2-3 所示。压力为 500kPa 的理想气体（用 5 个砝码代替 500kPa）反抗 100kPa 的外压（一次取走 4 个砝码）做恒温膨胀，这是一个自动进行的过程。由于过程恒温，根据理想气体的特征，内能不变，$\Delta U = 0$，$Q = W$，即理想气体在恒温膨胀过程中对环境做功为 $W = p_2(V_2 - V_1)$，而从环境吸热为 $Q = W = p_2(V_2 - V_1)$。现在用 500kPa 的外压一次将气体恒温压缩回到原态（将取下的四个砝码一次加上去），这时环境对体系做功为 $W' = p_1(V_2 - V_1)$，而体系放给环境的热量为 $Q' = W' = p_1(V_2 - V_1)$。在循环一周后，体系完全恢复了原态，而环境对体系做的静功为 $W_{净} = p_1(V_2 - V_1) - p_2(V_2 - V_1) = (p_1 - p_2)(V_2 - V_1)$，体系放给环境的净热量变为 $Q_{净} = W_{净} = (p_1 - p_2)(V_2 - V_1)$，总的结果是环境付出了功、得到了热，环境发生了"功变为热"的变化，环境留下了痕迹。

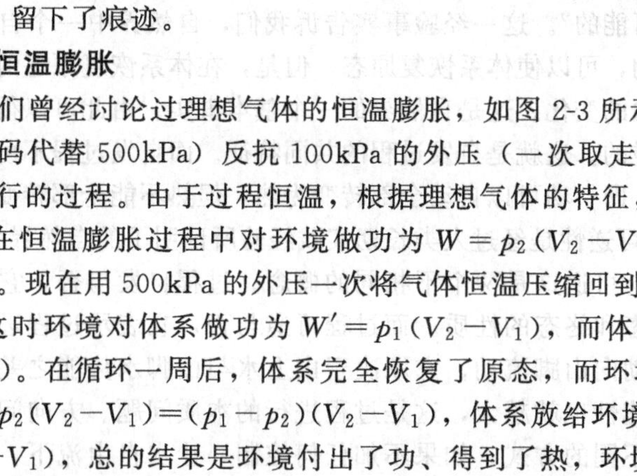

图 2-3　气体膨胀过程的不可逆性

2.1.3 化学反应过程

例如，将 1molH_2(g) 和 0.5molO_2(g) 混合，在 25℃、101.325kPa 下点燃，则会自动

反应生成 1mol$H_2O(l)$。

$$H_2(g)+\frac{1}{2}O_2(g)=\!=\!=H_2O(l) \qquad \Delta_r H_m=-285.8\text{kJ}\cdot\text{mol}^{-1}$$

反应过程放热，环境得到的热量为 $Q_{环}=-\Delta_r H_m=285.8\text{kJ}\cdot\text{mol}^{-1}$。我们可以用电解的方法使 $H_2O(l)$ 分解成 $H_2(g)$ 和 $O_2(g)$。

$$H_2O(l)\xlongequal{电解}H_2(g)+\frac{1}{2}O_2(g)$$

在电解过程中环境至少要消耗 237.2kJ 的电能，同时在电解过程中反应要吸收约 48.6kJ 的热量。整个循环过程，体系恢复了原态，环境失去了 237.2kJ 的功，获得了 285.8－48.6＝237.2kJ 的热。环境发生了“功变为热”的变化，留下了痕迹。

从上面几个例子的分析，我们看到，自然界这些自发过程发生过后，借助于外力帮助，可以使过程逆转，使体系恢复到原态。但是，在体系恢复原态后，环境却发生了“功变为热”的变化。功转变为热后，能否将这些热重新全部变为功不再引起其他任何变化，即仅仅“从单一热源吸热，并将这些热全部变为功而不再引起其他变化”？这件事如果能够实现的话，那么，也可以说自发过程发生后，借助于外力作用使体系恢复原态的同时，环境也恢复了原态，不留下任何痕迹，也就是说自发过程也可以是可逆的了。但是，当我们使用一个热机把环境获得的全部热量转变为功的同时，另一部分环境又必须对热机做功，并且热机要放出一部分热量给环境，即当我们把这一部分环境获得的热量重新转变为功的同时，却引起了另一部分环境的“功变为热”的变化。如此反复，痕迹永不会消灭。

长期以来，人类大量的实践经验证明：“从单一均匀温度的热源吸热，并将其全变为功而不引起其他变化是不可能的”。这一经验事实告诉我们，自然界中一个自动进行的过程发生过后，借助于外力的帮助，可以使体系恢复原态，但是，在体系恢复原态的同时，环境必定留下了永久性的、不可消除的变化。这是自然界的一个基本事实。由此可以得出结论：自然界中一切自发过程都是不可逆的。这就是自发过程的共同特征。而自发过程不可逆性的内在原因是功转变为热的不可逆性，即“功可以自动全部转变为热，但热不能全部转变为功而不引起其他变化”。功转变为热的不可逆性是经过人类长期实践经验所证明了的自然界中一个基本法则。

还要指出，自发与可逆这是两个不相同的概念。过程自发与否，它表示过程自动进行的方向，取决于体系始态和终态的性质。而过程可逆与否，它表示过程进行所采用的方式。例如，高山上的水会自动向山脚流动，它取决于山上水与山脚水势能之差，这个差值越大，水自动向山脚流动的可能性也就越大，这是过程进行的本质问题、方向问题。但高山上的水向山脚流动却可以采取不同的方式，如果不加任何控制，让水自由流下，过程为不可逆的；也可以人为控制，使水的势能每次降低无限小，经过无限长的时间流向山脚，则过程即为可逆的。可见，自发与否表示过程自动进行的方向，而可逆与不可逆则表示完成过程的方式。

2.2 热力学第二定律

The Second Law of Thermodynamics

上一节我们指出，一切自发过程都是不可逆的。自发过程的不可逆性其内在原因是功转变为热的不可逆性。功转变为热的不可逆性这个长期以来人们总结出的经验定律就是热力学第二定律。历史上，人们曾用这一经验总结来描述热力学第二定律。

2.2.1 开尔文（Kelvin）说法

开尔文在 1850 年根据功转变为热的不可逆性总结出：“不能制造出一种循环操作的机

器，其作用只是从单一均匀温度的热源吸热并将它全变为功。”这里要注意“循环操作”和“只是”两个条件，所谓“循环操作”和“只是”就是在不发生其他任何变化的条件下，仅仅是将吸的热量全变为功。否则，这句话是毫无意义的。也可以把开尔文说法简述为“不能从单一均匀温度的热源吸热使之完全变为功而不发生其他变化”。要注意，不要把开尔文说法简单地说成是“热不能全变为功”。事实上，我们在前面讲过的理想气体恒温膨胀过程就是从环境吸热，并将这些热全部变成了功！但是，理想气体在将吸的热全变为功的过程中，理想气体本身是付出了代价的，这个代价就是气体本身体积膨胀大了。因此，热不是不能全变为功，而是在不发生其他任何变化的严格条件下热不能全部变为功。上述循环操作的机器并不违背热力学第一定律，在功与热的转变过程中仍能满足能量守恒和转化规律，不是无中生有地创造出能量。历史上人们曾设想能制造出这样的机器，这种机器称为第二类永动机（second kind of perpetual motion machine），以区别于无中生有创造出能量的第一类永动机。因为历史的原因，也可以把第二定律表述为：“第二类永动机是不可能制造成功的”。

2.2.2 克劳修斯（Clausius）说法

克劳修斯在1850年左右根据热传递的不可逆性总结出：“不可能使热量从低温物体传向高温物体而不引起任何其他变化”。同样，不能简单地把克劳修斯的说法说成是“热不能自低温物体传向高温物体”。实质上制冷机就是把热从低温物体传向了高温物体，但制冷机在将热从低温物传向高温物体的同时，环境必须对制冷机做功，环境必定发生了变化。因此，热不是不能从低温物体传向高温物体，而是在不发生其他任何变化的条件下热不能从低温物体传向高温物体。或者说，热不能自动地从低温物体传向高温物体。因此，“不发生其他变化”这个条件是至关重要的，不能缺少。

开尔文说法和克劳修斯说法虽然不同，但其本质是一样的，它们都讲的是同一事件的“不可能性”，即自发过程的不可逆性。因此，两种说法是完全等效的，从一种说法理应导出另一种说法，否定一种说法则必然否定另一种说法。下面，我们用反证法来简单证明两种说法的等效性：若克劳修斯说法不成立，则开尔文说法也不能成立。

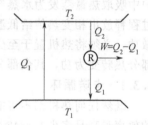

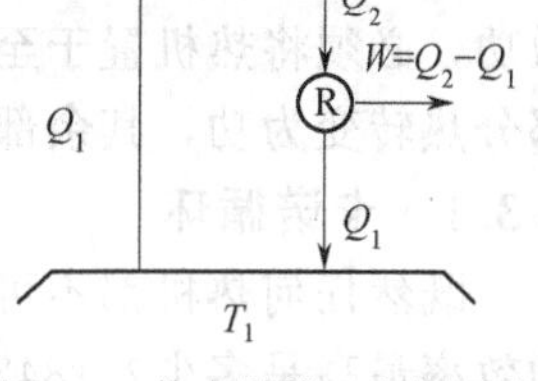

图 2-4　热力学第二定律两种说法的等效性说明

设有高低温两个热源，高温热源温度为 T_2，低温热源温度为 T_1。假定有 Q_1 的热量自动地从低温热源传向了高温热源，如图2-4所示，违背了克劳修斯说法。现在，在两热源之间安置一个可逆热机R，热机在循环操作中，从高温热源 T_2 取出 Q_2 的热量使传给低温热源的热量恰为 Q_1。这时，可逆热机做的功为 $W=Q_2-Q_1$。联合考虑整个循环过程，低温热源没有热的得失，净结果是热机从高温单一热源取出了（Q_2-Q_1）的热量，并将这些热量全部变成了功，除此之外并无其他变化，可见它违背了开尔文说法。

同样，也可以证明若开尔文说法不成立，则克劳修斯说法也不成立。

热力学第二定律是人们长期以来实践经验的总结，它不能从其他更普遍的定律推导出来，而是实践所证明了的客观规律。

2.3 卡诺循环

Carnot Cycle

前一节我们以自然界中三个实际自动进行的自发过程为实例，阐明了自发过程的不可逆性，指出一切自发过程都有确定的变化方向，他们都是单方向地趋于平衡态。用什么物理量来判别他们的变化方向呢？这个问题是我们十分关心的问题，也是热力学中最重要的问题。对于热传递过程，热总是自动地从高温物体传向低温物体，因此，可以用温度 T 这个物理量来判别热传递的方向；气体总是自动地从高压向低压膨胀，因此，可以用压力 p 这个物理量来判别气体膨胀的方向。化学变化又用什么物理量来判别过程自动进行的方向呢？$H_2(g)$与 $O_2(g)$ 在 25℃、101.325kPa 通过燃烧反应可自动生成 $H_2O(l)$，这是人们的经验，Zn(s) 丢入 $CuSO_4$ 的水溶液中可自动置换出 Cu(s) 来，也是靠人们的经验。但是化学反应，自然界的变化各式各样、千差万别，是不可能仅仅靠人们的经验来判别过程自动进行的方向的。

热力学第一定律是依靠内能函数和焓的改变值 ΔU、ΔH 的大小和符号来确定体系在变化过程与环境交换的能量。热力学第二定律指出，自然界中一切自动进行的过程都有确定方向，都是不可逆的，不可能自动逆转。如像热力学第一定律那样，是否也能用体系本身的某一个热力学函数的改变来判别自发过程的不可逆性？是否也能用一个状态函数改变值来判定一个过程自动进行的方向？前一节，我们已经说明了一切自发过程的不可逆性都可以归结于“功转变为热的不可逆性”。因此，从功与热的相互转变中应该可以找到作为判别一切自发过程方向的共同的物理量。

功转变为热是自有人类以来就实现了的，远在原始社会，人类就知道摩擦生热、钻木取火；但是，相反的过程，热变为功，确是经历了相当漫长的时间，直到瓦特发明了蒸汽机后，人类才第一次实现了热变为功的转变。从此以后，人类开始了热转变为功的限度的研究，于是各式各样的热机也就应运而生。所谓热机，即在循环操作中连续不断地将热转变为功的机器。尽管热机的种类各式各样，但它们的共同点是：①需要有工作物质，热机在运转过程中，工作物质发生循环变化；②热机在循环操作中从高温热源吸取热量，把其中一部分热转变为功，其余的部分传给低温热源。例如蒸汽机，工作物质是水，水从高温热源——锅炉中吸取热量蒸发为水蒸气，推动活塞移动做功，水蒸气做功后，温度降低凝结为水，在此过程释放出相变热传给低温热源——大气，自己回复到原态，完成一个循环。可见，热机要做功，必须将热机置于至少两个温度不同的热源之间，热机从高温热源吸热，只能将其中一部分热转变为功，其余部分热传给了环境。

2.3.1 卡诺循环

既然任何热机都不可能将热全部变为功，那么，热转变为功的最大限度是多少，即热机的效率最高是多少？1842 年法国工程师卡诺（N. L. Sadi Carnot，1796～1832）设计的包括四步可逆过程的热机解决了这一问题。

热机在工作过程中每一步都是可逆的这种热机可称为可逆热机（reversible heat engine）。卡诺设计的四步可逆过程构成一个可逆循环过程，称为 Carnot 循环，其热机称为 Carnot 热机，工作物质为理想气体。卡诺循环所包含的四步可逆过程如图 2-5 所示。过程（Ⅰ）：让理想气体与高温热源 T_2 接触，理想气体从高温热源吸热 Q_2 进行恒温可逆膨胀做功 W_1，气体从始态 $A(p_1V_1T_2)$ 恒温可逆变化到 $B(p_2V_2T_2)$；过程（Ⅱ）：气体离开高温热源，使其进行绝热可逆膨胀，继续对外做功 W_2，在绝热可逆膨胀中气体温度降到低温热源的温度 T_1，气体从状态 B 变化到 $C(p_3V_3T_1)$；过程（Ⅲ）：在 T_1 的温度下对气体进行恒温可逆压缩至刚好可以通过下一步的绝热可逆压缩回到原态，气体从状态 C 变化到 $D(p_4V_4T_1)$；过程（Ⅳ）：对气体进行绝热可逆压缩，使气体回到原态。

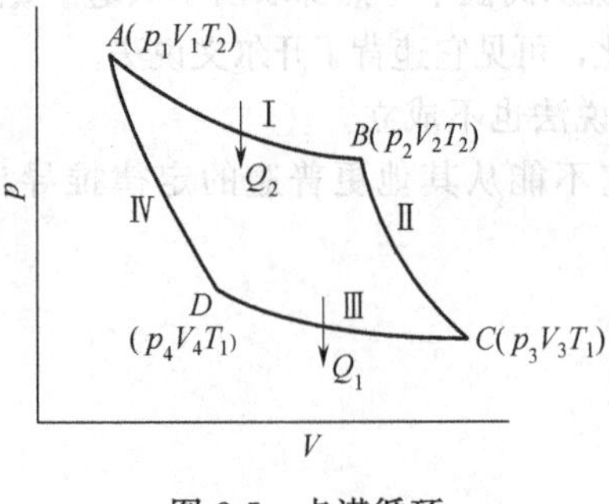

图 2-5　卡诺循环

卡诺可逆循环是热力学上最基本的最重要的循环。下面，我们来看一看，在卡诺可逆循环过程中，热机的效率 $\eta=\frac{W}{Q_2}$ 为多少。卡诺热机是最理想的热机，由卡诺热机的效率 η 可以得到热转变为功的最大限度。

在过程（Ⅰ）中

$$\Delta U_1=0, Q_2=W_1=\int_{V_1}^{V_2} p\mathrm{d}V=nRT_2\ln\frac{V_2}{V_1}$$

在过程（Ⅱ）中

$$Q'=0, W_2=-\Delta U_2=-\int_{T_2}^{T_1} nC_{V,\mathrm{m}}\mathrm{d}T=nC_{V,\mathrm{m}}(T_2-T_1)$$

在过程（Ⅲ）中

$$\Delta U_3=0, Q_1=W_3=\int_{V_3}^{V_4} p\mathrm{d}V=nRT_1\ln\frac{V_4}{V_3}$$

在过程（Ⅳ）中

$$Q''=0, W_4=-\Delta U_4=-\int_{T_1}^{T_2} nC_{V,\mathrm{m}}\mathrm{d}T=nC_{V,\mathrm{m}}(T_1-T_2)$$

理想气体经过以上四步可逆过程，完成一次循环，回到原态，$\Delta U=0$，总过程气体所做的功为

$$W=W_1+W_2+W_3+W_4=nRT_2\ln\frac{V_2}{V_1}+nRT_1\ln\frac{V_4}{V_3}$$

过程（Ⅱ）和过程（Ⅳ）是理想气体的绝热可逆过程，应用绝热可逆过程方程式

$$T_2V_2^{\gamma-1}=T_1V_3^{\gamma-1}$$

$$T_2V_1^{\gamma-1}=T_1V_4^{\gamma-1}$$

两式相除得

$$\frac{V_2}{V_1}=\frac{V_3}{V_4}$$

所以

$$W=Q_2+Q_1=nRT_2\ln\frac{V_2}{V_1}-nRT_1\ln\frac{V_3}{V_4}=nR(T_2-T_1)\ln\frac{V_2}{V_1}$$

而气体从高温热源吸取的热量为

$$Q_2=nRT_2\ln\frac{V_2}{V_1}$$

所以

$$\eta=\frac{W}{Q_2}=\frac{Q_2+Q_1}{Q_2}=\frac{nR(T_2-T_1)\ln\frac{V_2}{V_1}}{nRT_2\ln\frac{V_2}{V_1}}=\frac{T_2-T_1}{T_2}=1-\frac{T_1}{T_2} \qquad (2\text{-}1)$$

式（2-1）指出，卡诺可逆热机的效率 η 只与两个热源的温度有关，两个热源的温度差越大，热机的效率越高，热的利用越完全。因为 $T_1=0$ 的低温热源是找不到的，所以卡诺热机的效率 η 不可能等于 1，更不可能大于 1。卡诺热机是最理想的热机，实际上不可能实现，但卡诺热机所得的重要结论十分有用，它给我们指出了热转变为功的最大限度。

如果让卡诺可逆热机反方向运行。即沿着 $ADCBA$ 的可逆途径循环，就变成了制冷机。此时环境对体系（理想气体）做功，气体从低温热源吸取热量为 Q_1，放给高温热源 T_2 的热量为 Q_2。在循环过程中制冷机的冷冻系数为

$$\beta=\frac{Q_1}{-W}=\frac{T_1}{T_2-T_1} \qquad (2\text{-}2)$$

式中，W 的负号表示环境对体系做功。

2.3.2 卡诺定理及推论

卡诺根据自己设计的可逆循环过程提出："所有工作于两个不同温度热源之间的任何热机其效率 η 不会超过卡诺可逆热机"，即

$$\eta \leqslant \eta_R \tag{2-3}$$

式中，η_R 为卡诺可逆热机的效率，这就是卡诺定理。卡诺提出这个定理是在热力学第二定律确立之前，当时他采用"热质说"和能量守恒原理来证明它，这样的证明是错误的。后来，开尔文和克劳修斯重新审查了卡诺的工作，指出要证明卡诺定理，必须依据一个新的原理，这就是开尔文和克劳修斯提出热力学第二定律的历史背景。下面，我们根据热力学第二定律来证明它。

设在两个不同温度 T_1 和 T_2 的热源之间有一可逆热机 R（即卡诺可逆热机）和任意热机 I，调节两热机使它们做功相等。可逆热机 R 从高温热源 T_2 吸取热量 Q_2，做功 W，放出 $Q_1 = Q_2 - W$ 的热量给低温热源 T_1，其效率 $\eta_R = \dfrac{W}{Q_2}$；任意热机 I 从高温热源 T_2 吸取热量为 Q_2'，做功 W，放出 $Q_1' = Q_2' - W$ 的热量给低温热源 T_1，其效率为 $\eta = \dfrac{W}{Q_2'}$，如图 2-6 所示。假定任意热机的效率 η 大于卡诺可逆热机的效率 η_R，即

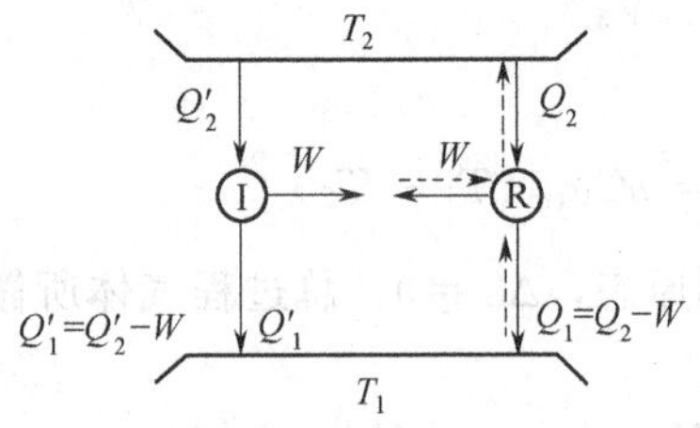

图 2-6　卡诺定理证明

$$\eta = \frac{W}{Q_2'} > \eta_R = \frac{W}{Q_2}$$

则

$$Q_2 > Q_2'$$

现在用任意热机所做之功 W 推动卡诺可逆热机逆行，则卡诺可逆热机成为制冷机，它从低温热源 T_1 取出 $Q_1 = Q_2 - W$ 的热量，放 Q_2 的热量给高温热源 T_2（图中虚线所示）。将两热机合并一起考虑，整个联合热机循环一周后，工作物质恢复原态，而净结果是低温热源失去了热量，$(Q_2 - W) - (Q_2' - W) = Q_2 - Q_2' > 0$，高温热源得到了热量，$Q_2 - Q_2' > 0$。总的变化是热从低温物体传到了高温物体，除此之外并无其他变化。显然，这是违背劳克修斯说法的。所以，"任意热机的效率大于卡诺可逆热机的效率"的假定是不能成立的，因此，应有

$$\eta \leqslant \eta_R$$

这就证明了卡诺定理。根据卡诺定理，可以得到两个推论。

(1) 推论Ⅰ　在两个不同温度的高低温热源之间工作的可逆热机其效率相等，与工作物质无关，即

$$\eta_{R(1)} = \eta_{R(2)} = \eta_{R(3)} = \cdots\cdots \tag{2-4}$$

这个推论可以简单证明如下。以可逆热机 1 带动可逆热机 2 逆行，根据式 (2-3) 有

$$\eta_{R(1)} \leqslant \eta_{R(2)}$$

反之，以可逆热机 2 带动可逆热机 1 逆行应有

$$\eta_{R(2)} \leqslant \eta_{R(1)}$$

要同时满足以上两式，必有

$$\eta_{R(1)} = \eta_{R(2)}$$

同理可以证明

$$\eta_{R(2)} = \eta_{R(3)} = \cdots\cdots$$

(2) 推论Ⅱ　在两不同温度的高低温热源之间工作的不可逆热机 I 其效率 η_I 必小于可

逆热机的效率 η_R，即

$$\eta_I < \eta_R \tag{2-5}$$

根据式（2-1）热机的效率可表示为 $\eta = \frac{W}{Q_2} = \frac{Q_2 + Q_1}{Q_2}$，而卡诺可逆热机的效率为 $\eta_R = \frac{T_2 - T_1}{T_2}$，于是卡诺定理的总结果可表示为

$$\frac{Q_2 + Q_1}{Q_2} \leqslant \frac{T_2 - T_1}{T_2} \tag{2-6}$$

式中，"<"表示在同样的两个热源之间工作的不可逆热机的效率小于可逆热机的效率；"="表示可逆热机的效率彼此相等，仅取决于高低温热源的温度，而任意热机的效率不可能大于可逆热机的效率。

卡诺定理指出了热转变为功的限度，即使在最理想的条件下，热机的效率也不会等于1，即热机在循环操作中不可能将吸取的热全部变为功。卡诺循环虽然讨论的是热机的效率，但在热力学的发展中占有非常重要的地位。克劳修斯根据卡诺循环从热转变为功的限度演绎出一个重要的热力学函数——熵。利用熵函数改变值的符号就可以判定一定条件下过程自动进行的方向和限度。

2.4 熵 函 数

Entropy Function

2.4.1 熵的引出

在卡诺可逆循环过程中，我们得到热机的效率为

$$\frac{Q_2 + Q_1}{Q_2} = \frac{T_2 - T_1}{T_2}$$

即

$$1 + \frac{Q_1}{Q_2} = 1 - \frac{T_1}{T_2}$$

或

$$\frac{Q_1}{T_1} + \frac{Q_2}{T_2} = 0$$

此式可简写为：

$$\sum_{i=1}^{2} \left(\frac{Q_i}{T_i}\right)_R = 0$$

式中，下标"R"表示可逆，强调卡诺循环是一个可逆循环。此式表示在卡诺可逆循环过程中，从热源所吸收的热量 Q_i 与热源温度 T_i 之比（简称"热温商"）总和为零。

2.4.1.1 任意可逆循环过程的热温商

卡诺可逆循环过程的这个结论可以推广到任意可逆循环过程。图 2-7（a）中任一封闭曲线表示任意一个可逆循环过程。现在把此任意可逆循环过程用一些彼此相近的绝热线和恒温线划分成若干个小的卡诺可逆循环。对于每一个小的卡诺可逆循环，可控制热源温度使恒温线上下两侧的两个对顶三角形的面积相等，如图中△PVO=△OWQ。沿每一个小卡诺可逆循环运行完一周，图中虚线部分（绝热线上），沿前一个卡诺可逆循环时为绝热可逆膨胀，沿后一个卡诺可逆循环时为绝热可逆压缩，正、逆方向各运行一次，因此，功在这些部分正好相互抵消，像没有运行一样。因此，沿每一个卡诺可逆循环运行一周相当于仅沿图中折线

运行一周。下面，我们要证明，沿折线运行一周其效果与沿封闭曲线运行一周的效果完全相同。为此，我们只要证明沿其中一个卡诺可逆循环的折线部分如图中 $PVOWQ$ 运行其效果与沿曲线 POQ 运行效果完全一样就行了。由于沿 $PVOWQ$ 的折线和沿 POQ 的曲线运行，两条途径始、终态相同，内能改变 ΔU 一样。若能证明沿两条途径所做的功相同，则所吸取的热量也必相同，两条途径运行效果也就完全一样了。

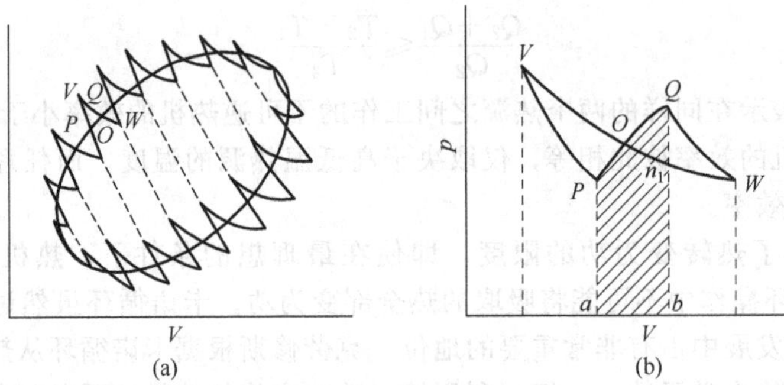

图 2-7　任一可逆循环过程

为了说明问题，我们把 $PVOWQ$ 这一段折线放大如图 2-7（b）所示。沿曲线 POQ 运行时，做功为 POQ 曲线下的面积，即

$$W(POQ) = \text{面积}\ POnba + \text{面积}\ OQn$$

而沿折线 $PVOWQ$ 运行时做功为

$$W(PVOWQ) = \text{面积}\ PVO + \text{面积}\ POnba - \text{面积}\ nWQ$$

因为　　面积 PVO = 面积 OQW = 面积 OQn + 面积 nWQ

所以　　$W(PVOWQ)$ = 面积 OQn + 面积 nWQ + 面积 $POnba$ − 面积 nWQ

即　　$W(PVOWQ)$ = 面积 $POnba$ + 面积 OQn

这就证明了沿两条不同途径做的功相同，即沿两条途径运行的效果完全一样。也就是说可以用全部小卡诺可逆循环过程来代替任一可逆循环过程。

对于小卡诺可逆循环过程有

$$\frac{Q_2}{T_2} + \frac{Q_1}{T_1} = 0$$

$$\frac{Q_4}{T_4} + \frac{Q_3}{T_3} = 0$$

$$+)\quad \cdots\cdots\cdots\cdots\cdots\cdots$$

$$\sum_{i=1}^{n}\left(\frac{Q_i}{T_i}\right)_{\mathrm{R}} = 0$$

式中，T_1、T_2、…表示热源 1、2、…的温度；Q_i 为工作物质（即体系）从热源吸取的热量。若增加卡诺可逆循环的个数（即把绝热线画密些），当 $n \to \infty$ 时，绝热线增加为无穷多条，彼此无限接近，卡诺循环的折线无限逼近实际曲线，卡诺循环的恒温线缩短为曲线上的一点，此时热源的温度 T_i 变为过程点的温度，即体系的温度。Q_i 变为体系与热源交换的微小热量，可用 δQ_i 表示，而求和符号也可以用积分符号代替。又考虑总过程是一个可逆循环过程，故积分符号用环程积分号表示。于是上式可写成

$$\sum_{i=1}^{\infty}\left(\frac{\delta Q_i}{T_i}\right)_{\mathrm{R}} = \oint\left(\frac{\delta Q}{T}\right)_{\mathrm{R}} = 0 \tag{2-7}$$

此式表示任意可逆循环过程的热温商总和为零。

2.4.1.2　任意可逆过程的热温商及熵的定义

对于任意可逆循环过程如图 2-8 所示，从状态 A 变化到状态 B，设有两条可逆途径（Ⅰ）和（Ⅱ），现沿第（Ⅰ）条可逆途径从 A 变化到 B，再沿第（Ⅱ）条可逆途径行从 B 返回到 A 构成一个可逆循环过程。可将可逆循环过程的热温商总和分两段积分，根据式（2-7）有

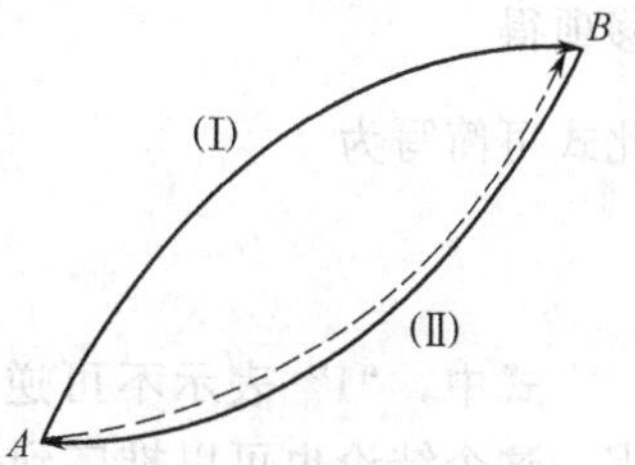

图 2-8　任意可逆循环过程

$$\oint\left(\frac{\delta Q}{T}\right)_{\mathrm{R}}=\int_{A\,(\mathrm{I})}^{B}\left(\frac{\delta Q}{T}\right)_{\mathrm{R}}+\int_{B\,(\mathrm{II})}^{A}\left(\frac{\delta Q}{T}\right)_{\mathrm{R}}=0$$

或

$$\int_{A\,(\mathrm{I})}^{B}\left(\frac{\delta Q}{T}\right)_{\mathrm{R}}=\int_{A\,(\mathrm{II})}^{B}\left(\frac{\delta Q}{T}\right)_{\mathrm{R}}$$

即沿第（Ⅰ）条可逆途径的热温商总和 $\int_{A\,(\mathrm{I})}^{B}\left(\frac{\delta Q}{T}\right)_{\mathrm{R}}$ 与沿第二条可逆途径的热温商总和 $\int_{A\,(\mathrm{II})}^{B}\left(\frac{\delta Q}{T}\right)_{\mathrm{R}}$ 相等。由于从 A 到 B 的可逆途径是任意的，可以画出第（Ⅲ）条、第（Ⅳ）条可逆途径，上述关系都能成立。也就是说从始态 A 变化到终态 B 无论沿着哪一条可逆途径，其热温商总和 $\int_{A}^{B}\left(\frac{\delta Q}{T}\right)_{\mathrm{R}}$ 相等。或者说，积分 $\int_{A}^{B}\left(\frac{\delta Q}{T}\right)_{\mathrm{R}}$ 这个量只取决于始、终态，与变化途径无关。这一重要结论说明体系存在一个状态函数，此积分值为该状态函数的增量，克劳修斯定义这个状态函数为熵（entropy），并用符号“S”表示。而积分值 $\int_{A}^{B}\left(\frac{\delta Q}{T}\right)_{\mathrm{R}}$ 则为始态 A 与终态 B 的熵的差值

$$\Delta S=S_B-S_A=\int_{A}^{B}\left(\frac{\delta Q}{T}\right)_{\mathrm{R}}\tag{2-8a}$$

式中，“R”表示可逆。如果过程是一个微小的变化过程，上式可以写成

$$d\mathrm{S}=\left(\frac{\delta \mathrm{Q}}{\mathrm{T}}\right)_{R}\tag{2-8b}$$

式（2-8）即为熵为的定义式。根据式（2-8），熵的单位应为“$\mathrm{J\cdot K^{-1}}$”。熵是状态函数，因而是体系的一个性质，当体系处于一定的状态时，体系的熵就有完全确定值，当体系发生变化时，体系的熵值也就随之变化，其改变值 ΔS 等于体系从始态沿可逆途径变化到终态过程的热温商的总和。

应该强调指出，熵 S 既然是状态函数，不管过程沿什么样的途径从始态 A 变化到终态 B 其改变值 ΔS 都是相同的，与过程是否可逆没有关系，这是任何一个状态函数的特征，但只有在可逆过程中熵的改变值 ΔS 才与该过程的热温商的总和相等。其次，从卡诺可逆循环过程发现了熵函数的存在，熵的定义包含在变化过程熵的改变中。尽管体系处于一定状态时，体系的熵有完全确定的值，但其绝对值是多少，第二定律并不能回答。关于熵的物理意义、微观本质以及统计意义我们将在“统计热力学基础”一章中详细介绍。

2.4.2　热力学第二定律的数学表达式——Clausius 不等式

2.4.2.1　不可逆过程的热温商

上面我们根据可逆过程的热温商定义了熵函数 S。对于不可逆过程，根据卡诺定理，在两个不同温度的热源之间工作的不可逆循环热机，其效率 η_{I} 小于卡诺可逆循环热机的效率 η_{R}

$$\eta_{\mathrm{I}} < \eta_{\mathrm{R}}$$

或

$$\left(1+\frac{Q_1}{Q_2}\right)_{\mathrm{I}} < 1-\frac{T_2}{T_1}$$

移项得

$$\frac{Q_1}{T_1}+\frac{Q_2}{T_2}<0$$

此式可简写为

$$\sum_{i=1}^{2}\left(\frac{Q_i}{T_i}\right)_{\mathrm{I}}<0$$

式中，“I”表示不可逆，即在两个热源之间进行的不可逆循环过程，热温商总和小于零。这个结论也可以推广到任意不可逆循环过程。对于任意不可逆循环来说，若体系在循环过程中与许多个不同温度 T_i 的热源接触，与每一个热源交换的微小热量为 δQ_i，则

$$\sum_{i=1}^{2}\left(\frac{\delta Q_i}{T_i}\right)_{\mathrm{I}}<0$$

又设有这样的一个不可逆循环过程：体系从状态 A 沿途径（Ⅰ）不可逆地变化到状态 B，再经途径（Ⅱ）从状态 B 可逆地返回到状态 A，构成一个不可逆循环过程，如图 2-9 所示。任何一个循环过程只要其中有一步是不可逆的，则整个循环过程即为不可逆循环。由上式可知

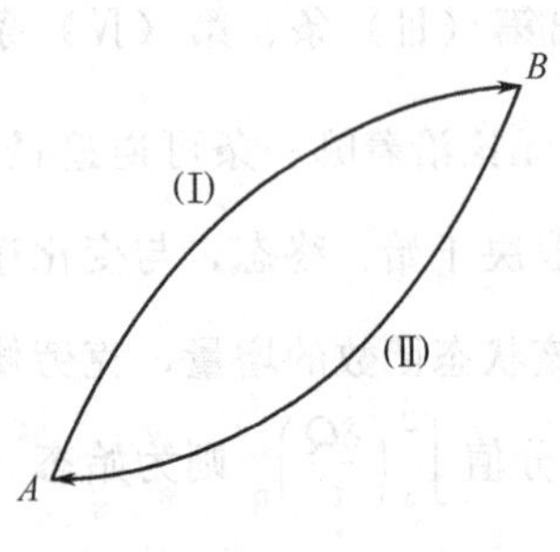

图 2-9　任意不可逆循环

$$\sum_{i=1}^{\infty}\left(\frac{\delta Q_i}{T_i}\right)_{\mathrm{I}}=\sum_{A}^{B}\left(\frac{\delta Q}{T}\right)_{\mathrm{I}}+\sum_{B}^{A}\left(\frac{\delta Q}{T}\right)_{\mathrm{R}}<0$$

而由式（2-8）

$$\sum_{B}^{A}\left(\frac{\delta Q}{T}\right)_{\mathrm{R}}=S_A-S_B=-\Delta_A^B S=-\Delta S$$

故有

$$\Delta S>\sum_{A}^{B}\left(\frac{\delta Q}{T}\right)_{\mathrm{I}} \tag{2-9a}$$

对于微小变化过程上式可写为

$$\mathrm{d}S>\left(\frac{\delta Q}{T}\right)_{\mathrm{I}} \tag{2-9b}$$

式（2-9）表示，从始态 A 到终态 B 若以不可逆方式进行时其热温商总和必小于体系始、终态之间的熵变。

2.4.2.2　克劳修斯不等式

将式（2-8）和式（2-9）合并得到

$$\left.\begin{array}{l}\Delta S\geqslant\sum_{A}^{B}\left(\frac{\delta Q}{T}\right)\text{或}\ \Delta S-\sum_{A}^{B}\left(\frac{\delta Q}{T}\right)\geqslant 0\\ \mathrm{d}S\geqslant\frac{\delta Q}{T}\quad\text{或}\ \mathrm{d}S-\frac{\delta Q}{T}\geqslant 0\end{array}\right\}\begin{cases}\text{“}>\text{”表示过程不可逆}\\ \text{“}=\text{”表示过程可逆}\\ \text{“}<\text{”不可能发生}\end{cases} \tag{2-10}$$

上式称为克劳修斯不等式，通常也作为热力学第二定律的数学表达式，Q 为实际过程体系从热源（即环境）吸取的热量，T 为热源的温度，在可逆过程中也是体系的温度。克劳修斯不等式可以用来判别过程的可逆性，即一个实际过程发生后，可以通过计算该实际过程的热温商总和 $\sum_{A}^{B}\left(\frac{\delta Q}{T}\right)$ 以及体系在变化过程中的熵变 ΔS，比较它们的相对大小来判别实际过程是否可逆。如果两者相等说明该过程以可逆方式进行，如果热温商总和小于过程的熵变说明该

过程以不可逆的方式进行，而一个实际过程的热温商总和是不可能大于体系在过程中的熵变的。

2.4.3 熵增加原理——过程方向和限度的判据

将克劳修斯不等式应用于绝热过程，在绝热过程中体系与环境之间无热量交换，$Q=0$，所以

$$\begin{matrix}\Delta S\geqslant 0\\ \mathrm{d}S\geqslant 0\end{matrix}\begin{cases}\text{“}>\text{”表示过程不可逆}\\ \text{“}=\text{”表示过程可逆}\\ \text{“}<\text{”不可能发生}\end{cases}\tag{2-11}$$

式 (2-11) 表明在绝热过程中，若过程以可逆方式进行则体系的熵不变，若以不可逆方式进行则体系的熵将增加。也就是说在绝热过程中只可能发生 $\Delta S\geqslant 0$ 的变化，不可能发生 $\Delta S<0$ 的变化，即在绝热条件下体系发生一个变化后的熵值永不会减小，这个结论叫做熵增加原理（principle of entropy increasing)，也是热力学第二定律的另一种表述。熵增加原理可以推广到孤立体系，因为孤立体系的体系与环境之间既无物质交换，也无能量交换，所发生的过程必定是绝热的。所以熵增加原理可以说成为“在绝热过程或孤立体系中熵永不减少”。

熵增原理是有条件的，并不是任何实际发生的过程熵都不会减少，只有在绝热条件或孤立体系内发生的过程，体系本身的熵值才不会减少，如果不是这样的条件，熵减少的过程是完全可能的。根据熵增加原理，对于绝热过程可以利用体系本身熵变值 ΔS 的符号来判别过程的可逆性；对于孤立体系，因为外界环境不能对体系进行干扰，孤立体系内发生了一个不可逆过程，$\Delta S>0$，则此过程只能是“无外力作用、任其自然进行”的过程，这种过程必定是自发过程，即自发过程必定是熵增加的过程。而自发过程有确定的变化方向，是由非平衡态单方向地趋于平衡态，当体系达到平衡态后体系的熵值增加到极大值不再发生变化，$\Delta S=0$。因此，自发进行的不可逆过程的限度是体系的熵值达到极大值。在孤立体系内熵不改变，$\Delta S=0$，则表示体系达到平衡态。而在孤立体系内不可能发生熵值减少的过程，即在孤立体系内

$$\begin{matrix}\Delta S\geqslant 0\\ \mathrm{d}S\geqslant 0\end{matrix}\begin{cases}\text{“}>\text{”表示过程自发进行}\\ \text{“}=\text{”表示体系达平衡态}\\ \text{“}<\text{”不可能发生}\end{cases}\tag{2-12}$$

应该指出，一个孤立体系，若是处于一个平衡态，则其中不可能发生一个不可逆的自发变化，若是一个非平衡态，则必自动趋于平衡态。但是，对于非平衡态的始态，作为状态函数的熵值是没有确定意义的，因此，谈不上过程熵增与否。我们只能这样来理解孤立体系内的熵增加原理：在过程开始进行的一瞬间，体系的始态是一个离原平衡态不远的一个非平衡态。例如，有一容器中间用一隔板隔开，一边装有一定量的理想气体，另一边为真空，在隔板未抽掉以前体系当然是一个平衡态，有确定的熵值，抽掉隔板后，气体会自动向真空膨胀，气体刚开始膨胀的一瞬间是一个非平衡态，这个非平衡态离原来未抽掉隔板时的平衡态不远，可以认为未抽掉隔板时的状态是过程的始态。这样理解对于任何体系内发生的过程都适用。一切自发过程都是由一个非平衡态变化到另一个新的平衡态。在孤立体系内，自发过程必定是熵增加的过程，当熵增大到极大值时，体系达到了平衡态。

通常的体系常常并不是孤立体系，体系和环境之间有功或热的交换。这时可以把与体系密切相关的有限的环境包括在内，视为一个大的孤立体系。这样，我们也可以用大的孤立体系的总熵变 $\Delta S_{孤}$ 的符号来判别过程自发进行的方向，即

$$\Delta S_{孤}=\Delta S_{体}+\Delta S_{环}\geqslant 0 \quad \begin{cases} \text{“>” 表示过程自发进行} \\ \text{“=” 表示体系达平衡态} \\ \text{“<” 不可能发生} \end{cases} \tag{2-13}$$

式中，$\Delta S_{体}$ 为原来体系的熵变；$\Delta S_{环}$ 为与体系有关的环境的熵变。

2.4.4 关于 $\Delta S_{环}$ 的计算原则

为了能用 $\Delta S_{孤}$ 判断过程自发进行的方向，还必须计算环境的熵变 $\Delta S_{环}$（关于体系熵变 $\Delta S_{体}$ 的计算，在下一节中我们将进行详细讨论）。

在许多实际发生的过程中，环境常是一个大热源，体系在变化过程中传给环境或从环境获得有限的热量 Q 时，环境所受的影响较小可以忽略，即环境可以保持温度、压力不变，即 $p_{环}$、$T_{环}$ 为常数。因此，对环境来说，$Q_{环}=\Delta H_{环}$。也就是说在此条件下发生的变化无论以可逆方式或不可逆方式进行，$Q_{环}$ 可以认为是相同的，因为它等于环境的焓变。即无论体系以什么方式（可逆或不可逆）从环境得到或失去热量，环境发生的变化总可以视为可逆的。又 $Q_{环}=-Q_{体}$，于是

$$\Delta S_{环}=-\frac{Q_{体}}{T_{环}} \tag{2-14}$$

$Q_{体}$ 是体系在实际变化过程中从环境吸取的热量。

必须强调指出，用体系本身熵变 ΔS 的符号作为过程自发进行方向的判据，只有在孤立体系内才可以。否则，必须计算环境的熵变，利用大的孤立体系的总熵变的符号来判别过程自发进行的方向。

2.5 熵变的计算

Calculation of Entropy Changes

熵的改变值 ΔS 可以作为过程自发进行方向及限度的判据。因此掌握各种不同变化过程熵变的计算方法是非常重要的。在进行熵变计算之前，首先，必须明确以下两点。第一，计算熵变的目的是什么？一个过程发生之后，熵的改变值 ΔS 可能为正值、负值或零，如果要想用计算出来的熵变 ΔS 的符号判断过程是否可逆，过程必须满足绝热的条件；如果是要判断过程能否自动进行，体系必须是孤立体系。第二，熵变的计算原则。熵是状态函数，一个过程发生后，熵的改变值 ΔS 有确定之值，它等于体系从始态经可逆途径变化到终态的热温商的总和，$\Delta S=S_{终}-S_{始}=\int_1^2\left(\frac{\delta Q}{T}\right)_R$。即不管实际进行的过程是否可逆，我们必须设计一个与实际过程有相同始、终态的可逆过程，利用此可逆过程的热温商的总和来度量体系在实际变化过程中的熵变。

下面，我们按前面介绍的三类过程分别进行讨论。

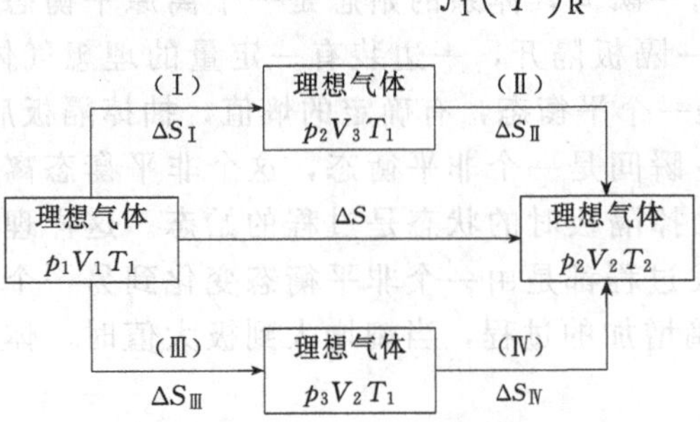

图 2-10 理想气体 pVT 变化过程的 ΔS

2.5.1 简单 pVT 变化过程的熵变

2.5.1.1 纯理想气体的 pVT 变化

纯理想气体从始态 $p_1V_1T_1$ 变化到 $p_2V_2T_2$ 的终态，仅仅是体系的状态参数发生了变化，没有相态变化和化学变化发生。我们可以设计几条可逆途径来计算过程的熵变。

例如，先维持温度不变，使体系的压力逐渐变化到终态的压力——恒温可逆过程（Ⅰ），再维持压力不变，使体系的温度逐渐变化到终态的温度——恒压可逆过程（Ⅱ）；或者，先维持体系温度不变，使体系的体积逐渐变化到终态体积——恒温可逆过程（Ⅲ），再维持体系体积不变，使温度变化到终态的温度——恒容可逆过程（Ⅳ），如图 2-10 所示。

根据熵变的计算原则

过程（Ⅰ）：$\Delta S_{\mathrm{I}} = \int\left(\frac{\delta Q}{T}\right)_{\mathrm{R}} \xlongequal{W_{\mathrm{f}}=0} \frac{1}{T_1}\int(\mathrm{d}U + p\mathrm{d}V) = \frac{1}{T_1}\int_{V_1}^{V_3} p\mathrm{d}V = nR\ln\frac{V_3}{V_1} = nR\ln\frac{p_1}{p_2}$

过程（Ⅱ）：$\Delta S_{\mathrm{II}} = \int\left(\frac{\delta Q}{T}\right)_{\mathrm{R}} = \int_{T_1}^{T_2}\frac{nC_{p,\mathrm{m}}}{T}\mathrm{d}T$

所以总过程的熵变为

$$\Delta S = \Delta S_{\mathrm{I}} + \Delta S_{\mathrm{II}} = \int_{T_1}^{T_2}\frac{nC_{p,\mathrm{m}}}{T}\mathrm{d}T + nR\ln\frac{p_1}{p_2} \tag{2-15}$$

过程（Ⅲ）：$\Delta S_{\mathrm{III}} = \int\left(\frac{\delta Q}{T}\right)_{\mathrm{R}} \xlongequal{W_{\mathrm{f}}=0} \frac{1}{T_1}\int(\mathrm{d}U + p\mathrm{d}V) = \frac{1}{T_1}\int_{V_1}^{V_2} p\mathrm{d}V = nR\ln\frac{V_2}{V_1}$

过程（Ⅳ）：$\Delta S_{\mathrm{IV}} = \int\left(\frac{\delta Q}{T}\right)_{\mathrm{R}} = \int_{T_1}^{T_2}\frac{nC_{V,\mathrm{m}}}{T}\mathrm{d}T$

所以
$$\Delta S = \Delta S_{\mathrm{III}} + \Delta S_{\mathrm{IV}} = \int_{T_1}^{T_2}\frac{nC_{V,\mathrm{m}}}{T}\mathrm{d}T = nR\ln\frac{V_2}{V_1} \tag{2-16}$$

式（2-15）和式（2-16）适用于理想气体的任何简单 pVT 变化过程。它指出，对于理想气体的简单 pVT 变化，无论过程是否可逆，只要知道了始态和终态的状态参数 pVT 就可以利用这两个公式求算过程的熵变。实际气体的熵变留在后面讨论。

【例 2-1】 2molN_2(g) 从 273K、100.0kPa（1）恒温膨胀到 10.0kPa，求此过程的熵变；（2）如果该气体自由膨胀到相同的终态其熵变又为多少？

［解］ （1）恒温膨胀，在常压下 N_2(g) 可视为理想气体，根据式（2-15）

$$\Delta S_1 = nR\ln\frac{p_1}{p_2} = 2\mathrm{mol}\times 8.314\mathrm{J}\cdot\mathrm{K}^{-1}\cdot\mathrm{mol}^{-1}\times\ln\frac{100}{10} = 38.29\mathrm{J}\cdot\mathrm{K}^{-1}$$

（2）若该气体自由膨胀，由于过程始、终态与过程（1）相同，根据状态函数的特征，两过程的 ΔS 相同，即

$$\Delta S_2 = \Delta S_1 = 38.29\mathrm{J}\cdot\mathrm{K}^{-1}$$

在过程（1）中，N_2(g) 与环境有功和热的交换，体系不是孤立体系，因此不能用 ΔS 的符号来判断过程是否自发进行。在过程（2）中，N_2(g) 向真空膨胀 $W=0$，$Q=0$，体系与环境无功和热的交换，可视为孤立体系。所以可以根据体系的熵变 $\Delta S_2>0$ 判定气体向真空膨胀过程是一个自发过程。

【例 2-2】 将 298.15K、$p^{\ominus}$ 的 1molO_2(g)（1）经绝热可逆压缩至 $6p^{\ominus}$ 的终态；（2）以 $6p^{\ominus}$ 的恒定外压将 O_2(g) 不可逆地压缩到 $6p^{\ominus}$ 的终态，分别求上述两过程的 ΔS。假定 O_2(g) 可视为理想气体，且 $C_{V,\mathrm{m}} = \frac{5}{2}R$。

［解］ （1）绝热可逆压缩

$$C_{p,\mathrm{m}} = C_{V,\mathrm{m}} + R = \frac{5}{2}R + R = \frac{7}{2}R$$

$$\gamma = \frac{C_p}{C_V} = \frac{7}{5} = 1.4$$

利用绝热可逆过程方程式

$$T_2 = T_1\left(\frac{p_1}{p_2}\right)^{1-\gamma} = 298.15\text{K}\left(\frac{1}{6}\right)^{\frac{1-1.4}{1.4}} = 497.5\text{K}$$

$$\Delta S_1 = \int_{T_1}^{T_2}\frac{nC_{p,\text{m}}}{T}\text{d}T + nR\ln\frac{p_1}{p_2}$$

$$= \int_{298.15}^{497.5}\frac{1\times 3.5\times 8.314}{T}\text{d}T + 1\times 8.314\times\ln\frac{1}{6} = 0$$

(2) 绝热不可逆压缩

先求终态的温度 T_2'，由于过程绝热 $Q=0$

$$-\Delta U = W = p_2\Delta V$$

$$nC_{V,\text{m}}(T_1 - T_2') = p_2\left(\frac{nRT_2'}{p_2} - \frac{nRT_1}{p_1}\right) = nR\left(T_2' - \frac{p_2 T_1}{p_1}\right)$$

$$\frac{5}{2}(298.15 - T_2') = T_2' - 6\times 298.15$$

解得 $T_2' = 724.1\text{K}$

$$\Delta S_2 = \int_{T_1}^{T_2}\frac{nC_{p,\text{m}}}{T}\text{d}T + nR\ln\frac{p_1}{p_2} = \int_{298.15}^{724.1}\frac{1\times 3.5\times 8.314}{T}\text{d}T + 8.314\ln\times\frac{1}{6} = 10.82\text{J}\cdot\text{K}^{-1}$$

从计算结果可知，在绝热可逆过程中体系的熵不变 $\Delta S=0$，在绝热不可逆过程中体系的熵增加 $\Delta S>0$，这个结论也可以直接由熵增加原理得到。

2.5.1.2 不同理想气体恒温、恒压混合过程的熵变

所谓理想气体的恒温、恒压混合过程，即各组分气体在混合前始态的温度和压力彼此相等且等于混合后气体的温度和压力。

【例 2-3】 有一容器中间用隔板隔开，一边装有 n_{O_2} mol 的 O_2(g)，温度为 T、压力为 p；另一边装有 n_{N_2} mol 的 N_2(g)，温度也为 T、压力也为 p，抽掉隔板后，两气体发生混合，混合气的温度为 T，压力为 p，求混合过程的熵变 $\Delta_{\text{mix}}S$。

［解］ 此混合过程的始、终态如下。

O_2(g)
n_{O_2}
$T\ p\ V_{O_2}$
N_2(g)
n_{N_2}
$T\ p\ V_{N_2}$
恒温恒压混合
混合气
$n = n_{O_2} + n_{N_2}$
$T\ p\ V = V_{O_2} + V_{N_2}$

这种混合过程对每一种气体都相当于恒温、变容过程，根据公式（2-16）

对于 O_2(g)： $\Delta S_{O_2} = n_{O_2}R\ln\frac{V}{V_{O_2}}$

对于 N_2(g)： $\Delta S_{N_2} = n_{N_2}R\ln\frac{V}{V_{N_2}}$

所以

$$\Delta_{\text{mix}}S = \Delta S_{O_2} + \Delta S_{N_2} = -n_{O_2}R\ln\frac{V_{O_2}}{V} - n_{N_2}R\ln\frac{V_{N_2}}{V} = -R(n_{O_2}\ln x_{O_2} + n_{N_2}\ln x_{N_2})$$

式中 x 为各气体的体积分数。

一般地，B 种不同理想气体恒温恒压混合过程其熵变为

$$\Delta_{\text{mix}}S = -R\sum_B n_B\ln x_B \tag{2-17}$$

由于 $x_B<1$，故 $\Delta_{\text{mix}}S>0$。理想气体在混合过程中体系与环境之间无功和热的交换，可视为孤立体系，根据熵增加原理，$\Delta S>0$，可判断恒温、恒压的混合过程是一个自发过程。

如果几种理想气体进行恒温、恒容混合，即各气体始态的温度、体积与混合后气体的温

度、体积相等，则混合过程的熵变为零，即

$$\Delta S=0 \tag{2-18}$$

读者可根据前面的公式自行证明。

上面关于熵变的计算原则，也适用于无相变和化学变化的凝聚体系。对于凝聚体系，体积变化很小，在压力变化不大时，熵随压力的变化可以忽略。因此，凝聚体系的熵变，主要由温度变化引起。

【例 2-4】 将 100g 水在 101.325kPa 下从 25℃加热至 70℃，求加热过程的熵变 ΔS。已知在此温度范围内水的比热容 $C_p=4.184\mathrm{J\cdot K^{-1}\cdot g^{-1}}$。

［解］

$$\Delta S=\int_1^2\left(\frac{\delta Q}{T}\right)_\mathrm{R}=\int_{T_1}^{T_2}\frac{C_p}{T}\mathrm{d}T=C_p\ln\frac{T_2}{T_1}$$

$$=4.184\mathrm{J\cdot K^{-1}\cdot g^{-1}}\times100\times\ln\frac{343.15}{298.15}=58.81\mathrm{J\cdot K^{-1}}$$

【例 2-5】 证明两质量相同而温度不同的液体混合过程是一个自发过程。

［证］ 设两液体的温度分别为 T_1 和 T_2，热容量相同为 C_p，根据热平衡原理，可求出混合后终态的温度 T。

$$mC_p(T_1-T)=mC_p(T-T_2)$$

则

$$T=\frac{T_1+T_2}{2}$$

混合过程的熵变为两部分液体熵变之和。

$$\Delta S_1=mC_p\ln\frac{T}{T_1}=mC_p\ln\frac{T_1+T_2}{2T_1}$$

$$\Delta S_2=mC_p\ln\frac{T}{T_2}=mC_p\ln\frac{T_1+T_2}{2T_2}$$

$$\Delta S=\Delta S_1+\Delta S_2=mC_p\ln\frac{(T_1+T_2)^2}{4T_1T_2}$$

当 $T_1\neq T_2$ 时$(T_1-T_2)^2>0$，即

$$(T_1+T_2)^2-4T_1T_2>0$$

故

$$\frac{(T_1+T_2)^2}{4T_1T_2}>1$$

所以

$$\Delta S>0$$

由于在混合过程中体系与环境之间无功与热交换，体系是一个孤立体系，故可以根据 $\Delta S>0$ 判断过程是一个自发过程。

2.5.2 相变化过程的熵变

2.5.2.1 可逆相变化过程

体系在恒温恒压相平衡条件下发生的相变化为可逆相变化。例如，水在 100℃、101.325kPa 下蒸发为 100℃、101.325kPa 的水蒸气，冰在 0℃、101.325kPa 下融化为水，单斜硫与正交硫两种晶型在 95℃时的相互转变等。这种相变化过程由于是恒温、恒压可逆的相变化，当无非体积功时，体系从 α 相态变化到 β 相态，其熵变为

$$\Delta_\alpha^\beta S=\int_1^2\left(\frac{\delta Q}{T}\right)_\mathrm{R}=\frac{Q_\mathrm{R}}{T}=\frac{\Delta_\alpha^\beta H}{T} \tag{2-19}$$

【例 2-6】 1mol 水在 0℃、101.325kPa 下凝结为冰，求凝结过程的熵变。已知水的凝固热为 $-334.5\mathrm{J\cdot g^{-1}}$。

［解］

$$\Delta_\mathrm{l}^\mathrm{s}S_\mathrm{m}=\frac{\Delta_\mathrm{l}^\mathrm{s}H_\mathrm{m}}{T}=\frac{-334.5\mathrm{J\cdot g^{-1}}\times18.02\mathrm{g\cdot mol^{-1}}}{273.15\mathrm{K}}=-22.04\mathrm{J\cdot K^{-1}\cdot mol^{-1}}$$

这里 $\Delta S<0$，不能说明过程是反自发的，因为水凝结为冰时，体系要放出相变潜热给环境，不是一个孤立体系。

2.5.2.2 不可逆相变化过程

【例 2-7】 1mol、-10℃、101.325kPa 的过冷水凝结为冰，求过程的熵变 $\Delta_l^s S_m$。

［解］ 过冷水凝结为冰的过程是一个不可逆的相变化过程，不能直接利用该过程的热温商总和代替过程的熵变。根据熵变的计算原则，必须设计一个可逆过程来计算。

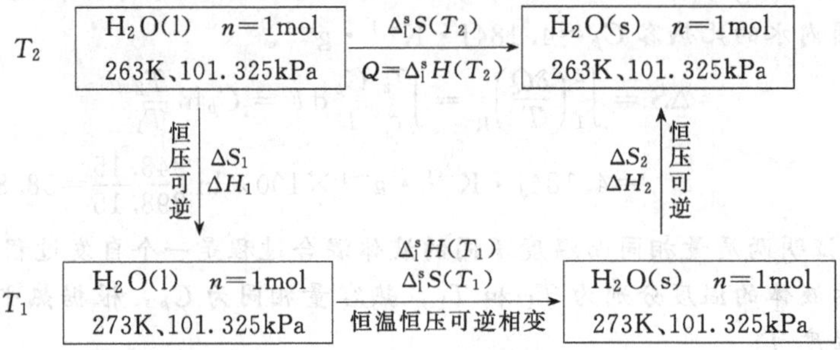

$$\Delta_l^s S(T_2)=\Delta_l^s S(T_1)+\Delta S_1+\Delta S_2$$

$$\Delta S_1=\int_{T_2}^{T_1}\frac{nC_{p,m}(l)}{T}dT,\ \Delta S_2=\int_{T_1}^{T_2}\frac{nC_{p,m}(s)}{T}dT$$

所以
$$\Delta_l^s S(T_2)=\Delta_l^s S(T_1)+\int_{T_1}^{T_2}\frac{nC_{p,m}(s)-nC_{p,m}(l)}{T}dT$$

或
$$\Delta_l^s S(T_2)=\Delta_l^s S(T_1)+\int_{T_1}^{T_2}\frac{\Delta_l^s C_{p,m}}{T}dT \tag{2-20}$$

$$\Delta_l^s C_{p,m}=nC_{p,m}(终)-nC_{p,m}(始)$$

式 (2-20) 为已知 T_1 温度的相变熵求 T_2 温度的相变熵的基本公式。查得冰和水的恒压摩尔热容量分别为 $36.7J\cdot K^{-1}\cdot mol^{-1}$ 和 $75.3J\cdot K^{-1}\cdot mol^{-1}$，故

$$\Delta_l^s C_{p,m}=(37.6-75.3)J\cdot K^{-1}\cdot mol^{-1}=-37.7J\cdot K^{-1}\cdot mol^{-1}$$

水在 0℃、101.325kPa 下凝结为冰的熵变 $\Delta_l^s S$（T_1）已在前一例题中求出为 $-22.04J\cdot K^{-1}\cdot mol^{-1}$，所以

$$\begin{aligned}\Delta_l^s S(263K)&=\Delta_l^s S(273K)+\int_{273}^{263}\frac{\Delta C_p}{T}dT\\&=-22.60J\cdot K^{-1}\cdot mol^{-1}+\int_{273}^{263}\frac{-37.7J\cdot K^{-1}\cdot mol^{-1}}{T}dT\\&=-20.60J\cdot K^{-1}\cdot mol^{-1}\end{aligned}$$

计算结果是体系的熵减少了，但这并不违背熵增原理，因为水凝结为冰的过程，体系与环境之间有热量交换，体系不是一个孤立体系。如果要判断过程是否能够自动进行，还必须计算环境的熵变 $\Delta S_环$，根据式 (2-14) $\Delta S_环=-\frac{Q_体}{T_环}$，$Q_体$ 是体系在实际变化过程中与环境交换的热量。$Q_体=\Delta_l^s H(263K)$。由基尔霍夫定律

$$\begin{aligned}\Delta_l^s H_m(263K)&=\Delta_l^s H(273K)+\int_{273}^{263}\Delta C_p dT\\&=-334.5\times18.02+\int_{273}^{263}(-37.7)dT=-5644J\cdot mol^{-1}\end{aligned}$$

所以
$$\Delta S_环=-\frac{\Delta_l^s H_m(263)}{263}=\frac{-5644}{263}=-21.46J\cdot K^{-1}\cdot mol^{-1}$$

故 $\Delta S_{孤}=\Delta S_{体}+\Delta S_{环}=-20.60+21.46=0.86\text{J}\cdot\text{K}^{-1}\cdot\text{mol}^{-1}$

可见大的孤立体系的总熵增加了，由此可以判断过程是一个自发过程，即在263K、101.325kPa下过冷水可以自动凝结为冰。

2.5.2.3 *T-S* 图及其应用

由热力学第二定律 $dS=\frac{\delta Q_R}{T}$，因此在可逆过程中，体系所吸收的热量可以通过此式积分得到

$$Q_R=\int_1^2 TdS \tag{2-21a}$$

体系在变化过程中吸收的热量，也可以根据热容量来计算，即

$$Q=\int_1^2 CdT \tag{2-21b}$$

两式相比，式（2-21a）更优越，它是一个普遍的公式，只要过程满足可逆条件即可，但式（2-21b）确受到一定的限制。例如，在恒温过程吸收的热量就不能用式（2-21b）来计算，此时，可以用式（2-21a）

$$Q_R=\int_1^2 TdS=T(S_2-S_1)$$

根据式（2-21a），以温度 *T* 为纵坐标，以熵 *S* 为横坐标，做出体系的变化过程，此种图称为温-熵图或 *T-S* 图。若体系从状态 *A* 变化到状态 *B*，在 *T-S* 图中如曲线 *AB*，则曲线下的面积即为变化过程中体系从环境吸收的热量，如图 2-11（a）所示。

利用 *T-S* 图计算热机的效率十分方便。图 2-11（b）中 *ABCDA* 表示任一可逆循环过程。面积 *ABCEF* 为热机从热源吸取的热量，面积 *CDAFE* 为热机放出热量给环境，而面积 *ABCDA* 则为热机在循环过程中所做的功。因此，热机的效率可直接用图中面积求算。

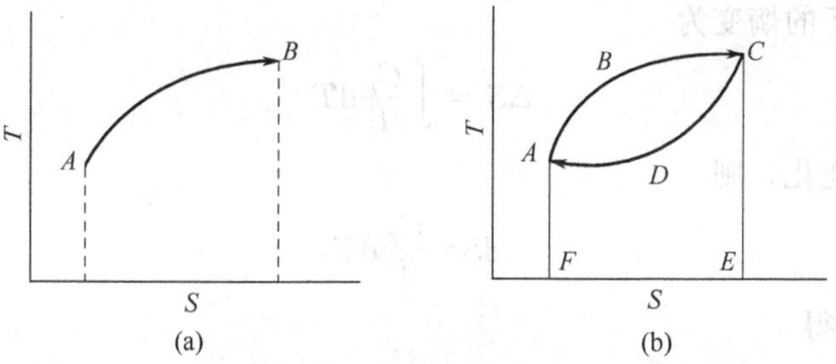

图 2-11 *T-S* 图及其应用

$$\eta=\frac{\text{面积}ABCDA}{\text{面积}ABCEF}$$

由此可见 *T-S* 图在讨论热、功及热机效率时十分方便，所以 *T-S* 图在热功计算中被广泛采用。

2.6 热力学第三定律、化学反应的熵变

The Thrid Law of Thermodynamics、The Entropy Change in Chemical Reaction

2.6.1 热力学第三定律

20世纪初，人们研究了低温下凝聚体系中的电池反应，发现随着温度降低反应的熵变 $\Delta_r S_m(T)$ 逐渐减小。1906年能斯特（H. W. Nernst，德国人，1864～1941）提出一个假设：

“凝聚体系中的一个恒温反应，当温度趋于 0K 时，反应的熵变为零。”即

$$\lim_{T\to 0\mathrm{K}} \Delta_r S_m(T)=0 \tag{2-22}$$

此式称为能斯特热定理（Nernst Heat Theorem）。能斯特热定理指出任何物质在 0K 时有相同的熵值。普朗克（M. Planck，德国人，1858～1947）在 1912 年对热定理进行了补充，他认为纯物质凝聚态在 0K 时的熵值可以选择为零，即

$$\lim_{T\to 0\mathrm{K}} S=0 \tag{2-23}$$

后来路易士（G. N. Lewis）和吉普逊（Gibson）在 1920 年指出，普朗克的假定只有对于完美晶体才是正确的。所谓“完美晶体”即晶体中的原子或分子只能有一种排列形式（例如 NO 晶体可以有“NONONO…”和“NOONNO…”两种排列形式，所以它不是完美晶体）。于是，热力学第三定律可以表述为：“在 0K 时任何完美晶体的熵等于零”。即 $S_B(0\mathrm{K})=0$。这种说法通常称为普朗克说法。1923 年路易士和兰德尔（Randall）把上述说法进一步修正为：“若将 0K 时完美晶体中的每一种元素的熵值都取为零，则一切物质的熵均具有一定正值，但是在 0K 时，其熵值可以选择为零，对于完美晶体来说确是如此。”也有人把热力学第三定律表述为：“不能用有限的手段把一个物体的温度降低到 0K”。和热力学第二定律一样，热力学第三定律的各种不同说法之间有一定的联系，它们是等效的。在化学热力学中通常以普朗克说法或路易士-兰德尔说法较为适用。

应该强调，热力学第三定律指出纯物质完美晶体在 0K 时的熵值可以选择为零，它为各物质的熵值规定了一个相对标准。但这并不意味着在 0K 时的一切纯物质的熵值确实为零，熵的绝对值的大小是无法求出的。因此，“绝对熵”的提法是不确切的。关于熵的本质，它的物理意义在统计热力学基础一章中会详细讨论。

2.6.2 物质的规定熵及标准熵

纯物质在恒压下的熵变为

$$\Delta S=\int \frac{C_p}{T}\mathrm{d}T$$

若过程为一微小的变化，则

$$\mathrm{d}S=\frac{C_p}{T}\mathrm{d}T$$

从 0K～T 积分上式得

$$S(T)=S(0\mathrm{K})+\int_0^T \frac{C_p}{T}\mathrm{d}T$$

根据热力学第三定律 $S(0\mathrm{K})=0$，所以，纯物质在 T 时的熵值可由下式计算

$$S(T)=\int_0^T \frac{C_p}{T}\mathrm{d}T \tag{2-24a}$$

由热力学第三定律的 $S(0\mathrm{K})=0$ 为基础求得的 1mol 纯物质在温度为 T 时的熵值称为物质在此条件下体系的规定熵（conventional entropy）。若该物质是处于 T 时的标准状态（$p^\ominus$）下，其规定熵用符号 $S_m^\ominus(T)$ 表示，称为该物质在 T 时的标准摩尔熵（standard molar entropy）。

$$S_m^\ominus(T)=\int_0^T \frac{C_{p,m}}{T}\mathrm{d}T=\int_0^T C_{p,m}\mathrm{d}\ln T \tag{2-24b}$$

由式（2-24b）可知，可以从物质的热容量数据求算出物质的标准摩尔熵来。测定不同温度下物质的热容量 $C_{p,m}$ 值，以 $\frac{C_{p,m}}{T}$ 对 T 作图进行图解积分就可以得到物质的标准摩尔熵，

如图 2-12 所示。在极低温度下，物质的热容量不容易测得，这时可以使用德拜（Debye）公式来计算：

$$C_{V,\mathrm{m}}/\mathrm{J}\cdot\mathrm{K}^{-1}\cdot\mathrm{mol}^{-1}=1943\left(\frac{T}{\Theta_D}\right)^3$$

Θ_D 是物质的德拜温度（参看统计热力学基础一章），在极低温度下 $C_p\approx C_V$。

若物质从 0K 到所求温度 T 区间出现有相态变化，在计算标准熵时，还必须考虑相变化过程的熵变。例如，要求某气体在 T 时的标准熵，可设计如下可逆过程来求算。

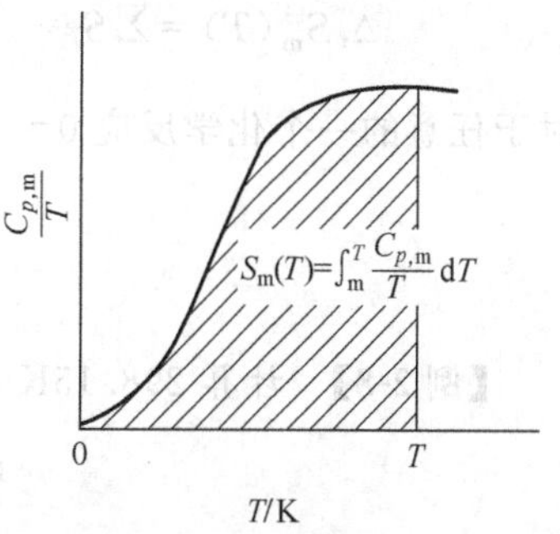

图 2-12 物质的标准熵

固态 0K，$p^\ominus$ —①→ 固态 T_f，$p^\ominus$ —②→ 液态 T_f，$p^\ominus$ —③→ 液态 T_b，$p^\ominus$ —④→ 气态 T_b，$p^\ominus$ —⑤→ 气态 T，$p^\ominus$

$$\Delta S_1=\int_0^{T_\mathrm{f}} C_{p,\mathrm{m}}(\mathrm{s})\mathrm{d}\ln T \qquad \Delta S_2=\frac{\Delta_\mathrm{fus}H_\mathrm{m}}{T_\mathrm{f}}$$

$$\Delta S_3=\int_{T_\mathrm{f}}^{T_\mathrm{b}} C_{p,\mathrm{m}}(\mathrm{l})\mathrm{d}\ln T \qquad \Delta S_4=\frac{\Delta_\mathrm{vap}H_\mathrm{m}}{T_\mathrm{b}}$$

$$\Delta S_5=\int_{T_\mathrm{b}}^{T} C_{p,\mathrm{m}}(\mathrm{g})\mathrm{d}\ln T$$

$$S_\mathrm{m}^\ominus(T)=\Delta S_1+\Delta S_2+\Delta S_3+\Delta S_4+\Delta S_5$$

$$=\int_0^{T_\mathrm{f}} C_{p,\mathrm{m}}(\mathrm{s})\mathrm{d}\ln T+\frac{\Delta_\mathrm{fus}H_\mathrm{m}}{T_\mathrm{f}}+\int_{T_\mathrm{f}}^{T_\mathrm{b}} C_{p,\mathrm{m}}(\mathrm{l})\mathrm{d}\ln T+\frac{\Delta_\mathrm{vap}H_\mathrm{m}}{T_\mathrm{b}}+\int_{T_\mathrm{b}}^{T} C_{p,\mathrm{m}}(\mathrm{g})\mathrm{d}\ln T$$

其中 ΔS_1 在极低温度下的热容数据可借助于德拜公式求算。物质在 298.15K 的标准摩尔熵就是这样求得的。许多物质在 298.15K 的标准摩尔熵 $S_\mathrm{m}^\ominus$（B，298.15K）可以查热力学数据手册。表 2-1 列出了 HCl(g) 在 298.15K 时的标准摩尔熵求算过程。

表 2-1 HCl(g) 在 25℃ 的标准摩尔熵的求算

温度范围或相变温度	计算方法	$\Delta S_\mathrm{m}^\ominus/\mathrm{J}\cdot\mathrm{K}^{-1}\cdot\mathrm{mol}^{-1}$
① 0～16K	由 Debye 公式求算	1.3
② 16～98.36K 固态(Ⅰ)	$\int C_{p,\mathrm{m}}(\mathrm{s_Ⅰ})\mathrm{d}\ln T$ 图解积分	29.5
③ 固态(Ⅰ) $\xlongequal{98.36\mathrm{K}}$ 固态(Ⅱ)	$\frac{1190}{98.36}$	12.1
④ 98.36～158.91K 固态(Ⅱ)	$\int C_{p,\mathrm{m}}(\mathrm{s_Ⅱ})\mathrm{d}\ln T$ 图解积分	21.1
⑤ 固态 $\xlongequal{158.91\mathrm{K}}$ 液态(Ⅱ)	$\frac{1992}{158.91}$	12.6
⑥ 158.91～188.07K 液态	$\int C_{p,\mathrm{m}}(\mathrm{l})\mathrm{d}\ln T$ 图解积分	9.9
⑦ 液态 $\xlongequal{188.07\mathrm{K}}$ 气态	$\frac{16150}{188.07}$	85.9
⑧ 188.07～298.15K 气态	$\int C_{p,\mathrm{m}}(\mathrm{g})\mathrm{d}\ln T$ 图解积分	13.5
总计		185.9

2.6.3 化学反应的标准摩尔熵变 $\Delta_\mathrm{r}S_\mathrm{m}^\ominus$

在恒定温度 T 且各组分皆处于标准状态下进行化学反应

$$d\mathrm{D}+e\mathrm{E}\longrightarrow g\mathrm{G}+h\mathrm{H}$$

$$\Delta_r S_m^{\ominus}(T) = \sum S_{产} - \sum S_{反} = [gS_m^{\ominus}(G) + hS_m^{\ominus}(H)] - [dS_m^{\ominus}(D) + eS_m^{\ominus}(E)]$$

对于任意的一个化学反应 $0 = \sum_B \nu_B B$，当在标准状态下进行时，有

$$\Delta_r S_m^{\ominus}(T) = \sum_B \nu_B S_m^{\ominus}(B) \tag{2-25}$$

【例 2-8】 计算 298.15K 和 423.15K 甲醇合成反应的 $\Delta_r S_m^{\ominus}$，反应式如下。

$$CO(g) + 2H_2(g) \longrightarrow CH_3OH(g)$$

各物质标准摩尔熵及平均摩尔热容量的数据如下。

物　质	CO(g)	H_2(g)	CH_3OH(g)
$\langle C_{p,m} \rangle$/J·K^{-1}·mol^{-1}	29.04	29.29	51.25
$S_m^{\ominus}$(298.15K)/J·K^{-1}·mol^{-1}	197.56	130.57	239.7

［解］ (1) $\Delta_r S_m^{\ominus}(298.15K) = \sum_B \nu_B S_m^{\ominus}(B, 298.15K)$

$$= (239.7 - 197.56 - 2 \times 130.57)\ J \cdot K^{-1} \cdot mol^{-1}$$

$$= -219.00 J \cdot K^{-1} \cdot mol^{-1}$$

(2) 为了求得 423.5K 时反应的标准摩尔熵变 $\Delta_r S_m^{\ominus}(T_2)$，可设计如下可逆途径计算。

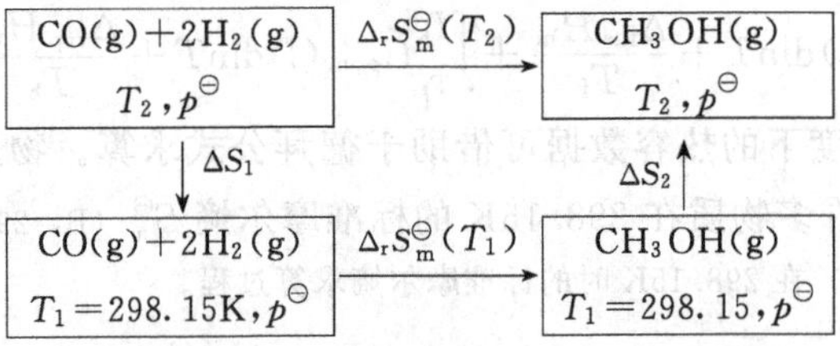

$$\Delta_r S_m^{\ominus}(T_2) = \Delta_r S_m^{\ominus}(T_1) + \Delta S_1 + \Delta S_2$$

$$\Delta S_1 = \int_{T_2}^{T_1} \frac{C_{p,m}(CO,g) + 2C_{p,m}(H_2,g)}{T} dT$$

$$\Delta S_2 = \int_{T_1}^{T_2} \frac{nC_{p,m}(CH_3OH,g)}{T} dT$$

$$\left. \begin{aligned} \Delta_r S_m^{\ominus}(T_2) &= \Delta_r S_m^{\ominus}(T_1) + \int_{T_1}^{T_2} \frac{\Delta_r C_p}{T} dT \\ \Delta_r C_p &= \sum_B \nu_B C_{p,m}(B) \end{aligned} \right\} \tag{2-26}$$

将数据代入

$$\Delta_r S_m^{\ominus}(423.15K) = \Delta_r S_m^{\ominus}(298.15K) + \int_{T_1}^{T_2} \frac{\Delta_r C_p}{T} dT$$

$$= -219.00 J \cdot K^{-1} \cdot mol^{-1} + \int_{298.15}^{423.15} \frac{(51.25 - 29.04 - 2 \times 29.29) J \cdot K^{-1} \cdot mol^{-1}}{T} dT$$

$$= -219.00 J \cdot K^{-1} \cdot mol^{-1} - 36.37 J \cdot K^{-1} \cdot mol^{-1} \times \ln \frac{423.15}{298.15} = -231.7 J \cdot K^{-1} \cdot mol^{-1}$$

2.7 亥姆霍兹函数和吉布斯函数

Helmholtz Function and Gibbs Function

自我们引出熵函数，得到熵增加原理后，判断一个过程自发进行方向和限度问题原则上是解决了。但是，根据熵增加原理，用体系本身的熵变 ΔS 的符号来判断过程自发进行的方向和达到平衡的条件，体系本身必须是一个孤立体系，即 U、V 一定且 $W_f=0$ 的体系（孤立体系与环境之间无物质交换，也无功和热的交换，故体系的内能不变，体积恒定且 $W_f=0$）。但是，通常研究的众多过程大都不能满足以上条件。例如，化学反应更多的是在恒温、恒压或恒温、恒容的条件下进行。由于反应过程常伴随有热量的吸收或放出，体系不是一个孤立体系。这时，如果要判断过程自动进行方向，根据式（2-13），除了要计算体系的熵变 $\Delta S_{体}$ 以外，还必须计算环境的熵变 $\Delta S_{环}$，用大的孤立体系的总熵变（$\Delta S_{孤}=\Delta S_{体}+\Delta S_{环}$）的符号来判断过程自发进行的方向。这不仅很不方便，有时候环境的熵变 $\Delta S_{环}$ 是无法计算的（如环境不是一个大热源）。如同热力学第一定律为了解决化学反应热效应问题，我们定义了一个状态函数——焓 H 一样，为了判断在恒温恒压或恒温恒容下一个过程自动进行的方向，亥姆霍兹（H. L. F. Von Helmholtz，1821～1894，德国生理学和物理学家）和吉布斯（J. W. Gibbs，1839～1930，美国耶鲁大学数学和物理学教授）分别定义了两个新的热力学函数——亥姆霍兹函数 A 和吉布斯函数 G，在一定条件下根据体系本身的这些函数改变值的符号就能判断过程自发进行方向，不需考虑环境性质的变化。和焓 H 一样，亥姆霍兹函数 A 和吉布斯函数 G 虽不是热力学第二定律的直接结果，但它们在讨论化学变化的方向和限度时，比起熵 S 更为有用。

2.7.1 亥姆霍兹函数

根据热力学第二定律，对于一个封闭体系发生的一微小变化过程，有

$$dS-\frac{\delta Q}{T_{环}}\geqslant 0$$

代入热力学第一定律的公式 $\delta Q=dU+\delta W$ 得

$$-(dU-T_{环}\,dS)\geqslant\delta W \quad \begin{cases}\text{“>”表示过程不可逆}\\ \text{“=”表示过程可逆}\\ \text{“<”不可能发生}\end{cases} \tag{2-27}$$

式（2-27）是第一定律和第二定律的联合表达式。

若过程恒温，即体系始、终态温度相等且等于环境的温度，$T_1=T_2=T_{环}=$常数，则

$$-d(U-TS)\geqslant\delta W \tag{2-28}$$

括号中 U、T、S 都是体系的性质，它们的有效组合，也是体系的一种性质，令

$$A \xlongequal{\text{def}} U-TS \tag{2-29}$$

A 称为亥姆霍兹（亥氏）函数（或用符号 F 表示），也称为亥姆霍兹（亥氏）自由能（Helmholtz free energy），或功函（work function），于是得

$$\begin{aligned}&-dA\geqslant\delta W\\ \text{或}\quad&-\Delta A\geqslant W\end{aligned} \quad \begin{cases}\text{“>” 表示过程不可逆}\\ \text{“=” 表示过程可逆}\\ \text{“<” 不可能发生}\end{cases} \tag{2-30}$$

式（2-30）指出，对于一个封闭体系，在恒温可逆过程中，体系对外所做的总功 W（包括体积功 W_e 和非体积 W_f）等于体系亥姆霍兹函数的减少（$-\Delta A$）。在恒温条件下不可能发生体系所做的功比体系亥氏函数减少值还大的过程。由此可见，在恒温条件下可

以用体系亥氏函数的减小值（$-\Delta A$）与体系对外所做的总功 W 相比较来判断过程是否以可逆方式进行。

将式（2-30）中的功分成体积功和非体积功，即 $\delta W = p_{外}\ \mathrm{d}V + \delta W_f$，则

$$-\mathrm{d}A \geqslant p_{外}\ \mathrm{d}V + \delta W_f$$

在恒温同时恒容条件下，上式变为

$$\begin{matrix} -\mathrm{d}A \geqslant \delta W_f \\ 或\quad -\Delta A \geqslant W_f \end{matrix} \quad \begin{cases} “>” 表示过程不可逆 \\ “=” 表示过程可逆 \\ “<” 不可能发生 \end{cases} \tag{2-31}$$

此式表示，在恒温、恒容的条件下，可以用体系亥姆霍兹函数的减少值（$-\Delta A$）与体系对外所做的非体积功 W_f 相比较来判断过程的可逆性。

若在恒温恒容，同时体系不做非体积功（$\delta W_f = 0$）时得到下面关系式

$$-\mathrm{d}A \geqslant 0$$

或

$$-\Delta A \geqslant 0$$

此式表示在恒温、恒容，体系与环境之间无非体积功交换时，体系的亥姆霍兹自由能不能增加，在可逆过程中，亥姆霍兹自由能不变，在不可逆过程中，亥姆霍兹自由能减少。此时，由于体系与环境之间无非体积功，同时体系恒容又不做体积功，体系与环境之间没有任何功交换，体系内如果发生了一个不可逆过程，此过程只能是“无外力作用，任其自然，不去管它”的过程，因此，在此条件下的不可逆过程必是一个自发过程。即在恒温恒容无非体积功的封闭体系内，自发过程总是朝着亥姆霍兹函数减少的方向进行，$\Delta A < 0$。当亥姆霍兹函数减少到极小值时，亥氏函数不再发生变化，$\Delta A = 0$，此时体系达到平衡态。而在恒温恒容无非体积功的封闭体系内，亥氏函数增加的过程是不可能发生的。这样，在恒温、恒容、无非体积功的封闭体系内，就可以用体系的状态函数亥姆霍兹函数的改变值 ΔA 的符号来判断过程自发进行的方向和达到平衡的条件，即

$$\Delta A \leqslant 0 \quad \begin{cases} “<” 表示过程自发进行 \\ “=” 表示体系达平衡态 \\ “>” 不可能发生 \end{cases} \tag{2-32}$$

亥姆霍兹函数 A 是我们定义的一个新的热力学函数，$A = U - TS$，它是状态函数，是体系的一个容量性质，体系确定之后，A 就有完全确定之值。根据定义式，由于体系内能的绝对值无法确定，故体系亥姆霍兹函数 A 的绝对值也无法确定。一个过程发生之后，亥姆霍兹函数的改变值 ΔA 可以用恒温、恒容可逆过程中体系对外所做的非体积功 W_f 来度量（或等于恒温可逆过程中体系对外做的总功 W）。而在恒温恒容的可逆过程中，体系对外所做的非体积功是在此条件下体系所能做的最大功，它等于体系亥姆霍兹函数的减少 $-\Delta A = W_{f,\max}$。因此 $-\Delta A$ 可以作为体系在恒温恒容下对外做功本领的度量。

2.7.2 吉布斯函数

在恒温条件下，对于一个封闭体系，由式（2-28）得

$$-\mathrm{d}(U - TS) \geqslant p_{外}\ \mathrm{d}V + \delta W_f$$

如果变化过程在恒温同时恒压条件下进行，即体系始、终态的压力和环境压力相等且保持不变，$p_1 = p_2 = p_{外} =$ 常数，则

$$-\mathrm{d}(U + pV - TS) \geqslant \delta W_f$$

或

$$-\mathrm{d}(H - TS) \geqslant \delta W_f$$

令

$$G \stackrel{\mathrm{def}}{=\!=} H - TS$$

G称为吉布斯函数，也称为吉布斯自由焓（Gibbs free energy），于是得

$$\left.\begin{array}{ll} & -\mathrm{d}G \geqslant \delta W_{\mathrm{f}} \\ \text{或} & -\Delta G \geqslant \delta W_{\mathrm{f}} \end{array}\right. \quad \begin{cases} \text{“}>\text{” 表示过程不可逆} \\ \text{“}=\text{” 表示过程可逆} \\ \text{“}<\text{” 不可能发生} \end{cases} \tag{2-33}$$

式（2-33）指出，对于一个封闭体系，在恒温恒压的可逆过程中，体系对外所做的非体积功 W_{f} 等于体系吉布斯函数的减少（$-\Delta G$），在不可逆过程中，体系对外所做的非体积功 W_{f} 小于体系吉布斯函数的减少（$-\Delta G$），而在恒温恒压条件下不可能发生体系所做的非体积功比体系吉布斯函数减少值还大的过程。因此在恒温恒压的条件下，可以用体系所做的非体积功 W_{f} 与体系本身吉布斯函数的减少值（$-\Delta G$）相比较来判断过程的可逆性。

如果在恒温恒压，同时体系不做非体积功，即 $\delta W_{\mathrm{f}}=0$ 时，得到如下重要结论。

$$-\mathrm{d}G \geqslant 0$$

或

$$-\Delta G \geqslant 0$$

由于环境不能对体系做功，体系内发生的不可逆过程只能是“任其自然，不去管它”的过程，即自发过程。故在恒温恒压不做非体积功的封闭体系内自发过程必定是朝着体系的吉布斯函数减少的方向进行，$\Delta G<0$，当吉布斯函数减少到极小值时，吉布斯函数不再改变，$\Delta G=0$，此时体系达到平衡态。而在恒温恒压无非体积功的封闭体系内，吉布斯函数增加的过程是不可能发生的。这样，在恒温、恒压、无非体积功的封闭体系内，我们就可以用体系吉布斯函数改变值 ΔG 的符号来判断过程自发进行的方向和是否达到平衡，即

$$\Delta G \leqslant 0 \quad \begin{cases} \text{“}<\text{” 表示过程自发进行} \\ \text{“}=\text{” 表示体系达平衡态} \\ \text{“}>\text{” 不可能发生} \end{cases} \tag{2-34}$$

吉布斯函数 G 是我们定义的一个新的热力学函数，$G \equiv H-TS \equiv U+pV-TS$，它是一个状态函数，是体系的一个容量性质，体系确定之后，G 就有完全确定之值。根据定义式，由于内能和焓的绝对值的大小无法确定，故体系吉布斯函数的绝对值的大小也无法确定。一个过程发生之后，其改变值 ΔG 可以用恒温恒压可逆过程中体系对外所做的非体积功来度量。恒温恒压可逆过程中体系所做的非体积功是在此条件下体系所能做的最大非体积功，它等于体系吉布斯函数的减少，$-\Delta G=W_{\mathrm{f,max}}$，因此，$-\Delta G$ 也是体系在恒温恒压下对外做非体积功本领的度量。

要调强指出，尽管我们在引出亥姆霍兹函数 A 时引用了恒温恒容的条件，在引出吉布斯函数 G 时引用了恒温恒压的条件，但这并不是说只有在这样的条件下 A、G 才有意义。A、G 既然是状态函数，体系处于一定状态时它就有完全确定之值，体系发生变化后，A、G 也有确定的改变值 ΔA、ΔG，与过程是否恒温恒容或恒温恒压无关。只是，如果不满足这些条件，ΔA、ΔG 与体系所做的功 W 没有必然的关系。

2.7.3 变化方向和平衡条件的判据

到此为止，我们重点介绍了五个热力学函数，即 U、H、S、A、G。其中 U、H 是热力学第一定律的结果。内能 U 是第一定律的核心，焓 H 是在内能的基础上为解决化学反应的热效应问题而引出的一个辅助函数；S、A、G 是第二定律得到的，其中熵 S 是第二定律的核心，亥姆霍兹函数 A 和吉布斯函数 G 是在熵 S 的基础上为了判断通常条件下自发变化方向及平衡条件而引出来的两个辅助函数。特别是吉布斯函数 G 在解决实际问题时是非常有用的。把上面得到的几个判据归纳如下，它们适用于不做非体积功的封闭体系。

(1) 熵判据　对于孤立体系（U、V一定），发生自发过程时，体系的熵必定增加，即自发过程总是朝着熵增加的方向进行，当体系的熵增加到极大值时，不再发生变化，体系达到平衡态，在孤立体系内不可能发生体系的熵减少的过程，故

$$(\mathrm{d}S)_{U,V}\geqslant 0\begin{cases}\text{“}>\text{” 表示过程自发进行}\\ \text{“}=\text{” 表示体系达平衡态}\\ \text{“}<\text{” 不可能发生}\end{cases}\tag{2-35}$$

(2) 亥氏函数判据　在恒温恒容，体系不做非体积功，体系发生自发过程时，亥姆霍兹函数必定降低，即自发过程总是朝着亥姆霍兹函数减小的方向进行，当亥姆霍兹函数减到极小值时，不再发生变化，体系达到平衡态。而在恒温恒容不做非体积功的条件下，体系亥姆霍兹函数增加的过程是不可能发生的，即

$$(\mathrm{d}A)_{T,V}\leqslant 0\begin{cases}\text{“}<\text{” 表示过程自发进行}\\ \text{“}=\text{” 表示体系达平衡态}\\ \text{“}>\text{” 不可能发生}\end{cases}\tag{2-36}$$

(3) 吉布斯函数判据　在恒温恒压，体系不做非体积功体系发生自发过程时，吉布斯函数必定降低，即自发过程总是朝着吉布斯函数减小的方向进行，当吉布斯函数减小到极小值时，不再发生变化，体系达平衡态，而在恒温恒压不做非体积功的条件下，体系的吉布斯函数增加的过程是不可能发生的，即

$$(\mathrm{d}G)_{T,p}\leqslant 0\begin{cases}\text{“}<\text{” 表示过程自发进行}\\ \text{“}=\text{” 表示体系达平衡态}\\ \text{“}>\text{” 不可能发生}\end{cases}\tag{2-37}$$

除熵判据、亥氏函数判据、吉布斯函数判据以外，内能U、焓H在一定条件下也可以作为过程自发进行方向以及达到平衡条件的判据。

(4) 内能判据

$$(\mathrm{d}U)_{S,V}\leqslant 0\begin{cases}\text{“}<\text{” 表示过程自发进行}\\ \text{“}=\text{” 表示体系达平衡态}\\ \text{“}>\text{” 不可能发生}\end{cases}\tag{2-38}$$

即在恒熵、恒压、无非体积功的封闭体系内，自发进行的过程体系的内能必定减小，当内能减到极小值时，不再改变，$\mathrm{d}U=0$，此时体系达到平衡态。而在此条件下，体系内能增加的过程是不可能发生的。

(5) 焓判据

$$(\mathrm{d}H)_{S,p}\leqslant 0\begin{cases}\text{“}<\text{” 表示过程自发进行}\\ \text{“}=\text{” 表示体系达平衡态}\\ \text{“}>\text{” 不可能发生}\end{cases}\tag{2-39}$$

即在恒熵、恒容、无非体积功的封闭体系内，自发进行的过程体系的焓必定减小，当焓减到极小值时，不再改变，$\mathrm{d}H=0$，此时体系达到平衡态。而在此条件下，体系焓增加的过程是不可能发生的。

以上几个判据中，最重要的是熵判据，而最适用的是吉布斯函数判据，因为恒温、恒压的条件是最普遍的。内能判据、焓判据要求恒熵过程，不容易实现，因此很少使用。

U、H、S、A、G等热力学函数，在其特征参变量（对U为S、V，对H为S、p）不变，且体系不做非体积功时，其改变值ΔU、ΔH、ΔS、ΔA、ΔG皆可以作为一个过程自发进行方向的判据，并且，当它们以其特征参变量为变量时，可以从一个热力学函数导出其他热力学函数来，因此，把它们叫做特性函数。

2.8 ΔG 的计算

Calculation of ΔG

如同 ΔS 的计算一样，在进行 ΔG 的计算之前首先要明确以下两点。第一，计算的目的是什么？如果是要利用计算出的 ΔG 作为过程自发方向的判据，则过程必须是恒温恒压无非体积功的条件，否则计算出的 ΔG 不具有判据的作用。第二，吉布斯函数 G 是状态函数，一个过程发生之后，ΔG 只取决于始、终态，与过程进行的具体途径无关，它等于恒温、恒压、可逆过程中体系所做的非体积功。下面按三类变化过程分别进行讨论。

2.8.1 简单状态变化过程的 ΔG

在封闭体系内纯物体系，当其发生简单状态变化时，必不能同时维持恒温、恒压的条件，因此，计算出来的 ΔG 不能作为过程自发方向的判据。然而，在讨论相变化和化学变化时常要借助于这类变化过程 ΔG 的计算。

2.8.1.1 恒温过程

纯物体系从始态 $T_1p_1V_1$ 保持温度恒定变化到终态 $T_1p_2V_2$，根据吉布斯函数的定义

$$G=H-TS$$

$$\mathrm{d}G=\mathrm{d}H-T\mathrm{d}S-S\mathrm{d}T=\mathrm{d}U+V\mathrm{d}p+p\mathrm{d}V-T\mathrm{d}S-S\mathrm{d}T$$

当变化过程无非体积功 $\delta W_f=0$，同时过程为可逆时

$$\mathrm{d}U=\delta Q_R-p_{外}\ \mathrm{d}V=T\mathrm{d}S-p\mathrm{d}V$$

代入上式，并考虑到过程恒温，得

$$\mathrm{d}G=V\mathrm{d}p \tag{2-40a}$$

积分上式得

$$\Delta G=\int_{p_1}^{p_2}V\mathrm{d}p \tag{2-40b}$$

式（2-40）适用于无非体积功的封闭体系发生的恒温简单状态变化过程。对于理想气体，$V=\dfrac{nRT}{p}$ 代入式（2-40）积分得

$$\Delta G=nRT\ln\frac{p_2}{p_1}=nRT\ln\frac{V_1}{V_2} \tag{2-41}$$

或直接由定义式 $G=H-TS$，在恒温时有

$$\Delta G=\Delta H-T\Delta S \tag{2-42}$$

式（2-42）是一个很有用的式子，它不仅适用于恒温的简单状态变化过程，而且也适用于恒温的相变化和化学变化过程。对于理想气体的简单 pVT 变化过程，恒温下 $\Delta H=0$，$\Delta U=0$，$Q=W=nRT\ln\dfrac{V_2}{V_1}$，根据式（2-42）

$$\Delta G=\Delta H-T\Delta S=-T\left(\frac{Q_R}{T}\right)=nRT\ln\frac{V_1}{V_2}$$

此结果与由式（2-40）导出的式（2-41）完全相同。

【例 2-9】 在 300K 将 2mol 理想气体从 500kPa 恒温膨胀至 100kPa，求过程的 ΔU、ΔH、ΔS、ΔA、ΔG。

［解］ 理想气体的 U、H 只是温度的函数，在恒温下

$$\Delta U=0$$

$$\Delta H=0$$

$$\Delta S=nR\ln\frac{p_1}{p_2}=2\text{mol}\times 8.314\text{J}\cdot\text{K}^{-1}\cdot\text{mol}^{-1}\times\ln\frac{500}{100}=26.76\text{J}\cdot\text{K}^{-1}$$

$$\Delta A = -W_R = -\int_{V_1}^{V_2} p\mathrm{d}V = -nRT\ln\frac{V_2}{V_1} = nRT\ln\frac{p_2}{p_1}$$

$$= 2\mathrm{mol}\times 8.314\mathrm{J}\cdot\mathrm{K}^{-1}\cdot\mathrm{mol}^{-1}\times 300\mathrm{K}\times\ln\frac{100}{500} = -8029\mathrm{J}$$

$$\Delta G = \int_{p_1}^{p_2} V\mathrm{d}p = nRT\ln\frac{p_2}{p_1} = -8029\mathrm{J}$$

2.8.1.2　变温过程

纯物体系在简单状态变化过程若温度发生变化，由吉布斯函数的定义式 $G=H-TS$ 有

$$\Delta G=\Delta H-\Delta(TS)=\Delta H-(T_2S_2-T_1S_1) \tag{2-43}$$

式中，S_1、S_2 为始、终态的熵值。

【例 2-10】 25℃、101.325kPa 下 $H_2(g)$ 的标准摩尔熵为 $S_m^{\ominus}=130.59\mathrm{J}\cdot\mathrm{K}^{-1}\cdot\mathrm{mol}^{-1}$。

(1) 求 100℃，101.325kPa 下 $H_2(g)$ 的标准摩尔熵。

(2) 已知 $H_2(g)$ 的热容量为 $C_{p,m}(H_2,g)=28.84\mathrm{J}\cdot\mathrm{K}^{-1}\cdot\mathrm{mol}^{-1}$，求在 101.325kPa 下将 1mol$H_2(g)$ 从 25℃加热到 100℃的 ΔG。

［解］(1)

$$S_2^{\ominus}=S_1^{\ominus}+\Delta S^{\ominus}$$

$$\Delta S^{\ominus} = \int_{298.15\mathrm{K}}^{373.15\mathrm{K}}\frac{C_p}{T}\mathrm{d}T = 28.84\mathrm{J}\cdot\mathrm{K}^{-1}\cdot\mathrm{mol}^{-1}\times\ln\frac{373.15}{298.15} = 6.47\mathrm{J}\cdot\mathrm{K}^{-1}\cdot\mathrm{mol}^{-1}$$

$$S_2^{\ominus}=130.59\mathrm{J}\cdot\mathrm{K}^{-1}\cdot\mathrm{mol}^{-1}+6.47\mathrm{J}\cdot\mathrm{K}^{-1}\cdot\mathrm{mol}^{-1}=137.06\mathrm{J}\cdot\mathrm{K}^{-1}\cdot\mathrm{mol}^{-1}$$

(2)

$$\Delta G=\Delta H-(T_2S_2-T_1S_1)$$

$$\Delta H = \int_{T_1}^{T_2} C_p\mathrm{d}T = 1\mathrm{mol}\times 28.84\mathrm{J}\cdot\mathrm{K}^{-1}\cdot\mathrm{mol}^{-1}\times(373.5\mathrm{K}-298.15\mathrm{K}) = 2163\mathrm{J}$$

$$\Delta G=2163\mathrm{J}-1\mathrm{mol}\times(373.15\mathrm{K}\times 137.06\mathrm{J}\cdot\mathrm{K}^{-1}\cdot\mathrm{mol}^{-1}-298.15\mathrm{K}\times 130.59\mathrm{J}\cdot\mathrm{K}^{-1}\cdot\mathrm{mol}^{-1})=-10054\mathrm{J}$$

2.8.2　相变化过程的 ΔG

如果相变化过程是在恒温、恒压两相达平衡条件下发生的，例如，水在 100℃、101.325kPa 下蒸发为 100℃、101.325kPa 的水蒸气，冰在 0℃、101.325kPa 下融化为水，这些过程，始态和终态达平衡，根据吉布斯函数判据有

$$\mathrm{d}G=0$$

或

$$\Delta G_{T,p}=0 \tag{2-44}$$

如果始态和终态的两个相不是达平衡的，则应该设计一个从始态到终态的可逆过程来计算相变过程的 ΔG。

【例 2-11】 已知在 −10℃时水和冰的饱和蒸气压 p_s 分别为 611Pa 和 552Pa。试求：

(1) 0℃、101.325kPa 下水凝结为冰过程的 ΔG；

(2) −10℃、101.325kPa 下水凝结为冰过程的 ΔG，并判断过程能否自动进行。

［解］(1) 在 0℃、101.325kPa 下水和冰处于相平衡状态，故

$$\Delta G_1=0$$

(2) 该过程的 ΔG 有以下两种解法。

解法一　由于过程为恒温

$$\Delta G=\Delta H-T\Delta S$$

只要能求出在 −10℃、101.325kPa 下水凝结为冰过程的 ΔH 和 ΔS，就可以求出 ΔG。此过程的 ΔH 和 ΔS 已在例 2-7 中算出，$\Delta H=-5644\mathrm{J}$，$\Delta S=-20.60\mathrm{J}\cdot\mathrm{K}^{-1}$。

所以

$$\Delta G=-5644\mathrm{J}-263.15\mathrm{K}\times(-20.60\mathrm{J}\cdot\mathrm{K}^{-1})=-223.1\mathrm{J}$$

解法二　由于过程是不可逆的，可以利用冰和水的饱和蒸气压数据，设计如下可逆途径来计算。

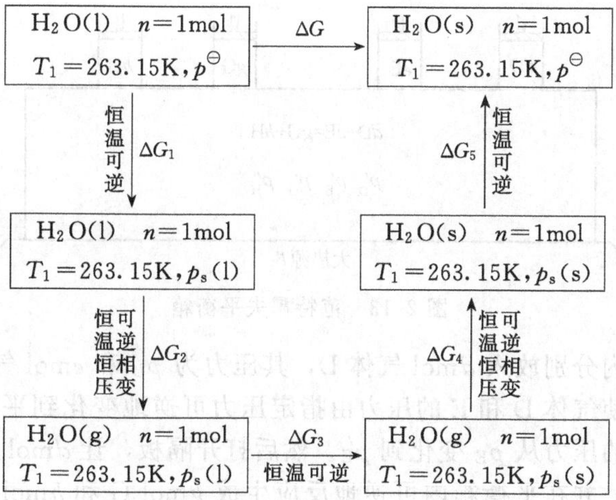

$$\Delta G=\Delta G_1+\Delta G_2+\Delta G_3+\Delta G_4+\Delta G_5$$

在 263.15K，H_2O(l) 与 611Pa 的水蒸气平衡共存，H_2O(s) 与 552Pa 的水蒸气共存，因此

$$\Delta G_2=0,\ \Delta G_4=0$$

ΔG_3 为理想气体恒温可逆变化过程的 Gibbs 函数改变

$$\Delta G_3=\int_{p_s(l)}^{p_s(s)}V\mathrm{d}p=nRT\ln\frac{p_s(s)}{p_s(l)}$$

$$=1\mathrm{mol}\times 8.314\mathrm{J\cdot K^{-1}\cdot mol^{-1}}\times 263.15\mathrm{K}\times\ln\frac{552}{611}=-222.2\mathrm{J}$$

ΔG_1 为液体水恒温过程的 Gibbs 函数改变，水的体积近似认为不随压力改变，保持不变，$V=18.02\times10^{-6}\mathrm{m^3\cdot mol^{-1}}$

$$\Delta G_1=\int_{p^\ominus}^{p_s(l)}V\mathrm{d}p=1\mathrm{mol}\times 18.02\times10^{-6}\mathrm{m^3\cdot mol^{-1}}\times(611-10325)\mathrm{Pa}=-1.80\mathrm{J}$$

将 ΔG_1 与 ΔG_3 比较可见，对于凝聚体系，当压力变化不是特别大时，压力改变引起的吉布斯函数的改变 ΔG 较小，通常可以忽略。ΔG_5 为冰的恒温可逆变化过程的 Gibbs 函数改变，也可以忽略，于是

$$\Delta G\approx\Delta G_3=-222.2\mathrm{J}$$

以上两种计算结果基本上是一致的。由于过程是在恒温、恒压、无非体积功的条件下进行的，故可以由 $\Delta G<0$ 判断水在 −10℃、101.325kPa 下可以自动凝结为冰。

2.8.3　化学反应的 $\Delta_r G_m$

化学反应在通常条件下进行时都是不可逆的。因此，必须设计一个可逆过程来计算化学反应的摩尔吉布斯函数变 $\Delta_r G_m$。例如，可把反应安排在可逆电池中进行，这在电化学一章中将详细讨论；也可以使反应在假想的范特霍夫平衡箱内可逆地完成。

设有理想气体反应

$$d\mathrm{D}+e\mathrm{E}=g\mathrm{G}+h\mathrm{H}$$

在一定温度下各组分的分压分别为 p_D、p_E、p_G、p_H。如图 2-13 所示，在一足够大的平衡箱内有理想气体 D、E、G、H，在该温度下达化学平衡，各组分的平衡分压分别为 p'_D、p'_E、p'_G、p'_H。箱上有四个带有活塞的唧筒，每一唧筒内可以放入一种气体，唧筒与平衡箱接头处，有半透膜隔开，它只允许该唧筒内的气体通过，并且想象在不需要气体通过时，可随时插上隔板。整个平衡箱与温度为 T 的大热源接触，以保持体系恒温。

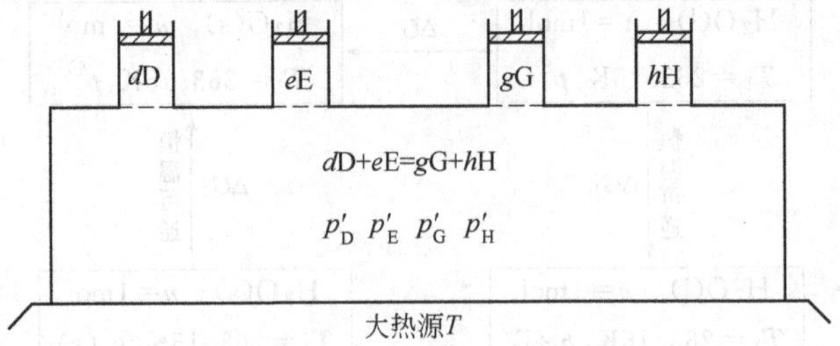

图 2-13　范特霍夫平衡箱

在左边两个唧筒内分别放入 $d$mol 气体 D，其压力为 p_{D} 和 $e$mol 气体 E，其压力为 p_{E}。插上隔板，在恒温下使气体 D 和 E 的压力由指定压力可逆地变化到平衡压力，即 D 的压力从 p_{D} 变化到 p'_{D}，E 的压力从 p_{E} 变化到 p'_{E}。然后打开隔板，让 $d$mol D 和 $e$mol E 在平衡压力下缓慢进入平衡箱，并在平衡箱内可逆地反应生成 $g$mol G 和 $h$mol H。由于平衡箱足够大，进入或取走一定量气体不会引起箱内各组分平衡分压的改变。与此同时，打开右边两个唧筒的隔板，将生成的 $g$molG 和 $h$mol H 缓慢地吸入唧筒内，插上隔板，然后将产物的压力从平衡压力等温可逆地变到指定压力，即 G 的压力从 p'_{G} 变化到 p_{G}，H 的压力从 p'_{H} 变化到 p_{H}。整个过程可表示如下。

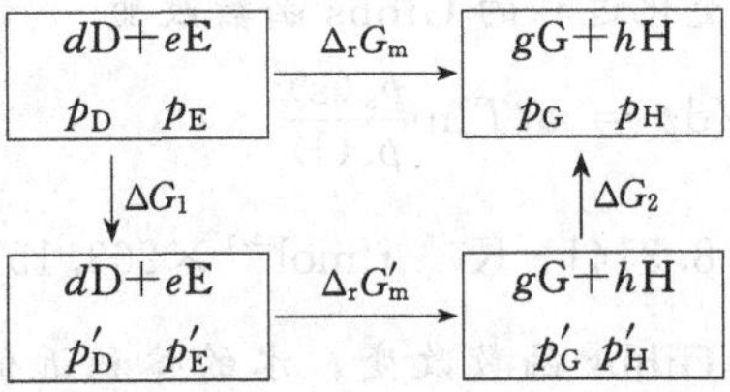

$$\Delta_{\mathrm{r}}G_{\mathrm{m}}=\Delta G_1+\Delta_{\mathrm{r}}G'_{\mathrm{m}}+\Delta G_2$$

ΔG_1、ΔG_2 分别为反应物和产物在恒温条件下发生的可逆简单状态变化过程的 Gibbs 函数改变，根据式（2-41）

$$\Delta G_1=dRT\ln\frac{p'_{\mathrm{D}}}{p_{\mathrm{D}}}+eRT\ln\frac{p'_{\mathrm{E}}}{p_{\mathrm{E}}}$$

$$\Delta G_2=gRT\ln\frac{p_{\mathrm{G}}}{p'_{\mathrm{G}}}+hRT\ln\frac{p_{\mathrm{H}}}{p'_{\mathrm{H}}}$$

$\Delta_{\mathrm{r}}G'_{\mathrm{m}}$ 是在平衡箱内进行的化学反应过程的 Gibbs 函数改变，这是一个可逆平衡过程

$$\Delta_{\mathrm{r}}G'_{\mathrm{m}}=0$$

所以

$$\begin{aligned}\Delta_{\mathrm{r}}G_{\mathrm{m}}&=dRT\ln\frac{p'_{\mathrm{D}}}{p_{\mathrm{D}}}+eRT\ln\frac{p'_{\mathrm{E}}}{p_{\mathrm{E}}}+gRT\ln\frac{p_{\mathrm{G}}}{p'_{\mathrm{G}}}+hRT\ln\frac{p_{\mathrm{H}}}{p'_{\mathrm{H}}}\\&=-RT\ln\frac{p'^{g}_{\mathrm{G}}p'^{h}_{\mathrm{H}}}{p'^{d}_{\mathrm{D}}p'^{e}_{\mathrm{E}}}+RT\ln\frac{p^{g}_{\mathrm{G}}p^{h}_{\mathrm{H}}}{p^{d}_{\mathrm{D}}p^{e}_{\mathrm{E}}}\end{aligned}$$

其中$\dfrac{p'^{g}_{\mathrm{G}}p'^{h}_{\mathrm{H}}}{p'^{d}_{\mathrm{D}}p'^{e}_{\mathrm{E}}}$为反应达平衡时各物质分压之比，在温度一定时为一常数，称为平衡常数，用 K_p 表示

$$\frac{p_G'^g p_H'^h}{p_D'^d p_E'^e}=K_p$$

令 $\frac{p_G^g p_H^h}{p_D^d p_E^e}=Q_p$（称为“压力商”），是指定条件下各组分压力之比值，于是

$$\Delta_r G_m=-RT\ln K_p+RT\ln Q_p \tag{2-45}$$

式（2-45）称为范特霍夫等温式，此式仅适用于理想气体，对于更普遍的表达式将在化学平衡一章内详细讨论。根据式（2-45），可利用化学反应的平衡常数及指定条件的压力商来计算化学反应的吉布斯函数改变 $\Delta_r G_m$。由式（2-45）可知，也可以通过比较 K_p 与 Q_p 的大小判断化学反应自动进行的方向。

当 $Q_p<K_p$ 时，$\Delta_r G_m<0$ 反应自动正向进行

$Q_p>K_p$ 时，$\Delta_r G_m>0$ 反应自动逆向进行

$Q_p=K_p$ 时，$\Delta_r G_m=0$ 反应达平衡态

2.9 封闭体系的热力学关系式

Thermodynamic Relations for a Closed System of Constant Composition

前面，我们已介绍了不少热力学函数及它们之间的一些关系。这一节里，我们把这些热力学函数之间的关系再做进一步的归纳总结。

2.9.1 组成不变的封闭体系的热力学基本公式

在热力学第一定律中，我们定义了内能函数 U，在热力学第二定律中，定义了熵函数 S，在此基础上引出了焓 H、亥姆霍兹函数 A 和吉布斯函数 G，它们之间的关系为

$$H=U+pV$$
$$A=U-TS$$
$$G=H-TS=A+pV$$

几个热力学函数的相对大小如图 2-14 所示。

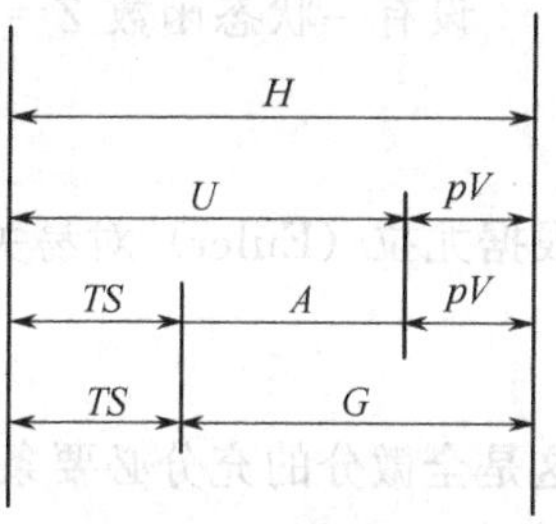

图 2-14 几个热力学数间的关系

根据热力学第一定律，在封闭体系内，当只有体积功时

$$dU=\delta Q-p_{外}\,dV$$

如果过程为可逆，根据热力学第二定律，$\delta Q_R=TdS$，$p_{外}\approx p$，于是得到

$$dU=TdS-pdV \tag{2-46}$$

由 $H=U+pV$ 微分 $dH=dU+pdV+Vdp$

将式（2-46）代入得

$$dH=TdS+Vdp \tag{2-47}$$

由 $A=U-TS$ 微分 $dA=dU-TdS-SdT$

将式（2-46）代入得

$$dA=-SdT-pdV \tag{2-48}$$

由 $G=H-TS$ 微分 $dG=dH-TdS-SdT$

将式（2-47）代入得

$$dG=-SdT+Vdp \tag{2-49}$$

式（2-46）～式（2-49）是封闭体系的热力学基本关系式。这几个式子适用于无非体积功的单组分均相体系或组成不发生变化的多组分均相体系。在公式的推导过程中引用了“可逆”的条件，但是在不可逆过程中以上几个式子仍能适用。因为公式中的物理量 S、T、p、V 是状态函数，无论实际过程是否可逆，其积分值都是完全确定的，只取决于始终态与变化途径无关。只是在可逆过程中 $T\mathrm{d}S=\delta Q_R$ 为体系吸取的热量，$p\mathrm{d}V=\delta W_e$ 为体系做的体积功。而在不可逆过程中，$T\mathrm{d}S$ 不是体系吸取的热量，$p\mathrm{d}V$ 也不是体系做的体积功。

式（2-46）表示内能可用 S、V 做特征变量，即 $U=f(S, V)$，其全微分式为

$$\mathrm{d}U=\left(\frac{\partial U}{\partial S}\right)_V\mathrm{d}S+\left(\frac{\partial U}{\partial V}\right)_S\mathrm{d}V$$

将此式与式（2-46）对比，可见

$$\left(\frac{\partial U}{\partial S}\right)_V=T \qquad \left(\frac{\partial U}{\partial V}\right)_S=-p \tag{2-50}$$

同理，由式（2-47）可得

$$\left(\frac{\partial H}{\partial S}\right)_p=T \qquad \left(\frac{\partial H}{\partial p}\right)_S=V \tag{2-51}$$

由式（2-48）可得

$$\left(\frac{\partial A}{\partial T}\right)_V=-S \qquad \left(\frac{\partial A}{\partial V}\right)_T=-p \tag{2-52}$$

由式（2-49）可得

$$\left(\frac{\partial G}{\partial T}\right)_p=-S \qquad \left(\frac{\partial G}{\partial p}\right)_T=V \tag{2-53}$$

式（2-50）～式（2-53）称为对应系数关系式。

2.9.2 麦克斯韦关系式及其应用

设有一状态函数 $Z=f(x,y)$，其全微分式为

$$\mathrm{d}Z=\left(\frac{\partial Z}{\partial x}\right)_y\mathrm{d}x+\left(\frac{\partial Z}{\partial y}\right)_x\mathrm{d}y=M\mathrm{d}x+N\mathrm{d}y$$

根据尤拉（Euler）对易关系式

$$\left(\frac{\partial M}{\partial y}\right)_x=\left(\frac{\partial N}{\partial x}\right)_y$$

这是全微分的充分必要条件。将此关系式分别应用于四个基本关系式（2-46）～式(2-49）可得到

$$\left(\frac{\partial T}{\partial V}\right)_S=-\left(\frac{\partial p}{\partial S}\right)_V \tag{2-54}$$

$$\left(\frac{\partial T}{\partial p}\right)_S=\left(\frac{\partial V}{\partial S}\right)_p \tag{2-55}$$

$$\left(\frac{\partial S}{\partial V}\right)_T=\left(\frac{\partial p}{\partial T}\right)_V \tag{2-56}$$

$$\left(\frac{\partial S}{\partial p}\right)_T=-\left(\frac{\partial V}{\partial T}\right)_p \tag{2-57}$$

式（2-54）～式(2-57）称为麦克斯韦关系式（Maxwell relations)。其中式（2-56）和式（2-57）是很有用的关系式，它们给出了恒温下熵 S 随体积 V 或压力 p 的变化率与可直接测定的物理量 p、V、T 的关系。下面来看看麦克斯韦关系式的一些应用。

（1）求 $\left(\frac{\partial U}{\partial V}\right)_T$、$\left(\frac{\partial H}{\partial p}\right)_T$

这两个偏导数，我们已在前面多次使用过。根据基本关系式（2-46）

$$dU=TdS-pdV$$

在温度一定时等式两边除以 dV

$$\left(\frac{\partial U}{\partial V}\right)_T=T\left(\frac{\partial S}{\partial V}\right)_T-p$$

由麦克斯韦关系式 $\left(\frac{\partial S}{\partial V}\right)_T=\left(\frac{\partial p}{\partial T}\right)_V$ 代入得

$$\left(\frac{\partial U}{\partial V}\right)_T=T\left(\frac{\partial p}{\partial T}\right)_V-p \tag{2-58}$$

根据基本关系式（2-47）

$$dH=TdS+Vdp$$

在温度一定时等式两边除以 dp

$$\left(\frac{\partial H}{\partial p}\right)_T=T\left(\frac{\partial S}{\partial p}\right)_T+V$$

由麦克斯韦关系式 $\left(\frac{\partial S}{\partial p}\right)_T=-\left(\frac{\partial V}{\partial T}\right)_p$ 代入得

$$\left(\frac{\partial H}{\partial p}\right)_T=V-T\left(\frac{\partial V}{\partial T}\right)_p \tag{2-59}$$

式（2-58）和式（2-59）又称为热力学状态方程式（thermodynamic equation of state），是很有用的关系式。公式中右边的偏导数 $\left(\frac{\partial p}{\partial T}\right)_V$ 和 $\left(\frac{\partial V}{\partial T}\right)_p$ 可以从状态方程式求得，例如对于理想气体，由状态方程式 $pV=nRT$ 可得 $\left(\frac{\partial p}{\partial T}\right)_V=\frac{nR}{V}$，$\left(\frac{\partial V}{\partial T}\right)_p=\frac{nR}{p}$，于是，理想气体

$$\left(\frac{\partial U}{\partial V}\right)_T=T\left(\frac{\partial p}{\partial T}\right)_V-p=\frac{nRT}{V}-p=0$$

$$\left(\frac{\partial H}{\partial p}\right)_T=V-T\left(\frac{\partial V}{\partial T}\right)_p=V-\frac{nRT}{p}=0$$

对于实际气体若知道了该气体的状态方程式，求出 $\left(\frac{\partial p}{\partial T}\right)_V$ 或 $\left(\frac{\partial V}{\partial T}\right)_p$ 后，则从始态（$p_1V_1T_1$）变化到终态（$p_2V_2T_2$）的内能改变和焓的改变可由下式求得。

$$\Delta U=\int_{T_1}^{T_2}C_V\,dT+\int_{V_1}^{V_2}\left[T\left(\frac{\partial p}{\partial T}\right)_V-p\right]dV \tag{2-60}$$

$$\Delta H=\int_{T_1}^{T_2}C_p\,dT+\int_{p_1}^{p_2}\left[V-T\left(\frac{\partial p}{\partial T}\right)_p\right]dp \tag{2-61}$$

（2）求 $\left(\frac{\partial U}{\partial p}\right)_T$、$\left(\frac{\partial H}{\partial V}\right)_T$

由基本关系式

$$dU=TdS-pdV$$

在温度一定时等式两边除以 dp

$$\left(\frac{\partial U}{\partial p}\right)_T=T\left(\frac{\partial S}{\partial p}\right)_T-p\left(\frac{\partial V}{\partial p}\right)_T$$

由麦克斯韦关系式 $\left(\frac{\partial S}{\partial p}\right)_T=-\left(\frac{\partial V}{\partial T}\right)_p$ 代入得

$$\left(\frac{\partial U}{\partial p}\right)_T=-T\left(\frac{\partial V}{\partial T}\right)_p-p\left(\frac{\partial V}{\partial p}\right)_T=-TV\alpha+pV\kappa \tag{2-62}$$

式中，$\alpha=\frac{1}{V}\left(\frac{\partial V}{\partial T}\right)_p$，为恒压膨胀系数；$\kappa=-\frac{1}{V}\left(\frac{\partial V}{\partial p}\right)_T$，为恒温压缩系数。

由基本关系式

$$dH=TdS+Vdp$$

在恒温下等式两边除以 dV

$$\left(\frac{\partial H}{\partial V}\right)_T=T\left(\frac{\partial S}{\partial V}\right)_T+V\left(\frac{\partial p}{\partial V}\right)_T$$

由麦克斯韦关系式$\left(\frac{\partial S}{\partial V}\right)_T=\left(\frac{\partial p}{\partial T}\right)_V$代入得

$$\left(\frac{\partial H}{\partial V}\right)_T=T\left(\frac{\partial p}{\partial T}\right)_V+V\left(\frac{\partial p}{\partial V}\right)_T=Tp\beta-\frac{1}{\kappa} \tag{2-63}$$

式中，$\beta=\frac{1}{p}\left(\frac{\partial p}{\partial T}\right)_V$，为恒容压力系数（isochoric pressure coefficient）。

(3) 真实气体的熵变

前面我们介绍过理想气体熵变的计算，对于真实气体，熵可表示为 T、p 的函数或 T、V 的函数

$$S=f(T,p)$$

或

$$S=f(T,V)$$

其全微分表示式为

$$dS=\left(\frac{\partial S}{\partial T}\right)_p dT+\left(\frac{\partial S}{\partial p}\right)_T dp \tag{2-64}$$

$$dS=\left(\frac{\partial S}{\partial T}\right)_V dT+\left(\frac{\partial S}{\partial V}\right)_T dV \tag{2-65}$$

为了利用上面公式计算过程的熵变，必须把几个含熵的偏导数表示成可测量的关系。由基本关系式

$$dH=TdS+Vdp$$

$$\left(\frac{\partial H}{\partial T}\right)_p=C_p=T\left(\frac{\partial S}{\partial T}\right)_p$$

故有

$$\left(\frac{\partial S}{\partial T}\right)_p=\frac{C_p}{T} \tag{2-66}$$

又由基本关系式

$$dU=TdS-pdV$$

$$\left(\frac{\partial U}{\partial T}\right)_V=C_V=T\left(\frac{\partial S}{\partial T}\right)_V$$

故有

$$\left(\frac{\partial S}{\partial T}\right)_V=\frac{C_V}{T} \tag{2-67}$$

由麦克斯韦关系式$\left(\frac{\partial S}{\partial p}\right)_T=-\left(\frac{\partial V}{\partial T}\right)_p$，$\left(\frac{\partial S}{\partial V}\right)_T=\left(\frac{\partial p}{\partial T}\right)_V$将以上几个关系式代入式（2-64）和式（2-65）得

$$dS=\frac{C_p}{T}dT-\left(\frac{\partial V}{\partial T}\right)_p dp$$

$$\Delta S=\int_{T_1}^{T_2}\frac{nC_{p,m}}{T}dT-\int_{p_1}^{p_2}\left(\frac{\partial V}{\partial T}\right)_p dp \tag{2-68}$$

和

$$dS=\frac{C_V}{T}dT+\left(\frac{\partial p}{\partial T}\right)_V dV$$

$$\Delta S=\int_{T_1}^{T_2}\frac{nC_{V,\mathrm{m}}}{T}\mathrm{d}T+\int_{V_1}^{V_2}\left(\frac{\partial p}{\partial T}\right)_V\mathrm{d}V \tag{2-69}$$

知道了真实气体的状态方程式及热容量数据就可以利用以上公式求算真实气体在简单状态变化过程中的熵变 ΔS，对于理想气体，$\left(\frac{\partial V}{\partial T}\right)_p=\frac{nR}{p}$，$\left(\frac{\partial p}{\partial T}\right)_V=\frac{nR}{V}$，代入式（2-68）、式（2-69）中得

$$\Delta S=\int_{T_1}^{T_2}\frac{nC_{p,\mathrm{m}}}{T}\mathrm{d}T-\int_{p_1}^{p_2}\frac{nR}{p}\mathrm{d}P=\int_{T_1}^{T_2}\frac{nC_{p,\mathrm{m}}}{T}\mathrm{d}T-nR\ln\frac{p_2}{p_1}$$

或
$$\Delta S=\int_{T_1}^{T_2}\frac{nC_{V,\mathrm{m}}}{T}\mathrm{d}T+\int_{V_1}^{V_2}\frac{nR}{V}\mathrm{d}V=\int_{T_1}^{T_2}\frac{nC_{V,\mathrm{m}}}{T}\mathrm{d}T+nR\ln\frac{V_2}{V_1}$$

这就是理想气体的熵变计算式（2-15）和式（2-16）。

（4）求$\left(\frac{\partial C_p}{\partial p}\right)_T$、$\left(\frac{\partial C_V}{\partial V}\right)_T$

由式（2-66）$C_p=T\left(\frac{\partial S}{\partial T}\right)_p$

$$\left(\frac{\partial C_p}{\partial p}\right)_T=\frac{\partial}{\partial p}\left[T\left(\frac{\partial S}{\partial T}\right)_p\right]_T=T\left[\frac{\partial}{\partial p}\left(\frac{\partial S}{\partial T}\right)_p\right]_T=T\left[\frac{\partial}{\partial T}\left(\frac{\partial S}{\partial p}\right)_T\right]_p$$

将麦克斯韦关系式$\left(\frac{\partial S}{\partial p}\right)_T=-\left(\frac{\partial V}{\partial T}\right)_p$代入上式得

$$\left(\frac{\partial C_p}{\partial p}\right)_T=T\left[\frac{\partial}{T}\left(-\frac{\partial V}{\partial T}\right)_p\right]_p=-T\left(\frac{\partial^2 V}{\partial T^2}\right)_p \tag{2-70a}$$

恒温下积分上式得

$$C_p(p_2)-C_p(p_1)=-\int_{p_1}^{p_2}T\left(\frac{\partial^2 V}{\partial T^2}\right)_p\mathrm{d}p \tag{2-70b}$$

式（2-70）表示出恒压热容 C_p 随压力变化的关系。式（2-70b）的积分可由状态方程式求出或通过图解积分法求得。

采用上面相似的步骤可推得

$$\left(\frac{\partial C_V}{\partial V}\right)_T=T\left(\frac{\partial^2 p}{\partial T^2}\right)_V \tag{2-71a}$$

$$C_V(V_2)-C_V(V_1)=\int_{V_1}^{V_2}T\left(\frac{\partial^2 p}{\partial T^2}\right)_V\mathrm{d}V \tag{2-71b}$$

读者可自行证明

（5）求焦耳-汤姆逊系数

求焦耳-汤姆逊系数 $\mu_{\mathrm{J\text{-}T}}=-\frac{1}{C_p}\left(\frac{\partial H}{\partial p}\right)_T$，将式（2-59）代入得

$$\mu_{\mathrm{J\text{-}T}}=-\frac{1}{C_p}\left[V-T\left(\frac{\partial V}{\partial T}\right)_p\right] \tag{2-72}$$

2.9.3 吉布斯函数与温度的关系——吉布斯-亥姆霍兹方程式

在讨论化学反应的 Gibbs 函数改变时，常常需要知道 $\Delta_r G_m$ 与温度 T 的关系，这可以从吉布斯-亥姆霍兹方程式（Gibbs-Helmholtz equation，简称吉-亥方程式）得到。下面我们来导出这个方程式。根据公式（2-53），对于一个变化过程

$$\left(\frac{\partial \Delta G}{\partial T}\right)_p=\left(\frac{\partial G_2}{\partial T}\right)_p-\left(\frac{\partial G_1}{\partial T}\right)_p=-S_2-(-S_1)=-\Delta S$$

ΔS 不易直接测定，利用等温式

$$\Delta G=\Delta H-T\Delta S$$

$$-\Delta S=\frac{\Delta G-\Delta H}{T}$$

代入上式得

$$\left(\frac{\partial \Delta G}{\partial T}\right)_p=\frac{\Delta G-\Delta H}{T} \tag{2-73}$$

这个式子不易积分，可进行如下变换

$$\frac{1}{T}\left(\frac{\partial \Delta G}{\partial T}\right)_p-\frac{\Delta G}{T^2}=-\frac{\Delta H}{T^2}$$

上式的左边正好是$\left(\frac{\Delta G}{T}\right)$对 T 的微商，故

$$\left[\frac{\partial\left(\frac{\Delta G}{T}\right)}{\partial T}\right]_p=-\frac{\Delta H}{T^2} \tag{2-74}$$

式（2-74）是吉-亥方程式的微分式，它表示出了一个过程的 ΔG 与温度 T 的关系。此式取积分

$$\int_{(1)}^{(2)}\mathrm{d}\left(\frac{\Delta G}{T}\right)=-\int_{T_1}^{T_2}\frac{\Delta H}{T^2}\mathrm{d}T$$

得

$$\frac{\Delta G(T_2)}{T_2}=\frac{\Delta G(T_1)}{T_1}-\int_{T_1}^{T_2}\frac{\Delta H}{T^2}\mathrm{d}T \tag{2-75}$$

这是吉-亥方程式的积分式。若知道了 T_1 温度的 $\Delta G(T_1)$，又有了 ΔH 与 T 的关系，则可以求得 T_2 温度的 $\Delta G(T_2)$。式（2-74）取不定积分得

$$\frac{\Delta G(T)}{T}=-\int\frac{\Delta H}{T^2}\mathrm{d}T+J \tag{2-76}$$

其中 J 为积分常数。

物质的热容量 C_p 可以表示成温度 T 的函数。例如

$$C_p=a+bT+cT^2+\cdots$$

$$\Delta C_p=\Delta a+\Delta bT+\Delta cT^2+\cdots$$

$$\Delta H=\int C_p\mathrm{d}T+I=I+\Delta aT+\frac{\Delta b}{2}T^2+\frac{\Delta c}{3}T^3+\cdots$$

I 为另一积分常数。将此式代入式（2-76）中可以得到

$$\frac{\Delta G}{T}=\frac{I}{T}-\Delta a\ln T-\frac{1}{2}\Delta bT-\frac{1}{6}\Delta cT^2+\cdots+J$$

或

$$\Delta G=I-\Delta aT\ln T-\frac{1}{2}\Delta bT^2-\frac{1}{6}\Delta cT^3+\cdots+JT \tag{2-77}$$

式中 I 可由热容量关系式从基尔霍夫定律求得，而积分常数 J 可利用某已知温度 T 的 ΔG 从式（2-77）预先求出，然后就可以利用式（2-77）来求不同温度的 ΔG。式（2-73）～式(2-76）都称为吉-亥方程式。

另外，根据亥姆霍兹函数的定义 $A=U-TS$ 及式（2-52）$\left(\frac{\partial A}{\partial T}\right)_V=-S$ 得

$$\left(\frac{\partial \Delta A}{\partial T}\right)_V=\frac{\Delta A-\Delta U}{T} \tag{2-78}$$

及

$$\left[\frac{\partial\left(\frac{\Delta A}{T}\right)}{\partial T}\right]_V=-\frac{\Delta U}{T^2} \tag{2-79}$$

$$\frac{\Delta A(T_2)}{T_2}=\frac{\Delta A(T_1)}{T_1}-\int_{T_1}^{T_2}\frac{\Delta U}{T_2}\mathrm{d}T \tag{2-80}$$

式（2-78）～式(2-80）也称为吉布斯-亥姆霍兹方程式。读者可仿照上面的步骤自行证明。

【例 2-12】 已知氨合成反应 $N_2(g)+3H_2(g)=\!=\!=2NH_3(g)$ 的 $\Delta_r H_m^{\ominus}(298.15K)=-92.38kJ\cdot mol^{-1}$，$\Delta_r G_m^{\ominus}(298.15K)=-33.26kJ\cdot mol^{-1}$，若 $\Delta_r C_p\approx 0$，求 500K 及 1000K 时的 $\Delta_r G_m^{\ominus}$，判断温度升高对合成氨是否有利。

［解］ $$\frac{\Delta_r G_m^{\ominus}(T_2)}{T_2}=\frac{\Delta_r G_m^{\ominus}(T_1)}{T_1}-\int_{T_1}^{T_2}\frac{\Delta_r H_m^{\ominus}}{T^2}dT=\frac{\Delta_r G_m^{\ominus}(T_1)}{T_1}-\Delta_r H_m^{\ominus}\left(\frac{1}{T_1}-\frac{1}{T_2}\right)$$

$$\Delta_r G_m^{\ominus}(T_2)=T_2\times\frac{\Delta_r G_m^{\ominus}(T_1)}{T_1}+\Delta_r H_m^{\ominus}-T_2\times\frac{\Delta_r H_m^{\ominus}}{T_1}$$

$$\Delta_r G_m^{\ominus}(500K)=500K\times\frac{-33.26kJ\cdot mol^{-1}}{298.15K}-92.38kJ\cdot mol^{-1}-500K\times\frac{-92.38kJ\cdot mol^{-1}}{298.15K}$$
$$=6.765kJ\cdot mol^{-1}$$

$$\Delta_r G_m^{\ominus}(1000K)=1000K\times\frac{-33.26kJ\cdot mol^{-1}}{298.15K}-92.38kJ\cdot mol^{-1}-1000K\times\frac{-92.38kJ\cdot mol^{-1}}{298.15K}$$
$$=105.91kJ\cdot mol^{-1}$$

T/K	298.15	500	1000
$\Delta_r G_m^{\ominus}/kJ\cdot mol^{-1}$	−33.26	6.765	105.91

由以上数据可见 $\Delta_r G_m^{\ominus}$ 随 T 升高而增加，故升高温度对氨合成是不利的。

吉布斯函数随压力的变化如下所述。

由式（2-53） $$\left(\frac{\partial G}{\partial p}\right)_T=V$$

$$\left(\frac{\partial \Delta G}{\partial p}\right)_T=\Delta V=V_{终}-V_{始}$$

此式取积分得

$$\Delta G(p_2)=\Delta G(p_1)+\int_{p_1}^{p_2}\Delta V dp \tag{2-81}$$

对于凝聚体系在变化过程中体积改变 ΔV 较小，当压力变化不是很大时 ΔG 随压力的变化可以忽略，但若压力变化很大，则 ΔG 随压力的变化不能忽略。

【例 2-13】 100℃、1000g 斜方硫（S_8）转变为单斜硫（S_8）时体积增加了 $13.8\times10^{-6}m^3$，已知斜方硫和单斜硫的标准摩尔燃烧焓分别为 $-296.7kJ\cdot mol^{-1}$ 和 $-297.1kJ\cdot mol^{-1}$，在 101.325kPa 下，两种晶型的正常转化温度为 96.7℃，试判断在 100℃、101.325kPa 及 100×101.325kPa 下硫的哪种晶型更稳定。假设两种晶型的热容 C_p 近似相等。

［解］ $$S_8(斜方)\longrightarrow S_8(单斜)$$

$$\Delta H^{\ominus}=-\sum\nu_B\Delta_C H_m^{\ominus}\times\frac{1000g}{32g\cdot mol^{-1}}$$
$$=[-296.7-(-297.1)]kJ\cdot mol^{-1}\times\frac{1000}{32}mol$$
$$=12.5kJ$$

当 $\Delta C_p\approx 0$ 时，$\Delta S^{\ominus}$、$\Delta H^{\ominus}$ 不随温度改变，可视为常数，在 96.7℃，101.325kPa 下两晶型达平衡，$\Delta G^{\ominus}=0$，故

$$\Delta S^{\ominus}=\frac{\Delta H^{\ominus}}{T}=\frac{12500J}{369.9K}=33.79J\cdot K^{-1}$$

在 100℃、101.325kPa 时

$$\Delta G^{\ominus}(p_1)=\Delta H-T\Delta S=12.5\text{kJ}-373.15\times 33.79\times 10^{-3}\text{kJ}=-0.1087\text{kJ}$$

此时单斜硫稳定。

也可以直接由吉-亥关系式求解。

$$\frac{\Delta G^{\ominus}(T_2)}{T_2}=\frac{\Delta G^{\ominus}(T_1)}{T_1}-\int_{T_1}^{T_2}\frac{\Delta H^{\ominus}}{T^2}\mathrm{d}T=0-\int_{369.7}^{373.2}\frac{\Delta H^{\ominus}}{T^2}\mathrm{d}T=\Delta H^{\ominus}\left(\frac{1}{373.2}-\frac{1}{369.7}\right)$$

$$\Delta G^{\ominus}(T_2)=\Delta H^{\ominus}-T_2\times\frac{\Delta H^{\ominus}}{T_1}=12.5\text{kJ}-373.2\text{K}\times\frac{12.5\text{kJ}}{369.9\text{K}}=-0.1087\text{kJ}$$

在 100℃，100×101.325kPa 下

$$\Delta G^{\ominus}(p_2)=\Delta G^{\ominus}(p_1)+\int_{p_1}^{p_2}\Delta V\mathrm{d}p=-108.7\text{kJ}+\int_{101325}^{10132500}13.8\times 10^{-6}\mathrm{d}p$$

$$=-108.7\text{kJ}+13.8\times 10^{-6}\text{m}^3(10132500-101325)\text{Pa}=29.73\text{J}$$

故在 100℃，100×101.325kPa 下斜方硫稳定。

2.9.4 含熵偏导数

前面，我们已定义了几个重要的热力学函数 U、H、S、A、G，利用这些热力学函数改变值的大小和符号，解决了过程自发进行的方向以及在变化过程中体系与环境交换的能量。而在计算这些函数改变值时，常会遇到许多偏导数。这些热力学函数的改变值及其偏导数都不能用实验方法直接测定。在热力学中有两类物理量是可以通过实验测定的，那就是状态参变量 p、V、T 以及体系与环境交换的热（包括热容量 C_p、C_V）和功。热力学方法就是要把那些不易直接测定的热力学函数的改变值及其偏导数表示成可直接测定的物理量 T、p、V、C_p、C_V 的函数，以便可以用实验来验证热力学的基本原理。其中含熵偏导数（partial differential involving entropy）起着重要的作用。

含熵偏导数是指含有熵 S 及 T、p、V 中任意两个变量的一阶偏导数一共有 18 个：

$$\left(\frac{\partial S}{\partial T}\right)_p \quad \left(\frac{\partial S}{\partial T}\right)_V \quad \left(\frac{\partial S}{\partial p}\right)_T \quad \left(\frac{\partial S}{\partial V}\right)_T \quad \left(\frac{\partial S}{\partial p}\right)_V \quad \left(\frac{\partial S}{\partial V}\right)_p$$

$$\left(\frac{\partial T}{\partial S}\right)_p \quad \left(\frac{\partial T}{\partial S}\right)_V \quad \left(\frac{\partial p}{\partial S}\right)_T \quad \left(\frac{\partial V}{\partial S}\right)_T \quad \left(\frac{\partial p}{\partial S}\right)_V \quad \left(\frac{\partial V}{\partial S}\right)_p$$

$$\left(\frac{\partial T}{\partial p}\right)_S \quad \left(\frac{\partial T}{\partial V}\right)_S \quad \left(\frac{\partial p}{\partial T}\right)_S \quad \left(\frac{\partial V}{\partial T}\right)_S \quad \left(\frac{\partial p}{\partial V}\right)_S \quad \left(\frac{\partial V}{\partial p}\right)_S$$

我们的目的就是要把这些含熵偏导数表示成 T、p、V、C_p、C_V 这些可直接测定的物理量的函数，为此，给出以下四句话。

① 含熵在上又含 T，这就是前面介绍的式（2-66）、式（2-67）、式（2-56）、式（2-57）。

$$\left(\frac{\partial S}{\partial T}\right)_p=\frac{C_p}{T}$$

$$\left(\frac{\partial S}{\partial T}\right)_V=\frac{C_V}{T}$$

$$\left(\frac{\partial S}{\partial p}\right)_T=-\left(\frac{\partial V}{\partial T}\right)_p$$

$$\left(\frac{\partial S}{\partial V}\right)_T=\left(\frac{\partial p}{\partial T}\right)_V$$

② 含熵在上不含 T，“打入” T——利用链锁法则变为含熵在上又含 T 的偏导数。

$$\left(\frac{\partial S}{\partial p}\right)_V=\left(\frac{\partial S}{\partial T}\right)_V\left(\frac{\partial T}{\partial p}\right)_V=\frac{C_V}{T}\left(\frac{\partial T}{\partial p}\right)_V$$

$$\left(\frac{\partial S}{\partial V}\right)_p=\left(\frac{\partial S}{\partial T}\right)_p\left(\frac{\partial T}{\partial V}\right)_p=\frac{C_p}{T}\left(\frac{\partial T}{\partial V}\right)_p$$

③ 含熵在下"倒"过来——使用链锁法则把熵 S"搬"到上面去。

$$\left(\frac{\partial T}{\partial S}\right)_p=\frac{1}{\left(\frac{\partial S}{\partial T}\right)_p}=\frac{T}{C_p}$$

$$\left(\frac{\partial T}{\partial S}\right)_V=\frac{1}{\left(\frac{\partial S}{\partial T}\right)_V}=\frac{T}{C_V}$$

$$\left(\frac{\partial p}{\partial S}\right)_T=\frac{1}{\left(\frac{\partial S}{\partial p}\right)_T}=-\left(\frac{\partial T}{\partial V}\right)_p$$

$$\left(\frac{\partial V}{\partial S}\right)_T=\frac{1}{\left(\frac{\partial S}{\partial V}\right)_T}=\left(\frac{\partial T}{\partial p}\right)_V$$

$$\left(\frac{\partial p}{\partial S}\right)_V=\frac{1}{\left(\frac{\partial S}{\partial p}\right)_V}=\frac{1}{\left(\frac{\partial S}{\partial T}\right)_V\left(\frac{\partial T}{\partial p}\right)_V}=\frac{T}{C_V}\left(\frac{\partial p}{\partial T}\right)_V$$

$$\left(\frac{\partial V}{\partial S}\right)_p=\frac{1}{\left(\frac{\partial S}{\partial V}\right)_p}=\frac{1}{\left(\frac{\partial S}{\partial T}\right)_p\left(\frac{\partial T}{\partial V}\right)_p}=\frac{T}{C_p}\left(\frac{\partial V}{\partial T}\right)_p$$

④ 含熵在外"搬"进去——使用循环法则把熵 S"搬"进去。

$$\left(\frac{\partial T}{\partial p}\right)_S=-\frac{\left(\frac{\partial S}{\partial p}\right)_T}{\left(\frac{\partial S}{\partial T}\right)_p}=\frac{T}{C_p}\left(\frac{\partial V}{\partial T}\right)_p$$

$$\left(\frac{\partial T}{\partial V}\right)_S=-\frac{\left(\frac{\partial S}{\partial V}\right)_T}{\left(\frac{\partial S}{\partial T}\right)_V}=\frac{T}{C_V}\left(\frac{\partial p}{\partial T}\right)_V$$

$$\left(\frac{\partial p}{\partial T}\right)_S=-\frac{\left(\frac{\partial S}{\partial T}\right)_p}{\left(\frac{\partial S}{\partial p}\right)_T}=\frac{C_p}{T}\left(\frac{\partial T}{\partial V}\right)_p$$

$$\left(\frac{\partial V}{\partial T}\right)_S=-\frac{\left(\frac{\partial S}{\partial T}\right)_V}{\left(\frac{\partial S}{\partial V}\right)_T}=-\frac{C_V}{T}\left(\frac{\partial T}{\partial p}\right)_V$$

$$\left(\frac{\partial p}{\partial V}\right)_S=-\frac{\left(\frac{\partial S}{\partial V}\right)_p}{\left(\frac{\partial S}{\partial p}\right)_V}=\frac{\frac{C_p}{T}\left(\frac{\partial T}{\partial V}\right)_p}{\frac{C_V}{T}\left(\frac{\partial T}{\partial p}\right)_V}=-\gamma\left(\frac{\partial T}{\partial V}\right)_p\left(\frac{\partial p}{\partial T}\right)_V=\gamma\left(\frac{\partial p}{\partial V}\right)_T$$

$$\left(\frac{\partial V}{\partial p}\right)_S=\frac{1}{\gamma}\left(\frac{\partial V}{\partial p}\right)_T$$

这样，就把这 18 个含熵偏导数表示成了可测量的函数。

【例 2-14】 证明：对于组成不变的均封闭体系内 $\left(\frac{\partial S}{\partial V}\right)_p=\left(\frac{\partial p}{\partial T}\right)_S$

［证］
$$\left(\frac{\partial S}{\partial V}\right)_p=\left(\frac{\partial S}{\partial T}\right)_p\left(\frac{\partial T}{\partial V}\right)_p=\frac{C_p}{T}\left(\frac{\partial T}{\partial V}\right)_p$$

$$\left(\frac{\partial p}{\partial T}\right)_S=-\frac{\left(\frac{\partial S}{\partial T}\right)_p}{\left(\frac{\partial S}{\partial p}\right)_T}=-\frac{\frac{C_p}{T}}{-\left(\frac{\partial V}{\partial T}\right)_p}=\frac{C_p}{T}\left(\frac{\partial T}{\partial V}\right)_p$$

故 $\left(\frac{\partial S}{\partial V}\right)_p=\left(\frac{\partial p}{\partial T}\right)_S$ 成立。

除含熵偏导数外，含有其他热力学函数的偏导数是很多的。利用含熵偏导数法皆可以将它们表示成可直接测定的物理量的函数。下面以含内能 U 的偏导数为例进行简单讨论。

由基本关系式

$$dU=TdS-pdV$$

$$\left(\frac{\partial U}{\partial S}\right)_V=T$$

$$\left(\frac{\partial U}{\partial V}\right)_S=-p$$

$$\left(\frac{\partial U}{\partial T}\right)_V=C_V$$

$$\left(\frac{\partial U}{\partial S}\right)_p=T-p\left(\frac{\partial V}{\partial S}\right)_p=T-p\left[\frac{1}{\left(\frac{\partial S}{\partial T}\right)_p\left(\frac{\partial T}{\partial V}\right)_p}\right]=T-p\left[\frac{1}{\frac{C_p}{T}\left(\frac{\partial T}{\partial V}\right)_p}\right]$$

$$=T-\frac{pT}{C_p}\left(\frac{\partial V}{\partial T}\right)_p$$

$$\left(\frac{\partial U}{\partial T}\right)_p=T\left(\frac{\partial S}{\partial T}\right)_p-p\left(\frac{\partial V}{\partial T}\right)_p=T\times\frac{C_p}{T}-p\left(\frac{\partial V}{\partial T}\right)_p=C_p-p\left(\frac{\partial V}{\partial T}\right)_p$$

$$\left(\frac{\partial T}{\partial S}\right)_U=-\frac{\left(\frac{\partial U}{\partial S}\right)_T}{\left(\frac{\partial U}{\partial T}\right)_S}=-\frac{T-p\left(\frac{\partial V}{\partial S}\right)_T}{-p\left(\frac{\partial V}{\partial T}\right)_S}=\frac{T-p\left(\frac{\partial T}{\partial p}\right)_V}{-\frac{pC_V}{T}\left(\frac{\partial T}{\partial p}\right)_V}$$

$$=\frac{T}{pC_V}\left[p-T\left(\frac{\partial p}{\partial T}\right)_V\right]$$

【例 2-15】 证明：对于理想气体 $\left(\frac{\partial H}{\partial S}\right)_V=T\gamma\left(\gamma=\frac{C_p}{C_V}\right)$

［证］ 由基本关系式

$$dH=TdS+Vdp$$

$$\left(\frac{\partial H}{\partial S}\right)_V=T+V\left(\frac{\partial p}{\partial S}\right)_V=T+\left(\frac{\partial p}{\partial T}\right)_V\left(\frac{\partial T}{\partial S}\right)_V=T+V\left(\frac{\partial p}{\partial T}\right)_V\frac{1}{\left(\frac{\partial S}{\partial T}\right)_V}$$

$$=T+\frac{VT}{C_V}\left(\frac{\partial p}{\partial T}\right)_V=T\left[1+\frac{V}{C_V}\left(\frac{\partial p}{\partial T}\right)_V\right]$$

对于理想气体 $\left(\frac{\partial p}{\partial T}\right)_V=\frac{nR}{V}$

$$\left(\frac{\partial H}{\partial S}\right)_V=T\left(1+\frac{V}{C_V}\times\frac{nR}{V}\right)=T\left(1+\frac{nR}{C_V}\right)=T\left(1+\frac{C_p-C_V}{C_V}\right)=T\frac{C_p}{C_V}=\gamma T$$

*2.10 非平衡热力学及耗散结构理论简介

Brief Introduction to Non-Equilibrum Thermodynamics and the Dissipative Structure Theory

*2.10.1 引言

经典热力学是19世纪物理科学中最伟大的成就之一，它是以大量微观粒子构成的宏观体系为研究对象，以人类从实践经验中总结出来的三大经验定律（主要是热力学第一定律和第二定律）为基础建立起来的。它注重的是体系始态和终态的性质，不考虑过程进行的具体细节和变化的速率，它采用严格准确的逻辑推理来推求体系的宏观性质及其变化规律，由此得出的结论具有高度的准确性和普适性。热力学在其发展过程中形成了一套完整的研究方法，它的理论渗透到自然科学的各个领域，成为各个科学分支发展的理论基础。

经典热力学不讨论个别粒子的行为，它的基本关系式中不包含时间变量，可以说经典热力学所处理的对象为平衡体系或从一个平衡态变化到另一个平衡态的过程。因此，经典热力学也称为平衡热力学，它的基本关系式都是在封闭体系（即体系与环境之间不发生物质交换）中建立起来的，由此得出的一系列结论也只能适用于封闭体系。经典热力学认为，一切实际发生的过程都是单方向的趋于平衡态，都是自动地由比较有秩序的状态变化到比较无秩序的状态（即由有序趋于无序的过程）。但是，实际上趋于平衡、趋于无序，并不是自然界的普遍规律，对于客观世界来说，平衡并不是绝对的，而是相对的、有条件的；不平衡才是客观世界的本质。

客观世界中的体系及其运动可以分为简单的（或低级的）和复杂的（或高级的）。物理体系及其运动属于简单的、低级的；生物体系和社会体系及其运动属于复杂的高级的。简单体系和复杂体系的最大区别是时间在两种体系中表现出不同的含义。对于物理体系而言，在经典物理学中的时间 t 只是一个参数，过去和未来是等价的，在牛顿力学中如果把时间 t 换成（$-t$），一切公式可以保持不变的形式，也就是说只要知道了现在，则过去和未来可以准确地进行计算，未来可以预测。但是生物体系则不同，生物体系存在着个体生命的生长、发育，作为物种具有遗传和变异，即表现出对客观环境强烈的适应性。同时，生物体系还表现出从低级发展到高级的进化过程。生物体的生长、发育是生物体内合成大分子的过程，是趋于有序的过程。植物的树叶、花朵、果实、鱼鳞的整齐排列，斑马的有规则的花纹，甚至蝴蝶翅膀上的美丽颜色和有规则的图案，都充分说明在生物体中存在着大量的趋于有序的过程。社会体系也是如此，社会的发展和进步表现更加有秩序、更加有组织。总之在生物体系和社会体系中，现在和未来是很不相同的，体系在时间的长河中表现出对过去的“记忆”和“历史”，对未来表现出进化。就变化方向而言，物理体系是由高级变化到低级，由有序变化到无序，而生物体系和社会体系则是由低级发展到高级，从无序变化到有序。

从热力学的观点来看，可将体系分为两大类：一类是不与环境进行物质交换和能量交换的孤立体系，另一类是与环境进行物质和能量交换的敞开体系。熵增加原理指出，在孤立体系内熵永不减少，在孤立体系内发生的自发过程必定是熵增加的过程，即由比较有秩序的状态变化到比较无秩序的状态（趋于无序的过程）。这一结论当然只能适用于孤立体系。生物体系是一个敞开体系。生物体通过与环境不断交换物质和能量生命过程才得以维持，在非平衡条件下生物体系呈现出宏观范围的时空有序。将平衡热力学的成就推广到敞开体系，形成了一门新的学科——非平衡热力学。

自20世纪30年代以来，非平衡热力学得到迅速发展，现在已发展成一门较完善的新兴基础理论学科，并在扩散、热传导、化学反应过程及电化学反应过程中得到了应用。

在非平衡热力学的发展过程中昂萨格（L. Onsager，1903～1976，美国人）和普里高京（I. Prigogine 1917～，比利时人，1977 年获诺贝尔化学奖）做出了重大贡献。非平衡热力学又称耗散结构理论，耗散结构（dissipative structure）是普里高京提出的一个新概念，用以概括在非平衡条件下敞开体系中形成的一种时空周期结构，“耗散”意味着体系消耗负熵的过程。实际上耗散结构是在体系与环境连续交换物质流和能量流时体系内出现的一种自组织现象。耗散结构理论导致了人类对自然认识的巨大进步，是我们探索复杂世界多样化结构的有力武器。这个理论巧妙地处理了宏观与微观、有序与无序、可逆与不可逆、平衡与非平衡、稳定与非稳定、决定论与随机论等这样一些各门学科所共有的问题，因而具有普遍的科学价值。在基础课中我们只能对这个理论做一些简单介绍。

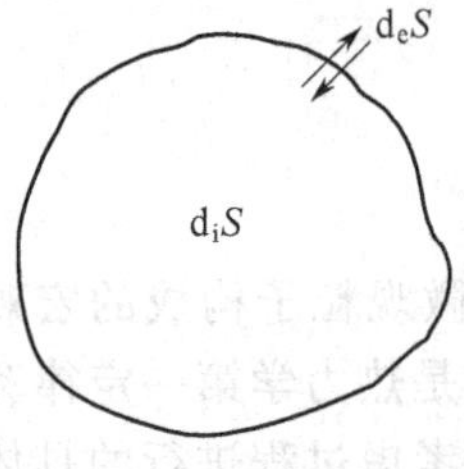

图 2-15　熵流和熵产生

*2.10.2　熵流和熵产生

对于一个敞开体系，体系的熵变 dS 由两部分构成：一部分是由于体系内部发生的不可逆变化（如热传导、扩散、混合、化学反应等）而引起的，称为熵产生（entropy production），用符号“d_iS”表示；另一部分是体系与环境通过界面进行热交换和物质交换时进入体系或流出体系的熵，称为熵流（entropy flux），用符号“d_eS”表示，如图 2-15 所示。

$$dS = d_eS + d_iS \tag{2-82}$$

式（2-82）中熵流 d_eS 的大小由进入或流出体系的热量和物质的多少决定，其符号可以大于、等于或小于零。对于孤立体系，由热力学第二定律，体系的熵永不减少，而孤立体系没有熵流，只有熵产生，故

$$dS_{U,V} = d_iS \geqslant 0 \tag{2-83}$$

即熵产生 d_iS 不能为负，只能大于或等于零，这就是熵产生原理，它是熵增加原理的推广。熵产生原理适用于任何体系的任何过程，当 $d_iS>0$ 时表示过程是不可逆的，$d_iS=0$ 时表示过程是可逆的。因此，熵产生是过程不可逆性的度量。

对于封闭体系，由克劳修斯不等式

$$dS - \frac{\delta Q}{T} \geqslant 0$$

由于可逆过程其熵变等于过程的热温商，相当于体系与环境交换热量而导致的熵变，即

$$dS_R = \frac{\delta Q_R}{T} = d_eS$$

故克劳修斯不等式可以表示为

$$dS - d_eS = d_iS \geqslant 0 \tag{2-84}$$

此式再一次表现出熵产生 d_iS 作为其度量过程不可逆性的本质。

应该指出，各热力学特性函数在其相应的自变量不变，且不做非体积功时其改变 $dZ_{A,B}$（Z 代表 U、H、A、G，而下标代表该热力学函数的特征参变量）皆可以表示成熵产生。例如，Gibbs 函数，在恒温恒压下

$$dG_{T,p} = dH_{T,p} - TdS$$

当无非体积功时 $dH_{T,p} = \delta Q$，故

$$-\frac{dG_{T,p}}{T} = dS - \frac{\delta Q}{T} = dS - d_eS = d_iS \geqslant 0 \tag{2-85}$$

即在恒温、恒压下 Gibbs 函数的减少与温度之比等于熵产生，不能小于零，当 Gibbs 函数不

变 $dG=0$ 时过程为可逆，其实质仍然是熵产生作为过程不可逆性的判据。其他几个特性函数也可以得到同样结果，一般地可以写出

$$-\frac{dZ_{A,B}}{T}=d_iS\geqslant 0 \tag{2-86}$$

“>”表示过程不可逆、“=”表示过程可逆。可见，熵产生概括了几个特性函数作为热力学第二定律不可逆性判据的本质。

*2.10.3 熵平衡方程

对于非平衡体系虽然就整个体系来说是不平衡的，但其每一个体积元（或质量元）却处于所谓的局部平衡态。局部平衡态的熵（局域熵）与其他热力学函数之间的关系仍能满足平衡态的关系，这个假定称为局域平衡假定（partial equilibrium postulate），局域平衡假定不仅适用于近平衡体系（即偏离平衡不远的体系），也适用于远平衡体系，它是非平衡热力学的基本假定。

对于平衡体系，体系的热力学性质不随时间而改变；对于非平衡体系，体系的热力学性质是时间的函数，熵随时间而改变。当考虑熵随时间的变化，对于非平衡体系有

$$\frac{dS}{dt}=\frac{d_eS}{dt}+\frac{d_iS}{dt} \tag{2-87}$$

此式称为熵平衡方程，其中熵流 d_eS 是由体系与环境进行物质交换和热量交换流入体系的熵，它也是时间的函数

$$\frac{d_eS}{dt}=\sum_i\frac{1}{T_i}\times\frac{\delta Q_i}{dt}+\sum_i S_i\frac{dn_i}{dt} \tag{2-88}$$

式中，$\frac{\delta Q_i}{dt}$是热量流入体系的速率，即热传导率；$\frac{dn_i}{dt}$是物质 i 流入体系的速率。故熵平衡方程可以表示为

$$\frac{dS}{dt}=\sum_i\frac{1}{T_i}\times\frac{\delta Q_i}{dt}+\sum_i S_i\frac{dn_i}{dt}+\frac{d_iS}{dt} \tag{2-89}$$

式中，$\frac{d_iS}{dt}$为熵产生率。

对于孤立体系，体系与环境之间无物质交换和能量交换，故体系的熵变化率即为体系的熵产生率

$$\frac{dS}{dt}=\frac{d_iS}{dt}$$

对于封闭体系，体系与环境之间无物质交换，$\frac{dn_i}{dt}=0$，因此，体系的熵变化率取决于体系与环境的热传导率和体系的熵产生率。

$$\frac{dS}{dt}=\sum_i\frac{1}{T_i}\times\frac{\delta Q_i}{dt}+\frac{d_iS}{dt}$$

对于绝热的敞开体系，$\sum_i\frac{1}{T_i}\times\frac{\delta Q_i}{dt}=0$，故有

$$\frac{dS}{dt}=\sum_i S_i\frac{dn_i}{dt}+\frac{d_iS}{dt}$$

对于稳态体系，体系的熵不随时间改变，$\frac{dS}{dt}=0$，故有

$$\frac{dS}{dt}=\sum_i\frac{1}{T_i}\times\frac{\delta Q_i}{dt}+\sum_i S_i\frac{dn_i}{dt}+\frac{d_iS}{dt}=0$$

由于$\frac{d_e S}{dt}$取决于体系与环境之间交换的物质和热量，其符号可以为正、负或零，而熵产生率$\frac{d_i S}{dt}$总是大于或等于零，不可能小于零，因此，由熵平衡方程可以得到如下结论。

① 孤立体系或绝热的封闭体系熵永不减少，可逆过程熵不变，不可逆过程熵增加，这就是熵增加原理。因此，熵增加原理只是熵产生原理的一个特例。

② 对于敞开体系或与环境进行热量交换的封闭体系，若体系向外流出的熵（即体系获得负熵）正好能抵消体系内的熵产生，即$\frac{d_e S}{dt}=\frac{d_i S}{dt}$，体系处于稳态（steady state）。若体系获得的负熵大于熵产生，即$-\frac{d_e S}{dt}>\frac{d_i S}{dt}$，体系的熵必减少，此时体系将变得有秩序，也就是说，体系将出现有序化结构。

一个有生命的生物体，体系与环境之间不断地进行着物质交换和能量交换。由于生物体内不断进行着生物化学反应、扩散、血液流动等不可逆过程，体系的熵产生 $\Delta_i S>0$，为了能够保持生物体的熵值基本不变 $\Delta S\approx 0$，使生物体接近或处于非平衡的稳态，熵流 $\Delta_e S$ 必须小于零，以抵消熵产生 $\Delta_i S$。熵流 $\Delta_e S$ 是由两项构成的，其中一项是与环境进行热量交换而引起的；另一项是与环境进行物质交换而引起的，对于动物和人来说，就是吃进食物排出废物。食物中包含着大量高度有序的、低熵值的大分子物质，如蛋白质、淀粉等，而排出的废物则是无序的、高熵值的物质。吸入低熵值的物质，排出高熵值的物质，熵流 $\Delta_e S$ 为负值，这就是相当于“摄入负熵流”，就能保持生物体有一定的熵值，以维持生物体的生命。当生物体在生长、发育过程中摄入的负熵流大于体系的熵产生，结果使体系的熵值减少，于是体系将出现宏观的有序结构。

本章学习要求

1. 了解自发过程的共同特征、可逆过程的概念，准确掌握热力学第二定律的两种表述。

2. 掌握熵的定义、了解熵的物理意义。

3. 掌握克劳修斯不等式并能应用它判断过程的可逆性。

4. 重点掌握熵增原理以及用 ΔS 作为各种变化过程自动进行方向及平衡判据的严格条件。

5. 掌握熵变 ΔS 的计算原则，能熟练地计算各种简单物理变化过程、相变化过程的熵变 ΔS。

6. 了解热力学第三定律，掌握物质的规定熵、标准熵的定义以及化学反应过程 $\Delta_r S_m$ 的计算。

7. 准确掌握亥姆霍兹函数 A、吉布斯函数 G 的定义。重点掌握用 ΔG 作为过程自动进行方向及平衡判据的严格条件，能熟练地计算各种简单物理变化过程、相变化过程以及化学变化过程的 ΔG。

8. 掌握封闭体系内热力学基本公式、麦克斯韦关系式、吉-亥方程式等，了解热力学方法——状态函数法的特征，能熟练应用含熵偏导数法推证热力学函数之间的关系。

9. 初步了解不可逆过程热力学关于熵流、熵产生的基本概念。

参考文献

1 邹经文. 熵增加原理的发展及其应用. 自然杂志，1986，4：255

2 王正刚．总熵判据和自由焓判据．化学通报，1982，12：45
3 苏文煅．热力学基本关系式的建立及其应用条件．化学通报，1985，3：47
4 童祐嵩．将热力学偏导数以状态方程变量、热容和熵表达的一般方法．化学通报，1988，9：46
5 袁永明，李文华，万家义．物理化学研究生入学考试辅导．成都：四川科技出版社，1985．23～29
6 高执棣．关于 $\Delta_r H_m^\ominus$ 和 $\Delta_r G_m^\ominus$ 的一些问题．大学化学，1987，2（2）：48
7 吴征铠．物理化学教学文集（一）．北京：高等教育出版社，1986．52
8 刘君利，何盆寿，徐晓雷．关于耗散结构的讨论．大学化学，1988，3：45
9 Lowo J P. Entropy，Conceptual Disorder. J. Chem，Educ.，1988，65：403
10 Craig N C. Entropy Analysis of Four Familiar Processes. J. Chem，Educ.，1988，65：760
11 Infelta P . The second law：Statement and applications. J. Chem，Educ.，2002，79（7）：884
12 Williamson B E，Morikawa T. A chemically relevant model for teaching the second law of thermodynamics. J. Chem，Educ.，2002，79（3）：339

思 考 题

1. 理想气体恒温膨胀 $\Delta U=0$，由热力学第一定律 $Q=W$，即理想气体在恒温膨胀过程中将吸收的热量全部转变为功，这一结论与热力学第二定律的开尔文说法是否矛盾？开尔文说法的关键是什么？

2. 有人将热力学第二定律表述为："功可以全部转变为热，而热不能全转变为功。"你认为这种说法是否正确？为什么？

3. 理想气体恒温可逆膨胀，吸热为 $Q>0$，$\Delta S=\dfrac{Q}{T}>0$。因此，当 $\Delta S>0$ 时可以判定过程是可逆的。此结论是否正确？用 ΔS 作为过程可逆性判据的条件是什么？

4. 理想气体从始态（$p_1V_1T_1$）经绝热可逆膨胀到 V_2，$\Delta S=0$；若经绝热不可逆膨胀到 V_2，$\Delta S'>0$，但熵是状态函数，在同一始、终态之间 ΔS 只能有一个确定值，但上面 $\Delta S\neq\Delta S'$，这是为什么？

5. 一个体系从始态变化到终态达到平衡，此过程体系的熵值是否一定增加直到极大？试举例说明之。

6. 从 $A\longrightarrow B$ 的熵变为 $\Delta_A^B S$，其热温商总和为 $\sum\limits_A^B \dfrac{\delta Q}{T}$，而从 $B\longrightarrow A$ 的熵变 $\Delta_B^A S=-\Delta_A^B S$，其热温商总和 $\sum\limits_B^A \dfrac{\delta Q}{T}=-\sum\limits_A^B \dfrac{\delta Q}{T}$，这种说法是否正确？为什么？

7. 一体系从一始态（$p_1V_1T_1$）出发经过一个绝热不可逆膨胀过程到达终态（$p_2V_2T_2$），能否再经过一个绝热压缩（可逆或不可逆）的途径使体系回复到原态？为什么？

8. 在恒温、恒压、无非体积功的条件下，能否从同一始态出发经可逆和不可逆的两条不同途径使体系达到相同终态？为什么？

9. 在恒温、恒容、无非体积功的条件下，能否从同一始态出发经可逆和不可逆的两条不同途径使体系达到相同终态？为什么？

10. 在恒温、恒压、无非体积功的封闭体系内 $\Delta G<0$ 时体系发生了自发的不可逆变化，但由热力学基本关系式 $dG=-SdT+Vdp$，在恒温、恒压、无非体积功的条件下 $\Delta G=0$，体系不能发生变化，两者之间是否矛盾？ΔG 作为过程自发进行方向的判据用于什么体系？什么条件？

11. 在常温、常压下反应 $H_2O(l)\longrightarrow H_2(g)+\frac{1}{2}O_2(g)$ 的 $\Delta_r G_m>0$，反应不能自动进行，但在常温、常压下电解 $H_2O(l)$ 可获得 $H_2(g)$ 和 $O_2(g)$，这是否矛盾？

12. 在一个绝热恒容容器内 $Cl_2(g)$ 可以在 $H_2(g)$ 中燃烧生成 $HCl(g)$，反应后容器温度升高，假定气体可视为理想气体，则①因为理想气体温度升高内能增加，所以 $\Delta U>0$；②由于燃烧反应放出热量，故 $\Delta H<0$；③由于燃烧反应能自动进行，所以 $\Delta S>0$，$\Delta A<0$，$\Delta G<0$。以上这些推论是否正确？为什么？

13. 能否证明：若一个过程 ΔH 与 T 无关，则 ΔS 也与 T 无关。

14. 某一氧化还原反应在恒温、恒压下自动进行时放出 6000J 的热量，若布置为一可逆电池反应时可做电功 6000J，这是否违背了热力学第一定律和第二定律？

习 题

2-1 某地热水的温度为65℃，大气温度为20℃，若用一可逆热机从地热水中取出1000J的热量可以获得多少功？此可逆热机的效率η为多少？在此过程中地热水、大气的熵变为多少？总熵变又为多少？

2-2 1molH_2(g)从温度为300K、压力为500kPa的始态恒温膨胀至终态压力为100kPa，求此过程H_2(g)的熵变（氢气可视为理想气体）。

2-3 2.0molNH_3(g)从始态298.15K和101.325kPa恒压加热至体积为原来的3倍，求此过程的ΔU、ΔH、ΔS。已知NH_3的平均摩尔热容$\langle C_{p,\mathrm{m}}\rangle=35.7\mathrm{J\cdot K^{-1}\cdot mol^{-1}}$。

2-4 已知CO_2的热容量$C_{p,\mathrm{m}}/\mathrm{J\cdot K^{-1}\cdot mol^{-1}}=26+43.5\times10^{-3}T/\mathrm{K}-148.3\times10^{-7}(T/\mathrm{K})^2$，求在101.325kPa下将1mol$CO_2$(g)从0℃加热至900℃的$\Delta H$和$\Delta S$。

2-5 2molN_2(g)在25℃下始终用$5p^\ominus$的外压经恒温压缩，使N_2(g)的压力由$1p^\ominus$变化到$5p^\ominus$，试计算$\Delta S_{体}$、$\Delta S_{环}$、$\Delta S_{总}$。

2-6 将10molO_2(g)由300kPa、100dm^{3}膨胀到100kPa、200dm^3，求此过程的ΔS。已知$C_{p,\mathrm{m}}=29.4\mathrm{J\cdot K^{-1}\cdot mol^{-1}}$。

2-7 计算下列各恒温混合过程的ΔS。

(1) 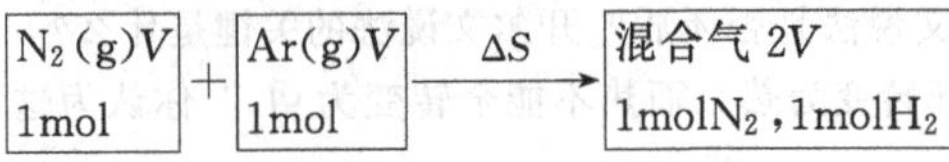

(2) 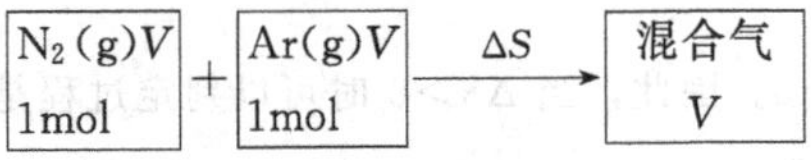

(3) 过程同(1)但将Ar(g)换成N_2(g)。

(4) 过程同(2)但将Ar(g)换成N_2(g)。

2-8 一个两端封闭的绝热筒被一个与筒紧密接触而无摩擦的理想的导热活塞分为两部分，首先把活塞固定在正中间，一边充以300K，$2p^\ominus$的1dm^{3}的空气，另一边充以300K，$1p^\ominus$的1dm^{3}的空气（如图），然后活塞被释放，并在新的位置达平衡，试计算过程的ΔU、ΔH及ΔS（空气可视为理想气体）。

2-9 一绝热容器的正中有一绝热隔板，一边装有10℃、1molO_2，另一边装有20℃、1molN_2（如图），抽掉隔板后，N_2(g)与O_2(g)混合，计算过程的ΔS。设两气体热容量相同。

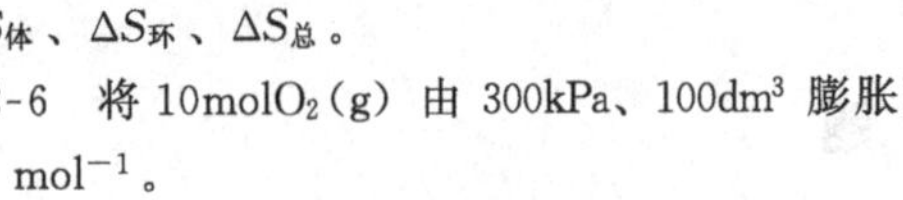

习题2-8题图

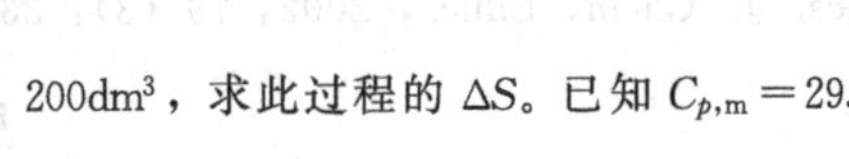

习题2-9题图

2-10 0.10kg、283.2K的水与0.20kg、313.2K的水混合，求混合过程的ΔS，设水的平均比热容为$C_p=4.184\mathrm{kJ\cdot kg^{-1}}$。

2-11 一绝热圆筒被一固定的理想的导热隔板分成左右两室，各装2mol单原子理想气体，温度为400K，压力为$10p^\ominus$，今让右室的理想气体在$1p^\ominus$的外压下绝热膨胀至终态（两室达热平衡），求过程的Q、W、ΔU和ΔS，判断过程能否自动进行。

2-12 一绝热容器正中有一无摩擦、无质量的绝热活塞，两边各装有25℃、100kPa的1mol理想气体（$C_{p,\mathrm{m}}=\frac{7}{2}R$），左边用一电阻丝缓慢加热，活塞慢慢向右移动，当右边容器压力为200kPa时停止加热，求此时两边的温度$T_{左}$、$T_{右}$，过程的ΔU、ΔS。

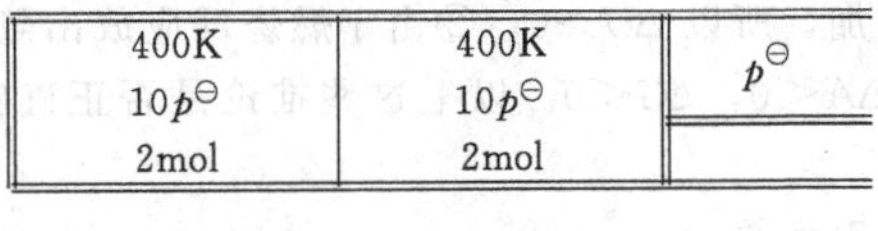

习题2-11题图

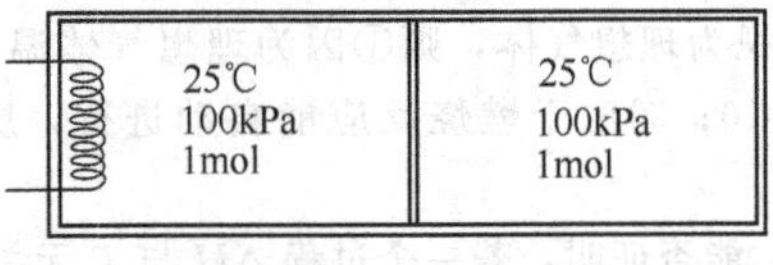

习题2-12题图

2-13 0.5mol单原子理想气体，由25℃、2dm^{3}的始态经绝热可逆膨胀至101.325kPa，然后再在此较低温度下恒温可逆压缩至 $2dm^3$，求过程的 Q、W、ΔU、ΔH 和 ΔS。

2-14 证明两块质量相同温度不同的铁片接触时热的传递过程是不可逆的。

2-15 证明理想气体在 p-V 图中，两条不同的绝热可逆线不会相交。

2-16 证明纯物质在其 T-S 图上恒压线和恒容线的斜率在同一温度下之比值为 C_p/C_V。

2-17 某气体状态方程式为 $pV_m=RT+\alpha p$（α 为一常数）求 1mol 此气体在恒温可逆膨胀中体积由 V_1 变化到 V_2 的 W、Q、ΔU 和 ΔS 的表达式。

2-18 物质的量为 n mol 的范德华气体经真空绝热膨胀由始态 T_1V_1 变化到终态 T_2V_2，证明下列关系式成立

$$\Delta S=nC_{V,m}\ln\frac{T_2}{T_1}+nR\ln\frac{V_2-b}{V_1-b}$$

2-19 $2molO_2(l)$ 在其正常沸点（-182.97℃）蒸发为蒸气，求过程的 ΔU、ΔH 及 ΔS。已知在正常沸点 $\Delta_{vap}H_m(O_2,l)=6.820kJ\cdot mol^{-1}$。

2-20 已知苯在 101.325kPa、80.1℃时沸腾，摩尔汽化热为 $30.88kJ\cdot mol^{-1}$，液体苯的平均摩尔热容 $\langle C_{p,m}\rangle=142.7J\cdot K^{-1}\cdot mol^{-1}$，将 2mol 40.53kPa 的苯蒸气在 80.1℃下恒温压缩至 101.325kPa，然后凝结为液体苯，并将液体苯冷却到 60℃，求整个过程的 ΔS，设苯蒸气可视为理想气体。

2-21 计算 101.325kPa、-5℃时 100g 过冷液体水凝结为冰过程的 $\Delta_l^s S$，并判断过程是否能自发进行。已知 0℃冰的熔化焓 $\Delta_{fus}H=334.7J\cdot g^{-1}$，水的比热容 $C_p=4.184J\cdot K^{-1}\cdot g^{-1}$，冰的比热容 $C_p(s)=2.092J\cdot K^{-1}\cdot g^{-1}$。

2-22 将 2mol100℃、101.325kPa 的水蒸气在 25℃的室温下放置冷却变为水，求过程的熵变 ΔS，并判断过程是否能自动进行。已知 100℃、101.325kPa 下水的蒸发热为 $40.9kJ\cdot mol^{-1}$，水的比热容为 $C_p=4.184J\cdot K^{-1}\cdot g^{-1}$。

2-23 $Br_2(l)$ 在 25℃时的蒸气压为 28.40kPa，密度为 $3.103kg\cdot dm^{-3}$，$\Delta_{vap}H_m=32.15kJ\cdot mol^{-1}$，已知 $S_m^{\ominus}(Br_2,g,298.15K)=247.3J\cdot K^{-1}\cdot mol^{-1}$，求 25℃、$p^{\ominus}$下 $Br_2(l)$ 的摩尔熵［设蒸气为理想气体，液态溴的恒压膨胀系数 $\alpha=\frac{1}{V}\left(\frac{\partial V}{\partial T}\right)_p=1.13\times10^{-3}K^{-1}$］。

2-24 1mol 液体水在 100℃、101.325kPa 时向真空蒸发变为 100℃、101.325kPa 的水蒸气（假定水蒸气可视为理想气体），求蒸发过程的 Q、W、ΔU、ΔH、$\Delta S_{体}$、$\Delta S_{环}$ 和 $\Delta S_{总}$，并判断过程能否自动进行。已知 100℃、101.325kPa 下水的摩尔蒸发热为 $40.64kJ\cdot mol^{-1}$。

2-25 杜瓦瓶中有 -5℃的 1000g 过冷水，向杜瓦瓶中加入少量冰屑，则杜瓦瓶中的过冷水很快变成 0℃的冰水混合物，试求此过程的焓变 ΔH 和熵变 ΔS，并判断过程能否自动进行（杜瓦瓶可视为绝热恒压的容器，加入少许冰屑可以忽略）。

2-26 计算 $1molBr_2$（固）从熔点 -7.32℃变到沸点 61.55℃时的 $Br_2(g)$ 所增加的熵值。已知 $Br_2(l)$ 的比热容 $C_p=0.4477J\cdot K^{-1}\cdot g^{-1}$，$Br_2(s)$ 的熔化热为 $67.71J\cdot g^{-1}$，汽化热为 $182.8J\cdot g^{-1}$。

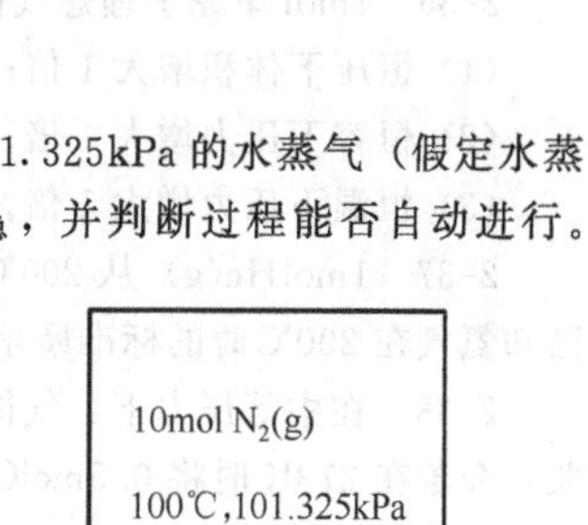

习题 2-27 题图

2-27 一恒容容器装有 $2molH_2O(l)$ 和 10mol、100℃、101.325kPa 的 $N_2(g)$ 与一个 100℃的大热源接触（如右图所示），抽去隔板后，水全部蒸发为水蒸气，求过程的 W、Q、ΔU 和 ΔS，并通过计算说明抽去隔板后过程是否能自动进行。已知 100℃、101.325kPa 下水的蒸发焓为 $\Delta_{vap}H_m=40.67kJ\cdot mol^{-1}$，水蒸气和 $N_2(g)$ 皆可视为理想气体，且水的体积可以忽略。

2-28 计算下述催化加氢反应在 298.15K、101.325kPa 下的 $\Delta_r S_m^{\ominus}$。

$$C_2H_2(g)+2H_2(g)\longrightarrow C_2H_6(g)$$

已知 $C_2H_2(g)$、$H_2(g)$、$C_2H_6(g)$ 在 298.15K 的标准摩尔熵分别为 $200.8J\cdot K^{-1}\cdot mol^{-1}$、$130.6J\cdot K^{-1}\cdot mol^{-1}$ 和 $229.5J\cdot K^{-1}\cdot mol^{-1}$。

2-29 利用附录数据计算下列反应在 25℃、$p^{\ominus}$下的 $\Delta_r S_m^{\ominus}$。

(1) $H_2(g)+\frac{1}{2}O_2(g)=\!=\!=H_2O(l)$

(2) $H_2(g)+Cl_2(g) \xlongequal{\quad} 2HCl(g)$

(3) $CH_4(g)+\frac{1}{2}O_2(g) \xlongequal{\quad} CH_3OH(l)$

2-30　计算反应　$2MgO(s)+Si(s) \xlongequal{\quad} SiO_2(s)+2Mg(s)$　在 673K 的 $\Delta_r S_m^{\ominus}$。已知下列基础热数据

物　质	MgO(s)	Si(s)	SiO_2(s)	Mg(s)
$S_m^{\ominus}/J \cdot K^{-1} \cdot mol^{-1}$	26.8	18.70	41.84	32.51
$C_{p,m}/J \cdot K^{-1} \cdot mol^{-1}$	42.6	22.8	57.0	23.89

2-31　在 25℃时下面反应

$$Zn(s)+CuSO_4 \xlongequal{\quad} Cu(s)+ZnSO_4$$

的焓变 $\Delta_r H_m^{\ominus}=-216.8kJ \cdot mol^{-1}$，若将反应设计为可逆电池使反应可逆地进行，测得该电池的电动势为 $E=1.10V$，计算反应的摩尔熵变 $\Delta_r S_m^{\ominus}$，环境的熵变 $\Delta S_{环}$ 及总熵变 $\Delta S_{总}$。

2-32　25℃时，液态乙醇的标准摩尔熵为 $160.7J \cdot K^{-1}mol^{-1}$，在此温度下乙醇的蒸气压为 7866Pa，摩尔汽化热为 $42.635kJ \cdot mol^{-1}$，计算 25℃乙醇蒸气的标准摩尔熵 $S_m^{\ominus}(g)$。假定乙醇蒸气可视为理想气体。

2-33　在 298.15K 时将 1molO_2 从 101.325kPa 恒温压缩到 607.95kPa，求过程的 Q、W、ΔU、ΔH、ΔA、ΔG、$\Delta S_{体}$、$\Delta S_{环}$：①以可逆方式恒温压缩；②用 607.95kPa 的外压压缩至终态（假定 O_2 气可视为理想气体）。

2-34　将 298.15K 1mol$O_2(g)$ 从 101.325kPa 绝热可逆压缩至 607.95kPa，求过程的 Q、W、ΔU、ΔH、ΔA、ΔG、$\Delta S_{体}$、$\Delta S_{环}$ $\left[C_{p,m}=\frac{7}{2}R,\ S_m^{\ominus}(298.15K)=205.03J \cdot K^{-1} \cdot mol^{-1}\right]$。

2-35　300K 时，1mol 单原子理想气体从 1013.25kPa 经绝热自由膨胀到 101.325kPa，求 W、Q、ΔU、ΔH、ΔS、ΔA、ΔG。

2-36　1mol 单原子理想气体始态为 273K、100kPa、$S_m=100J \cdot K^{-1} \cdot mol^{-1}$，计算下列过程的 ΔG。

(1) 恒压下体积增大 1 倍；

(2) 恒容下压力增大 1 倍；

(3) 恒温下压力增大 1 倍。

2-37　1molHe(g) 从 200℃加热到 400℃，保持压力恒定为 101.325kPa，求过程的 ΔH、ΔS 及 ΔG，已知氦气在 200℃时的标准摩尔熵为 $135.14J \cdot K^{-1} \cdot mol^{-1}$，氦气可视为理想气体。

2-38　在中等压力下，气体的物态方程可以表示为 $pV(1-\beta p)=nRT$，式中 β 与气体的本性和温度有关，今若在 273K 时将 0.5molO_2 由 1013.25kPa 的压力降低到 101.325kPa，试求过程的 ΔG。已知在 273K 时氧气的 $\beta=-9.28\times10^{-4}Pa^{-1}$。

2-39　在 293K 下，将 1mol$C_2H_5OH(l)$ 压力从 101.325kPa 增加到 25×101.325kPa，求过程的 ΔG。已知 $C_2H_5OH(l)$ 遵从下列物态方程式

$$V=V_0(1-\beta p)$$

并且乙醇 (l) 的 $\beta=1.036\times10^{-9}Pa^{-1}$，293K 乙醇 (l) 的密度为 $789kg \cdot m^{-3}$。

2-40　1mol 单原子理想气体从始态 $p_1=2p^{\ominus}$、$V_1=11.2dm^3$ 沿 $pT=$常数的过程可逆压缩至 $p_2=4p^{\ominus}$，求过程的 W、ΔU、ΔH、Q、ΔS、ΔA、ΔG。已知 $S_m^{\ominus}(273K)=100J \cdot K^{-1} \cdot mol^{-1}$。

2-41　求在苯的正常沸点 80.1℃下①1mol 液态苯蒸发为 101.325kPa 的气态苯的 ΔA、ΔG；②1mol 液态苯蒸发为 0.9×101.325kPa 的气态苯的 ΔA、ΔG。

2-42　1mol 25℃、101.325kPa 的水蒸气变为同温同压的液体水，求过程的 $\Delta_g^l G$。25℃水的饱和蒸气压为 $p_s=3168Pa$。

2-43　从手册上查得以下数据，试计算 25℃时 $CHCl_3$ 的饱和蒸气压 p_s。

物　质	$\Delta_f H_m^{\ominus}(298.15K)/kJ \cdot mol^{-1}$	$S_m^{\ominus}(298.15K)/J \cdot K^{-1} \cdot mol^{-1}$
$CHCl_3$(g)	−100	296.48
$CHCl_3$(l)	−131.8	202.9

2-44　1mol 水在 100℃、101.325kPa 下恒温恒压蒸发为水蒸气，然后升温至 200℃，压力变化到 0.5×101.325kPa，求过程的 ΔG。水的摩尔蒸发焓为 $\Delta_{vap}H_m=40.64kJ\cdot mol^{-1}$，水蒸气的摩尔热容 $C_{p,m}/J\cdot K^{-1}\cdot mol^{-1}=30.54+10.29\times10^{-3}T/K$，标准熵 $S_m^{\ominus}(H_2O,g,373.15K)=196.34J\cdot K^{-1}\cdot mol^{-1}$。

2-45　−3℃、101.325kPa 下 1mol 过冷水凝结为冰，求过程的 Δ_l^sG，判断过程是否能自动进行，已知−3℃时水和冰的蒸气压各为 489.1Pa 和 475.4Pa。

2-46　求 298.15K、101.325kPa 下面反应的 $\Delta_rG_m^{\ominus}$。

$$CH_4(g)+2O_2(g)\longrightarrow CO_2(g)+2H_2O(l)$$

已知各物质的下列数据

物　质	$CH_4(g)$	$O_2(g)$	$CO_2(g)$	$H_2O(l)$
$\Delta_fH_m^{\ominus}/kJ\cdot mol^{-1}$	−74.85	0	−393.51	−285.84
$S_m^{\ominus}/J\cdot K^{-1}\cdot mol^{-1}$	186.19	205.03	213.64	69.94

2-47　在 298.15K、101.325kPa 下能否用甲烷和苯蒸气合成甲苯气体？若温度升高至 773K 时又如何？已知如下数据

物　质	$\Delta_fH_m^{\ominus}(298.15K)$ /kJ·mol⁻¹	$S_m^{\ominus}(298.15K)$ /J·K⁻¹·mol⁻¹	$C_{p,m}$ /J·K⁻¹·mol⁻¹
$C_6H_6(g)$	82.93	269.20	$-21.09+400.1\times10^{-3}T/K-169.9\times10^{-6}(T/K)^2$
$CH_4(g)$	−74.85	186.19	$14.32+74.66\times10^{-3}T/K-17.43\times10^{-6}(T/K)^2$
$C_6H_5CH_3(g)$	49.999	319.74	$19.83+474.72\times10^{-3}T/K-195.4\times10^{-6}(T/K)^2$
$H_2(g)$	0	130.59	$29.07-0.836\times10^{-3}T/K+2.011\times10^{-6}(T/K)^2$

2-48　如果保存不当，白锡可以转变化为脆性的灰锡，试从下列数据计算白锡与灰锡的转化温度。

物　质	$\Delta_fH_m^{\ominus}(298.15K)/kJ\cdot mol^{-1}$	$S_m^{\ominus}(298.15K)/J\cdot K^{-1}\cdot mol^{-1}$	$C_{p,m}/J\cdot K^{-1}\cdot mol^{-1}$
白锡	0	51.55	26.00
灰锡	−2.092	44.14	25.77

2-49　在温度为 298.15K、压力为 101.325kPa 下金刚石（C）和石墨（C）的摩尔熵分别为 2.45J·K⁻¹·mol⁻¹和 5.71 J·K⁻¹·mol⁻¹，燃烧焓分别为−395.40kJ·mol⁻¹和−393.51kJ·mol⁻¹，密度 ρ 分别为 3513kg·m⁻³和 2260kg·m⁻³，试求：

① 在 298.15K、101.325kPa 下石墨（C）⟶金刚石（C）的 ΔG，判断哪种晶型更稳定；

② 加压能否使石墨（C）变成金刚石（C），如果可能，需加多大压力？

2-50　证明在只做体积功的均相封闭体系内

$$\left(\frac{\partial p}{\partial V}\right)_S=\gamma\left(\frac{\partial p}{\partial V}\right)_T \qquad \left(\gamma=\frac{C_p}{C_V}\right)$$

2-51　证明对于理想气体下式成立

$$p\kappa_S\gamma=1$$

其中 $\gamma=\dfrac{C_p}{C_V}$，$\kappa_S=-\dfrac{1}{V}\left(\dfrac{\partial V}{\partial p}\right)_S$ 为绝热可逆压缩系数。

2-52　证明对于理想气体下式成立

$$\left(\frac{\partial p}{\partial U}\right)_S=\frac{\gamma}{V} \qquad \gamma=\frac{C_p}{C_V}$$

2-53　证明

① 气体真空绝热膨胀的焦耳系数为

$$\mu_J=\left(\frac{\partial T}{\partial V}\right)_U=\frac{p-T\left(\frac{\partial p}{\partial T}\right)_V}{C_V}$$

② 节流膨胀过程的焦耳-汤姆逊系数为

$$\mu_{\text{J-T}}=\left(\frac{\partial T}{\partial p}\right)_H=\frac{T\left(\frac{\partial V}{\partial T}\right)_p-V}{C_p}$$

2-54 某气体状态方程式为 $pV_m=RT+bp$（b 为大于零的常数），证明该气体经节流膨胀后温度必上升。

2-55 证明当一个纯物质的恒压膨胀系数 $\alpha=\frac{1}{V}\left(\frac{\partial V}{\partial T}\right)_p=\frac{1}{T}$ 时，它的恒压热容量 C_p 与压力 p 无关。

2-56 若某气体服从范德华状态方程式

$$\left(p+\frac{an^2}{V^2}\right)(V-nb)=nRT$$

① 证明：对此气体 $\left(\frac{\partial C_V}{\partial V}\right)_T=0$

② 当 n mol 该气体从 T_1V_1 的始态绝热可逆地变化至终态 T_2V_2 时，假定 $C_{V,\mathrm{m}}$ 为常数，证明下式成立

$$nRT\ln\frac{nb-V_1}{nb-V_2}=nC_{V,m}\ln\frac{T_2}{T_1}$$

综 合 习 题

2-57 试分别以（T，p）、（T，S）、（U，S）、（V，S）以及（T，H）为坐标画出理想气体的 Carnot 循环示意图，并用箭头标明循环方向。

2-58 110℃、101.325kPa 下 1mol 过热水变为 110℃、101.325kPa 的水蒸气，求过程的熵变 ΔS，并判断过程能否自动进行。已知 110℃时水的饱和蒸气压为 143.27kPa，110℃时的可逆蒸发热为 40.15kJ·mol^{-1}，100℃时的可逆蒸发热为 40.67kJ·mol^{-1}，液体水的 $\left(\frac{\partial V}{\partial T}\right)_p=-0.15\times10^{-6}\,\mathrm{m^3\cdot K^{-1}\cdot mol^{-1}}$，$C_{p,\mathrm{m}}(H_2O,\mathrm{l})=75.30\mathrm{J\cdot K^{-1}\cdot mol^{-1}}$，$C_{p,\mathrm{m}}(H_2O,\mathrm{g})=33.58\mathrm{J\cdot K^{-1}\cdot mol^{-1}}$。

2-59 求反应 $CH_4(g)+H_2O(g)$ ══ $CO(g)+3H_2(g)$ 在 25℃及 500℃的 $\Delta_r S_m^{\ominus}$。已知 298.15K 时的下列数据

物 质	$S_m^{\ominus}$/J·K^{-1}·mol^{-1}	$C_{p,m}$/ J·K^{-1}·mol^{-1}
$CH_4(g)$	186.19	$14.15+75.5\times10^{-3}T/K-180\times10^{-7}(T/K)^2$
$H_2O(g)$	188.72	$30.36+9.61\times10^{-3}T/K+11.8\times10^{-7}(T/K)^2$
$CO(g)$	197.91	$26.86+6.97\times10^{-3}T/K-8.20\times10^{-7}(T/K)^2$
$H_2(g)$	130.51	$29.07-0.836\times10^{-3}T/K+20.1\times10^{-7}(T/K)^2$

2-60 绝热容器中有一无摩擦的绝热活塞，用销钉固定在某一位置，两边皆装有 25℃、1mol 的单原子理想气体，左边压力为 $10p^{\ominus}$，右边压力为 $0.2p^{\ominus}$，现将销钉拔掉，活塞向右移动在新的位置达平衡，求两边的压力及过程的 ΔU、ΔH、ΔS（提示：假定两边的热力学效率一样）。

2-61 一个体积为 V_i，恒温压缩系数为 $\kappa=-\frac{1}{V}\left(\frac{\partial V}{\partial p}\right)_T$ 的物体，在恒温下压力由 p_i 变到 p，假定 κ 是常数，试导出用 V_i、κ 表示的 ΔG 与 p 的关系式，并对不同物态进行讨论。

2-62 ① 证明纯物均相体系下式成立

$$TdS=C_p dT-T\left(\frac{\partial V}{\partial T}\right)_p dp=C_p dT-\alpha VT dp$$

② 对于恒压膨胀系数 $\alpha=\frac{1}{V}\left(\frac{\partial V}{\partial T}\right)_p$、恒温压缩系数 $\kappa=-\frac{1}{V}\left(\frac{\partial V}{\partial p}\right)_T$ 的固体或液体，在假设 α、κ、V 与压力 p 无关的条件下，证明恒温可逆过程中，压力由 p_i 变化至 p 时体系吸收的热 Q_R 以及所做的功 W_R 分别可表示为

$$Q_R=-\alpha VT(p-p_i)$$

$$W_R=-\frac{1}{2}\kappa V(p^2-p_i^2)$$

③ 在 273K、101.325kPa 下汞的 $\alpha=1.816\times10^{-4}\,K^{-1}$，$\kappa=3.868\times10^{-11}\,Pa^{-1}$。求 273K、$100cm^3$ 的汞经恒温可逆过程压力由 $p^{\ominus}$ 增加至 $1000p^{\ominus}$ 所吸收的热 Q 和所做的功 W 以及内能的改变 ΔU。

2-63 －59℃时 CO_2(l) 和 CO_2(s) 的饱和蒸气压分别为 465.962kPa 和 439.244kPa，试计算－59℃、101.325kPa 下下列相变化过程的 ΔG_m，并判断过程能否自动进行（假定 CO_2 可视为理想气体）。

$$CO_2(l,101.325kPa) \longrightarrow CO_2(s,101.325kPa)$$

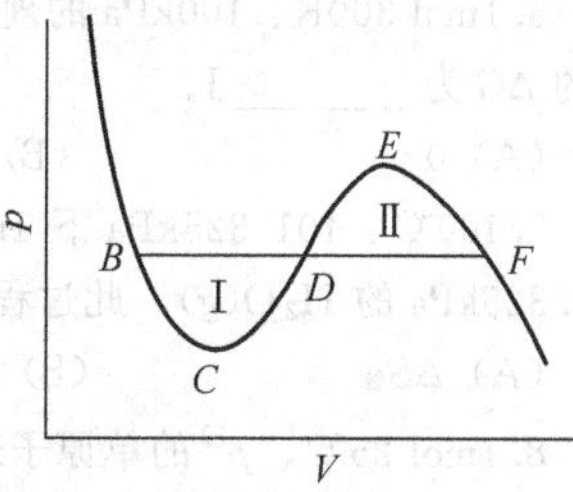

习题 2-64 题图

2-64 一个单组分体系在临界温度以下的区域内气态与液态共存，由实验测得的平衡等温线在 p-V 图中为 BDF 水平线，而由范德华方程计算得到的为 $BCDEF$ 曲线（如右图所示），试比较由这两条线所围成的两块面积Ⅰ及Ⅱ的相对大小。

2-65 制甲醛时是把甲醇蒸气和空气的混合物通过银催化剂而进行反应，在此过程中发现银逐渐失去金属光泽并部分变为粉末脱落，试用下列数据推测有无可能是由于生成了 Ag_2O(s)？反应温度为 550℃、压力为 101.325kPa。

物　质	$\Delta_f H_m^{\ominus}$(298.15K)/kJ·mol^{-1}	$S_m^{\ominus}$(298.15K)/J·K^{-1}·mol^{-1}	$C_{p,m}$/J·K^{-1}·mol^{-1}
Ag(s)	0	42.70	25.49
O_2(g)	0	205.03	29.36
Ag_2O(s)	－30.57	121.71	65.56

2-66 潮湿的 Ag_2CO_3(s) 需于 110℃在空气流中干燥除去水分，计算空气中应含 CO_2 的分压为多少时才能阻止 Ag_2CO_3(s) 的分解。已知下列数据

物　质	$\Delta_f H_m^{\ominus}$(298.15K)/kJ·mol^{-1}	$S_m^{\ominus}$(298.15K)/J·K^{-1}·mol^{-1}	$C_{p,m}$/ J·K^{-1}·mol^{-1}
Ag_2CO_3(s)	－501.66	167.36	109.62
Ag_2O(s)	－30.57	121.71	65.56
CO_2(g)	－393.51	213.64	37.13

自我检查题

一、选择题

1. 某理想气体与温度为 T 的大热源接触做恒温膨胀，吸热为 Q，做功为 W，若该过程的热力学效率 $\eta=0.20$，则过程的熵变为________。

(A) $\Delta S=\frac{Q}{T}$　(B) $\Delta S=\frac{W}{T}$　(C) $\Delta S=\frac{5Q}{T}$　(D) $\Delta S=\frac{W}{5T}$

2. 在相同温度区间内 1mol 单原子理想气体恒压过程的熵变为 ΔS_p 与恒容过程的熵变 ΔS_V 的关系为________。

(A) $\Delta S_p=\Delta S_V$　(B) $\Delta S_p=\frac{3}{2}\Delta S_V$　(C) $\Delta S_p=\frac{5}{2}\Delta S_V$　(D) $\Delta S_p=\frac{5}{3}\Delta S_V$

3. 在－5℃、101.325kPa 下 1mol 过冷液体水结冰过程________。

(A) $\Delta S_体<0$　$\Delta S_环<0$　$\Delta S_总<0$　(B) $\Delta S_体>0$　$\Delta S_环>0$　$\Delta S_总>0$

(C) $\Delta S_体<0$　$\Delta S_环>0$　$\Delta S_总<0$　(D) $\Delta S_体<0$　$\Delta S_环>0$　$\Delta S_总>0$

4. 对于双原子理想气体 $\left(\frac{\partial T}{\partial V}\right)_S$ 为________。

(A) $\frac{5T}{3V}$　(B) $-\frac{2T}{5V}$　(C) $\frac{5V}{3T}$　(D) $-\frac{7T}{5V}$

5. 恒温恒压下不可逆电池反应其熵变 ΔS 可用下列哪个式子计算________。

(A) $\Delta S=\frac{\Delta H-\Delta G}{T}$　(B) $\Delta S=\frac{\Delta H}{T}$　(C) $\Delta S=nR\ln\frac{p_2}{p_1}$　(D) $\Delta S=\frac{Q}{T}$

6. 1mol 300K、100kPa 的理想气体在外压恒定为 10kPa 的条件下恒温膨胀至体积为原来的 10 倍，此过程的 ΔG 为________J。

(A) 0　　(B) 19.1　　(C) 5743　　(D) −5743

7. 100℃、101.325kPa 下 1mol H_2O (l) 与 100℃ 的大热源接触使其向真空容器蒸发为 100℃、101.325kPa 的 $H_2O(g)$，此过程中可用下列哪个物理量来判断过程自动进行方向________。

(A) $\Delta S_{体}$　　(B) $\Delta S_{体}+\Delta S_{环}$　　(C) ΔG　　(D) ΔA

8. 1mol 25℃、$p^{\ominus}$ 的单原子理想气体的 $S_m^{\ominus}(298.15K)=108.8J\cdot K^{-1}\cdot mol^{-1}$，恒压下体积增加一倍，$\Delta G$ 为________J。

(A) 1718　　(B) −1718　　(C) 34828　　(D) −34828

9. 在一绝热恒容容器内发生了一个自发过程则________。

(A) $\Delta S>0$　　(B) $\Delta G<0$　　(C) $\Delta A<0$　　(D) $\Delta U<0$

10. 对于一个只做体积功的简单封闭体系，在恒容时，亥姆霍兹函数 A 随温度的变化下图中哪一个是恰当的________。

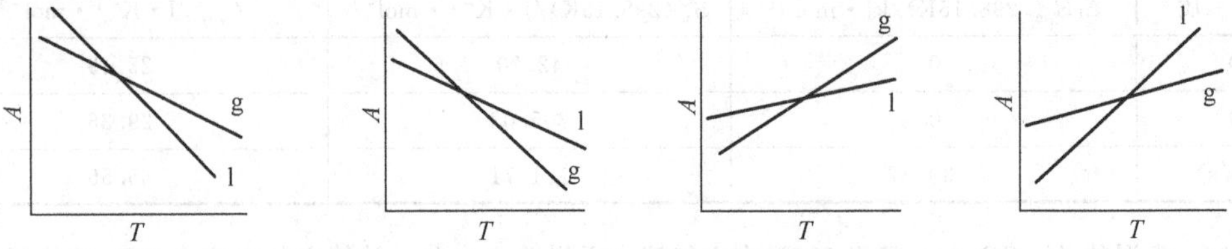

(A)　　(B)　　(C)　　(D)

二、填空题

1. 2mol 单原子理想气体，经绝热不可逆过程变化到 273.2K、101.325kPa，体系做功为 1200J，过程熵变 $\Delta S=20J\cdot K^{-1}$。则体系始态的温度 T_1 为________，压力 p_1 为________。

2. 一理想气体经过一个可逆循环过程 ΔS ________ 0，经过一个不可逆循环过程 ΔS ________ 0。

3. 在括号内填上“>”或“<”或“=”的符号。

(1) 理想气体克服恒定外压绝热膨胀 ΔH(　) 0，ΔS(　) 0。

(2) C(石墨) 和 $O_2(g)$ 在绝热、恒容容器内反应生成 $CO_2(g)$，在此过程中 ΔU(　) 0，ΔH(　) 0，ΔS(　) 0，ΔA(　) 0。

(3) 液体水在 100℃、$p^{\ominus}$ 蒸发为 100℃、$p^{\ominus}$ 的水蒸气，过程中 ΔH(　) 0，ΔS(　) 0，ΔA(　) 0，ΔG(　) 0。

(4) 某气体 pV-p 的关系如右图所示，在低于 p_0 的压力下，该气体节流膨胀后 ΔT(　) 0，ΔU(　) 0，ΔS(　) 0。

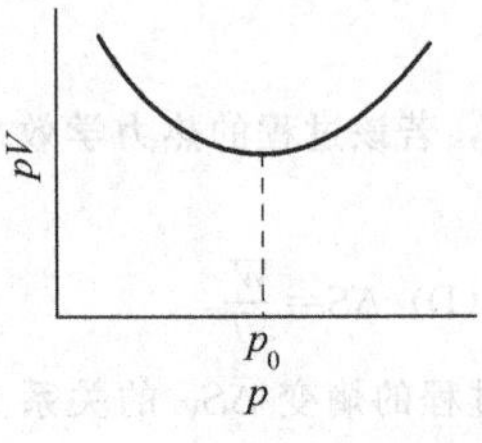

自检题二 3-(4) 图

4. 下列过程中 ΔU、ΔH、ΔS、ΔA、ΔG 何者为零。

(1) 理想气体真空绝热膨胀__________

(2) 理想气体恒温恒容混合__________

(3) 在绝热恒压下甲烷燃烧过程__________

三、计算题

1. 25℃、100kPa、1.00dm^3 $O_2(g)$ 经绝热压缩至 500kPa，环境做功 502J，试计算终态的温度 T_2 以及过程的 ΔH 和 ΔS。已知 $C_{p,m}(O_2,g)=29.29J\cdot K^{-1}mol^{-1}$。

2. 两容器之间有一活塞相连，一边装有 298.15K、20.0kPa 的 0.200mol $O_2(g)$，另一边装有 298.15K、80.0kPa 的 0.800mol $N_2(g)$，打开活塞，两气体互相混合。求：

① 达平衡时，容器的压力；

② 混合过程中 Q、W、ΔU、ΔS、ΔG。

3. 已知 −5℃ 时固体苯的蒸气压为 2280Pa，过冷液体苯的蒸气压为 2640Pa，求 −5℃，101.325kPa 下 1mol 过冷液体苯凝固过程的 $\Delta_l^s G$，并判断过程能否自动进行。

4. 25℃、101.325kPa 下 1mol 文石转变为方解石时体积增加 $2.75\mathrm{cm^3 \cdot mol^{-1}}$，$\Delta_r G_m = -795\mathrm{J \cdot mol^{-1}}$，问在 298.15K 时最少需加多大压力才能使文石成为稳定相。

四、问答题

1. 试由热力学基本关系式证明 $\left(\frac{\partial H}{\partial p}\right)_T = V - T\left(\frac{\partial V}{\partial T}\right)_p$

2. 证明：对于理想气体 $\left(\frac{\partial H}{\partial S}\right)_V = \gamma T \ \left(\gamma = \frac{C_p}{C_V}\right)$

3. 已知 $dS = \frac{\delta Q_R}{T}$，试以理想气体为例证明熵 S 是状态函数。

第 3 章　统计热力学基础

The Basis of Statistical Thermodynamics

由前面两章的讨论来看，宏观热力学研究的是由大量微观粒子组成的物质体系。它在一些实验可测量（如 T、p、V 等）的基础上，依据三个经验定律并通过逻辑推理、数学演绎导出平衡体系的状态函数（如 U、H、S、A、G 等），从而描述体系宏观状态及变化规律。大量的实践证明，由热力学得出的结论是非常可靠的，对生产和科学研究有一定的指导作用。但热力学不涉及物质的内部结构。实际上，宏观物体的任何宏观性质总是大量微观粒子运动统计行为的反映，人们当然不会满足于热力学所解释的“所以然”。随着人们对物质世界认识的不断深入，了解到物质的结构是分层次的，各种物质微粒具有一定的特性，因而人们希望从物质的微观结构来了解物质宏观性质的本质，希望能通过对微观特性的计算来预测宏观性质、解释宏观定律。由物质粒子的微观结构和运动特征出发，用统计平均的方法确定物质的微观性质与宏观性质之间的联系，就称为统计热力学。

统计热力学研究的仍是由大量微观粒子组成的宏观体系，因此从研究对象来说，它和热力学是一样的。

统计热力学的研究方法是微观的方法，它根据单个微观粒子的力学性质（例如速度、动量、位置、振动、转动等），并由统计原理对其微观量求平均值（即统计的方法），来推求体系的热力学性质（例如压力、内能、熵等）。这里强调的是用统计的方法。因为，任何一个宏观体系都是由大量的微观粒子构成的，每个粒子都在不停的运动。因此，当一个体系处于宏观平衡态时，从微观上看粒子的状态却是瞬息万变的。要通过了解每个粒子在每个瞬时的状态来描述宏观体系的状态，既不可能也是不必要的。例如，要计算一个平衡体系的内能 U，如果去计算每个分子在每个瞬时的能量然后再去加和，这显然是不可能的。在统计热力学中所采用的方法有两种，一是，虽然每个粒子在每一瞬间的能量不相同，且瞬息万变，但在平衡状态时其平均能量却是一定的，由此可先求出其粒子的平均能量 $\bar{\varepsilon}$，然后乘以体系的总粒子数目 N，即 $U=N\bar{\varepsilon}$；二是，虽然每个粒子在每个瞬间的能量是不同的，但从平衡体系中大量粒子来看，能量处于某个值 ε_i 的平均粒子数 N_i 却是一定的，因此，$U=\sum\limits_i N_i\varepsilon_i$ 。这两种方法所求出的宏观体系的内能值都不是瞬时值而是统计平均值，这就是统计热力学方法的基本特点。

统计热力学研究的目的就在于预测体系的宏观性质，解释宏观实验定律。根据对物质结构的某些基本假定，以及从实验所得到的光谱数据，可以求出物质的基本常数，如分子中原子间距、键角、振动频率等，利用这些数据算出分子配分函数，然后再根据配分函数求出物质的热力学性质。用物质粒子的内部结构和统计规律性进一步阐述热力学定律的本质，在物质体系的宏观性质和微观性质之间架设起一座联系的桥梁，这就是统计热力学的基本任务。

统计热力学主要研究平衡体系，但它的研究结果也可以用于化学动力学，以及趋于平衡的速率的研究。

对于简单分子组成的理想体系，使用统计热力学的方法进行运算，其结果常是令人满意的。当然统计热力学也有其局限性，由于人们对于物质结构的不断深入了解，对于物质结构模型的不断地修改和充实，同时模型本身也有近似性，所以由此所得到的结论也具有近似性。例如对分子的结构常常要做出一些假设，对于大的分子或凝聚体系，应用统计热力学的结果也还存在着很大的困难，因为复杂分子的振动频率、分子内旋转以及非谐性振动问题都还解决得很不完善，所以计算这些分子的配分函数时，还存在着很大的近似性。

在本章中主要介绍玻尔兹曼统计，并且不采用最原始的经典统计法，而是采用福勒(Fowler) 处理问题的方法，即先用能量量子化的概念，建立一些公式，然后再根据情况过渡到经典统计所能适用的公式。书中对玻尔兹曼统计的处理，已经不再是最原始的玻尔兹曼的推导方法，而是按照后来的概念做了某些修正的玻尔兹曼统计。对于在化学中所遇到的一般问题，使用玻尔兹曼统计基本上可以说明一些问题。玻尔兹曼统计，有的书上也称为麦克斯韦-玻尔兹曼统计，但习惯上简称为玻尔兹曼统计。

3.1 一些基本概念和数学准备

Some Basic Concepts and Mathematical Preparations

3.1.1 概率

统计理论常常用到概率论的一些基本概念，现在简单概括如下。在一定条件下重复进行某种试验（或观察），出现具有一定特性的允许结果称为一个事件；如果一事件 A 在某一组条件每次实现之下一定发生，就称为必然事件；如果一事件 B 在某一组条件每次实现之下一定不出现，就称为不可能事件；如果一事件 C 在某一组条件每次实现之下，可以发生，也可以不发生，就称为随机事件。随机事件表面看起来杂乱无章，但实际上是遵循一定的统计规律性的。随机事件发生的可能性程度，通常用“概率”(probability) 这个概念来表示。

下面通过一个简单的例子来给出概率的定义。例如，投掷一枚硬币，可能出现数字面朝上（事件 A）或国徽面朝上（事件 B）两种情况。例设投掷了 n 次，其中有 m 次出现事件 A，比值$\frac{m}{n}$称为事件 A 出现的频率。随着 n 的增大，频率的值在 1/2 附近摆动的幅度越来越小。当 n 足够大时，频率值就趋于一稳定值 1/2。这数值 1/2 就称为事件 A（数字面朝上）出现的概率，用符号 $P(\mathrm{A})$ 表示，那么

$$P(\mathrm{A})=\lim_{n\to\infty}\frac{m}{n}=\frac{1}{2} \tag{3-1}$$

同理，事件 B（国徽面朝上）的概率为

$$P(\mathrm{B})=\frac{1}{2} \tag{3-2}$$

一般说来，倘若在某一组条件多次实现之下，事件 C 发生的频率与某一平均数值很接近，上下相差一般很小，相差很大的情况极少，这一数值就可作为事件 C 出现的可能性大小的量度，即为事件 C 的概率 $P(\mathrm{C})$，$P(\mathrm{C})$ 是一个确定的数。于是，概率的严格数学定义如下。考虑由 n 个互不相容而具有等可能性的事件构成的完备事件群，如果一事件 C 可以划分为 m 个特例，($m\in n$) 则事件 C 的概率等于

$$P(\mathrm{C})=\frac{m}{n} \tag{3-3}$$

如上面所举的投掷硬币的例子，掷出数字面朝上和国徽朝上的两个事件就构成了互不相容而具有等可能性的事件的完备群，掷出数字面朝上（事件 A）只有一个特例，于是事件 A

的概率 $P(A)$ 为 1/2。

可以推论概率的以下性质：对于必然事件 E，$P(E)=1$；对于不可能事件 U，$P(U)=0$；对于随机事件 C，$0<P(C)<1$。显然这里的概率是指数学概率。

在概率的运算法则中，我们将要用到的是计算两个独立事件同时发生的概率。如果 A 事件的发生与 B 事件的发生毫无关系，则称这两个事件互为独立事件。那么，两独立事件 A 和 B 同时出现的事件 AB 的概率等于两事件单独发生的概率的乘积。

$$P(AB)=P(A)P(B) \tag{3-4}$$

3.1.2 宏观态和微观态

现在让我们来做一个试验，把分别标有 a、b、c、d 的四个小球分装在两个体积相同的盒子中，假设每个盒子所装小球的数目不限，考查其分配方式。对 a 球来说，既可以放在盒 1 中，也可以放在盒 2 中，所以 a 的放置方法有两种，其他 b、c、d 球也如此，因此这个体系的分配方式共有 2×2×2×2=16 种，见表 3-1。

表 3-1 小球分布示意

分配方式	盒 1	盒 2	分配的微态数
(4,0)	a b c d		1
(3,1)	a b c a b d a c d b c d	d c b a	4
(2,2)	a b a c a d b c b d c d	c d b d b c a d a c a b	6
(1,3)	a b c d	b c d a c d a b d a b c	4
(0,4)		a b c d	1

这里所列出的所有可能分配中的每一种都是该体系的一种微观状态。显然对于每一确定的微观态（microscopic state），体系中每个球的位置都是确定的。而这十六种微观态分属于五种分配方式。每一种分配方式都呈现一定的宏观特性，称为一种宏观态（macroscopic state）。宏观态只考虑有多少球在盒 1 中，多少个球在盒 2 中，而不管哪些球在盒 1 中，哪些球在盒 2 中，由此可见，四个球分装在两个盒子中的分配情况是有五种宏观态，十六种微观态。

所谓热力学概率（thermodynamic probability）就是实现某种状态的微观状态数（number of microscopic state），用 Ω 表示。如上例中实现（2，2）分布的 $\Omega_{(2,2)}$ 等于 6。某一状态的数学概率等于状态的热力学概率除以在该情况下所有可能的微观状态数的总和。数学概率在 0～1 之间，而热力学概率是一个大于 0 的整数。

以上仅从空间位置的排列来说明了宏观态与微观态的概念，但这显然不够。因为微观粒子运动状态不同、所处的能级不同也构成了不同的微观状态，除了粒子的整体宏观运动之外，还要考虑粒子的内部运动。在下一节中将进一步讨论粒子按能级分布时的微观态及微态数的求法。

3.1.3 统计体系的分类

统计热力学中，根据构成体系的粒子（分子、原子或离子等）的不同特性，可将体系分为不同的类型。

按照粒子是否可以分辨（即区别），可把体系分为定位粒子体系（或称定域子体系、可别粒子体系）（localized system）和非定位体系（或称离域子体系、全同粒子体系）（non-localized system）。定位体系的粒子，其运动局限在一小空间范围内，可以区分。如纯原子晶体，每个原子都固定在一定的晶格位置上振动，尽管同种原子之间并无差别，但它们的位置可以分辨，所以属于定位体系。非定位体系的粒子不可区分，如纯气体，它们的粒子在空间混乱运动，彼此无法区别，故属于非定位体系。

按照粒子之间有无相互作用又可把体系分为近独立粒子体系（assembly of independent particles）（简称独立粒子体系）和非独立粒子体系（assembly of interacting particles）（又称相依粒子体系）。前者粒子之间相互作用非常微弱，可以忽略不计，如理想气体等。这种体系的总能量等于各个粒子能量之和，$U = \sum_i N_i \varepsilon_i$，$\varepsilon_i$ 是单个粒子能量，N_i 是具有能量为 ε_i 的粒子数。而后者粒子之间具有不可忽略的相互作用，总能量中还包含粒子间相互作用的势能项 V

$$U = \sum_i N_i \varepsilon_i + V(x_1, y_1, z_1, \cdots, x_N, y_N, z_N)$$

例如非理想气体就是非独立粒子体系。在本章中只讨论独立粒子体系。

3.1.4 粒子的运动形式及能级公式

按照量子力学的观点，微观粒子的运动既具有粒子性又具有波动性，即波粒二象性，其运动规律不能用经典牛顿力学来描述。对于一个质量为 m、在势场 $\overline{V}$ 中运动的微粒来说，其运动服从物质的波动方程式——Schrödinger 方程式

$$\mathbf{H}\Psi = E\Psi$$

式中，$\mathbf{H}$ 为哈米顿算符；Ψ 为粒子定态波函数；E 为该稳定态粒子的能量。由具有各种不同运动特点的粒子的波动方程式的数学解答证明，一个粒子的能量不是任意的，而只能取某些确定的、不连续的值，即能量是量子化（quantization）的。对每一个能量取值 ε_n，都有一相应描述体系状态的波函数 $\Psi_{n,l,m}$ 与之对应。脚标 n、l、m 称为量子数。这些不连续的能值都是 $\mathbf{H}$ 算符的本征值，按其值由小到大排列起来，就像一级级的阶梯，所以称为能级。当有几个微态 $\Psi_{n,l,m}$ 所对应的能级值相同时，就把这些能级称为是简并（degenerate）的。具有相同能值的能级个数就叫该能级的简并度（degeneracy），用 g 表示。

微观粒子的运动形式分为粒子的平动、转动、振动、电子运动和核的运动。平动（translation）是单个粒子在空间的整体移动，转动（rotation）是粒子绕质心做转动，而振动（vibration）则是粒子内部质点在平衡位置附近做周期位移运动。转动、振动、电子运动和核运动又统称为粒子的内部运动（internal movement）。设各种运动形式是相互独立的，因而粒子总运动能为各种形式运动能的简单加和，$\varepsilon = \varepsilon_t + \varepsilon_r + \varepsilon_v + \varepsilon_e + \varepsilon_n$。其中核运动、电子运动的能值与各种分子的特性有关，只有数值解，没有一定的解析式。下面我们给出量子力学对分子平动、转动和振动处理得到的能级表达式。

3.1.4.1 三维平动子的平动能

设粒子质量为 m，在长方体（abc）的势箱中进行平动运动，势能为 0；长方体以外的其他区域势能为∞。其 Schrödinger 方程为

$$\nabla^2\psi_t+\frac{8\pi^2 m}{h^2}\varepsilon_t\psi_t=0 \tag{3-5}$$

式中，∇^2 为 Laplace 算符；ψ_t 为平动波函数；ε_t 为平动能；h 为 Plank 常数。解式（3-5）得

$$\varepsilon_t=\frac{h^2}{8m}\left(\frac{n_x^2}{a^2}+\frac{n_y^2}{b^2}+\frac{n_z^2}{c^2}\right) \qquad n_x、n_y、n_z=1,2,\cdots,\infty \tag{3-6a}$$

式中，n_x、n_y、n_z 分别为 x、y、z 方向上的平动量子数（quantum number of translation）。

若为立方体时

$$\varepsilon_t=\frac{h^2}{8mV^{2/3}}(n_x^2+n_y^2+n_z^2)$$

$$n_x、n_y、n_z=1,2,\cdots,\infty \tag{3-6b}$$

由式（3-6a）和式（3-6b）可以看出，平动能级是量子化的，其值不能任意取，而由量子数 n_x、n_y、n_z 决定。其基态对应着 $n_x=n_y=n_z=1$ 的状态，能量为 $3\frac{h^2}{8mV^{2/3}}$，不等于零。平动能级多是简并的，即 ε_t 为一定值时，量子数 n_x、n_y、n_z 可有不同的取值，对应不同的量子态。如 $\varepsilon_t=6\frac{h^2}{8mV^{2/3}}$，$n_x^2+n_y^2+n_z^2=6$，量子数取值 $\begin{cases}n_x=1,\ 1,\ 2\\ n_y=1,\ 2,\ 1\\ n_z=2,\ 1,\ 1\end{cases}$。因此，该能级的简并度为 3，或称该能级是三重简并的。在 T 不是太低时，平动运动是高度简并的。

3.1.4.2 刚性转子的转动能

在转动过程中保持各质点间相对距离不变的模型称为刚性转子。最简单的例子是保持间距不变的双原子分子绕质心的转动。假设分子中两原子间的距离为 r，原子质量各为 m_1 和 m_2，则约化质量（reduced mass）$\mu=m_1m_2/(m_1+m_2)$，转动惯量（moment of inertia）$I=\mu r^2$，$\overline{V}=0$，其 Schrödinger 方程式为

$$\nabla^2\psi_r+\frac{8\pi^2\mu}{h^2}\varepsilon_r\psi_r=0 \tag{3-7}$$

解得转动能量为

$$\varepsilon_r=\frac{J(J+1)h^2}{8\pi^2 I} \qquad J=0,1,2,\cdots \tag{3-8}$$

J 称为转动量子数。转动基态，$J=0$，$\varepsilon_{r,0}=0$。量子数为 J 的转动能级的简并度为 $g_r=2J+1$。

3.1.4.3 一维谐振子的振动能

双原子分子中原子在平衡位置附近振动只是沿化学键方向的振动，势能为 $\overline{V}=\frac{1}{2}kx^2$，是一维简谐振动（harmonic vibration）。

力常数 $k=4\pi^2\nu^2\mu$，μ 是双原子分子的约化质量，即 $\mu=m_1m_2/(m_1+m_2)$，ν 是振动频率，x 为原子的位移。振动运动的 Schrödinger 方程为

$$\frac{d^2\psi_v}{dx^2}+\frac{8\pi^2\mu}{h^2}(\varepsilon_v-2\pi^2\nu^2\mu x^2)\psi_v=0 \tag{3-9}$$

振动能量为

$$\varepsilon_v=\left(\frac{1}{2}+v\right)h\nu \qquad v=0,1,2,\cdots \tag{3-10}$$

v 为振动量子数，振动能级是非简并的，$g_v=1$。而基态能量 $\varepsilon_{v,0}=\frac{1}{2}h\nu$ 称为零点振动能，不为零。

【例 3-1】 300K 时 N_2 分子在边长 $a=0.1\text{m}$ 的容器中运动，已知 $r_0=1.10\times10^{-10}\text{m}$，$I=13.9\times10^{-47}\text{kg}\cdot\text{m}^2$，$\tilde{\nu}=2360\text{cm}^{-1}$，试计算平动，转动和振动运动第一激发态与基态能量的差值。

［解］ 平动：$\Delta\varepsilon_t=\varepsilon_{t,1}-\varepsilon_{t,0}=\dfrac{h^2}{8mV^{2/3}}(6-3)=\dfrac{3h^2}{8mV^{2/3}}$

$$=\frac{3\times(6.626\times10^{-34}\text{J}\cdot\text{s})^2}{8\times\dfrac{0.028}{6.023\times10^{23}}\text{kg}\times[(0.1\text{m})^3]^{2/3}}=3.54\times10^{-40}\text{J}$$

若以 kT 为能量单位

$$kT=300\times1.38\times10^{-23}=4.14\times10^{-21}\text{J}$$

$$\Delta\varepsilon_t\approx10^{-19}kT$$

转动：$\Delta\varepsilon_r=\varepsilon_{r,1}-\varepsilon_{r,0}=\dfrac{h^2}{8\pi^2 I}(2-0)=\dfrac{2h^2}{8\pi^2 I}$

$$=\frac{2\times(6.626\times10^{-34}\text{J}\cdot\text{s})^2}{8\times3.1416^2\times13.9\times10^{-47}\text{kg}\cdot\text{m}^2}=8\times10^{-23}\text{J}\approx10^{-2}kT$$

振动：$\Delta\varepsilon_v=\varepsilon_{v,1}-\varepsilon_{v,0}=h\nu=hc\tilde{\nu}$

$$=(6.626\times10^{-34}\text{J}\cdot\text{s})\times(3\times10^8\text{m}\cdot\text{s}^{-1})\times(2360\times10^2\text{m}^{-1})$$

$$=4.7\times10^{-20}\text{J}\approx10kT$$

可见，$\Delta\varepsilon_v>\Delta\varepsilon_r\gg\Delta\varepsilon_t$。因 $\Delta\varepsilon_t$ 很小，可近似把平动能级视为连续能级。

3.1.5 统计热力学的基本假定

等概率定理：对于一个（U、V、N）确定的体系，即宏观状态一定的体系来说，每个可能出现的微观态其出现的概率相同。等概率定理只是一个数学假定，不能从理论上来证明。但是由此导出的结论与实际情况一致，也就是说实践的检验证明了该假定的合理性。按照等概率定理，如果体系的总微态数为 Ω，则其中任何一个微观状态出现的概率 P 等于 $1/\Omega$。若某种分布 X 的微态数为 t_X，则这种分布的概率 P_X 为 t_X/Ω。

宏观量是微观量的平均值，当通过实验测定某种宏观性质时，总是需要一定的时间。虽然时间很短，但所有的微观态可能全部经历过，因此测得的数值实际上是观察时间间隔内相应微观量对所有微观状态的平均值。即若用 F_i 表示体系中某一微观态 i 时物理量 F 的取值，P_i 表示该微观态出现的数学概率，则宏观物理量 F 为

$$F=\sum_i F_i P_i \tag{3-11}$$

3.1.6 排列组合问题

① 在 N 个不同的物体中，每次取 r 个排列，可有多少种不同的排列花样。排列在数学上用符号 P_N^r 表示。

在序列中的第一个物体有 N 种不同的选择法，余下（$N-1$）个物体，因此序列中的第二个物体有（$N-1$）个选择法。依此类推，在（$r-1$）个位置占满以后，尚剩余（$N-r+1$）个物体，第 r 位置上的物体有（$N-r+1$）个选择法。因此我们得到

$$P_N^r=N(N-1)(N-2)\cdots(N-r+1)=\frac{N!}{(N-r)!} \tag{3-12}$$

若取 N 个全排列，则

$$P_N^N=N! \tag{3-13}$$

② 若在 N 个物体中，有 s 个是相同的，另有 t 个也是彼此相同的，今取 N 个全排列，共有多少排列方式。

假定 N 个物体是完全不相同的，则排列的方式数为 $N!$。今其中 s 个物体相同，这 s 个物体彼此互换位置，并不能导致一种新的花样。这 s 种物体的全排列为 $s!$。同理 t 个物体互换位置，也不能导致一种新花样，这 t 种物体的全排列为 $t!$ 所以，这时的排列方式数为

$$P=\frac{N!}{s!\ t!} \tag{3-14}$$

③ 若从 N 个不同的物体中取出 m 个，编为一组，不分顺序，是组合问题。组合种数用 C_N^m 表示。

分组时并不考虑排列，现在在 C_N^m 种不同的组合中，任取其中的一种，将其中 m 个物体进行排列，可以得到 $m!$ 种排法，如果把各组都进行排列，则总花样数为 $C_N^m\cdot m!$，显然这个数目应与直接从 N 个不同的物体中，每次取 m 个进行排列的方式数是一样的，即

$$C_N^m\cdot m!=P_N^m$$

$$C_N^m=\frac{P_N^m}{m!}=\frac{N!}{(N-m)!\ m!} \tag{3-15}$$

④ 如果把 N 个不同的物体分为若干堆，第一堆为 N_1 个，第二堆为 N_2 个，…，第 k 堆为 N_k 个，则分堆方法总数为

$$\begin{aligned}t&=C_N^{N_1}\cdot C_{N-N_1}^{N_2}\cdots C_{N-N_1-\cdots N_{(k-1)}}^{N_k}\\&=\frac{N!}{N_1!\ (N-N_1)!}\cdot\frac{(N-N_1)!}{N_2!\ (N-N_1-N_2)!}\cdots\frac{(N-N_1-N_2-\cdots-N_{k-1})!}{N_k!\ (N-N_1-N_2-\cdots-N_k)!}\\&=\frac{N!}{N_1!N_2!\cdots N_k!}=\frac{N!}{\prod\limits_i N_i!}\end{aligned} \tag{3-16}$$

【例 3-2】 从 0，1，…，9 这 10 个数字中选取数字组成偶数，一共可以得到不含相同数字的五位偶数多少个？

［解］ 个位选 0，有 P_9^4 个，个位不选 0 且万位不能选 0，有 $C_4^1C_8^1P_8^3$ 个，所以一共有 $P_9^4+C_4^1C_8^1P_8^3=13776$ 个偶数。

3.1.7 斯特林近似公式

$$N>20\qquad \ln N!\approx N\ln N-N+\frac{1}{2}\ln(2\pi N)$$

$$=\ln\left[\sqrt{2\pi N}\left(\frac{N}{e}\right)^N\right] \tag{3-17}$$

$$N>100\qquad \ln N!\approx N\ln N-N=\ln\left(\frac{N}{e}\right)^N \tag{3-18}$$

式（3-17）和式（3-18）均称为斯特林（Stirling）近似公式。其推导过程可参阅有关数学书籍。

3.1.8 拉格朗日（Lagrange）乘因子法

3.1.8.1 函数的极值解

设 F 是独立变数 x_1，x_2，…，x_n 的函数，即 $F=F(x_1,x_2,\cdots,x_n)$。如果 F 有极值，应有 $\delta F=0$，即

$$\delta F=\frac{\partial F}{\partial x_1}\delta x_1+\frac{\partial F}{\partial x_2}\delta x_2+\cdots+\frac{\partial F}{\partial x_n}\delta x_n=0 \tag{3-19}$$

由于式中 δx_1，δx_2，…，δx_n 都是独立变数的微分，所以 F 取极值的条件是

$$\frac{\partial F}{\partial x_1}=0,\frac{\partial F}{\partial x_2}=0,\cdots,\frac{\partial F}{\partial x_n}=0 \tag{3-20}$$

共有 n 个方程，解之可得 n 个变量的值 x_1^*，x_2^*，…，x_n^*。$\{x_1^*, x_2^*, \cdots, x_n^*\}$ 为 F 的极值解。

3.1.8.2 函数的条件极值解

如果 F 函数还存在两个限制条件

$$\begin{cases}G(x_1,x_2,\cdots,x_n)=0\\H(x_1,x_2,\cdots,x_n)=0\end{cases} \tag{3-21}$$

则求带有附加条件时的 F 的极值称为条件极值。求条件极值的方法之一就是拉格朗日乘因子法，设两个待定系数 α、β，分别乘条件限制方程，再与原函数 F 组成一个新函数 Z

$$Z=F(x_1,x_2,\cdots,x_n)+\alpha G(x_1,x_2,\cdots,x_n)+\beta H(x_1,x_2,\cdots,x_n) \tag{3-22}$$

若 Z 有极值，应有 $\delta Z=0$，或 $\delta F+\alpha\delta G+\beta\delta H=0$，即

$$\begin{aligned}\delta Z&=\left(\frac{\partial F}{\partial x_1}\delta x_1+\frac{\partial F}{\partial x_2}\delta x_2+\cdots+\frac{\partial F}{\partial x_n}\delta x_n\right)+\alpha\left(\frac{\partial G}{\partial x_1}\delta x_1+\cdots+\frac{\partial G}{\partial x_n}\delta x_n\right)+\\&\quad\beta\left(\frac{\partial H}{\partial x_1}\delta x_1+\cdots+\frac{\partial H}{\partial x_n}\delta x_n\right)\\&=\left(\frac{\partial F}{\partial x_1}+\alpha\frac{\partial G}{\partial x_1}+\beta\frac{\partial H}{\partial x_1}\right)\delta x_1+\cdots+\left(\frac{\partial F}{\partial x_n}+\alpha\frac{\partial G}{\partial x_N}+\beta\frac{\partial H}{\partial x_n}\right)\delta x_n=0\end{aligned} \tag{3-23}$$

F 的极值条件

$$\begin{cases}\dfrac{\partial F}{\partial x_i}+\alpha\dfrac{\partial G}{\partial x_i}+\beta\dfrac{\partial H}{\partial x_i}=0, \quad i=1,2,\cdots,n & \text{(3-24a)}\\G(x_1,x_2,\cdots,x_n)=0 & \text{(3-24b)}\\H(x_1,x_2,\cdots,x_n)=0 & \text{(3-24c)}\end{cases}$$

共有 $n+2$ 个方程式，解出 x_1^*，x_2^*，…，x_n^*，α，β，共 $(n+2)$ 个变数的值。这一套 $\{x_1^*, x_2^*, \cdots, x_n^*\}$ 既满足 $\delta Z=0$、$G=0(\delta G=0)$、$H=0(\delta H=0)$，也必定满足 $\delta F=0$，即是 F 的条件极值解。这种处理方法称为拉格朗日乘因子法。

3.2 粒子体系的能量分布及微观状态数

The Configuration and Number of Complexion for the System Possessing a Great Number of Particles

在前一节讨论宏观态与微观态的概念时所举的例子是粒子由于空间位置分布不同构成了不同的微观状态，但实际体系远比此复杂。对于一个由 N 个独立定域粒子组成的体系，设体系的体积为 V，总能量为 U，这相当于热力学中的孤立体系。当体系达平衡后，体系的宏观性质如压力、温度、体积、能量等不随时间而变化，即宏观状态不再改变。但从微观的角度来观察，微粒的状态是随着粒子的运动形式和所处能级的不同而不断改变着的，因此由于体系的能量分布不同可出现种种的微观状态。本节的主要内容就是求算一个给定宏观态的独立定域粒子体系中可能的微观态的数目。首先由简单体系推算其微态数，再推广到大量粒子体系的情况，最后得出普遍的表达式。

3.2.1 简单粒子体系

对于 $(U、V、N)$ 一定的体系，设体系由三个一维谐振子组成，总能量为 $9h\nu/2$。即有

$\sum N_i = N = 3$，$U = \sum\limits_i N_i \varepsilon_i = 9h\nu/2$。每个粒子在定点附近做振动运动，因此可分别编号 a、b、c 加以区别。若每个能级上粒子数不受限制，体系的能量可按表 3-2 分布。

表 3-2　简单粒子体系的能量分布

振动能级	$9h\nu/2$			
	$7h\nu/2$		c　a　b	
	$5h\nu/2$			c b a c a b
	$3h\nu/2$			b c c a b a
	$h\nu/2$	abc	ab　bc　ac	a a b b c c
能量分布类型 X		A	B	C
微态数 t_X		1	3	6
分布 X 的数学概率		1/10	3/10	6/10
总热力学概率 Ω		1+3+6=10		
总数学概率 P		10/10=1		

由此可得如下一些概念。

3.2.1.1　粒子按能量分布

体系某一瞬间的微观状态是由 N 个粒子在允许能级上的分布来描述的。所谓允许能级，在这一例子里就是必须满足 $\sum N_i = 3$，$\sum N_i \varepsilon_i = 9h\nu/2$ 的那些能级。粒子占有不同能级，组成了不同的能量分布类型。

3.2.1.2　粒子分布数

对于某种能量分布类型，粒子占有特定的能级，且各允许能级上的粒子数是一定的。我们就把各个能级上的粒子数称为粒子分布数。如表 3-2 中，对于 A 分布，$N_1 = 3$；对于 B 分布，$N_0 = 2$，$N_3 = 1$；对于 C 分布，$N_0 = 1$，$N_1 = 1$，$N_2 = 1$。

3.2.1.3　各种分布类型的微态数

实现某种能量分布的方式数称为该能量分布类型的微观状态数，又称为热力学概率，用符号 t_X 表示。每一种方式就代表一种可以识别的微观状态。

$$\text{A 分布：} t_A = 1 = \frac{3!}{3!}\text{；B 分布：} t_B = 3 = \frac{3!}{2!\ 1!}\text{；C 分布：} t_c = 6 = \frac{3!}{1!\ 1!\ 1!}$$

可见，对于某能量分布类型 X，第 i 能级上的粒子分布数为 N_i，则该分布的微观状态数为

$$t_X = \frac{N!}{N_1!N_2!\cdots} = \frac{N!}{\prod\limits_i N_i!}$$

式中，分子部分表示 N 个可以区分粒子的全排列，即可能出现的全部微态数；分母为相同能级上的粒子交换的方式数，由于不产生新的微态数，所以被 $N_i!$ 来除将其扣除。

3.2.1.4　体系的总微态数 Ω

将体系中所有能量分布类型的方式数加和起来，就得到体系可能出现的全部微观状态数，称为体系的总微态数，用 Ω 表示。

$$\Omega = \sum_{j=A}^{C} t_j = 1 + 3 + 6 = 10$$

Ω 又叫体系的总热力学概率，其值为大于 1 的整数。对于（U、V、N）一定的体系，Ω 也是一定的，因此 Ω 与体系的宏观态有关，可表示为 $\Omega = f(U, V, N)$。

3.2.1.5　各种分布的数学概率

由等概率原理，（U、V、N）一定的平衡体系，每种微观状态出现的概率相等，即 $P_1 =$

$P_2=\cdots=1/\Omega$，上例中 $P_i=1/10$。但各种能量分布类型出现的概率（$P_X=t_X/\Omega$）不相等。其中总是有一种分布出现的概率最大，如上例中第 C 种分布，称为最可几分布。当（U、V、N）一定时，Ω 是一定的，故分布 X 的数学概率正比于它的热力学概率即 $P_X \propto t_X$，那么最可几分布所拥有的微态数最多。

3.2.2 独立定位粒子体系的能量分布和微态数

对于由 N 个粒子（一般为 10^{24}）组成的定域粒子体系，粒子间相互作用可忽略不计。当（U、V、N）一定时，粒子的能级为 ε_1，ε_2，…，ε_i。由于粒子在运动中互相交换能量，所以 N 个粒子可以占有不同能级，即有不同的分配方式，呈现不同的能量分布类型。例如一种分布类型，在 ε_1 能级上分配了 N_1 个粒子，在 ε_2 能级上分配了 N_2 个粒子等。而在另一瞬间其分布类型可能是在 ε_1 能级上分配了 N_1' 个粒子，在 ε_2 能级上分配了 N_2' 个粒子等。但无论哪一种分配方式都必须满足粒子数守恒和能量守恒两个限制条件，即

$$\sum_i N_i = N \text{ 或 } \quad \sum_i N_i - N = 0$$

$$\sum_i N_i \varepsilon_i = U \text{ 或 } \quad \sum_i N_i \varepsilon_i - U = 0 \tag{3-25}$$

现在考虑其中任一种能量分布类型 X，对应于第 i 能级上的粒子分布数为 N_i。首先假设各能级是非简并的，其分布情况如下。

能级：　　　　　　ε_1，ε_2，…，ε_i，…，ε_k

某种分布类型 X：　N_1，N_2，…，N_i，…，N_k

这个问题相当于将 N 个粒子分为 k 堆，每堆分布有粒子 N_1，N_2，…，N_k 个，每堆内粒子交换不产生新的微态数，根据前面给出的排列组合公式（3-16），分布 X 的微观状态数 t_X 为

$$t_X = \frac{N!}{N_1!N_2!\cdots N_k!} = \frac{N!}{\prod\limits_{\text{能级}i} N_i!} \tag{3-26}$$

假若能级是简并的，则还要考虑粒子按简并态分布的情况，如下所示。

能级：　　ε_1，…，ε_i，…，ε_k

简并度：　g_1，…，g_i，…，g_k

分布 X：　N_1，…，N_i，…，N_k

每个简并态上粒子数不受限制，第 i 能级上有 N_i 个粒子，每个粒子有 g_i 种分配方式，N_i 个粒子则有 $\overbrace{g_i \cdot g_i \cdots g_i}^{N_i} = g_i^{N_i}$ 种分配方式。因此，若能级是简并的，粒子在各能级的简并态上分布的微态数为 $\prod\limits_i g_i^{N_i}$。现在同时考虑粒子按能级分布和按简并态分布，第 X 种分布类型的微态数应等于两种情况下的微态数的乘积，即

$$t_X = \frac{N!}{\prod\limits_i N_i!}\prod_i g_i^{N_i} = N!\prod_i \frac{g_i^{N_i}}{N_i!} \tag{3-27}$$

那么，考虑体系的所有可能的能量分布类型，体系的总微态数 Ω 应为

$$\Omega = \sum_{\text{分布}j} t_j = \sum_{\text{分布}j}\left(N!\prod_{\text{能级}i}\frac{g_i^{N_i}}{N_i!}\right) \tag{3-28}$$

【例 3-3】（1）10 个可分辨粒子分布于简并度为 $g_0=1$，$g_1=2$，$g_2=3$ 的 3 个能级上，三个能级的粒子分布数分别为 $N_0=4$，$N_1=5$，$N_2=1$，该分布的微观状态数又为多少？（2）若能级为非简并的，则微观状态数又为多少？

［**解**］（1）当能级为简并时，其微观状态数为

$$t_X = N!\prod_i \frac{g_i^{N_i}}{N_i!} = 10!\times\left(\frac{1^4}{4!}\times\frac{2^5}{5!}\times\frac{3^1}{1!}\right) = 120960$$

(2) 当能级为非简并的时，其微观状态数为

$$t_X = N!\prod_i \frac{g_i^{N_i}}{N_i!} = 10!\times\left(\frac{1}{4!}\times\frac{1}{5!}\times\frac{1}{1!}\right) = 1260$$

定域粒子体系与非定域粒子体系的区别在于前者的统计单位是可以区分的，后者的统计单位不能区分。前面导出的公式只能适用于定位体系，对于非定位体系应加以适当的修正。如上例若三个粒子是全同的，处于C分布时，只有一种微观态 $t_C=1$，即 $t_C=3!/3!$。这说明，全同粒子的排列数目只是可别时的 $1/N!$，所以对于非定域粒子体系，总微观状态数应为

$$\Omega = \frac{1}{N!}\sum_{\text{分布}j}\left(N!\prod_{\text{能级}i}\frac{g_i^{N_i}}{N_i!}\right) = \sum_{\text{分布}j}\prod_{\text{能级}i}\frac{g^{N_i}}{N_i!} \tag{3-29}$$

这是对定域粒子体系进行粒子等同性修正的结果，一般当 $g_i \gg N_i$ 时成立。

3.3 玻尔兹曼熵定理

Boltzmann Entropy Theorem

3.3.1 熵与热力学概率的关系

对于（U、V、N）一定的体系，宏观状态一定，体系熵有定值 $S=S(U、V、N)$，体系所拥有的微观状态数 Ω 也是一定的，即 $\Omega=\Omega(U、V、N)$ 也是体系宏观态的函数。可见，Ω 与 S 间应有某种函数关系存在，设为

$$S=f(\Omega)$$

玻尔兹曼认为这个函数是对数形式，因此把熵与热力学概率 Ω 的关系式称为玻尔兹曼熵定理。下面给出推导这个关系式的方法之一。这里所依据的是熵是容量性质具有加和性，而根据概率定理，复杂事件的概率等于各简单的、互不相关事件概率的乘积。

例如，某一体系被分成A、B两部分，每一部分有一定的能量、体积和组成。这两部分的熵和热力学概率分别为 S_A、Ω_A、S_B、Ω_B。整个体系的熵为 S，总热力学概率为 Ω，于是

容量性质 $$S=S_A+S_B \tag{3-30a}$$

概率的性质 $$\Omega=\Omega_A\times\Omega_B \tag{3-30b}$$

又因 $$S_A=f(\Omega_A), S_B=f(\Omega_B)$$

所以有 $$S=f(\Omega_A)+f(\Omega_B)$$

而 $$S=f(\Omega)=f(\Omega_A\times\Omega_B)$$

故 $$f(\Omega_A\times\Omega_B)=f(\Omega_A)+f(\Omega_B) \tag{3-30c}$$

可见两变数乘积的函数等于两变数函数之和，唯一满足此条件的函数为对数函数。经过一系列处理得

$$S=C_1\ln\Omega+C_2 \tag{3-31}$$

式中，C_1 和 C_2 为积分常数。具体的推导过程采用另外一套方法，考虑问题的出发点不一样，可参阅有关统计热力学专著。

3.3.2 积分常数 C_1 和 C_2 的确定

3.3.2.1 C_2 的值

考察式（3-31），当 $\Omega=1$ 时，有 $S=C_2$，即 C_2 等于体系的总微态数为1时体系的绝对

熵值。那么，$\Omega=1$ 的状态又是一个什么样的状态呢？这时，由 N 个粒子组成的体系只有一种微观态，必然是粒子均处于运动基态（$g=1$），粒子处于最低能态，粒子冻结在晶格的定点位置上且粒子取向完全一致，这时对应着 0K 时的完美晶体状态。由热力学第三定律知

$$\lim_{T\to 0\mathrm{K}} S=S_0=0$$

所以得

$$C_2=0 \tag{3-32}$$

3.3.2.2 C_1 的值

可以通过下面的一个特例来求算 C_1 的值：理想气体的真空绝热膨胀。设有一个体积为 V 的绝热容器，用隔板隔成体积为 V_1 的两部分，开始时一方放 n 摩尔理想气体，另一方是真空。抽去隔板后，气体迅速充满全部容器。这一过程，$Q=0$，$W=0$，$\Delta U=0$，温度 T 不变。由热力学原理求得过程的熵变为

$$\Delta S=S_2-S_1=nR\ln\frac{V}{V_1} \tag{3-33}$$

另一方面，由 $S=C_1\ln\Omega$ 关系式可得

$$\Delta S=S_2-S_1=C_1\ln\Omega_2-C_1\ln\Omega_1=C_1\ln\frac{\Omega_2}{\Omega_1}$$

因为数学概率与热力学概率成正比，故有

$$\frac{\Omega_2}{\Omega_1}=\frac{\Omega_2/\Omega}{\Omega_1/\Omega}=\frac{P_2}{P_1}$$

或

$$\Delta S=C_1\ln\frac{P_2}{P_1} \tag{3-34}$$

式中，P_1 和 P_2 分别为体系始态和终态出现的数学概率。

首先我们来看体系的始态，就是隔板刚取去的一瞬间，N 个分子都处于左边容器体积为 V_1 的空间中。一个分子处于 V_1 中的概率为 V_1/V，N 个分子同时处于 V_1 中的概率就为 $P_1=(V_1/V)^N$。至于终态的情况，气体分子充满整个容器，N 个分子处于 V 中，其概率 $P_2=(V/V)^N=1$，于是得到 P_2/P_1 为

$$\frac{P_2}{P_1}=\frac{1}{(V_1/V)^N}=\left(\frac{V}{V_1}\right)^N$$

代入式（3-34）中，得

$$\Delta S=C_1\ln\left(\frac{V}{V_1}\right)^N \tag{3-35}$$

将式（3-33）与式（3-35）相比，有

$$nR=C_1N$$

$$C_1=\frac{nR}{N}=\frac{R}{L}=k \tag{3-36}$$

k 被称为玻尔兹曼常数，其值为

$$k=\frac{8.314\mathrm{J\cdot K^{-1}\cdot mol^{-1}}}{6.023\times10^{23}\mathrm{mol^{-1}}}=1.38\times10^{-23}\mathrm{J\cdot K^{-1}}$$

相当于单个分子的气体常数。于是

$$S=k\ln\Omega \tag{3-37}$$

这就是玻尔兹曼的熵定理，又叫做玻尔兹曼关系式。熵是宏观物理量，而概率是一个微观量，此式把宏观量与微观量联系起来了。一旦由统计热力学解决了 Ω 的求算问题，就可计算出体系的熵 S，由此可计算出体系的所有热力学性质。因此，该式是沟通体系的宏观性

质和微观性质的桥梁。

3.4 玻尔兹曼统计

Boltzmann Statistics

通过玻尔兹曼熵定理 $S=k\ln\Omega$ 由 Ω 来计算熵，首先要解决 Ω 的求算问题。Ω 是体系在给定宏观态时各能量分布类型的微观状态数 t_X 之和。对于大量粒子（10^{23}）构成的体系，要逐一去分析体系的每种能量分布及求出相应的 t_X 是不可能的，也是不必要的。统计热力学认为，在所有可能的能量分布中有一种分布的概率最大，热力学概率最多，即最可几分布（most probable distribution），用 t_{max} 表示其微态数。当体系中粒子数目 N 足够大时，t_{max} 的值大到足以代替 Ω 的值。这样问题就转化为在满足一定的限制条件下求 t 取极大值时（即最可几分布）所对应的粒子分布数 N_i^*，然后代入式（3-27）中得到 t_{max}，用 $\ln t_{max}$ 代替 $\ln\Omega$ 从而求得体系的熵值及其他热力学函数的值。因此，这一节的内容包括两个方面，先得到 N_i^* 的表达式，然后证明 $\ln\Omega\approx\ln t_{max}$。

3.4.1 最可几分布

对于（U、V、N）一定的独立定位粒子体系，某种能量分布类型的微观状态函数为

$$t_X = N!\prod_i \frac{g_i^{N_i}}{N_i!} \tag{3-38}$$

满足

$$\sum_i N_i = N, \sum_i N_i\varepsilon_i = U \tag{3-39}$$

现在要求 t_X 取极大并满足上面两个限制条件时的 N_i 的表达式。这里函数形式变化求极值问题，数学上称为变分，用符号“δ”表示，可采用拉格朗日的乘因子法。式（3-38）中的变数 N_i 是以阶乘的形式出现的，为了数学处理方便，我们将对 t_X 求极大值的问题变为对 $\ln t_X$ 求极值。因为 $\ln t_X$ 是 t_X 的单调函数，当 t_X 取极值时，$\ln t_X$ 亦为极值。因此，对 t_X 取对数

$$\ln t_X = \ln N! + \sum_i (N_i\ln g_i - \ln N_i!) \tag{3-40}$$

采用拉格朗日乘因子法中的符号，设

$$\begin{cases} F = \ln t_X = \ln N! + \sum_i (N_i\ln g_i - \ln N_i!) & \text{(3-41a)} \\ G = \sum_i N_i - N = 0 & \text{(3-41b)} \\ H = \sum_i N_i\varepsilon_i - U = 0 & \text{(3-41c)} \end{cases}$$

组成一新函 数 $Z=F+\alpha G+\beta H$ (3-42)

变数为（$N_1,N_2,\cdots,N_k$），共 k 个。若 F 取条件极值，对 Z 变分，应有 $\delta Z=0$，即

$$\delta Z = \sum_i \left(\frac{\partial Z}{\partial N_i}\right)_{j\neq i}\delta N_i = \sum_i \left(\frac{\partial F}{\partial N_i} + \alpha\frac{\partial G}{\partial N_i} + \beta\frac{\partial H}{\partial N_i}\right)_{j\neq i}\delta N_i = 0 \tag{3-43}$$

k 个变数加上 α、β 共（$k+2$）个变数，因式（3-43）中每一项系数都为 0，有

$$\left(\frac{\partial F}{\partial N_i}\right)_j + \alpha\left(\frac{\partial G}{\partial N_i}\right)_j + \beta\left(\frac{\partial H}{\partial N_i}\right)_j = 0 \quad (i=1,2,\cdots,k) \tag{3-44}$$

取其中一个方程讨论（第 i 个方程）

$$\left(\frac{\partial F}{\partial N_i}\right)_j = \frac{\partial}{\partial N_i}\left[\ln N! + \sum_i (N_i \ln g_i - \ln N_i!)\right]$$

$$= \frac{\partial}{\partial N_i}\left[\ln N! + \sum_i (N_i \ln g_i - N_i \ln N_i + N_i)\right]$$

$$= \ln g_i - \ln N_i - \frac{N_i}{N_i} + 1$$

$$= \ln \frac{g_i}{N_i} \tag{3-45}$$

$$\left(\frac{\partial G}{\partial N_i}\right)_j = 1 \tag{3-46}$$

$$\left(\frac{\partial H}{\partial N_i}\right)_j = \varepsilon_i \tag{3-47}$$

以上三式代入式（3-44）中，得

$$\ln \frac{g_i}{N_i} + \alpha + \beta\varepsilon_i = 0 \tag{3-48}$$

解此方程 $\ln N_i^* = \ln g_i + \alpha + \beta\varepsilon_i$

或 $N_i^* = g_i e^{\alpha+\beta\varepsilon_i}$ （3-49）

“*”表示使得 $\ln t_X$ 有极值时 N_i 的取值。当 i 分别取值 1，2，…，k 时可得一套粒子分布数 $\{N_1^*, \cdots, N_i^*, \cdots, N_k^*\}$，这套粒子分布数可以使 $\ln t_X$ 有极值且满足限制条件，而此极值为极大值。

因为 $\dfrac{\partial^2 F}{\partial N_i^2} = -\dfrac{1}{N_i^*} < 0$

所以，由这套粒子分布数 $\{N_1^*, \cdots, N_i^*, \cdots, N_k^*\}$ 所代表的这种能量分布，其拥有的微态数最多，即热力学概率最大，这种分布就称为最可几分布，对应微态数记为 $t_{\max}$。

3.4.2 α、β 值的确定

在式（3-49）中，先求 α。

由于 $\sum_i N_i^* = N$

所以

$$\sum_i N_i^* = \sum_i g_i e^{\alpha+\beta\varepsilon_i} = e^{\alpha}\sum_i g_i e^{\beta\varepsilon_i} = N \tag{3-50}$$

得 $e^{\alpha} = \dfrac{N}{\sum_i g_i e^{\beta\varepsilon_i}}$ 或 $\alpha = \ln N - \ln \sum_i g_i e^{\beta\varepsilon_i}$

可知 α 值与总粒子数 N 以及 g_i 和 ε_i 有关。

将 e^{α} 代入式（3-49）中，得

$$N_i^* = \frac{N g_i e^{\beta\varepsilon_i}}{\sum_i g_i e^{\beta\varepsilon_i}} \tag{3-51}$$

现在求 β 的值。先利用结论

$$S = k\ln\Omega = k\ln t_{\max}$$

将式（3-40）和式（3-51）代入后得

$$S = k\left[\ln\left(N!\prod_i \frac{g_i^{N_i^*}}{N_i^*!}\right)\right]$$

$$= k\left[N\ln N - N + \sum_i (N_i^* \ln g_i - N_i^* \ln N_i^* + N_i^*)\right]$$

$$= k\left[N\ln N + \sum_i (N_i^* \ln g_i - N_i^* \ln N_i^*)\right] \quad (\text{因为} \sum_i N_i^* = N)$$

$$= k\left\{N\ln N + \sum_i [N_i^* \ln g_i - N_i^* \ln(g_i e^{\alpha+\beta\varepsilon_i})]\right\} \quad (\text{因为 } N_i^* = g_i e^{\alpha+\beta\varepsilon_i})$$

$$= k[N\ln N - \sum N_i^* (\alpha + \beta\varepsilon_i)]$$

$$= k[N\ln N - \alpha N - \beta U] \quad (\text{因为} \sum N_i^* = N, \sum N_i^* \varepsilon_i = U)$$

$$= Nk\ln(\sum g_i e^{\beta\varepsilon_i}) - k\beta U \quad (\text{因为 } \alpha = \ln N - \ln\sum g_i e^{\beta\varepsilon_i}) \tag{3-52}$$

因式（3-52）中的β与能量有关，故是体系内能U的函数，所以式（3-52）是一个复合函数。对其求偏微商得

$$\left(\frac{\partial S}{\partial U}\right)_{V,N} = Nk\frac{1}{\sum_i g_i e^{\beta\varepsilon_i}}\sum\left[g_i e^{\beta\varepsilon_i}\varepsilon_i\left(\frac{\partial\beta}{\partial U}\right)_{V,N}\right] - kU\left(\frac{\partial\beta}{\partial U}\right)_{V,N} - k\beta$$

$$= k\left[\frac{N}{\sum g_i e^{\beta\varepsilon_i}}\sum(g_i\varepsilon_i e^{\beta\varepsilon_i}) - U\right]\left(\frac{\partial\beta}{\partial U}\right)_{V,N} - k\beta$$

上式方括号中的值等于 0，证明如下。

$$\frac{N}{\sum g_i e^{\beta\varepsilon_i}}\sum(g_i\varepsilon_i e^{\beta\varepsilon_i}) - U = \frac{N\sum g_i\varepsilon_i e^{\beta\varepsilon_i}}{\sum g_i e^{\beta\varepsilon_i}} - U$$

$$= \frac{N\sum(N_i^*\varepsilon_i)}{\sum N_i^*} - U$$

$$= U - U = 0$$

所以 $$\left(\frac{\partial S}{\partial U}\right)_{V,N} = -k\beta$$

根据热力学的基本公式 $dU = TdS - pdV$

$$\left(\frac{\partial S}{\partial U}\right)_{V,N} = \frac{1}{T}$$

比较上面两式，得

$$\beta = -\frac{1}{kT} \tag{3-53}$$

代入 N_i^* 的表达式中，得

$$N_i^* = N\frac{g_i e^{-\varepsilon_i/kT}}{\sum_i g_i e^{-\varepsilon_i/kT}} \tag{3-54}$$

这就是玻尔兹曼的最可几分布的公式，也称为玻尔兹曼分布定律。其中 $e^{-\varepsilon_i/kT}$ 称为 i 能级的玻尔兹曼因子。当粒子按 N_i^* 分布时，该分布就是最可几分布，其热力学概率最大，微观状态数最多。

3.4.3 非定域粒子体系的玻尔兹曼公式

玻尔兹曼一开始就假定粒子是可以区分的，因此上面导出的公式只能用于定域粒子体系，对于非定域粒子体系，要另行推导。对于非定域粒子体系，某一能量分布类型的微观状态数为

$$t_X = \prod_i \frac{g_i^{N_i}}{N_i!} \tag{3-55}$$

与定域粒子体系只相差 $N!$ 因子。按照前述同样的方法，可得到下式

$$N_i^* = N\frac{g_i \exp(-\varepsilon_i/kT)}{\sum_i g_i \exp(-\varepsilon_i/kT)} \tag{3-56}$$

可见，定域粒子体系与非定域粒子体系的玻尔兹曼分布公式是一样的，但二者的最可几分布的微态数 t_{max} 不一样，前者是后者的 $N!$ 倍。以后我们还将看到，由此而推得的两者的热力学函数表达式也不尽相同，可相差一些与 $N!$ 相关的常数项。

总之，当一套能级分布数满足玻尔兹曼分式时，就能使这种分布的微态数最多（或叫作热力学概率最大），因此该分布称为最可几分布。玻尔兹曼分布就是最可几分布。

3.4.4 玻尔兹曼公式的其他形式

在不同的场合，玻尔兹曼的分布公式常被转化为各种不同的形式，如下所述。

将两个能级上的粒子数进行比较，根据式（3-54）可得

$$\frac{N_i^*}{N_j^*}=\frac{g_i\exp(-\varepsilon_i/kT)}{g_j\exp(-\varepsilon_j/kT)} \tag{3-57a}$$

在经典统计中不考虑简并度，则上式成为

$$\frac{N_i^*}{N_j^*}=\exp\left(-\frac{\varepsilon_i-\varepsilon_j}{kT}\right) \tag{3-57b}$$

假定最低能级为 ε_0，在该能级上的粒子分布数为 N_0^*，则式（3-57b）又可写作

$$N_i^*=N_0^*\exp(-\Delta\varepsilon_i/kT) \tag{3-58}$$

式中，$\Delta\varepsilon_i=\varepsilon_i-\varepsilon_0$，代表某一给定能级 i 和最低能级能量的差别。

如果我们将式（3-54）变形又可得到如下的式子

$$\frac{N_i^*}{N}=\frac{g_i\exp(-\varepsilon_i/kT)}{\sum\limits_i g_i\exp(-\varepsilon_i/kT)} \tag{3-59}$$

该式表示了分布在第 i 能级上的粒子数占全部粒子数的百分数。也可以说是在第 i 能级上找到一个粒子的概率，或一个粒子处于第 i 能级的概率。

【例 3-4】 用玻尔兹曼分布公式计算 298K 时两能级差分别为 8.368kJ · mol^{-1} 和 418.4kJ · mol^{-1} 时，两能级上的粒子数之比（假定两能级的简并度相等）。

［解］ 两能级差为 8.368kJ · mol^{-1} 时，粒子数之比为

$$\frac{N_i}{N_j}=\exp\left(-\frac{\Delta E}{RT}\right)=\exp\left(-\frac{8.368\times1000}{8.314\times298}\right)=0.034$$

两能级差为 418.4kJ · mol^{-1} 时，粒子数之比为

$$\frac{N_i}{N_j}=\exp\left(-\frac{\Delta E}{RT}\right)=\exp\left(-\frac{418.4\times1000}{8.314\times298}\right)\approx0$$

即能级间隔较大时，较高能级上出现粒子的概率几乎为零。

3.4.5 最可几分布与平衡分布

前面已经指出，对于一个（U, V, N）确定的热力学平衡体系，宏观性质不再随时间而变化，但从微观的角度看，粒子在各能级的量子态上不断地交换，微观态是瞬息万变的。粒子由于占据不同的能级可构成各种能量分布类型，其中最可几分布对应着微观状态数 t_X 具有最大值的分布。由玻尔兹曼分布公式求出最可几分布的一套粒子分布数，从而得到体系各种分布中微观状态数最大的那一种分布的 t_{max} 值。但统计热力学中的微观量与宏观热力学函数有直接联系的是 Ω。我们求取 t_{max} 的初衷就是希望能够用 $\ln t_{max}$ 来代替 $\ln\Omega$，这不仅仅是数值上的取代，$\ln t_{max}$ 等于 $\ln\Omega$，还意味着最可几分布实际上代表了体系的一切分布，即粒子总是在最可几分布所拥有的量子态间交换，以致度过几乎全部的时间，最可几分布实质上就是体系的平衡分布。

现在举一个具体的例子进行讨论。将 N 个不同的球放在两个不同的盒子中，每个盒子中小球的数目不受限制，相当于 N 个粒子在两个非简并能级上进行分布。设有某种分布为 A 盒中有 M 个球，B 盒中（$N-M$）个球，其微态数为

$$t(M)=\frac{N!}{M!\ (N-M)!} \tag{3-60}$$

体系的总微态数为

$$\Omega=\sum_{M=0}^{N}t(M)=\sum_{M=0}^{N}\frac{N!}{M!(N-M)!} \tag{3-61}$$

利用二项式定理，即

$$(x+y)^N=\sum_{M=0}^{N}\frac{N!}{M!(N-M)!}x^M y^{N-M}$$

取 $x=y=1$，则

$$2^N=\sum_{M=0}^{N}\frac{N!}{M!(N-M)!} \tag{3-62}$$

所以

$$\Omega=2^N \tag{3-63}$$

二项式公式中的系数相应于各种分布的微观状态数，而其中微态数最多的那种分布的粒子数由 $\frac{\partial\ \ln t(M)}{\partial M}=0$ 可以求出为 $M^*=N/2$，这就是本例的最可几分布，其微观状态数为

$$t_{\max}=\frac{N!}{\left(\frac{N}{2}\right)!\left(\frac{N}{2}\right)!} \tag{3-64}$$

若每种分布均按最可几分布处理，则有

$$t_{\max}\leqslant\Omega\leqslant(N+1)t_{\max}$$

因为 $N\gg1$，上式可写为

$$t_{\max}\leqslant\Omega\leqslant Nt_{\max}$$

取对数

$$\ln t_{\max}\leqslant\ln\Omega\leqslant\ln N+\ln t_{\max} \tag{3-65}$$

由斯特林公式 $\ln N!=\ln\left[\sqrt{2\pi N}\left(\frac{N}{\mathrm{e}}\right)^N\right]$

得

$$\ln t_{\max}=\ln\sqrt{\frac{2}{\pi N}}+N\ln2$$

设粒子数 $N=10^{24}$，有

$$\ln N=55.26$$

$$\ln t_{\max}=\ln\sqrt{\frac{2}{3.14\times10^{24}}}+10^{24}\ln2=-27.9+6.93\times10^{23}$$

可见 $\ln t_{\max}\gg\ln N$，$\ln N$ 可忽略，式（3-65）变为 $\ln t_{\max}\leqslant\ln\Omega\leqslant\ln t_{\max}$

只有

$$\ln t_{\max}\approx\ln\Omega$$

即证明了大量粒子组成的体系，应有 $\ln t_{\max}\approx\ln\Omega$，说明热力学平衡体系的 $\ln\Omega$ 可用 $\ln t_{\max}$ 代替进行相关的处理。因处理中有近似（如 Stirling 公式），故用"≈"。

现在我们再进一步考虑最可几分布的数学概率 $P\left(\frac{N}{2}\right)$

在上例中，最可几分布的数学概率为

$$P\left(\frac{N}{2}\right)=\frac{t\left(\frac{N}{2}\right)}{\Omega}=\frac{2^N\sqrt{\frac{2}{\pi N}}}{2^N}=\sqrt{\frac{2}{\pi N}}$$

取 $N=10^{24}$，得

$$P\left(\frac{N}{2}\right)=\sqrt{\frac{2}{\pi\times10^{24}}}\approx8\times10^{-13}$$

可见最可几分布的概率仍然很小，那么如何解释可以用最可几分布代替体系的平衡分布呢？

现在设某种分布，略略偏离了最可几分布，即粒子分布数 M^* 与最可几分布的粒子分布

数$\left(\frac{N}{2}\right)$相差一微小值 m，对应的分布类型为 A 中有$\left(\frac{N}{2}+m\right)$个粒子，B 中有$\left(\frac{N}{2}-m\right)$个粒子，这一分布的数学概率为

$$P\left(\frac{N}{2}\pm m\right)=\frac{t\left(\frac{N}{2}\pm m\right)}{\Omega}=\frac{1}{2^N}\times\frac{N!}{\left(\frac{N}{2}-m\right)!\left(\frac{N}{2}+m\right)!} \tag{3-66}$$

引用斯特林公式 $\ln N!=\ln\left[\sqrt{2\pi N}\left(\frac{N}{\mathrm{e}}\right)^N\right]$，经代数运算后可得

$$\left(\frac{N}{2}\pm m\right)!=\sqrt{2\pi}\left(\frac{N}{2}\pm m\right)^{\left(\frac{N}{2}\pm m+\frac{1}{2}\right)}\mathrm{e}^{-\left(\frac{N}{2}\pm m\right)}$$

代入 $P\left(\frac{N}{2}\pm m\right)$表达式中，经数学处理得

$$P\left(\frac{N}{2}\pm m\right)=\frac{1}{\sqrt{2\pi}}\times\sqrt{\frac{N}{\left(\frac{N}{2}+m\right)\left(\frac{N}{2}-m\right)}}\times\frac{1}{\left(1-\frac{2m}{N}\right)^{\left(\frac{N}{2}-m\right)}\left(1+\frac{2m}{N}\right)^{\left(\frac{N}{2}+m\right)}}$$

由于 $m\ll\frac{N}{2}$，$\frac{N}{2}\pm m\approx\frac{N}{2}$，上式第二个因子近似为 $\frac{2}{\sqrt{N}}$。再由级数公式，当 $x\ll 1$ 时，$\ln(1\pm x)=\pm x-\frac{x^2}{2}$，用于处理第三个因子的分母，得到

$$\left(1-\frac{2m}{N}\right)^{(N/2-m)}\left(1+\frac{2m}{N}\right)^{(N/2+m)}=\exp\left(\frac{2m^2}{N}\right)$$

代入 $P\left(\frac{N}{2}\pm m\right)$式中，最后得

$$P\left(\frac{N}{2}\pm m\right)=\frac{1}{\sqrt{2\pi}}\times\frac{2}{\sqrt{N}}\exp\left(-\frac{2m^2}{N}\right)$$

选 m 在 $\pm 2\sqrt{N}$ 范围内变化，对应着若干种分布，各种分布数学概率的总和为

$$\sum_{m=-2\sqrt{N}}^{2\sqrt{N}}P\left(\frac{N}{2}-m\right)\approx\int_{-2\sqrt{N}}^{2\sqrt{N}}\sqrt{\frac{2}{\pi N}}\exp\left(-\frac{2m^2}{N}\right)\mathrm{d}m$$

令 $y=\sqrt{\frac{2}{N}}m$ 进行变量代换，上式变为

$$\sum_{m=-2\sqrt{N}}^{2\sqrt{N}}P\left(\frac{N}{2}-m\right)=\int_{-2\sqrt{2}}^{2\sqrt{2}}\frac{1}{\sqrt{\pi}}\exp(-y^2)\mathrm{d}y$$

这与误差函数

$$\mathrm{erf}(x)=\int_{-x}^{x}\frac{1}{\sqrt{\pi}}\exp(-y^2)\mathrm{d}y$$

形式相同。因此，由误差函数表，查 $x=2\sqrt{2}=2.828$，得 $\mathrm{erf}(x)$ 的值为 0.99993。由此可得

$$\sum_{m=-2\sqrt{N}}^{2\sqrt{N}}P\left(\frac{N}{2}-m\right)=0.99993$$

由上面的推导可得，当粒子总数 $N=10^{24}$ 时，尽管最可几分布的概率为 8×10^{-13}，仍很小，但当粒子分布数在 $4.99999999998\times10^{23}\left(\frac{N}{2}-2\sqrt{N}=5\times10^{23}-2\sqrt{10^{24}}\right)\sim5.00000000002\times10^{23}\left(\frac{N}{2}+2\sqrt{N}=5\times10^{23}+2\sqrt{10^{24}}\right)$之间变化时，体系拥有的各种分布的数学概率总和为 0.99993，

几乎等于体系全部分布的概率总和1。这些粒子分布偏离最可几分布（5×10^{23}）如此之少，以致认为这些分布与最可几分布并无实质性差别，因而最可几分布实际上是指包括在其附近发生微小偏离的各种分布，其概率几乎代表了体系的全部分布概率之总和。一个热力学体系，尽管它们微观状态瞬息万变，而体系总在最可几分布（包括在其附近发生微小偏离的各种分布）中度过几乎全部时间。从宏观上看，体系达到热力学平衡态后，宏观性质不随时间变化而变化，具有确定值；微观上则粒子处于最可几分布而不发生明显偏离。因此，体系处于平衡态、粒子处于平衡分布就是指处于最可几分布。以后所提体系处于平衡态，总是引用最可几分布的结果，N_i^* 上方的"*"不再表示出来。

3.5 配分函数

Partition Function

3.5.1 粒子配分函数

最可几分布公式为

$$N_i = \frac{Ng_i\exp(-\varepsilon_i/kT)}{\sum_i g_i\exp(-\varepsilon_i/kT)}$$

令分母为 q

$$q = \sum_i g_i\exp(-\varepsilon_i/kT) = g_0\exp(-\varepsilon_0/kT) + g_1\exp(-\varepsilon_1/kT) + \cdots \tag{3-67}$$

q 称为粒子配分函数。于是玻尔兹曼公式为

$$N_i = \frac{Ng_i\exp(-\varepsilon_i/kT)}{q} \tag{3-68a}$$

将分布在任意两个能级 i、j 上的粒子数目相比得

$$\frac{N_i}{N_j} = \frac{g_i\exp(-\varepsilon_i/kT)}{g_j\exp(-\varepsilon_j/kT)} \tag{3-68b}$$

由此可见，分配在 i、j 两个能级上的粒子数目之比，等于配分函数中相应的两项之比，即体系处于最可几分布时，各能级上的粒子数目，是按照配分函数中相应项来分配的，故 q 叫做粒子配分函数，它表示了粒子总的分配特征，反映了体系中 N 个粒子按能级分配的情况。

同时，配分函数中 ε_0，ε_1，$\varepsilon_2\cdots$是粒子的各个能级的能量，从数学上看，粒子配分函数 q 是对一个粒子的所有可能能级的玻尔兹曼因子及能级简并度的乘积 $g_i\exp(-\varepsilon_i/kT)$ 求和，$\exp(-\varepsilon_i/kT)$ 表示 i 能级的贡献值或"有效值"，而 $g_i\exp(-\varepsilon_i/kT)$ 则表示 i 能级的各量子态的有效值，所以求和可以认为是对一个粒子所有可能量子态的有效值求和，若 ε_j 为各量子态的能量，则粒子配分函数

$$q = \sum_{\text{能级}} g_i\exp(-\varepsilon_i/kT) = \sum_{\text{量子态}} \exp(-\varepsilon_j/kT) \tag{3-69}$$

它表示粒子所有可能的量子态有效值之和，因此 q 又称为状态和。所以 q 可以认为是一个粒子所有可能的有效量子态总和的度量。

如果一个体系包含有 N 个粒子，则体系总的配分函数 Z 如下。

定位体系 $$Z = q^N \tag{3-70a}$$

非定位体系 $$Z = \frac{q^N}{N!} \tag{3-70b}$$

配分函数是一个无因次量。统计热力学的主要目的是从粒子的微观运动状态来推求体系的宏观性质，它将宏观性质看成是各微观运动状态的某一物理量的统计平均值。对于孤立体系（U、V、N一定），由于最可几分布实际上可以代替体系一切可能的分布，于是要求出体系的宏观性质，只要将最可几分布代表的那些微观状态相应的微观物理量加以统计平均即可。上面我们指出配分函数代表了粒子在各能级上的分配特性，它反映了最可几分布的特征，因此可以通过配分函数来研究微观运动形态和宏观性质的关系。下面我们将看到所有热力学宏观性质都可以通过配分函数来求得。

3.5.2 配分函数与热力学函数的关系

虽然由玻尔兹曼熵定理$S=k\ln\Omega\approx k\ln t_{\max}$已建立了微观性质与宏观性质的联系，但统计热力学往往并不是直接通过具体计算$t_{\max}$来沟通微观和宏观，而是通过配分函数来建立二者的联系，只要能算出粒子的配分函数，就可求得体系的热力学函数。

3.5.2.1 独立非定位体系

由玻尔兹曼熵定理$S=k\ln t_{\max}$，代入$t_{\max}$的表达式并引用最可几分布的结果，有

$$S=k\ln t_{\max}=k\ln\left(\prod_i\frac{g_i^{N_i}}{N_i!}\right)=k\ln\frac{q^N}{N!}+\frac{U}{T} \tag{3-71}$$

（1）亥姆霍兹函数A　根据$A=U-TS$，代入式（3-71）得

$$A=U-TS=U-Tk\ln\frac{q^N}{N!}-U=-kT\ln\frac{q^N}{N!} \tag{3-72}$$

（2）熵S　由热力学函数间关系式$\left(\frac{\partial A}{\partial T}\right)_{V,N}=-S$有

$$S=-\left(\frac{\partial A}{\partial T}\right)_{V,N}=\left[\frac{\partial}{\partial T}\left(kT\ln\frac{q^N}{N!}\right)\right]_{V,N}=k\ln\frac{q^N}{N!}+NkT\left(\frac{\partial\ln q}{\partial T}\right)_{V,N} \tag{3-73}$$

（3）内能U　根据$U=A+TS$，代入A和S可得

$$U=A+TS=-kT\ln\frac{q^N}{N!}+kT\ln\frac{q^N}{N!}+NkT^2\left(\frac{\partial\ln q}{\partial T}\right)_{V,N}=NkT^2\left(\frac{\partial\ln q}{\partial T}\right)_{V,N} \tag{3-74}$$

（4）吉布斯函数G　从式（3-72）得压力p为

$$p=-\left(\frac{\partial A}{\partial V}\right)_{T,N}=NkT\left(\frac{\partial\ln q}{\partial V}\right)_{T,N} \tag{3-75}$$

根据定义$G=A+pV$，将A、p代入，得

$$G=A+pV=-kT\ln\frac{q^N}{N!}+NkTV\left(\frac{\partial\ln q}{\partial V}\right)_{T,N} \tag{3-76}$$

（5）焓H

$$\begin{aligned}H&=G+TS=-kT\ln\frac{q^N}{N!}+NkTV\left(\frac{\partial\ln q}{\partial V}\right)_{T,N}+kT\ln\frac{q^N}{N!}+NkT^2\left(\frac{\partial\ln q}{\partial T}\right)_{V,N}\\&=NkTV\left(\frac{\partial\ln q}{\partial V}\right)_{T,N}+NkT^2\left(\frac{\partial\ln q}{\partial T}\right)_{V,N}\end{aligned} \tag{3-77}$$

（6）定容热容C_V

$$C_V=\left(\frac{\partial U}{\partial T}\right)_{V,N}=\frac{\partial}{\partial T}\left[NkT^2\left(\frac{\partial\ln q}{\partial T}\right)_{V,N}\right]_V \tag{3-78}$$

3.5.2.2 独立定域粒子体系

用同样的方法（$t_{\max}$的表达式不一样）也可以导出定域粒子体系的热力学函数表达式。

$$S=k\ln t_{\max}=k\ln\left(N!\prod_i\frac{g_i^{N_i}}{N_i!}\right)=k\ln q^N+\frac{U}{T} \tag{3-79}$$

(1) 亥姆霍兹函数 A

$$A=U-TS=U-kT\ln q^N+U=-kT\ln q^N \tag{3-80}$$

(2) 熵 S

$$S=Nk\left[\frac{\partial}{\partial T}(T\ln q)\right]_{V,N}=Nk\ln q+NkT\left(\frac{\partial \ln q}{\partial T}\right)_{V,N} \tag{3-81}$$

(3) 内能 U

$$U=NkT^2\left(\frac{\partial \ln q}{\partial T}\right)_{V,N} \tag{3-82}$$

(4) 吉布斯函数 G

$$p=-\left(\frac{\partial A}{\partial V}\right)_{T,N}=NkT\left(\frac{\partial \ln q}{\partial V}\right)_{T,N}$$

$$G=-kT\ln q^N+NkTV\left(\frac{\partial \ln q}{\partial T}\right)_{T,N} \tag{3-83}$$

(5) 焓 H

$$H=U+pV=NkT^2\left(\frac{\partial \ln q}{\partial T}\right)_{V,N}+NkTV\left(\frac{\partial \ln q}{\partial V}\right)_{T,N} \tag{3-84}$$

(6) 定容热容 C_V

$$C_V=\frac{\partial}{\partial T}\left[NkT^2\left(\frac{\partial \ln q}{\partial T}\right)_{V,N}\right]_V \tag{3-85}$$

由上列公式可见，无论定域粒子体系或非定域粒子体系，U、H、C_V 的表达式是一样的，只是 A、S、G 上相差一些常数项。这是因为 A、S、G 与熵有关，与粒子定域与不定域有关，因而有一个与等同性修正项相关的常数项，而 U、H 只与体系能量有关，与粒子可区别与否无关，在求 Δ 值时这些常数项可消去。

3.5.3 配分函数的分离

独立的定域粒子体系中，设粒子的运动独立，则每个粒子的各种运动形式也是独立的。一个分子总的运动能可以认为是各种运动形式能量的加和，即分子处于某能级的总能量等于各种运动能量之和。

$$\varepsilon_i=\varepsilon_i^{\mathrm{t}}+\varepsilon_i^{\mathrm{r}}+\varepsilon_i^{\mathrm{v}}+\varepsilon_i^{\mathrm{e}}+\varepsilon_i^{\mathrm{n}} \tag{3-86}$$

总的简并度等于各种运动形式简并度的乘积

$$g_i=g_i^{\mathrm{t}}g_i^{\mathrm{r}}g_i^{\mathrm{v}}g_i^{\mathrm{e}}g_i^{\mathrm{n}} \tag{3-87}$$

单个分子的配分函数 q 为

$$\begin{aligned}
q &= \sum_i g_i\exp(-\varepsilon_i/kT)=\sum_i (g_i^{\mathrm{t}}g_i^{\mathrm{r}}g_i^{\mathrm{v}}g_i^{\mathrm{e}}g_i^{\mathrm{n}})\exp\left(-\frac{\varepsilon_i^{\mathrm{t}}+\varepsilon_i^{\mathrm{r}}+\varepsilon_i^{\mathrm{v}}+\varepsilon_i^{\mathrm{e}}+\varepsilon_i^{\mathrm{n}}}{kT}\right)\\
&=\left[\sum_i g_i^{\mathrm{t}}\exp(-\varepsilon_i^{\mathrm{t}}/kT)\right]\left[\sum_i g_i^{\mathrm{r}}\exp(-\varepsilon_i^{\mathrm{r}}/kT)\right]\\
&\quad\left[\sum_i g_i^{\mathrm{v}}\exp(-\varepsilon_i^{\mathrm{v}}/kT)\right]\left[\sum_i g_i^{\mathrm{e}}\exp(-\varepsilon_i^{\mathrm{e}}/kT)\right]\left[\sum_i g_i^{\mathrm{n}}\exp(-\varepsilon_i^{\mathrm{n}}/kT)\right]\\
&=q^{\mathrm{t}}q^{\mathrm{r}}q^{\mathrm{v}}q^{\mathrm{e}}q^{\mathrm{n}}
\end{aligned} \tag{3-88}$$

式中，q^{t}、q^{r}、q^{v}、q^{e}、q^{n} 分别称为平动配分函数、转动配分函数、振动配分函数、电子配分函数和核运动配分函数，分别代表了各运动形式对配分函数 q 的贡献。由于可将分子的总配分函数解析为各运动形式配分函数的乘积，所以式 (3-88) 又代表了配分函数的析因子性质。

式 (3-88) 中第一项因子 q^{t} 与分子整体运动有关，而后面四项与分子内部运动有关，因此后面四项又可乘在一起 $q^{t}q^{v}q^{e}q^{n}=q^{int}$，$q^{int}$称为内配分函数。所以式（3-88）又可写为

$$q=q^{t}q^{int}$$

而 $q^{int}=\sum_i g_i^{int}\exp\left(-\varepsilon_i^{int}/kT\right)$，$\varepsilon_i^{int}$ 是 i 能级上各种内部运动形式能量的总和。

由于配分函数可以解析为各种运动配分函数的乘积，热力学函数也可表示为各种运动形式的独立贡献之和。例如亥姆霍兹函数 A，对于定位体系

$$\begin{aligned}A&=-NkT\ln q=-NkT\ln q^{t}-NkT\ln q^{r}-NkT\ln q^{v}-NkT\ln q^{e}-NkT\ln q^{n}\\&=A_t+A_r+A_v+A_e+A_n\end{aligned}\qquad(3\text{-}89)$$

对于非定位体系

$$\begin{aligned}A&=-kT\ln\frac{q^N}{N!}=-kT\ln\frac{(q^{t})^N}{N!}-NkT\ln q^{r}-NkT\ln q^{v}-NkT\ln q^{e}-NkT\ln q^{n}\\&=A_t+A_r+A_v+A_e+A_n\end{aligned}\qquad(3\text{-}90)$$

在以上的处理中，等同性修正项 $\ln\frac{1}{N!}$归属于平动。平动运动粒子在空间交换位置，与粒子可别与否有关，而内部运动只与分子内部结构有关，与其他粒子无关。由此可见，在亥姆霍兹函数 A 的表达式中，定位体系与非定位体系只在第一项即平动项相差 $kT\ln N!$，其余各项是相同的。定位体系与非定位体系熵 S 和 Gibbs 函数 G 表达式的区别也仅在平动项相差一个常数（即把 $\ln\frac{1}{N!}$归并于平动项），其余各种运动，如转动、振动、电子和核运动，无论定位体系还是非定位体系，热力学函数与相应运动配分函数的关系式都是完全相同的。

3.6 配分函数的计算及其对热力学函数的贡献

The Calculation of Partition Function and it's Contribution to Thermodynamic Functions

由配分函数与热力学函数的关系可见，只要能求得各种运动的配分函数就能求得它对各热力学函数的贡献值。

3.6.1 平动运动

3.6.1.1 平动配分函数

分子的平动，就是把分子看成一个整体，分析它在允许体积内的质心运动，这相当于一个粒子在三维势箱中的运动，分子可简化为三维平动子。设分子的质量为 m，在体积为 $(a\times b\times c)$ 的势箱中做平动运动，由前面的介绍可知其平动能量表达式为

$$\varepsilon_i^{t}=\frac{h^2}{8m}\left(\frac{n_x^2}{a^2}+\frac{n_y^2}{b^2}+\frac{n_z^2}{c^2}\right)\qquad n_x、n_y、n_z=1,2,\cdots$$

则

$$\begin{aligned}q^{t}&=\sum_i g_i^{t}\exp(-\varepsilon_i^{t}/kT)=\sum_{量子态}\exp(-\varepsilon_i^{t}/kT)\\&=\sum_{n_x}\sum_{n_y}\sum_{n_z}\exp(-\varepsilon_i^{t}/kT)\end{aligned}\qquad(3\text{-}91)$$

上式中 g_i^{t} 代表了第 i 能级上所有的量子态，第二个等式是对所有量子态求和，g_i^{t} 不再出现了。又由于平动运动的量子态是由 n_x、n_y、n_z 的不同取值决定的，所以对所有量子态求和即是对所有 n_x、n_y、n_z 可能取值求和。将 ε_i^{t} 表达式代入式（3-91）中，得到

$$q^{t}=\sum_{n_x=1}^{\infty}\sum_{n_y=1}^{\infty}\sum_{n_z=1}^{\infty}\exp\left[-\frac{h^2}{8mkT}\left(\frac{n_x^2}{a^2}+\frac{n_y^2}{b^2}+\frac{n_z^2}{c^2}\right)\right]$$
$$=\sum_{n_x=1}^{\infty}\exp\left(-\frac{h^2}{8mkT}\times\frac{n_x^2}{a^2}\right)\sum_{n_y=1}^{\infty}\exp\left(-\frac{h^2}{8mkT}\times\frac{n_y^2}{b^2}\right)\sum_{n_z=1}^{\infty}\exp\left(-\frac{h^2}{8mkT}\times\frac{n_x^2}{c^2}\right)$$
$$=q_x^{t}q_y^{t}q_z^{t} \tag{3-92}$$

q_x^{t}、q_y^{t}、q_z^{t} 分别为在 x、y、z 方向上平动运动的配分函数。事实上，这三项完全相似，只要求出其中的一项，其他两项可以类推。如求 q_x^{t}，令 $\frac{h^2}{8mkTa^2}=\alpha^2$

则
$$q_x^{t}=\sum_{n_x=1}^{\infty}\exp\left(-\frac{h^2}{8mkT}\times\frac{n_x^2}{a^2}\right)=\sum_{n_x=1}^{\infty}\exp(-\alpha^2n_x^2)$$

α^2 是一个很小的数值。例如在 300K、$a=0.1m$ 时，对 H_2 分子来说，$m=3.32\times10^{-27}$ kg，于是

$$\alpha^2=\frac{h^2}{8mkTa^2}=\frac{(6.626\times10^{-34}\,\text{J}\cdot\text{s})^2}{8\times3.32\times10^{-27}\,\text{kg}\times1.38\times10^{-23}\,\text{J}\cdot\text{K}^{-1}\times300\text{K}\times(0.1\text{m})^2}$$
$$=4.0\times10^{-19}$$

α^2 远远小于 1。对于其他分子，m 更大，a 也可能选得更大，所以 α^2 更小。也就是说，当 $\alpha^2\ll 1$ 时，求和项中每一项相差很小，变数的变化可以认为是连续的，因此可用积分代替求和，即

$$q_x^{t}=\int_1^{\infty}\exp(-\alpha^2n_x^2)\,\mathrm{d}n_x\approx\int_0^{\infty}\exp(-\alpha^2n_x^2)\,\mathrm{d}n_x$$

引用积分公式 $\int_0^{\infty}\exp(-ax^2)\mathrm{d}x=\frac{1}{2}\sqrt{\frac{\pi}{a}}$，得

$$q_x^{t}=\int_0^{\infty}\exp(-\alpha^2n_x^2)\,\mathrm{d}n_x=\frac{1}{2}\sqrt{\frac{\pi}{\alpha^2}}=\left(\frac{2\pi mkT}{h^2}\right)^{1/2}a$$

同理可得

$$q_y^{t}=\left(\frac{2\pi mkT}{h^2}\right)^{1/2}b\qquad q_z^{t}=\left(\frac{2\pi mkT}{h^2}\right)^{1/2}c$$

那么

$$q^{t}=\left(\frac{2\pi mkT}{h^2}\right)^{3/2}abc=\left(\frac{2\pi mkT}{h^2}\right)^{3/2}V \tag{3-93}$$

对于独立的非定域粒子体系，粒子间相互作用可忽略不计，典型的例子就是理想气体体系。通过讨论平动配分函数在独立非定域粒子体系的应用，可以算出平动对理想气体的热力学函数的贡献。

3.6.1.2 平动的热力学性质

由式 (3-93) 可见平动配分函数与 T、V 有关。

$$\ln q^{t}=\frac{3}{2}\ln T+\ln V+\frac{3}{2}\ln\left(\frac{2\pi mk}{h^2}\right)$$
$$\left(\frac{\partial\ln q^{t}}{\partial T}\right)_{V,N}=\frac{3}{2}\times\frac{1}{T}$$
$$\left(\frac{\partial\ln q^{t}}{\partial V}\right)_{T,N}=\frac{1}{V}$$

(1) 平动能 U_t

$$U_t=NkT^2\left(\frac{\partial\ln q^{t}}{\partial T}\right)_{V,N}=NkT^2\times\frac{3}{2T}=\frac{3}{2}NkT \tag{3-94}$$

当 $N=L$ 时，$U_{t,m}=\frac{3}{2}RT$。平动有三个自由度，相当于每个自由度上平均分配 $\frac{1}{2}RT$ 能量，这与经典理论是一致的。这是因为处理平动问题时，把平动能级看作是连续的而不是量子化的，因而与经典理论一致。

(2) 平动恒容摩尔热容

$$C_{V,m}^{t}=\left(\frac{\partial U_{t,m}}{\partial T}\right)_V=\frac{3}{2}R \tag{3-95}$$

单原子理想气体，没有转动、振动，只有平动，如再忽略电子和核运动，则

$$C_{V,m}\approx C_{V,m}^{t}=\frac{3}{2}R$$

(3) 压力

$$p=NkT\left(\frac{\partial \ln q^t}{\partial V}\right)_{T,N}=NkT\left(\frac{\partial \ln q^t}{\partial V}\right)_{T,N}=\frac{NkT}{V}=\frac{nRT}{V} \tag{3-96}$$

这便是从统计热力学导出的理想气体状态方程式，与经验式相一致。这表明理想气体的压力与内部运动即转动、振动、电子和核运动自由度无关。

(4) 平动熵

$$S_t=k\ln\frac{(q^t)^N}{N!}+NkT\left(\frac{\partial \ln q^t}{\partial T}\right)_{V,N}=Nk\ln q^t-Nk\ln N+Nk+NkT\frac{3}{2T}$$

$$=Nk\left[\ln\frac{q^t}{N}+\frac{5}{2}\right]=Nk\left\{\ln\left[\left(\frac{2\pi mkT}{h^2}\right)^{3/2}\frac{V}{N}\right]+\frac{5}{2}\right\} \tag{3-97}$$

常把上式称为沙克尔-特鲁德（Sackur-Tetrode）公式。当 $N=L$ 时，就 1mol 理想气体而言，沙克尔-特鲁德公式写作

$$S_{t,m}=R\left\{\ln\left[\left(\frac{2\pi mkT}{h^2}\right)^{3/2}\frac{V_m}{L}\right]+\frac{5}{2}\right\}$$

式中所有物理量量纲均采用 SI 制即可。实际应用时一般采用下面经过变换化简的公式

$$S_{t,m}=R\left(\frac{5}{2}\ln T+\frac{3}{2}\ln M-\ln p+A\right) \tag{3-98}$$

在 SI 单位制中，$A=\ln\frac{\left(2\pi\frac{k}{L}\right)^{3/2}R}{Lh^3}+\frac{5}{2}=20.72$

注意，这里的 M 是物质的摩尔质量（$\mathrm{kg\cdot mol^{-1}}$）。因此只要知道了构成体系的气体种类，以及体系所处的压力和温度，就可以由式（3-98）计算出平动对熵的贡献。

【例 3-5】 计算 298.15K、标准压力 $p^{\ominus}$ 下，1mol N_2 的平动配分函数和摩尔平动熵。

［解］ 已知 N_2　$M=14.008\times10^{-3}\times2\mathrm{kg\cdot mol^{-1}}$，

所以
$$m=\frac{14.008\times10^{-3}\times2\mathrm{kg\cdot mol^{-1}}}{6.023\times10^{23}\mathrm{mol^{-1}}}=4.6515\times10^{-26}\mathrm{kg}$$

$$V=\frac{nRT}{p^{\ominus}}=\frac{8.314\mathrm{J\cdot K^{-1}\cdot mol^{-1}}\times298.15\mathrm{K}\times1\mathrm{mol}}{101325\mathrm{Pa}}=0.02446\mathrm{m^3}$$

于是

$$q^t=\left(\frac{2\pi mkT}{h^2}\right)^{3/2}V$$

$$=\left[\frac{2\times3.1416\times4.6515\times10^{-26}\mathrm{kg}\times1.38\times10^{-23}\mathrm{J\cdot K^{-1}}\times298.15\mathrm{K}}{6.626\times10^{-34}\mathrm{J\cdot s^2}}\right]^{3/2}\times0.02446\mathrm{m^3}$$

$$=3.51\times10^{30}$$

$$S_{t,m}=R\left(\frac{5}{2}\ln T+\frac{3}{2}\ln M-\ln p+20.72\right)$$

$$=8.314\text{J}\cdot\text{K}^{-1}\cdot\text{mol}^{-1}\left[\frac{5}{2}\ln 298.15+\frac{3}{2}\ln(14.008\times2\times10^{-3})-\ln 101325+20.72\right]$$

$$=150.28\text{J}\cdot\text{K}^{-1}\cdot\text{mol}^{-1}$$

3.6.2 转动运动

多原子分子除了质心的整体平动以外，在内部运动中还有转动和振动。这两种运动一般互有影响，为简便起见，忽略这种振转耦合相互作用，并把多原子分子绕质心的转动视为刚性转子的转动运动。先讨论双原子分子的情况，然后再推及线性和非线性多原子分子。

3.6.2.1 双原子分子的转动配分函数 q^{r}

对于异核双原子分子（以 A—B 表示），前已得到转动能级的表达式为

$$\varepsilon_i^{\mathrm{r}}=\frac{J(J+1)h^2}{8\pi^2 I}\qquad J=0,1,2,\cdots$$

其中 $I=\mu r^2$，$\mu=m_{\mathrm{A}}m_{\mathrm{B}}/(m_{\mathrm{A}}+m_{\mathrm{B}})$，能级简并度为 $g_i^{\mathrm{r}}=2J+1$，于是转动配分函数为

$$q^{\mathrm{r}}=\sum_i g_i^{\mathrm{r}}\exp\left(-\frac{\varepsilon_i^{\mathrm{r}}}{kT}\right)=\sum_{J=0}^{\infty}(2J+1)\exp\left[-\frac{J(J+1)h^2}{8\pi^2 IkT}\right]\tag{3-99}$$

令

$$\Theta_{\mathrm{r}}=\frac{h^2}{8\pi^2 Ik}\tag{3-100}$$

Θ_{r} 称为转动特征温度（rotational characteristic temperature）（因具有温度量纲），其值可由光谱数据测得分子的转动惯量 I 再由式（3-100）算出。表 3-3 中列出了一些双原子分子的转动特征温度。

表 3-3 一些气体物质的转动和振动特征温度

分子	Θ_{r}/K	$\Theta_{\mathrm{v}}/\times10^3$K	分子	Θ_{r}/K	$\Theta_{\mathrm{v}}/\times10^3$K
H_2	85.4	6.33	I_2	0.0537	0.31
HD	64.27	5.23	CO	2.766	3.07
D_2	43.03	4.31	NO	2.42	2.69
N_2	2.863	3.35	HCl	15.2	4.4
O_2	2.069	2.24	HBr	12.1	3.7
Cl_2	0.346	0.80	HI	9.0	3.2

当 $T\gg\Theta_{\mathrm{r}}$ 时（一般要求 $T>5\Theta_{\mathrm{r}}$ 即可），式（3-99）中两相邻求和项的值非常接近，故可用积分代替求和。在常温下，大多数气体的 Θ_{r} 较小，满足上述条件，因此 q^{r} 可由积分求出

$$q^{\mathrm{r}}=\int_0^{\infty}(2J+1)\exp\left[-\frac{J(J+1)\Theta_{\mathrm{r}}}{T}\right]\mathrm{d}J$$

令 $t=J(J+1)$，$\mathrm{d}t=(2J+1)\mathrm{d}J$，代入上式后得

$$q^{\mathrm{r}}=\int_0^{\infty}\exp\left(-\frac{\Theta_{\mathrm{r}}}{T}t\right)\mathrm{d}t=-\frac{T}{\Theta_{\mathrm{r}}}\exp\left(-\frac{\Theta_{\mathrm{r}}}{T}t\right)\Bigg|_0^{\infty}$$

$$=\frac{T}{\Theta_{\mathrm{r}}}=\frac{8\pi^2 IkT}{h^2}\tag{3-101}$$

若$\frac{\Theta_r}{T}\leqslant 0.01$，由式（3-101）所得的 q^r 的误差在 0.1%以内；若$\frac{\Theta_r}{T}\leqslant 0.3$，而仍希望误差在 0.1%以内，则 q^r 值可用下式计算。

$$q^r=\frac{T}{\Theta_r}\left(1+\frac{\Theta_r}{3T}+\frac{\Theta_r}{15T^2}\right) \tag{3-102}$$

式（3-101）和式（3-102）只适用于异核双原子分子。对同核双原子分子（A—A），光谱实验表明，由于波函数对称性的要求，这类分子转动量子数只能在 0～∞之间取偶数或奇数值，即

$$(q^r)'=\sum_{J=0,2,4,\cdots}^{\infty}(2J+1)\exp\left[-\frac{J(J+1)\Theta_r}{T}\right]dJ$$

或

$$(q^r)''=\sum_{J=1,3,5,\cdots}^{\infty}(2J+1)\exp\left[-\frac{J(J+1)\Theta_r}{T}\right]dJ$$

因求和项数多，故可认为 $(q^r)'=(q^r)''=\frac{1}{2}q^r=T/2\Theta_r$。可以这样来理解公式中出现的 2。当 A—A 分子绕垂直于 A—A 连线中心的轴转动 360°时，分子的构型要复原两次，也就是说其对应的微观状态无法区别，所以在配分函数中要除以 2。于是，双原子分子的配分函数 q^r 可表示为

$$q^r=\frac{T}{\sigma\Theta_r} \tag{3-103}$$

异核分子，$\sigma=1$；同核分子，$\sigma=2$。σ 称为对称数（symmetry number），它是分子绕对称轴转动 360°时分子构型复原的次数。若分子中有多个对称轴，取轴次最高的主轴作为旋转轴。

3.6.2.2 多原子分子的转动配分函数

对于线型多原子分子，转动配分函数 q^r 仍由式（3-103）求，$\sigma=1$ 对应着不对称分子（A—B—C），$\sigma=2$ 为对称分子（A—B—A）。但对于非线型多原子分子，q^r 应用下式计算（推导从略）。

$$q^r=\frac{8\pi^2(2\pi kT)^{3/2}}{\sigma h^3}(I_xI_yI_z)^{1/2} \tag{3-104a}$$

若设 $\Theta_{r,i}=\frac{h^2}{8\pi^2 I_i k}$，$i=x$，$y$，$z$。

则上式又可写为

$$q^r=\frac{\sqrt{\pi}}{\sigma}\left(\frac{T^3}{\Theta_{r,x}\Theta_{r,y}\Theta_{r,z}}\right)^{1/2} \tag{3-104b}$$

式中，I_x、I_y、I_z 分别是在三个轴上的转动惯量；$\Theta_{r,x}$、$\Theta_{r,y}$ 和 $\Theta_{r,z}$ 则分别是在三个转动轴上的转动特征温度。其转动的热力学性质的公式是一样的。

3.6.2.3 双原子分子的转动热力学性质

对于双原子分子　　$q^r=\frac{T}{\sigma\Theta_r}$，$\ln q^r=\ln T-\ln\sigma-\ln\Theta_r$

$$\left(\frac{\partial \ln q^r}{\partial T}\right)_{V,N}=\frac{1}{T}\left(\frac{\partial \ln q^r}{\partial V}\right)_{T,N}=0$$

（1）转动能 U_r

$$U_r=NkT^2\left(\frac{\partial \ln q^r}{\partial T}\right)_{V,N}=NkT^2\times\frac{1}{T}=NkT \tag{3-105}$$

$$U_{r,m}=RT=\left(\frac{1}{2}RT\right)\times 2$$

线型分子有两个转动自由度，每个自由度上均分$\frac{1}{2}RT$的能量，这与经典理论一致。

(2) 转动恒容热容 C_V^r

$$C_V^r=\left(\frac{\partial U_r}{\partial T}\right)_V=Nk \tag{3-106}$$

$$C_{V,m}^r=R$$

常温下，双原子分子不考虑振动、电子和核运动时

$$C_{V,m}=C_{V,m}^t+C_{V,m}^r=\frac{3}{2}R+R=\frac{5}{2}R$$

(3) 转动熵 S_r

$$S_r=Nk\ln q^r+NkT\left(\frac{\partial \ln q^r}{\partial T}\right)_{V,N}=Nk\left[\ln\left(\frac{8\pi^2 IkT}{\sigma h^2}\right)+1\right]=Nk\left[\ln\frac{T}{\sigma\Theta_r}+1\right]$$

上式仍可化为较简单的形式

$$S_{r,m}=R(\ln I+\ln T-\ln\sigma+B) \tag{3-107}$$

式中，$B=\ln\frac{8\pi^2 k}{h^2}+1$，在 SI 单位制中其值为 105.52。

【例 3-6】 CO 的转动惯量 $I=1.45\times10^{-46}\,\text{kg}\cdot\text{m}^2$，计算 298.15K 时的转动特征温度 Θ_r、转动配分函数 q^r 和摩尔转动熵 $S_{r,m}$。

［解］ $\Theta_r=\frac{h^2}{8\pi^2 Ik}=\frac{(6.626\times10^{-34}\,\text{J}\cdot\text{s})^2}{8\times3.14^2\times1.45\times10^{-46}\,\text{kg}\cdot\text{m}^2\times1.38\times10^{-23}\,\text{J}\cdot\text{K}^{-1}}=2.78\text{K}$

$$q^r=\frac{T}{\sigma\Theta_r}=\frac{298.15\text{K}}{1\times2.78\text{K}}=107.2$$

$$S_{r,m}=R\left(\ln\frac{T}{\sigma\Theta_r}+1\right)=R(\ln q^r+1)=8.314\,\text{J}\cdot\text{K}^{-1}\cdot\text{mol}^{-1}\times(\ln 107.2+1)$$

$$=47.18\,\text{J}\cdot\text{K}^{-1}\cdot\text{mol}^{-1}$$

3.6.3 振动运动

3.6.3.1 双原子分子的振动配分函数 q^v

双原子分子中，两个原子沿着化学键的方向在平衡位置附近做周期性来回位移运动，只有一种正则振动模式，是一维简谐振动。分子的振动能为

$$\varepsilon_i^v=(v+\frac{1}{2})h\nu \qquad v=0,1,2,\cdots$$

简并度 $g_i^v=1$ 是非简并的。所以

$$q^v=\sum_i g_i^v\exp(-\varepsilon_i^v/kT)=\sum_{v=0}^{\infty}\exp\left[-\frac{\left(\frac{1}{2}+v\right)h\nu}{kT}\right]$$

$$=\exp\left(-\frac{h\nu}{2kT}\right)\sum_{v=0}^{\infty}\exp\left(-\frac{h\nu}{kT}v\right) \tag{3-108}$$

振动能级间隔相对较大，比如 CO 气体分子，$h\nu/k=3070$，当 $T=300\text{K}$ 时，$h\nu/kT=10.23$，因此，式（3-108）中的求和项不能用积分代替。但在常温下，$h\nu/kT\gg1$，$\exp(-h\nu/kT)\ll1$，可利用级数公式求得 q^{v}。

已知级数公式，当 $x\ll1$，有

$$1+x+x^2+\cdots=\frac{1}{1-x}$$

现设 $x=\exp(-h\nu/kT)\ll1$，于是，用上面级数公式得

$$\sum_{v=0}^{\infty}\exp\left(-\frac{h\nu}{kT}v\right)=1+\exp\left(-\frac{h\nu}{kT}\right)+\left[\exp\left(-\frac{h\nu}{kT}\right)\right]^2+\cdots$$

$$=\frac{1}{1-\exp\left(-\frac{h\nu}{kT}\right)}$$

得到

$$q^{\text{v}}=\frac{\exp\left(-\frac{h\nu}{2kT}\right)}{1-\exp\left(-\frac{h\nu}{kT}\right)}=\frac{\exp\left(-\frac{\Theta_{\text{v}}}{2T}\right)}{1-\exp\left(-\frac{\Theta_{\text{v}}}{T}\right)} \tag{3-109}$$

若规定基态的振动能为零（即零点振动能 $\varepsilon_{\text{v},0}=\frac{1}{2}h\nu=0$），则

$$q^{\text{v}}=\frac{1}{1-\exp\left(-\frac{h\nu}{kT}\right)}=\frac{1}{1-\exp\left(-\frac{\Theta_{\text{v}}}{T}\right)} \tag{3-110}$$

式中，$\Theta_{\text{v}}=h\nu/k$，具有温度的量纲，称为分子的振动特征温度（vibrational characteristic temperature），其值可由分子振动光谱得到。

表 3-3 列出了一些双原子分子的振动特征温度。振动特征温度 Θ_{v} 是物质的一个非常重要的性质，Θ_{v} 的大小表征了分子振动运动激发的难易程度。这可以通过下面的例子来说明。

如 CO 气体的 $\Theta_{\text{v}}=3070\text{K}$、$T=300\text{K}$ 时，处于激发态的分子数为

$$\frac{N(v\neq0)}{N}=1-\frac{N(v=0)}{N}$$

$$=1-\frac{\exp\left(-\frac{\Theta_{\text{v}}}{2T}\right)}{\exp\left(-\frac{\Theta_{\text{v}}}{2T}\right)\left[1-\exp\left(-\frac{\Theta_{\text{v}}}{T}\right)\right]^{-1}}$$

$$=\exp\left(-\frac{\Theta_{\text{v}}}{T}\right)=\exp\left(-\frac{3070\text{K}}{300\text{K}}\right)=3.6\times10^{-5}$$

又如 $I_2(g)$，$\Theta_{\text{v}}=310\text{K}$、$T=300\text{K}$ 时处于激发态的分子分数为

$$\frac{N(v\neq0)}{N}=\exp\left(-\frac{\Theta_{\text{v}}}{T}\right)=\exp\left(-\frac{310}{300}\right)=0.356$$

可见，当 T 一定时，Θ_{v} 越高，处于激发态的分子分数越小，分子越不易激发。若我们取 $T=500\text{K}$，计算出 CO 分子处于激发态的分数上升到 0.538，可见对同一物质，Θ_{v} 相同，T 越高，处于激发态的分子越多。也就是说在较低温度下很难激发分子向高振动能级跃迁，这时，几乎所有分子都集中在振动基态上。

3.6.3.2 振动的热力学性质

对于由双原子气体分子构成的体系，振动对热力学函数的贡献可计算如下。

（1）振动能

对式（3-110）两边取对数得

$$\ln q^{v}=-\ln\left[1-\exp(-\frac{\Theta_v}{T})\right]$$

$$\left(\frac{\partial \ln q^{v}}{\partial T}\right)_{V,N}=\frac{\Theta_v}{T^2}\frac{1}{\left[\exp(\frac{\Theta_v}{T})-1\right]}$$

$$U_v=NkT^2\left(\frac{\partial \ln q^{v}}{\partial T}\right)_{V,N}=\frac{Nk\Theta_v}{\exp\left(\frac{\Theta_v}{T}\right)-1} \quad (3\text{-}111)$$

$$U_{V,m}=\frac{R\Theta_v}{\exp\left(\frac{\Theta_v}{T}\right)-1} \quad (3\text{-}112)$$

（2）摩尔恒容振动热容

$$C_{V,m}^{v}=\left(\frac{\partial U_{V,m}}{\partial T}\right)_{v}=R\frac{\left(\frac{\Theta_v}{T}\right)^2\exp\left(\frac{\Theta_v}{T}\right)}{\left[\exp\left(\frac{\Theta_v}{T}\right)-1\right]^2} \quad (3\text{-}113)$$

（3）振动熵 S_v

$$S_v=Nk\ln q^{v}+NkT\left[\frac{\partial \ln q^{v}}{\partial T}\right]_{V,N}$$

$$=-Nk\ln\left[1-\exp\left(-\frac{\Theta_v}{T}\right)\right]+Nk\frac{\Theta_v}{T}\left[\exp\left(\frac{\Theta_v}{T}\right)-1\right]^{-1} \quad (3\text{-}114)$$

【例 3-7】 计算气体 H_2 在 3000K 的振动配分函数 q^{v} 和振动摩尔熵 $S_{V,m}$。已知基态振动频率 $\tilde{\nu}$ 为 4405.3cm^{-1}。

［解］ $\Theta_v=\frac{h\nu}{k}=\frac{hc\tilde{\nu}}{k}$

$$=\frac{6.626\times10^{-34}\text{J}\cdot\text{s}\times3\times10^{8}\text{m}\cdot\text{s}^{-1}\times4405.3\times10^{2}\text{m}^{-1}}{1.38\times10^{-23}\text{J}\cdot\text{K}^{-1}}=6345.5\text{K}$$

$$q^{v}=\frac{1}{1-\exp\left(-\frac{\Theta_v}{T}\right)}=\frac{1}{1-\exp(-6345.5\text{K}/3000\text{K})}=1.14$$

$$S_{V,m}=-R\ln\left[1-\exp\left(-\frac{\Theta_v}{T}\right)\right]+\frac{R\Theta_v}{T}\left[\exp\left(\frac{\Theta_v}{T}\right)-1\right]^{-1}$$

$$=-8.314\text{J}\cdot\text{K}^{-1}\cdot\text{mol}^{-1}\times\ln\left[1-\exp\left(\frac{6345.5\text{K}}{3000\text{K}}\right)-1\right]+$$

$$8.314\text{J}\cdot\text{K}^{-1}\cdot\text{mol}^{-1}\times\frac{6345.5\text{K}}{3000\text{K}}\times\left[\exp\left(\frac{6345.5\text{K}}{3000\text{K}}\right)-1\right]^{-1}$$

$$=3.484\text{J}\cdot\text{K}^{-1}\cdot\text{mol}^{-1}$$

振动熵计算出来比平动、转动的贡献小得多。当 Θ_v 较高或低温时，$\frac{\Theta_v}{T}\gg1$，$e^{-\frac{\Theta_v}{T}}\ll1$，处于激发态的分子分数很小，这时可忽略激发态，$q^{v}$ 中求和项只取第一项，$q^{v}=1=$常数，$\left(\frac{\partial \ln q^{v}}{\partial T}\right)_{V,N}=0$，因此，此时振动对内能、热容、熵的贡献为零。

3.6.3.3　多原子分子的振动运动

对于多原子分子，需要考虑振动自由度。设分子中原子数为 n，一个原子的位置需要三个坐标参数来描述，那么 n 个独立的原子的总自由度为 $3n$。分子质心的平动运动需要三个自由度。对于线型分子，决定转动的自由度为 2，因此线型分子有（$3n-5$）个振动自由度。而对于非线型多原子分子，需要知道 3 个角度（欧拉角）才能决定分子整体骨架的空间取向，所以转动自由度为 3，余下（$3n-6$）个是振动自由度。多原子分子的振动运动可视为在各个振动自由度上彼此独立的简正振动（normal mode of vibration）的线性叠加。每一简正振动模式有特定的独立振动基频，与其他自由度上的简正振动方式无关，因而振动配分函数如下所述。

线型多原子分子

$$q^{\mathrm{v}}=\prod_{i=1}^{3n-5}\frac{\exp\left(-\dfrac{h\nu_i}{2kT}\right)}{1-\exp\left(-\dfrac{h\nu_i}{kT}\right)} \tag{3-115}$$

非线型多原子分子

$$q^{\mathrm{v}}=\prod_{i=1}^{3n-6}\frac{\exp\left(-\dfrac{h\nu_i}{2kT}\right)}{1-\exp\left(-\dfrac{h\nu_i}{kT}\right)} \tag{3-116}$$

当把振动基态能量选为零时，振动配分函数则如下所述。

线型多原子分子
$$q^{\mathrm{v}}=\prod_{i=1}^{3n-5}\frac{1}{1-\exp\left(-\dfrac{h\nu_i}{kT}\right)} \tag{3-117}$$

非线型多原子分子
$$q^{\mathrm{v}}=\prod_{i=1}^{3n-6}\frac{1}{1-\exp\left(-\dfrac{h\nu_i}{kT}\right)} \tag{3-118}$$

同样可以导出多原子分子振动对热力学函数贡献的关系式。

$$U_{V,\mathrm{m}}=R\sum_{i=1}^{3n-5(6)}\frac{\Theta_{\mathrm{v}i}}{\exp\left(\dfrac{\Theta_{\mathrm{v}i}}{T}\right)-1} \tag{3-119}$$

$$S_{V,\mathrm{m}}=R\sum_{i=1}^{3n-5(6)}\frac{\Theta_{\mathrm{v}i}/T}{\exp\left(\dfrac{\Theta_{\mathrm{v}i}}{T}\right)-1}-R\sum_{i=1}^{3n-5(6)}\ln\left[1-\exp\left(-\frac{\Theta_{\mathrm{v}i}}{T}\right)\right] \tag{3-120}$$

式中，$\Theta_{\mathrm{v}i}=h\nu_i/k$，为每一个简正振动模式的振动特征温度。

3.6.3.4　原子晶体热容理论

所谓原子晶体（atomic crystal），是指占据在晶格上的是原子，原子之间以非极性共价键连接的那一类固体物质。现在用统计热力学方法来处理原子晶体的热容问题。

(1) 杜隆-柏特（Dulong-Petit）经验规则　这个经验规则指出："固体物质的摩尔热容 $C_{V,\mathrm{m}}$ 大致相同，约为 $25\mathrm{J}\cdot\mathrm{K}^{-1}\cdot\mathrm{mol}^{-1}$"。表 3-4 给出了实验测得的一些原子晶体物质在常温下的摩尔恒容热容 $C_{V,\mathrm{m}}$。

表 3-4　固体物质的摩尔恒容热容（常温）

物　质	$C_{V,m}$/J·K^{-1}·mol^{-1}	物　质	$C_{V,m}$/J·K^{-1}·mol^{-1}
Al	25.7	Sn	27.8
Fe	26.6	Pt	26.3
Au	26.6	Ag	25.9
Cd	25.6	Zn	25.5
Cu	24.7	Si	19.6

经典理论的解释如下。理想的原子晶体可看成是独立的定位粒子体系。设晶体中有 N 个原子，原子在晶格上做简谐振动。按照能量均分原理，每一个自由度的运动能量均相等为 $\frac{1}{2}kT$。一个振动自由度包括动能项和势能项，所以能量为 $\frac{1}{2}kT+\frac{1}{2}kT=kT$。一个原子有三个振动自由度，$N$ 个原子相当于 $3N$ 个谐振子，具有 $3N$ 个振动自由度，其振动能为 $3NkT$。因此，1mol 的晶体的振动能为 $3RT$，热容为 $C_{V,m}=3R=24.942\text{J}\cdot\text{K}^{-1}\cdot\text{mol}^{-1}$。

但实际上原子序数在 19 以下的那些物质的热容是偏离杜隆-柏特规则的，即小于 $3R$。实验指出，在较低温度下，物质的热容随温度的下降而降低，且 $C_{V,m}$与 T^3 成正比，比例系数随物质的不同而不同。实验还指出，当温度 $T\to 0\text{K}$ 时，任何物质的摩尔恒容热容 $C_{V,m}$趋于零。这些事实是不能用杜隆-柏特经验规则和经典的能量按自由度均分原理来解释的。

（2）爱因斯坦的晶体热容理论　爱因斯坦提出以下假设：①晶体中的原子在固定位置附近做振动，即单个的晶体原子无平动、转动，不考虑电子、核运动对热容的贡献，观测到的热容量来源于依赖温度的振动能量；②每个原子都是彼此无关地振动着，一个原子的振动可以分解为三个简正模式，即相当于 3 个独立的谐振子；③每一振动模式的基频相同，用 ν_E 表示，因此，整个晶体的振动运动（N 个原子）视为 $3N$ 个频率为 ν_E 的独立的一维谐振子的振动组合。

已知谐振子的振动配分函数为

$$q^{\text{v}}=\frac{1}{1-\exp(-h\nu_E/kT)}=\frac{1}{1-\exp(-\Theta_E/T)}$$

式中，$\Theta_E=h\nu_E/k$，称为爱因斯坦振动特征温度（Einstein characteristic temperature）。对于统计单位为 $3N$ 个谐振子的体系，当规定零点振动能为零时，振动能量为

$$U_{\text{v}}=3Nk\frac{\Theta_E}{\exp(\frac{\Theta_E}{T})-1} \tag{3-121}$$

$$C_V=\left(\frac{\partial U}{\partial T}\right)_{V,N}=3Nk\frac{(\frac{\Theta_E}{T})^2\exp(\frac{\Theta_E}{T})}{[\exp(\frac{\Theta_E}{T})-1]^2} \tag{3-122}$$

当 $N=L$ 时，晶体的摩尔热容为

$$C_{V,m}=3R\frac{(\Theta_E/T)^2\exp\left(\frac{\Theta_E}{T}\right)}{\left[\exp\left(\frac{\Theta_E}{T}\right)-1\right]^2} \tag{3-123}$$

可见 $C_{V,m}$并不是常数而是随温度而变化的。存在以下两个极端情况。

① 高温时，$T\gg\Theta_E,\Theta_E/T\ll 1,\exp\left(\frac{\Theta_E}{T}\right)\approx 1+\frac{\Theta_E}{T}\approx 1$

$$C_{V,\mathrm{m}}=3R\left(\frac{\Theta_E}{T}\right)^2\frac{1}{(1+\Theta_E/T-1)^2}=3R$$

这就是杜隆-柏特规则。

② 极低温时，$T\to 0\mathrm{K}$，$\Theta_E/T\to\infty$，$\exp\left(\frac{\Theta_E}{T}\right)-1\approx\exp\left(\frac{\Theta_E}{T}\right)$

$$C_{V,\mathrm{m}}=3R\left(\frac{\Theta_E}{T}\right)^2\frac{1}{\exp(\Theta_E/T)}$$

$$\lim_{T\to 0\mathrm{K}}C_{V,\mathrm{m}}=\lim_{T\to 0\mathrm{K}}\left[3R\left(\frac{\Theta_E}{T}\right)^2\frac{1}{\exp\left(\frac{\Theta_E}{T}\right)}\right]=0$$

图 3-1 中给出了由爱因斯坦公式（3-124）得到的 $C_{V,\mathrm{m}}$ 与 T 的关系曲线。从图中可看出，爱因斯坦理论在高温和温度 $T\to 0\mathrm{K}$ 时是符合实验事实的。但在较低温度时，$C_{V,\mathrm{m}}$ 虽与 T 有关，但与 T^3 不成正比，理论值较实验值低。原因是爱因斯坦认为晶体中的振动是彼此完全独立的，且振动频率都一样，这是不合理的。

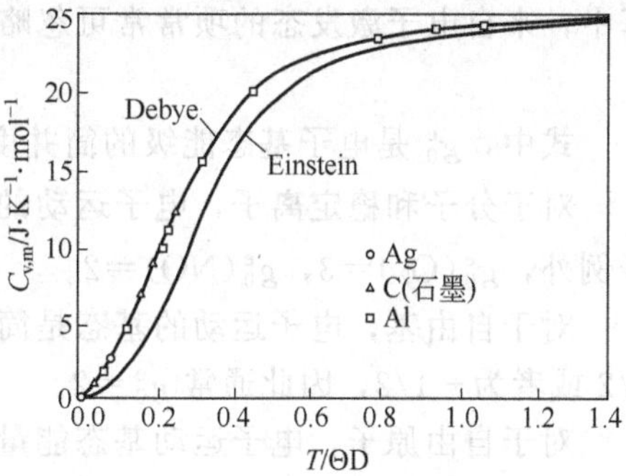

图 3-1　原子晶体热容与温度的关系

(3) 德拜（Debye）的校正　德拜方法避免采用爱因斯坦理论中将原子的振动看成相互独立的假设，德拜认为，在晶体中任何一个原子的运动都不可避免地要影响周围原子的运动，可以把晶体当作包含有 N 个原子的大分子来研究。因此，这个大分子的振动一般有 $3N$ 个振动模式（严格地说为 $3N-6$，此处 6 比较起 $3N$ 来可忽略不计），每个振动模式有一振动基频，它们不一定相同，在 $0\sim\nu_D$ 间分布，其中有一极大值，用 ν_D 表示，称为德拜振动频率（Debye vibration frequency）。据此可得到相应的热容为

$$C_V=k\sum_{i=1}^{3N}\left(\frac{\Theta_{vi}}{T}\right)^2\frac{\exp(\Theta_{vi}/T)}{[\exp(\Theta_{vi}/T)-1]^2}$$

经过数学处理可得到（证明从略，请参阅有关专著）

$$C_{V,\mathrm{m}}=9R\left(\frac{T}{\Theta_D}\right)^3\int_0^{\Theta_D/T}\frac{u^4\mathrm{e}^u}{(\mathrm{e}^u-1)^2}\mathrm{d}u \qquad (3\text{-}124)$$

其中 $u=h\nu/kT$，$\Theta_D=h\nu_D/k$，Θ_D 称为德拜特征温度（Debye characteristic temperature）。高温时 $T\gg\Theta_D$，$u\ll 1$，式（3-125）中被积函数可变为

$$\frac{u^4\mathrm{e}^u}{(\mathrm{e}^u-1)^2}=\frac{u^4(1+u+u^2/2!\cdots)}{(u+u^2/2!+\cdots)^2}\approx u^2$$

于是

$$C_{V,\mathrm{m}}=9R\left(\frac{T}{\Theta_D}\right)^3\int_0^{\Theta_D/T}u^2\mathrm{d}u=9R\left(\frac{T}{\Theta_D}\right)^3\left[\frac{1}{3}\left(\frac{\Theta_D}{T}\right)^3\right]=3R$$

对于低温来说，$\Theta_D/T\to\infty$，式（3-125）中积分可用下式代替

$$\int_0^{\infty}\frac{u^4\mathrm{e}^u}{(\mathrm{e}^u-1)^2}\mathrm{d}u=\frac{4}{15}\pi^4$$

因此

$$C_{V,\mathrm{m}}=9R\times\frac{4}{15}\pi^4\left(\frac{T}{\Theta_D}\right)^3=1943\left(\frac{T}{\Theta_D}\right)^3=233.3R\left(\frac{T}{\Theta_D}\right)^3 \qquad (3\text{-}125)$$

这就是说，$C_{V,m}$与T^3成正比，并且$T\to 0K$时，$C_{V,m}$也趋于0。根据德拜公式计算出的热容$C_{V,m}$在全部温度范围内都与实验值基本相符（图3-1）。这说明了德拜方法的正确性。

3.6.4 电子运动配分函数及热力学性质

一个分子或原子的电子配分函数如下式所示。

$$
\begin{aligned}
q^{e} &= \sum_i g_i^{e}\exp(-\varepsilon_i^{e}/kT) = g_0^{e}\exp(-\varepsilon_0^{e}/kT) + g_1^{e}\exp(-\varepsilon_1^{e}/kT) + \cdots \\
&= \exp(-\varepsilon_0^{e}/kT)[g_0^{e} + g_1^{e}\exp(-\Delta\varepsilon_1^{e}/kT) + \cdots]
\end{aligned}
$$

式中，$\Delta\varepsilon_i^{e}$是电子的激发态与基态的能量差，其值可通过电子在两能级间跃迁时辐射光的频率求出，$\Delta\varepsilon_i^{e}=h\nu_i=hc\,\tilde{\nu}_i$。

若$\Delta\varepsilon_i^{e}\gg 5kT$或$\exp(-\Delta\varepsilon_i^{e}/kT)<e^{-5}=0.0067$，则上式中的第二项以后可以忽略不计。一般来说，大多数分子的电子能级间的间隔都很大，典型的激发能值$\Delta\varepsilon_1^{e}\approx 400kJ\cdot mol^{-1}\approx 100kT$，所以，除非在几千度的高温，常温下的电子总是处于基态。由此得出，在q^{e}的计算中，来自电子激发态的项常常可忽略。若再把基态的能量选择为零，则有

$$q^{e}=g_0^{e} \tag{3-126}$$

式中，g_0^{e}是电子基态能级的简并度。

对于分子和稳定离子，电子运动的基态是非简并的，$g_0^{e}=1$。少数分子如O_2和NO分子例外，$g_0^{e}(O_2)=3$，$g_0^{e}(NO)=2$。

对于自由基，电子运动的基态是简并的，由于一个未配对电子的可能自旋量子数或者为1/2或者为−1/2，因此通常$g_0^{e}=2$。

对于自由原子，电子运动基态能量往往是简并的，简并度为$(2j+1)$。j称为电子的总角量子数，它与价电子的轨道运动和自旋运动有关$j=|L\pm S|$。其值可从表示电子组态的光谱项［罗素（Rusell）符号］的右下角标读取。如$^{2S+1}L_j$表示一光谱支项，j即为该电子态的总角量子数。表3-5给出了一些自由原子电子运动基态的简并度。

表 3-5 基态电子简并度

原子	H	O	N	B	He	Na	Tl	Pb	Cl
基态谱项	$^2S_{1/2}$	$^3P_0$	$^4S_{3/2}$	$^2P_{1/2}$	$^1S_0$	$^1S_{1/2}$	$^2P_{1/2}$	$^3P_0$	$^2P_{3/2}$
$g_0^{e}=2j+1$	2	1	4	2	1	2	2	1	4

根据式（3-126），电子配分函数对热力学函数的贡献为

$$
\left.\begin{aligned}
U_e &= H_e = C_V^{e} = 0 \\
S_e &= Nk\ln q^{e} = Nk\ln g_0^{e} \\
A_e &= G_e = -Nk\ln g_0^{e}
\end{aligned}\right\} \tag{3-127}
$$

但是在有些原子中，如F、Cl等卤素原子，电子的基态与第一激发态之间能量间隔不是太大，则在q^{e}的计算中应考虑激发态的贡献。例如氯原子的基态和第一激发态的光谱项为$^2P_{3/2}$和$^2P_{1/2}$。因此，q^{e}的一个很好的近似值为

$$q^{e}=4+2\exp(-\Delta\varepsilon_1^{e}/kT)$$

已知$\Delta\varepsilon_1^{e}=1.8\times10^{-20}J$，当$T=1000K$时

$$q^{e}=4+2\times0.271=4.543$$

从分布定律

$$\frac{N_i}{N}=\frac{g_i^{e}\exp(-\varepsilon_i^{e}/kT)}{q^{e}}$$

可算出各能级中氯原子的分数。

基态

$$\frac{N_0}{N}=\frac{g_0^e\times 1}{q^e}=\frac{4}{4.543}=0.880$$

第一激发能级

$$\frac{N_1}{N}=\frac{g_1^e\exp(-\varepsilon_1^e/kT)}{q^e}=\frac{0.543}{4.543}=0.119$$

可见处于第一激发态的分数不能算小。在这种情况下

$$q^e=g_0^e+g_1^e\exp(-\Delta\varepsilon_1^e/kT)$$

电子配分函数 q^e 是温度 T 的函数，在计算热力学函数时必须考虑。

【例 3-8】 NO(g) 的电子基态和第一激发态的简并度都为 2，两能级间 $\Delta\varepsilon=2.4073\times 10^{-21}$J。试计算 298K 时 q^e 和 $S_{e,m}$之值。

［解］ $q^e=g_0^e+g_1^e\exp(-\Delta\varepsilon/kT)=2+2\exp\left[-\dfrac{2.4073\times 10^{-21}\text{J}}{(1.38\times 10^{-23}\text{J}\cdot\text{K}^{-1})T}\right]$

$=2+2\exp(-174.2\text{K}/T)$

$\ln q^e=\ln[2+2\exp(-174.2\text{K}/T)]$

$$\left(\frac{\partial\ln q^e}{\partial T}\right)_{V,N}=\frac{1}{2+2\exp(-174.2\text{K}/T)}\times 2\exp(-174.2\text{K}/T)\times\frac{174.2\text{K}}{T^2}$$

当 $T=298$K 时

$$q^e=2+2\exp(-174.2\text{K}/298\text{K})=3.115$$

$$S_{e,m}=R\ln q^e+RT\left(\frac{\partial\ln q^e}{\partial T}\right)_{V,N}$$

$$=8.314\text{J}\cdot\text{K}^{-1}\cdot\text{mol}^{-1}\times\left\{\ln 3.115+\frac{2\times\exp(-174.2\text{K}/298\text{K})\times 174.2\text{K}}{[2+2\exp(-174.2\text{K}/298\text{K})]\times 298\text{K}}\right\}$$

$$=11.19\text{J}\cdot\text{K}^{-1}\cdot\text{mol}^{-1}$$

3.6.5 核运动配分函数

$$q^n=g_0^n\exp(-\varepsilon_0^n/kT)+g_1^n\exp(-\varepsilon_1^n/kT)+\cdots$$

$$=g_0^n\exp(-\varepsilon_0^n/kT)\left[1+\frac{g_1^n}{g_0^n}\exp(-\Delta\varepsilon_1^n/kT)+\cdots\right]$$

原子核能级间隔比电子的还大，所以上式第二项以后可忽略不计。事实上，化学变化中分子一般处于核的基态，激发态的量子态是不存在的。若再把核运动基态能量选为零，则上式为

$$q^n=g_0^n \tag{3-128}$$

即原子核配分函数等于基态能级的简并度。原子核能级的简并度来源于原子核的自旋运动。原子核自旋运动有相应的自旋磁矩，根据量子理论自旋磁矩在磁场中有一定的取向，即自旋运动是量子化的。若核自旋量子数用 S_n 表示，则简并度为（$2S_n+1$）。对于多原子分子，核的总配分函数等于各原子的核配分函数的乘积。

$$q^n_{总}=g^n_{0(1)}g^n_{0(2)}\cdots=\prod_i[2S_{n(i)}+1] \tag{3-129}$$

i 代表分子中第 i 个原子。由于核运动配分函数与温度、体积无关，所以根据前已导出的公式（3-74）、式（3-77）和式（3-78），q^n 对内能、焓和热容没有贡献，但在熵、亥氏函数、吉氏函数的表示式中［参见式（3-72）、式（3-73）和式（3-76）］，则 q^n 有相应的贡献。不过从通常化学反应核保持不变的角度看，在总配分函数中往往可略去核配分函数这部分，因为反应前后 q^n 的数值保持不变，在计算 ΔG 等热力学函数的改变值时对消了。

关于核基态自旋量子数 S_n 有以下经验规则。

① 质量数和原子序数都为偶数时，$S_n=0$。

如 ${}^6C^{12}$、${}^8O^{16}$、${}^{18}Ar$，$S_n=0$

② 质量数为偶数，原子序数为奇数时，S_n 为正整数。

如 ${}^7N^{14}$、${}^1D^2$，$S_n=1$。

③ 质量数为奇数、原子序数为偶数或奇数时，S_n 为正的半整数。

如 H^1 和 C^{13}，$S_n=1/2$；Cl^{35}，$S_n=3/2$；Al^{27}，$S_n=5/2$。

3.6.6 粒子的全配分函数

综上所述，我们已得到各种运动形式配分函数的表示式，现在把它们乘积起来就得到粒子的全配分函数。根据

$$q_总=q^t q^r q^v q^e q^n=q^t q_内$$

对于单原子分子

$$q_总=q^t q^e q^n=\left(\frac{2\pi mkT}{h^2}\right)^{3/2}Vg_0^e g_0^n \tag{3-130}$$

对于双原子分子

$$q_总=q^t q^r q^v q^e q^n=\left(\frac{2\pi mkT}{h^2}\right)^{3/2}V\left(\frac{8\pi^2 IkT}{\sigma h^2}\right)\left[1-\exp\left(-\frac{h\nu}{kT}\right)\right]^{-1}g_0^e g_0^n \tag{3-131}$$

对于线型多原子分子

$$q_总=g_0^e g_0^n\left(\frac{2\pi mkT}{h^2}\right)^{3/2}V\left(\frac{8\pi^2 IkT}{\sigma h^2}\right)\prod_{i=1}^{3N-5}\left[1-\exp\left(-\frac{h\nu_i}{kT}\right)\right]^{-1} \tag{3-132}$$

对于非线型多原子分子

$$q_总=g_0^e g_0^n\left(\frac{2\pi mkT}{h^2}\right)^{3/2}V\left[\frac{8\pi^2(2\pi kT)^{3/2}}{\sigma h^3}(I_x I_y I_z)^{1/2}\right]\prod_{i=1}^{3N-6}\left[1-\exp\left(-\frac{h\nu_i}{kT}\right)\right]^{-1} \tag{3-133}$$

以上各式是规定分子各运动基态能量为零导出的，而配分函数与能量零点的选择有关。对于单粒子的配分函数，选择基态能量为零是可以的。但对于几种分子存在的体系，如化学反应体系，还必须选择公共的能量零点，详细内容将在化学平衡一章中讨论。因此，由此求得的热力学函数并非绝对值。由于在推导过程中做了近似性处理，如刚性转子，谐振动等，故只适用于理想体系。这些公式中包含着一些微观量如振动频率、转动惯量、各能级的简并度等，这些数据还必须从光谱实验中获得，因此，热力学函数的统计计算仍然离不开实验。

3.7 热力学定律的统计解释

Statistical Explanation of the Thermodynamic Laws

根据前面介绍的统计热力学基本原理，我们可以从微观的角度来解释宏观热力学定律的本质。

3.7.1 热力学第一定律的统计解释

在一个组成不变的封闭体系中，如发生了一微小过程，根据热力学第一定律，体系的内能变化为

$$dU=\delta Q-\delta W=\delta Q+(-\delta W)$$

式中第一项代表体系吸的热，第二项表示环境对体系做的功。按统计热力学原理，对于封闭

的独立粒子体系，有 $N=\sum_i N_i$，$U=\sum_i \varepsilon_i N_i$，那么对应着微小过程内能改变值应为

$$dU=\sum N_i d\varepsilon_i+\sum \varepsilon_i dN_i \tag{3-134}$$

根据上式，从统计力学的观点看，内能的改变可以通过改变粒子在能级中的分布 $\sum \varepsilon_i dN_i$ 和升降能级的能量 $\sum N_i d\varepsilon_i$ 来实现，因此若将此式与经典热力学第一定律相比较，则必然发现式（3-134）等号右边一项必定与热相关联，另一项则与功相对应。由于体积的改变引起平动能级 ε_t 的变化，故 $\sum N_i d\varepsilon_i$ 必定代表功。现在对式（3-134）做进一步讨论。

（1）功　式（3-134）右边第一项 $\sum N_i d\varepsilon_i=\sum N_i(\frac{\partial \varepsilon_i}{\partial V})_{T,N}dV$，认为能级能量的改变仅由边界参数的改变引起，而边界参数只是体积。由玻尔兹曼分布定律

$$N_i=\frac{N}{q}g_i\exp(-\varepsilon_i/kT)$$

可导出

$$\varepsilon_i=kT\left[\ln\left(\frac{Ng_i}{N_i}\right)-\ln q\right]$$

T 一定时只有 q 与 V 有关，所以

$$(\frac{\partial \varepsilon_i}{\partial V})_{T,N}=-kT(\frac{\partial \ln q}{\partial V})_{T,N}$$

与

$$p=-\left(\frac{\partial A}{\partial V}\right)_{T,N}=NkT\left(\frac{\partial \ln q}{\partial V}\right)_{T,N}$$

比较，可得

$$\left(\frac{\partial \varepsilon_i}{\partial V}\right)_{T,N}=-\frac{p}{N}=-p_i$$

p_i 可视为能级上单个粒子显示的压力，所以

$$\sum N_i d\varepsilon_i=-\sum N_i p_i dV=-p dV=-\delta W_R \tag{3-135}$$

此式表明，$\sum N_i d\varepsilon_i$ 这一项可视为当粒子分布数不变而能级改变所需环境对体系做的可逆功。或者说功来源于能级改变但各能级上粒子分布数不变而引进的能量变化［参见图 3-2 (c)］。

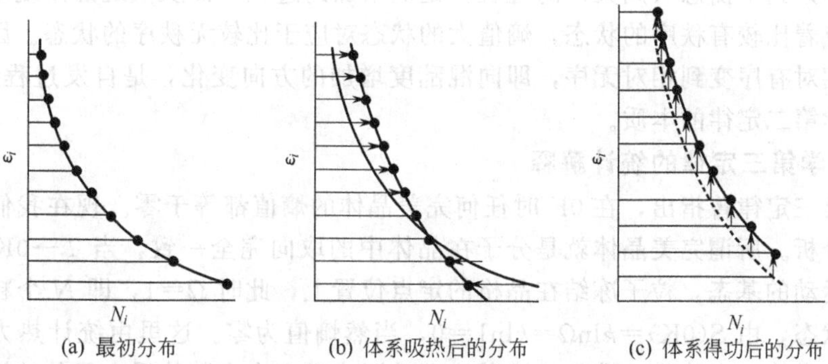

图 3-2　功和热的微观说明示意图

图 3-2 的纵坐标代表能级，横坐标代表各能级上分布的粒子数 N_i。其中图 3-2 (a) 代表正常分布，在图（c）中虚线仍代表正常分布，实线表示当能级改变（升高），而各能级的粒子分布数未改变的分布曲线。这里对应着体系得功的情况。

一般地，我们可以得到如下的结论：

环境对体系做功（$-\delta W_R$）>0，$\sum N_i d\varepsilon_i > 0$，$d\varepsilon_i > 0$；

体系对环境做功（$-\delta W_R$）<0，$\sum N_i d\varepsilon_i < 0$，$d\varepsilon_i < 0$。

(2) 热 由热力学第一定律，式 (3-134) 右边第二项为 $\delta Q_R = \sum_i \varepsilon_i dN_i$

即热量是由于粒子在能级（其能量不变）上重新分布而引起的内能的改变。

体系吸热：$\delta Q_R > 0$，$\sum \varepsilon_i dN_i > 0$，高能级上粒子数增加，低能级上粒子数减少。

体系放热：$\delta Q_R < 0$，$\sum \varepsilon_i dN_i < 0$，高能级上粒子数减少，低能级上粒子数增加。

粒子在能级上分布数的改变在宏观上表现为体系吸热和放热。图 3-2 中（b）表示体系吸热后粒子分布情况的改变。

3.7.2 热力学第二定律的微观说明

热力学第二定律指出，凡是自发过程都是不可逆的，而且一切不可逆过程都可以与热功交换的不可逆相联系。它揭示了宏观自发过程的方向性，并由此引出了孤立体系的熵增原理。根据玻尔兹曼熵定理 $S=k\ln\Omega$，Ω 是体系在给定状态下的总微观状态数，Ω 越大，体系所能呈现的微观状态越多，我们说体系处在越混乱的状态，而这时 S 的值也越大。因此，从微观的角度看，熵是体系混乱度的量度，这就是熵的微观本质。

关于热功转换问题。热与大量分子的无规运动有关，分子之间互相碰撞的结果将导致混乱程度增加，直到混乱度达到给定条件下所允许的最大值为止。而功与分子的定向移动或有秩序的运动有关，所以功转变为热的过程是规则运动转化为无规则的运动，是向混乱度增加的方向进行的。有秩序的运动会自动地变为无秩序的运动。反之，无秩序的运动自动变为有秩序的运动却是不可能的。

对于气体的混合过程，始态是在一绝热容器中用隔板隔开的两种气体，若将隔板抽去，两种气体即迅速混合，最后达到均匀混合的平衡状态。这是在孤立条件下的熵增加过程。反过来，已经混合均匀的两种气体不论放置多长时间，都不可能再自动分开变成纯的两种气体各占容器的一半。从微观的角度看，混合过程是由比较不混乱状态到比较混乱的状态，因而是自发进行的。反之则不可能自动进行。

上面的例子（功转变为热的过程、气体混合过程）都是不可逆过程，宏观上看就是由非平衡态（熵小）到平衡态（熵大）的过程，是熵增加的过程。而从微观的角度来认识，熵值小的状态对应着比较有秩序的状态，熵值大的状态对应于比较无秩序的状态。因此，在孤立体系中，由相对有序变到相对无序，即向混乱度增加的方向变化，是自发过程进行的方向，这就是热力学第二定律的本质。

3.7.3 热力学第三定律的统计解释

热力学第三定律曾指出，在 0K 时任何完美晶体的熵值都等于零。现在我们从统计热力学的观点来分析。所谓完美晶体就是分子在晶体中的取向完全一致，当 $T\rightarrow 0K$ 时，体系中粒子均处于运动的基态，粒子冻结在晶格的定点位置上，此时 $\Omega=1$，即 N 个粒子的体系只有一种微观状态，由 $S(0K)=k\ln\Omega=k\ln 1=0$，当然熵值为零。这里由统计热力学得出的结论与宏观热力学第三定律是一致的。这种一致性还表现在大多数物质由量热法测得的熵值与用统计热力学方法计算得的熵值相等的大量实验事实上。我们把由量热法测得的物质的熵值称为量热熵，亦即是由第三定律 $S_m^{\ominus}=\int_0^T \frac{C_p^{\ominus}}{T}dT$ 得到的熵值，而把由统计热力学计算得到的熵值称为统计熵。对大多数物质来说，量热熵在量热实验的误差范围内是与统计熵一致的，但有少数物质例外，如 CO、N_2O、NO 等的晶体，它们的量热熵要比统计熵小一些，这个差值往往称为残熵（residual entropy）。之所以存在残熵，或者是因为晶体中每个原子的核在基态时可能存在不同的自旋取向，或者晶体中的元素可能是一定丰度的同位素混合物，在晶格的不同位置上有不同的排列方式，以及低温时分子在晶格上排列的不同取向等，使得在0K时也不能达到完全平衡，某些无序因素被冻结，即$\Omega \neq 1$，因而$S_0 \neq 0$。而量热熵中反映不出这部分构型的无序性对熵的贡献，但理论计算的统计熵却包含了这部分贡献，故统计熵大于量热熵。

例如CO晶体，在极低温结晶时，由于固化过程并非无限缓慢，所以即使在0K，分子晶体中也不可能完全变成一种有序排列，而是把无序构型"冻结"了下来，因每个CO分子有两种可能的取向CO或OC，L个分子就有2^L种取向，这里$\Omega = 2^L$，故

$$S_{m,0} = k\ln\Omega = k\ln 2^L = R\ln 2 = 5.76 J \cdot K^{-1} \cdot mol^{-1}$$

再如NO晶体，X射线衍射分析结果表明，晶体是由形成二聚物的N_2O_2分子所组成。N_2O_2的排列有以下两种可能。

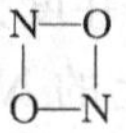

$$
\begin{array}{ccc}
N - O & & O - N \\
| \quad | & 和 & | \quad | \\
O - N & & N - O
\end{array}
$$

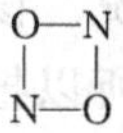

所以$\Omega = 2^{(L/2)}$（L个NO分子组成的体系，有$L/2$个二聚体），于是

$$S_{m,0}(NO) = k\ln 2^{L/2} = \frac{R}{2}\ln 2 = 2.88 J \cdot K^{-1} \cdot mol^{-1}$$

氢的残余熵的解释是，氢是正氢和仲氢的混合物，前者占3/4，后者占1/4。因正氢分子转变为仲氢的速度很慢，极低温度下，氢仍以此比例形成介稳混合物。仲氢的自旋量子数$J=0$，正氢$J=1$，其简并度$g_r=3$，因此每个正氢分子转动运动对熵的贡献为$k\ln 3$ 介稳混合物摩尔残余熵为$S_{m,0} = \frac{3}{4}R\ln 3 = 6.85 J \cdot K^{-1} \cdot mol^{-1}$，与实验值$6.6 J \cdot K^{-1} \cdot mol^{-1}$基本一致。

3.8 量 子 统 计
Quantum Statistics

前面各节都是在玻尔兹曼经典方法的基础上阐述统计力学的，只是在考虑能级的允许值和简并度时，才引用了量子力学的结果。事实上，随着量子力学的发展，对于统计力学提出了应从根本上改变的要求，不但力学的基础需要改变，所用的统计方法也需要改变，简单地说，至少有两点是需要加以考虑的。一是实际体系的粒子（比如气体分子）都是不可区分的。由于粒子的这种不可区分性，在计算某一宏观态所包括的一切微观态时，相同粒子的互换并不能算作一种新的微观态。在玻尔兹曼统计中，我们是先把粒子看成是定域的（可以区分），从而推导出了计算体系某种给定能量分布的微观状态数t_x的式（3-27）和总微态数Ω的式（3-28）。作为粒子等同性修正，用$N!$（N是体系中包含的粒子数）去除前述的t_x和Ω的表达式再得到非定域粒子（不可区分）的某种分布的微态数和总微态数。但这种处理方法是近似的，需要做更严格的考虑。二是在推导玻尔兹曼统计的表达式时，曾假定任一能级的任一量子态上所能容纳的粒子数不受限制，而根据量子力学原理，这一假设是不完全正确的。已知基本粒子为电子、质子和中子，以及由奇数个基本粒子组成的原子和分子，它们必须遵守泡利（Pauli）不相容原理，即每一个量子状态最多只能容纳一个粒子（这时粒子的自旋量子数为半整数，粒子的波函数是反对称的）。但对光子和总数为偶数个基本粒子所构

成的原子和分子则不受泡利原理的制约，即每个量子态上的粒子数没有限制［粒子的自旋量子数是整数（包括零），粒子的波函数是对称的］，对于这两类粒子，当由它们组成不可区分的全同粒子体系时，便产生了两种不同的统计方法。由前者所组成的全同粒子体系服从费米-狄拉克（Feimi-Derac）统计，而由后者所组成的全同粒子体系则服从玻色-爱因斯坦（Bose-Einstein）统计。由于这两种统计中的一些公式是建立在量子力学的基础上，所以又通称为量子统计。

3.8.1 玻色-爱因斯坦统计

对于（U、V、N）一定的全同独立粒子体系，设粒子所具有的可能能级为 ε_1，ε_2，…，ε_i，…，ε_k，相应的能级简并度为 g_1，g_2，…，g_k，对应着某种分布 x 各能级上的粒子分布数为 N_1，N_2，…，N_i，…，N_k，体系仍然满足

$$\sum_i N_i = N, \sum_i N_i\varepsilon_i = U$$

现在考虑其中任一能级 ε_i 的情况。该能级的简并度为 g_i，拥有 N_i 个粒子。由于每一个量子态上不限制容纳的粒子数目，所以把 ε_i 能级上的 N_i 个粒子分配在 g_i 个简并度上的方式数，根据排列组合定则应为

$$\frac{(N_i+g_i-1)!}{(g_i-1)!\,N_i!}$$

我们可以这样来理解。N_i 个粒子可以看成是 N_i 个不可区分的球，把简并度 g_i 看成是 g_i 个房间，于是分布问题就成了如何把球往房间里放的问题。g_i 个房间有（g_i-1）个隔板，现在把 N_i 个球和（g_i-1）个隔板合在一起，看成是（N_i+g_i-1）个不同的“东西”做全排列，又由于 N_i 个球互换位置和（g_i-1）个隔板互调不产生新的花样，所以放置的方法数为从（N_i+g_i-1）! 中扣除 N_i! 和（g_i-1）!，于是就得到了上式。

依此类推，一种分布的微观状态数为

$$t_X = \prod_i \frac{(N_i+g_i-1)!}{N_i!(g_i-1)!} \tag{3-136}$$

各种能量分布的总微态数为

$$\Omega = \sum_{\substack{\sum N_i=N \\ \sum N_i\varepsilon_i=U}} t_X = \sum_{\substack{\sum N_i=N \\ \sum N_i\varepsilon_i=U}} \prod_i \frac{(N_i+g_i-1)!}{N_i!(g_i-1)!} \tag{3-137}$$

按照在玻尔兹曼统计中所使用的同样的处理方法，在满足两个限制条件情况下，求出一组什么样的粒子分布数 $\{N_i\}$ 能使 Ω 中的某一求和项 t_X 有极大值，亦即要求出最可几分布所具有的粒子分布数。同样要借助于拉格朗日乘因子法和斯特林公式，这里省略推导过程，只给出结果如下。

$$N_i^* = \frac{g_i}{\exp(-\alpha-\beta\varepsilon_i)-1} \tag{3-138}$$

这就是玻色-爱因斯坦统计中的最可几分布公式，其中的因子 β 可以证明和玻尔兹曼统计是一样的。

3.8.2 费米-狄拉克统计

费米-狄拉克统计与玻色-爱因斯坦统计不同之处在于每一个量子态上最多只能容纳一个粒子。考虑 i 能级 ε_i，在 g_i 个简并的量子态中，有 N_i 个量子态分别被 N_i 个粒子单独占据，其余（g_i-N_i）个状态是空着的。根据排列组合规则，这相当于每次从 g_i 个物体中取出 N_i 个的组合，其方式数应为

$$\frac{g_i}{N_i!\ (g_i-N_i)!}$$

于是对于一种分布来说，其微态数为

$$t_X=\prod_i \frac{g_i!}{N_i!(g_i-N_i)!} \tag{3-139}$$

各种分布的总微观状态数为

$$\Omega=\sum_{\substack{\sum N_i=N\\ \sum N_i\varepsilon_i=U}} t_X=\sum_{\substack{\sum N_i=N\\ \sum N_i\varepsilon_i=U}}\prod_i \frac{g_i!}{N_i!(g_i-N_i)!} \tag{3-140}$$

仍采用前面使用过的拉格朗日乘因子法可推求出（证明从略）一套使 t_X 取极大值的粒子分布数

$$N_i^*=\frac{g_i}{\exp(-\alpha-\beta\varepsilon_i)+1} \tag{3-141}$$

这就是费米-狄拉克统计的最可几分布的表达式，式中 β 可以证明仍等于 $-1/kT$。

3.8.3 三种统计的比较

现将三种统计的最可几分布并列于下。

玻色-爱因斯坦统计：

$$N_i=\frac{g_i}{\exp(-\alpha-\beta\varepsilon_i)-1}$$

费米-狄拉克统计：

$$N_i=\frac{g_i}{\exp(-\alpha-\beta\varepsilon_i)+1}$$

玻尔兹曼统计：

$$N_i=\frac{g_i}{\exp(-\alpha-\beta\varepsilon_i)}$$

它们只在分母上差了±1，如果 $\exp(-\alpha-\beta\varepsilon_i)\gg 1$，那么前面两种统计就都可以还原为玻尔兹曼统计了。实验事实表明，当温度不太低或压力不太高时，上述条件容易满足。例如，在玻尔兹曼统计中，$e^{-\alpha}$ 为

$$e^{-\alpha}=\frac{q}{N}$$

对于气体体系，q 中最大的因子就是平动配分函数

$$q^t=\left(\frac{2\pi mkT}{h^2}\right)^{3/2}V$$

于是可求出

在沸点 20.3K 时，H_2 的 $e^{-\alpha}\approx 1.4\times 10^2$

在沸点 27.2K 时，Ne 的 $e^{-\alpha}\approx 9.3\times 10^3$

$e^{-\beta\varepsilon_i}$ 的最低值是 $e^0=1$。因此，在上面两种情形中

$$e^{-\alpha-\beta\varepsilon_i}\gg 1$$

此时就可以利用玻尔兹曼分布律而不会产生显著的误差。也就是说，在 $e^{-\alpha-\beta\varepsilon_i}\gg 1$ 的条件下，量子统计的结果都能近似到玻尔兹曼统计，所以又把玻尔兹曼分布称作是玻色-爱因斯坦和费米-狄拉克分布律的经典极限。

由式 (3-49) $N_i=\dfrac{g_i}{\exp(-\alpha-\beta\varepsilon_i)}$ 和 $\exp(-\alpha-\beta\varepsilon_i)\gg 1$，得到

$$\frac{N_i}{g_i}=\frac{1}{\exp(-\alpha-\beta\varepsilon_i)}\ll 1$$

因此，玻尔兹曼分布定律的适用条件为 $N_i \ll g_i$，即具有能量 ε_i 的粒子数目比能级 i 的简并度数少得多。在通常的情况下，一般采用玻尔兹曼统计就能解决问题了。

*3.9 系综理论简介

Introduction of Ensemble Theory

以上对玻尔兹曼统计方法的讨论总是针对粒子间无互相作用的（N，U，V）一定的体系进行的，也就是说玻尔兹曼统计只适用于独立粒子组成的、孤立的热力学平衡体系。这个限制的来由是因为在所用的方法中，体系的能量表示为各粒子能量的加和，即

$$U=N_0\varepsilon_0+N_1\varepsilon_1+\cdots=\sum_i N_i\varepsilon_i \tag{3-142}$$

对于粒子间的相互作用力大到不能忽略的程度的体系，此关系式就不能成立。另外，在推导 Boltzmann 分布时，应用了等概率定理，而等概率定理只适用于孤立体系。因此，严格地说，玻尔兹曼统计只适用于理想气体和理想晶体。然而实际的体系（如实际气体、液体、固体等），其粒子间的相互作用力通常都很大，不能将它们近似地视作独立粒子，体系的总能量也不再是每个粒子能量的总和。此外，实际体系不可能是完全孤立的，它与环境之间或多或少总是有一定的联系。在这样的情况下，就不能再采用玻尔兹曼统计方法来处理。为了克服这个局限性，使统计力学能处理相依粒子体系，Gibbs 在 1901 年建立了一套统计力学的系综方法。

在玻尔兹曼统计中，统计单位是单个的粒子，而在系综方法中，统计单位提高了一个级别，统计单位是体系。系综就是由大量彼此独立的拷贝体系（replica system）组成的一个集合。拷贝体系的宏观性质与所研究体系的热力学性质完全相同，但每一拷贝体系代表所研究体系的某一可能的微观运动状态。因此，系综是所研究热力学体系所有可能的微观运动状态总和形象化模型。

系综是一个客观上不存在的抽象概念，它是统计理论的一种表现形式。组成系综的拷贝体系的宏观状态是完全相同的，但其微观状态却彼此不同，因此，拷贝体系之间是可以区别的。拷贝体系之间可看作是彼此独立的，系综的能量是各拷贝体系的能量之和。拷贝体系可以有能量交换和物质交换。每一个拷贝体系内包含什么内容没有限制，可以是多相的，可以含有有相互作用的粒子。在系综中，拷贝体系的数目任意大，因此，不论我们将系综分成几个小部分，对每一小部分均可用 Stirling 公式，而不会引起明显误差。系综可以视作一个孤立体系，可以应用等概率定理和 Boltzmann 熵定理。

系综统计力学方法的基本点在于，热力学体系的宏观可测物理量都是在测量时间内的统计平均值。由于体系的微观状态瞬息万变，即使测量时间非常短，体系的所有微观运动状态也都有可能出现，也就是在时间的进程中体系会以一定的概率出现在它的各个微观状态上。这样，体系的宏观热力学性质就是对体系的一切可能的微观运动状态求平均。而系综就是体系的一切可能微观运动状态总和的“化身”，因此，热力学体系的宏观性质就变为系综的平均值，只要求出系综的热力学函数，取其平均值就得到体系的热力学函数。

设有 N，V 一定的体系与温度为 T 的恒温热源相接触并达到热平衡，因而体系的温度是一定的，就是说，所研究的体系是 N，V，T 一定的体系。从宏观上看体系的能量 E 是一

定的，但从微观上看 E 是有波动的。可以认为平衡态的 E 是随时间变动的 E 的统计平均值。设在很长的观测时间内，此体系经历了 W 个微观状态（显然 W 是很大的数），其中出现微观状态 1，2，3，…的次数为 W_1，W_2，W_3，…，则能量的平均值是

$$\langle E\rangle=\frac{W_1E_1+W_2E_2+\cdots}{W}=P_1E_1+P_2E_2+\cdots \tag{3-143}$$

式中，P_1，P_2，…分别为出现微观态 1，2，…的概率。E_1，E_2，…为微观态 1，2，…的能量。当然，要用 W_i/W 表示出 E_i 的概率，W 必须是很大的数。上面是求一物理量对时间的平均，这需要了解该物理量随时间变化的规律。解决大群分子包含时间的问题是很困难的，甚至是不可能的。

在系综统计中，可以设想有 W 个体系与所研究的热力学体系 N，V，T 相同。从微观状态看，这 W 个体系中有 W_1，W_2，…个体系分别在微观态 1，2，…，能量分别为 E_1，E_2，…，则这 W 个体系能量的平均值是

$$\langle E\rangle=\frac{W_1E_1+W_2E_2+\cdots}{W} \tag{3-144}$$

$\langle E\rangle$ 称为能量 E 的系综平均。

统计热力学基本假设之一是：在 $W\to\infty$ 的极限情况下，只要统计系综和实际体系的热力学状态及环境完全相同，实际体系中任何力学量的长时间平均值等于系综平均值。于是根据这个基本假设，我们就可以用求系综平均代替求时间平均。当然，为了 W_i/W 能代表 E_i 的概率，W 必须是一个很大的数（根据需要 W 可以取任意大的数）。这就是系综方法。

根据所研究体系的性质不同，系综可分为微正则系综（micro-canonical ensemble），正则系综（canonical ensemble）和巨正则系综（grand canonical ensemble）。微正则系综是由 U、V、N 一定的孤立体系所组成的。由 T、V、N 一定的封闭体系所组成的系综称为正则系综。而巨正则系综是由 T、V、μ（化学势）一定的敞开体系所组成的系综。前面讨论的玻尔兹曼统计方法就属于微正则系综方法。下面只简要介绍正则系综和巨正则系综方法要点。

*3.9.1 正则系综

正则系综由大量 T，V，N 相同的拷贝体系或单元所组成。由于拷贝体系与所研究体系在宏观性质上相同，因此今后常省略“拷贝”一词。也可以说，正则系综是由大量 T，V，N 相同的体系所组成，各体系之间被透热刚性壁隔开，此种壁只允许能量通过，而不允许粒子通过，故每一体系可视为与一大热源接触，而系综是一孤立体系。图 3-3 为该正则系综的示意。在平衡时，正则系综的每一单元（拷贝体系）将具有相同的温度 T，但每个体系的能量 E 并不要求相同。E 值可在系综平均值 $\langle E\rangle$ 上下波动，$\langle E\rangle$ 取决于整个系综的温度。设某体系与热源构成一复合体系，由于体系与热源的相互作用是微弱的，则复合体系能量为

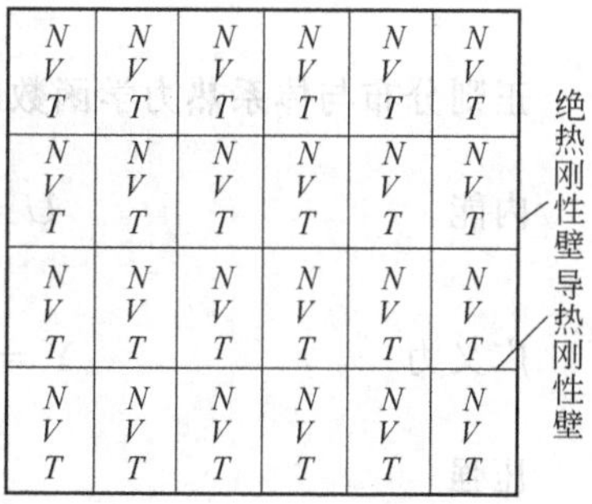

图 3-3 正则系综示意

$$E^{(0)}=E+E' \tag{3-145}$$

其中 E 为某体系的能量，E' 为热源的能量。因热源很大，有 $E\ll E^{(0)}$。计算体系处于能量为 E_s 的微观态 s 时，热源可处在能量为 $[E^{(0)}-E_s]$ 的任一个微观态，其微观状态数为 $\Omega'[E^{(0)}-E_s]$，也即是体系处于微观态 s 时复合体系的微观状态数［因 $P(B\cap B')=P(B)\cdot P(B'|B)=P(B)P(B')$（独立条件），$B$、$B'$ 为独立事件］。复合体系为孤立体系，满足微正

则分布，那么体系处在确定微观态 s 上的概率有

$$P_s \propto \Omega'[E^{(0)}-E_s] \tag{3-146}$$

下面讨论 $\Omega'[E^{(0)}-E_s]$ 与 $E^{(0)}$ 和 E_s 的关系。取对数 $\ln\Omega'[E^{(0)}-E_s]$，由于 $E_s \ll E^{(0)}$，做级数展开

$$\ln\Omega'[E^{(0)}-E_s]=\ln\Omega'[E^{(0)}]+\left(\frac{\partial\ln\Omega'}{\partial E'}\right)_{E'=E^{(0)}}(-E_s)+\cdots$$

$$=\ln\Omega'[E^{(0)}]-\beta E_s \tag{3-147}$$

其中

$$\beta=\left(\frac{\partial\ln\Omega'}{\partial E'}\right)_{E'=E^{(0)}}=\frac{1}{kT} \tag{3-148}$$

由式（3-147）解得

$$\Omega'[E^{(0)}-E_s]=\Omega'[E^{(0)}]\mathrm{e}^{-\beta E_s} \tag{3-149}$$

则式（3-146）写为

$$P_s=c\mathrm{e}^{-\beta E_s} \tag{3-150}$$

由归一化条件

$$\sum_s P_s=1 \Rightarrow \sum_s c\mathrm{e}^{-\beta E_s}=1 \Rightarrow c=\frac{1}{\sum_s \mathrm{e}^{-\beta E_s}}$$

令

$$Z=\sum_s \mathrm{e}^{-\beta E_s} \tag{3-151}$$

式（3-150）变为

$$P_s=\frac{1}{Z}\mathrm{e}^{-\beta E_s} \tag{3-152}$$

此即系综概率，表示体系处于微观状态 s 态的概率，其中 Z 为体系的正则配分函数。式（3-152）称为正则分布。

如果体系能级 E_s 的简并度为 $\Omega(E_s)$，则式（3-151）和式（3-152）可化为更一般的形式

$$Z=\sum_s \mathrm{e}^{-\beta E_s}\Omega(E_s) \tag{3-153}$$

$$P_s=\frac{1}{Z}\mathrm{e}^{-\beta E_s}\Omega(E_s) \tag{3-154}$$

正则分布与体系热力学函数的联系是通过配分函数 Z 实现的。

内能
$$U=\langle E_s\rangle=\sum_s E_s P_s=-\frac{\partial\ln Z}{\partial\beta} \tag{3-155}$$

广义力
$$Y=\sum\left(\frac{\partial E_s}{\partial y}\right)P_s=-\frac{1}{\beta}\times\frac{\partial\ln Z}{\partial y} \tag{3-156}$$

压强
$$p=\frac{1}{\beta}\times\frac{\partial\ln Z}{\partial V} \tag{3-157}$$

熵
$$S=k\left(\ln Z-\beta\frac{\partial\ln Z}{\partial\beta}\right)=k(\ln Z+\beta U) \tag{3-158}$$

亥氏函数
$$A=-kT\ln Z \tag{3-159}$$

正则分布适用于满足（T，N，V）一定的任何体系，不论体系中粒子之间相互作用能否忽略，正则系综都适用，因而系综理论是一个普遍的统计理论。对于正则系综，知道了其配分函数 Z（T，N，V），就可以求得以（T，N，V）为独立变量的特性函数——亥氏函数 A（T，N，V），再利用热力学公式就可以求出全部热力学函数。

*3.9.2 巨正则系综

巨正则系综是由大量宏观性质相同的开放体系构成。任一开放体系（或单元）的宏观性质与所研究的热力学体系完全相同，但它代表所研究热力学体系可能的某一微观运动状态。任一开放体系可视为与一大热源和一大粒子源接触，既可以交换能量，也可以交换粒子（物质），图 3-4 示出巨正则系综的示意。处于平衡态的开放体系的状态可由（T，V，μ）描述。把体系和外源看成一个复合体系（即系综），该复合体系应该是一个孤立体系，其能量和粒子数分别如下。

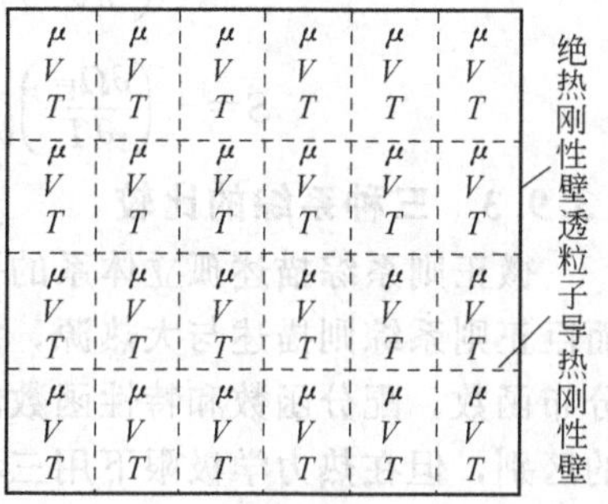

图 3-4 巨正则系综示意

$$\begin{aligned} E^{(0)} &= E + E' \qquad \text{且 } E \ll E^{(0)} \\ N^{(0)} &= N + N' \qquad \text{且 } N \ll N^{(0)} \end{aligned} \tag{3-160}$$

研究体系处于粒子数为 N，能量为 $E_{N,s}$ 的一个微观状态 s 时的概率。类似于正则系综的讨论，复合体系的微观状态数等于体系处于一确定微观态（N，$E_{N,s}$）时外源可能的微观态数，为 $\Omega'[N^{(0)}-N, E^{(0)}-E_{N,s}]$。既然复合体系是孤立体系，遵从微正则分布，每个微观态的概率相等，因此，体系在某一微观态（N，$E_{N,s}$）的概率为

$$P_s \propto \Omega'[N^{(0)}-N, E^{(0)}-E_{N,s}] \tag{3-161}$$

对 $\Omega'[N^{(0)}-N, E^{(0)}-E_{N,s}]$ 取对数后并在 $[E^{(0)}, N^{(0)}]$ 附近展开

$$\begin{aligned} &\ln\Omega'[N^{(0)}-N, E^{(0)}-E_{N,s}] \\ &= \ln\Omega'[N^{(0)}, E^{(0)}] + \left(\frac{\partial \ln\Omega'}{\partial N'}\right)_{N'=N^{(0)}}(-N) + \left(\frac{\partial \ln\Omega'}{\partial E'}\right)_{E'=E^{(0)}}(-E_{N,s}) + \cdots \end{aligned} \tag{3-162}$$

应用 $k\left(\frac{\partial \ln\Omega'}{\partial N'}\right)_{N'=N^{(0)}} = -\frac{\mu}{T}$ 和 $k\left(\frac{\partial \ln\Omega'}{\partial E'}\right)_{E'=E^{(0)}} = \frac{1}{T}$， 式（3-162）可写为

$$\ln\Omega'[N^{(0)}-N, E^{(0)}-E_{N,s}] = \ln\Omega'[N^{(0)}, E^{(0)}] + \beta\mu N - \beta E_{N,s}$$

同样式中
$$\beta = \left(\frac{\partial \ln\Omega'}{\partial E'}\right)_{E'=E^{(0)}} = \frac{1}{kT}$$

解得
$$\Omega' = \Omega^{(0)} \exp(\beta\mu N - \beta E_{N,s})$$

所以有
$$P_{N,s} = c\exp(\beta\mu N - \beta E_{N,s}) \tag{3-163}$$

归一化
$$\sum_N \sum_s P_{N,s} = \sum_N \sum_s c\exp(\beta\mu N - \beta E_{N,s}) = 1$$

$$c = \frac{1}{\sum\limits_N \sum\limits_s \exp(\beta\mu N - \beta E_{N,s})} = \frac{1}{\tilde{Z}}$$

则
$$P_{N,s} = \frac{1}{\tilde{Z}} \exp(\beta\mu N - \beta E_{N,s}) \tag{3-164}$$

上式为巨正则分布，表示温度为 T，化学势为 μ 的开放体系处于粒子数为 N，能量为 $E_{N,s}$ 的某一微观态的概率，其中 $\tilde{Z}$ 称为巨配分函数。定义巨热力学势 $\Omega_{巨}$ 为

$$\Omega_{巨}(T,V,\mu) = -kT\ln\tilde{Z}(T,V,\mu) \tag{3-165}$$

$\Omega_{巨}$ 为巨正则系综的特性函数。只要求得巨配分函数 $\tilde{Z}(T, V, \mu)$，就可以求得以（T，V，μ）为独立变量的特性函数——巨热力学势 $\Omega_{巨}(T, V, \mu)$，进而用简单的求偏导数的方法计算出全部热力学量。

$$
\left.\begin{aligned}
\langle N\rangle &= -\left(\frac{\partial \Omega_{巨}}{\partial \mu}\right)_{T,V} = kT\left(\frac{\partial \ln \tilde{Z}}{\partial \mu}\right)_{T,V} \\
p &= -\left(\frac{\partial \Omega_{巨}}{\partial V}\right)_{T,\mu} = kT\left(\frac{\partial \ln \tilde{Z}}{\partial V}\right)_{T,\mu} \\
S &= -\left(\frac{\partial \Omega_{巨}}{\partial T}\right)_{V,\mu} = k\left[\ln \tilde{Z} - \beta\frac{\partial \ln \tilde{Z}}{\partial \beta} - \mu\frac{\partial \ln \tilde{Z}}{\partial \mu}\right]
\end{aligned}\right\} \tag{3-166}
$$

*3.9.3 三种系综的比较

微正则系综描述孤立体系的平衡性质，正则系综描述与大热源平衡的恒温体系的性质，而巨正则系综则描述与大热源，大粒子源平衡的开放体系的性质。表 3-6 给出了三种系综的分布函数，配分函数和特性函数的比较。虽然组成三种系综的体系所处的宏观条件有原则上的区别，但在热力学极限下用三种系综计算同一个宏观体系的热力学量时，会得到相同的结果。也就是说三种统计系综是等价的，只是应用的广泛程度不同，方便应用的条件不同。

表 3-6 三种统计系综的比较

宏观条件	分布名称	分布函数	配分函数	特性函数
(N,U,V) 一定	微正则分布	$\begin{cases}\frac{1}{\Omega} & E\sim(E+\delta E)\\ 0 & 其他\end{cases}$	$\Omega(N,U,V)$	$S=k\ln\Omega(N,U,V)$
(N,T,V) 一定	正则分布	$\frac{1}{Z}e^{-\beta E_i}$	$Z=\sum_i e^{-\beta E_i}=\sum_{E_i} e^{-\beta E_i}\Omega(E_i)$	$A=-kT\ln Z(T,V,N)$
(T,V,μ) 一定	巨正则分布	$\frac{1}{\tilde{Z}}\exp(\beta\mu N-\beta E_i)$	$\tilde{Z}=\sum_{N\geqslant 0} e^{\beta\mu N}\sum_i e^{-\beta E_i}$	$\Omega_{巨}=-kT\ln\tilde{Z}(T,\mu,V)$

对于微观体系，由于能量的相对涨落是极小的，所以正则系综和微正则系综是等价的，用微正则分布和正则分布求得的热力学量实际上相同。用这两种分布求热力学量实质上相当于选取不同的特性函数，即分别选取自变量为（N，U，V）的熵 S 和自变量为（N，V，T）的亥姆霍兹函数 A 为特性函数。另外，对于微观体系，粒子数的相对涨落也是很小的，因而巨正则分布和正则分布等价，即使在粒子数相对涨落很大的情形下，巨正则分布与正则分布仍将给出相同的热力学信息。用巨正则分布与用正则分布求热力学量相当于选取不同的特性函数，即分别选取巨热力学势 $\Omega_{巨}$ 和亥姆霍兹函数 A 为特性函数。

总之，从理论角度考虑，微正则分布是系综理论的基础，正则分布和巨正则分布是由微正则分布导出的。在应用上，对于任一热力学问题，由于三种系综是等价的，我们可以从解决问题的难易情况上选择一种便于计算的系综，然后求相应的（巨）配分函数，再由前面相应系综的统计热力学公式直接计算体系的热力学性质。关于系综理论的详细讨论，可参阅有关专著。

本章学习要求

1. 了解统计热力学方法和热力学方法的特点和异同。

2. 了解玻尔兹曼统计的适用范围，了解玻尔兹曼分布定律的导出及物理意义。

3. 掌握配分函数的物理意义和析因子性质，熟练掌握配分函数与热力学函数之间的关系，分清定位体系和非定位体系的不同。

4. 掌握各种运动配分函数的计算公式。重点掌握双原子分子平动、转动、振动配分函数的计算公式，并能应用其结果计算理想气体的热力学函数。

5. 了解晶体热容理论。

6. 初步了解玻色-爱因斯坦统计和费米-狄拉克统计的主要内容及结果。

参考文献

1 Lie G C. Boltzmann Distribution and Boltzmann's Hypothesis. J. Chem. Educ., 1987, 58: 603

2 Kozliak E I. Entropy via Boltzmann distribution in undergraduate physical chemistry: A self-consistent molecular approach. Abs papers Amer. Chem. Soc., 2003, 226, U273

3 Lyubartsev A P, Heald E F, York R W. Modeling a Boltzmann distribution: Simbo (simulated Boltzmann), a computer labratory exercise. J. Chem. Educ., 2003, 80: 109

4 Shirts R B, Shirts M R. Deviations from the Boltzmann distribution in small microcanonical quantum systems: Two approximate one-particle energy distrbutions. J. Chem. Phys., 2002, 117: 5564

5 McDowell S A C. A simple derivation of the Boltzmann distribution. J. Chem. Educ., 1999, 76: 1393

6 Novak I. The microscopic statement of the second law of thermodynamics. J. Chem. Educ., 2003, 80: 1428

7 Kozliak E I. Introduction of entropy via the Boltzmann distribution in undergraduate physical chemistry: a molcular approach. J. Chem. Educ., 2004, 81: 1598

8 Chakraborty A, Truhlar D G, Bowman J M, et al. Calculation of converged rovibrational energies and partition function for methane using vibrational-rotational configuration interaction. J. Chem. Phys., 2004, 121: 2071

9 耿华运，吴强，谭华. 热力学物态方程参数的统计力学表示. 物理学报，2001，50：1334

10 鄢红，张常群，郭广生. 溶液统计热力学模型的计算机模拟，计算机与应用化学，2001，18：361

11 彭金璋，沈抗存，刘全慧. 氢的转动配分函数及其热力学性质. 大学物理，2004，23：25

12 苏文煅. 物理化学教学文集（二）. 北京：高等教育出版社，1991. 177

思 考 题

1. 混合晶体是由在晶格点阵中随机放置的 N_A 个分子 A 和 N_B 个分子 B 组成的。

（1）证明分子能够占据格点的方式数为

$$t=\frac{(N_A+N_B)!}{N_A!\ N_B!}$$

（2）如果 $N_A=N_B=N/2$，那么利用斯特林公式证明 $t=2^N$。

（3）如果 $N_A=N_B=2$，利用（1）的公式计算得到 $t=6$，而利用（2）的公式为 $t=2^4=16$，为什么会产生这一矛盾？何者正确？

2. （1）石墨在 298K、410K 和 498K 的标准熵分别为 5.69J·K^{-1}·mol^{-1}、9.03J·K^{-1}·mol^{-1}和 11.63J·K^{-1}·mol^{-1}。若在 298K 时将 1mol 石墨很好地绝热起来，另 1mol 498K 的石墨也很好地绝热起来，然后让它们靠在一起。问这样组合起来，但还是各自独立的体系有多少种微观态？

（2）如果同样是这两个，但让它们进行热接触，最后达到平衡温度为 410K，问在这个组合体系中有多少种微观态？

（3）分别用熵和热力学概率做判据讨论过程（2）能否自发进行。

3. 已知对非定位体系（U、V、N）一定时

$$\Omega=\sum_{\substack{\sum N_i=N\\ \sum N_i\varepsilon_i=U}}\prod_i\frac{g_i^{N_i}}{N_i!}$$

试证明式（3-56）。

4. 证明对于非定位体系玻尔兹曼分布的微观状态数 t_B 为 $\ln t_B=\ln\frac{q^N}{N!}+\frac{U}{kT}$，式中 q 为配分函数，$U=\sum_i N_i\varepsilon_i$。

5. 粒子配分函数 q 是表示1个粒子的行为还是表示体系中 N 个粒子的行为？为什么把它叫做状态和？它与体系的总微观状态数 Ω 有什么关系？

6. 理想气体A（分子数为 N_A），其分子配分函数为 q_A，理想气体B（分子数为 N_B），其分子配分函数为 q_B，A、B两气体混合成的理想气体，则体系的总配分函数是多少？

7. 根据玻尔兹曼分布定律，试推证独立粒子体系的能量表达式为

$$U_m = RT^2\left(\frac{\partial \ln q}{\partial T}\right)_{V,N}$$

8. 试用配分函数表示出单原子理想气体的吉布斯函数 G 和焓 H。

9. 某物X是理想气体，每个分子中含有 n 个原子。在273.2K时，X(g) 与 N_2(g) 的 $C_{p,m}$ 值相同，在这个温度下振动的贡献可忽略。当升高温度后，X(g) 的 $C_{p,m}$ 值比 N_2(g) 的 $C_{p,m}$ 值大 $3R$，从这些信息计算 n 等于多少？X(g) 是什么形状的分子？

10. 四种分子的有关数据如下

分子	M/kg·mol^{-1}	Θ_r/K	Θ_v/K
H_2	2×10^{-3}	87.5	5976
HBr	81×10^{-3}	12.2	3682
N_2	28×10^{-3}	2.89	3353
Cl_2	71×10^{-3}	0.35	801

问在同温同压下，哪种气体的摩尔平动熵最大？哪种气体的摩尔转动熵最大？哪种气体的振动基本频率最小？

11. (1) 某单原子理想气体的配分函数 q 具有形式 $q=Vf(T)$，试导出理想气体状态方程。

(2) 若该单原子理想气体的配分函数具体形式为 $q=\left(\frac{2\pi mkT}{h^2}\right)^{3/2}V$，试导出压力 p 的表示式，以及理想气体的状态方程式。

习　题

3-1　在300K、101.325kPa下将1mol的氢气（H_2）置于一立方容器中，试求分子基态的平动能 $\varepsilon_{t,0}$ 以及第一激发态与基态的能量差 $\Delta\varepsilon_t$。

3-2　气体CO分子的转动惯量 $I=14.5\times10^{-47}\,kg\cdot m^3$，试求转动量子数 J 为4与3的能级差 $\Delta\varepsilon_r$ 以及 $T=300K$ 时的 $(\Delta\varepsilon_r/kT)$ 值。

3-3　4个白球与4个红球分放在两个不同的盒中，每个盒中均放4个球，试求有几种不同的放置方法？

3-4　一个体系由5个可别粒子组成，每个粒子具有的能量可以为 $\varepsilon_0+j\varepsilon$，其中 $j=0, 1, 2, \cdots$，粒子的平均能量为 $\varepsilon_0+\varepsilon$，试列出体系所有可能的分布类型及能级分布数，求各种可能分布的微观状态数以及数学概率，并指出最可几分布。

3-5　一个由极大数目的三维平动子组成的体系，运动于边长为 a 的立方容器中，已知 $\frac{h^2}{8ma^2}=0.1kT$，试求分布于基态能级及某一激发能级（n_x、n_y、n_z 分别取1、2、3中的任一值）上的粒子数之比。

3-6　某分子两个能级为 $\varepsilon_1=6.1\times10^{-21}$J，$\varepsilon_2=8.4\times10^{-21}$J，相应的简并度为 $g_1=3$，$g_2=5$，求温度分别为300K和3000K时由该分子组成的体系中两能级上粒子数之比。

3-7　某双原子气体的第一电子激发态比基态能量高400kJ·mol^{-1}，试计算：

① 在300K时第一激发态分子所占的分数。

② 若要使激发态分子占10%，则气体的温度为多高？

3-8　当热力学体系的熵函数 S 增加0.418J·K^{-1}时，体系的微观状态数增加多少？用 $\frac{\Delta\Omega}{\Omega_1}$ 表示。

3-9　三维简谐振子的能级公式为

$$\varepsilon_v=\left(v_x+v_y+v_z+\frac{3}{2}\right)h\nu=\left(s+\frac{3}{2}\right)h\nu$$

式中，s 为振动量子数，$s=v_x+v_y+v_z=0,1,2,\cdots$，试证明 $\varepsilon_v(s)$ 能级的简并度为

$$g(s)=\frac{1}{2}(s+2)(s+1)$$

3-10　试计算在 298.15K 时 $1.0\times10^{-6}\mathrm{m}^3$ 的容器中①H_2 分子；②CH_4 分子的平动配分函数 q^t。

3-11　证明理想气体平动摩尔熵为

$$S_{t,m}=R\left(\frac{3}{2}\ln M+\frac{5}{2}\ln T-\ln p+A\right)$$

求出常数 A 的值。并利用上述公式计算 298K，101.325kPa 下 1mol 氖（相对原子质量为 20.18）的平动熵。

3-12　300K 时 I_2 分子的平衡核间距为 2.66×10^{-10} m，试求 I_2 分子的转动惯量、转动特征温度、300K 时分子的转动配分函数以及转动摩尔熵。

3-13　线型分子的转动配分函数为 $q^r=\dfrac{8\pi^2 IkT}{\sigma h^2}$，由此证明摩尔转动熵的计算公式可表示为

$$S_{r,m}=R(\ln I+\ln T-\ln\sigma+B)$$

求出常数 B 之值。已知 HBr 分子的转动惯量为 $I=3.31\times10^{-47}\,\mathrm{kg\cdot m^2}$，求 298K 时 HBr 的摩尔转动熵 $S_{r,m}$。

3-14　计算氯分子在 300K 的振动配分函数，假定是谐振子，已知氯的振动动波数为 $556\mathrm{cm}^{-1}$。

3-15　计算 1000K 时 HI 的振动对熵的贡献，已知 $\Theta_v=3209$K。

3-16　(1) 已知双原子分子的振动分函数为 $q^v=\dfrac{1}{1-e^{-x}}$，其中 $x=\dfrac{h\nu}{kT}$，试证明双原子分子的摩尔恒容振动热容为

$$C_{V,m}=R\frac{x^2e^x}{(e^x-1)^2}$$

(2) Cl_2 及 CO 分子的振动特征温度 Θ_v 分别为 810K 及 3070K，试分别计算在 300K 时两种气体分子的振动对恒容摩尔热容的贡献。

3-17　求 NO(g) 在 298.15K 及 101325Pa 时的摩尔熵。已知 NO 的 $\Theta_r=2.42$K，$\Theta_v=2690$K，电子基态和第一激发态简并度皆为 2，两能级间 $\Delta\varepsilon=2.473\times10^{-21}$J。

3-18　双原子分子的转动特征温度为 Θ_r，当把转动量子数 J 近似视为连续变化时，证明在温度为 T 时最可几分布的量子数 J 满足下式

$$J=\sqrt{\frac{T}{2\Theta_r}}-\frac{1}{2}$$

现已知 CO 的转动特征温度 $\Theta_r=2.8$K，求 240K 时最可几分布的转动量子数 J。

3-19　已知 Cl 原子的光谱基项为 $^2P_{3/2}$，第一激发态的光谱支项为 $^2P_{1/2}$，频率为 $881\mathrm{cm}^{-1}$（以波数表示），核自旋量子数为 $S_n=\dfrac{3}{2}$，求 Cl 原子的内配分函数 $q_{内}$ 及 298.15K 时对摩尔熵的贡献。

3-20　Si(g) 在 5000K 时有下列数据

电 子 能 级	$^3P_0$	$^3P_1$	$^3P_2$	$^1D_2$	$^1S_0$
ε_i/kT	0.0	0.022	0.064	1.812	4.430

试求 5000K 时 Si(g) 的电子配分函数以及分布在各能级上的分子分数。

3-21　计算 N_2(g) 在 298K 的标准熵 $S_m^\ominus$，并与实验值 $192.01\mathrm{J\cdot K^{-1}\cdot mol^{-1}}$ 做比较。已知分子氮的基态是不分裂的，振动波数为 $2360\mathrm{cm}^{-1}$，转动惯量为 $13.9\times10^{-47}\,\mathrm{kg\cdot m^2}$。

3-22　请验证：在爱因斯坦晶体中，每个一维简谐振子的平均振动能为

$$\bar{\varepsilon}_v=\frac{1}{2}h\nu+\frac{h\nu}{\exp(h\nu/kT)-1}$$

3-23　N_2 分子在电弧中加热，光谱观察到了 N_2 分子在振动激发态时对基态的相对分子数如下。

ν(振动量子数)	0	1	2	3
$\frac{N_v}{N_0}$	1.00	0.26	0.07	0.018

N_0 为基态占有的分子数。已知 N_2 的振动频率为 2360cm^{-1}。

(1) 证明气体处于振动能级分布的平衡态；

(2) 计算气体的温度；

(3) 计算振动能量在总能量（平动＋转动＋振动）中所占的百分数。

3-24 Na 原子气体（设为理想气体）凝聚成一表面膜：

① 若 Na 原子在膜内可自由运动（即二维平动），试写出此凝聚过程的摩尔平动熵变的统计表达式；

② 若 Na 原子在膜内不动，其凝聚过程的摩尔平动熵变的统计表达式又将如何？（要求用相对摩尔质量 M_r，体积 V、表面积 A 和温度 T 表示）。

3-25 取电子配分函数的前两项

$$q^e = g_0 + g_1 e^{-x}$$

其中 $x=\varepsilon_{e,1}/kT$，证明电子运动对摩尔恒容热容的贡献为

$$C_{V,m}^{e} = \frac{Rx^2 g_0/g_1}{\left(e^{-\frac{x}{2}} + \frac{g_0}{g_1} e^{\frac{x}{2}}\right)^2}$$

3-26 NO(g) 分子中电子的第一激发态比基态能量高 121.1cm^{-1}，这两个电子能级都是二重简并的。

(1) 证明 $q^e = 2 + 2e^{-174.2/T}$；

(2) 计算 q^e、$U_{e,m}$ 和 $G_{e,m}$ 在 298K 时的值；

(3) 计算 298K 时基态和第一电子激发态分子占总分子数的分数。

3-27 试证明单原子理想气体熵的统计表达式能正确说明：

① 恒温变压过程的熵变 $\Delta S = R\ln\frac{p_1}{p_2}$；

② 恒容变温过程的熵变 $\Delta S = C_V \ln\frac{T_2}{T_1}$；

③ 恒压变温过程的熵变 $\Delta S = C_p \ln\frac{T_2}{T_1}$。

3-28 一氧化氮晶体是由其二聚物 N_2O_2 分子组成，该分子在晶格中有两种随机取向 $\left(\begin{array}{c} \text{N—O} \\ |\quad\ | \\ \text{O—N} \end{array}\right)$ 和 $\left(\begin{array}{c} \text{O—N} \\ |\quad\ | \\ \text{N—O} \end{array}\right)$，求 300K 时 1mol 一氧化氮气体的标准量热熵值。已知 NO 分子的转动特征温度 $\Theta_r = 2.42\text{K}$，振动特征温度 $\Theta_v = 2690\text{K}$。

3-29 计算 298K、$p^\ominus$ 时 SO_2(g) 的热力学函数。已知 $M_{SO_2} = 64.063\times10^{-3}\text{kg}\cdot\text{mol}^{-1}$，$\tilde{\nu}_1 = 1151.4\text{cm}^{-1}$，$\tilde{\nu}_2 = 517.\text{cm}^{-1}$，$\tilde{\nu}_3 = 1361.8\text{cm}^{-1}$，其转动惯量为 $I_x = 1.386\times10^{-46}$、$I_y = 8.143\times10^{-46}$，$I_x = 9.529\times10^{-46}\text{kg}\cdot\text{m}^2$，$SO_2$ 分子的对称数为 2。计算时可略去电子和核的贡献部分。

3-30 在 298.15K 和 $p^\ominus$ 压力下，1mol O_2(g) 放在体积为 V 的容器中，试计算：

① 氧分子的平动配分函数 q^t；

② 氧分子的转动配分函数 q^r，已知其核间距 r 为 $1.27\times10^{-10}\text{m}$；

③ 氧分子的电子配分函数 q^e，已知电子基态的简并度为 3，忽略电子激发态；

④ 氧分子的标准摩尔熵值，忽略 q^n 和 q^v 的贡献。

自我检查题

一、选择题

1. 双原子理想气体分子转动配分函数为 q^r，则转动摩尔熵的统计表达式为________。

(A) $S_{r,m}=R\ln q^r$　　(B) $S_{r,m}=k\ln q^r$

(C) $S_{r,m}=R\ln q^r+RT(\frac{\partial \ln q^r}{\partial T})_{V,N}$　　(D) $S_{r,m}=k\ln \frac{(q^r)^L}{L!}+RT(\frac{\partial \ln q^r}{\partial T})_{V,N}$

2. A、B两粒子的配分函数分别为 q_A 和 q_B，由 N_A 个 A 粒子和 N_B 个 B 粒子混合构成的独立定位粒子体系总配分函数为________。

(A) $q_A q_B$　　(B) $\frac{q_A^{N_A}}{N_A!}+\frac{q_B^{N_B}}{N_B!}$

(C) $\frac{q_A^{N_A}q_B^{N_B}}{N_A!\,N_B!}$　　(D) $\frac{(N_A+N_B)!}{N_A!\,N_B!}q_A^{N_A}q_B^{N_B}$

3. 六个学生分配到三个单位工作，第一个单位需要 3 人，第二个单位需要 2 人，第三个单位需要 1 人，共有多种分配方法________。

(A) 60　(B) 120　(C) 360　(D) 720

4. CO_2 分子的振动自由度数为________。

(A) 1　(B) 2　(C) 360　(D) 4

5. 对于（U、V、N）完全确定的平衡体系，下列结论不正确的是________。

(A) 粒子的能级（ε_1，ε_2，…，ε_i）是完全确定的

(B) 各能级的简并度（g_1，g_2，…，g_i）是完全确定的

(C) 能级分布数（N_1，N_2，…，N_i）未完全确定

(D) 体系的总微态数是完全确定的

6. 对于一定量的理想气体，在恒温下增大体系的体积，微态数如何变化________。

(A) 不变　(B) 增大　(C) 减少　(D) 无法判定

7. 忽略 N_2(g) 与 CO(g) 振动的差别，N_2 和 CO 的摩尔统计熵谁大________。

(A) N_2 大　(B) CO 大　(C) 一样大　(D) 无法判定

8. 具有玻尔兹曼分布的某气体体系内分子有两个能级 ε_1、ε_2，相应的能级简并度和占据的分子数分别为 g_1、g_2 与 N_1 和 N_2。当温度为 T 时，N_1/N_2 的值为________。

(A) g_1/g_2　　(B) $\varepsilon_1/\varepsilon_2$

(C) $(g_1/g_2)\exp[-(\varepsilon_1-\varepsilon_2)/kT]$　　(D) $\exp[-(\varepsilon_1-\varepsilon_2)/kT]$

9. 在分子运动的各配分函数中与压力有关的是________。

(A) 电子运动配分函数　　(B) 振动配分函数

(C) 转动配分函数　　(D) 平动配分函数

10. 双原子理想气体，平动配分函数为 q^t，平动对 Gibbs 函数的贡献为________。

(A) $G_t=-NkT\ln\frac{q^t}{N}$　　(B) $G_t=-NkT\ln q^t$

(C) $G_t=-NkT\ln\frac{q^t}{N!}$　　(D) $G_t=-kT\ln\frac{(q^t)^N}{N!}$

11. Cl_2(g) 的振动第一激发态能量为 $1kT$，振动特征温度为 $\Theta_v=800$K，此时 Cl_2 的温度为________K。

(A) 298.15　(B) 300　(C) 800　(D) 1200

12. 铁（Fe）的 Debye 温度 $\Theta_D=445$K，在 10K 时 Fe 的摩尔恒容热容为________$J\cdot K^{-1}\cdot mol^{-1}$。

(A) 0.0206　(B) 0.4125　(C) 12.47　(D) 29.10

二、填空题

1. NO 分子有一个未成对电子，电子基态和第一激发态的简并度均为 2，$\Delta\tilde{\nu}_e=\tilde{\nu}_1-\tilde{\nu}_0=121cm^{-1}$，在 500K 时 NO 的电子配分函数之值为________。

2. 某分子转动光谱中相邻两谱线的波数间隔为 $20.48cm^{-1}$，则分子的转动惯量为________$kg\cdot m^2$。

3. HBr (g) 的转动特征温度 $\Theta_r=12.1$K，在 500K 时概率最大的转动状态其转动量子数 J 为________。

4. 某分子振动特征温度为 3000K，在 1500K 时分子处于振动激发态的分子分数为________。

5. 在 1000K、$p^{\ominus}$ 压力下，氦气（$M=4.003\times10^{-3}kg\cdot mol^{-1}$）的摩尔平动熵为________$J\cdot K^{-1}\cdot mol^{-1}$。

6. 氢原子核自旋量子数 $S_n=\frac{1}{2}$，核运动基态能量取为零时，氢分子的核配分函数之值为________。

三、证明题

1. 对于（U、V、N）一定的非定位体系，根据玻尔兹曼分布定律，证明体系的总微观状态数 Ω 与粒子配分函数 q 之间的关系为

$$\ln\Omega=\ln\frac{q^N}{N!}+NT\left(\frac{\partial\ln q}{\partial T}\right)_{V,N}$$

2. 由统计热力学已给出 $U=NkT^2\left(\frac{\partial\ln q}{\partial T}\right)_{V,N}$，请由此推出单原子理想气体的 $C_V=\frac{3}{2}Nk$（忽略电子和核运动的激发态，基态能量皆选为零）。

四、计算题

1. 如果某气体的第一电子激发态比基态的能量高出 520.63kJ·mol^{-1}，且有 $g_1/g_0=3$，那么在何温度下有 10%的分子在电子的第一激发态上？

2. HBr 分子的平衡核间距离为 $r_0=1.414\times10^{-10}$m，H 和 Br 的原子量分别为 1.008，79.904（相对原子质量）。

（1）求 HBr 分子的转动特征温度 Θ_r。

（2）在 298K 时转动配分函数 q^r 是多少？

（3）求 298K 时 HBr 理想气体的摩尔转动熵。

（4）在 298K，概率最大的转动能级的简并度为多少？

3. 已知 I_2(g) 分子的转动惯量 $I=7.416\times10^{-45}$ kg·m^2，振动基频为 6.424×10^{12} s^{-1}，摩尔质量为 254×10^{-3}kg·mol^{-1}，试求在 298.15K 时 I_2(g) 分子的标准摩尔平动熵、转动熵、振动熵及摩尔总熵（忽略电子和核运动的贡献）。

4. 已知 Cl_2 的振动特征温度 $\Theta_v=801.3$K，试由分子配分函数求算 Cl_2 在 323K 时的摩尔恒容热容 $C_{V,m}$（规定各种独立运动基态能量为零）。

第 4 章　多组分体系热力学

Thermodynamics of Multicomponent System

两种或两种以上的物质均匀掺和彼此呈分子状态分布的体系为多组分均相体系。按国际标准和我国国家标准，多组分体系可按两种类型进行热力学处理：混合物和溶液。混合物是指含有一种以上物质的气体相、液体相和固体相，所有物质均按相同的方法处理。溶液是指含一种以上物质的液体相或固体相，将其中一种物质作为溶剂，其他物质组分作为溶质，并将溶剂和溶质按不同的方法处理。通常用 A 和 B 分别代表溶剂和溶质。选择哪种物质作为溶剂，并无严格的规定，一般选择在指定温度和压力下纯态为液体的物质为溶剂。如尿素水溶液，在室温和大气压力时，尽管尿素可大大地相对过量，但由于此时尿素为固体，因此选择水为溶剂。当液体溶于液体形成液态溶液时，则把含量较多的一种作为溶剂。

按以上规定，混合物有气体混合物、液体混合物和固体混合物三类；而溶液则只有液体溶液和固体溶液两类。

按体系的导电能力，溶液还可分为电解质和非电解质溶液。因电解质溶液中离子间相互作用较非电解质溶液复杂，留待下册电化学一章讨论，本章着重讨论液体非电解质溶液，其中的许多概念和公式也适用于固体溶液和气体混合物。多组分的多相体系将在第 5 章相平衡一章讨论。

对于多组分体系，体系的状态还与组成有关，为了表示体系中任一组分数量变化引起热力学函数的改变，我们将引出两个新的概念：偏摩尔量与化学势。对于均相多组分体系，某容量性质可由相应偏摩尔量的集合公式求出。化学势是偏摩尔 Gibbs 函数，对于有物质迁移的过程，可以由热力学原理导出用化学势表示的过程自发进行方向和限度的判据。本章将详细讨论多组分体系中各组分化学势的表示法及在溶液热力学中的应用。为了便于实际气体化学势的讨论，还将对实际气体的性质及处理方法做必要的补充。

4.1　多组分体系组成的表示法

Specifications of Composition of Multicomponent System

多组分体系的组成有多种表示法，实际工作中经常使用的有以下几种。

4.1.1　物质的量分数 x_B

组分 B 的物质的量分数 x_B(mole fraction) 定义为物质 B 的物质的量 n_B 与体系中总的物质的量 n 之比

$$x_B \xlongequal{\text{def}} \frac{n_B}{n}$$

若取溶剂 A 的物质的量为 n_A，除 A 以外其他组分即溶质的物质的量为 n_B，则

$$x_B = \frac{n_B}{n_A + \sum_B n_B} \tag{4-1}$$

因物质的量的量纲为摩尔（mole），由式（4-1）可知 x_B 是一个无量纲的纯数且 $x_A + \sum_B x_B = 1$，即所有组分的物质的量分数总和为 1。

4.1.2 质量摩尔浓度 m_B

溶液中溶质 B 的质量摩尔浓度 m_B(molality) 是溶质 B 的物质的量 n_B 除以溶剂的质量 W_A

$$m_B \overset{\text{def}}{=\!=} \frac{n_B}{W_A} \tag{4-2}$$

溶剂的质量 W_A 以 kg 表示，m_B 就是 1kg 溶剂中所含溶质的物质的量，其单位为 $mol \cdot kg^{-1}$。x_B 与 m_B 的关系可导出如下

$$x_B = \frac{n_B}{n_A + \sum_B n_B} = \frac{m_B}{\frac{1}{M_A} + \sum_B m_B}$$

或

$$x_B = \frac{m_B M_A}{1 + M_A \sum_B m_B} \tag{4-3a}$$

式中，M_A 是溶剂 A 的摩尔质量，$kg \cdot mol^{-1}$。
在极稀的溶液中 $M_A \sum_B m_B \ll 1$，故式（4-3a）可简化为

$$x_B \approx m_B M_A \tag{4-3b}$$

由式（4-2）及 $n_B = \frac{W_B}{M_B}$，可用称量的方法准确配制一定浓度 m_B 的溶液，这是用质量摩尔浓度表示溶液组成的优点。

4.1.3 物质的量浓度 c_B

溶质 B 的物质的量浓度 c_B(molarity) 定义为

$$c_B \overset{\text{def}}{=\!=} \frac{n_B}{V} \tag{4-4}$$

其单位为 $mol \cdot m^{-3}$（习惯上也用 $mol \cdot dm^{-3}$），即每立方米溶液中所含溶质 B 的物质的量。

设溶液的密度为 $\rho(kg \cdot m^{-3})$，体积为 $V(m^3)$，则溶液质量 $W = V\rho$，有

$$x_B = \frac{n_B}{n_A + \sum_B n_B} = \frac{n_B M_A}{n_A M_A + M_A \sum_B n_B}$$

或

$$x_B = \frac{c_B M_A}{\rho - \sum_B c_B (M_B - M_A)} \tag{4-5a}$$

对极稀的溶液，$\rho \approx \rho_A$，ρ_A 为纯溶剂的密度，且 $\sum_B c_B(M_B - M_A) \ll \rho$，故

$$x_B \approx \frac{c_B M_A}{\rho_A} \tag{4-5b}$$

与式（4-3b）相比还可得到

$$m_B \approx \frac{c_B}{\rho_A} \tag{4-6}$$

因溶液的体积与温度有关，物质的量浓度 c_B 也与温度有关。关系式为

$$\left(\frac{\partial c_B}{\partial T}\right)_{p,n} = -\frac{c_B}{V}\left(\frac{\partial V}{\partial T}\right)_{p,n} = -c_B \alpha \tag{4-7}$$

$\alpha=\frac{1}{V}\left(\frac{\partial V}{\partial T}\right)_{p,n}$ 为溶液的恒压膨胀系数，稀溶液中 $\alpha \approx \alpha_A$，α_A 为纯溶剂的恒压膨胀系数。因物质的量分数 x_B 和质量摩尔浓度 m_B 与温度无关，所以物理化学中常使用这两种组成表示法。

4.1.4 质量分数 w_B

物质 B 的质量分数 w_B (weight fraction) 定义为

$$w_B \stackrel{\text{def}}{=\!=\!=} \frac{\text{物质 B 的质量}}{\text{溶液的总质量}}=\frac{W_B}{W} \tag{4-8}$$

w_B 也是一个无量纲的纯数。

对于混合物，式 (4-4) 和式 (4-8) 中溶液的总体积 V 和总质量 W 即为混合物的总体积和总质量。

【例 4-1】 25℃时 4.50g Na_2CO_3 溶于水中形成 100g 溶液，溶液的密度为 1.045×10^{-3} $kg\cdot m^{-3}$。计算：

① 该溶液的质量摩尔浓度 m_B；

② 溶液中 Na_2CO_3 的物质的量分数 x_B；

③ 溶液中 Na_2CO_3 的物质的量浓度 c_B。

［解］ 该溶液中 Na_2CO_3 的物质的量

$$n_B=\frac{W_B}{M_B}=\frac{4.50\times10^{-3}\text{kg}}{0.106\text{kg}\cdot\text{mol}^{-1}}=0.0425\text{mol}$$

溶剂水的物质的量

$$n_A=\frac{W_A}{M_A}=\frac{(100-4.50)\times10^{-3}\text{kg}}{0.018\text{kg}\cdot\text{mol}^{-1}}=5.306\text{mol}$$

① 溶液的质量摩尔浓度

$$m_B=\frac{n_B}{W_A}=\frac{0.0425\text{mol}}{(100-4.50)\times10^{-3}\text{kg}}=0.445\text{mol}\cdot\text{kg}^{-1}$$

② 溶液中 Na_2CO_3 的物质的量分数

$$x_B=\frac{n_B}{n_B+n_A}=\frac{0.0425\text{mol}}{(0.0425+5.306)\text{mol}}=7.95\times10^{-3}$$

③ 溶液中 Na_2CO_3 的物质的量浓度

$$c_B=\frac{n_B}{V}=\frac{n_B}{W/\rho}=\frac{0.0425\text{mol}}{0.1\text{kg}/(1.045\times10^{-3}\text{kg}\cdot\text{m}^{-3})}=4.44\times10^{-4}\text{mol}\cdot\text{m}^{-3}$$

4.2 多组分体系中物质的偏摩尔量和化学势

Partial Molar Quantity and Chemical Potential

前面几章中导出的热力学关系式均不涉及组成变量，因此只适用于不做非体积功且组成恒定的均相封闭体系。若体系中存在几个相，在相、相间有物质的交换，或体系中发生了化学变化，相组成或体系的组成将发生变化，此时，体系的状态将与各组分的物质的量 n_B 或体系的组成有关，在相应的热力学关系式中将出现与组成有关的变量。本节将引出两个新的物理即偏摩尔量和化学势，并导出适用于不做非体积功、组成变化的均相封闭体系的热力学关系式。

4.2.1 偏摩尔量

一均相体系由 k 个组分在恒温恒压下均匀混合而成，各组分的物质的量分别为 n_1、

n_2、…、n_k。研究发现，除质量外，体系其余的容量性质如体积、内能、焓、熵、Gibbs 函数等，一般并不等于同温同压下纯组分相应容量性质的简单加和。如 20℃、$p^{\ominus}$ 下，100ml 乙醇和 100ml 水混合形成乙醇水溶液，其体积并不等于 200ml。若以 V_m^*（水）和 V_m^*（乙醇）代表纯水和纯乙醇的摩尔体积，则

$$V(\text{溶液}) \neq n_{\text{水}} V_m^*(\text{水}) + n_{\text{乙醇}} V_m^*(\text{乙醇})$$

实验还发现，上式不等号两侧数值之差 ΔV 不仅与温度、压力有关，也与溶液组成有关。表 4-1 给出了 20℃时 100g 不同浓度的乙醇水溶液体积的实验结果。

表 4-1　20℃ 100g 乙醇水溶液的体积与浓度的关系　　单位：ml

质量分数	纯乙醇体积	纯水体积	混合前体积加和值 V_1	溶液实际体积 V_2	$\Delta V = V_1 - V_2$
0.10	12.67	90.36	103.03	101.84	1.19
0.20	25.34	80.32	105.65	103.24	2.42
0.30	38.01	70.28	108.29	104.84	3.45
0.40	50.68	60.24	110.92	106.93	3.99
0.50	63.35	50.20	113.55	109.43	4.12
0.60	76.02	40.16	116.18	112.22	3.96
0.70	88.69	30.12	118.81	115.25	3.56
0.80	101.36	20.08	121.44	118.56	2.88
0.90	114.03	10.04	124.07	122.25	1.82

表 4-1 的结果表明，对于均相多组分体系，容量性质（如体积）与体系的组成有关，因此，必须用新的概念来代替纯组分的摩尔量。

设体系的任一容量性质 Z 是体系温度、压力和组成的函数，其函数形式设为

$$Z = Z(T, p, n_1, n_2, \cdots, n_k)$$

当温度、压力及组成发生微小变化时，Z 也将发生相应微小变化，其全微分表示式为

$$\mathrm{d}Z = \left(\frac{\partial Z}{\partial T}\right)_{p,n_1,n_2,\cdots,n_k} \mathrm{d}T + \left(\frac{\partial Z}{\partial p}\right)_{T,n_1,n_2,\cdots,n_k} \mathrm{d}p + \left(\frac{\partial Z}{\partial n_1}\right)_{T,p,n_2,\cdots,n_k} \mathrm{d}n_1 + \cdots + \left(\frac{\partial Z}{\partial n_k}\right)_{T,p,n_1,n_2,\cdots,n_{k-1}} \mathrm{d}n_k$$

设任一组分 B 的某种容量性质 Z 的偏摩尔量（partial molar quantity）为 $Z_{B,m}$，其定义为

$$Z_{B,m} \xlongequal{\text{def}} \left(\frac{\partial Z}{\partial n_B}\right)_{T,p,n_{C(C\neq B)}} \tag{4-9}$$

因此

$$\mathrm{d}Z = \left(\frac{\partial Z}{\partial T}\right)_{p,n_1,n_2,\cdots,n_k} \mathrm{d}T + \left(\frac{\partial Z}{\partial p}\right)_{T,n_1,n_2,\cdots,n_k} \mathrm{d}p + \sum_{B=1}^{k} Z_{B,m}\mathrm{d}n_B \tag{4-10}$$

由式（4-9）得出，$Z_{B,m}$ 是在温度、压力和除组分 B 外其余组分物质的量均保持不变的条件下，在一定量溶液中加入 $\mathrm{d}n_B$ 摩尔的 B 组分，体系容量性质 Z 同时发生变化 $\mathrm{d}Z$，$\mathrm{d}Z$ 与 $\mathrm{d}n_B$ 的比值；或在无限大量溶液中加入 1mol B，引起体系容量性质 Z 的改变。但不论是以上哪种描述，B 组分的加入均不会改变体系的组成。所以，B 组分的偏摩尔量 $Z_{B,m}$ 是体系在一定温度、压力和组成下的特征，即体系的状态一定，就具有确定值。因此 $Z_{B,m}$ 具有状态函数的特征，它与体系中总的物质的量无关，为强度性质，但它是属于某一组分的物理量。

若体系中只含有一种组分 B（即纯物 B），偏摩尔量就是摩尔量即 $Z_{B,m} = Z_m(B)$。

4.2.2　偏摩尔量的集合公式

恒温恒压下，Z 的全微分表达式式（4-10）可写为

$$\mathrm{d}Z = \sum_{B=1}^{k} \left(\frac{\partial Z}{\partial n_B}\right)_{T,p,n_{C(C\neq B)}}, \mathrm{d}n_B = \sum_{B=1}^{k} Z_{B,m}\mathrm{d}n_B \tag{4-11}$$

若按比例地在体系中加入组分 1，2，…，k，使其数量分别为 n_1，n_2，…，n_k，由于是按比例加入，所以体系的组成始终保持不变，各组分的偏摩尔量 $Z_{B,m}$ 也保持不变，将式 (4-11) 对 n_B 从 0～n_B 积分，体系的容量性质 Z 为

$$Z = Z_{1,m}\int_0^{n_1} dn_1 + Z_{2,m}\int_0^{n_2} dn_2 + \cdots + Z_{k,m}\int_0^{n_k} dn_k$$
$$= n_1 Z_{1,m} + n_2 Z_{2,m} + \cdots + n_k Z_{k,m}$$

即
$$Z = \sum_{B=1}^{k} n_B Z_{B,m} \tag{4-12a}$$

式 (4-12a) 表明，体系的容量性质是各组分偏摩尔量与其物质的量乘积之和，式 (4-12a) 称为偏摩尔量的集合公式。因偏摩尔量是体系的一个状态函数，与多组分体系的 T、p 和组成有关，也与各组分间的相互作用有关，通常 B 组分的偏摩尔量与纯 B 的摩尔量不同，在某些情况下 $Z_{B,m}$ 还可以为负值，如 $MgSO_4$ 的稀水溶液中，$MgSO_4$ 的偏摩尔体积 $V_{MgSO_4,m}$ 为负值（图 4-1）。

对多组分体系的各容量性质，由式 (4-9) 和式 (4-12a) 可导出如下关系式。

$$\left.\begin{aligned}
&\text{偏摩尔内能} && U_{B,m} \xlongequal{\text{def}} \left(\frac{\partial U}{\partial n_B}\right)_{T,p,n_{C(C\neq B)}} && \text{和 } U = \sum_{B=1}^{k} n_B U_{B,m} \\
&\text{偏摩尔焓} && H_{B,m} \xlongequal{\text{def}} \left(\frac{\partial H}{\partial n_B}\right)_{T,p,n_{C(C\neq B)}} && \text{和 } H = \sum_{B=1}^{k} n_B H_{B,m} \\
&\text{偏摩尔熵} && S_{B,m} \xlongequal{\text{def}} \left(\frac{\partial S}{\partial n_B}\right)_{T,p,n_{C(C\neq B)}} && \text{和 } S = \sum_{B=1}^{k} n_B S_{B,m} \\
&\text{偏摩尔 Helmholtz 函数} && A_{B,m} \xlongequal{\text{def}} \left(\frac{\partial A}{\partial n_B}\right)_{T,p,n_{C(C\neq B)}} && \text{和 } A = \sum_{B=1}^{k} n_B A_{B,m} \\
&\text{偏摩尔 Gibbs 函数} && G_{B,m} \xlongequal{\text{def}} \left(\frac{\partial G}{\partial n_B}\right)_{T,p,n_{C(C\neq B)}} && \text{和 } G = \sum_{B=1}^{k} n_B G_{B,m} \\
&\text{偏摩尔恒压热容} && C_{p,B,m} \xlongequal{\text{def}} \left(\frac{\partial C_p}{\partial n_B}\right)_{T,p,n_{C(C\neq B)}} && \text{和 } C_p = \sum_{B=1}^{k} n_B C_{p\,B,m}
\end{aligned}\right\} \tag{4-12b}$$

其中偏摩尔 Gibbs 函数 $G_{B,m}$ 在实际应用中最为重要。

对纯物质容量性质适用的热力学关系式，只要用偏摩尔量代替相应的容量性质，就可适用于多组分体系。

① 由 $G = H - TS$，等式两边对 n_B 求偏微分

$$\left(\frac{\partial G}{\partial n_B}\right)_{T,p,n_{C(C\neq B)}} = \left(\frac{\partial H}{\partial n_B}\right)_{T,p,n_{C(C\neq B)}} - T\left(\frac{\partial S}{\partial n_B}\right)_{T,p,n_{C(C\neq B)}}$$

即
$$G_{B,m} = H_{B,m} - TS_{B,m}$$

② 由 $\left(\frac{\partial G}{\partial T}\right)_{p,n} = -S$，等式两边对 n_B 求偏微分

$$\left[\frac{\partial}{\partial n_B}\left(\frac{\partial G}{\partial T}\right)_{p,n}\right]_{T,p,n_{C(C\neq B)}} = -\left(\frac{\partial S}{\partial n_B}\right)_{T,p,n_{C(C\neq B)}}$$

左端 $= \left[\frac{\partial}{\partial T}\left(\frac{\partial G}{n_B}\right)_{T,p,n_{C(C\neq B)}}\right]_{p,n} = \left(\frac{\partial G_{B,m}}{\partial T}\right)_{p,n}$，　右端 $-\left(\frac{\partial S}{\partial n_B}\right)_{T,p,n_{C(C\neq B)}} = -S_{B,m}$

即
$$\left(\frac{\partial G_{B,m}}{\partial T}\right)_{p,n} = -S_{B,m}$$

③ 由 $\left(\dfrac{\partial G}{\partial p}\right)_{T,n}=V$，等式两边对 n_B 求偏微分

$$\left[\frac{\partial}{\partial n_B}\left(\frac{\partial G}{\partial p}\right)_{T,n}\right]_{T,p,n_{C(C\neq B)}}=\left(\frac{\partial V}{\partial n_B}\right)_{T,p,n_{C(C\neq B)}}$$

左端 $=\left[\dfrac{\partial}{\partial p}\left(\dfrac{\partial G}{\partial n_B}\right)_{T,p,n_{C(C\neq B)}}\right]_{T,n}=\left(\dfrac{\partial G_{B,m}}{\partial p}\right)_{T,n}$， 右端 $\left(\dfrac{\partial V}{\partial n_B}\right)_{T,p,n_{C(C\neq B)}}=V_{B,m}$

所以

$$\left(\frac{\partial G_{B,m}}{\partial p}\right)_{T,n}=V_{B,m}$$

4.2.3 Gibbs-Duhem 公式

恒温恒压下对式（4-12a）求全微分

$$\begin{aligned}dZ&=n_1dZ_{1,m}+Z_{1,m}dn_1+\cdots+n_kdZ_{k,m}+Z_{k,m}dn_k\\&=\sum_{B=1}^{k}n_BdZ_{B,m}+\sum_{B=1}^{k}Z_{B,m}dn_B\end{aligned}$$

与式（4-11）相比

$$\sum_{B=1}^{k}n_BdZ_{B,m}=0 \tag{4-13a}$$

等式两边同除以体系总的物质的量 n 得

$$\sum_{B=1}^{k}x_BdZ_{B,m}=0 \tag{4-13b}$$

由式（4-13a）和式（4-13b）还可导出

$$\sum_{B=1}^{k}n_B\left(\frac{\partial Z_{B,m}}{\partial n_C}\right)_{T,p}=0 \qquad 和 \qquad \sum_{B=1}^{k}x_B\left(\frac{\partial Z_{B,m}}{\partial x_C}\right)_{T,p}=0 \tag{4-13c}$$

C 是 1～k 中的任意一个组分。式（4-13a）～式（4-13c）均为 Gibbs-Duhem 公式，适用于恒温恒压下多组分体系内组成变化的微小过程。由式可以看出，若体系的组成发生变化，各组分的偏摩尔量也会变化，但其变化并非各自独立，必须服从 Gibbs-Duhem 公式所表示的关系。

若体系由 A 和 B 两个组分组成，Gibbs-Duhem 公式的形式为

$$\left.\begin{aligned}&n_AdZ_{A,m}+n_BdZ_{B,m}=0 \quad , \quad x_AdZ_{A,m}+x_BdZ_{B,m}=0\\&n_A\left[\frac{\partial Z_{A,m}}{\partial n_{A(或B)}}\right]_{T,p}+n_B\left[\frac{\partial Z_{B,m}}{\partial n_{A(或B)}}\right]_{T,p}=0\ ,\ x_A\left[\frac{\partial Z_{A,m}}{\partial x_{A(或B)}}\right]_{T,p}+x_B\left[\frac{\partial Z_{B,m}}{\partial x_{A(或B)}}\right]_{T,p}=0\end{aligned}\right\} \tag{4-13d}$$

4.2.4 偏摩尔体积的求法

偏摩尔体积 $V_{B,m}$ 可由实验直接测定，下面以二组分体系为例讨论如何由实验数据求算溶液中各组分的偏摩尔体积。

4.2.4.1 斜率法

实验测定恒温恒压和溶剂 A 的物质的量 n_A 一定时，加入溶质 B 后溶液的体积 V，作体积 V 随 B 的物质的量 n_B 变化的曲线，曲线上任意一点切线的斜率就是该组成溶液中 B 组分的偏摩尔体积 $V_{B,m}$。图 4-1 示出 20℃、$p^\ominus$ 下在固定量（1kg 或 55.5mol）溶剂水中，加入 n_B mol $MgSO_4$ 所形成的稀溶液体积 V 的变化曲线。由曲线可见，当

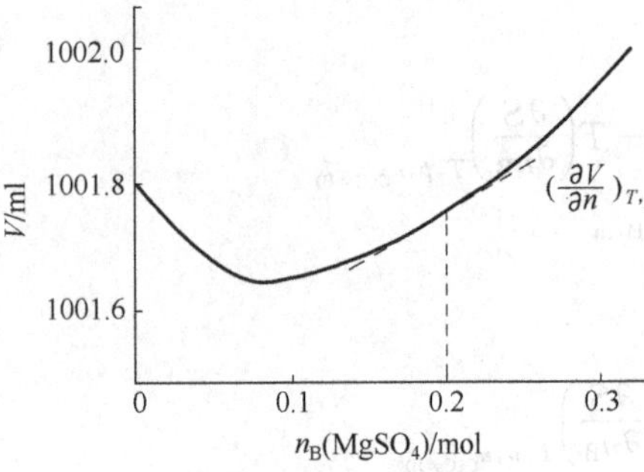

图 4-1 $MgSO_4$ 水溶液的体积随溶液组成变化的曲线［n_A(水) = 55.5 mol］

引自 I. N. Levine. Physical Chemistry. 3rd. 1988. 235

$n_B<0.07$mol 时，$MgSO_4$ 的偏摩尔体积为负值，这是由于溶剂水分子和溶质离子间相互吸引作用造成的。$m_B=0.2mol \cdot kg^{-1}$溶液中，$MgSO_4$ 的偏摩尔体积 $V_{B,m}$ 可由图示的切线斜率求出。

溶剂 A 的偏摩尔体积则可由集合公式求出

$$V_{A,m}=\frac{V-n_B V_{B,m}}{n_A}$$

4.2.4.2 偏导数法

若已知溶液体积与组成的函数关系，可直接对函数求偏导数得到偏摩尔体积。

【例 4-2】 25℃时 $m$molNaCl 溶于 1kg 水中形成溶液的体积 V（以 ml 计）为

$$V/\mathrm{ml}=1003+16.6m/\mathrm{mol}+1.77(m/\mathrm{mol})^{3/2}+0.119(m/\mathrm{mol})^2$$

计算 $m=0.1$ 和 0.5mol 的溶液中 NaCl 和水的偏摩尔体积。

［解］ $V_{\mathrm{NaCl,m}}=\left(\frac{\partial V}{\partial m}\right)_{T,p,n_{H_2O}}$

$$V_{\mathrm{NaCl,m}}/(\mathrm{ml}\cdot\mathrm{mol}^{-1})=16.6+\frac{3}{2}\times1.77(m/\mathrm{mol})^{\frac{1}{2}}+2\times0.119(m/\mathrm{mol})$$

代入 $m=0.1$mol，得 $V_{\mathrm{NaCl,m}}=17.463\mathrm{ml}\cdot\mathrm{mol}^{-1}$

水的偏摩尔体积 $$V_{H_2O,m}=\frac{V-mV_{\mathrm{NaCl,m}}}{n_{H_2O}}$$

代入 $V=1004.7$ml（由题目所给关系式并代入 $m=0.1$mol 求出），$n_{H_2O}=55.494$mol 及 m 和 $V_{\mathrm{NaCl,m}}$ 值得

$$V_{H_2O,m}=18.073\mathrm{ml}\cdot\mathrm{mol}^{-1}$$

同法可求出 $m=0.5$mol 的溶液中，$V_{\mathrm{NaCl,m}}=18.596\mathrm{ml}\cdot\mathrm{mol}^{-1}$，$V_{H_2O,m}=18.068\mathrm{ml}\cdot\mathrm{mol}^{-1}$。

计算结果表明，溶液浓度不同，各组分的偏摩尔量是不同的。

该法必须有较多的实验数据才能准确地拟合出符合体系特征的体积与组成的函数关系。

4.2.4.3 截距法

由截距法可以同时求出溶剂和溶质的偏摩尔体积。设体积为 V 的二组分体系，总的物质的量为 n，以 $\frac{V}{n}$ 对 x_B 作图，在所得曲线上过相应于某指定组成 $x_B=x_B'$ 的点 P 作切线 S_1S_2，此切线在 $x_B=0$ 的纵坐标轴上的截距就是 $V_{A,m}$，在 $x_B=1$ 的纵坐标轴上的截距就是 $V_{B,m}$（图 4-2），该法原理可证明如下。

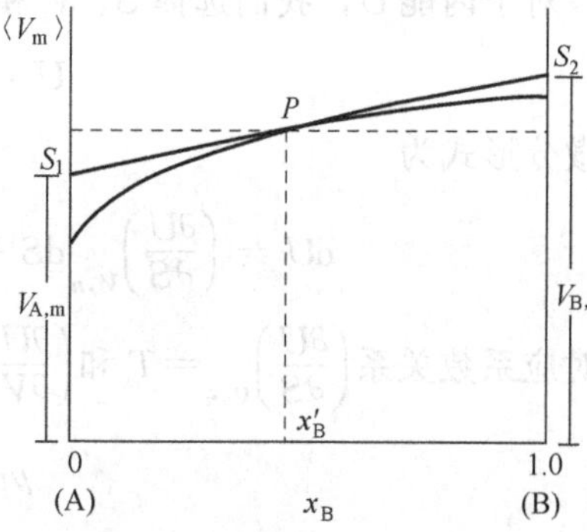

图 4-2 截距法求偏摩尔体积

设 $\frac{V}{n}$ 为溶液的平均摩尔体积 $\langle V_m\rangle$ (mean molar volume of the solution)，偏摩尔量的集合公式

$$\langle V_m\rangle=\frac{V}{n_A+n_B}=x_A V_{A,m}+x_B V_{B,m}$$

上式对 x_A 求偏导数

$$\left[\frac{\partial\langle V_m\rangle}{\partial x_A}\right]=V_{A,m}-V_{B,m}+x_A\left(\frac{\partial V_{A,m}}{\partial x_A}\right)+x_B\left(\frac{\partial V_{B,m}}{\partial x_A}\right)$$

由 Gibbs-Duhem 公式，上式中 $x_A\left(\frac{\partial V_{A,m}}{\partial x_A}\right)+x_B\left(\frac{\partial V_{B,m}}{\partial x_A}\right)=0$

所以 $\left[\dfrac{\partial\langle V_m\rangle}{\partial x_A}\right]=V_{A,m}-V_{B,m}$

再代回 $\langle V_m\rangle$ 的定义式中就可得到 $V_{A,m}$ 和 $V_{B,m}$ 的表达式

$$\left.\begin{aligned} V_{A,m}&=\langle V_m\rangle+x_B\left[\frac{\partial\langle V_m\rangle}{\partial x_A}\right] \quad 或 \quad V_{A,m}=\langle V_m\rangle-x_B\left(\frac{\partial\langle V_m\rangle}{\partial x_B}\right)\\ V_{B,m}&=\langle V_m\rangle-x_A\left[\frac{\partial\langle V_m\rangle}{\partial x_A}\right] \quad 或 \quad V_{B,m}=\langle V_m\rangle+x_A\left(\frac{\partial\langle V_m\rangle}{\partial x_B}\right)\end{aligned}\right\} \tag{4-14}$$

即如图 4-2 所示。

对于体系的其他容量性质，如内能、焓、熵、Gibbs 函数等，因绝对值无法测定，其偏摩尔量也无法由实验直接测定，其值还需借助热力学方法处理间接得出。

4.2.5 化学势的定义

为了处理不做非体积功、组成变化的封闭体系内的热力学问题，我们还将引入一个重要的概念即化学势（chemical potential）。

设由 k 个组分组成的均相封闭体系，体系的 Gibbs 函数是温度、压力和组成的函数，即 $G=G(T,p,n_1,n_2,\cdots,n_k)$，全微分形式为

$$\mathrm{d}G=\left(\frac{\partial G}{\partial T}\right)_{p,n}\mathrm{d}T+\left(\frac{\partial G}{\partial p}\right)_{T,n}\mathrm{d}p+\left(\frac{\partial G}{\partial n_1}\right)_{T,p,n_2,\cdots,n_k}\mathrm{d}n_1 +\cdots+\left(\frac{\partial G}{\partial n_k}\right)_{T,p,n_2,\cdots,n_{k-1}}\mathrm{d}n_k$$

由对应系数关系 $\left(\dfrac{\partial G}{\partial T}\right)_{p,n}=-S$ 和 $\left(\dfrac{\partial G}{\partial p}\right)_{T,n}=V$，并定义 B 组分的化学势

$$\mu_B \xlongequal{\text{def}} \left(\frac{\partial G}{\partial n_B}\right)_{T,p,n_{C(C\neq B)}} \tag{4-15a}$$

上式即可表示为

$$\mathrm{d}G=-S\mathrm{d}T+V\mathrm{d}P+\sum_{B=1}^{k}\mu_B\mathrm{d}n_B$$

对于内能 U，我们选择 S、V 和组成作为独立变数，则

$$U=U(S,V,n_1,n_2,\cdots,n_k)$$

全微分形式为

$$\mathrm{d}U=\left(\frac{\partial U}{\partial S}\right)_{V,n}\mathrm{d}S+\left(\frac{\partial U}{\partial V}\right)_{S,n}\mathrm{d}V+\sum_{B=1}^{k}\left(\frac{\partial U}{\partial n_B}\right)_{S,V,n_{C(C\neq B)}}\mathrm{d}n_B$$

由对应系数关系 $\left(\dfrac{\partial U}{\partial S}\right)_{V,n}=T$ 和 $\left(\dfrac{\partial U}{\partial V}\right)_{S,n}=-p$，并定义 B 组分的化学势

$$\mu_B \xlongequal{\text{def}} \left(\frac{\partial U}{\partial n_B}\right)_{S,V,n_{C(C\neq B)}} \tag{4-15b}$$

则

$$\mathrm{d}U=T\mathrm{d}S-p\mathrm{d}V+\sum_{B=1}^{k}\mu_B\mathrm{d}n_B$$

根据相同的处理方法，对于焓 H 选 S、p 和组成，对于 Helmholtz 函数 A 选 T，V 和组成为独立变数，并定义化学势的另外两种形式

$$\mu_B \xlongequal{\text{def}} \left(\frac{\partial H}{\partial n_B}\right)_{S,p,n_{C(C\neq B)}} \tag{4-15c}$$

$$\mu_B \xlongequal{\text{def}} \left(\frac{\partial A}{\partial n_B}\right)_{T,V,n_{C(C\neq B)}} \tag{4-15d}$$

就可得到 dH 和 dA 类似的表达式。表达式总结为

$$\left.\begin{aligned}
dU &= TdS - pdV + \sum_{B=1}^{k}\mu_B dn_B \\
dH &= TdS + Vdp + \sum_{B=1}^{k}\mu_B dn_B \\
dA &= -SdT - pdV + \sum_{B=1}^{k}\mu_B dn_B \\
dG &= -SdT + Vdp + \sum_{B=1}^{k}\mu_B dn_B
\end{aligned}\right\} \tag{4-16}$$

式（4-16）统称为 Gibbs 方程式。因为 U、H、A 和 G 均是状态函数，其热力学过程的改变值只与始终态有关而与变化的途径无关，因此式（4-16）适用于不做非体积功的均相封闭体系内组成变化的任意可逆或不可逆过程。

式（4-16）中第四个表达式用得最多，因实际过程大多在恒温恒压下进行，所以常用 dG 或 ΔG 来判断过程自发进行的方向和限度，由式（4-15a）定义的化学势也应用得最广。以后我们提到化学势，若未加特别注明，通常就是指由 $\mu_B = \left(\dfrac{\partial G}{\partial n_B}\right)_{T,p,n_{C(C\neq B)}}$ 定义的化学势。应该注意，只有由 Gibbs 函数定义的化学势才是偏摩尔量，而式（4-15b）～式（4-15d）定义的化学势因下角标不是 T、p，所以均不是偏摩尔量。

B 组分的化学势与体系的状态有关，也是体系的状态函数。由其定义式可知 μ_B 是强度性质，量纲为 $J \cdot mol^{-1}$ 或 $kJ \cdot mol^{-1}$，化学势仍是属于某一组分的物理量。

4.2.6 化学势与相平衡判据

设体系由 α 相和 β 相组成，两相均含多个物质组分。恒温恒压下，设 α 相中微小量的 B 组分 dn_B^α 转移到 β 相，体系的 Gibbs 函数也发生相应微小变化，由式（4-16）可得

$$dG_{T,p} = dG^\alpha + dG^\beta = \mu_\beta^\alpha dn_B^\alpha + \mu_B^\beta dn_B^\beta$$

因封闭体系内物质的量总值不变，即 $-dn_B^\alpha = dn_B^\beta$

$$dG_{T,p} = (\mu_B^\beta - \mu_B^\alpha) dn_B^\beta$$

由热力学第二定律原理，若已达两相平衡，应有 $dG_{T,p}=0$ 或 $(\mu_B^\beta-\mu_B^\alpha)dn_B^\beta=0$，因 $dn_B^\beta\neq 0$，所以

$$\mu_B^\alpha = \mu_B^\beta \tag{4-17}$$

如果上述的转移过程是自动进行的，则有 $dG_{T,p}<0$　或 $(\mu_B^\beta-\mu_B^\alpha)dn_B^\alpha<0$，因为微量的 B 组分从 α 相转移到 β 相，$dn_B^\beta$ 为正，则有

$$\mu_B^\beta < \mu_B^\alpha \tag{4-18}$$

式（4-18）和式（4-17）表明，恒温恒压下组分 B 将自动地从高化学势相转移到低化学势相，若 B 在两相中的化学势相等，则体系达相平衡。

恒温恒压下化学反应自发进行方向和限度的判据也可由化学势表达，有关内容将在第 6 章介绍。

4.2.7 化学势与温度、压力的关系

4.2.7.1 化学势与压力的关系

恒定温度和组成，化学势对压力求偏微分

$$\left(\frac{\partial \mu_B}{\partial p}\right)_{T,n} = \left[\frac{\partial}{\partial p}\left(\frac{\partial G}{\partial n_B}\right)_{T,p,n_{C(C\neq B)}}\right]_{T,n}$$

$$= \left[\frac{\partial}{\partial n_B}\left(\frac{\partial G}{\partial p}\right)_{T,n}\right]_{T,p,n_{C(C\neq B)}} = \left(\frac{\partial V}{\partial n_B}\right)_{T,p,n_{C(C\neq B)}} = V_{B,m}$$

即
$$\left(\frac{\partial \mu_B}{\partial p}\right)_{T,n} = V_{B,m}$$

该结果与对应系数关系式 $\left(\frac{\partial G}{\partial p}\right)_{T,n} = V$ 相比，只要用偏摩尔量 $G_{B,m}$ 即 μ_B 和 $V_{B,m}$ 代替容量性质 G 和 V，关系式仍然成立。

4.2.7.2 化学势与温度的关系

恒定压力和组成，化学势对温度求偏微分

$$\left(\frac{\partial \mu_B}{\partial T}\right)_{p,n} = \left[\frac{\partial}{\partial T}\left(\frac{\partial G}{\partial n_B}\right)_{T,p,n_{C(C\neq B)}}\right]_{p,n}$$

$$= \left[\frac{\partial}{\partial n_B}\left(\frac{\partial G}{\partial T}\right)_{p,n}\right]_{T,p,n_{C(C\neq B)}} = \left[\frac{\partial}{\partial n_B}(-S)\right]_{T,p,n_{C(C\neq B)}} = -S_{B,m}$$

即
$$\left(\frac{\partial \mu_B}{\partial T}\right)_{p,n} = -S_{B,m}$$

因偏摩尔 Gibbs 函数 $G_{B,m}$ 就是化学势 μ_B，我们还可以得出

$$\mu_B = H_{B,m} - TS_{B,m}$$

和
$$\left[\frac{\partial\left(\frac{\mu_B}{T}\right)}{\partial T}\right]_{p,n} = -\frac{H_{B,m}}{T^2}$$

以上各式与纯物质的热力学关系式形式相同，只是用偏摩尔量（偏摩尔 Gibbs 函数则用化学势）代替相应的容量性质。

4.3 实际气体、对比态定律

Real Gas、Law of Corresponding State

为处理气体的化学势，本节将补充有关实际气体的一些知识。

低压和高温下，气体分子间相互作用力很弱，可以忽略，分子本身占有的体积与气本占有的总体积相比很小，也可忽略。此时气体将服从状态方程 $pV_m = RT$ 。我们把在任何温度压力下均能严格服从这一关系式的气体称为理想气体（ideal gas），理想气体是实际气体（real gas）在压力趋于零时的极限情况。由热力学第一定律还导出了理想气体的内能和焓只是温度的函数这一重要结论。

随气体压力升高和温度降低，气体的密度变大，分子间距离变小，实际气体分子间相互作用变得较为明显，分子本身占有的体积也不能忽略，气体的行为已偏离理想气体，不再满足 $pV_m = RT$ 的关系式。因此，必须进行修正或提出其他形式的状态方程以适合于实际气体。

4.3.1 实际气体的压缩因子和状态方程

4.3.1.1 压缩因子

19 世纪的许多科学家，对不同气体的压缩性做了大量的研究发现，对于实际气体，$pV_m = RT$ 只是一个近似的关系式。为了较为方便地描述实际气体的行为，改写理想气体状态方程为

$$pV_m = ZRT \tag{4-19}$$

式中校正因子

$$Z \xlongequal{\text{def}} \frac{V_m^{re}}{V_m^{id}} = \frac{V_m^{re}}{\frac{RT}{p}} \tag{4-20}$$

为压缩因子（compressibility factor）。Z 是实际气体与理想气体偏差的一种量度。对于理想气体 Z 总等于 1。对于实际气体通常 $Z \neq 1$，Z 值的大小与气体的温度、压力及气体性质有关。若 $Z>1$，表示实测的 V_m^{re} 值比相同 T、p 下按理想气体状态方程计算的 V_m^{id} 大，实际气体不易压缩；若 $Z<1$，表示实际气体的 V_m^{re} 值比 V_m^{id} 小，实际气体易于压缩；$Z=1$，表示实际气体压缩性同理想气体；故称 Z 为压缩因子。图 4-3 表示 273K 时，不同气体的压缩因子随压力 p 变化的曲线，曲线上各点的横坐标为压力，纵坐标 Z 可由测定一定量气体在不同压力下的体积按式（4-20）确定。

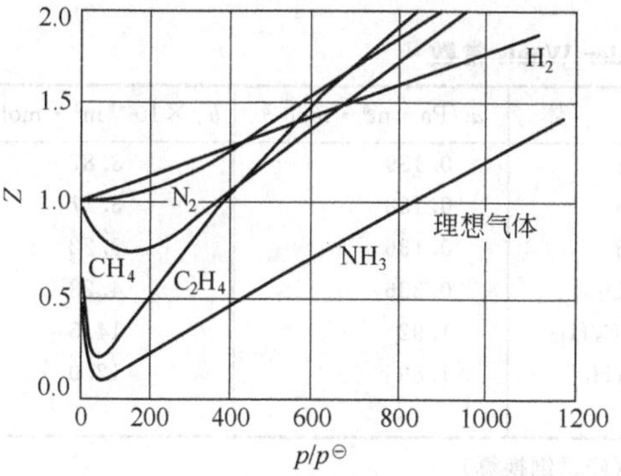

图 4-3　273K 不同气体的 Z-p 曲线

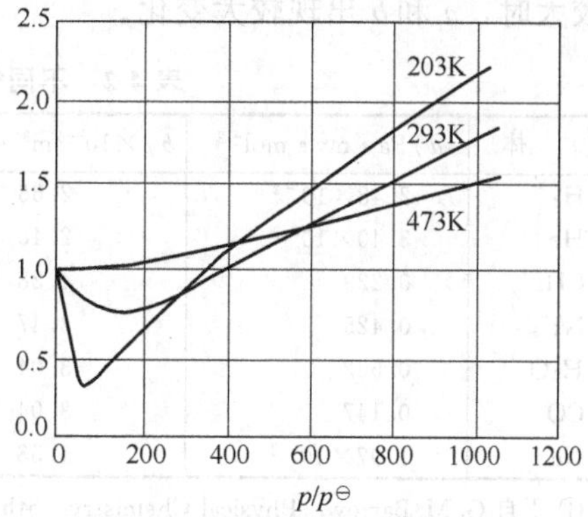

图 4-4　CH_4 在不同温度下的 Z-p 曲线

由图 4-3 可见，理想气体的 Z 值与 p 无关（与温度 T 也无关），始终为 1。实际气体的 Z 在低压下与 1 相差不大，但随压力升高，偏差增大。对于大多数气体，常温附近，Z 值开始随 p 增加而减小，以后再随 p 增加而加大，因此 Z-p 曲线上出现一极小值，但氢气的 Z 值从零压力开始一直随压力增加而增大。若把温度降低到适当值（约 100K），氢气也会表现出与其他气体相似的行为，而其他气体在温度升高到适当值后，Z 值也会从零压力开始随压力升高一直增大。图 4-4 示出 CH_4 在不同温度下的 Z-p 曲线。随温度升高，Z-p 曲线的最低点位置上升并向高压方向移动。在某温度下，最低点落在 $Z=1$ 的线上，并在低压范围内曲线保持呈 $Z=1$ 的水平线，此温度称为玻义尔（Boyle）温度 T_B。因为在此温度下，在几个 $p^\ominus$ 的压力范围内，气体的 pV_m 值与理想气体的相同或相似即遵从 Boyle 定律，满足关系式 $\left[\frac{\partial(pV_m)}{\partial p}\right]_{T_B, p\to 0}=0$。

4.3.1.2　实际气体的状态方程

对于实际气体，也可用状态方程描述其行为。现已提出数百种状态方程，它们大体可分为两类。一类考虑了分子间作用力和分子体积的大小，形式简单，物理意义明确，具有一定的普遍性和概括性。另一类是经验或半经验的状态方程，为数众多，一般只适用于特定的气体。两类状态方程中均含有一些由实验确定的特性参数，并有一定的使用温度和压力范围。

第一类状态方程中以范德华（van der Waals）方程为最典型。它是 1879 年由 J. D. van der Waals 对理想气体状态方程提出修正后导出的。与理想气体相比，实际气体分子间的相互作用力减弱了分子对器壁碰撞，使实际气体的压力比相同条件下理想气体的压力小，实际气体分子本身占有体积，使气体可压缩的空间也比理想气体的减小。考虑这两个因素，可将理想气体状态方程改写为

$$\left(p+\frac{n^2a}{V^2}\right)(V-nb)=nRT \tag{4-21a}$$

对于 1mol 实际气体，状态方程形式为

$$\left(p+\frac{a}{V_m^2}\right)(V_m-b)=RT \tag{4-21b}$$

式（4-21）为 van der Waals 方程。式中包括了与气体特性有关的常数 a 和 b。表 4-2 列出了常见气体的 a、b 值。由表 4-2 可见，不同气体的 b 值数量级相同，表明不同气体分子本身占有体积差别不大。但 a 值差异很大，易于液化的气体 a 值相当大，难于液化的气体 a 值很小，这表明 a 值大小与气体分子间相互作用的强弱有关。a 和 b 还与温度有关，温度变化范围较大时，a 和 b 出现较大变化。

表 4-2　不同气体的 van der Waals 常数①

气　体	a /Pa · m^6 · mol^{-2}	b /×10^{-5}m^3 · mol^{-1}	气　体	a /Pa · m^6 · mol^{-2}	b /×10^{-5}m^3 · mol^{-1}
H_2	2.48×10^{-2}	2.66	N_2	0.139	3.87
He	3.40×10^{-3}	2.40	O_2	0.138	3.17
CH_4	0.229	4.28	Ar	0.136	3.22
NH_3	0.425	3.47	CO_2	0.336	4.28
H_2O	0.552	3.04	n-C_5H_{12}	1.92	14.5
CO	0.147	3.04	C_6H_6	1.89	12.0
Ne	1.97×10^{-2}	1.58			

① 引自 G. M. Barrow. Physical Chemistry. 5th. 1988. 43（经量纲换算）。

其他形式的状态方程主要有以下几种。

① 贝塞罗（Berthelot）方程

$$p=\frac{RT}{V_m-b}-\frac{a}{TV_m^2} \tag{4-22}$$

② 底特夕（Dieterici）方程

$$p=\left(\frac{RT}{V_m-b}\right)\exp\left(-\frac{a}{RTV_m}\right) \tag{4-23}$$

③ 贝蒂-布雷茨曼（Beattie-Bridgeman）方程

$$p=\frac{1}{V_m^2}(1-\gamma)RT(V_m+\beta)-\frac{\alpha}{V_m^2} \tag{4-24}$$

式中，$\alpha=a(1-a'/V_m)$；$\beta=b(1-b'/V_m)$；$\gamma=c/V_mT^3$；a、a'、b、b' 和 c 均为常数。

④ 维利型（Virial）方程

$$\left.\begin{aligned} pV_m&=RT(1+Bp+Cp^2+Dp^3+\cdots)\\ \text{或}\quad pV_m&=RT(1+B'/V_m+C'/V_m^2+D'/V_m^3+\cdots)\end{aligned}\right\} \tag{4-25}$$

式中，B、B'、C、C' 和 D、D' 等称为第一、第二和第三维利系数，它们与温度和气体的种类有关。

所有的状态方程当压力趋近于零时都应还原为理想气体状态方程。

4.3.2　实际气体的等温线

恒定某一温度测定一定量气体的压力和摩尔体积，可以得到气体的等温线。下面以 CO_2 为例加以讨论，图 4-5 是安德鲁（Andrews）在 1869 年总结的实验结果。

低温部分曲线分为三部分。如 286.3K 线，eb 段的 V_m 随压力增加而减小，与理想气体等温压缩相似。在 b 点（约 $50p^{\ominus}$）气体开始液化。继续压缩，液化不断进行，体积不断减小但压力保持不变，此时的压力就是该温度下液体 CO_2 的饱和蒸气压，到达 b' 点时气体全部液化。以后随压力升高，V_m 沿 $b'd$ 线迅速上升，表现出液体难于压缩。随温度升高，等温线形状相似，只是水平段逐渐变短，位置升高，即相应的饱和蒸气压越高。

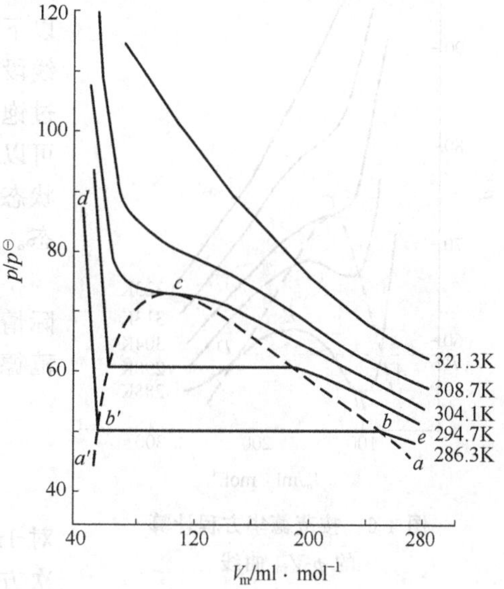

图 4-5　常温附近 CO_2 的 p-V_m 曲线

温度升到 304.1K，等温线上水平段缩短为一点 c，该点称为临界点（critical point），其温度为临界温度 T_c（critical temperature）。临界点处液体与其自身蒸气平衡共存且两者密度、折射率等性质相同，气液相界面消失，物质呈乳浊状态。在临界温度 T_c 时使气体液化所需的最小压力为临界压力 p_c（critical pressure），在临界温度和临界压力下，气体的摩尔体积为临界摩尔体积 $V_{m,c}$（critical molar volume）。

高于临界温度则是 CO_2 气体的等温线，由于分子的热运动，无论加多大的压力气体均不能被液化，因此临界温度就是气体被液化的最高温度。T_c 以上，温度越高，曲线越接近等温双轴曲线，如 321.3K 的曲线已接近理想气体的等温线。

图 4-5 中的 p-V_m 平面可分为四个区域。临界等温线以上为气态区；临界温度以下的帽形区内是气-液共存区；帽形区右支 abc 以上临界等温线以下也是气态区，帽形区左支 $a'b'c$ 与临界等温线所夹区域为液态区。

不同气体的临界参数不同，表 4-3 给出了一些气体的临界参数 p_c、T_c 和 $V_{m,c}$ 值，末行给出由式（4-19）计算的临界压缩因子 Z_c 。

表 4-3　一些气体的临界参数①

物　质	$p_c/\times10^6$Pa	T_c/K	$V_{m,c}$/dm³ · mol⁻¹	$Z_c=\dfrac{p_cV_{m,c}}{RT_c}$
H_2	1.297	33.2	0.066	0.310
He	0.229	5.2	0.058	0.307
CH_4	4.63	190.6	0.099	0.289
NH_3	11.28	405.5	0.072	0.241
H_2O	22.11	647.2	0.058	0.238
CO	3.50	132.9	0.093	0.295
Ne	2.92	44.4	0.042	0.332
N_2	3.39	126.2	0.090	0.291
NO	6.59	179.2	0.058	0.257
O_2	5.08	154.8	0.076	0.300
HCl	8.27	324.6	0.087	0.267
Ar	4.86	150.7	0.075	0.291
CO_2	7.38	304.2	0.094	0.274
C_6H_6	4.88	562	0.256	0.267

① 摘自 G. M. Barrow. Physical Chemistry. 5th. 1988. 20（经量纲换算）。

4.3.3　范德华气体等温线

图 4-6 为由范德华方程计算得到的临界点附近 CO_2 的等温线。临界温度以上的等温线与双

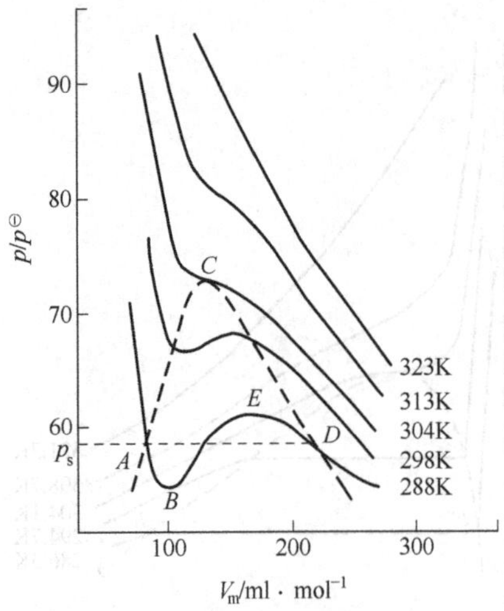

图 4-6　按范德华方程计算的 p-V_m 曲线

曲线相似，临界温度时等温线上出现拐点 C，临界温度以下，如 288K 等温线上出现最高点和最低点。在 DE 线段内，气体的压力超过平衡蒸气压 p_s，可以认为是过饱和蒸气。在 AB 段内，液体处于平衡蒸气压以下，可以认为是过热液体。过饱和蒸气和过热液体均是亚稳状态，稍有扰动则自动变化为气液平衡共存的稳定状态。BE 段为不稳定状态，至今实验中未曾实现。

由范德华方程绘制的曲线，除中间一段外，与实际情况大致相符，因此我们可以根据范德华方程来求范德华气体的临界参数。

展开范德华方程

$$V_m^3 - \left(b + \frac{RT}{p}\right)V_m^2 + \frac{a}{p}V_m - \frac{ab}{p} = 0 \qquad (4\text{-}26)$$

对 1mol 给定的气体，恒温恒压下上式是一个 V_m 的三次方程，对每一个 T 和 p 取值有三个实根。在临界温度以下，三个实根数值不同，在临界温度，三个实根相同即为 $V_{m,c}$，由图 4-6 也可看出，在临界点，等温线的极大点、极小点和转折点三点重合在一起，所以有

$$\left(\frac{\partial p}{\partial V_m}\right)_{T_c} = 0 \quad , \quad \left(\frac{\partial^2 p}{\partial V_m^2}\right)_{T_c} = 0$$

由式(4-21b)可得

$$\left.\begin{aligned}\left(\frac{\partial p}{\partial V_m}\right)_{T_c} &= -\frac{RT_c}{(V_{m,c}-b)^2} + \frac{2a}{V_{m,c}^3} = 0 \\ \left(\frac{\partial^2 p}{\partial V_m^2}\right)_{T_c} &= \frac{2RT_c}{(V_{m,c}-b)^3} - \frac{6a}{V_{m,c}^4} = 0\end{aligned}\right\} \qquad (4\text{-}27)$$

联解式（4-27）和式（4-21b）得

$$V_{m,c} = 3b \quad , \quad p_c = \frac{a}{27b^2} \quad , \quad T_c = \frac{8a}{27Rb} \qquad (4\text{-}28)$$

如果实验测得气体的临界参数，就可以代入式（4-28）中求出范德华气体常数 a 和 b

$$a = \frac{27}{64} \times \frac{R^2 T_c^2}{p_c} \quad , \quad b = \frac{RT_c}{8p_c} \qquad (4\text{-}29)$$

式中未使用准确度较差的 $V_{m,c}$，R 应采用公认值。临界状态下的压缩因子 $Z_c = \dfrac{p_c V_{m,c}}{RT_c} = \dfrac{3}{8} = 0.375$，大多数气体的 Z_c 值在 0.25～0.30 之间，小于范德华方程导出的预测值，表明此方程在临界状态下有近似性。

4.3.4　对比态定律

首先定义气体在 p、V_m 和 T 下的对比压力、对比温度和对比体积。

$$\left.\begin{aligned}&\text{对比压力 (reduced pressure)} \qquad \pi \overset{\text{def}}{=\!=} \frac{p}{p_c} \\ &\text{对比温度 (reduced temperature)} \qquad \tau \overset{\text{def}}{=\!=} \frac{T}{T_c} \\ &\text{对比体积 (reduced volume)} \qquad \beta \overset{\text{def}}{=\!=} \frac{V_m}{V_{m,c}}\end{aligned}\right\} \qquad (4\text{-}30)$$

将以上定义式代入范德华方程（4-21b）中，再引入式（4-28）的结果，经整理得

$$\left(\pi+\frac{3}{\beta^2}\right)(3\beta-1)=8\tau \tag{4-31}$$

式（4-31）称为范德华对比态方程（van der Waals Equation for Corresponding State），式中不含有与气体种类有关的常数 a 和 b，并与气体的物质的量无关，任何适用于范德华方程的气体均满足该式。

由式（4-31）可见，不同的气体，若具有相同的对比压力和对比温度，就一定具有相同的对比体积，此时气体的状态称为对比状态（corresponding state），这就是对比态定律（Law of Corresponding State）。实验证明，组成、结构、分子大小相似的物质能比较严格地遵守对比态定律。处于对比状态时，物质的许多性质如压缩性、膨胀系数、黏滞系数、折射率等均有简单的关系。对比态定律反映了不同物质内部的联系，把个性与共性统一起来了。

由式（4-19）和式（4-30）可得

$$Z=\frac{pV_{\mathrm{m}}}{RT}=\frac{1}{R}\left(\frac{p_{\mathrm{c}}V_{\mathrm{m,c}}}{T_{\mathrm{c}}}\right)\left(\frac{\pi\beta}{\tau}\right)=Z_{\mathrm{c}}\left(\frac{\pi\beta}{\tau}\right)$$

或

$$Z=\frac{3}{8}\left(\frac{\pi\beta}{\tau}\right) \tag{4-32}$$

式（4-32）表明，若把不同气体的 Z_{c} 值近似做常数处理，不同气体在对比状态下则有相同的压缩因子。因此，将不同 τ 时的 Z 对 π 作图可得到若干曲线，即普遍化压缩因子图，又称 Hougen-Watson 图，可在相当大的压力范围内使用，在化工计算中有很重要的实际应用。图 4-7 给出了中、低压范围的压缩因子图。

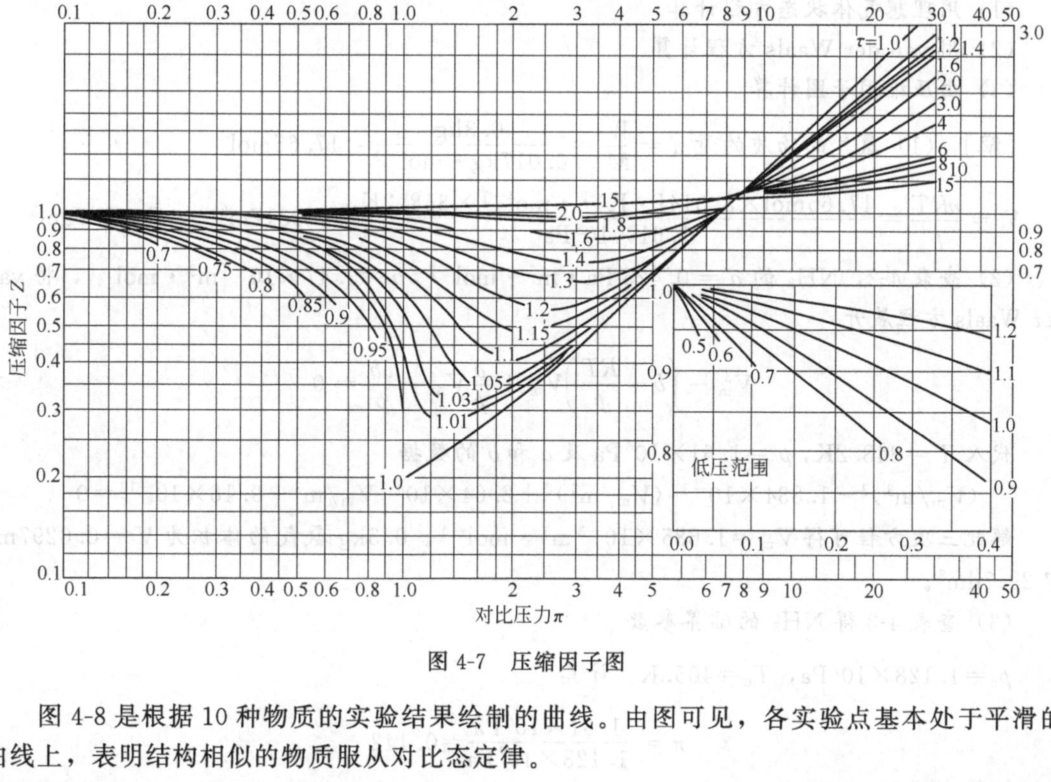

图 4-7　压缩因子图

图 4-8 是根据 10 种物质的实验结果绘制的曲线。由图可见，各实验点基本处于平滑的曲线上，表明结构相似的物质服从对比态定律。

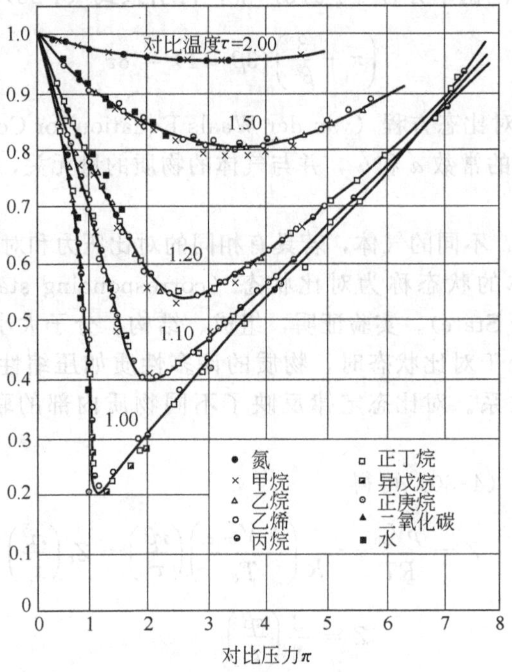

图 4-8　10 种物质的压缩因子

引自 W. J. Moore. Physicsl Chemistry. 4th. 1972. 22

【例 4-3】 分别用以下三种方法计算 348.2K 和 1.61×10^6 Pa 下 0.3kg 氨气的体积并比较计算结果，已知实验值为 28.5dm^3。

(1) 用理想气体状态方程计算

(2) 用 van der Waals 方程计算

(3) 由压缩因子图计算

[解] (1) 氨气的物质的量 $n=\dfrac{W}{M}=\dfrac{0.3\text{kg}}{0.017\text{kg}\cdot\text{mol}^{-1}}=17.65\text{mol}$

$V=\dfrac{nRT}{p}=\dfrac{17.65\text{mol}\times8.314\text{J}\cdot\text{K}^{-1}\cdot\text{mol}^{-1}\times348.2\text{K}}{1.61\times10^6\text{Pa}}=0.0317\text{m}^3$　　即 31.7dm^3

(2) 查表 4-2，NH_3 的 $a=0.425\ \text{Pa}\cdot\text{m}^6\cdot\text{mol}^{-2}$，$b=3.47\times10^{-5}\text{m}^3\cdot\text{mol}^{-1}$，将 van der Waals 方程展开

$$V_\text{m}^3-\left(b+\frac{RT}{p}\right)V_\text{m}^2+\frac{a}{p}V_\text{m}-\frac{ab}{p}=0$$

代入 $T=348.2\text{K}$，$p=1.61\times10^6\text{Pa}$ 及 a 和 b 的数据

$$(V_\text{m}/\text{m}^3)^3-1.834\times10^{-3}\ (V_\text{m}/\text{m}^3)^2+2.64\times10^{-7}V_\text{m}/\text{m}^3-9.16\times10^{-12}=0$$

解此三次方程可得 $V_\text{m}=1.685\times10^{-3}\text{m}^3\cdot\text{mol}^{-1}$。0.3kg 氨气的体积为 $V=0.0297\text{m}^3$ 即 29.7dm^3。

(3) 查表 4-3 得 NH_3 的临界参数

$p_\text{c}=1.128\times10^7\text{Pa}$，$T_\text{c}=405.\text{K}$。计算

$$\pi=\frac{1.61\times10^6\text{Pa}}{1.128\times10^7\text{Pa}}=0.142$$

$$\tau = \frac{348.2\text{K}}{405.5\text{K}} = 0.858$$

查压缩因子图得 $Z = 0.93$

$$\begin{aligned} V_m &= \frac{ZRT}{p} \\ &= \frac{0.93 \times 8.314\text{J} \cdot \text{K}^{-1} \cdot \text{mol}^{-1} \times 348.2\text{K}}{1.61 \times 10^6\text{Pa}} \\ &= 1.672 \times 10^{-3}\text{m}^3 \cdot \text{mol}^{-1} \end{aligned}$$

$$V = 0.0295\text{m}^3 \quad 或 \quad 29.5\text{dm}^3$$

计算结果表明，按实际气体状态方程或压缩因子图计算的结果更接近于实验值，在此条件下 NH_3 的体积较按理想气体处理更小，表明气体易于压缩。

4.4 气体的化学势

Chemical Potential of Gas

气体可以以任何比例混合且无溶剂和溶质之分，对所有组分处理方法相同，所以气态的多组分体系称为气体混合物。本节我们将给出气体混合物中任一组分化学势的表达式，首先讨论理想气体混合物，然后再讨论实际气体混合物。

4.4.1 理想气体的化学势

4.4.1.1 纯理想气体

设只有一种气体组分即纯的理想气体，物质的量为 1mol，纯物质的化学势即摩尔 Gibbs 函数，$\mu = G_m$，由热力学关系式

$$\text{d}G_m = -S_m\text{d}T + V_m\text{d}p$$

对恒温过程

$$\text{d}\mu = V_m\text{d}p$$

代入 $V_m = \frac{RT}{p}$，从状态 1 $(T\text{K}, p^\ominus)$ 到状态 2$(T\text{K}, p)$ 求定积分

$$\mu(T,p) = \mu(T,p^\ominus) + RT\ln\frac{p}{p^\ominus} \tag{4-33a}$$

式中，$\mu(T,p)$ 是气体在温度为 T、压力为 p 状态时的化学势；$\mu(T,p^\ominus)$ 是气体在温度为 T、压力为 $p^\ominus$ 状态时的化学势，因压力已指定为标准压力 $p^\ominus$，它仅是温度的函数，热力学中把理想气体的这个状态规定为气体的标准态（standard state）。

将标准态的化学势记为 $\mu^\ominus(T)$，式（4-33a）可简写为

$$\mu = \mu^\ominus(T) + RT\ln\frac{p}{p^\ominus} \tag{4-33b}$$

式（4-33a）和式（4-33b）即纯理想气体在 TK、p 状态下化学势的表达式。

我们只指定了标准态的压力，未指定温度，因此不同的温度将有不同的标准态。为什么要引入标准态呢？因化学势或 Gibbs 函数的绝对值无法求出，当体系的状态发生变化需求 $\Delta\mu$ 时，引入标准态并选择相同的标准态，$\mu^\ominus(T)$ 可以消去，由式（4-33b）就可求出 $\Delta\mu$。这样，虽然并不知道标准态化学势 $\mu^\ominus(T)$ 的绝对值，但并不影响 $\Delta\mu$ 的计算，热力学中重要的是求算状态函数的改变值而不是它的绝对值。

4.4.1.2 混合理想气体

理想气体混合物中，分子间相互作用力和分子所占有的体积均可忽略，因此温度为 T

的混合气体中，分压为 p_B 的组分 B 的化学势 μ_B 与该气体单独处于 T、压力为 p_B 时纯态的化学势 μ_B^* 相同[1]

$$\mu_B = \mu_B^* = \mu_B^{\ominus}(T) + RT\ln\frac{p_B}{p^{\ominus}} \tag{4-34}$$

式中，μ_B 是混合气中 B 组分在温度为 T 和分压为 p_B 时的化学势，μ_B 是温度、压力和组成的函数；$\mu_B^{\ominus}(T)$ 是混合气中 B 组分在 T、分压为 $p^{\ominus}$ 时化学势，也就是 B 组分标准态的化学势。同温度下，混合气中 B 组分标准态的化学势与纯气体标准态的化学势相同。

把道尔顿分压定律 $p_B = x_B p$ 代入式（4-34）中，B 组分的化学势还可以表示为

$$\mu_B = \mu_B^{\ominus}(T) + RT\ln\frac{p}{p^{\ominus}} + RT\ln x_B$$

合并等式右端第一、二项，可得混合气中 B 组分化学势的另一种表达形式

$$\mu_B = \mu_B^*(T,p) + RT\ln x_B \tag{4-35}$$

式中，x_B 是混合气体中 B 组分的物质的量分数；$\mu_B^*(T,p)$ 是纯 B 在 T，压力为混合气体总压 p 时的化学势，但这一状态并不是组分 B 的标准态，即 $\mu_B^{\ominus}(T) \neq \mu_B^*(T,p)$。

4.4.2 实际气体的化学势、逸度

对于纯的实际气体，若气体服从维利型状态方程式（4-25）

$$V_m = \frac{RT}{p}(1 + Bp + Cp^2 + Dp^3 + \cdots)$$

代入式 $d\mu = V_m dp$ 中再求定积分

$$\mu = \mu^{\ominus}(T) + RT\ln(p/p^{\ominus}) + RT\int_{p^{\ominus}}^{p}(B + Cp + Dp^2 + \cdots)dp \tag{4-36}$$

等式左端为实际气体在 T、p 时的化学势，等式右端第一、二项之和与理想气体化学势的表达式相同，即把 T、p 下的实际气体假想作为理想气体处理的化学势。等式右端第三项则是由于实际气体的非理想性，其化学势与假设为理想气体处理所产生的偏差值，这一项与气体所处的状态有关，还与气体特性有关。

用式（4-36）表示实际气体的化学势，不仅形式复杂，而且对不同的气体有不同的特性参数和表达式，使用起来十分不便。为了保留类似于式（4-33）的简洁形式，但又能描写实际气体的行为，我们引入一个新的物理量逸度 f (fugacity)，用逸度代替实际气体的压力，使适用于理想气体的热力学关系式也能适用于实际气体。逸度即校正压力，且当压力极低时，实际气体的性质无限接近理想气体的性质，逸度也无限趋近于压力值。逸度与压力的比值为逸度系数 γ (fugacity coefficient)，当压力趋于零时，逸度系数趋于 1。即

$$\left.\begin{aligned} &\text{逸度} \quad && f = \gamma p \\ &\text{逸度系数} \quad && \gamma \stackrel{\text{def}}{=\!=} \frac{f}{p} \quad \text{且} \quad \lim_{p\to 0}\frac{f}{p} = \lim_{p\to 0}\gamma = 1 \end{aligned}\right\} \tag{4-37}$$

逸度系数 γ 不仅与气体的状态有关，也与气体的特性有关，它可量度实际气体对理想气体偏差的程度，不论哪种实际气体，当 $p \to 0$ 时均有 $\gamma \to 1$。因逸度系数是一个纯数，逸度的量纲同压力即 kPa 或 Pa。

对于理想气体的恒温过程

---

[1] 可用想象的半透膜平衡导出此结论。把含 B 组分的混合气体与只含纯 B 气体的体系用一导热的半透膜隔开，半透膜只允许 B 分子透过，当混合气中的 B 组分（分压为 p_B，化学势为 μ_B）与半透膜另一侧的纯 B（压力为 p_B^*，化学势为 μ_B^*）达渗透平衡时，由相平衡条件可得 $\mu_B = \mu_B^*$，$p_B = p_B^*$，故 $\mu_B = \mu_B^{\ominus}(T) + RT\ln\frac{p_B}{p^{\ominus}}$。

$$d\mu = V_m^{id} dp \quad 或 \quad d\mu = RT d\ln p \tag{4-38}$$

对于实际气体，用逸度代替压力后上式仍成立

$$d\mu = V_m^{re} dp \quad 或 \quad d\mu = RT d\ln f \tag{4-39}$$

从状态 1$(T, f = p = p^{\ominus})$ 到状态 2$(T, f = \gamma p)$ 求定积分

$$\left.\begin{aligned} \mu(T,p) &= \mu(T,p^{\ominus}) + RT\ln\frac{f}{p^{\ominus}} \\ \mu &= \mu^{\ominus}(T) + RT\ln\frac{\gamma p}{p^{\ominus}} \end{aligned}\right\} \tag{4-40}$$

或简化为

式中，$\mu(T,p)$ 或 μ 是实际气体在温度为 T、压力为 p 或逸度为 f 时的化学势；$\mu^{\ominus}(T)$ 是实际气体标准态的化学势。

实际气体的标准态是温度为 T，逸度 $f = p = p^{\ominus}$，即 $\gamma = 1$ 气体表现理想气体行为的状态。因压力 $p^{\ominus}$ 并非无限低，而实际气体表现理想气体行为，即可忽略实际气体分子间作用力和分子本身占有体积，因此实际气体的标准态是一个假想态。

图 4-9 给出了实际气体标准态的示意。由图可见，对于理想气体，标准态 S 就是温度为 T、压力为 $p^{\ominus}$ 的理想气体状态。但对于不同的实际气体 1 和 2，$f = p^{\ominus}$ 的真实状态 R_1 和 R_2 是不同的，但标准态 S 是相同的，只不过是一个假想态。

比较式 (4-36) 和式 (4-40)，式 (4-40) 中的 $RT\ln\gamma$ 项与式 (4-36) 中的积分项相当，由此可以认为，逸度系数正好代表了实际气体对理想气体的偏差，对实际气体非理想性偏差的校正可集中在对压力的校正上，当压力乘上一校正因子即逸度系数 γ 后，理想气体化学势的表达形式就适用于实际气体了，式 (4-40) 就是实际气体化学势的表达式。

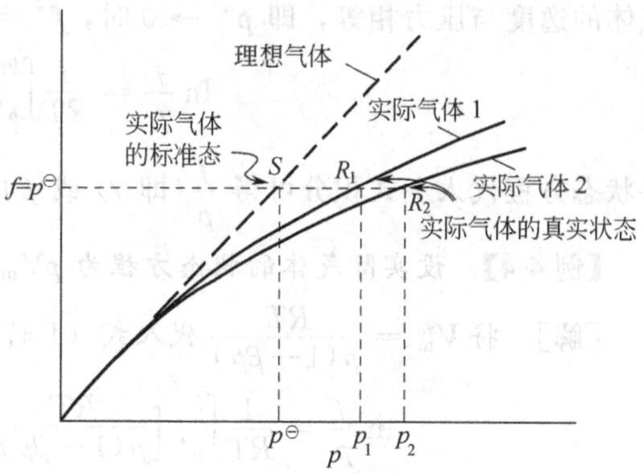

图 4-9 实际气体的标准态

混合的实际气体中，组分 B 的逸度 f_B 与其化学势 μ_B 在恒温下满足微分关系式

$$d\mu_B = RT d\ln f_B \tag{4-41}$$

并且

$$\lim_{p\to 0}\frac{f_B}{p_B} = 1 \quad 或 \quad \lim_{p\to 0}\frac{f_B}{x_B p} = 1 \tag{4-42}$$

式中，x_B 是混合气体中 B 组分的物质的量分数；p_B 是 B 组分的分压；p 是混合气体的总压。当混合气体总压极低时就成为混合的理想气体，所以 B 组分的逸度系数

$$\left.\begin{aligned} \gamma_B &\overset{\text{def}}{=} \frac{f_B}{p_B} = \frac{f_B}{x_B p} \\ \lim_{p\to 0}\frac{f_B}{x_B} &= \lim_{p\to 0}\gamma_B = 1 \end{aligned}\right\} \tag{4-43}$$

对于混合气体，B 组分的逸度系数 γ_B 是温度、压力 p 和组成的函数。

积分式 (4-41) 可得 B 组分化学式的表达式

$$\mu_B = \mu_B^{\ominus}(T) + RT\ln\frac{f_B}{p^{\ominus}} \tag{4-44}$$

式中，μ_B 是温度为 T、总压为 p 的混合气体中 B 组分的化学势；$\mu_B^{\ominus}(T)$ 是混合气体中 B 组分标准态时的化学势。

B 组分的标准态是温度为 T、逸度 $f_B = p_B = p^{\ominus}$ 且表现理想气体行为即 $\gamma_B = 1$ 的假想态。

对同一种实际气体B，只要选择相同的标准态，$\mu_B^{\ominus}(T)$ 也是可以消去的。

实际气体的恒温变化过程，按式（4-40）和式（4-44）气体B化学势的改变为

$$\Delta\mu = RT\ln\frac{f_2}{f_1} \tag{4-45}$$

若知道了始终态的逸度 f_1 和 f_1，$\Delta\mu$ 可以求算。接下来我们将讨论逸度或逸度系数的计算方法。

4.4.3 实际气体逸度的计算

先讨论纯的实际气体逸度的计算方法。

4.4.3.1 解析法

对实际气体的状态方程进行处理后可求出 f。将式（4-39）与式（4-38）相减

$$\mathrm{dln}\frac{f}{p} = \frac{1}{RT}(V_m^{re} - V_m^{id})\mathrm{d}p \tag{4-46}$$

恒温下从压力趋于零的状态（$p = p^*$）到压力为 p 的状态积分上式，并且压力极低时，实际气体的逸度与压力相等，即 $p^* \to 0$ 时，$f^* = p^*$，可得

$$\ln\frac{f}{p} = \frac{1}{RT}\int_{p^*}^{p}(V_m^{re} - V_m^{id})\mathrm{d}p \tag{4-47}$$

将状态方程代入上式积分可得 $\dfrac{f}{p}$（即 γ）或 f 的表达式。

【例 4-4】 设实际气体的状态方程为 $pV_m(1-\beta p) = RT$，求其逸度表达式。

［解］ 将 $V_m^{re} = \dfrac{RT}{p(1-\beta p)}$ 代入式（4-47）积分

$$\ln\frac{f}{p} = \frac{1}{RT}\int_{p^*}^{p}\left[\frac{RT}{p(1-\beta p)} - \frac{RT}{p}\right]\mathrm{d}p = \int_{p^*}^{p}\frac{\beta}{1-\beta p}\mathrm{d}p$$

$$= -\ln(1-\beta p)\,|_{p^*}^{p} = \ln\frac{1-\beta p^*}{1-\beta p}$$

因 $p^* \to 0$，$1-\beta p^* \approx 1$

所以 $$\frac{f}{p} \approx \frac{1}{1-\beta p} \quad 或 \quad f = \frac{p}{1-\beta p}$$

由以上结果可以看出，当气体的压力很低时，$1-\beta p \approx 1$，$f \approx p$，即在此条件下气体可作为理想气体处理。

4.4.3.2 近似法

设 $$\alpha = V_m^{id} - V_m^{re} = \frac{RT}{P} - V_m^{re} \tag{4-48}$$

当压力不太大时（$p < 10\mathrm{MPa}$）时可将 α 做常数处理，将式（4-48）代入式（4-47）中并取 $p^* \to 0$ 得

$$\ln\frac{f}{p} = -\frac{\alpha p}{RT} \quad 或 \quad \ln\gamma = -\frac{\alpha p}{RT}$$

即 $\dfrac{f}{p} = \exp\left(-\dfrac{\alpha p}{RT}\right)$，等式右端按级数展开并略去高次项

$$\frac{f}{p} \approx 1 - \frac{\alpha p}{RT} = \frac{RT - \left(\dfrac{RT}{p} - V_m\right)p}{RT} = \frac{pV_m}{RT} = \frac{p}{p_{(id)}}$$

或 $$f = \frac{p^2}{p_{(id)}} \tag{4-49}$$

式中，p 是压力的实验值；$p_{(id)}$ 是以实测的 V_m 按理想气体状态方程计算的压力值。式 (4-49) 可用于逸度的近似计算。

4.4.3.3 对比态法

由式 (4-19) 得出实际气体的摩尔体积 $V_m^{re}=\dfrac{ZRT}{p}$，代入式 (4-47) 中并将积分变量 p 代换为对比压力 π

$$\ln\gamma=\ln\frac{f}{p}=\int_0^{\pi}\frac{Z-1}{\pi}d\pi \tag{4-50}$$

式 (4-50) 表明，若气体具有相同的对比温度和对比压力即处于对比状态时，气体应具有相同的压缩因子，也具有相同的逸度系数。因此根据式 (4-50) 可由 Hougen-Watson 压缩因子图绘制出适用于各种气体的逸度系数图，此图为 Newton 图，如图 4-10 所示。

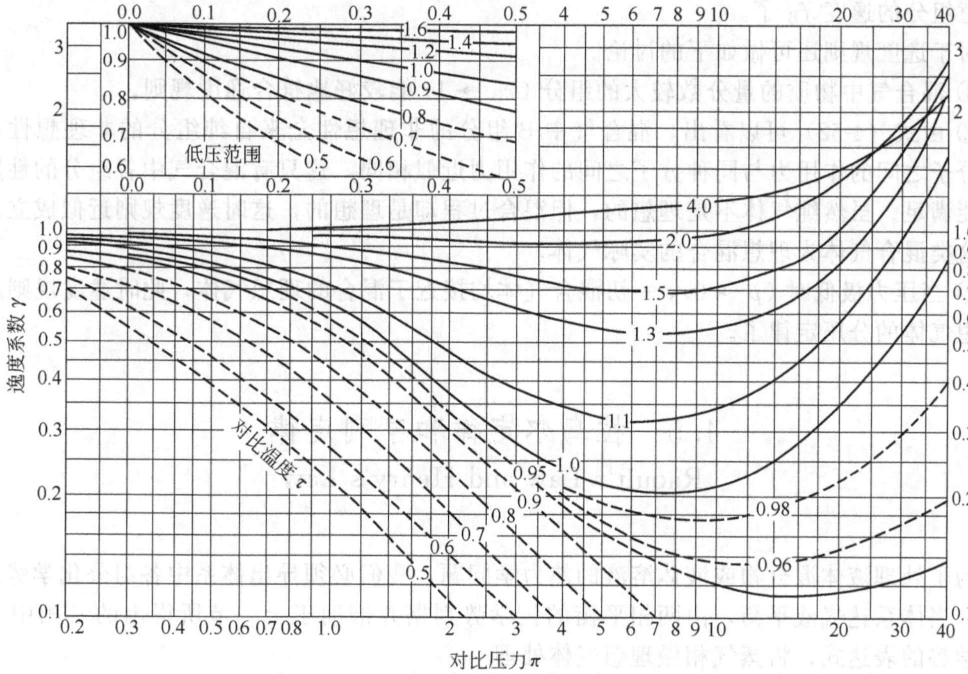

图 4-10 中低压范围的逸度系数

由实际气体的临界温度和临界压力及气体所处的温度和压力，计算出对比温度和对比压力，查图 4-10 可得到逸度系数 γ，相应的逸度值也就可以求出。更大 π、τ 范围的逸度系数列于附录表Ⅱ-6 中，可直接查用。

【例 4-5】 在 −100℃ 实验测定压力 $p=30p^{\ominus}$ 时氮气的摩尔体积 $V_m=4.2\times10^{-4}\text{m}^3\cdot\text{mol}^{-1}$。

(1) 由近似法计算压力为 $30p^{\ominus}$ 时的逸度

(2) 由对比态法计算压力为 $30p^{\ominus}$ 时的逸度

[解] (1) 由近似法计算

按理想气体处理，在 −100℃ 及 $V_m=4.2\times10^{-4}\text{m}^3\cdot\text{mol}^{-1}$ 时氮气的压力为

$$p_{(id)}=\frac{RT}{V_m}=\frac{8.314\text{J}\cdot\text{K}^{-1}\cdot\text{mol}^{-1}\times173.2\text{K}}{4.2\times10^{-4}\text{m}^3\cdot\text{mol}^{-1}}=3.42\times10^6\text{Pa}$$

$$f=\frac{p^2}{p_{(id)}}=\frac{(30\times101325)^2}{3.42\times10^6}\text{Pa}=2.70\times10^6\text{Pa}，即\quad 26.7p^{\ominus}$$

（2）查氮气的 $p_c=33.5p^{\ominus}$，$T_c=126.3\text{K}$，计算 $\pi=\dfrac{30}{33.5}=0.896$，$\tau=\dfrac{173.2}{126.3}=1.37$。查图 4-10 得 $\gamma=0.87$，计算

$$f=30p^{\ominus}\times0.87=26.1p^{\ominus}$$

混合的实际气体中B组分的逸度可由逸度规则（Lewis-Randall 规则）确定，G. N. Lewis 假定

$$f_B\approx x_Bf_B^* \tag{4-51}$$

式中，f_B 为混合气中B组分的逸度；f_B^* 是同温度下纯 B 在其压力为混合气体总压 p 时的逸度；x_B 为混合气中 B 组分的物质的量分数。

对纯 B，$f_B^*=\gamma_B^*p$；对混合气中 B 组分，$f_B=\gamma_Bp_B=\gamma_Bx_Bp$，代入式（4-51）中可得

$$\gamma_B\approx\gamma_B^* \tag{4-52}$$

这样由纯组分逸度系数和逸度的求法求出 γ_B^* 和 f_B^*，再利用逸度规则就可确定混合气中任意组分的逸度 f_B 了。

对于逸度规则还可做如下的讨论。

① 混合气中物质的量分数较大的组分（$x_B\rightarrow1$）能较好地符合逸度规则。

② 由式（4-52）可以看出，混合气中 B 组分的非理想性全来自纯组分的非理想性，即异种分子之间的作用力与同种分子之间的作用力近似相同，这只有混合气中各组分的性质接近才能满足。虽然纯气体不是理想的，但混合过程却是理想的，这时逸度规则近似成立，我们称这类混合气体为理想混合的实际气体。

③ 当压力极低时（$p\rightarrow0$），一切混合气体均接近于混合的理想气体，此时逸度规则就成为理想气体的分压定律了。

4.5 拉乌尔定律和亨利定律

Raoult's Law and Henry's Law

为了处理液体混合物或液体溶液的热力学问题，我们必须导出体系中各组分化学势的表达式。当体系达气液平衡，由两相平衡的化学势判据并借助于上一节所得出的气相中 B 组分化学势的表达式，将蒸气相做理想气体处理

$$\mu_B^{\text{sln}}=\mu_B^{\text{g}}=\mu_B^{\ominus}(T,\text{g})+RT\ln(p_B/p^{\ominus})$$

若知道了 B 组分的气相分压 p_B 与液相组成间的关系，一定温度压力下，组成一定的溶液中 B 组分化学势 μ_B^{sln} 的表达式即可确定，为此我们先介绍两个实验定律。

4.5.1 Raoult 定律

拉乌尔（Francois Marie Raoult，1830～1891，法国化学家）在溶剂中加入不挥发性的非电解质溶质后，发现溶剂的蒸气压降低。1886 年，他在总结大量实验的基础上得出：恒温下稀溶液中溶剂 A 的平衡蒸气压 p_A，等于相同温度下纯溶剂的饱和蒸气压 p_A^* 与液相中溶剂的物质的量分数 x_A 的乘积，用式表示为

$$p_A=p_A^*x_A \tag{4-53a}$$

对二组分体系，若溶质 B 的物质的量分数为 x_B，则 $x_A=1-x_B$，并代入式（4-53）中，整理后得

$$p_A^*-p_A=p_A^*x_B \tag{4-53b}$$

即溶剂的蒸气压降低 $\Delta p=p_A^*-p_A$ 与溶质 B 的物质的量分数成正比，比例系数为 p_A^*。式（4-53a）和式（4-53b）都是 Raoult 定律的数学表达式。

对于 Raoult 定律，我们可以进行定性的解释。如果忽略稀溶液中溶剂分子间相互作用与溶剂、溶质分子间相互作用的差异，形成溶液时也不产生体积效应，溶质的加入并不改变溶剂分子的挥发能力，但减少了单位表面上溶剂分子的数目，因而单位表面进入气相的溶剂分子数也相应减少，溶剂可在较低的气相分压下达到气液平衡，其蒸气压将较纯溶剂低。这种降低与液相中溶质的分子数成正比，比例系数只与溶剂本身的性质即溶剂分子间相互作用有关。

在应用 Raoult 定律计算溶剂 A 的浓度 x_A 时，不论液相中 A 是否发生缔合或解离，总是使用与气态 A 分子形式相同的摩尔质量。

继 Raoult 定律后，人们研究了多种液态二组分体系气相分压与液相组成间的关系，实验结果表明，在一定浓度范围内，多数体系中溶剂的气相分压与液相组成间具有同样的简单直线函数关系，这样 Raoult 定律就推广到了双液体系。

图 4-11 给出几个双液体系的蒸气压-组成曲线。由图可见，对于多数体系，当 $x_A \to 1$ 时有 $p_A = p_A^* x_A$，当 $x_B \to 1$ 时，也有 $p_B = p_B^* x_B$，即对双液系中的溶剂，在稀溶液范围内 Raoult 定律也是成立的。

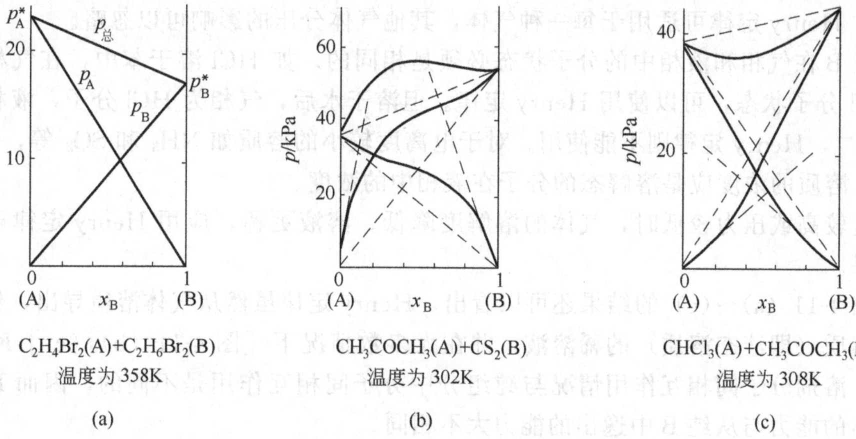

图 4-11　几个双液体系的蒸气压-组成曲线

4.5.2　Henry 定律

1803 年亨利（Wiliam Henry，1775～1836，英国化学家）在考察了恒温下气体在液体溶剂中的溶解度与气相平衡分压间的关系后总结出：一定温度下，气体 B 的平衡分压 p_B 与它在液体中的溶解度即饱和溶液的浓度成正比，用式表示为

$$p_B = K_{B(x)} x_B \quad p_B = K_{B(m)} m_B \quad p_B = K_{B(c)} c_B \tag{4-54}$$

式（4-54）代表 Henry 定律。式中 x_B、m_B 和 c_B 分别为以物质的量分数、质量摩尔浓度和物质的量浓度表示的气体溶质 B 饱和溶液的浓度，$K_{B(x)}$、$K_{B(m)}$ 和 $K_{B(c)}$ 为溶质 B 在该液体中的 Henry 常数，其值各不相同。由式（4-3b）和式（4-5b）可以导出，稀溶液中溶质 B 的 Henry 常数间关系为

$$K_{B(x)} = \frac{K_{B(m)}}{M_A} = \frac{\rho K_{B(c)}}{M_A} \tag{4-55}$$

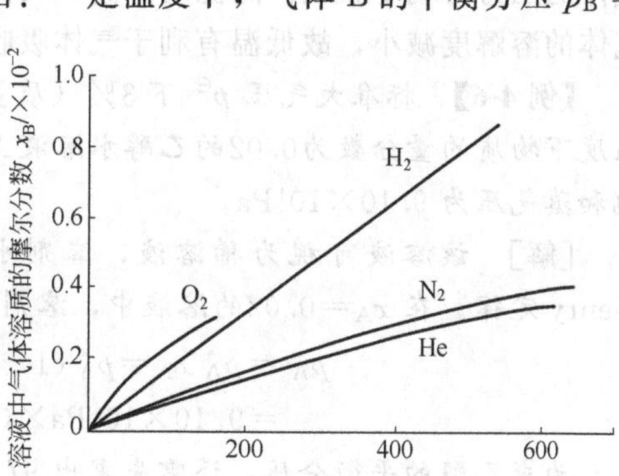

图 4-12　298.2K 几种气体在水中的溶解度随压力变化的曲线

引自 W. J. Moore. Physical Chemistry. 4th. 1972，240

式中，M_A 为溶剂 A 的摩尔质量；ρ 为溶液的密度。图 4-12 给出了常见气体在水中的溶解度随压力变化的曲线。

一定温度下，Henry 常数不仅与溶质种类有关，也与溶剂有关，即与溶质、溶剂分子间相互作用情况有关。表 4-4 列出了 298.2K 时一些气体在水和苯中的 Henry 常数。

表 4-4　298.2K 时一些气体的 Henry 常数①

气体	$K_{(x)}$ /Pa		气体	$K_{(x)}$ /Pa	
	溶剂为水	溶剂为苯		溶剂为水	溶剂为苯
H_2	7.11×10^9	3.66×10^8	CO	5.79×10^9	1.63×10^8
N_2	8.68×10^9	2.38×10^8	CO_2	1.66×10^8	1.13×10^7
O_2	4.40×10^9	—	CH_4	4.18×10^9	5.69×10^7

① 引自 V. Fried, et al. Physical Chemistry，1977，208。

使用 Henry 定律时应注意以下情形。

式（4-54）中 p_B 是液体上方溶质 B 的平衡分压，不是总压。若气相为混合气体，在压力不大时 Henry 定律可适用于每一种气体，其他气体分压的影响可以忽略。

溶质 B 在气相和液相中的分子状态必须是相同的。如 HCl 溶于苯中，在气相和液相中都是 HCl 分子状态，可以使用 Henry 定律。但溶于水后，气相为 HCl 分子，液相中电离为 H^+ 和 Cl^-，Henry 定律则不能使用。对于电离度较小的溶质如 NH_3 和 SO_2 等，使用 Henry 定律时，溶质的浓度应是溶解态的分子在液相中的浓度。

温度较高或压力较低时，气体的溶解度降低，溶液更稀，应用 Henry 定律可得到更准确的结果。

由图 4-11（a）～(c）的结果还可以看出，Henry 定律虽然从气体溶质导出，但也适用于挥发性溶质（即液态溶质）的稀溶液，并在大多数情况下［图 4-11（b），(c)］$K_{B(x)}\neq p_B^*$，即溶质、溶剂分子间相互作用情况与纯组分中分子间相互作用是不同的，因而 B 组分从溶液中逸出的能力与从纯 B 中逸出的能力大不相同。

化工过程中常利用溶剂对混合气体中各组分溶解度的差异，可选择性地把溶解度较大的气体成分吸收下来，从混合气中回收或除去某种气体。当温度一定且溶质和溶剂也一定时，K_B 为定值（忽略 K_B 受压力的影响），气体分压越大，在溶剂中的溶解度也越大，所以增加气体的压力有利于吸收。随温度升高，气体的 Henry 常数通常都增加，当气体分压一定时，气体的溶解度减小，故低温有利于气体吸收。

【例 4-6】 标准大气压 $p^\ominus$ 下 3%（质量百分比浓度）乙醇水溶液的沸点 97.11℃。求此温度下物质的量分数为0.02的乙醇水溶液上方乙醇和水的蒸气分压。已知 97.11℃时纯水的饱和蒸气压为 9.10×10^4Pa。

［解］ 该溶液可视为稀溶液，溶剂水（A）服从 Raoult 定律，溶质乙醇（B）服从 Henry 定律。在 $x_A=0.02$的溶液中，溶剂水的平衡分压

$$p_A=p_A^*x_A=p_A^*(1-x_B)$$
$$=9.10\times10^4\text{Pa}\times(1-0.02)=8.92\times10^4\text{Pa}$$

为求乙醇的平衡分压，还需先求出 97.11℃乙醇在水中的 Henry 常数 $K_{B(x)}$。

设 3% 的乙醇水溶液中乙醇的物质的量分数为 x_B'，水的为 x_A'，其中

$$x_B'=\frac{n_B}{n_B+n_A}=\frac{3/46}{3/46+97/18}=0.012$$

由 Henry 定律　　$p_B'=K_{B(x)}x_B'$，　　其中 $p_B'=p^\ominus-p_A'=p^\ominus-p_A^*x_A'$，Henry 常数为

$$K_{B(x)}=\frac{p^{\ominus}-p_A^* x_A'}{x_B'}=\frac{p^{\ominus}-p_A^*\ (1-x_B')}{x_B'}$$

$$=\frac{1.01\times10^5\,Pa-9.10\times10^4\,Pa\times\ (1-0.012)}{0.012}=9.24\times10^5\,Pa$$

所求溶液上方乙醇的蒸气分压为

$$p_B=K_{B(x)}x_B=9.24\times10^5\,Pa\times0.02=1.85\times10^4\,Pa$$

【例 4-7】 合成氨的原料气通过水洗塔除去其中的 CO_2。已知气体混合物中含 28%（体积）的 CO_2，水洗塔的操作压力为 1.01×10^6 Pa，温度为 298K。计算 $1m^3$ 水最多可吸收多少标准状况的 CO_2 气？

［解］ 由 Henry 定律 $p_{CO_2}=K_{CO_2(x)}x_{CO_2}$，查表 4-4 得 $K_{CO_2(x)}=1.66\times10^8$ Pa

$$p_{CO_2}=py_{CO_2}=1.01\times10^6\,Pa\times0.28=2.83\times10^5\,Pa$$

吸收达平衡时水洗液中

$$x_{CO_2}=\frac{p_{CO_2}}{K_{CO_2(x)}}=\frac{2.83\times10^5\,Pa}{1.66\times10^8\,Pa}=1.70\times10^{-3}$$

因浓度很低可视为稀溶液且 $x_{CO_2}\approx\frac{n_{CO_2}}{n_{H_2O}}$，$1m^3$（近似为 10^3kg）水中吸收 CO_2 的物质的量为

$$n_{CO_2}\approx x_{CO_2}n_{H_2O}=1.70\times10^{-3}\times\frac{10^3\,kg}{0.018kg\cdot mol^{-1}}=94.44mol$$

标准状况下的体积为

$$V_{CO_2}=94.44mol\times0.0224m^3\cdot mol^{-1}=2.115m^3$$

4.6 理想液体混合物

Ideal Liquid Mixture

4.6.1 理想液体混合物的定义

多组分体系中的任一组分在全部浓度范围内都服从 Raoult 定律，这种液态溶液称为理想液体混合物即通常指的理想溶液。体系中所有分子间的相互作用力相同，分子体积也相同，所以，恒温恒压下混合各组分，不产生热效应，也不发生体积变化。在进行热力学处理时，各个组分是等同的。实际体系中，光学异构体的混合物，立体异构体的混合物，同位素化合物的混合物及紧邻同系物的混合物，都可以（或近似）作为理想液体混合物处理。实际上大多数液态溶液并不严格具有理想液体混合物的性质。我们之所以讨论理想液体混合物，是因为它们服从的实验规律简单，易于处理，其他的实际溶液在一定的极限状态下，也表现出相同的特性，只要对理想液体混合物所满足的关系式进行适当修正，就可以用于实际溶液。因电解质溶液中离子间存在着长距离的静电引力作用，理想液体混合物这一概念只适用于非电解质溶液。

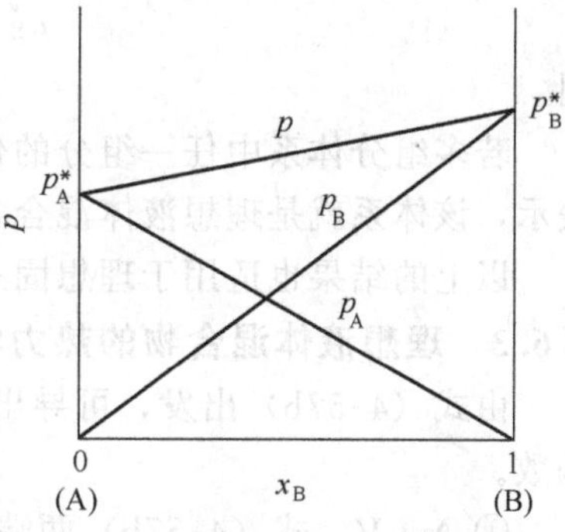

图 4-13 理想液体混合物的蒸气压-组成曲线

二组分理想液体混合物中，各组分的蒸气分压和蒸气总压与液相组成的关系如图 4-13 所示。由 Raoult 定律及理想气体的分压定律

$$p = p_A + p_B = p_A^*(1 - x_B) + p_B^* x_B = p_A^* + (p_B^* - p_A^*)x_B \tag{4-56}$$

即理想液体混合物的蒸气总压和各组分的蒸气分压，与液相组成均呈简单的直线关系。

4.6.2 理想液体混合物中各组分的化学势

由相平衡原理，恒温恒压下液体混合物与其蒸气相达两相平衡，任一组分 B 在两相中的化学势应相等。若蒸气相可视为理想气体的混合物，应有

$$\mu_B^{sln} = \mu_B^g = \mu_B^{\ominus}(T, g) + RT\ln(p_B/p^{\ominus})$$

μ_B^{sln} 为液体混合物中任一组分 B 的化学势，μ_B^{sln} 是体系温度、压力和组成的函数。将 Raoult 定律 $p_B = p_B^* x_B$ 代入上式中

$$\mu_B^{sln} = \mu_B^{\ominus}(T, g) + RT\ln\frac{p_B^*}{p^{\ominus}} + RT\ln x_B \tag{4-57a}$$

若恒温恒压下纯液体 B 与其蒸气达相平衡

$$\mu_B^*(T, p) = \mu_B^{\ominus}(T, g) + RT\ln\frac{p_B^*}{p^{\ominus}}$$

比较以上两式

$$\mu_B^{sln} = \mu_B^*(T, p) + RT\ln x_B \tag{4-57b}$$

式中，$\mu_B^*(T,p)$ 是纯液体 B 在 T、p 下的化学势，因压力并不等于 $p^{\ominus}$，因此这个状态并不是 B 的标准态。

对 $\mu_B^*(T,p)$ 做如下处理

$$\mu_B^*(T, p) = \mu_B^*(T, p^{\ominus}) + \int_{p^{\ominus}}^{p}\left(\frac{\partial \mu_B^*}{\partial p}\right)_{T,n}\mathrm{d}p = \mu_B^*(T, p^{\ominus}) + \int_{p^{\ominus}}^{p} V_m^*(B)\mathrm{d}p$$

或

$$\mu_B^*(T, p) = \mu_B^{\ominus}(T) + \int_{p^{\ominus}}^{p} V_m^*(B)\mathrm{d}p \tag{4-58}$$

式中，$\mu_B^*(T,p^{\ominus})$ 或 $\mu_B^{\ominus}(T)$ 是 T 和 $p^{\ominus}$ 下且服从 Raoult 定律的纯液体 B 的化学势。我们把这个状态规定为 B 组分的标准态，因压力已指定为 $p^{\ominus}$，标准态的化学势 $\mu_B^{\ominus}(T)$ 只是温度的函数。$V_m^*(B)$ 是纯液体 B 在 T、p 时的摩尔体积。

将式（4-58）代入式（4-57b）中

$$\mu_B^{sln} = \mu_B^{\ominus}(T) + RT\ln x_B + \int_{p^{\ominus}}^{p} V_m^*(B)\mathrm{d}p \tag{4-57c}$$

通常 p 与 $p^{\ominus}$ 相差不大，且液体的化学势受压力的影响很小，式（4-58）中的积分项可以忽略即

$$\mu_B^*(T, p) \approx \mu_B^*(T, p^{\ominus}) = \mu_B^{\ominus}(T)$$

则

$$\mu_B^{sln} \approx \mu_B^{\ominus}(T) + RT\ln x_B \tag{4-57d}$$

若多组分体系中任一组分的化学势在全部浓度范围内都可以由式（4-57a）～式（4-57d）表示，该体系就是理想液体混合物。

以上的结果也适用于理想固态混合物。

4.6.3 理想液体混合物的热力学性质

由式（4-57b）出发，可导出理想液体混合物形成过程热力学函数改变即混合热力学函数。

① $\Delta_{mix}V$ 式（4-57b）两端对压力求偏导数

$$V_{B,m} = \left(\frac{\partial \mu_B^{sln}}{\partial p}\right)_{T,n} = \left(\frac{\partial \mu_B^*}{\partial p}\right)_{T,n} = V_m^*(B) \tag{4-59a}$$

$$\Delta_{\text{mix}}V=\sum_{\text{B}}n_{\text{B}}V_{\text{B,m}}-\sum_{\text{B}}n_{\text{B}}V_{\text{m}}^{*}(\text{B})=0 \tag{4-59b}$$

即理想液体混合物中任一组分的偏摩尔体积等于纯态的摩尔体积，混合过程无体积变化。

② $\Delta_{\text{mix}}H$　式(4-57b) 两端同除以 T 后再对 T 求偏导数

$$\left[\frac{\partial\left(\frac{\partial\mu_{\text{B}}^{\text{sln}}}{T}\right)}{\partial T}\right]_{p,n}=\left[\frac{\partial\left(\frac{\partial\mu_{\text{B}}^{*}}{T}\right)}{\partial T}\right]_{p,n}$$

由 Gibbs-Helmholtz 方程，上式即为

$$\frac{H_{\text{B,m}}}{T^2}=-\frac{H_{\text{B}}^{*}(\text{B})}{T^2}\quad 或\quad H_{\text{B,m}}=H_{\text{m}}^{*}(\text{B}) \tag{4-60a}$$

$$\Delta_{\text{mix}}H=\sum_{\text{B}}n_{\text{B}}H_{\text{B,m}}-\sum_{\text{B}}n_{\text{B}}H_{\text{m}}^{*}(\text{B})=0 \tag{4-60b}$$

即形成理想液体混合物时各组分的摩尔焓不变，混合焓为零或恒压混合不产生热效应。

③ $\Delta_{\text{mix}}S$　式(4-57b) 对 T 求偏导数

$$\left(\frac{\partial\mu_{\text{B}}^{\text{sln}}}{\partial T}\right)_{p,n}=\left(\frac{\partial\mu_{\text{B}}^{*}}{\partial T}\right)_{p,n}+R\ln x_{\text{B}}$$

$$-S_{\text{B,m}}=-S_{\text{m}}^{*}(\text{B})+R\ln x_{\text{B}}$$

或

$$S_{\text{B,m}}-S_{\text{m}}^{*}(\text{B})=-R\ln x_{\text{B}} \tag{4-61a}$$

$$\Delta_{\text{mix}}S=\sum_{\text{B}}n_{\text{B}}S_{\text{B,m}}-\sum_{\text{B}}n_{\text{B}}S_{\text{m}}^{*}(\text{B})=-R\sum_{\text{B}}n_{\text{B}}\ln x_{\text{B}} \tag{4-61b}$$

由式 (4-61b) 可见，因 $x_{\text{B}}<1$，故 $\Delta_{\text{mix}}S>0$，混合过程体系的熵增加。

④ $\Delta_{\text{mix}}G$　恒温恒压下的混合过程 $\Delta_{\text{mix}}G=\Delta_{\text{mix}}H-T\Delta_{\text{mix}}S$，代入式 (4-60b) 和式 (4-61b) 的结果得

$$\Delta_{\text{mix}}G=RT\sum^{\text{B}}n_{\text{B}}\ln x_{\text{B}} \tag{4-62}$$

因 $x_{\text{B}}<1$，故 $\Delta_{\text{mix}}G<0$，即恒温恒压下的混合过程可自发进行。

二组分理想液体混合物的摩尔混合热力学性质，即 $\Delta_{\text{mix}}H/n$、$\Delta_{\text{mix}}G/n$ 和 $T\Delta_{\text{mix}}S/n$（n 为体系总的物质的量）随 x_{B} 变化的曲线如图 4-14 所示，曲线在 $x_{\text{B}}=0.5$ 处出现极值。

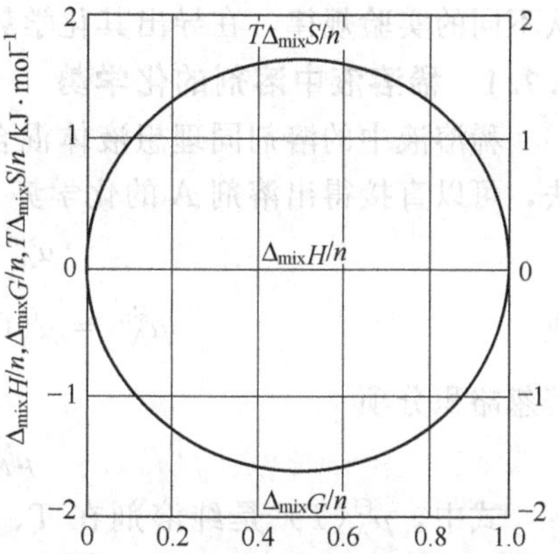

图 4-14　理想液体混合物的摩尔混合热力学性质

⑤ 对于理想液体混合物，Raoult 定律与 Henry 定律是等同的，即 $p_{\text{B}}^{*}=K_{\text{B(x)}}$，可证明如下。

气-液平衡时，$\mu_{\text{B}}^{\text{sln}}=\mu_{\text{B}}^{\text{g}}$，由式 (4-34) 和式 (4-57b)

$$\mu_{\text{B}}^{*}(T,p)+RT\ln x_{\text{B}}=\mu_{\text{B}}^{\ominus}(T)+RT\ln(p_{\text{B}}/p^{\ominus})$$

或

$$\frac{p_{\text{B}}}{x_{\text{B}}p^{\ominus}}=\exp\left[\frac{\mu_{\text{B}}^{*}(T,p)-\mu_{\text{B}}^{\ominus}(T)}{RT}\right]$$

T、p 一定时上式右端为一常数，设为 k

$$p_{\text{B}}=kx_{\text{B}}p^{\ominus}\quad 或\quad p_{\text{B}}=K_{\text{B(x)}}x_{\text{B}}$$

这就是 Henry 定律。理想液体混合物中任一组分又满足 Raoult 定律　$p_{\text{B}}=p_{\text{B}}^{*}x_{\text{B}}$

相比即得

$$p_{\text{B}}^{*}=K_{\text{B(x)}}$$

4.7 理想稀溶液

Ideally Dilute Solution

溶液中某一组分的物质的量分数若接近 1，习惯上称这组分为溶剂，其他组分的浓度较低，均称为溶质。若溶剂服从 Raoult 定律，溶质服从 Henry 定律，即

$$p_A = p_A^* x_A \qquad p_B = K_{B(x)} x_B \qquad (\text{当 } x \to 1,\ x_B \to 0 \text{ 时}) \tag{4-63}$$

或

$$p_A = K_{A(x)} x_A \qquad p_B = p_B^* x_B \qquad (\text{当 } x_A \to 0,\ x_B \to 1 \text{ 时}) \tag{4-64}$$

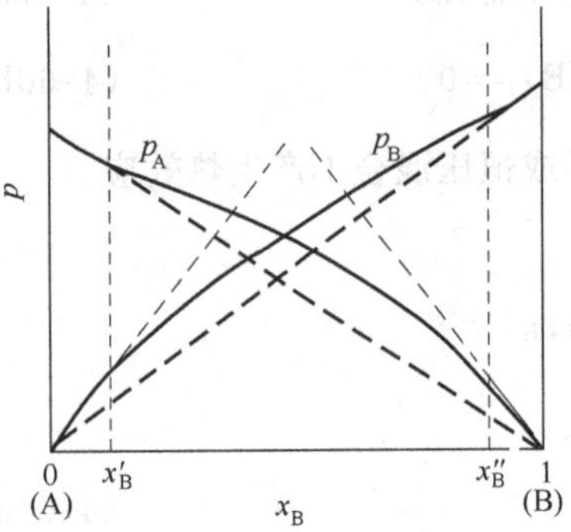

图 4-15　完全互溶二元实际体系的蒸气压-组成曲线

这样的溶液我们就称为理想稀溶液，简称稀溶液（dilute solution）。显然，从热力学的角度确定一种溶液是否是稀溶液，不仅要看配制的浓度大小，还要看它是否服从相应的实验定律。稀溶液中，溶质分子处于溶剂分子的包围之中，因溶质分子间距离较大，相互作用力可忽略，只需考虑溶剂分子间以及溶剂与溶质分子间的相互作用。由于电解质溶液中正负离子间较强的互吸作用，因此稀溶液的概念也只适用于非电解质溶液。图 4-15 给出了完全互溶的二组分体系的蒸气压-组成图。由图可见，在 $0 \sim x'_B$（即 A 为溶剂，B 为溶质）和 $x''_B \sim 1$（即 B 为溶剂，A 为溶质）的范围内，因溶剂和溶质的蒸气分压与液相组成呈直线关系，该溶液可作为稀溶液处理。因稀溶液中溶剂和溶质遵从不同的实验规律，在导出其化学势的表达式时我们将采用不同的处理方法。

4.7.1　稀溶液中溶剂的化学势

稀溶液中的溶剂同理想液体混合物中任一组分，服从 Raoult 定律，按上一节的处理方法，可以直接得出溶剂 A 的化学势

$$\mu_A^{sln} = \mu_A^*(T,p) + RT\ln x_A \tag{4-65a}$$

或

$$\mu_A^{sln} = \mu_A^{\ominus}(T) + RT\ln x_A + \int_{p^{\ominus}}^{p} V_m^*(A)\,dp \tag{4-65b}$$

若忽略积分项

$$\mu_A^{sln} \approx \mu_A^{\ominus}(T) + RT\ln x_A \tag{4-65c}$$

式中，$\mu_A^{\ominus}(T)$ 是纯溶剂在 T、$p^{\ominus}$ 下即标准态时的化学势；$V_m^*(A)$ 是纯溶剂的摩尔体积。

式（4-65a）～式（4-65c）只适用于 $x_A \to 1$ 时的情况。

4.7.2　稀溶液中溶质的化学势

稀溶液中溶质 B 服从 Henry 定律，气-液平衡时

$$\mu_B^{sln} = \mu_B^g = \mu_B^{\ominus}(T,g) + RT\ln(p_B/p^{\ominus})$$

若溶质的浓度量纲为物质的量分数 x_B，Henry 定律的表达式为 $p_B = K_{B(x)} x_B$，代入上式

$$\mu_B^{sln} = \mu_B^g = \mu_B^{\ominus}(T,g) + RT\ln\frac{K_{B(x)}}{p^{\ominus}} + RT\ln x_B$$

合并等式右端第一、二项，因 $K_{B(x)}$ 与 T、p 有关，合并项也是 T、p 的函数，用 $\mu_B^{\circ}(T,p)$ 表示，则

$$\mu_B^{sln} = \mu_B^{\circ}(T,p) + RT\ln x_B \tag{4-66a}$$

式中，$\mu_B^{\circ}(T,p)$ 是 T、p 时服从 Henry 定律纯液体 B 的化学势。因纯 B 的蒸气压力是

p_B^* 而不是 $K_{B(x)}$，要把无限稀释时溶质 B 的性质保留到纯态仍然成立，因此该纯态不是 B 的真实纯态，而是一个假想态。对 $\mu_B^{\circ}(T,p)$ 再做如下处理

$$\mu_B^{\circ}(T,p)=\mu_B^{\circ}(T,p^{\ominus})+\int_{p^{\ominus}}^{p}\left(\frac{\partial\mu_B^{\circ}}{\partial p}\right)_{T,n}dp=\mu_{B,x}^{\ominus}(T)+\int_{p^{\ominus}}^{p}V_m^{\infty}(B)dp$$

代入式 (4-66a) 中

$$\mu_B^{sln}=\mu_{B,x}^{\ominus}(T)+RT\ln x_B+\int_{p^{\ominus}}^{p}V_m^{\infty}(B)dp \tag{4-66b}$$

式中，$\mu_{B,x}^{\ominus}(T)$ 是溶质 B 标准态的化学势，即 T、$p^{\ominus}$ 且服从 Henry 定律假想纯 B 的化学势；$V_m^{\infty}(B)$ 是 T、p 时假想纯 B 的摩尔体积，上标"∞"表示该假想纯态仍保留无限稀时溶质的性质，以与真实纯态的摩尔体积 $V_m^*(B)$ 相区别。

若忽略式 (4-66b) 中的积分项

$$\mu_B^{\circ}(T,p)\approx\mu_B^{\circ}(T,p^{\ominus})=\mu_{B,x}^{\ominus}(T)$$

则

$$\mu_B^{sln}\approx\mu_{B,x}^{\ominus}(T)+RT\ln x_B \tag{4-66c}$$

若溶质的浓度量纲为质量摩尔浓度 m_B，Henry 定律的形式为 $p_B=K_{B(m)}m_B$，同上做类似处理

$$\mu_B^{sln}=\mu_B^{\ominus}(T,g)+RT\ln\frac{K_{B(m)}m^{\ominus}}{p^{\ominus}}+RT\ln\frac{m_B}{m^{\ominus}}$$

$$=\mu_B^{\square}(T,p)+RT\ln\frac{m_B}{m^{\ominus}} \tag{4-67a}$$

式中，$\mu_B^{\square}(T,p)=\mu_B^{\ominus}(T,g)+RT\ln\frac{K_{B(m)}m^{\ominus}}{p^{\ominus}}$，与温度压力有关，$\mu_B^{\square}(T,p)$是 T、p 下，溶质 B 的浓度为 $m_B=m^{\ominus}$ ($1mol\cdot kg^{-1}$) 且服从 Henry 定律的那个状态的化学势。因 $m^{\ominus}=1mol\cdot kg^{-1}$的溶液已不满足无限稀的条件，因此这个状态也是一个假想态，且

$$\mu_B^{\square}(T,p)=\mu_B^{\square}(T,p^{\ominus})+\int_{p^{\ominus}}^{p}\left(\frac{\partial\mu_B^{\square}}{\partial p}\right)_{T,n}dp=\mu_{B,m}^{\ominus}(T)+\int_{p^{\ominus}}^{p}V_{B,m}^{\infty}dp$$

所以

$$\mu_B^{sln}=\mu_{B,m}^{\ominus}(T)+RT\ln\frac{m_B}{m^{\ominus}}+\int_{p^{\ominus}}^{p}V_{B,m}^{\infty}dp \tag{4-67b}$$

若忽略积分项

$$\mu_B^{sln}\approx\mu_{B,m}^{\ominus}(T)+RT\ln\frac{m_B}{m^{\ominus}} \tag{4-67c}$$

$\mu_{B,m}^{\ominus}(T)$ 是组分 B 标准态的化学势，即 T、$p^{\ominus}$ 下溶质 B 的浓度为 $m_B=m^{\ominus}$ 且服从 Henry 定律的假想态的化学势。$V_{B,m}^{\infty}$是 B 组分在 T、p 下且 $m_B=m^{\ominus}$ 的假想态的偏摩尔体积，右上标"∞"表示该假想态的溶质仍保留无限稀释溶质的性质。

当溶质的浓度量纲为物质的量浓度 c_B 时，$p_B=K_{B(c)}c_B$，可以直接给出

$$\mu_B^{sln}=\mu_B^{\ominus}(T,g)+RT\ln\frac{K_{B(c)}c^{\ominus}}{p^{\ominus}}+RT\ln\frac{c_B}{c^{\ominus}}$$

$$=\mu_B^{\triangle}(T,p)+RT\ln\frac{c_B}{c^{\ominus}} \tag{4-68a}$$

类似于前面的处理

$$\mu_B^{\triangle}(T,p)=\mu_B^{\triangle}(T,p^{\ominus})+\int_{p^{\ominus}}^{p}\left(\frac{\partial\mu_B^{\triangle}}{\partial p}\right)_{T,n}dp=\mu_{B,c}^{\ominus}(T)+\int_{p^{\ominus}}^{p}V_{B,m}^{\infty}dp$$

$$\mu_B^{sln}=\mu_{B,c}^{\ominus}(T)+RT\ln\frac{c_B}{c^{\ominus}}+\int_{p^{\ominus}}^{p}V_{B,m}^{\infty}dp \tag{4-68b}$$

忽略积分项

$$\mu_B^{sln} \approx \mu_{B,c}^{\ominus}(T) + RT\ln\frac{c_B}{c^{\ominus}} \tag{4-68c}$$

式中，$\mu_{B,c}^{\ominus}(T)$ 是溶质B标准态的化学势，即 T，$p^{\ominus}$ 下溶质B的浓度为 $c_B=c^{\ominus}$（1mol·m^{-3}或1mol·dm）并服从Henry定律的假想态的化学势；$V_{B,m}^{\infty}$ 是B组分在 T、p 下浓度 $c_B=c^{\ominus}$ 的假想态的偏摩尔体积。

式（4-66）～式（4-68）只适用于 $x_B \to 0$ 时的情况。

一定温度、压力及组成的溶液中，溶质B的化学势 μ_B^{sln} 是确定的，但在以上不同的表达式中，$\mu_B^{\circ}(T,p)$、$\mu_B^{\square}(T,p)$ 和 $\mu_B^{\triangle}(T,p)$ 是不相同的，标准态的化学势 $\mu_{B,x}^{\ominus}(T)$、$\mu_{B,m}^{\ominus}(T)$ 和 $\mu_{B,c}^{\ominus}$（T）也不相同，且标准态都是假想态，但这些对于求算 $\Delta\mu$ 并无影响。因 $\Delta\mu=\mu_2-\mu_1$，只要对同一组分选择相同的标准态，求 $\Delta\mu$ 时即可消去。图4-16给出了化学势为 $\mu_{B,x}^{\ominus}(T)$ 和 $\mu_{B,m}^{\ominus}(T)$ 所对应溶质标准态 S(B) 的示意。

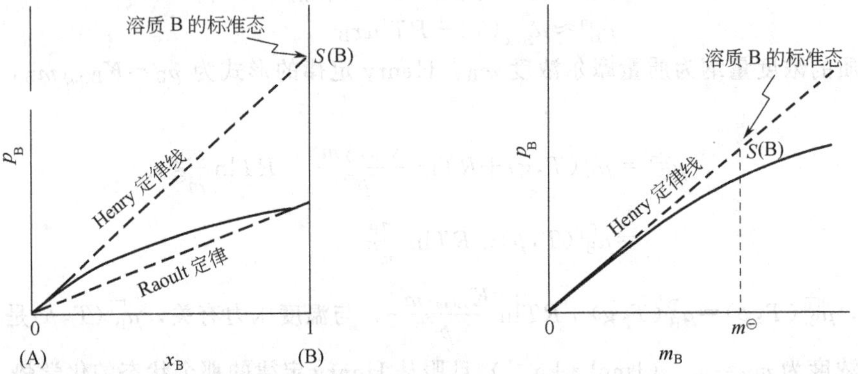

图4-16　稀溶液中溶质（B）的标准态

（实线为 T、$p^{\ominus}$ 下溶质B的蒸气压-组成曲线）

4.7.3　Henry常数 $K_{B(x)}$ 与温度、压力的关系

对指定的溶液体系，Henry常数与温度、压力有关。

由相平衡条件及稀溶液中溶质B化学势的表达式，当气体溶质与稀溶液达两相平衡时

$$\mu_B^{sln} = \mu_B^{g} = \mu_B^{\ominus}(T,g) + RT\ln\frac{K_{B(x)}}{p^{\ominus}} + RT\ln x_B$$

等式两边同除以 T 并在恒压和恒组成下对 T 求偏导数，整理后可得

$$\left[\frac{\partial \ln K_{B(x)}}{\partial T}\right]_{p,n} = \frac{H_m^{\ominus}(B,g) - H_{B,m}}{RT^2}$$

式中，$H_m^{\ominus}(B,g)$-$H_{B,m}$ 为稀溶液中的溶质B挥发为标准态下的理想气体B的摩尔焓变，该过程就是低压下气体溶解形成稀溶液的逆过程，故

$$\left[\frac{\partial \ln K_{B(x)}}{\partial T}\right]_{p,n} = -\frac{\Delta_{sol}H_m^{\infty}(B)}{RT^2} \tag{4-69a}$$

$\Delta_{sol}H_m^{\infty}$(B) 为气体溶质的摩尔溶解焓。由气体溶质的Henry常数随温度变化的数据可计算其摩尔溶解焓。若知道气体的摩尔溶解焓 $\Delta_{sol}H_m^{\infty}$(B)，并在一定温度范围内视为常数，对式（4-69a）求定积分

$$\ln\frac{K_{B(x),2}}{K_{B(x),1}} = \frac{\Delta_{sol}H_m^{\infty}}{R}\left(\frac{1}{T_2} - \frac{1}{T_1}\right) \tag{4-69b}$$

可由一个温度下的Henry常数求出另一个温度下的Henry常数。多数气体的摩尔溶解

焓为负（溶解过程放热），即 Henry 常数随温度升高而增大，若气体平衡压力不变，气体的溶解度将减小。

在恒温和恒组成下 μ_B^{sln} 表达式对压力求偏导数

$$\left[\frac{\partial \ln K_{B(x)}}{\partial p}\right]_{T,n}=\frac{1}{RT}\left(\frac{\partial \mu_B^{sln}}{\partial p}\right)_{T,n}=\frac{V_{B,m}}{RT} \tag{4-70}$$

因 $V_{B,m}$ 通常不大，故压力对 $K_{B(x)}$ 的影响不显著，但若压力在较大范围内变化，压力的影响将不可忽略。

【例 4-8】 不同温度下 CO_2 在大量水中的 Henry 常数 $K_{CO_2(x)}$ 见下表所列。

t/℃	0	10	20	30	40	50	60
$K_{CO_2(x)}/\times10^7\,Pa$	7.376	10.54	14.39	18.85	23.61	28.67	34.55

计算 20℃和 40℃时 CO_2 在水中的摩尔溶解焓 $\Delta_{sol}H_m^{\infty}(CO_2)$。

［解］ 由式 $\left[\frac{\partial \ln K_{B(x)}}{\partial T}\right]_{p,n}=-\frac{\Delta_{sol}H_m^{\infty}(B)}{RT^2}$ 做近似计算

$$\left[\frac{\partial \ln K_{B(x)}}{\partial T}\right]_{p,n}=\frac{1}{K_{B(x)}}\left[\frac{\partial K_{B(x)}}{\partial T}\right]_{p,n}\approx\frac{1}{K_{B(x)}}\times\frac{\Delta K_{B(x)}}{\Delta T}$$

20℃ 时

$$\left[\frac{\partial \ln K_{B(x)}}{\partial T}\right]_{p,n}=\frac{1}{14.39\times10^7\,Pa}\times\frac{(18.85-14.39)\times10^7\,Pa}{10K}$$
$$=3.10\times10^{-2}K^{-1}$$

40℃时同法计算得 $\left[\frac{\partial \ln K_{B(x)}}{\partial T}\right]_{p,n}=2.14\times10^{-2}K^{-1}$

20℃时

$$\Delta_{sol}H_m^{\infty}(B)(CO_2)=-RT^2\left[\frac{\partial \ln K_{B(x)}}{\partial T}\right]_{p,n}$$
$$=-8.314J\cdot K^{-1}\cdot mol^{-1}\times293^2K^2\times3.10\times10^{-2}K^{-1}$$
$$=-22.126kJ\cdot mol^{-1}$$

40℃时

$$\Delta_{sol}H_m^{\infty}(B)(CO_2)=-8.314J\cdot K^{-1}\cdot mol^{-1}\times313^2K^2\times2.14\times10^{-2}K^{-1}$$
$$=-17.43kJ\cdot mol^{-1}$$

4.7.4 Duhem-Margules 公式及应用

由偏摩尔量的集合公式我们还可以导出溶液中各组分的蒸气分压与液相组成间的关系。由集合公式（4-12a）有

$$G=\sum_B n_B\mu_B$$

当体系的状态发生微小变化，状态函数 G 的全微分为

$$dG=\sum_B n_B d\mu_B+\sum_B \mu_B dn_B$$

又

$$dG=-SdT+Vdp+\sum_B \mu_B dn_B$$

相比

$$\sum_B n_B d\mu_B+SdT-Vdp=0$$

若为恒温变化 $dT=0$，上式简化为

$$\sum_B n_B d\mu_B=Vdp$$

式中，V 为溶液体积；p 为溶液上方气相总压；μ_B 为溶液中任一组分 B 的化学势。设恒温下达气-液平衡，气相中 B 的平衡分压为 p_B，若液相组成变化，气相分压也会相应变化，B 组分化学势的改变为

$$d\mu_B = RT\,d\ln p_B$$

即

$$RT\sum_B n_B\,d\ln p_B = V\,dp$$

等式两边同除以液相总的物质的量 $\sum_B n_B$

$$\sum_B x_B\,d\ln p_B = \frac{V(l)}{RT\sum_B n_B}dp = \frac{V_m(l)}{V_m(g)}d\ln p$$

式中，$V_m(l)$ 为含物质的量为 1mol 的溶液体积；$V_m(g)$ 为含物质的量为 1mol 的蒸气相体积。

由于 $V_m(g) \gg V_m(l)$，可得近似关系式

$$\sum_B x_B\,d\ln p_B \approx 0 \tag{4-71a}$$

若总压恒定不变（溶液上方可用惰性气体维持总压不变），则 $\sum_B x_B\,d\ln p_B$ 严格等于零。

若体系只含两个组分，恒温恒压下则有

$$x_A\,d\ln p_A + x_B\,d\ln p_B = 0 \tag{4-71b}$$

即各组分的蒸气分压与液相组成有关。

式（4-71b）还可写为

$$x_A\left(\frac{\partial \ln p_A}{\partial x_A}\right)_{T,p}dx_A + x_B\left(\frac{\partial \ln p_B}{\partial x_B}\right)_{T,p}dx_B = 0$$

因 $dx_A = -dx_B$，有

$$\left.\begin{aligned} x_A\left(\frac{\partial \ln p_A}{\partial x_A}\right)_{T,p} &= x_B\left(\frac{\partial \ln p_B}{\partial x_B}\right)_{T,p} \\ \left(\frac{\partial \ln p_A}{\partial \ln x_A}\right)_{T,p} &= \left(\frac{\partial \ln p_B}{\partial \ln x_B}\right)_{T,p} \\ \frac{x_A}{p_A}\left(\frac{\partial p_A}{\partial x_A}\right)_{T,p} &= \frac{x_B}{p_B}\left(\frac{\partial p_B}{\partial x_B}\right)_{T,p} \end{aligned}\right\} \tag{4-71c}$$

式（4-71a）～式（4-71c）均称为 Duhem-Margules 公式，它们是 Gibbs-Duhem 公式在多组分体系应用中的延伸，公式均表示了恒温恒压下各组分气相分压随液相组成变化的关系。由以上公式可以得出以下几点结论。

① 稀溶液中，若组分 A 在一定范围内服从 Raoult 定律，则组分 B 在同一浓度范围内必服从 Henry 定律。

由 Raoult 定律 $p_A = p_A^* x_A$，$d\ln p_A = d\ln x_A$ 即 $\left(\frac{\partial \ln p_A}{\partial \ln x_A}\right)_{T,p} = 1$，由式（4-71c）应有 $\left(\frac{\partial \ln p_B}{\partial \ln x_B}\right)_{T,p} = 1$ 或 $d\ln p_B = d\ln x_B$，积分后则有 $p_B = K_{B(x)}x_B$，即 Henry 定律，这一结论与实验结果一致（图 4-17）。

② 若在稀溶液中增加一个组分的浓度，其气相分压增加，则另一组分气相分压必下降。

由式（4-71c），因 x_A、p_A、x_B 和 p_B 均为正值，若 $\left(\frac{\partial p_A}{\partial x_A}\right)_{T,p} > 0$，则 $\left(\frac{\partial p_B}{\partial x_B}\right)_{T,p} > 0$ 或

$\left(\dfrac{\partial p_B}{\partial x_A}\right)_{T,p}<0$。由图 4-17 同样可以看出，$M$ 点处切线的斜率与 N 点处切线的斜率符号正好相反。

③ 蒸气总压与液相和气相组成的关系。对于二组分体系，用 x_A 和 y_A 代表 A 组分在平衡液相和气相的物质的量分数，B 组分在平衡液相和气相中的物质的量分数用（$1-x_A$）和（$1-y_A$）表示。设气相为理想的气体混合物，则 $p_A=py_A$，$p_B=p(1-y_A)$，由式（4-71a）可得恒温下

$$x_A\mathrm{d}\ln(py_A)+(1-x_A)\mathrm{d}\ln[p(1-y_A)]\approx 0$$

整理后

$$\left[\frac{x_A}{y_A}-\frac{1-x_A}{1-y_A}\right]\mathrm{d}y_A+\mathrm{d}\ln p\approx 0$$

或

$$\left(\frac{\partial \ln p}{\partial y_A}\right)_T\approx\frac{y_A-x_A}{y_A(1-y_A)} \tag{4-71d}$$

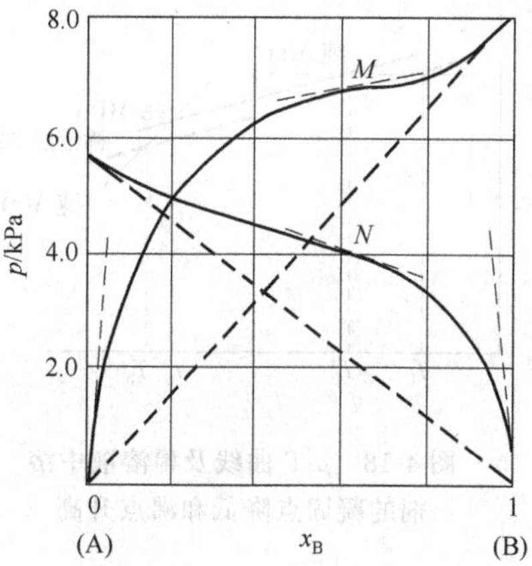

图 4-17　308KH_2O（A）和 $C_4H_8O_2$（二噁烷）（B）体系的蒸气压组成曲线（虚线代表 Raoult 定律和 Henry 定律线）引自 W. J. Morre. Physical Chemistry. 4th. 1972. 255

由式（4-71d）可见，$\left(\dfrac{\partial \ln p}{\partial y_A}\right)_T$ 的符号与（y_A-x_A）相同，若$\left(\dfrac{\partial \ln p}{\partial y_A}\right)_T>0$，即增加 A 组分在气相中的物质的量分数，蒸气总压同时增加，则 $y_A>x_A$，即 A 在气相的浓度大于液相的浓度；若$\left(\dfrac{\partial \ln p}{\partial y_A}\right)_T<0$，即增加 A 组分在气相中的物质的量分数，蒸气总压减少，则 $y_A<x_A$，即 A 在气相的浓度将小于液相的浓度；若$\left(\dfrac{\partial \ln p}{\partial y_A}\right)_T=0$（对应蒸气总压-组成曲线上的最高点或最低点），则 $y_A=x_A$，即气、液两相组成相同。这就是柯诺瓦洛夫（Коновалов）规则，该规则在第 5 章讨论实际溶液的气-液平衡相图时有重要的实用意义。

以上结果对于 B 组分仍然适用，对于 B 组分式（4-71d）的形式为

$$\left(\frac{\partial \ln p}{\partial y_B}\right)_T\approx\frac{y_B-x_B}{y_B(1-y_B)}$$

4.8　稀溶液的依数性

Colligative Properties of Dilute Solution

本节我们将利用热力学原理由稀溶液中溶剂化学势的表达式导出稀溶液的依数性公式。由于溶剂在纯态和溶液中的化学势不同，将引起溶剂的蒸气压下降、凝固点降低、沸点升高以及产生渗透压，其数值大小只和溶质粒子的数目有关，而与其种类无关，故这些统称为稀溶液的依数性。理论导出的结果与实验结果在稀溶液的范围内很好吻合。

稀溶液中溶剂的化学势为

$$\mu_B^{\mathrm{sln}}=\mu_A^*(T,p)+RT\ln x_A$$

因 $x_A<1$，故 $\mu_A^{\mathrm{sln}}<\mu_A^*(T,p)$，即稀溶液中溶剂的化学势小于同温同压下纯溶剂的化学势。图 4-18 给出了恒压下纯固态、纯液态和纯气态溶剂 A 及稀溶液中溶剂 A 的化学势随温

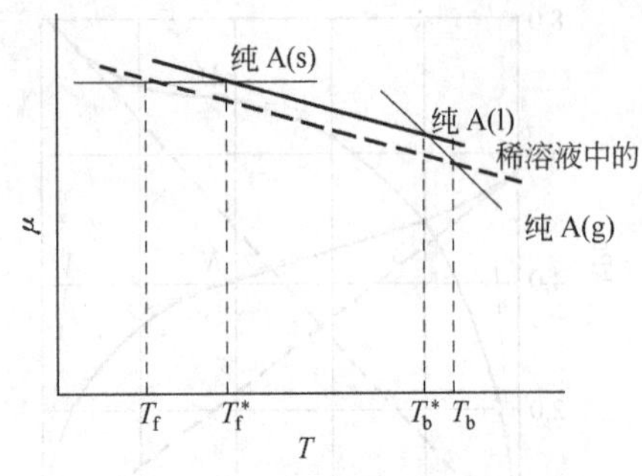

图 4-18 μ-T 曲线及稀溶液中溶剂的凝固点降低和沸点升高

度变化的曲线。

由图 4-18 可见，因 $\left(\frac{\partial \mu}{\partial T}\right)_{p,n}=-S_m$ 且对于纯溶剂 A

$$S_m^*(A,g)>S_m^*(A,l)>S_m^*(A,s)$$

三条 μ-T 曲线的斜率其绝对值依次增大。恒压下，当 $\mu_A^*(T,p,s)=\mu_A^*(T,p,l)$ 时，对应的温度即纯溶剂的凝固点 T_f^*；当 $\mu_A^*(T,p,l)=\mu_A^*(T,p,g)$ 时，对应的温度即纯溶剂的沸点 T_b^*。稀溶液中溶剂 A 的化学势 μ_B^{sln} 小于纯液体 A 的化学势 $\mu_A^*(T,p,l)$，两相平衡的温度分别为稀溶液中溶剂的凝固点 T_f 和沸点 T_b，且凝固点降低（$T_f<T_f^*$）和沸点升高（$T_b>T_b^*$）。

4.8.1 溶剂的蒸气压降低

若溶质不挥发，溶液上方的蒸气压 p 就是溶剂 A 的蒸气压 p_A 即 $p=p_A$。设只有一种溶质 B，由 Raoult 定律

$$p_A=p_A^* x_A=p_A^*(1-x_B)$$

溶剂的蒸气压降低

$$\Delta p=p_A^*-p_A=p_A^* x_B \tag{4-72}$$

由式 (4-72) 可见，稀溶液中溶剂的蒸气压降低与溶质的物质的量分数成正比。

4.8.2 溶剂的凝固点降低

4.8.2.1 溶质不析出

一定温度和压力下，溶液达固液两相平衡，且固相为纯溶剂（即溶质不析出），溶剂在固相和液相（溶液）中的化学势相等

$$\mu_A^*(T,p,s)=\mu_A^{sln}(T,p,x_A)$$

恒压下若溶液的组成发生变化，固、液两相平衡的温度即凝固点也发生相应变化，重新建立平衡后两相中溶剂的化学势应相等

$$\mu_A^*(T,p,s)+d\mu_A^*(s)=\mu_A^{sln}(T,p,x_A)+d\mu_A^{sln}$$

即

$$d\mu_A^*(s)=d\mu_A^{sln}$$

$$\left[\frac{\partial \mu_A^*(s)}{\partial T}\right]_p dT=\left(\frac{\partial \mu_A^{sln}}{\partial T}\right)_{p,n} dT+\left(\frac{\partial \mu_A^{sln}}{\partial x_A}\right)_{T,p} dx_A$$

$$-S_m^*(A,s)dT=-S_{A,m}dT+RT d\ln x_A$$

$$\frac{S_{A,m}-S_m^*(A,s)}{RT}dT=d\ln x_A \quad 或 \quad d\ln x_A=\frac{H_{A,m}-H_m^*(A,s)}{RT^2}$$

式中，$H_{A,m}-H_m^*(A,s)$ 为 1mol 纯固体溶剂 A 溶解形成稀溶液中溶剂的焓变，近似等于固体纯溶剂的摩尔熔化焓 $\Delta_{fus}H_m(A)$，即 $d\ln x_A=\frac{\Delta_{fus}H_m(A)}{RT^2}dT$。

设纯溶剂的凝固点为 T_f^*，浓度为 x_A 的稀溶液中溶剂的凝固点为 T_f，视 $\Delta_{fus}H_m(A)$ 为常数，对上式做定积分

$$\ln x_A=\int_{T_f^*}^{T_f}\frac{\Delta_{fus}H_m(A)}{RT^2}dT$$

$$=\frac{\Delta_{fus}H_m(A)}{R}\left(\frac{1}{T_f^*}-\frac{1}{T_f}\right)$$

或 $$\ln x_A = -\frac{\Delta_{fus}H_m(A)}{RT_f^* T_f}(T_f^* - T_f) \tag{4-73a}$$

引用级数公式，并当 $x_B \ll 1$ 时略去高次项

$$-\ln x_A = -\ln(1-x_B) = x_B + \frac{x_B^2}{2} + \cdots \approx x_B$$

稀溶液中 $x_B \approx \frac{n_B}{n_A} = \left(\frac{W_B}{W_A M_B}\right) M_A = M_A m_B$，设凝固点降低为 $\Delta T_f = T_f^* - T_f$ 并近似取 $T_f^* T_f \approx T_f^{*2}$，式 (4-73a) 可写为

$$\Delta T_f = \frac{R(T_f^*)^2}{\Delta_{fus}H_m(A)} M_A m_B \tag{4-73b}$$

或 $$\Delta T_f = K_f m_m \tag{4-73c}$$

式中 $$K_f = \frac{R(T_f^*)^2 M_A}{\Delta_{fus}H_m(A)} \tag{4-74}$$

K_f 为溶剂的摩尔凝固点降低常数（cryoscopic constant），K_f 只与溶剂有关。对溶剂水

$$K_f = \frac{8.314\text{J}\cdot\text{K}^{-1}\cdot\text{mol}^{-1}\times(273.15\text{K})^2\times 0.01802\text{kg}\cdot\text{mol}^{-1}}{6009.0\text{J}\cdot\text{mol}^{-1}}$$
$$= 1.860\text{K}\cdot\text{kg}\cdot\text{mol}^{-1}$$

K_f 可由实验测定。如量热实验测定了溶剂的 $\Delta_{fus}H_m(A)$，代入 K_f 的表达式 (4-74) 中，可以求出 K_f 值。也可由实验测定不同浓度 m_B 时溶剂的凝固降低 ΔT_f，作 $\frac{\Delta T_f}{m_B}$-m_B 图，外推到 $m_B=0$ 处即得 K_f，表 4-5 列出了常见溶剂的 K_f 值。

表 4-5　一些溶剂的 T_f^* 和 K_f 值①

溶　剂	水	乙酸	苯	环己烷	萘	樟脑	四氯化碳	三溴甲烷
T_f^* /K	273.15	289.75	278.65	279.65	353.5	446.15	250.2	280.95
K_f/K·kg·mol^{-1}	1.86	3.90	5.12	20.0	6.9	40	29.8	14.4

① 引自 R. S. Berry, et al. Physical Chemistry. 1980. 927。

由 ΔT_f 值还可测定溶质的摩尔质量 M_B(kg·mol^{-1})

$$M_B = \frac{W_B K_f}{W_A \Delta T_f} \tag{4-75}$$

式中，W_A 和 W_B 分别为实验配制稀溶液时所取溶剂和溶质的质量，kg。

式 (4-75) 的结果只适用于稀溶液，溶液越稀，结果越准确，但溶液越稀，ΔT_f 越小，准确测定 ΔT_f 越困难。通常配制一系列 m_B 不同的溶液，测定其 ΔT_f 值，代入式 (4-75) 求出 M_B，再作 M_B-m_B 图外推到 $m_B=0$ 处，求得 M_B 值。

4.8.2.2　溶质同时析出

若溶质同时析出，固相为固溶体，以上结果就不再适用。设固溶体中溶剂的物质的量分数为 x'_A，溶液中溶剂的物质的量分数仍为 x_A，在一定 T、p 下固液两相达平衡

$$\mu_A^s(T,p,x'_A) = \mu_A^{sln}(T,p,x_A)$$

当溶液组成 x_A 发生变化，凝固点 T 和固溶体组成 x'_A 也将发生相应变化，重新建立平衡后仍有

$$d\mu_A^s = d\mu_A^{sln}$$

即 $$\left(\frac{\partial \mu_A^s}{\partial T}\right)_{p,n} dT + \left(\frac{\partial \mu_A^s}{\partial x'_A}\right)_{T,p} dx'_A = \left(\frac{\partial \mu_A^{sln}}{\partial T}\right)_{p,n} dT + \left(\frac{\partial \mu_A^{sln}}{\partial x_A}\right)_{T,p} dx_A$$

$$-S_{A,m}^s dT + RT d\ln x'_A = -S_{A,m}^{sln} dT + RT d\ln x_A$$

$$\mathrm{d}\ln x_A - \mathrm{d}\ln x'_A = \frac{S^{\mathrm{sln}}_{A,m} - S^{s}_{A,m}}{RT}\mathrm{d}T = \frac{H^{\mathrm{sln}}_{A,m} - H^{s}_{A,m}}{RT^2}\mathrm{d}T$$

或

$$\mathrm{d}\ln x_A - \mathrm{d}\ln x'_A = \frac{\Delta_{\mathrm{fus}} H_m(A)}{RT^2}\mathrm{d}T \tag{4-76}$$

式中，$H^{\mathrm{sln}}_{A,m} - H^{s}_{A,m}$为1mol溶剂A从固溶体中进入液相成为稀溶液中溶剂的焓变，设固态和液态溶液均是理想的，$H^{\mathrm{sln}}_{A,m} - H^{s}_{A,m}$就近似等于纯固体A的熔化焓$\Delta_{\mathrm{fus}} H_m(A)$。设$\Delta_{\mathrm{fus}} H_m(A)$与温度无关，对上式求定积分

$$\int_1^{x_A} \mathrm{d}\ln x_A - \int_1^{x'_A} \mathrm{d}\ln x'_A = \frac{\Delta_{\mathrm{fus}} H_m(A)}{R}\int_{T_f^*}^{T_f} \frac{\mathrm{d}T}{T^2}$$

得

$$\ln\frac{x_A}{x'_A} = \frac{\Delta_{\mathrm{fus}} H_m(A)}{R}\left(\frac{1}{T_f^*} - \frac{1}{T_f}\right)$$

或

$$-\ln\frac{x_A}{x'_A} \approx \frac{\Delta_{\mathrm{fus}} H_m(A)}{R(T_f^*)^2}\Delta T_f \tag{4-77}$$

溶液的凝固点降低同样定义为$\Delta T_f = T_f^* - T_f$。由式（4-77）可见，ΔT_f的符号与比值$\frac{x_A}{x'_A}$有关：若$x_A < x'_A$，$\Delta T_f > 0$，溶液的凝固点降低；若$x_A > x'_A$，$\Delta T_f < 0$，溶液的凝固点上升。这一结论在下一章二组分固-液平衡相图中得到证实。

4.8.3 溶剂的沸点升高

4.8.3.1 溶质不挥发

当溶剂中加入不挥发溶质后，溶剂的蒸气压比纯溶剂降低，故稀溶液中溶剂的沸点应升高。一定温度、压力下，稀溶液达气-液平衡，溶剂A在两相中的化学势应相等

$$\mu_A^*(T,p,\mathrm{g}) = \mu_A^{\mathrm{sln}}(T,p,x_A)$$

恒压下溶液组成x_A发生变化，沸点T也将发生相应变化并重新达到平衡。设溶质不挥发，类似于凝固点降低的处理方法可得

$$\Delta T_b = \frac{R(T_b^*)^2}{\Delta_{\mathrm{vap}} H_m(A)} M_A m_B \tag{4-78a}$$

或

$$\Delta T_b = K_b m_B \tag{4-78b}$$

式中，$\Delta T_b = T_b - T_b^*$，为稀溶液中溶剂的沸点升高；$\Delta_{\mathrm{vap}} H_m(A)$为纯溶剂的摩尔汽化焓；$K_b$为溶剂的摩尔沸点升高常数（ebullioscopic constant）。

比较式（4-78a）和式（4-78b）

$$K_b = \frac{R(T_b^*)^2 M_A}{\Delta_{\mathrm{vap}} H_m(A)} \tag{4-79}$$

K_b也只与溶剂的性质有关。表4-6列出了一些常见溶剂的K_b值。

表4-6 一些溶剂的T_b^*和K_b值①

溶　剂	水	乙酸	苯	苯酚	萘	四氯化碳	氯仿
T_b^*/K	373.15	391.05	353.25	454.95	491.15	349.87	334.35
K_b/K·kg·mol^{-1}	0.51	3.07	2.53	3.04	5.80	4.95	3.85

① 引自P. W. Atkins. Physical Chemistry. 1986. 824。

4.8.3.2 溶质挥发

若溶质B也同时挥发进入气相，溶液和蒸气相中均含有两种组分。一定T、p下稀溶液达气-液平衡，溶剂A在两相中的化学势相等

$$\mu_A^{\mathrm{sln}}(T,p,x_A) = \mu_A^{\mathrm{g}}(T,p,y_A)$$

y_A 为蒸气相中溶剂 A 的物质的量分数。恒压下若液相组成变化，平衡温度 T 和气相组成 y_A 也相应变化，重新建立平衡时 A 在两相的化学势仍相等

$$\mu_A^{sln}+d\mu_A^{sln}=\mu_A^g+d\mu_A^g \quad 或 \quad d\mu_A^{sln}=d\mu_A^g$$

即
$$\left(\frac{\partial \mu_A^{sln}}{\partial T}\right)_{p,n}dT+\left(\frac{\partial \mu_A^{sln}}{\partial x_A}\right)_{T,p}dx_A=\left(\frac{\partial \mu_A^g}{\partial T}\right)_{p,n}dT+\left(\frac{\partial \mu_A^g}{\partial y_A}\right)_{T,p}dy_A$$

$$-S_{A,m}^{sln}dT+RT d\ln x_A=-S_{A,m}^g dT+RT d\ln y_A$$

移项后整理

$$d\ln y_A-d\ln x_A=\frac{S_{A,m}^g-S_{A,m}^{sln}}{RT}dT=\frac{\Delta_{vap}H_m(A)}{RT^2}dT$$

求定积分

$$\ln\frac{y_A}{x_A}=\frac{\Delta_{vap}H_m(A)}{R}\left(\frac{1}{T_b^*}-\frac{1}{T_b}\right) \quad 或 \quad \ln\frac{y_A}{x_A}\approx\frac{\Delta_{vap}H_m(A)}{R(T_b^*)^2}\Delta T_b \tag{4-80a}$$

式中，$\Delta T_b=T_b-T_b^*$，为溶液的沸点升高。

对于稀溶液　$\ln x_A=\ln(1-x_B)\approx -x_B$，$x_B\approx\frac{n_B}{n_A}=m_B M_A$，$\ln y_A\approx -y_B$，所以

$$\Delta T_b=\frac{R(T_b^*)^2}{\Delta_{vap}H_m(A)}x_B\left(1-\frac{y_B}{x_B}\right)\approx\frac{R(T_b^*)^2}{\Delta_{vap}H_m(A)}M_A m_B\left(1-\frac{y_B}{x_B}\right)$$

即
$$\Delta T_b=K_b m_B\left(1-\frac{y_B}{x_B}\right) \tag{4-80b}$$

由式 (4-80b) 可见，若 $x_B>y_B$，即 B 在液相的浓度大于气相的浓度（B 不易挥发），$\Delta T_b>0$，溶液的沸点升高；若 $x_B<y_B$，即 B 在液相的浓度小于气相的浓度（B 易挥发），$\Delta T_b<0$，溶液的沸点降低。

以上结果与二组分气-液平衡相图的特征吻合。

4.8.4 渗透压

如图 4-19 所示，在一容器中间设置一半透膜（semipermeable membrane），该膜导热但只允许溶剂 A 分子通过，溶质 B 分子不可通过。若在容器的左侧装纯溶剂，右侧装含非电解质溶质的稀溶液，左侧溶剂的化学势为 $\mu_A^*(T,p)$，右侧稀溶液中溶剂的化学势为 μ_A^{sln}，由式 (4-65a)，因 $x_A<1$，显然 $\mu_A^*>\mu_A^{sln}$。若保持两侧的温度、压力相等，则溶剂分子可自动地从左侧通过半透膜渗透到右侧，这种渗透过程直到溶剂 A 在两侧的化学势相等为止，但右侧液面上升，溶液的浓度已不同起始值。对于一定温度和一定浓度的溶液，为了阻止左侧溶剂向右侧溶液渗透，需在右侧溶液上方施加一定压力，以增加右侧溶液中溶剂 A 的化学势。使 A 在两侧的化学势相等所需施加的压力为 Π，Π 称为渗透压（osmotic pressure）。此时溶剂在两侧的化学势分别为

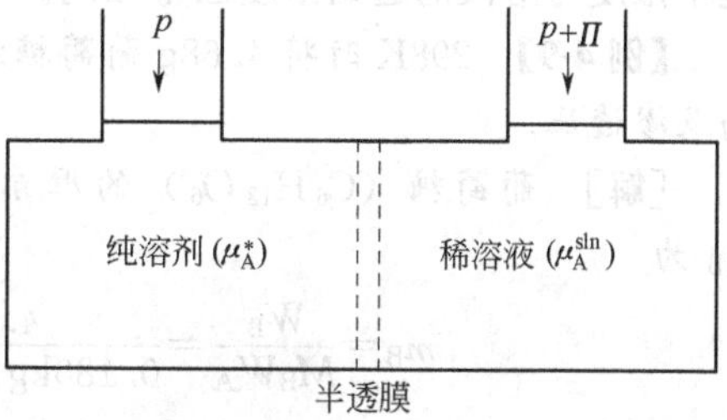

图 4-19　渗透压

$$\mu_A^{左}(T,p)=\mu_A^*(T,p)$$

$$\mu_A^{右}(T,p+\Pi,x_A)=\mu_A^*(T,p)+RT\ln x_A+\int_p^{p+\Pi}V_{A,m}dp$$

达渗透平衡
$$\mu_A^{左}(T,p)=\mu_A^{右}(T,p+\Pi,x_A)$$

即
$$-RT\ln x_A=\int_p^{p+n}V_{A,m}dp$$

视 $V_{A,m}$ 为常数并做稀溶液近似 $V_{A,m} \approx V_A^*(A) = \dfrac{V_A}{n_A} \approx \dfrac{V}{n_A}$，$-\ln x_A \approx x_B$，$x_B \approx \dfrac{n_B}{n_A}$

积分上式得

$$RTn_B = V\Pi$$

或

$$\Pi = c_B RT \approx \rho_A m_B RT \tag{4-81}$$

式中，c_B 为溶质 B 的物质的量浓度，$mol \cdot m^{-3}$；Π 的量纲为 Pa。

用 $\dfrac{W_B}{M_B V}$ 代替式（4-81）中的 c_B

$$\Pi = \frac{W_B}{VM_B}RT \quad 或 \quad M_B = \left(\frac{W_B}{V}\right)\frac{RT}{\Pi}$$

$\dfrac{W_B}{V}$ 为 $1m^3$ 溶液中所含溶质的质量（kg），我们把它称为溶质的体积质量浓度，用 c_B'（$kg \cdot m^{-3}$）表示，上式则可改写为

$$\Pi = \frac{c_B' RT}{M_B} \quad 或 \quad M_B = \frac{c_B' RT}{\Pi} \tag{4-82}$$

根据式（4-82），可由渗透压 Π 的测定计算溶质 B 的摩尔质量 M_B。

式（4-81）和式（4-82）均称为渗透压的 Van't Hoff 公式，它只适用于稀溶液，溶液越稀越准确。因此，利用式（4-82）求 M_B 时，先测定不同浓度 c_B' 稀溶液的 Π 值，做 Π/c_B'-c_B' 曲线，外推到 $c_B' \to 0$ 处，则

$$M_B = \frac{RT}{(\Pi/c_B')_{c_B' \to 0}} \tag{4-83}$$

由于化学势受压力的影响不大，必须在稀溶液一侧施加相当大的压力才可能使溶剂 A 在半透膜两侧稀溶液和纯溶剂中的化学势相等。对于摩尔质量较大的溶质如大分子溶液，对相同浓度的稀溶液进行实验，ΔT_b 和 ΔT_f 往往很小，难以准确测量，而渗透压却很大，故实际工作中常采用渗透压法测高聚物的平均摩尔质量。但应注意，若以溶液一侧液面上升的高度来衡量渗透压 Π 的大小，则此时的 Π 值应对应于已达渗透平衡的溶液浓度，但由于溶剂的渗透，这个浓度与溶液的起始浓度已不相同。

【例 4-9】 298K 时将 4.68g 葡萄糖溶于 300g 水中，计算此稀溶液的凝固点降低、沸点升高及渗透压。

［解］ 葡萄糖（$C_6H_{12}O_6$）的摩尔质量为 $0.180kg \cdot mol^{-1}$，该稀溶液的质量摩尔浓度 m_B 为

$$m_B = \frac{W_B}{M_B W_A} = \frac{4.68 \times 10^{-3} kg}{0.180 kg \cdot mol^{-1} \times 0.300 kg} = 0.0867 mol \cdot kg^{-1}$$

由式（4-73c）　$\Delta T_f = K_f m_B$，查表 4-5 得水的 $K_f = 1.86 K \cdot kg \cdot mol^{-1}$

代入得　　$\Delta T_f = 1.86 K \cdot kg \cdot mol^{-1} \times 0.0867 mol \cdot kg^{-1} = 0.161 K$

由式（4-78b）　$\Delta T_b = K_b m_B$，查表 4-6 得水的 $K_b = 0.51 K \cdot kg \cdot mol^{-1}$

代入得　　$\Delta T_b = 0.51 K \cdot kg \cdot mol^{-1} \times 0.0867 mol \cdot kg^{-1} = 0.044 K$

由式（4-81）　$\Pi = c_B RT \approx \rho_A m_B RT$，常温下水的密度 $\rho = 10^3 kg \cdot m^{-3}$

代入得　　$\Pi = 10^3 kg \cdot m^{-3} \times 0.0867 mol \cdot kg^{-1} \times 8.314 J \cdot K^{-1} \cdot mol^{-1} \times 298 K$

$= 2.15 \times 10^5 Pa$

计算结果表明渗透压值很大，易于实验测量。

【例 4-10】 在 $0.050kg\ CCl_4$ 中溶入 0.5126g 萘（摩尔质量 $M_B = 0.1282 kg \cdot mol^{-1}$），测得沸点升高 $\Delta T_b = 0.402K$。在同量溶剂中溶入 0.6216g 未知物（X），测得沸点升高 $\Delta T_b = 0.647K$，求此未知物的摩尔质量 M_x。

［解］ 由式（4-78b）$\Delta T_b = K_b m_B = K_b \dfrac{W_B}{M_B W_A}$，代入数据

$$0.402\text{K} = K_b \frac{5.126 \times 10^{-4}\text{kg}}{5 \times 10^{-2}\text{kg} \times 0.1282\text{kg} \cdot \text{mol}^{-1}}$$

$$0.647\text{K} = K_b \frac{6.216 \times 10^{-4}\text{kg}}{5 \times 10^{-2}\text{kg} \times M_x\text{kg} \cdot \text{mol}^{-1}}$$

两式相除消去 K_b，解出

$$M_x = 9.67 \times 10^{-2}\text{kg} \cdot \text{mol}^{-1}$$

【例 4-11】 人体血浆凝固点为−0.56℃，求 37℃时血浆的渗透压（血浆可视为稀水溶液）。

［解］ 由式（4-81）$\Pi = c_B RT \approx \rho_A m_B RT$ 和式（4-73c）$\Delta T_f = K_f m_B$，两式联立得 $\Pi = \rho_A \dfrac{\Delta T_f RT}{K_f}$

代入数据 $\Pi = 10^3\text{kg} \cdot \text{m}^{-3} \times \dfrac{0.56\text{K} \times 8.314\text{J} \cdot \text{K}^{-1} \cdot \text{mol}^{-1} \times (273+37)\ \text{K}}{1.86\text{K} \cdot \text{kg} \cdot \text{mol}^{-1}} = 7.76 \times 10^5\text{Pa}$

【例 4-12】 20℃时测得不同体积质量浓度 c'_B 蔗糖水溶液的渗透压数据如下。

浓度 $c'_B/\text{kg} \cdot \text{mol}^{-3}$	34.2	68.4	136.8	205.2	273.6	342
渗透压 $\Pi/\times 10^5\text{Pa}$	2.39	4.69	9.08	13.2	16.9	20.8

用作图法计算蔗糖的摩尔质量。

［解］ 列表计算

浓度 $c'_B/\text{kg} \cdot \text{mol}^{-3}$	34.2	68.4	136.8	205.2	273.6	342
$\dfrac{\Pi}{c'_B}/\times 10^3\text{Pa} \cdot \text{m}^3 \cdot \text{kg}^{-1}$	6.99	6.86	6.64	6.44	6.18	6.08

作 $\dfrac{\Pi}{c'_B}$-c'_B 图外推到 $c'_B = 0$ 处，截距为 $7.12 \times 10^3\text{Pa} \cdot \text{m}^3 \cdot \text{kg}^{-1}$。按式(4-83) 计算

$$M_B = \frac{RT}{(\Pi/c'_B)_{c'_B \to 0}} = \frac{8.314\text{J} \cdot \text{K}^{-1} \cdot \text{mol}^{-1} \times 293\text{K}}{7.12 \times 10^3\text{Pa} \cdot \text{m}^3 \cdot \text{kg}^{-1}} = 0.342\text{kg} \cdot \text{mol}^{-1}$$

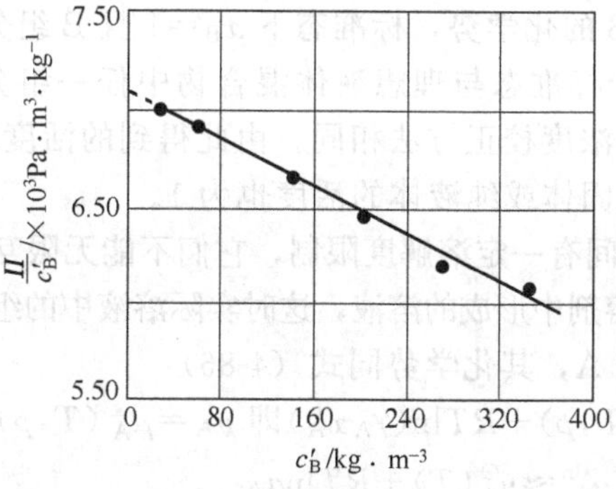

例 4-12 图

4.9 非理想溶液
Nonideal Solution

非理想溶液就是实际溶液，一定温度压力下，各组分的蒸气分压与液相组成间关系既不服从 Raoult 定律，也不服从 Henry 定律，即蒸气分压与液相组成已不再具有简单的线性关

系，因此溶剂和溶质的化学势不能直接用式（4-65）～式（4-68）表达。

4.9.1 活度的概念

为了保持化学势表达形式的一致性，G. N. Lewis 引入了活度 a（activity）的概念。活度即校正浓度（活度 a=活度系数 $\gamma\times$浓度），用活度代替浓度，使蒸气分压与活度呈简单的比例关系，即满足 $p_A=p_A^*\gamma_A x_A$ 或 $p_A=p_A^* a_A$，$p_B=p_B^*\gamma_B x_B$ 或 $p_B=p_B^* a_B$。这样，将理想液体混合物中任一组分，或稀溶液中溶质化学势表达式中的浓度用活度代替，就可得到非理想溶液中任一组分化学势的表达式。任一组分 B 的活度系数 γ_B（activity coefficient）是组分 B 偏离理想行为的量度，若体系是理想的，$\gamma_B=1$，若体系是非理想的，则 γ_B 偏离 1，但在一定极限条件下，总有 $\gamma_B=1$，体系可视为理想的。活度和活度系数与体系的状态即温度，压力和组成有关，也与标准态的选择有关。

4.9.2 非理想溶液中各组分的化学势和标准态

按实际体系在不同的浓度范围呈现出不同的聚集状态，通常有两种对浓度进行校正的方法。

① 若体系中各组分在全部浓度范围内可以完全互溶形成均匀的液体混合物，如丙酮和氯仿，苯和环己烷，水和乙醇等，这时，我们把所有组分等同处理，即无溶剂和溶质之分，体系形成非理想的液体混合物。

按 Raoult 定律对非理想液体混合物中任一组分 B 的浓度 x_B 进行校正，并定义

$$a_B \xlongequal{\text{def}} \gamma_B x_B \quad 且 \lim_{x_B\to 1}\frac{a_B}{x_B}=\lim_{x_B\to 1}\gamma_B=1 \tag{4-84}$$

即纯液体 B 服从 Raoult 定律，这样就有

$$p_B=p_B^*\gamma_B x_B \quad 或 \quad p_B=p_B^* a_B \tag{4-85}$$

类似式（4-57）的导出过程，我们可以得到非理想液体混合物中任一组分 B 化学势的表达式：

$$\mu_B^{sln}=\mu_B^*(T,p)+RT\ln(\gamma_B x_B) \text{ 即 } \mu_B=\mu_B^*(T,p)+RT\ln a_B \tag{4-86a}$$

或

$$\mu_B^{sln}\approx\mu_B^{\ominus}(T)+RT\ln a_B \tag{4-86b}$$

"≈"表示忽略了积分项 $\int_{p^{\ominus}}^{p}V_m^*(B)$。式中 $\mu_B^{\ominus}(T)$ 是 B 组分标准态即温度为 T，压力为 $p^{\ominus}$ 且服从 Raoult 定律纯液体 B 的化学势，标准态下 $x_B=1$ 且 B 组分服从 Raoult 定律，是理想的，故 $\gamma_B=1$，$a_B=1$。这个标准态与理想液体混合物中任一组分和理想稀溶液中溶剂的标准态相同。因溶剂、溶质的浓度校正方法相同，由此得到的活度和活度系数也称为对称型活度和活度系数。T、$p^{\ominus}$ 下纯固体或纯液体的活度也为 1。

② 若实际体系中各组分间有一定溶解度限制，它们不能无限互溶，如气体或固体溶质、有一定溶解度的液体溶质溶于溶剂中形成的溶液，这时实际溶液中的组分通常有溶剂和溶质之分。

溶液中作为溶剂的组分 A，其化学势同式（4-86）

$$\mu_A^{sln}=\mu_A^*(T,p)+RT\ln(\gamma_A x_A) \text{ 即 } \mu_A=\mu_A^*(T,p)+RT\ln a_A$$

或

$$\mu_A^{sln}\approx\mu_A^{\ominus}(T)+RT\ln a_A$$

式中 $a_A=\gamma_A x_A$ 且 $\lim_{x_A\to 1}\frac{a_A}{x_A}=\lim_{x_A\to 1}\gamma_A=1$，溶剂 A 的标准态为 T、$p^{\ominus}$ 下服从 Raoult 定律纯液体 A 的状态，这也是纯溶剂 A 的真实状态。

溶液中的溶质组分 B，当其浓度无限稀时其行为变为理想的，即服从 Henry 定律。我们按 Henry 定律对其浓度进行校正。

若溶质 B 的浓度用物质的量分数 x_B 表示，定义

$$a_{B(x)} \xlongequal{\text{def}} \gamma_{B(x)} x_B \quad 且 \lim_{x_B\to 0}\frac{a_{B(x)}}{x_B}=\lim_{x_B\to 0}\gamma_{B(x)}=1 \tag{4-87}$$

即溶液无限稀释溶质就变为理想的了。

Henry 定律的形式为

$$p_B=K_{B(x)}\gamma_{B(x)}x_B \text{ 或 } p_B=K_{B(x)}a_{B(x)} \tag{4-88}$$

类似于式（4-66）的导出过程，可以得到溶质B化学势的表达式

$$\mu_B^{sln}=\mu_B^{\circ}(T,p)+RT\ln[\gamma_{B(x)}x_B]\text{即 }\mu_B^{sln}=\mu_B^{\circ}(T,p)+RT\ln a_{B(x)} \tag{4-89a}$$

或

$$\mu_B^{sln}\approx\mu_{B,x}^{\ominus}(T)+RT\ln a_{B(x)} \tag{4-89b}$$

式中忽略了积分项 $\int_{p^{\ominus}}^{p}V_m^{\infty}(B)dp$。$\mu_{B,x}^{\ominus}(T)$ 是组分B标准态即 T、$p^{\ominus}$下服从 Henry 定律的假想纯溶质B的化学势，这时 $x_B=1$ 且 $\gamma_{B(x)}=1$，故 $a_{B(x)}=1$。同样因把无限稀释的性质保持到纯态仍然成立，这个状态是B组分的假想纯态。

若溶质B的浓度用质量摩尔浓度 m_B 表示，我们定义

$$a_{B(m)}\xlongequal{\text{def}}\gamma_{B(m)}\frac{m_B}{m^{\ominus}} \text{ 且 } \lim_{m_B\to 0}\frac{a_{B(m)}}{(m_B/m^{\ominus})}=\lim_{m_B\to 0}\gamma_{B(m)}=1 \tag{4-90}$$

即溶液无限稀释时溶质表现理想的行为。

Henry 定律的形式可写为

$$p_B=K_{B(m)}\gamma_{B(m)}m_B \text{ 或 } p_B=K_{B(m)}a_{B(m)}m^{\ominus} \tag{4-91}$$

用活度 $a_{B(m)}$ 代替式（4-67a）中的$\frac{m_B}{m^{\ominus}}$项，就可得到溶质B的化学势

$$\mu_B^{sln}=\mu_B^{\square}(T,p)+RT\ln\left[\gamma_{B(m)}\frac{m_B}{m^{\ominus}}\right]$$

即

$$\mu_B^{sln}=\mu_B^{\square}(T,p)+RT\ln a_{B(m)} \tag{4-92a}$$

或

$$\mu_B^{sln}\approx\mu_{B,m}^{\ominus}(T)+RT\ln a_{B(m)} \tag{4-92b}$$

标准态的化学势 $\mu_{B,m}^{\ominus}$（T）是 T、$p^{\ominus}$下B组分浓度 $m_B=m^{\ominus}=1mol\cdot kg^{-1}$且服从 Henry 定律的假想态的化学势。标准态下因B组分的行为是理想的，故 $\gamma_{B(m)}=1$，$a_{B(m)}=1$，同样因把无限稀释时的性质保持到 $m_B=1mol\cdot kg^{-1}$的状态仍成立，所以这仍是一个假想态。

若溶质B的浓度用物质的量浓度 c_B 表示，我们定义

$$a_{B(c)}\xlongequal{\text{def}}\gamma_{B(c)}\frac{c_B}{c^{\ominus}}\text{且 }\lim_{c_B\to 0}\frac{a_{B(c)}}{(c_B/c^{\ominus})}=\lim_{c_B\to 0}\gamma_{B(c)}=1 \tag{4-93}$$

即溶液无限稀释时其行为变为理想的。

Henry 定律可以校正为

$$p_B=K_{B(c)}\gamma_{B(c)}c_B \text{ 或 } p_B=K_{B(c)}a_{B(c)}c^{\ominus} \tag{4-94}$$

用 $a_{B(c)}$代替式（4-68a）中的$\frac{c_B}{c^{\ominus}}$，就可以得到溶质B的化学势

$$\mu_B^{sln}=\mu_B^{\triangle}(T,P)+RT\ln\left[\gamma_{B(c)}\frac{c_B}{c^{\ominus}}\right]$$

即

$$\mu_B^{sln}=\mu_B^{\triangle}(T,p)+RT\ln a_{B(c)} \tag{4-95a}$$

或

$$\mu_B^{sln}\approx\mu_{B,c}^{\ominus}(T)+RT\ln a_{B(c)} \tag{4-95b}$$

B组分的标准态是 T、$p^{\ominus}$下，$c_B=c^{\ominus}=1mol\cdot m^{-3}$（或 $1mol\cdot dm^{-3}$）且服从 Henry 定律的溶质的假想态，标准态下同样有 $\gamma_{B(c)}=1$，$a_{B(c)}=1$。

式（4-92b）和式（4-95b）均忽略了积分项 $\int_{p^{\ominus}}^{p}V_{B,m}^{\infty}dp$。

第② 种处理中，溶剂和溶质按不同的实验定律校正，其标准态的规定不同，由此得到的活度和活度系数称为非对称型活度和活度系数。

实际溶液中各组分的浓度可按不同的实验定律进行校正，其标准态也相应不同，但按什么实验定律进行校正，通常以实际工作的方便人为加以选择。因此B组分的活度和活度系数除与体系所处的实际状态即温度、压力和组成有关外，还与所选择的参考标准有关（即与所选择的标准态有关），在计算或讨论某组分的活度和活度系数时，必须先指明所选择的标准态。由式（4-84）、式（4-87）、式（4-90）和式（4-93）还可以看出，不论按哪一种定义，活度和活度系数均为一纯数。

4.9.3 活度的计算

4.9.3.1 蒸气压法

蒸气压法可求易挥发组分的活度和活度系数。若各组分可以任意比例混合形成非理想液体混合物，任一组分B按Raoult定律进行校正，其活度和活度系数由式（4-85）得

$$\text{活度}\quad a_B=\frac{p_B}{p_B^*}\qquad \text{活度系数}\quad \gamma_B=\frac{p_B}{p_B^* x_B} \tag{4-96}$$

式中，p_B 是 T 时溶液上方B组分的蒸气分压；x_B 是溶液中B组分的量分数；p_B^* 是 T 时纯B的饱和蒸气压。

若将不同组分分别按溶剂和溶质处理，对于其中的溶剂A，活度和活度系数求法同式（4-96）。对溶质B按Henry定律进行校正，由式（4-88）得

$$\text{活度}\quad a_{B(x)}=\frac{p_B}{K_{B(x)}}\qquad \text{活度系数}\quad \gamma_{B(x)}=\frac{p_B}{K_{B(x)}x_B} \tag{4-97}$$

式中，$K_{B(x)}$ 为Henry常数。

为求得 $K_{B(x)}$，可测定一系列不同浓度溶液的蒸气分压 p_B，以 $\frac{p_B}{x_B}$ 对 x_B 作图，外推到 $x_B=0$ 处，则 $K_{B(x)}=\left(\frac{p_B}{x_B}\right)_{x_B\to 0}$。$K_{B(x)}$ 的值也可由B组分的蒸气分压-组成曲线求出。即将无限稀释时曲线的切线外延到 $x_B=1$ 处，在纵坐标上的截距即为 $K_{B(x)}$（图4-20）。用 m_B 和 c_B 表示溶质浓度时，$K_{B(m)}$ 和 $K_{B(c)}$ 求法相同。

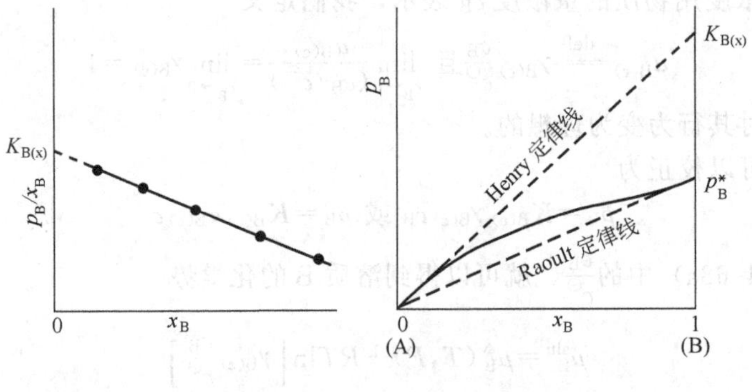

图4-20 Henry常数的求算

4.9.3.2 凝固点降低法

将式（4-73a）中溶剂A的浓度 x_A 用活度 a_A 代替

$$\ln a_A=\frac{\Delta_{fus}H_m\text{(A)}}{R}\left(\frac{1}{T_f^*}-\frac{1}{T_f}\right)=-\frac{\Delta_{fus}H_m\text{(A)}}{RT_f^*T_f}\Delta T_f \tag{4-98}$$

式中，$\Delta T_f=T_f^*-T_f$，为实际溶液中溶剂A的凝固点降低。

由 ΔT_f 的测定就可以求得不挥发溶剂在凝固点时的活度 a_A 和活度系数 γ_A。使用式（4-98）时应注意，已将 $\Delta_{fus}H_{m(A)}$ 作为常数处理。与稀溶液不同，通常 T_f^* 与 T_f 相差较大，因此其

结果有近似性且通常不能将 $T_f^* T_f$ 做 $(T_f^*)^2$ 处理。

由凝固点降低法求溶质的活度和活度系数，数据处理较为复杂，详细内容可参看有关专著。

4.9.3.3　图解积分法

恒温恒压下由 Gibbs-Duhem 公式（4-13b）

$$x_A d\mu_A + x_B d\mu_B = 0$$

或

$$x_A d\ln a_A + x_B d\ln a_B = 0$$

代入 $a_A = \gamma_A x_A$，$a_B = \gamma_B x_B$，并引用 $x_A d\ln x_A = dx_A$，$x_B d\ln x_B = dx_B$，$dx_A = -dx_B$ 可得

$$x_A d\ln\gamma_A + x_B d\ln\gamma_B = 0 \quad 或 \quad d\ln\gamma_A = -\frac{x_B}{1-x_B} d\ln\gamma_B$$

从纯溶剂的状态（$x_A=1$，$\gamma_A=1$，$x_B=0$）到任意浓度状态（x_A，γ_A，x_B）积分上式得：

$$\ln\gamma_A = -\int_0^{x_B} \frac{x_B}{1-x_B} d\ln\gamma_B \tag{4-99}$$

若知道了 γ_B 与 x_B 的函数关系，γ_A 即可求出，或以 $\frac{x_B}{1-x_B}$ 对 $\ln\gamma_B$ 作图，由 $0 \sim x_B$ 区间曲线以下的总面积可求出 $\ln\gamma_A$。

【例 4-13】 301.2K 时测得丙酮（A）-氯仿（B）溶液 $x_A = 0.713$ 时上方蒸气总压 p 为 2.94×10^4 Pa，气相中丙酮的物质的量分数 $y_A = 0.818$。已知 301.2K 时 $p_B^* = 2.96\times10^4$ Pa，以纯液态氯仿为标准态，求混合液中氯仿的活度 a_B 和活度系数 γ_B。

［解］　设气相为理想气体的混合物，以纯液体为标准态

$$p_B = p(1-y_A) = 2.94\times10^4 \text{Pa} \times (1-0.818) = 5.35\times10^3 \text{Pa}$$

$$a_B = \frac{p_B}{p_B^*} = \frac{5.35\times10^3 \text{Pa}}{2.96\times10^4 \text{Pa}} = 0.181$$

$$\gamma_B = \frac{a_B}{x_B} = \frac{a_B}{1-x_A} = \frac{0.181}{1-0.713} = 0.630$$

【例 4-14】 已知二元溶液中 B 组分的活度与浓度关系为 $a_B = x_B(1+x_B)^2$

(1) 求 $x_B = 0.1$ 的溶液中 B 的 a_B 和 γ_B 并说明其标准态；

(2) 以纯液体为标准态，求此溶液中组分 A 的 a_A 和 γ_A。

［解］　(1) $x_B = 0.1$，$a_B = 0.1\times(1+0.1)^2 = 0.121$，$\gamma_B = \frac{a_B}{x_B} = \frac{0.121}{0.1} = 1.21$

由 $\gamma_B = \frac{a_B}{x_B} = (1+x_B)^2$，且 $\lim\limits_{x_B\to0}\gamma_B = \lim\limits_{x_B\to0}(1+x_B)^2 = 1$，故 B 的标准态为保留无限稀性质的假想纯态。

(2) 由 $x_A d\ln a_A + x_B d\ln a_B = 0$ 得　$d\ln a_A = -\frac{x_B}{x_A} d\ln a_B$，代入 $a_B = x_B(1+x_B)^2$

$$d\ln a_A = -\frac{x_B}{x_A}[d\ln x_B + 2d\ln(1+x_B)] = -\left[\frac{1}{x_A} + \frac{2x_B}{x_A(1+x_B)}\right]dx_B$$

$$= -\left(\frac{1}{1-x_B} + \frac{1}{1-x_B} - \frac{1}{1+x_B}\right)dx_B = \left(\frac{1}{1+x_B} - \frac{2}{1-x_B}\right)dx_B$$

从 $x_A=1$，$x_B=0$，$a_A=1$ 到任意浓度积分

$$\ln a_A = \ln(1+x_B) + 2\ln(1-x_B) 或 a_A = (1+x_B)(1-x_B)^2$$

代入数据

$$a_A = (1+0.1)\times(1-0.1)^2 = 0.891$$

$$\gamma_A = \frac{a_A}{x_A} = \frac{0.891}{1-0.1} = 0.99$$

计算结果表明，在此浓度下体系中组分 A 对 Raoult 定律产生负偏差。

【例 4-15】 298.15K 测得水（A）-乙醇（B）体系中乙醇的物质的量分数 x_B 与蒸气分压的数据如下。

x_B	p_A/kPa	p_B/kPa	x_B	p_A/kPa	p_B/kPa
0.00	3.169	0	0.20	2.700	3.603
0.02	3.108	0.571	0.50	2.305	4.914
0.05	3.022	1.328	0.80	1.318	6.432
0.10	2.893	2.353	1.00	0	7.893

（1）以纯液体为标准态，计算 $x_B=0.4$ 的溶液中水和乙醇的活度和活度系数

（2）若以服从 Henry 定律的假想纯态为标准态，计算 $x_B=0.4$ 的溶液中水和乙醇的活度和活度系数

［解］ 按所列数据作蒸气分压-组成曲线，由图可查出 $x_B=0.4$ 的溶液上方蒸气分压 $p_A=2.650\text{kPa}$，$p_B=4.50\text{kPa}$。

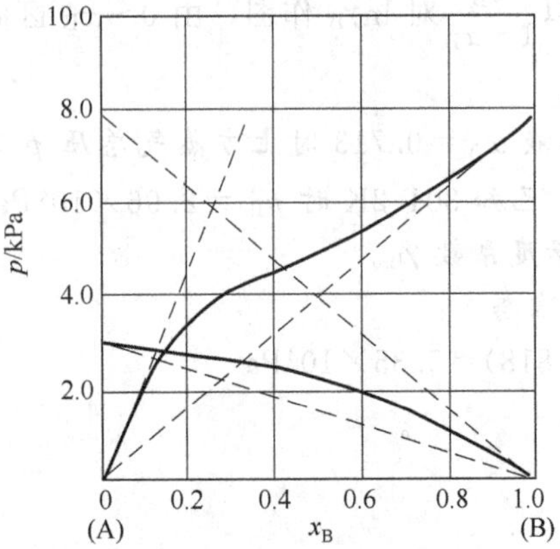

例 4-15 图

（1）以纯液体为标准态，$p_A^*=3.169\text{kPa}$，$p_B^*=7.893\text{kPa}$。水的活度和活度系数为

$$a_A=\frac{p_A}{p_A^*}=\frac{2.65\text{kPa}}{3.169\text{kPa}}=0.836$$

$$\gamma_A=\frac{a_A}{x_A}=\frac{0.836}{(1-0.400)}=1.393$$

乙醇的活度和活度系数为

$$a_B=\frac{p_B}{p_B^*}=\frac{4.500\text{kPa}}{7.893\text{kPa}}=0.570$$

$$\gamma_B=\frac{a_B}{x_B}=\frac{0.570}{0.400}=1.425$$

（2）以服从 Henry 定律的假想纯态为标准态，应先求出 $K_{(x)}$。$K_{(x)}$ 可由无限稀时曲线的切线外推到与纵轴相交，由交点纵坐标求出，也可由 $\frac{p_B}{x_B}$-x_B 曲线外推到 $x_B=0$ 处求出。对于水，我们采用第一种方法得 $K_{A(x)}=7.80\text{kPa}$。对于乙醇用第二种方法，做以下计算并作图。

x_B	0.02	0.05	0.10	0.15	0.20
$\frac{p_B}{x_B}$/kPa	28.55	26.56	23.53	20.67	18.02

得 $K_{B(x)}=29.8\text{kPa}$。

水的活度和活度系数为

$$a_A=\frac{p_A}{K_{A(x)}}=\frac{2.65\text{kPa}}{7.800\text{kPa}}=0.340$$

$$\gamma_A=\frac{a_A}{x_A}=\frac{0.340}{1-0.400}=0.567$$

乙醇的活度和活度系数为

$$a_B=\frac{p_B}{K_{B(x)}}=\frac{4.500\text{kPa}}{29.8\text{kPa}}=0.151$$

$$\gamma_B=\frac{a_B}{x_B}=\frac{0.151}{0.400}=0.378$$

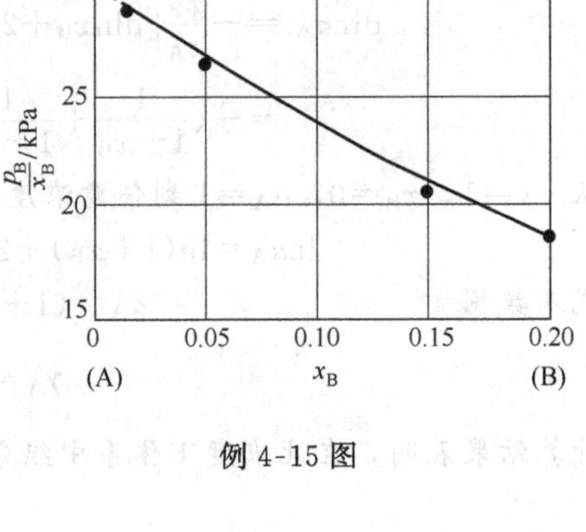

例 4-15 图

*4.9.4 渗透系数

实际工作中用活度系数表示溶质B的非理想性比较合适，但表示溶剂A的非理想性有时就不很方便。如在强电解质KCl的水溶液中，溶质KCl的物质的量分数在$10^{-6}\sim10^{-3}$间，其活度系数γ_B与1相差1%～15%，显然非理想性已十分显著，但溶剂水的活度系数γ_A却几乎等于1，所以用γ_A衡量溶剂的非理想性不敏感。为此贝耶伦（Bjerrum）建议用渗透系数（osmotic coefficient）Φ来代替溶剂的活度系数γ_A，其定义为

$$\left.\begin{array}{ll}\mu_A=\mu_A^*+\Phi RT\ln x_A & \\ x_A\to 1 & \Phi\to 1\end{array}\right\} \tag{4-100}$$

将式（4-100）与式（4-86）相比

$$\ln(x_A\gamma_A)=\Phi\ln x_A \quad \text{或} \quad \Phi \overset{\text{def}}{=\!=} \frac{\ln\gamma_A+\ln x_A}{\ln x_A} \tag{4-101}$$

由式（4-101）可见，溶剂的渗透系数即纯溶剂的化学势与实际溶液中溶剂的化学势之差（$\mu_A^*-\mu_A^{re}$），和纯溶剂的化学势与理想稀溶液中溶剂化学势μ_A^{id}之差（$\mu_A^*-\mu_A^{id}$）的比，即$\Phi=\dfrac{\mu_A^*-\mu_A^{re}}{\mu_A^*-\mu_A^{id}}$。

将式（4-101）改写为$\ln\gamma_A=(\Phi-1)\ln x_A$，这样由渗透系数$\Phi$可以求出组成为$x_A$的实际溶液中溶剂A的活度系数$\gamma_A$。

含不挥发溶质的溶液中，溶剂A的渗透系数可由渗透压数据求出。

实际溶液的渗透压 $\quad \Pi^{re}=-\dfrac{RT}{V_m}\ln a_A=-\dfrac{RT}{V_m}\Phi\ln x_A$

理想稀溶液的渗透压 $\quad \Pi^{id}=-\dfrac{RT}{V_m}\ln x_A$

若设V_m近似相同，两式相除得 $\quad \Phi=\Pi^{re}/\Pi^{id} \quad$ (4-102)

对于含挥发性溶质的溶液，溶剂A的渗透系数也可由蒸气压数据求出。由式（4-101）和式（4-96）可得

$$\Phi=\frac{\ln(p_A/p_A^*)}{\ln x_A} \tag{4-103}$$

表4-7列出了不同浓度蔗糖水溶液的渗透压数据以及由此计算的水的活度系数和渗透系数。表列数据表明，用渗透系数表示溶剂的非理想性较活度系数敏感。

实际溶液的热力学关系式，用x_A^{Φ}代替溶剂A的活度a_A后仍然成立。

表4-7 20℃时蔗糖水溶液的渗透压、水的活度系数γ_A及渗透系数Φ

浓度		Π^{re}/kPa①	Π^{id}/kPa②	γ_A③	Φ
m_B/mol·kg^{-1}	x_B				
0.20	3.586×10^{-3}	512.7	487.4	0.9998	1.052
0.40	7.148×10^{-3}	1027.4	972.9	0.9996	1.056
0.60	0.0107	1559.4	1459.1	0.9993	1.069
0.80	0.0142	2118.7	1939.8	0.9987	1.092
1.00	0.0177	2699.3	2422.2	0.9980	1.114

① 选自 W. Moore. Physical Chemistry. 4th. 1972. 252。

② 由式$\Pi^{id}=-\dfrac{RT}{V_m^*}\ln x_A$计算。

③ 由式$\Pi^{re}=-\dfrac{RT}{V_m^*(A)}\ln(\gamma_A x_A)$计算。

4.10 超额函数

Excess Function

非理想溶液中各组分的非理想性可以用活度系数表示，作为一个整体，要衡量整个溶液的非理想性，我们采用超额函数（excess function）。

4.10.1 超额热力学函数

当物质的量为 $n_A$mol 的 A 组分与 $n_B$mol 的 B 组分混合形成非理想液体混合物时，混合过程的 Gibbs 函数

$$\Delta_{mix}^{re}G = G_{混合后} - G_{混合前}$$
$$= (n_A\mu_A + n_B\mu_B) - (n_A\mu_A^* + n_B\mu_B^*)$$

取处于混合温度、压力为 $p^\ominus$ 的纯液态为标准态，则

$$\Delta_{mix}^{re}G = n_ART\ln a_A + n_BRT\ln a_B$$
$$= RT(n_A\ln x_A + n_B\ln x_B) + RT(n_A\ln\gamma_A + n_B\ln\gamma_B)$$
$$= \Delta_{mix}^{id}G + RT(n_A\ln\gamma_A + n_B\ln\gamma_B)$$

由任意个组分形成非理想液体混合物

$$\Delta_{mix}^{re}G = \Delta_{mix}^{id}G + RT\sum_B n_B\ln\gamma_B$$

定义超额 Gibbs 函数为

$$G^E \stackrel{def}{=\!=\!=} \Delta_{mix}^{re}G - \Delta_{mix}^{id}G = RT\sum_B n_B\ln\gamma_B \tag{4-104a}$$

若形成物质的量为 1mol 的混合物，式（4-104a）可改写为摩尔超额 Gibbs 函数（molar excess Gibbs function）的形式

$$G_m^E = \frac{G^E}{n} = RT\sum_B x_B\ln\gamma_B \tag{4-104b}$$

由 G_m^E 可导出其余各超额热力学函数。

由 $V=\left(\frac{\partial G}{\partial p}\right)_{T,n}$ 得摩尔超额体积（molar excess volume）

$$V_m^E \stackrel{def}{=\!=\!=} \Delta_{mix}^{re}V_m - \Delta_{mix}^{id}V_m = \left(\frac{\partial G_m^E}{\partial p}\right)_{T,n} = RT\sum_B x_B\left(\frac{\partial\ln\gamma_B}{\partial p}\right)_{T,n} \tag{4-105}$$

由 $S=-\left(\frac{\partial G}{\partial T}\right)_{p,n}$ 得摩尔超额熵（molar excess entropy）

$$S_m^E \stackrel{def}{=\!=\!=} \Delta_{mix}^{re}S_m - \Delta_{mix}^{id}S_m$$
$$= -\left(\frac{\partial G_m^E}{\partial T}\right)_{p,n} = -R\sum_B x_B\ln\gamma_B - RT\sum_B x_B\left(\frac{\partial\ln\gamma_B}{\partial T}\right)_{p,n} \tag{4-106}$$

由 $H=-T^2\left[\frac{\partial\left(\frac{G}{T}\right)}{\partial T}\right]_{p,n}$ 得摩尔超额焓（molar excess enthalpy）

$$H_m^E \stackrel{def}{=\!=\!=} \Delta_{mix}^{re}H_m - \Delta_{mix}^{id}H_m = -T^2\left[\frac{\partial\left(\frac{G_m^E}{T}\right)}{\partial T}\right]_{p,n}$$
$$= -RT^2\sum_B x_B\left(\frac{\partial\ln\gamma_B}{\partial T}\right)_{p,n} \tag{4-107}$$

因 $\Delta_{mix}^{id} V_m = 0$，$\Delta_{mix}^{id} H_m = 0$，摩尔超额体积和摩尔超额焓就是非理想体系的摩尔混合体积和摩尔混合焓。

超额热力学函数可以通过实验测定。

如 V_m^E，可测定一定组成溶液的密度求出 V_m，同时测定纯组分的密度再求出 $V_m^*(B)$，则

$$V_m^E = \Delta_{mix}^{re} V_m = V_m - \sum_B x_B V_m^*(B)$$

超额焓 H_m^E 可由量热法测定摩尔混合焓 $\Delta_{mix}^{re} H_m$ 得到。

G_m^E、V_m^E、S_m^E 和 H_m^E 也可按式（4-104）～式（4-107）通过测定活度系数及活度系数与温度或压力的关系后计算，表4-8给出了一些体系在 $x_B = 0.5$ 时的超额热力学函数值。

表 4-8　恒压下一些双液体系的摩尔超额热力学函数值[1]　（$x_B = 0.5$）

体　系	T/K	$V_m^E/ml \cdot mol^{-1}$	$G_m^E/J \cdot mol^{-1}$	$H_m^E/J \cdot mol^{-1}$
$C_2H_4Cl_2 + C_6H_6$	298	0.24	25.9	60.7
$CCl_4 + C_6H_6$	308	0.01	81.6	109
$CS_2 + CH_3COCH_3$	308	1.06	1050	1460
$CCl_4 + (CH_3)_4C$	273	-0.5	318	314
$n\text{-}C_6F_{14} + n\text{-}C_6H_{14}$	298	4.84	1350	2160

[1] 摘自 W. J. Moore. Physical Chemistry. 4th. 1972. 261。

超额热力学函数可以衡量整个体系的非理想性，某一组分的活度系数只能度量该组分的非理想性。

图4-21给出氯仿（A）和丙酮（B）二组分体系的热力学特征。该体系对 Raoult 定律产生负偏差，形成溶液时体系放热，这与两种分子间存在较强相互作用力如形成氢键

$$Cl_3C—H\cdots\cdots O=C\genfrac{}{}{0pt}{}{CH_3}{CH_3}$$

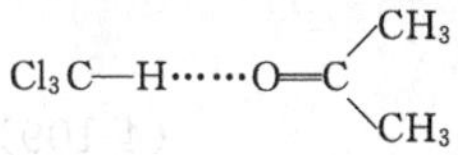

有关，因分子排列相对有序，G_m^E 较 H_m^E 更正。

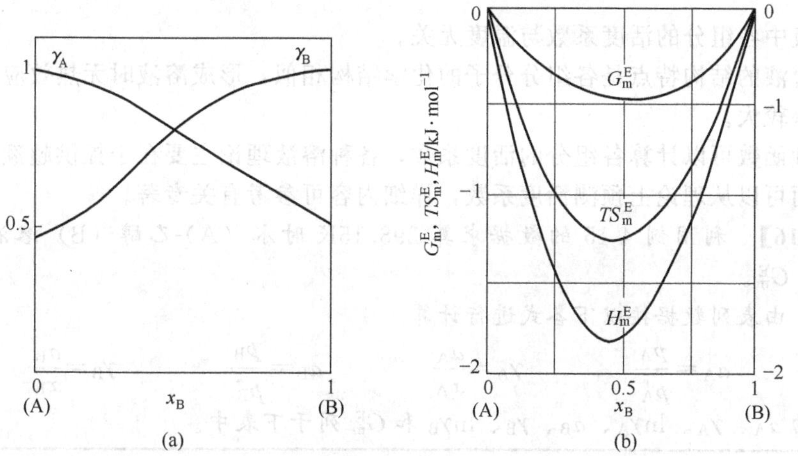

图 4-21　308K 时氯仿（A）-丙酮（B）体系的热力学特征

(a) 对称型活度系数值；(b) 超额热力学性质

引自 I. N. Levine. Physical Chemistry. 3rd. 1988. 267

4.10.2　正规溶液和无热溶液

对于非电解质溶质形成的实际溶液，我们讨论两种类型。

（1）正规溶液（regular solution）　正规溶液有 $H^E \gg TS^E$ 或 $G^E \approx H^E$，即溶液的非理想性主要由混合热效应引起，而混合熵与理想液体混合物的近似相同。

因 $S^E \approx 0$，$\left(\dfrac{\partial S^E}{\partial n_B}\right)_{T,p,n_c} \approx 0$，有

$$\left[\frac{\partial}{\partial n_B}\left(\frac{\partial G^E}{\partial T}\right)_{p,n}\right]_{T,p,n_c} = \left[\frac{\partial}{\partial T}\left(\frac{\partial G^E}{\partial n_B}\right)_{T,p,n_c}\right]_{p,n} = 0$$

又
$$\left(\frac{\partial G^E}{\partial n_B}\right)_{T,p,n_c} = \mu_B^E\text{（超额化学势）} = RT\ln\gamma_B$$

所以
$$\left(\frac{\partial \mu_B^E}{\partial T}\right)_{p,n} = \left[\frac{\partial(RT\ln\gamma_B)}{\partial T}\right]_{p,n} = 0$$

或
$$RT\ln\gamma_B = \text{常数和} \ln\gamma_B \propto \frac{1}{T} \tag{4-108}$$

即正规溶液中各组分的活度系数的对数与温度成反比。

正规溶液的混合焓不等于零，由式（4-107）及 $\Delta_{\text{mix}}^{\text{id}} H_m = 0$，所以

$$H_m^E = \Delta_{\text{mix}}^{\text{re}} H_m = \sum_B [H_{B,m} - H_m^*(B)] \neq 0$$

即正规溶液中各组分的偏摩尔焓与纯组分的摩尔焓不等。

（2）无热溶液（athermal solution） 若 $H^E \ll TS^E$，$H^E \approx 0$ 或 $G^E \approx -TS^E$，这时溶液的非理想性主要由熵效应引起，这类溶液具有理想的混合焓，称为无热溶液。

因 $H^E \approx 0$，$\left(\dfrac{\partial H^E}{\partial n_B}\right)_{T,p,n_c} = 0$，由此可导出

$$\left\{\frac{\partial}{\partial n_B}\left[\frac{\partial\left(\frac{G^E}{T}\right)}{\partial T}\right]_{p,n}\right\}_{T,p,n} = \left\{\frac{\partial}{\partial T}\left[\frac{1}{T}\left(\frac{\partial G^E}{\partial n_B}\right)_{T,p,n_c}\right]\right\}_{p,n}$$
$$= \left[\frac{\partial}{\partial T}(R\ln\gamma_B)\right]_{p,n} = 0 \tag{4-109}$$

即无热溶液中各组分的活度系数与温度无关。

无热溶液的结构特点是各组分分子的化学结构相似，形成溶液时无热效应，但分子的几何大小相差较大。

由超额函数可以计算各组分的活度系数，各种溶液理论主要在于提供超额函数的数学表达式，从而可以从理论上预测活度系数，详细内容可参考有关专著。

【例 4-16】 利用例 4-15 的数据求算 298.15K 时水（A）-乙醇（B）溶液的摩尔超额 Gibbs 函数 G_m^E。

［解］ 由表列数据按以下各式进行计算

$$a_A = \frac{p_A}{p_A^*} \qquad \gamma_A = \frac{a_A}{x_A} \qquad a_B = \frac{p_B}{p_B^*} \qquad \gamma_B = \frac{a_B}{x_B}$$

计算的 a_A、γ_A、$\ln\gamma_A$、a_B、γ_B、$\ln\gamma_B$ 和 G_m^E 列于下表中。

x_B	a_A	γ_A	$\ln\gamma_A$	a_B	γ_B	$\ln\gamma_B$	$G_m^E/J\cdot mol^{-1}$
0	1	1	0				0
0.02	0.981	1.001	9.99×10^{-4}	0.072	3.600	1.281	65.90
0.05	0.954	1.004	3.99×10^{-3}	0.168	3.360	1.212	159.5
0.10	0.913	1.014	1.39×10^{-2}	0.298	2.980	1.092	310.8
0.20	0.846	1.058	5.638×10^{-2}	0.456	2.280	0.824	520.1
0.45	0.757	1.377	0.320	0.595	1.323	0.280	748.2
0.50	0.727	1.454	0.374	0.623	1.246	0.220	735.8
0.80	0.416	2.080	0.732	0.815	1.019	0.019	400.0
1.00	—	—	—	1	1	0	0

作 G_m^E-x_B 曲线，由图可见，G_B-x_B 曲线上出现一极大值。其中 $x_B=0.45$ 的数据是从例 4-15 所作的蒸气压-组成图上查出 p_A 和 p_B 后计算得出。

因 $G_m^E>0$，该体系对 Raoult 定律呈现正偏差。

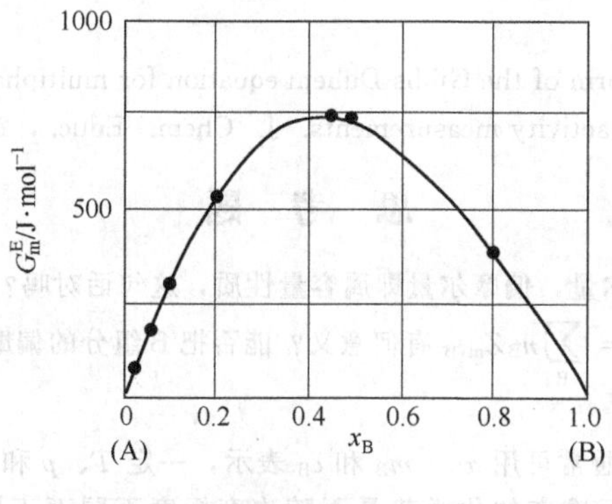

例 4-16 图

本章学习要求

1. 熟练掌握多组分体系组成的表示法及相互换算。

2. 准确掌握偏摩尔量和化学势的定义、物理意义、两者的异同及在处理多组分体系热力学问题时的重要应用。掌握 Gibbs-Duhem 公式和 Duhem-Margules 公式的导出及应用。

3. 了解实际气体等温线的特征。了解范德华气体对比态方程的导出及对比态原理的应用。能运用压缩因子图对实际气体进行 *PVT* 运算。

4. 准确掌握气体（理想气体和实际气体）化学势的表示法及标准态的规定。掌握实际气体逸度、逸度系数的定义和计算方法。

5. 掌握 Raoult 定律和 Henry 定律的内容、数学表达式并能熟练运用。

6. 准确掌握理想液体混合物中各组分化学势的表示法及标准态的规定。掌握混合热力学性质的导出及表达式。

7. 准确掌握理想稀溶液中溶剂和溶质化学势的表示法及标准态的规定。掌握稀溶液依数性公式的导出及相关应用。

8. 掌握实际溶液中各组分化学势的表示法及标准态的规定。准确掌握活度的概念，活度和活度系数的主要计算方法。

9. 掌握超额函数的定义和计算方法，了解正规溶液和无热溶液的热力学特征。

参 考 文 献

1　姚允斌. 热力学标准态和标准热力学函数. 大学化学，1988，3（4）：40

2　姚允斌. 物理化学教学文集（二）. 北京：高等教育出版社，1991. 152

3　刘天和，骆文仪. 混合物和溶液组成标度和组成变量. 化学通报，1998，7：43

4　姚天杨. 热力学标准态. 大学化学，1995，10（2）：18

5　杨永华. 化学势概念的正确理解及应用. 大学化学，1996，11（5）：45

6　Lainez A，Tardajos G. Standard states of real solutions. J. Chem. Educ.，1985，62：678

7　Fanelli A. Explaining activity coefficients and standard state in the undergraduate physical chemistry course. J. Chem. Educ.，1986，63：112

8　Ramshaw J D. Fugacity and activity in a nutshell. J. Chem，Educ.，1995，72（7）：601

9　Tarazona M P，Saiz E. Understanding chemical-potential. J. Chem. Educ.，1995，72（10）：882

10 Sattar S. Thermodynamics of mixing real gases. J. Chem, Educ., 2000, 77 (10): 1361
11 Rosenderg R M, Peticolas W L. Henry's Law: A retrospective. J. Chem. Educ., 2004, 81 (11): 1647
12 David C W. Example for non-ideal solution thermodynamics study. J. Chem. Educ., 2004, 81 (11): 1655
13 Sacchetti M. The general form of the Gibbs-Duhem equation for multiphase/multicomponent systems and its application to solid-state activity measurements. J. Chem. Educ., 2001, 78 (2): 260

思 考 题

1. 只有容量性质才有偏摩尔量，偏摩尔量即属容量性质，这句话对吗？

2. 偏摩尔量的集合公式 $Z=\sum_{\mathrm{B}} n_{\mathrm{B}} Z_{\mathrm{m,B}}$ 有何意义？能否把B组分的偏摩尔量理解为B组分处于溶解状态下的摩尔性质？

3. 稀溶液中溶质B的浓度通常可用 x_{B}、m_{B} 和 c_{B} 表示，一定 T、p 和组成的溶液中溶质B的化学势是否随浓度标度不同而不同？标准态的化学势是否随浓度标度不同而不同？为什么要引入化学势的标准态？

4. 两组分形成理想液体混合物，其热力学函数改变值与组分的特性有无关系？理想液体混合物的混合热效应为零，混合热效应为零的溶液是否就一定是理想的液体混合物？

5. Raoult 定律和 Henry 定律是理想液体混合物的性质，还是稀溶液的性质？

6. 理想液体混合物同理想气体一样，分子间没有作用力，所以 $\Delta_{\mathrm{mix}} H=0$。这种说法对不对？为什么？

7. 稀溶液的依数性公式有蒸气压降低 $\Delta p=p_{\mathrm{A}}^{*} x_{\mathrm{B}}$，沸点升高 $\Delta T_{\mathrm{b}}=K_{\mathrm{b}} m_{\mathrm{B}}$，凝固点降低 $\Delta T_{\mathrm{f}}=K_{\mathrm{f}} m_{\mathrm{B}}$ 和渗透压 $\Pi=c_{\mathrm{B}} R T$，各式导出的前提条件是什么？引起稀溶液依数性的同一原因是什么？

8. 在相同温度和压力下，稀溶液范围内相同质量摩尔浓度的葡萄糖溶液和食盐水溶液的渗透压是否相同？为什么？

9. 什么是活度？为什么要引入活度？活度有无量纲？

10. 活度的标准态如何选定？活度为1的状态是否就是标准态？选择不同的标准态，一定状态下组分B的活度是否相同？

11. Gibbs-Duhem 公式有什么应用？

12. 何谓超额函数？如何计算超额 Gibbs 函数？

习 题

4-1 298.2K 时 9.47%（质量分数）的硫酸溶液其密度为 $1.603\times10^{3}\,\mathrm{kg\cdot m^{-3}}$，该温度下纯水的密度为 $977.1\,\mathrm{kg\cdot m^{-3}}$，求：

(1) 硫酸溶液的质量摩尔浓度 m_{B}；

(2) 硫酸溶液的物质的量浓度 c_{B}；

(3) 硫酸溶液中硫酸的物质的量分数 x_{B}。

4-2 $1\mathrm{dm^3}$ NaBr 水溶液中含 NaBr321.9g，该溶液在 20℃ 时的密度为 $1238\,\mathrm{kg\cdot m^{-3}}$，求溶液中溶质 NaBr 的：

① 质量摩尔浓度 m_{B}；

② 物质的量浓度 c_{B}；

③ 物质的量分数 x_{B}；

④ 质量百分数；

⑤ 若温度升高到 35℃，以上各浓度何者保持不变？何者将发生变化？要确定该浓度值还需什么数据？

4-3 若用 x_{B}、m_{B} 和 c_{B} 分别表示溶液中溶质的物质的量分数、质量摩尔浓度和物质的量浓度，试证明

(1) 三者之间有如下关系

$$x_{\mathrm{B}}=\frac{c_{\mathrm{B}} M_{\mathrm{A}}}{\rho-c_{\mathrm{B}}(M_{\mathrm{B}}-M_{\mathrm{A}})}=\frac{m_{\mathrm{B}} M_{\mathrm{A}}}{1.0+m_{\mathrm{B}} M_{\mathrm{A}}}$$

(2) 当溶液浓度很低时，上式可简化为

$$x_B = \frac{c_B M_A}{\rho} = m_B M_A$$

4-4　298.2K 乙酸水溶液的体积 V（m^3）与 1kg 水中含乙酸的物质的量 n_B 在 $n_B = 0.16 \sim 0.25$mol 的范围内有如下关系

$$V/m^3 = 1.0029 \times 10^{-3} + 5.18 \times 10^{-5} n_B/mol + 1.394 \times 10^{-7} (n_B/mol)^2$$

(1) 导出 $V_{HAc,m}$ 和 $V_{H_2O,m}$ 与 n_B 的关系式；

(2) 求 $n_B = 0.20$mol 的乙酸水溶液的体积及乙酸和水的偏摩尔体积。

4-5　288.2K、标准大气压下，将质量百分数为 96% 的乙醇水溶液 10m^3 稀释为 56% 的溶液，计算：

① 应加入多少体积的水？

② 所得 56% 的乙醇溶液的体积为多少？已知

溶液浓度	$V_{H_2O,m}/\times 10^{-6} m^3 \cdot mol^{-1}$	$V_{C_2H_5OH,m}/\times 10^{-6} m^3 \cdot mol^{-1}$
96%	14.61	58.01
56%	17.11	56.58

288K 时水的密度为 999.1$kg \cdot m^{-3}$

4-6　293K 测得 NH_4Cl 水溶液的密度 ρ 如下。

$w_B/\%$	0	4	8	12	16	20	24
$\rho/\times 10^3 kg \cdot m^{-3}$	0.9991	1.0126	1.0239	1.0357	1.0471	1.0581	1.0689

由截距法用以上数据计算 $V_{H_2O,m}$。

4-7　NH_3 的临界温度 $T_c = 405.6$K，临界压力 $p_c = 11.5p^\ominus$。200℃、压力为 $300p^\ominus$ 和 $400p^\ominus$ 时，NH_3 的摩尔体积分别为 $5.96 \times 10^{-5} m^3 \cdot mol^{-1}$ 和 $4.768 \times 10^{-5} m^3 \cdot mol^{-1}$。试用对比态法和近似法求 200℃下，压力分别为 $300p^\ominus$ 和 $400p^\ominus$ 时 NH_3 的逸度和逸度系数。

4-8　某气体的状态方程式为 $pV_m = RT + \alpha p$，α 为与温度无关的常数，求其逸度 f 的表示式。

4-9　液体 A 和液体 B 形成理想液体混合物，343.2K 含 1molA 和 2molB 的混合物上方蒸气总压为 50.663kPa。若混合物中增加了 3molA，则混合物蒸气总压增加为 70.928kPa。试求：

① 纯 A 和纯 B 在 343.2K 时蒸气压为 p_A^* 和 p_B^*；

② 第一种混合物上方的气相组成(用物质的量分数 y_A 和 y_B 表示)。

4-10　苯和甲苯形成理想液体混合物，323.2K 时已知 323.2K 纯苯（A）和纯甲苯（B）的饱和蒸气分别为 $p_A^* = 36.17$kPa 和 $p_B^* = 12.28$kPa。试导出 323.2K 达气-液平衡时苯和甲苯所形成混合物上方蒸气总压 p 分别与液相组成(x_A)、气相组成(y_A)以及 y_A 和 x_A 间的关系式为

$$p/kPa = 23.89x_A + 12.28 \quad , \quad p/kPa = \frac{444.17}{36.17 - 23.89y_A}$$

$$y_A = \frac{2.946x_A/(1-x_A)}{1 + 2.946x_A/(1-x_A)}$$

4-11　空气中含氧 21%，氮 78%（体积百分数），试求 293K0.1kg 水中溶解的氧气和氮气的质量。已知 293K 氧气和氮在水中的 Henry 常数分别为 $K_{O_2} = 393.29 \times 10^7$Pa 和 $K_{N_2} = 766.59 \times 10^7$Pa，水面上方空气的平衡压力为 101.3kPa。

4-12　某油田采用注水采油，对水质的要求之一是含氧量不超过 $10^{-3} kg \cdot m^{-3}$。若水温为 293K，氧在水中的 Henry 常数为 393.29×10^7Pa，空气中氧分压为 $0.21p^\ominus$。

① 由计算说明用此水做油井用水，水质是否合格？

② 若不合格，应采用真空脱氧净化。若脱氧装置中气相含氧量为 35%（体积百分数），其压力最高不应超过多大？

4-13　300K 时从大量等物质的量的 $C_2H_4Br_2$ 和 $C_3H_6Br_2$ 的理想液体混合物中分离出 1mol 纯 $C_2H_4Br_2$，求分离过程的 ΔG_1。若混合物中各含 2mol$C_2H_4Br_2$ 和 $C_3H_6Br_2$，从中分离出 1mol 纯 $C_2H_4Br_2$，其过程的 ΔG_2 又为多少？

4-14 CCl_4 和 $SnCl_4$ 形成理想的液体混合物。373K 时纯 CCl_4 和 $SnCl_4$ 的蒸气压分别为 193.3kPa 和 66.66kPa。

(1) 若 373K、$p^{\ominus}$ 下该液体混合物沸腾，求此混合物的组成。

(2) 求开始沸腾时第一个气泡的组成（用物质的量分数表示）。

(3) 若溶液全部汽化，求最后一滴残液的组成。

4-15 293K 乙醚的蒸气压为 58.95kPa。今在 0.10kg 乙醚中溶入某不挥发性有机物 0.01kg，乙醚的蒸气压降低到 56.79kPa。求该有机物的摩尔质量。

4-16 现用空气饱和法测定 CS_2 的蒸气压。在 288K、标准大气压下，将 $2dm^3$ 空气缓慢通过盛 CS_2 的容器，逸出气体为饱和了 CS_2 的空气。全部空气通过后，容器质量减少了 3.011g。试计算 288K 时 CS_2 的饱和蒸气压。

4-17 ① 人类血浆的凝固点为 272.65K（−0.5℃），求 310.15K（37℃）时血浆的渗透压。

② 若血浆的渗透压在 310.15K（37℃）时为 729.54kPa，计算葡萄糖等渗溶液的质量摩尔浓度（设血浆密度为 $1\times10^3 kg\cdot m^{-3}$）。

4-18 某含不挥发性溶质的水溶液在 271.7K 时凝固，求该溶液的：

① 正常沸点 T_b；

② 298.15K 时的蒸气压（此温度下水的饱和蒸气压 $p^*_{H_2O}=3.167kPa$）；

③ 298.15K 时的渗透压。

4-19 273K、压力为 $p^{\ominus}$ 的氧气在水中的溶解度为 44.90ml/kg 水，同样条件下氮气在水中的溶解度为 23.50ml/kg 水。若水中只溶解有空气且达饱和，求水的凝固点降低 ΔT_f。

4-20 25g 水中溶有 0.771g 乙酸后，溶液的凝固点下降了 0.973℃。20g 苯中溶有 0.611g 乙酸后，溶液的凝固点降低了 1.254℃。已知水的 $K_f=1.86K\cdot kg\cdot mol^{-1}$，苯的 $K_f=5.12K\cdot kg\cdot mol^{-1}$，计算乙酸在两种溶剂中的摩尔质量。计算结果说明了什么？

4-21 难溶盐 B 在温度 T_1、T_2 时的溶解度分别为 $m_{B,1}$ 和 $m_{B,2}$，证明以下关系式

$$\ln\frac{m_{B,2}}{m_{B,1}}=\frac{\Delta_{sol}H_m}{R}\left(\frac{1}{T_1}-\frac{1}{T_2}\right)$$

其中 $\Delta_{sol}H_m$ 为难溶盐的摩尔溶解焓，温度在 $T_1\sim T_2$ 范围内可视为常数。

4-22 288.2K 1mol NaOH 溶在 4.559mol H_2O 中，所得溶液上方的蒸气压为 596.5Pa，同温度下纯水的饱和蒸气压为 1705Pa。以纯液体水为标准态，求：

① 溶液中水的活度和活度系数；

② 在溶液中和纯水中，水的化学势相差多少？

4-23 300K 纯液体 A 的蒸气压 $p_A^*=37.33kPa$，纯液体 B 的蒸气压 $p_B^*=22.66kPa$，含 2mol A 和 2mol B 的溶液达平衡时气相蒸气压为 50.66kPa，气相中 A 的量分数 $y_A=0.60$。若以纯液体为标准态，求：

① 溶液中 A 和 B 的活度和活度系数；

② 混合过程的 $\Delta_{mix}^{re}G$；

③ 若溶液是理想的，则 $\Delta_{mix}^{id}G$ 又为多少？

4-24 对于恒 T 恒 p 下的二组分非理想液体混合物，证明

$$x_1 d\ln\gamma_1+x_2 d\ln\gamma_2=0$$

式中，γ_1 和 γ_2 分别为两个组分的活度系数。

4-25 298K 时 Zn (B) 在汞 (A) 齐中的活度系数服从公式 $\gamma_B=1-3.92x_B$，求：

(1) 汞齐中 Zn 的物质的量分数为 $x_B=0.06$ 时 Zn 的活度系数 γ_B 和活度 a_B；

(2) 当 $x_B=0.06$ 时，求汞齐中汞的活度系数 γ_A 和活度 a_A。

综合习题

4-26 液体 A 和液体 B 形成理想液体混合物，t℃时纯 A 和纯 B 的蒸气压分别为 $p_A^*=0.4p^{\ominus}$ 和 $p_B^*=1.20p^{\ominus}$。把组成为 $y_A=0.40$ 的气相混合物放入带活塞的汽缸中，在 t℃下进行恒温压缩，求：

① 刚开始出现的液滴组成和气相总压；

② 若A和B形成的混合物在外压为 $p^{\ominus}$ 时沸腾，求此溶液的组成。

4-27　将含不挥发有机物溶质的水溶液和NaCl水溶液同置于一恒温密闭容器内，达平衡后分析两溶液，有机物溶液中含水94.4%，NaCl溶液中含水99%，计算该有机物的摩尔质量。设以上溶液可视为理想稀溶液。

4-28　由下列数据用三种不同的方法求 CS_2 的摩尔沸点升高常数 K_b。

① 3.20×10^{-3}kg 萘（$C_{10}H_8$）溶于 5.0×10^{-2}kg CS_2 中，溶液的沸点较纯溶剂升高1.17K。

② 由 CS_2 的蒸气压-温度数据知319.4K(正常沸点）和 $p^{\ominus}$ 下，蒸气压随温度的变化率 $\left(\frac{dp}{dT}\right)=3293Pa\cdot K^{-1}$。

③ 1×10^{-3}kg 的 CS_2 在沸点319.4K时的汽化焓为351.9J。

4-29　丙酮（A）和甲醇（B）形成非理想的液体混合物。当外压为 $p^{\ominus}$ 时混合物在57.2℃沸腾，此时液相组成为 $x_A=0.40$，气相组成为 $y_A=0.516$。已知57.2℃时丙酮和甲醇的饱和蒸气压分别为 $p_A^*=104.80kPa$，$p_B^*=73.46kPa$。

(1) 以纯液体为标准态，求此混合物中丙酮和甲醇的活度系数 γ_A 和 γ_B。

(2) 若丙酮和甲醇的活度系数与液相组成间满足关系式

$$\ln\gamma_A=[M+2(N-M)x_A]x_B^2$$

$$\ln\gamma_B=[N+2(M-N)x_B]x_A^2$$

求：① 关系式中的常数 M 和 N；

② $x_A=0.80$ 的混合物中丙酮和甲醇的活度。

4-30　由A和B形成的二组分非理想液体混合物满足式 $a_B=x_B(1+x_B)^2$，以纯液体为标准态，求 a_A 与液相组成 x_A 或 x_B 的关系式。

4-31　乙酸（A）和苯（B）组成的二组分溶液在323K达气-液平衡，气相分压与液相组成的数据为

x_A	0	0.0835	0.2973	0.6604	0.9931	1.00
p_A/kPa	—	1.535	3.306	5.36	7.29	7.333
p_B/kPa	35.20	33.28	28.16	18.01	0.466	—

① 以纯液体为标准态，求 $x_A=0.6604$ 的混合物中各组分的活度和活度系数。

② 以服从Henry定律的假想纯态为标准态，求混合物中B组分的 a_B 和 γ_B。

③ 以纯液体为标准态，求323K时形成 $x_A=0.6604$ 混合物的 $\Delta_{mix}G_m$ 和 G_m^E。

4-32　A、B两液体混合物为非理想的混合物，318K下组成为 $x_A=0.3$ 的溶液达气-液平衡，蒸气总压为24.4kPa，气相组成为 $y_A=0.634$，在此温度下 $p_A^*=23.06kPa$，$p_B^*=10.05kPa$。求：

① 溶液中A和B的活度和活度系数；

② 形成1mol该溶液时的 $\Delta_{mix}G_m$；

③ 该溶液对Raoult定律产生正偏差或负偏差？

4-33　已知金属Cd的熔点为1038K，$\Delta_{fus}H_m^{\ominus}=6.109kJ\cdot mol^{-1}$，金属Cd与Pb在固态完全不溶。今有Cd-Pb液态合金，其中 $x_{Cd}=0.8$，在1046K及 $p^{\ominus}$ 下，测得 $H_{Cd,m}-H_m^*(Cd,l)=200J\cdot mol^{-1}$，$S_{Cd,m}-S_m^*(Cd,l)=0.54J\cdot K^{-1}\cdot mol^{-1}$。

① 以纯液体Cd为标准态，求该合金中Cd的活度和活度系数。

② 求该合金的凝固点。

4-34　293K时压力为101.325kPa的 CO_2 气在水中的溶解度为1.7g/kg水。若在293K用能承受 $2p^{\ominus}$ 压力的瓶子充装含 CO_2 气的饮料，要求能在313K下安全放置，充装时 CO_2 气的压力最大应控制为多少？已知在此温度范围内 CO_2 气在无限稀的水溶液中的摩尔溶解焓为 $\Delta_{sol}H_m^{\infty}=-20.23kJ\cdot mol^{-1}$，溶质 CO_2 服从Henry定律。

4-35　1000K、$p^{\ominus}$ 下，将物质的量 $n_A=5000mol$ 的金属A与物质的量 $n_B=40mol$ 的金属B混合形成液态合金，溶液的Gibbs函数与温度及物质的量关系为

$$G/J=n_AG_M(A)/J+n_BG_m(B)/J-[0.05774(n_A/mol)^2+7.950(n_B/mol)^3+2.385T/K]$$

① 以纯液体 B 为标准态，求金属合金中 B 的活度 $a_{B(x)}$ 和活度系数 $\gamma_{B(x)}$。

② 若将此合金与炉渣混合，炉渣可视为理想液体混合物，其中 $x_B=0.001$。通过计算说明，这种炉渣能否将金属合金中的 B 除去一部分？

4-36 CS_2 的沸点升高常数为 $2.4K\cdot kg\cdot mol^{-1}$，1.55g P_4 溶于 100g CS_2 中形成稀溶液。

① 该稀溶液的沸点升高 ΔT_b 为多少？

② 在上述溶液中加入 1.27g I_2，设 I_2 不与 P_4 作用，求溶液的沸点升高 ΔT_b。

③ 设所加入的 I_2 全部均与 P_4 化合为 P_4I_8，求溶液的 ΔT_b。

④ 全部 I_2 与 P_4 化合为 P_2I_4，求溶液的 ΔT_b。

⑤ 全部 I_2 与 P_4 化合为 PI_2，求溶液的 ΔT_b。

自我检查题

一、选择题

1. 高温高压下，范德华状态方程式可以简化为________。

(A) $pV_m=RT+bp$　　(B) $pV_m=RT-\dfrac{a}{V_m}$

(C) $pV_m=RT-a$　　(D) $pV_m=RT+b$

2. 对于物质临界状态的描述，下述说法中哪一个是不恰当的________。

(A) 各种物质有各自的临界参数

(B) 临界状态下液体的密度和饱和蒸气的密度不同

(C) 临界状态下有 $\left(\dfrac{\partial p}{\partial V}\right)_{T_c}=0$ 和 $\left(\dfrac{\partial^2 p}{\partial V^2}\right)_{T_c}=0$

(D) 临界温度下，压力高于临界压力，物质总处于液态

3. A、B 形成理想液体混合物。某温度下纯 A 的蒸气压为 100kPa，纯 B 的蒸气压为 50kPa，当液体混合物中 $x_A=0.5$ 时，平衡气相中 A 的物质的量分数 y_A ________。

(A) 1　　(B) 0.5　　(C) 0.667　　(D) 0.333

4. Henry 定律可以写为 $p_B=K_{(x)}x_B$，$p_B=K_{(m)}m_B$，$p_B=K_{(c)}c_B$，Henry 常数 $K_{(x)}$、$K_{(m)}$ 和 $K_{(c)}$ 间的关系为________。

(A) $K_{(x)}=K_{(m)}=K_{(c)}$　　(B) $M_BK_{(x)}=K_{(m)}=\rho K_{(c)}$

(C) $K_{(x)}=\dfrac{K_{(m)}}{M_A}=\dfrac{\rho}{M_A}K_{(c)}$　　(D) $K_{(x)}=M_AK_{(m)}=\dfrac{\rho}{M_B}K_{(c)}$

5. 关于理想液体混合物，下列表述中哪个是不恰当的________。

(A) 任一组分在全部浓度范围内遵从 Raoult 定律

(B) Raoult 定律和 Henry 定律是等同的

(C) 混合物中分子间作用力可以忽略

(D) 任一组分的化学势可表示为 $\mu_B=\mu_B^{\ominus}(T)+RT\ln x_B+\int_{p^{\ominus}}^{p}V_m^*(B)\mathrm{d}p$

6. 298K、标准大气压 $p^{\ominus}$ 下，液体 A 和 B 形成理想液体混合物，混合热力学函数为________。

(A) $\Delta_{mix}V=0$，$\Delta_{mix}H=0$，$\Delta_{mix}S=0$，$\Delta_{mix}G=0$

(B) $\Delta_{mix}V=0$，$\Delta_{mix}H=0$，$\Delta_{mix}S<0$，$\Delta_{mix}G>0$

(C) $\Delta_{mix}V=0$，$\Delta_{mix}H=0$，$\Delta_{mix}S>0$，$\Delta_{mix}G<0$

(D) $\Delta_{mix}V>0$，$\Delta_{mix}H<0$，$\Delta_{mix}S=0$，$\Delta_{mix}G=0$

7. 稀溶液中溶质 B 的浓度标度为 m_B 时，其标准态为________。

(A) T、$p^{\ominus}$ 下纯 B 的液态

(B) T、压力为 $p^{\ominus}$，$m_B=1mol\cdot kg^{-1}$ 且服从 Henry 定律的假想态

(C) T、压力为 $p^{\ominus}$，服从 Henry 定律假想纯 B 液态

(D) T、压力为 $p^{\ominus}$，无限稀时 B 的状态

8. 下图中关于水凝固点的描述，哪一个是错误的________。

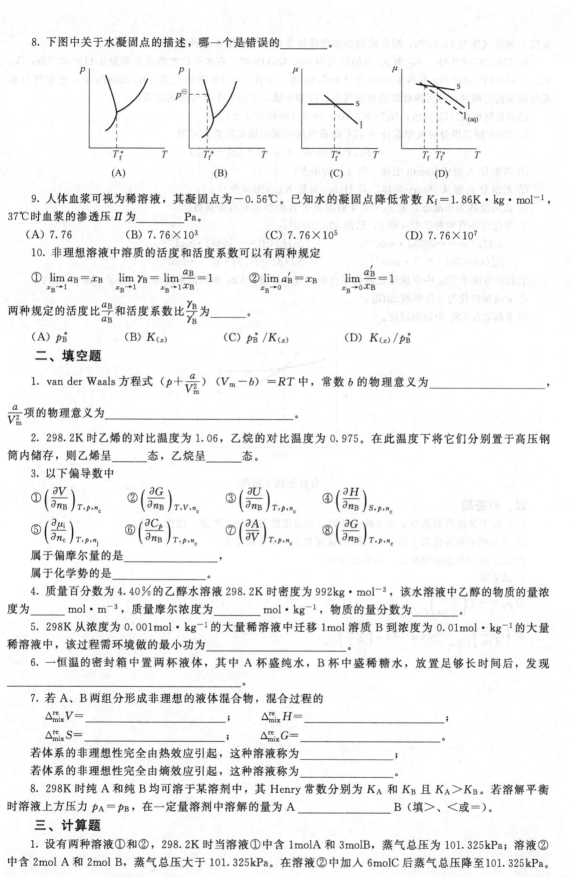

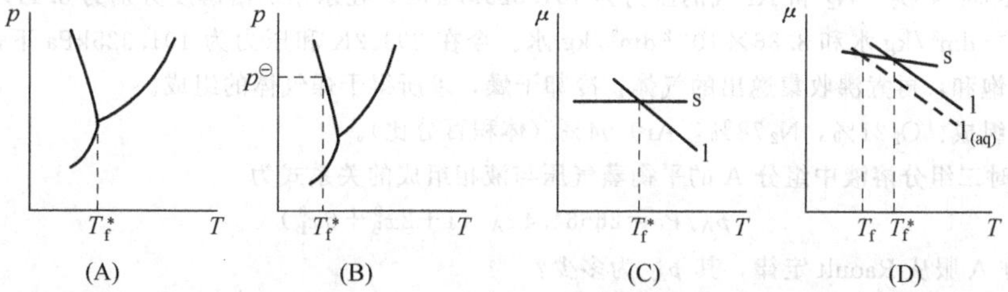

9. 人体血浆可视为稀溶液，其凝固点为-0.56℃。已知水的凝固点降低常数$K_f=1.86\text{K}\cdot\text{kg}\cdot\text{mol}^{-1}$，37℃时血浆的渗透压$\Pi$为________Pa。

（A）7.76　　（B）7.76×10^3　　（C）7.76×10^5　　（D）7.76×10^7

10. 非理想溶液中溶质的活度和活度系数可以有两种规定

① $\lim\limits_{x_B\to1}a_B=x_B$　$\lim\limits_{x_B\to1}\gamma_B=\lim\limits_{x_B\to1}\dfrac{a_B}{x_B}=1$　② $\lim\limits_{x_B\to0}a_B'=x_B$　$\lim\limits_{x_B\to0}\dfrac{a_B'}{x_B}=1$

两种规定的活度比$\dfrac{a_B}{a_B'}$和活度系数比$\dfrac{\gamma_B}{\gamma_B'}$为______。

（A）p_B^*　　（B）$K_{(x)}$　　（C）$p_B^*/K_{(x)}$　　（D）$K_{(x)}/p_B^*$

二、填空题

1. van der Waals 方程式$\left(p+\dfrac{a}{V_m^2}\right)(V_m-b)=RT$中，常数$b$的物理意义为________________，$\dfrac{a}{V_m^2}$项的物理意义为________________。

2. 298.2K时乙烯的对比温度为1.06，乙烷的对比温度为0.975。在此温度下将它们分别置于高压钢筒内储存，则乙烯呈______态，乙烷呈______态。

3. 以下偏导数中

① $\left(\dfrac{\partial V}{\partial n_B}\right)_{T,p,n_c}$　② $\left(\dfrac{\partial G}{\partial n_B}\right)_{T,V,n_c}$　③ $\left(\dfrac{\partial U}{\partial n_B}\right)_{T,p,n_c}$　④ $\left(\dfrac{\partial H}{\partial n_B}\right)_{S,p,n_c}$

⑤ $\left(\dfrac{\partial \mu_i}{\partial n_c}\right)_{T,p,n_j}$　⑥ $\left(\dfrac{\partial C_p}{\partial n_B}\right)_{T,p,n_c}$　⑦ $\left(\dfrac{\partial A}{\partial V}\right)_{T,p,n_c}$　⑧ $\left(\dfrac{\partial G}{\partial n_B}\right)_{T,p,n_c}$

属于偏摩尔量的是______________，

属于化学势的是______________。

4. 质量百分数为4.40%的乙醇水溶液298.2K时密度为$992\text{kg}\cdot\text{mol}^{-3}$，该水溶液中乙醇的物质的量浓度为______$\text{mol}\cdot\text{m}^{-3}$，质量摩尔浓度为________$\text{mol}\cdot\text{kg}^{-1}$，物质的量分数为________。

5. 298K从浓度为$0.001\text{mol}\cdot\text{kg}^{-1}$的大量稀溶液中迁移1mol溶质B到浓度为$0.01\text{mol}\cdot\text{kg}^{-1}$的大量稀溶液中，该过程需环境做的最小功为________________。

6. 一恒温的密封箱中置两杯液体，其中A杯盛纯水，B杯中盛稀糖水，放置足够长时间后，发现________________________。

7. 若A、B两组分形成非理想的液体混合物，混合过程的

$\Delta_{mix}^{re}V=$________________；　$\Delta_{mix}^{re}H=$________________；

$\Delta_{mix}^{re}S=$________________；　$\Delta_{mix}^{re}G=$________________。

若体系的非理想性完全由热效应引起，这种溶液称为____________；

若体系的非理想性完全由熵效应引起，这种溶液称为____________。

8. 298K时纯A和纯B均可溶于某溶剂中，其Henry常数分别为K_A和K_B且$K_A>K_B$。若溶解平衡时溶液上方压力$p_A=p_B$，在一定量溶剂中溶解的量为A____________B（填>、<或=）。

三、计算题

1. 设有两种溶液①和②，298.2K时当溶液①中含1molA和3molB，蒸气总压为101.325kPa；溶液②中含2mol A和2mol B，蒸气总压大于101.325kPa。在溶液②中加入6molC后蒸气总压降至101.325kPa。

设纯C的蒸气压为81.0kPa，混合物均为理想液体混合物，求纯A和纯B的饱和蒸气压。

2. 293.2K时当O_2、N_2和Ar气的压力为101.325kPa时，在水中的溶解度分别为$3.11\times10^{-2}dm^3/kg$水、$1.57\times10^{-2}dm^3/kg$水和$3.36\times10^{-2}dm^3/kg$水。今在293.2K和压力为101.325kPa下，让空气与水充分振荡使之饱和，再煮沸收集逸出的气体，冷却干燥，求所得干燥气体的组成。

已知空气组成：$O_2$21%，$N_2$78%，Ar0.94%（体积百分比）。

3. 298K时二组分溶液中组分A的平衡蒸气压与液相组成的关系式为

$$p_A/Pa=26664.4x_A\ (1+2x_B^2+6x_B^3)$$

① 若组分A服从Raoult定律，其p_A^*为多少？

② 若组分A服从Henry定律，其Henry常数$K_{A(x)}$为多少？

③ 以纯液体为标准态，求$x_A=0.4$的溶液中A的活度和活度系数。

4. 某化合物有两种晶型α和β，已知298.2K时

$\Delta_f H_m^{\ominus}(\alpha)=-200kJ\cdot mol^{-1}$　　$\Delta_f H_m^{\ominus}(\beta)=-198kJ\cdot mol^{-1}$

$S_m^{\ominus}(\alpha)=70J\cdot K^{-1}\cdot mol^{-1}$　　$S_m^{\ominus}(\beta)=71.5J\cdot K^{-1}\cdot mol^{-1}$

它们均可溶于CS_2中形成理想液体混合物，且α晶型在CS_2中的溶解度为$10.0mol\cdot kg^{-1}$，求：

① α晶型转化为β晶型的$\Delta_r G_m^{\ominus}$；

② β晶型在CS_2中的溶解度。

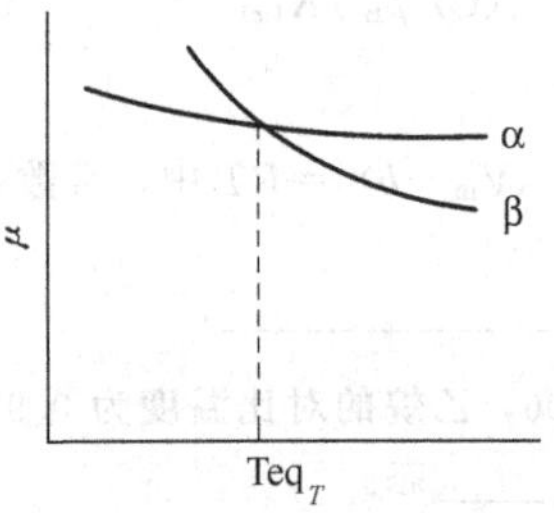

自检题四1题图

四、问答题

1. 恒压下某物质两晶型α和β的化学势μ与温度的关系如上图示，由图说明：

① 当α相平衡转化为β相时，过程的熵变是正、是负或是零？

② 以上过程的相变焓是正、是负或是零？

2. 试证明

① $\mu_B=-T\left(\dfrac{\partial S}{\partial n_B}\right)_{V,U,n_c}$；

② $\left(\dfrac{\partial S}{\partial n_B}\right)_{T,V,n_c}=S_{B,m}-V_{B,m}\left(\dfrac{\partial p}{\partial T}\right)_{V,n}$。

第 5 章 相　平　衡
The Phase Equilibrium

在前面各章中，我们详细介绍了热力学和统计热力学的基本原理及研究方法。总的说来，热力学是研究平衡体系的宏观性质及其变化的相互关系的，不涉及体系状态变化过程的速率和机理。热力学研究的平衡，主要包括热平衡、相平衡、化学平衡和电化学平衡。热平衡即过程热效应问题已在第 1 章中做了介绍。下面各章就是用热力学基本原理来讨论相平衡、化学平衡及电化学平衡。化学平衡将在下一章介绍，电化学平衡在下册电化学一章介绍，本章讨论有关相平衡问题。

多相体系平衡问题的讨论具有重要意义。我们知道，化工生产对原材料和产品都有一 定的纯度要求，因此，常常需要对原材料和产品进行必要的分离提纯。最常用的分离提纯方法就是结晶、精馏、萃取、吸收等，它们都涉及到多相体系的相变化及相平衡问题。因此，掌握相平衡及其基本规律，了解多相平衡在一定条件下相变化的方向和限度以及对平衡产率进行定量计算，对于判断分离效果、选择分离提纯方法、确定工艺操作条件，甚至对于分离设备的设计都是非常重要的。因此，相平衡的基本规律是化工生产过程中各种分离提纯的理论基础。

相平衡的研究方法可以采用函数法，即根据热力学基本关系式推导出体系的温度、压力与各相组成的定量关系，对于一般的理想体系，这种关系式容易获得，但是对于非理想的复杂体系，这种关系式很难找到；另一种方法是将实验测得的多相平衡体系的温度、压力及各相组成的关系用图形表示出来，这种图形称为相图（phase diagram)。由于相图可以直接由实验数据绘制，用相图对多相平衡体系的相平衡和相变化进行分析，形象方便，因此，它成为研究多相平衡体系的重要工具。本章将介绍一些基本的典型相图，它们是构成其他较为复杂相图的基础。通过对相图的分析，掌握相平衡及相变化的基本规律，学会利用相图设计分离提纯的工艺路线及确定最佳的操作条件。

相图种数繁多、各式各样，但是，它们都必须遵守共同的热力学规律——相律（phase rule)。相律是研究多相平衡体系中相数、独立组分数与自由度之间关系的规律，它是多相平衡体系共同遵守的最基本的热力学规律。

5.1　相、组分、自由度
Phase、Component、Degree of Freedom

5.1.1　相

在体系内物理性质和化学性质完全相同的均匀部分称为一个相（phase)。这种均匀部分的种类数称为相数，用符号“Φ”表示。只有一个相的体系称为均相体系（homogeneous system)，有两个或两个以上的相的体系称为多相体系（heterogeneous system)。对于多相体系，相与相之间有明显的宏观界面，从一个相穿过界面进入另一个相，在相界面处物理性质和化学性质将发生突变。

气体在通常情况下可以以任何比例均匀混合，所以气体内无论有多少种物质总是一个相。液体视其相互溶解程度可以是一个相或两个、两个以上的相共存于一个平衡体系内。例如水和乙醇能以任意比例完全互溶，因此，水和乙醇体系是一个相；而水和苯酚不能以任意比例互溶，因此，水和苯酚体系可能形成两个液相。固体一般是一种固体物质构成一个相，如 NaCl(s) 和 $BaCl_2$(s) 放在一起，无论怎样研磨混合均匀，也不能称为一个相，而是两个相。但是固体溶液（solid solution）是一个相，例如合金，其中粒子是呈分子分散状态且均匀分布，与液态溶液完全相同。

5.1.2 独立组分（组分）

一个多相平衡体系往往是由若干种物质构成的。足以确定一个多相平衡体系中各相组成所需要的最少的独立物种称为独立组分（independent component），简称为组分。独立组分的数目称为独立组分数（或组分数），用符号“C”表示。独立组分数 C 与体系内的化学物质种类数 S 常常是不相同的。它们之间的关系可用下面几个例子说明。

① 一个由水构成的体系，物种数目 $S=1$，体系内无化学平衡和其他浓度限制条件存在，构成这个体系最少的化学物质就是水，故独立组分数 $C=1$。

② 将乙醇溶于水构成的平衡体系，物种数 $S=2$，体系中无化学平衡和其他浓度限制条件，故体系的独立组分数 $C=2$ 。

③ 一个由任意量的 PCl_5(g)、PCl_3(g)、Cl_2(g) 构成的平衡体系，物种数 $S=3$，在此平衡体系中 PCl_5(g)、PCl_3(g)、Cl_2(g) 之间存在有一个化学平衡：

$$PCl_5(g) \rightleftharpoons PCl_3(g) + Cl_2(g)$$

在一定条件下三种气体的浓度之间必须满足平衡常数所确定的关系，即 $K_c=\frac{[PCl_3][Cl_2]}{[PCl_5]}$，这种化学平衡方程式的数目用“$R$”表示，$R=1$。只要任何两个物质的浓度确定后，第三个物质及其浓度也就确定了，因此，这个体系的独立组分数 $C=3-1=2$。

④ 由 PCl_5(g) 分解达到的平衡体系，体系内的物种数与③中一样，$S=3$，也存在一个化学平衡关系式，$R=1$。此外，PCl_5(g) 分解产生的这 PCl_3(g)和 Cl_2(g) 之间，它们的浓度相等，$[PCl_3]:[Cl_2]=1:1$，这个比例关系是平衡常数未能包含的，称为其他浓度限制条件数，用“R'”表示，$R'=1$。显然，只要有 PCl_5(g) 就能构成这个平衡体系，故该体系的独立组分数为 $C=3-1-1=1$。

由以上几个例子可以归纳出求算体系的独立组分数 C 的式子

$$C=S-R-R' \tag{5-1}$$

对式（5-1）做如下几点说明。

① R 必须是独立的化学平衡关系式的数目。例如一个包含有 C(石墨)、O_2(g)、CO(g)、CO_2(g) 的多相平衡体系，存在有以下几个化学平衡

（Ⅰ） $C(s)+O_2(g) \rightleftharpoons CO_2(g)$

（Ⅱ） $C(石墨)+\frac{1}{2}O_2(g) \rightleftharpoons CO(g)$

（Ⅲ） $CO(g)+\frac{1}{2}O_2(g) \rightleftharpoons CO_2(g)$

（Ⅳ） $C(石墨)+CO_2(g) \rightleftharpoons 2CO(g)$

但这几个化学平衡并不全都是独立的，显然，(Ⅲ)=(Ⅰ)－(Ⅱ)，(Ⅳ)=2(Ⅱ)－(Ⅰ)。根据代数原理，变量之间如果存在一个关系式，独立变量数目减少一个。因此，上面体系中独立的化学平衡关系式数目为 $R=2$。

② R'为与化学反应有关，但平衡常数未能包含的其他独立浓度限制条件数，如浓度限制和电中性条件，通常是在同一相中使用。例如，④中$[PCl_3]:[Cl_2]=1:1$，这是平常数$K_c=\frac{[PCl_3][Cl_2]}{[PCl_5]}$未能包含的其他浓度限制条件数。但在下面例子中$R'=0$。$CaCO_3(s)$分解达平衡

$$CaCO_3(s) \rightleftharpoons CaO(s)+CO_2(g)$$

这里$CaO(s)$和$CO_2(g)$的物质的量之比虽然也为$1:1$，但它们不在同一相中，构不成浓度比，故该体系中$S=3$，$R=1$，$R'=0$，$C=S-R-R'=2$。

③ 一个体系中物种数目S可能随人们考虑问题的方法不同而改变，但体系的独立组分数C却是一定的。如NaCl完全溶于水形成的平衡体系，可以认为体系内有NaCl和H_2O两种物种，但如果把NaCl解离所产生的Na^+和Cl^-视为化学物质，则体系内有三种物种，如果再把H_2O部分解离出来的H^+和OH^-视为化学物质，则体系有五种物种，但无论采用哪种考虑，该体系的独立组分数皆为2。

NaCl溶于水体系	S	R	R'	C
$NaCl+H_2O$	2	0	0	2
$Na^++Cl^-+H_2O$	3	0	1	2
$Na^++Cl^-+H^++OH^-+H_2O$	5	1	2	2

正是由于独立组分数不随人们考虑问题方法不同而改变，所以，在相图分类中，我们以组分数为准把体系分为单组分体系、二组分体系等。

5.1.3 自由度

确定平衡体系的状态所需要的独立可变的强度性质（指温度、压力及各相组成）称为自由度（degree of freedom）。自由度用“f”表示。所谓“独立”即指这些强度性质在一定范围内任意变化，不会引起体系内相的数目的变化，即不会引起旧相消失或新相产生。例如液态水，在一定范围内改变体系的温度T或压力p，可以保持水为单相（液相），因此，T、p就是体系的两个独立可变的强度性质，$f=2$。只有同时指定了T、p，体系的状态才能完全确定。但水和水蒸气平衡共存的体系，T和p中只有一个是可以独立变化的，一旦指定了温度T，其平衡压力p——水的蒸气压就确定了，不能任意改变；反之，若指定了平衡体系的压力p，则温度T就不能任意改变，否则会引起一个相消失或产生新相。因此，水和水蒸气平衡体系只有一个独立变量，$f=1$。

5.2 相　　律

Phase Rule

5.2.1 多相体系平衡的一般条件

一个热力学体系当体系的性质不随时间而改变时，则体系处于热力学平衡状态。所谓热力学平衡，实际上包含了四种可能的平衡，即热平衡、力学平衡、相平衡和化学平衡。下面，我们根据热力学判据来导出这四个平衡条件。

(1) 热平衡条件　设体系由α和β两相构成，两相的熵分别为S^α、S^β，温度分别为T^α、T^β，两相之间无绝热壁隔开，当体系的总内能U、体积V及各相组成不变时，有δQ的热量从α相传给了β相，则体系的总熵变为各相熵变之和

$$dS=dS^\alpha+dS^\beta=-\frac{\delta Q}{T^\alpha}+\frac{\delta Q}{T^\beta}$$

根据熵判断，对于孤立体系（U、V 不变），体系达平衡的条件是

$$dS=-\frac{\delta Q}{T^{\alpha}}+\frac{\delta Q}{T^{\beta}}=0$$

故

$$T^{\alpha}=T^{\beta}$$

即在无绝热壁隔开，体系达热平衡时两相的温度相等，这就是热平衡条件。

（2）力学平衡条件　一个已达热平衡的体系，设 α 相和 β 相的体积和亥姆霍兹函数分别为 V^{α}、V^{β}、A^{α}、A^{β}，α 相和 β 相之间无刚性壁隔开，在总体系的温度 T、体积 V 及各相组成不变的条件下，由于力学原因 α 相和 β 相的体积发生了微小的变化 $dV^{\alpha}=-dV^{\beta}$，体系的亥姆霍兹函数的改变为各相亥姆霍兹函数增量之和

$$dA=dA^{\alpha}+dA^{\beta}=-p^{\alpha}dV^{\alpha}-p^{\beta}dV^{\beta}$$

根据亥姆霍兹函数判据，在恒温、恒容、无非体积功时体系达平衡的条件是

$$dA=-p^{\alpha}dV^{\alpha}-p^{\beta}dV^{\beta}=0$$

因为

$$dV^{\alpha}=-dV^{\beta}$$

所以

$$p^{\alpha}=p^{\beta}$$

即在无刚性壁隔开，体系达平衡时两相的压力相等，这就是力学平衡条件。

（3）相平衡条件　设 α 相和 β 相中物质 B 的化学势分别为 μ_{B}^{α}、μ_{B}^{β}，物质的量分别为 n_{B}^{α}、n_{B}^{β}。在温度、压力不变时，有 dn_{B} 物质从 α 相转移到了 β 相，$-dn_{B}^{\alpha}=dn_{B}^{\beta}$，体系总的吉布斯函数的改变为各相吉布斯函数增量之和

$$dG=dG^{\alpha}+dG^{\beta}=\mu_{B}^{\alpha}dn_{B}^{\alpha}+\mu_{B}^{\beta}dn_{B}^{\beta}$$

根据吉布斯函数判据，在恒温、恒压、无非体积功时体系达平衡的条件是

$$dG=\mu_{B}^{\alpha}dn_{B}^{\alpha}+\mu_{B}^{\beta}dn_{B}^{\beta}=(\mu_{B}^{\beta}-\mu_{B}^{\alpha})\,dn_{B}^{\beta}=0$$

所以

$$\mu_{B}^{\beta}=\mu_{B}^{\alpha}$$

即体系达相平衡时物质 B 在两相的化学势相等。

（4）化学平衡条件　体系内如果有化学反应发生，体系达到化学平衡时有

$$\sum_{B}\nu_{B}\mu_{B}=0$$

即达化学平衡时，“化学势总和”不变。这个平衡条件在化学平衡一章中将详细讨论。

如果体系不止 α、β 两个相，而有 Φ 个相，体系达到多个相平衡时，由上述结论很容易得到下面的平衡条件。

$$\left.\begin{array}{ll}\text{达热平衡时} & T^{\alpha}=T^{\beta}=\cdots=T^{\Phi}\\ \text{达力学平衡时} & p^{\alpha}=p^{\beta}=\cdots=p^{\Phi}\\ \text{达相平衡时} & \mu_{B}^{\alpha}=\mu_{B}^{\beta}=\cdots=\mu_{B}^{\Phi}\\ \text{达化学平衡时} & \sum_{B}\nu_{B}\mu_{B}=0\end{array}\right\}\qquad(5\text{-}2)$$

式（5-2）中 B=1，2⋯，这就是多相平衡的条件。

5.2.2　Gibbs 相律推导

设一个多相平衡体系，共有 Φ 个相，S 种不同的化学物质。假定 S 种物质皆分布于 Φ 个相中，我们的问题是：能否确定这个多相平衡体系的独立的变量数（温度、压力及各相组成等强度变数）f 有多少？为此目的，我们可以采用下面的数学方法。首先，找出体系的总的变量数，然后，再找出这些变量之间存在的关联方程式的数目，因为变量之间存在一个关联方程式，独立的变量数就减少一个。所以，体系的独立变量数 f 为

$$f=\text{总变量数}-\text{关联方程式数}$$

首先求总变量数。根据假设，S 种化学物质分布于 Φ 个相中，一个相有 S 种物质，若用物质的量分数来表示各相组成（用质量百分数也可以），则在此相内各种化学物质的物质的量分数之和必为 1，即 $\sum_{B=1}^{S} x_B = 1$，存在一个关联式，因此在此相内独立的浓度变量数为（$S-1$），体系内共有 Φ 个相，故体系内总的独立的浓度变量数为 $\Phi(S-1)$。如果体系内无刚性绝热壁存在，各相温度、压力相等，因此，再加上温度和压力两个变量就是上述平衡体系的总变量数

$$\Phi(S-1)+2$$

下面，找出这些变量之间可能存在的关联方程式数目。对于第一种化学物质来说，根据假设，它分布在 Φ 个相中，达相平衡时，它在各相中的化学势相等，即 $\mu_1^{\alpha}=\mu_1^{\beta}=\cdots=\mu_1^{\Phi}$，这种相平衡确定的关联方程式共有（$\Phi-1$）个，第二种物质也存在同样的关联方程式。共有 S 种物质，故相平衡关联方程式共有 $S(\Phi-1)$ 个。此外，体系如果还存在一个独立的化学平衡关系式，独立变量数减少一个，有 R 个独立的化学平衡关系式，独立变量数减少 R 个。若还有化学平衡和相平衡没有包含了的其他浓度限制条件 R'，则独立变量数还要减 R' 个，故体系内变量之间的关联方程式数目为

$$S(\Phi-1)+R+R'$$

所以，体系的总的独立的强度变量数为

$$\begin{aligned} f &= [\Phi(S-1)+2]-[S(\Phi-1)+R+R'] \\ &= (S-R-R')-\Phi+2 \end{aligned}$$

由式(5-1)　$C=S-R-R'$　得

$$f=C-\Phi+2 \tag{5-3}$$

这就是吉布斯相律。

在相律的推导过程中，假设了 S 种化学物质分布在 Φ 个相中。如果不是这样，公式仍然成立。因为，如果某一相中少一种化学物质，则该相的浓度变量少一个，总变量数应扣除一个，相应地该物质在各相化学势相等的关系式也少一个，总结果不变。式（5-3）中的"2"是指温度和压力两个变量，如果在体系中还存在我们没有考虑到的变量数或没有考虑到的其他的限制条件（或关联方程式），公式必须进行校正。例如，有一 NaCl 水溶液与纯水达渗透平衡，这个平衡体系压力变量不是一个而是两个，故这个平衡体系的相律可表示为 $f=C-\Phi+3$。对于凝聚体系，外压对平衡影响不大，或者当指定压力不变时，可以不考虑压力这个变量，此时相律可表示为

$$f^*=C-\Phi+1 \tag{5-4}$$

f^* 常称为条件自由度。

式（5-3）没有考虑磁场、电场、重力场等外力场的影响。有的体系，除 T、p 以外，还受磁场、电场、重力场等的影响，此时可用"n"代替公式中的"2"，得到 Gibbs 相律最一般的表达形式。

$$f=C-\Phi+n \tag{5-5}$$

相律是最普遍的热力学规律之一，具有高度概括性，它是一个定性的规律，强调的是"数"的关系。例如对于水和水蒸气平衡共存的体系，根据相律：$C=1$，$\Phi=2$，$f=1-2+2=1$，即平衡体系有一个独立变量（T 或 p），又冰和水平衡共存体系，$C=1$，$\Phi=2$，$f=1-2+2=1$，体系也有一个独立变量。可见，对于单组分体系，当体系两相平衡共存时，相律指出体系有一个独立变量，但相律不能告诉我们这个独立变量是温度 T 还是压力 p；反之，对于水的单组分体系，若体系中存在有一个独立变量，$f=1$，相律告诉我们 $\Phi=C-$

$f+2=2$，体系可以两相平衡共存，但相律并不能告诉我们此时是哪两相平衡共存，可能是水和水蒸气平衡共存，也可能是冰和水平衡共存，还可能是冰和水蒸气平衡共存。

【例 5-1】 $NH_4Cl(s)$ 部分分解为 $NH_3(g)$ 和 $HCl(g)$ 达平衡，指出体系的相数、独立组成分数和自由度，若在体系中加入 $NH_3(g)$，则独立组分数和自由度又为多少？

［解］(1) $\Phi=2$ $S=3$ $R=1$ $R'=1$

$C=S-R-R'=1$ $f=C-\Phi+2=1$

(2) $\Phi=2$ $S=3$ $R=1$ $R'=0$

$C=S-R-R'=2$ $f=C-\Phi+2=2$

【例 5-2】 在 101.32kPa 下与 Na_2CO_3 水溶液及冰平衡共存的含水盐最多可有几种？

［解］ $S=2$ $R=0$ $R'=0$ $C=2$

由于指定了体系的压力，使用条件自由度

$$f^*=C-\Phi+1=3-\Phi$$

当 $f^*=3-\Phi=0$ 时 $\Phi_{max}=3$，即此时体系最多可有三相平衡共存，现已有溶液和冰（固）两个相，故最多还可能有一种含水盐（固相）。

5.3 单组分体系
One-Component System

单组分体系通常为纯物质构成的体系。对于单组分体系，$C=1$，根据相律 $f=1-\Phi+2=3-\Phi$，当 $f=0$ 时 $\Phi_{min}=3$，即单组分体系最多只能有三个相平衡共存。当 $\Phi_{min}=1$ 时 $f_{max}=2$，即单组分体系最多可有两个独立变量（T 和 p），因此，可用温度 T 和压力 p 两个变量为坐标绘制成平面图来表示单组分体系相平衡的状态。下面以水为例介绍单组分体系相图的绘制方法及基本特征。

5.3.1 单组分体系相图

5.3.1.1 水的相图

由实验数据绘制的水的相图如图 5-1 所示。曲线 OA 是水的蒸气压随温度变化的关系曲线，称为水的蒸发曲线，可由实验测定不同温度下水的蒸气压绘制出来，曲线上的一点表示水和水蒸气平衡共存的温度和压力。由图可见，水的蒸气压随温度升高而增大。曲线 OB 为冰与水蒸气平衡共存的温度压力关系曲线，称为冰的升华曲线，由图可见，随着温度升高，冰的蒸气压也增大。曲线 OC 为冰的融化曲线，曲线上的点表示冰与水平衡共存的温度和压力，由图可知，随着温度升高，平衡压力降低。这些曲线都代表了体系两相平衡共存，故在曲线上 $\Phi=2$，$f=3-2=1$，即体系处于这些曲线上代表的状态时只有一个自由度（T 或 p），当指定体系的温度后，其平衡压力就完全确定不能任意改变，反之亦然。OD 是线 AO 线的延长线，为水和水蒸气的介稳共存线，表示过冷水的蒸气压与温度的关系曲线。OD 线在 OB 线之上，其蒸气压比同温度处于稳定状态的冰的蒸气压高，因此过冷水是处于不稳定的状态。曲线 OB 理论上可延长到 0K。曲线 OC 不能无限向上延长，大约从 2.0×10^5 kPa 开始，相图变得比较复杂，在高压下有不同结构的冰生成。曲线 OA 也不能无限延长，当温度升高至 647K、压力为 2.21×10^4 kPa 时（图中 A 点）水和水蒸气的密度相同，所有热力学性质完全一样，气液界面消失，这一点称为临界点（critical point），各种物质都有自己的临界点，临界点的温度称为临界温度 T_c，压力称为临界压力 p_c，高于临界温度以上的气体加压不可能使气体液化。

曲线 OA、OB、OC 将相图分为三个区域Ⅰ、Ⅱ、Ⅲ，它们分别是液态水、水蒸气、固态冰稳定存在的单相区。设一体系处于 OA 曲线上一点 P（图 5-1），此时体系气-液两相平衡共存。若将体系在恒温下加压，体系不能维持气-液两相平衡，气体将液化为液体，气相消失，在图中体系进入区域Ⅰ，故区域Ⅰ为液体水稳定存在的单相区。反之，在 P 点恒温下降低体系压力，体系也不能维持气-液两相平衡共存，液体将蒸发为气体，在图中体系进入区域Ⅱ，故区域Ⅱ为水蒸气能稳定存在的单相区。区域Ⅲ则为固态冰稳定存在的单相区。根据相律，在单相区内 $f=3-1=2$，体系有两个自由度，即温度 T 压力 p 可在一定范围内任意改变，只有温度和压力同时确定后体系的状态才完全确定。

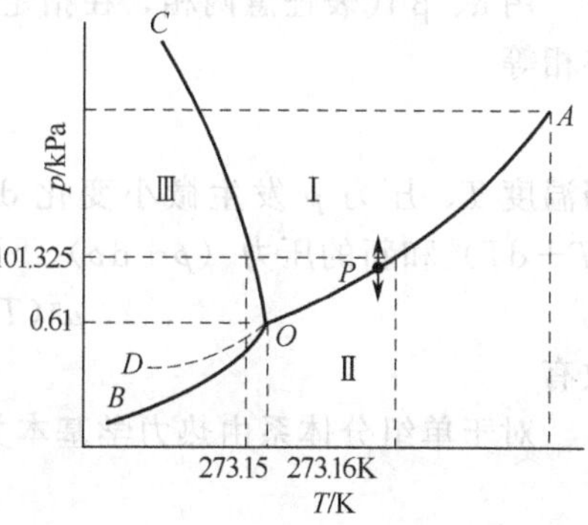

图 5-1　水的相图

三条曲线交于 O 点，在 O 点，水、冰、水蒸气三相平衡共存，此点称为三相点（triple point）。在三相点 $\Phi=3$，$f=3-3=0$，体系无变量，温度、压力皆不能任意改变，它们为体系本身性质所决定，水的三相点的温度为 273.16K（0.01℃），它是热力学温标的基准固定点。三相点的压力为 0.61062kPa。应该指出，水的三相点与通常说的水的冰点是不同的，后者是指在 101.325kPa 下被空气饱和了的水（此时体系已不是单组分体系）与冰平衡共存的温度，此时体系所受的压力为水蒸气与空气的总压力，由于压力的增加使水的凝固点降低了 0.00747K（可根据克拉贝龙公式求得），同时，由于水中溶入了空气而使水的凝固点又降低了 0.00242K（可由稀溶液凝固点降低公式求算），两种效应使水的冰点比水的三相点共降低了 0.00989≈0.01K，即水的冰点为 273.15K（0℃）。

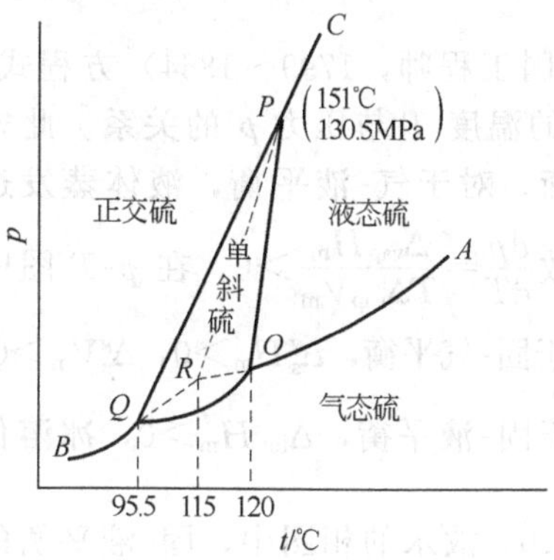

图 5-2　硫的相图

5.3.1.2　**硫的相图**

硫的相图如图 5-2 所示，它有四种不同的相态：单斜硫、正交硫、液态硫和气态硫，有三个稳定的三相点。根据相律，对于单组分体系 $f=1-\Phi+2=3-\Phi$，当 $f=0$ 时，$\Phi_{max}=3$，体系不可能出现四相平衡共存，即不可能出现 S(正交)⇌S(单斜)⇌S(液)⇌S(气)。如图 5-2 所示，正交硫在常温下稳定，单斜硫在较高温度下稳定。

O 点	S(单斜)⇌S(l)⇌S(g)	QP 线	S(正交)⇌S(单斜)
P 点	S(单斜)⇌S(正交)⇌S(l)	OQ 线	S(单斜)⇌S(g)
Q 点	S(正交)⇌S(单斜)⇌S(g)	OP 线	S(单斜)⇌S(l)
OA 线	S(l)⇌S(g)	PC 线	S(正交)⇌S(l)
BQ 线	S(正交)⇌S(g)		

三角形中虚线为介稳共存线，OR 线是 OA 曲线的延长线，为过冷液态硫的蒸气压曲线，S(l)⇌S(g)；QR 线是 BQ 的延长线，为过热正交硫的升华曲线；S(正交)⇌S(g)；PR 线是 CP 曲线的延长线，为过热正交硫的熔化曲线；S(正交)⇌S(l)。三条虚线交于 R 点，R 点为亚稳三相点，S(正交)⇌S(l)⇌S(g)。

5.3.2　单组分体系的两相平衡——克拉贝龙方程式

在单组分体系的 p-T 图（如水的相图）中。所有曲线皆表示两相平衡的温度和压力关系。下面根据热力学原理找出这些曲线所满足的方程式。

用 α、β 代表任意两相，在指定温度 T 和压力 p 下，两相达平衡的条件是各物质的化学势相等

$$\mu^{\alpha}(T,p)=\mu^{\beta}(T,p)$$

当温度 T、压力 p 发生微小变化 $\mathrm{d}T$、$\mathrm{d}p$ 时，化学势也会发生微小变化 $\mathrm{d}\mu$，在新的温度（$T+\mathrm{d}T$）和新的压力（$p+\mathrm{d}p$）下两相重新达平衡时有

$$\mu^{\alpha}(T,p)+\mathrm{d}\mu^{\alpha}=\mu^{\beta}(T,p)+\mathrm{d}\mu^{\beta}$$

故有

$$\mathrm{d}\mu^{\alpha}=\mathrm{d}\mu^{\beta}$$

对于单组分体系由热力学基本关系式

$$\mathrm{d}\mu=-S_{\mathrm{m}}\mathrm{d}T+V_{\mathrm{m}}\mathrm{d}p$$

代入上式得

$$-S^{\alpha}_{\mathrm{m}}+V^{\alpha}_{\mathrm{m}}\mathrm{d}p=-S^{\beta}_{\mathrm{m}}\mathrm{d}T+V^{\beta}_{\mathrm{m}}\mathrm{d}p$$

整理得

$$\frac{\mathrm{d}p}{\mathrm{d}T}=\frac{S^{\beta}_{\mathrm{m}}-S^{\alpha}_{\mathrm{m}}}{V^{\beta}_{\mathrm{m}}-V^{\alpha}_{\mathrm{m}}}=\frac{\Delta^{\beta}_{\alpha}S_{\mathrm{m}}}{\Delta^{\beta}_{\alpha}V_{\mathrm{m}}}$$

因体系处于两相平衡状态

$$\Delta^{\beta}_{\alpha}S_{\mathrm{m}}=\frac{\Delta^{\beta}_{\alpha}H_{\mathrm{m}}}{T}$$

故

$$\frac{\mathrm{d}p}{\mathrm{d}T}=\frac{\Delta^{\beta}_{\alpha}H_{\mathrm{m}}}{T\Delta^{\beta}_{\alpha}V_{\mathrm{m}}} \tag{5-6}$$

式（5-6）就是著名的克拉贝龙（Clapeyron. B. P. E，法国工程师，1799～1864）方程式。它指出了纯物质两相平衡共存的温度 T 与压力 p 的关系。此式适用于纯物质的任何两相平衡。对于气-液平衡，液体蒸发过程 $\Delta_{\mathrm{vap}}H_{\mathrm{m}}>0$、$\Delta_{\mathrm{vap}}V_{\mathrm{m}}>0$，故 $\frac{\mathrm{d}p}{\mathrm{d}T}=\frac{\Delta_{\mathrm{vap}}H_{\mathrm{m}}}{T\Delta_{\mathrm{vap}}V_{\mathrm{m}}}>0$，在 p-T 图中气-液平衡曲线的斜率为正；对于固-气平衡，$\Delta^{\mathrm{g}}_{\mathrm{s}}H_{\mathrm{m}}>0$，$\Delta^{\mathrm{g}}_{\mathrm{s}}V_{\mathrm{m}}>0$，$\frac{\mathrm{d}p}{\mathrm{d}T}>0$，曲线斜率也为正；对于固-液平衡，$\Delta_{\mathrm{fus}}H_{\mathrm{m}}>0$，冰溶化为水 $\Delta^{\mathrm{l}}_{\mathrm{s}}V_{\mathrm{m}}<0$，$\frac{\mathrm{d}p}{\mathrm{d}T}=\frac{\Delta_{\mathrm{fus}}H_{\mathrm{m}}}{T\Delta^{\mathrm{l}}_{\mathrm{s}}V_{\mathrm{m}}}<0$，故水的相图中，固-液平衡的曲线斜率为负，曲线向左倾斜，如图 5-1 中的曲线 OC。但是，绝大多数物质其固体熔化过程体积增大，$\Delta^{\mathrm{l}}_{\mathrm{s}}V_{\mathrm{m}}>0$，故 $\frac{\mathrm{d}p}{\mathrm{d}T}=\frac{\Delta_{\mathrm{fus}}H_{\mathrm{m}}}{T\Delta^{\mathrm{l}}_{\mathrm{s}}V_{\mathrm{m}}}>0$，固-液平衡曲线斜率为正，曲线向右倾斜，如硫的相图中曲线 PC，CO_2 相图（图 5-3）中曲线 CO。

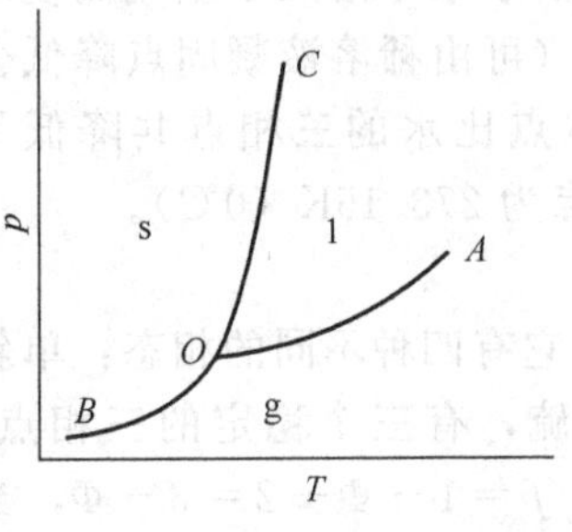

图 5-3　CO_2 的相图

对于有气相参加的两相平衡，如固-气平衡、气-液平衡，固体和液相的体积相对于气相可以忽略。例如气-液平衡，如将气体近似为理想气体则

$$\Delta^{\mathrm{g}}_{\mathrm{l}}V_{\mathrm{m}}=V_{\mathrm{m}}(\mathrm{g})-V_{\mathrm{m}}(\mathrm{l})\approx V_{\mathrm{m}}(\mathrm{g})=\frac{RT}{p}$$

于是克拉贝龙方程式可表示为

$$\frac{\mathrm{d}p}{\mathrm{d}T}=\frac{\Delta_{\mathrm{vap}}H_{\mathrm{m}}}{T\left(\frac{RT}{p}\right)}=\frac{p\Delta_{\mathrm{vap}}H_{\mathrm{m}}}{RT^{2}}$$

或

$$\frac{\mathrm{d}\ln p}{\mathrm{d}T}=\frac{\Delta_{\mathrm{vap}}H_{\mathrm{m}}}{RT^{2}} \tag{5-7}$$

式（5-7）称为克劳修斯-克拉贝龙方程式，式中 $\Delta_{vap}H_m$ 为液体的摩尔蒸发焓。假定 $\Delta_{vap}H_m$ 不随温度改变，或在温度变化不大时 $\Delta_{vap}H_m$ 近似视为常数，对式（5-7）取不定积分得

$$\ln p=-\frac{\Delta_{vap}H_m}{RT}+C' \tag{5-8}$$

由此式可见，$\ln p$ 与 $\frac{1}{T}$ 为一直线，若根据实验测得一系列不同温度下液体的蒸气压，用 $\ln p$ 对 $\frac{1}{T}$ 作图，则直线的斜率为 $-\frac{\Delta_{vap}H_m}{R}$，由此可以求出 $\Delta_{vap}H_m$，这是从实验测定液体摩尔蒸发焓的一种方法。对于固-气平衡，则可以测定出固体的摩尔升华焓。

式（5-7）取定积分，并设 $\Delta_{vap}H_m$ 为常数，得

$$\ln\frac{p_2}{p_1}=\frac{\Delta_{vap}H_m}{R}\left(\frac{1}{T_1}-\frac{1}{T_2}\right) \tag{5-9}$$

当 $\Delta_{vap}H_m$ 为已知时，利用式（5-9）可根据 T_1 温度下的蒸气压 p_1 求出 T_2 温度下的蒸气压 p_2 来。式（5-7）～式(5-9) 都称为克劳修斯-克拉贝龙方程式，它们适用于有一相为气相的单组分体系的两相平衡。

如果缺乏液体的蒸发焓的数据，可利用特鲁顿（Trouton）规则进行估算。特鲁顿规则指出，对于不发生缔合且液相也不电离的非极性的液体，摩尔蒸发焓 $\Delta_{vap}H_m$ 与正常沸点 T_b 满足下面近似关系。

$$\frac{\Delta_{vap}H_m}{T_b}\approx 88\text{J}\cdot\text{K}^{-1}\cdot\text{mol}^{-1} \tag{5-10}$$

液体的正常沸点 T_b 是指在 101.325kPa 下液体沸腾的温度。特鲁顿规则不适用于极性较强例如水和沸点较低（低于 150K）的液体。一些常见物质的摩尔汽化焓、摩尔熔化焓数据见附录表Ⅱ-7、表Ⅱ-8。

【例 5-3】 为防止苯乙烯在高温下聚合，常采用减压蒸馏来精制苯乙烯，已知苯乙烯的正常沸点为 145℃，$\Delta_{vap}H_m=40.31\text{kJ}\cdot\text{mol}^{-1}$，若在 45℃ 进行减压蒸馏，问减压塔的压力为多少？

［解］ 根据克劳修斯-克拉贝龙方程式

$$\ln\frac{p_2}{p_1}=\frac{\Delta_{vap}H_m}{R}\left(\frac{1}{T_1}-\frac{1}{T_2}\right)=\frac{40310\text{J}\cdot\text{mol}^{-1}}{8.314\text{J}\cdot\text{K}^{-1}\cdot\text{mol}^{-1}}\left(\frac{1}{418.15\text{K}}-\frac{1}{318.15\text{K}}\right)=-3.6445$$

解得

$$p_2=0.02613p_1=2.65\text{kPa}$$

即减压塔压力为 2.65kPa。

【例 5-4】 试估算正己烷在 50℃ 时的蒸气压，已知正己烷的正常沸点为 69℃。

［解］ 由特鲁顿规则可估算出正己烷的摩尔蒸发焓为

$$\Delta_{vap}H_m=88T_b=88\text{J}\cdot\text{K}^{-1}\cdot\text{mol}^{-1}\times 342.15\text{K}=30.11\text{kJ}\cdot\text{mol}^{-1}$$

由克劳修斯-克拉贝龙方程式

$$\ln\frac{p}{p_0}=\frac{\Delta_{vap}H_m}{R}\left(\frac{1}{T_0}-\frac{1}{T}\right)$$

即

$$\ln\frac{p}{101.325}=\frac{30110\text{J}\cdot\text{mol}^{-1}}{8.314\text{J}\cdot\text{K}^{-1}\cdot\text{mol}^{-1}}\left(\frac{1}{342.15\text{K}}-\frac{1}{323.15\text{K}}\right)=-0.6223$$

$$p=101.325\text{kPa}\times 0.5367=54.38\text{kPa}$$

*5.3.3 二级相变

上面讨论的相变化，在相变过程体积发生变化，有相变热和相变熵产生，$\Delta V\neq0$、$\Delta H\neq0$、$\Delta S\neq0$。例如水在101.325kPa、373.15K下蒸发为水蒸气时 $\Delta_{vap}V_m=30.62dm^3\cdot mol^{-1}$、$\Delta_{vap}H_m=40.66kJ\cdot mol^{-1}$、$\Delta_{vap}S_m=108.95J\cdot K^{-1}\cdot mol^{-1}$，即相变化过程 V、H、S 是不连续的，在相变温度发生突变。

由化学势的基本关系，在两相平衡转化温度下 $\mu_B^\alpha=\mu_B^\beta$，化学势的一阶偏微商

$$\left(\frac{\partial\mu_B^\beta}{\partial p}\right)_T-\left(\frac{\partial\mu_B^\alpha}{\partial p}\right)_T=V_B^\beta-V_B^\alpha\neq0 \qquad \left(\frac{\partial\mu_B^\beta}{\partial p}\right)_T\neq\left(\frac{\partial\mu_B^\alpha}{\partial p}\right)_T$$

$$\left(\frac{\partial\mu_B^\beta}{\partial T}\right)_p-\left(\frac{\partial\mu_B^\alpha}{\partial T}\right)_p=-(S_B^\beta-S_B^\alpha)\neq0 \qquad \left(\frac{\partial\mu_B^\beta}{\partial T}\right)_p\neq\left(\frac{\partial\mu_B^\alpha}{\partial T}\right)_p$$

$$\left[\frac{\partial\left(\frac{\mu_B^\beta}{T}\right)}{\partial T}\right]_p-\left[\frac{\partial\left(\frac{\mu_B^\alpha}{T}\right)}{\partial T}\right]_p=-\left(\frac{H_B^\beta}{T^2}-\frac{H_B^\alpha}{T^2}\right)\neq0 \qquad \left[\frac{\partial\left(\frac{\mu_B^\beta}{T}\right)}{\partial T}\right]_p\neq\left[\frac{\partial\left(\frac{\mu_B^\alpha}{T}\right)}{\partial T}\right]_p$$

即化学势的一阶偏微商的变化不等于零，一阶偏微商在相变过程是不连续的，这种相变过程称为一级相变（first order phase transition）。在一级相变中 $C_p=\left(\frac{\partial H}{\partial T}\right)_p\to\infty$，压力 p 与温度 T 之间的关系满足克拉贝龙方程式。图5-4表示出在一级相变化过程中化学势 μ、体积 V、熵 S、焓 H 及热容 C_p 与温度的关系。

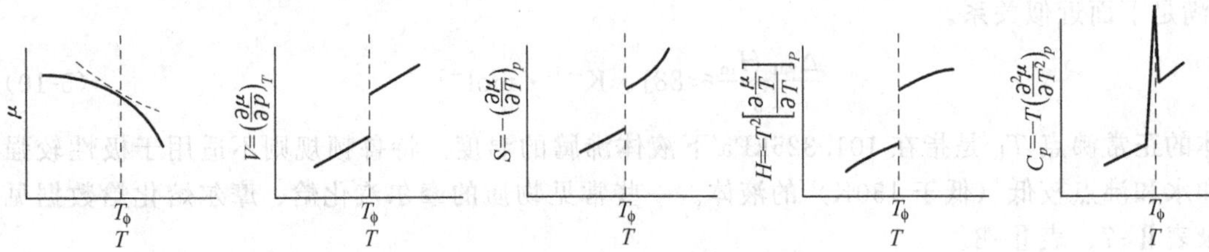

图5-4 一级相变化过程的热力学特征

实验还发现另一种相变化过程，在相变化过程中，化学势的一阶偏微商是连续的，相变过程体积不变、没有相变热和相变熵，即 $\Delta V=0$、$\Delta S=0$、$\Delta H=0$，但化学势的二阶偏微商不等于零。

$$\left(\frac{\partial\mu_B^\beta}{\partial p}\right)_T-\left(\frac{\partial\mu_B^\alpha}{\partial p}\right)_T=V_B^\beta-V_B^\alpha=0 \qquad \left(\frac{\partial\mu_B^\beta}{\partial p}\right)_T=\left(\frac{\partial\mu_B^\alpha}{\partial p}\right)_T$$

$$\left(\frac{\partial\mu_B^\beta}{\partial T}\right)_p-\left(\frac{\partial\mu_B^\alpha}{\partial T}\right)_p=-(S_B^\beta-S_B^\alpha)=0 \qquad \left(\frac{\partial\mu_B^\beta}{\partial T}\right)_p=\left(\frac{\partial\mu_B^\alpha}{\partial T}\right)_p$$

$$\left[\frac{\partial\left(\frac{\mu_B^\beta}{T}\right)}{\partial T}\right]_p-\left[\frac{\partial\left(\frac{\mu_B^\alpha}{T}\right)}{\partial T}\right]_p=-\left(\frac{H_B^\beta}{T^2}-\frac{H_B^\alpha}{T_2}\right)=0 \qquad \left[\frac{\partial\left(\frac{\mu_B^\beta}{T}\right)}{\partial T}\right]_p=\left[\frac{\partial\left(\frac{\mu_B^\alpha}{T}\right)}{\partial T}\right]_p$$

$$\left(\frac{\partial^2\mu}{\partial T^2}\right)_p=\frac{\partial}{\partial T}\left(\frac{\partial\mu}{\partial T}\right)_p=-\left(\frac{\partial S}{\partial T}\right)_p=-\frac{C_p}{T} \qquad C_{p,B}^\beta\neq C_{p,B}^\alpha$$

$$\frac{\partial}{\partial T}\left(\frac{\partial\mu}{\partial p}\right)_T=\left(\frac{\partial V}{\partial T}\right)_p=V\alpha \qquad \alpha_B^\alpha\neq\alpha_B^\beta$$

$$\left(\frac{\partial\mu}{\partial p^2}\right)_T=\left(\frac{\partial V}{\partial p}\right)_T=-V\kappa \qquad \kappa_B^\beta\neq\kappa_B^\alpha$$

式中，$\alpha=\dfrac{1}{V}\left(\dfrac{\partial V}{\partial T}\right)_p$ 为膨胀系数；$\kappa=-\dfrac{1}{V}\left(\dfrac{\partial V}{\partial T}\right)_T$ 为压缩系数。

这种在相变化过程中化学势的一阶偏微商是连续的，二阶偏微商不连续的相变化称为二级相变（second order phase transition）。图 5-5 示出了二级相变过程的热力学特征。

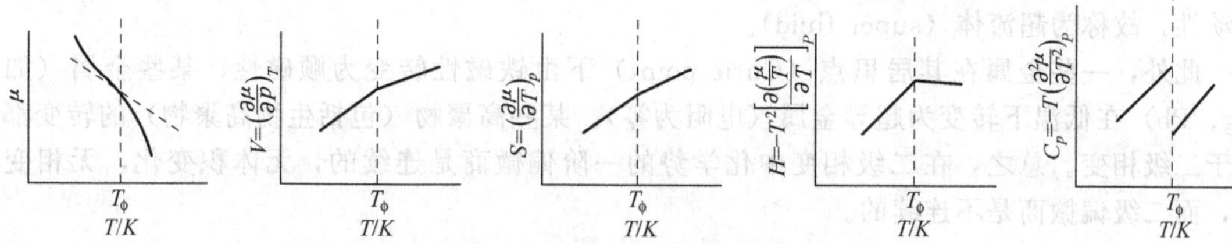

图 5-5　二级相变过程的热力学特征

在二级相变过程中克拉贝龙方程式没有意义，此时平衡体系的 p 与 T 的关系可由二级相变的特征导出。当两相在 p、T 达平衡时，$V_B^\alpha=V_B^\beta=V$，而在（$p+dp$）、（$T+dT$）达平衡时应有 $V_B^\alpha+dV_B^\alpha=V_B^\beta+dV_B^\beta$

即

$$dV_B^\alpha=dV_B^\beta$$

$$dV_B^\alpha=\left(\frac{\partial V_B^\alpha}{\partial T}\right)_p dT+\left(\frac{\partial V_B^\alpha}{\partial p}\right)_T dp=\alpha_B^\alpha V_B^\alpha dT-\kappa_B^\alpha V_B^\alpha dp$$

$$dV_B^\beta=\left(\frac{\partial V_B^\beta}{\partial T}\right)_p dT+\left(\frac{\partial V_B^\beta}{\partial p}\right)_T dp=\alpha_B^\beta V_B^\beta dT-\kappa_B^\beta V_B^\beta dp$$

故有

$$\frac{dp}{dT}=\frac{\alpha_B^\beta-\alpha_B^\alpha}{\kappa_B^\beta-\kappa_B^\alpha} \tag{5-11}$$

同理，有

$$dS_B^\alpha=dS_B^\beta$$

$$dS_B^\alpha=\left(\frac{\partial S_B^\alpha}{\partial T}\right)_p dT+\left(\frac{\partial S_B^\alpha}{\partial p}\right)_T dp=\frac{C_p^\alpha(B)}{T}dT-\alpha_B^\alpha V_B^\alpha dp$$

$$dS_B^\beta=\left(\frac{\partial S_B^\beta}{\partial T}\right)_p dT+\left(\frac{\partial S_B^\beta}{\partial p}\right)_T dp=\frac{C_p^\beta(B)}{T}dT-\alpha_B^\beta V_B^\beta dp$$

故有

$$\frac{dp}{dT}=\frac{C_p^\beta(B)-C_p^\alpha(B)}{TV(\alpha_B^\beta-\alpha_B^\alpha)} \tag{5-12}$$

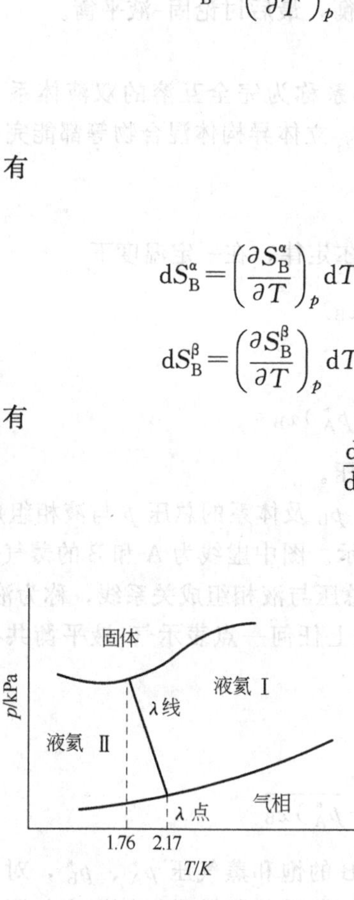

图 5-6　氦的相图

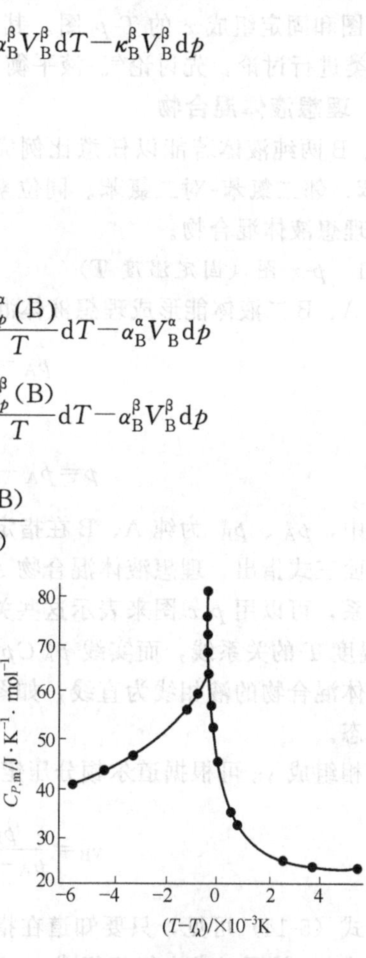

图 5-7　氦的 λ 曲线

式 (5-11)、式 (5-12) 称为埃伦菲斯 (Ehrenfest) 方程式，是二级相变的基本方程式。图 5-6 为氦的相图，液态氦 (Ⅰ) 和液态氦 (Ⅱ) 的转变属于二级相变，在 λ 点两个液相与气相平衡共存，热容 C_p 与温度 T 的关系曲线很像希腊字母"λ"(图 5-7)，因此，在 λ 点的相变又称 λ 相变 (λ transition)，在低于 T_λ 的温度，液态氦 (Ⅱ) 黏度几乎为零，有特殊的流动性，故称为超流体 (super fluid)。

此外，一些金属在其居里点 (Curie point) 下由铁磁性转变为顺磁性，某些金属 (如 Hg、Pb) 在低温下转变为超导金属 (电阻为零)。某些高聚物 (包括生物高聚物) 的转变都属于二级相变。总之，在二级相变中化学势的一阶偏微商是连续的，无体积变化，无相变熵，而二级偏微商是不连续的。

5.4 完全互溶二组分体系的气-液平衡
Liguid-Vapour Egilibrurm of Two Miscible Liquids System

二组分体系，$C=2$，$f=2-\Phi+2=4-\Phi$，当 $\Phi=1$ 时 $f_{\max}=3$，即体系最多可有三个自由度 (T、p、x)。所以应该用立体坐标来表示二组分体系的状态。为了方便起见，通常的办法是固定一个变量，而用平面图形讨论。这种平面图有固定温度 T 的 p-x 图、固定压力 p 的 T-x 图和固定组成 x 的 T-p 图。其中前两种图用得较多。二组分体系的相图类型很多，下面分类进行讨论，先讨论气-液平衡，再讨论液-液平衡，最后讨论固-液平衡。

5.4.1 理想液体混合物

A、B 两纯液体若能以任意比例完全互溶，这种体系称为完全互溶的双液体系，例如苯-甲苯、邻二氯苯-对二氯苯、同位素化合物的混合物、立体异构体混合物等都能完全互溶并形成理想液体混合物。

5.4.1.1 p-x 图 (固定温度 T)

当 A、B 二液体能形成理想液体混合物时，由拉乌尔定律，在一定温度下

$$p_A = p_A^* x_A = p_A^* (1-x_B)$$

$$p_B = p_B^* x_B$$

$$p = p_A + p_B = p_A^* + (p_B^* - p_A^*) x_B \tag{5-13}$$

式中，p_A^*、p_B^* 为纯 A、B 在指定温度的饱和蒸气压。

上面三式指出，理想液体混合物 A、B 的分压 p_A、p_B 及体系的总压 p 与液相组成 x 呈线性关系，可以用 p-x 图来表示这些关系，如图 5-8 所示。图中虚线为 A 和 B 的蒸气压 p_A、p_B 与温度 T 的关系线，而实线 $p_A^* C p_B^*$ 为体系的蒸气总压与液相组成关系线，称为液相线。理想液体混合物的液相线为直线，如图 5-8 所示，直线上任何一点表示气-液平衡共存时液相的状态。

气相组成 y_B 可根据道尔顿分压定律求出

$$y_B = \frac{p_B}{p_A + p_B} = \frac{p_B^* x_B}{p_A^* + (p_B^* - p_A^*) x_B} \tag{5-14}$$

从式 (5-14) 可见，只要知道在指定温度下纯 A、B 的饱和蒸气压 p_A^*、p_B^*，对应一个液相组成 x_B 就可以求出气相组成 y_B，将 p-y_B 绘于同一张图中即得到气相组成与压力的关

系曲线，称为气相线，如图 5-8 中曲线 $p_A^* D p_B^*$。从图可见，在 p-x 图中气相线在液相线下方，这个结论可由柯诺瓦洛夫第二规则得到。由式（4-71d）对任一组分 B

$$\left(\frac{\partial \ln p}{\partial y_B}\right)=\frac{y_B-x_B}{y_B(1-x_B)}$$

即当增加气相某一组分（如 B）的浓度，而使体系的总蒸气压上升，则该组分 B 在气相中的浓度大于它在液相中的浓度。故在 p-x 图中气相线位于液相线的下方。上述结论也可以说成易挥发组分（在图 5-8 中为 B 组分）在平衡气相中的浓度大于液相中的浓度。

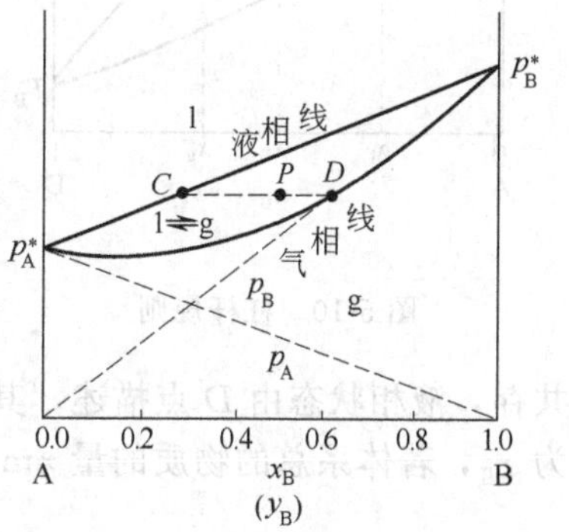

图 5-8　理想液体混合物的 p-x 图

在 p-x 图中液相线和气相线把相图分成了三部分：液相线以上的区域压力较高，为液态混合物稳定存在的单相区，称为液相区；气相线以下的区域压力较低，为气态混合物稳定存在的单相区，称为气相区；中间梭形区为气-液两相平衡共存，两相的状态分别由液相线和气相线上的点所描述。例如，体系处于 P 点时，体系为气-液两相平衡共存，液相的状态由 C 点确定、气相的状态由 D 点确定。由于平衡时各相压力相同。故 CD 线在同一水平线上，称为连接线。

在二组分体系的 p-x 图中，由于已固定温度不变，可使用条件自由度 $f^*=2-\Phi+1=3-\Phi$。在单相区，$\Phi=1$，$f^*=2$，体系有两个自由度（p 和 x）。在二相区 $\Phi=2$，$f^*=1$，体系只有一个自由度，当指定体系的总压后，气-液两相的组成就随之而被确定，不能任意改变。

相图中描述整个体系的状态的点称为物系点，如 P 点；而描述体系中平衡各相的状态的点称为相点，如 C、D 点。在单相区，物系点和相点为同一点，而在二相区，物系点和相点不相同。

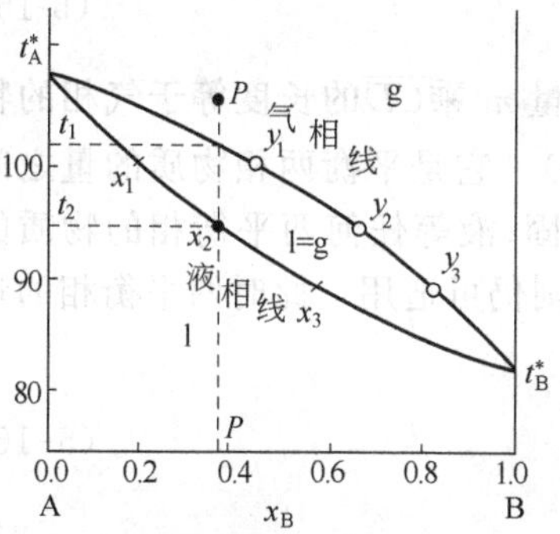

图 5-9　理想液体混合物的 T-x 图

5.4.1.2　T-x 图（固定压力 p）

当固定体系的压力时得到 T-x 图，即该压力下的沸点-组成图，这种图在蒸馏或精馏进行分离提纯中占有很重要的地位。

T-x 图可直接由实验数据绘制，如图 5-9 所示。例如 2-甲基丙醇（A）和丙醇（B）形成理想液体混合物，它们的正常沸点分别为 $t_A^*=108.5$℃、$t_B^*=82.3$℃，实验测得 100℃ 时 C_4H_9OH（A）的蒸气压 $p_A^*=75.992$kPa，C_3H_7OH(B) 的蒸气压 $p_B^*=191.98$kPa。根据拉乌尔定律

$$p=p_A+p_B=p_A^*+(p_B^*-p_A^*)x_B$$

固定压力 $p=101.325$kPa 时，可算得 $x_B=0.219$，即组成为 $x_B=0.219$ 的液体混合物在 100℃ 沸腾，在 T-x 图中可得到 x_1 点，此点为液相点。气相组成可由道尔顿分压定律求得。

$$y_B=\frac{p_B^* x_B}{p}=\frac{191.98\times 0.219}{101.325}=0.415$$

将此点绘于同一张图中得到 y_1 点，此点为气相点。测定一系列不同温度下 A、B 的蒸气压 p_A^*、p_B^*，则可分别得到 x_2，x_3，…及 y_2，y_3，…。联结 $t_A^* x_1 x_2 x_3 \cdots t_B^*$ 得到液相线；联

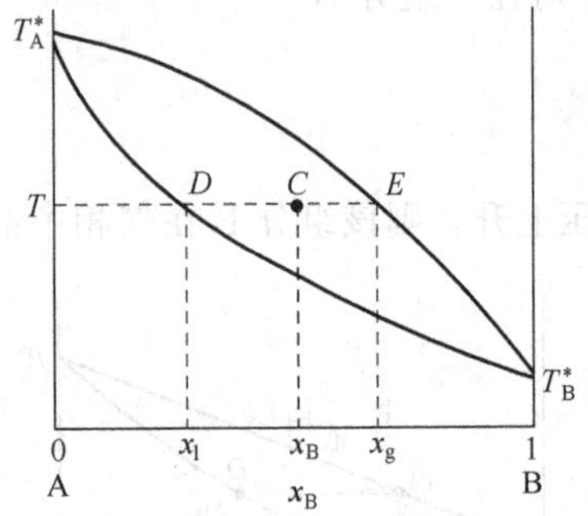

图 5-10　杠杆规则

结 $t_A^* y_1 y_2 y_3 \cdots t_B^*$ 得到气相线。对于易挥发的组分 B($t_B^* < t_A^*$)由于沸点低、蒸气压高，它在气相的浓度大于它在液相的浓度，所以，在 T-x 图中气相线位于液相线的上方。气相线以上的高温区为气相区，液相线以下的低温区为液相区，气相线和液相线之间是气-液两相平衡共存的区域。

由不同沸点的液体形成的液体混合物，气-液平衡时，气、液两相组成不同。易挥发组分气相浓度大于液相浓度，这是蒸馏分离的理论依据。

5.4.1.3　杠杆规则

下面以 T-x 图为例进行讨论。假定 A-B 二组分气-液平衡体系的 T-x 图如图 5-10 所示，一个组成为 x_B、温度为 T 的体系处于二相区 C 点。此时体系为气-液两相平衡共存，液相状态由 D 点描述，其中 B 的含量为 x_l，气相的状态由 E 点描述，其中 B 的含量为 x_g，若体系总的物质的量 $n$mol，液相的量为 $n_l$mol，气相量为 $n_g$mol，则有

$$n = n_l + n_g$$

$$nx_B = n_l x_l + n_g x_g$$

$$(n_l + n_g) x_B = n_l x_l + n_g x_g$$

移项得

$$n_l (x_B - x_l) = n_g (x_g - x_B)$$

即

$$n_l \overline{CD} = n_g \overline{CE} \tag{5-15}$$

可以把图中 DE 比作以 C 点为支点的杠杆，液相物质的量 n_l 乘 $\overline{CD}$ 的长度等于气相的物质的量 n_g 乘 $\overline{CE}$ 的长度，这个关系叫做杠杆规则（lever ruler），它是平衡两相物质的量之间普遍遵守的规则，不仅适用于气-液平衡、也适用于液-液、固-液等任何两平衡相的物质的物质的量的关系。如果组成坐标用质量分数表示，则杠杆规则仍可适用，此时两平衡相的量为质量，即

$$W_\alpha \overline{CD} = W_\beta \overline{CE} \tag{5-16}$$

α、β 为平衡的两相。

5.4.2　非理想液体混合物

实际的完全互溶体系，绝大多数都是非理想的，它们对拉乌尔定律产生偏差，实验指出：在通常情况下若组分 A 对拉乌尔定律产生正偏差，组分 B 也产生正偏差；若组分 A 对拉乌尔定律产生负偏差，组分 B 也产生负偏差（少数体系例外）。根据偏差大小不同，可以把非理想体系大致分为以下三种类型。

5.4.2.1　具有较小正（或负）偏差的体系

若两液体 A、B 对拉乌尔定律产生较小的正（或负）偏差，体系的蒸气总压 p 介于两个纯液体的饱和蒸气压 p_A^*、p_B^* 之间。如 CCl_4-C_6H_6 双液体系（产生较小正偏差），其 p-x 图、T-x 图如图 5-11 所示，其中图（a）为两组分的蒸气压及蒸气总压与液相组成的关系曲线（实线）、虚线（直线）则表示符合拉乌尔定律的情况；图（b）为 p-x 图；图（c）为相应的 T-x 图。图中各相区代表的物理意义可参照理想液体混合物的相图进行分析。属于这

种体系的还有如 C_6H_6-$(CH_3)_2CO$、CH_3OH-H_2O、CS_2-CCl_4 等。图 5-12 是有较小负偏差的体系，如 $CHCl_3$-$(C_2H_5)_2O$ 体系，图（b）为 p-x 图，图（c）为 T-x 图。

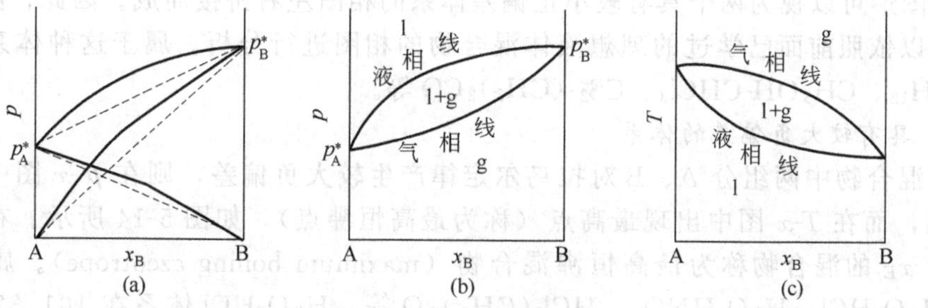

图 5-11　具有较小正偏差的体系

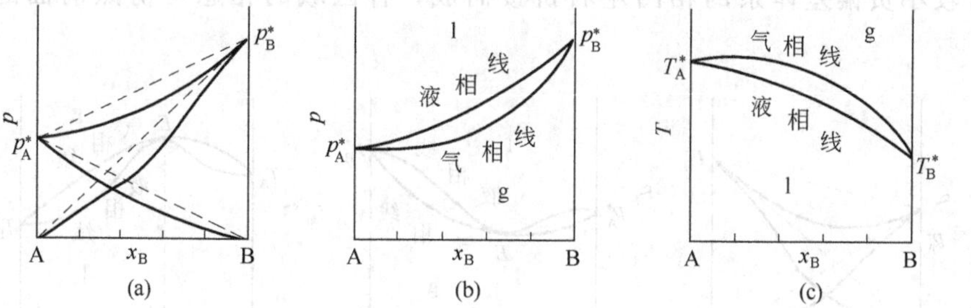

图 5-12　具有较小负偏差的体系

5.4.2.2　具有较大正偏差的体系

当液体混合物中两组分 A、B 对拉乌尔定律产生较大正偏差，则体系的蒸气总压 p 将会出现高于两个纯组分的饱和蒸气压 p_A^*、p_B^* 的情况，在 p-x 图中，曲线上出现最高点，如图 5-13 所示。根据 D-M 公式［式（4-71c）］或柯诺瓦洛夫规则［式（4-71d）］，当溶液蒸气总压-组成图中 p-x 曲线有最高点时，在最高点处 $\left(\dfrac{\partial \ln p}{\partial y_B}\right)_T=0$，则 $y_B=x_B$，即在最高点 D 处气-液两相组成相同，故气相线在此点与液相线重叠。再由柯诺瓦洛夫第二规则 $\left(\dfrac{\partial \ln p}{\partial y_B}\right)_T \gtrless 0$ 时，$y_B \gtrless x_B$，则可以定性的绘出气相线来，如图 5-13（b）。图 5-13（c）为其相应的 T-x 图。可见，当两组分对拉乌尔定律产生较大正偏差时，在 p-x 图中曲线出现最高点，而在 T-x 图中曲线出现最低点——最低恒沸点，在最低恒沸点组成为 x_D 的混合物称为最低恒沸混合物（minmum　boiling　azecotrope）。例如 H_2O-C_2H_5OH 体系就属于这种类型。H_2O-C_2H_5OH 体系在 101.325kPa 下的最低恒沸点温度为 78.13℃，恒沸混合物组成为含乙

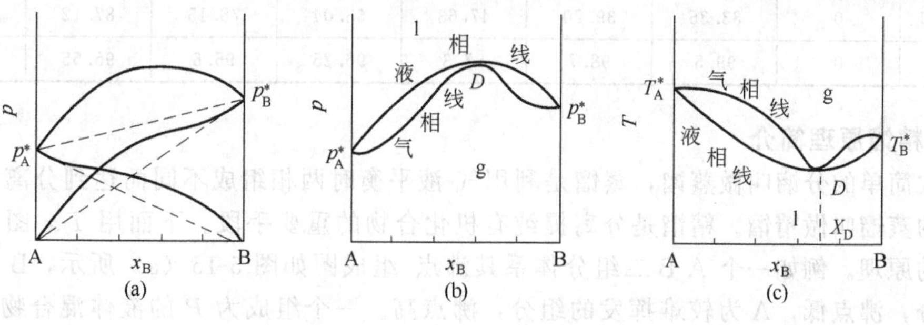

图 5-13　有较大正偏差的体系

醇 95.57%（质量百分数）。由于最低恒沸混合物气-液平衡时气相和液相的组成相同，不能用蒸馏的方法将两个组分完全分离。

这种图形可以视为两个具有较小正偏差体系的相图左右拼接而成。因此，图中各相区的相态可以依照前面已学过的理想液体混合物的相图进行分析。属于这种体系的还有如 C_6H_6-C_6H_{12}、CH_3OH-$CHCl_3$、CS_2-$(CH_3)_2CO$ 等。

5.4.2.3 *具有较大负偏差的体系*

如果混合物中两组分 A、B 对拉乌尔定律产生较大负偏差，则在 p-x 图中曲线将出现最低点，而在 T-x 图中出现最高点（称为最高恒沸点），如图 5-14 所示。在最高恒沸点组成为 x_E 的混合物称为最高恒沸混合物（maximum boiling azeotrope）。属于这种类型的有 H_2O-HCl、H_2O-HNO_3、HCl-$(CH_3)_2O$ 等。H_2O-HCl 体系在 101.325kPa 下最高恒沸点的温度为 108.5℃，恒沸混合物的组成为含 HCl 20.24%。这种图形出可视为两个具有较小负偏差体系的相图左右拼接而成，各区域的相态可仿照前面的相图进行分析。

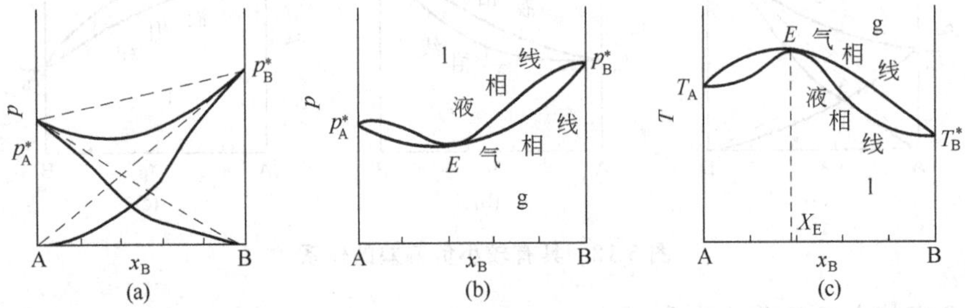

图 5-14 具有较大负偏差的体系

一些常见二元恒沸体系和三元恒沸体系的数据列于附录表Ⅱ-9 中，供查阅。

对于恒沸混合物，由于气-液两相组成相同，存在一个限制条件，故在指定压力时，体系的自由度为 $f^*=C-\Phi+0=2-2=0$。即在指定压力下，恒沸混合物的沸点、组成皆由体系本身性质决定，不能任意改变。必须指出，恒沸混合物与纯化合物不同，化合物的组成服从定比定律，不随压力改变，而恒沸混合物的组成将随压力而改变，如果用包含压力变量的相律，恒沸混合物的自由度 $f=C-\Phi+1=2-2+1=1$。可见，体系有一个变量，当体系压力改变时恒沸混合物的组成、沸点皆随之变化，如水-乙醇体系在不同压力下的恒沸点与组成见表 5-1 所示。

表 5-1 H_2O-C_2H_5OH 体系在不同压力下的恒沸点温度和恒沸物的组成

p/kPa	9.33	12.65	17.29	26.45	53.94	101.33	143.37	193.49
恒沸点/℃	0	33.35	39.20	47.63	63.04	78.15	87.12	96.36
$w_{乙醇}$/%	0	99.5	98.7	97.3	96.25	95.6	95.55	95.25

5.4.3 精馏原理简介

一次简单的分馏叫做蒸馏，蒸馏是利用气-液平衡时两相组成不同而达到分离目的。连续多次的蒸馏叫做精馏。精馏是分离提纯有机化合物的重要手段。下面用 T-x 图来说明精馏提纯的原理。例如一个 A-B 二组分体系其沸点-组成图如图 5-15（a）所示，B 为较易挥发的组分，沸点低，A 为较难挥发的组分，沸点高。一个组成为 P 的液体混合物，其中 B 组分的含量为 x_B。为了将 A、B 二组分分开，可将此液体混合物加热至 t_4 的温度（图 5-15

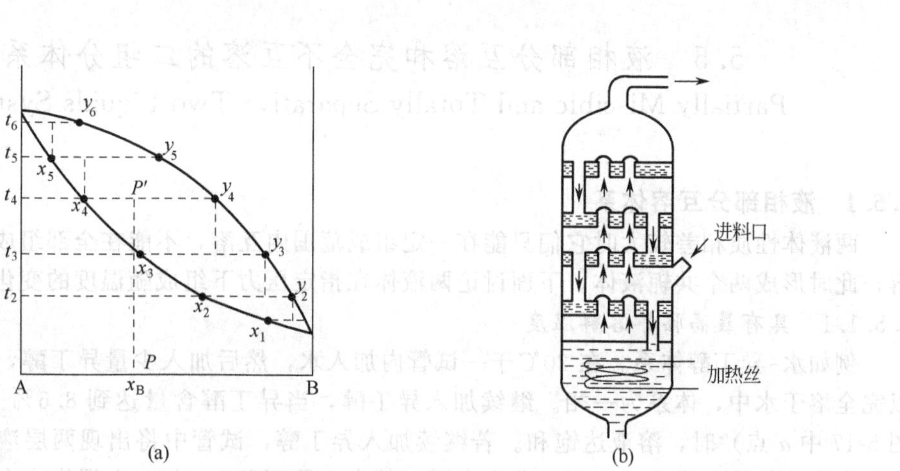

图 5-15　精馏原理

(a) 中 P' 点)，此时体系处于二相区，达气-液平衡，液相点位于 x_4，气相点位于 y_4，平衡共存的气-液两相组成不相同，液相中组分 B 的含量为 x_4，低于它在原始混合物中的含量；气相中组分 B 的含量为 y_4，高于它在原始混合物的含量。这是一次蒸馏的结果。若将组成为 y_4 的蒸气降温至 t_3 的温度，则蒸气部分冷凝（其中易挥发组分较难凝结，不易挥发组分容易凝结)。重新建立气-液平衡后，由图可见，剩下未凝结的气相中易挥发组分 B 的含量为 y_3，比一次蒸馏时为高。若将组成为 y_3 的蒸气继续降温部分冷凝，则气相中易挥发组分 B 的含量越来越高，如此多次地降温部分冷凝，气相最后可得到纯组分 B 的蒸气，再看液相，若将组成为 x_4 的液体升高温度至 t_5，液体将部分汽化（组分 A 较难汽化，组分 B 较易汽化)，达平衡后，由图可见，液相组成变到 x_5，结果使液相中难挥发组分 A 的含量增高。将组成为 x_5 的液体继续升温部分汽化，液相中 A 的含量会继续增高，如此进行多次地部分汽化，液相最终可得到纯组分液体 A。

实际生产中，气相部分冷凝、液相部分汽化过程是在精馏塔（或精馏柱）中连续进行的。精馏塔示意图如图 5-15 (b) 所示，下面为精馏釜，其中有加热丝。原料液体由进料口送入精馏塔中，上升的蒸气通过泡罩与向下流动的液体充分接触部分冷凝，使蒸气中易挥发组分的含量提高。蒸气每上升一个塔板、易挥发组分的含量提高一次。蒸气在部分冷凝过程放出相变热用于加热蒸发液体中易挥发组分，液体沿溢流孔向下流动，每下降一个塔板部分蒸发一次，难挥发组分的含量升高一次。因此，上升的蒸气部分冷凝，下流的液体部分蒸发在精馏塔中多次重复进行，所以只要有足够多的塔板，就可能将液体混合物中两个组分分离开。易挥发组分蒸气从塔顶经过冷凝器后馏出称为馏出物。难挥发组分馏在精馏釜中。

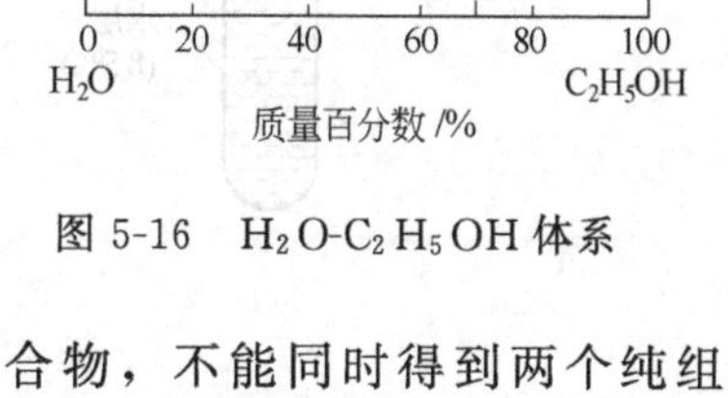

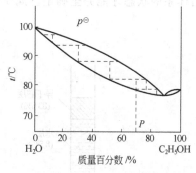

图 5-16　H_2O-C_2H_5OH 体系

对于具有恒沸点的体系（最高恒沸点和最低恒沸点)，利用精馏的办法只能得到一个纯组分和一个恒沸混合物，不能同时得到两个纯组分。例如 H_2O-C_2H_5OH 体系具有最低恒沸点，如图 5-16 所示，如果将一个含乙醇 70％的混合物（图中 P 点）在 101.325kPa 下进行精馏则可在精馏釜中得到纯水，馏出物为含乙醇 95.57％的最低恒沸混合物，可见用简单精馏办法不可能从工业乙醇中得到无水乙醇。

5.5 液相部分互溶和完全不互溶的二组分体系

Partially Miscible and Totally Separative Two Liquids System

5.5.1 液相部分互溶体系

两液体性质相差较大时它们只能在一定组成范围内互溶，不能在全部组成范围内完全互溶，此时形成两个共轭液体。下面讨论两液体在指定压力下组成随温度的变化。

5.5.1.1 具有最高临界溶解温度

例如水-异丁醇体系。在20℃于一试管内加入水，然后加入少量异丁醇，此时异丁醇可以完全溶于水中，体系为一相。继续加入异丁醇，当异丁醇含量达到8.5%（质量百分数，图5-17中a点）时，溶液达饱和。若继续加入异丁醇，试管中将出现两层液层，下层为异丁醇在水中的饱和溶液，习惯上称为水层，其中含异丁醇8.5%，上层为水在异丁醇中的饱和溶液，称为醇层，其中含异丁醇83.6%，继续加入异丁醇两液层组成不变，只是两液层的相对量发生变化，上层量逐渐增多，下层量逐渐减少，当整个体系中异丁醇含量超过83.6%（图中c点）时，下层消失，整个体系又变为一相。a点为异丁醇在水层中的溶解度，c点为水在异丁醇层中的溶解度。a、c称为两共轭液层，实验指出，在恒压下两共轭液层的组成随温度升高而改变，如图5-17所示。当温度升高到132.8℃时，两液层的组成相同（含异丁醇37%），两液层合为一层。高于此温度，水和异丁醇可以任意比例完全互溶。B点的温度称为最高临界溶解温度（critical solution temperature），B点称为临界溶解点。曲线$aa'B$为异丁醇在水中的溶解度曲线，$cc'B$曲线为水在异丁醇中的溶解度曲线。曲线$aa'Bc'c$把相图分为两个部分，当体系处于帽形区内时体系是两相平衡共存。由相律$f^*=2-2+1=1$，即体系有一个自由度（T或x），当温度T确定后，平衡两相的组成也就随之而确定，不能任意改变。平衡两相的量满足杠杆规则，例如若物系点位于P点，则两共轭液层a'和c'的质量$W(a')$和$W(c')$服从下式

$$W(a')\overline{a'P}=W(c')\overline{c'P}$$

在帽形区以外，体系为单相（液相），此时体系有两个自由度，只有温度和组成皆确定后体系的状态才能完全确定。属于这种类型的还有水-苯酚、水-苯胺、水-正丁醇体系等。

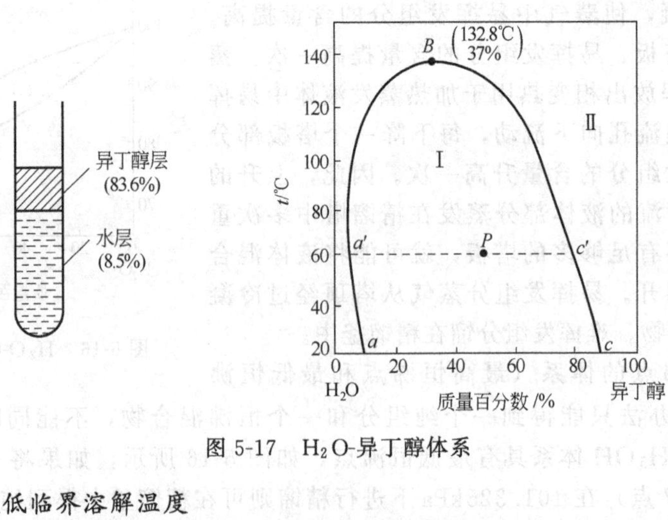

图5-17 H_2O-异丁醇体系

5.5.1.2 具有最低临界溶解温度

上面图5-17是具有最高临界溶解温度的体系，两液体的相互溶解度随温度升高而增加。有些部分互溶体系，正好相反，温度降低时，两液体相互溶解度增加，例如水-三乙基胺体

系压力为101.325kPa时，在18.5℃以下，水和三乙基胺能以任何比例完全互溶，但在18.5℃以上却只能部分互溶，且随温度降低相互溶解度增大，结果在T-x图上出现最低临界溶解温度，如图5-18所示。

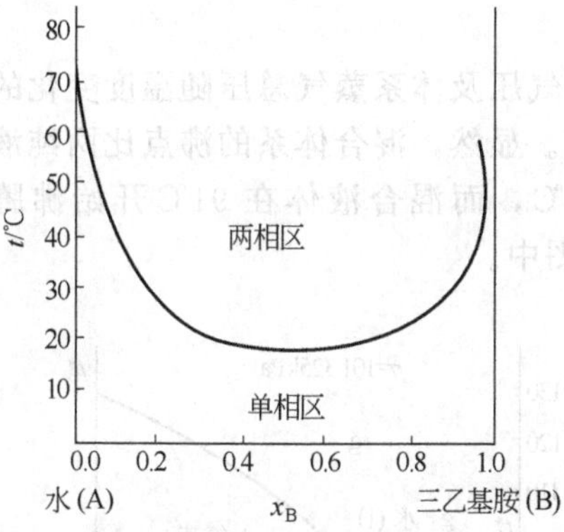

图5-18　水-三乙基胺体系

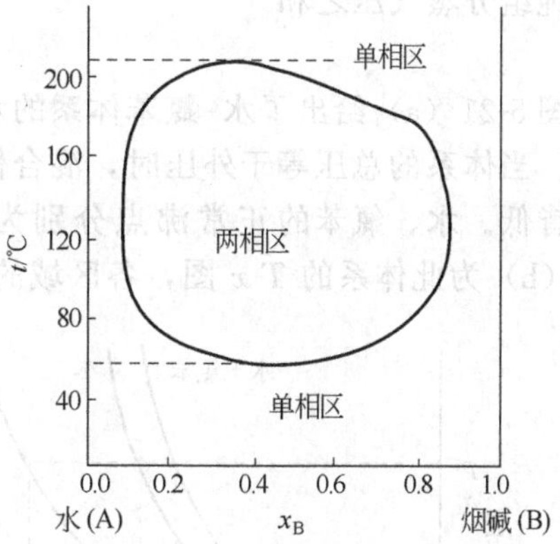

图5-19　水-烟碱体系

5.5.1.3　同时具有最高和最低临界溶解温度

水-烟碱二组分体系在60.8℃以下和208℃以上两液体能以任意比例完全互溶，在60.8～208℃之间只能部分互溶，形成封闭的溶解度曲线，因而同时具有最高和最低临界溶解温度，如图5-19所示。

在恒定压力下，如果将体系温度升高，部分互溶的双液体系将出现气-液平衡，图5-20(a)是具有最低恒沸点体系的气-液和液-液平衡相图。图的上面部分高温区为气-液平衡，下面部分低温区为液-液平衡。当压力降低时，因沸点降低，上下两部分图形可能会拼接在一起即为图5-20(b)。各相区的相态已标在图中，曲线HD为组分B在A中的溶解度曲线KC为A在B中的溶解度曲线，FD和CG为气-液平衡的液相线，FEG为气相线。水平线段DEC为两个共轭液体D和C与其饱和蒸气E三相的连续线称为三相线。当体系处于三相线上时，体系三相平衡共存，三个相的状态分别由D、E、C点确定。根据相律，在三相线上，$\Phi=3$，$f^*=2-3+1=0$，体系无变量，当指定体系压力后，体系沸点的温度和三个相的组成皆不能改变。将组成为P的体系（此时体系为两液层H、K平衡共存）加热升温，两液层的组成分别沿HD和KC方向变化，当温度升到t_E时，两液层开始沸腾，产生气相E（此时体系为两液层D和C及一个组成为E的气相三相平衡共存），继续加热，体系温度和三个相的组成皆保持不变，只是D相和C相的量减少，气相量增加，最后C相先蒸发完

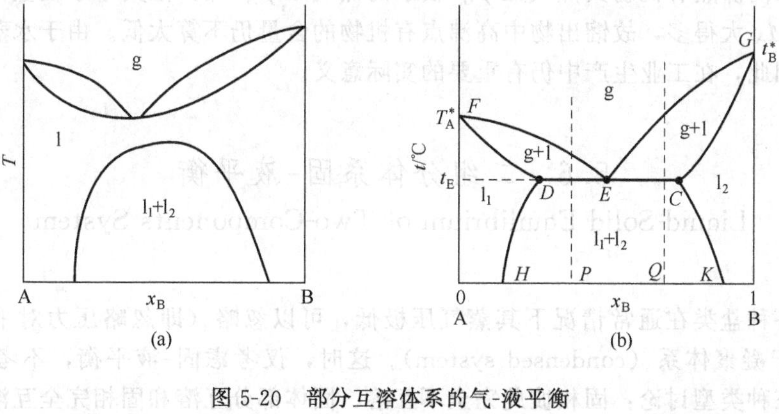

图5-20　部分互溶体系的气-液平衡

而消失，体系进入二相区。如果将组成为 Q 的体系加热，先蒸发完而消失的为 D 相。

5.5.2 完全不互溶的双液体系

如果两液体彼此溶解程度极小可以忽略，近视认为两液体完全不互溶。体系的蒸气总压为两纯组分蒸气压之和

$$p=p_A^*+p_B^*$$

图 5-21（a）给出了水-氯苯体系的水、氯苯的蒸气压及体系蒸气总压随温度变化的关系曲线。当体系的总压等于外压时，混合体系开始沸腾。显然，混合体系的沸点比两纯液体的沸点皆低。水、氯苯的正常沸点分别为 100℃、130℃，而混合液体在 91℃开始沸腾。图 5-21（b）为此体系的 T-x 图，各区域的相态已标在图中。

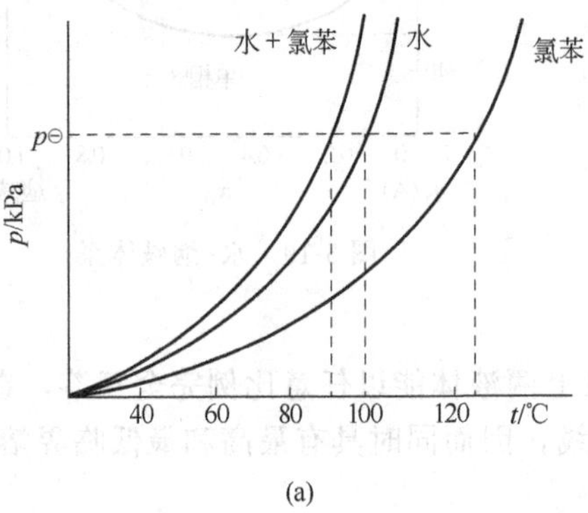

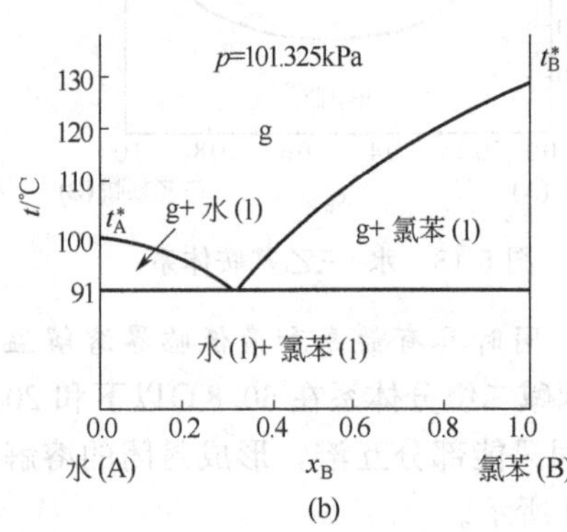

图 5-21 完全不互溶体系的气-液平衡

由于混合液体的沸点低于两纯液体的沸点，所以工业上常用这种办法提纯高沸点有机物。对于高沸点有机物其蒸气压较低，可以利用水蒸气来补足有机物的低蒸气压，使这种有机物在低于 100℃的温度下就能与水一起蒸馏出来，冷凝后分层，分去水就能得到纯的高沸点有机物，这种蒸馏法称为水蒸气蒸馏（steam distillation）。馏出物中两组分的质量比可如下求算。由道尔顿分压定律

$$p_A^*=py_A \qquad p_B^*=py_B$$

$$\frac{p_B^*}{p_A^*}=\frac{y_B}{y_A}=\frac{n_B}{n_A}=\frac{W_B/M_B}{W_A/M_A}=\frac{W_BM_A}{W_AM_B}$$

或

$$\frac{W_B}{W_A}=\frac{p_B^*}{p_A^*}\times\frac{M_B}{M_A} \tag{5-17}$$

一般说来高沸点有机物其蒸气压 p_B^* 较水的蒸气压 p_A^* 低，但其摩尔质量 M_B 往往比水的摩尔质量 M_A 大得多，故馏出物中高沸点有机物的含量仍不算太低。由于水蒸气蒸馏设备操作简单，因此，在工业生产中仍有重要的实际意义。

5.6 二组分体系固-液平衡

Liquid-Solid Equilibrium of Two-Components System

金属和各种盐类在通常情况下其蒸气压极低，可以忽略（即忽略压力对平衡的影响），这种体系属于凝聚体系（condensed system）。这时，仅考虑固-液平衡，不考虑气相的存在。下面分三种类型讨论：固相彼此完全不互溶、固体部分互溶和固相完全互溶体系，其中

第一种类型最为普遍。

5.6.1 固相完全不互溶

两组分 A、B 固相完全不互溶，液相能完全互溶，这种体系又分为以下几种类型。

5.6.1.1 形成简单低共熔混合物

这里介绍两种绘制相图常用的基本方法——热分析法和溶解度法。

(1) 热分析法 热分析法是绘制相图常用的基本方法之一。其要点是：配制一系列组成不同的 A、B 二组分体系，让其在高温下熔融，然后匀速冷却，测定冷却过程中体系的温度随时间的变化曲线——称为步冷曲线 (cooling curve)。实验指出，步冷曲线的斜率发生突变表明在此温度下体系中有新相生成或旧相消失，故可在步冷曲线上确定出多相平衡的温度，由此即可作出温度-组成图来。下面以 Bi-Cd 二组分体系为例进行分析。首先，分别配制含 Cd 为 0、20%、40%、70%、100%（质量百分数）的组成不同的 Bi-Cd 二组分体系，加热熔融，然后放置让其匀速冷却，记录冷却过程中体系温度随时间的变化关系，得到 5 条步冷曲线，如图 5-22 (a) 所示。曲线①是纯 Bi 的步冷曲线，在高温下熔融的 Bi 匀速冷却，由于热量的散失体系的温度匀速下降，所以开始的曲线为平滑曲线。当冷到 Bi 的熔点温度 (273℃) A 点时，Bi 开始凝结放出凝固热来抵偿了热量的散失，此时体系为固-液两相平衡共存，由相律 $f^{*}=1-2+1=0$ 可知，体系无自由度，温度不能改变，于是在温度-时间曲线上出现一平台 AA'，直到液体 Bi 全部凝固完后，体系变为单相，无凝固热放出，温度才会继续下降，如 $A'B$。由此可见，在单组分体系的步冷曲线上出现平台，表示体系此时两相平衡共存，这时的温度就是单组分体系的熔点。曲线⑤是纯 Cd 的步冷曲线，情况与曲线①完全相似，H 点的温度为纯 Cd 的熔点。曲线②是含 Cd20% 的 Bi-Cd 二组分体系的步冷曲线，Bi-Cd 熔融液体在高温下匀速冷却温度匀速下降，当冷却到 C 点的温度时，熔融的 Bi-Cd 液体对 Bi 已达饱和，于是 Bi 开始结晶析出，此时体系出现两相平衡共存，由相律 $f^{*}=2-2+1=1$，即体系存在一个自由度，温度还可以改变，但由于 Bi 析出过程放出部分相变热，抵消了部分热量散失，故温度下降速度减慢，步冷曲线斜率发生改变，曲线产生转折点。继续冷却，Bi 不断析出，当冷却到 D 点的温度时 (140℃) 时，Bi-Cd 熔融液体不仅对 Bi 饱和，而且对 Cd 也达饱和，因此除 Bi 外，Cd 也开始析出，于是体系三相平衡共存：Bi(s)、Cd(s) 和 Bi-Cd 的熔融液体。由相律 $f^{*}=2-3+1=0$ 知，体系无自由度，温度和各相组成皆不能变化，于是在步冷曲线上出现平台 DD'，直到 Bi 和 Cd 冷却凝结，液体干涸，体系变成两个固相后，温度才又开始下降。由以上分析可见，对于二组分体系，步冷曲线上出现转折表示体系开始产生新相（或旧相消失），步冷曲线上出现平台则表示体系此时三相平衡共存。曲线④与曲线②的情况相似，只是在 F 点析出的是 Cd。曲线③只有一个平台，由于体系是二组分体系，故此时是三相平衡共存，Bi(s)、Cd(s) 同时析出，液体组成不能变化。

根据上面分析可见，在步冷曲线上曲线斜率发生突变处（曲线转折点）皆反映了体系有相态变化（新相生成或旧相消失），把这些相态变化的温度和相应的组成在 T-x 图中表示出来，连接适当的点，即得 Bi-Cd 体系的温度-组成图，如图 5-22 (b)。曲线 ACE 上的点代表不同温度下对 Bi 饱和的熔融液体的组成，该熔融液体与纯固态 Bi 平衡共存。因此，曲线 ACE 为 Bi 的饱和熔融液体的温度-组成曲线，称为液相线，或 Bi 的凝固点降低曲线。HFE 为 Cd 的饱和溶液的温度-组成曲线，或 Cd 的凝固点降低曲线。BEM 是 Bi(s)、Cd(s) 及含 Cd40% 的 Bi-Cd 熔融液体（用 E 表示）平衡三相的连接线，称为三相线，当体系处于三相线上任何位置时，体系皆是三相平衡共存，三相组成分别由 B、E、M 点确定。

E 点是对 Bi(s)、Cd(s) 同时达饱和的熔融液体的组成，在各种组成不同的 Bi-Cd 体系

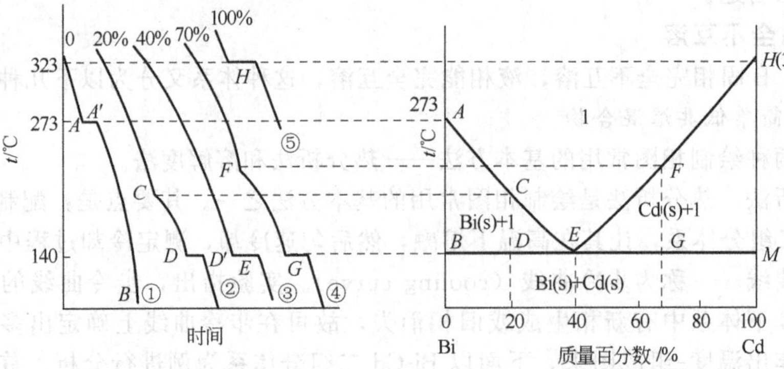

(a) 步冷曲线 (b) 温度-组成曲线

图 5-22 Bi-Cd 二组分体系

中，只有组成为 E 的熔融液体凝固点最低，称为最低共熔点（eutectic point），E 点代表的熔融液体称为最低共熔混合物。

AEH 线以上的高温区是 Bi-Cd 熔融液体稳定存在的单相区，ABE 区域为 Bi(s) 与其饱和的 Bi-Cd 熔融液体两相平衡共存的二相区，HEM 是 Cd(s) 与其饱和的 Bi-Cd 熔融液体两相平衡共存的二相区，BEM 以下是两个互不相容的固态 Bi 和固态 Cd 构成的二相区。体系处于二相区时，平衡两相的量可由杠杆规则计算，在三相线上杠杆规则不适用。

下面分析一个 Bi-Cd 熔融液体如 P 点代表的体系，在逐渐冷却过程中体系的相变化情况。组成为 P 的熔融液体逐渐冷却至 P_1 的温度，开始析出固体 Cd 来，体系呈两相平衡共存，继续冷却，体系温度不断降低，Cd 不断析出，熔融液体的组成沿 P_1E 方向变化，当冷却到 P_2 的温度时，液相组成变化到了 a 点，固相组成变到了 b 点，平衡两相的量服从杠杆规则$\frac{W(\mathrm{l})}{W(\mathrm{s})}=\frac{\overline{P_2b}}{\overline{P_2a}}$。继续冷却，Cd 继续析出，熔融液体组成继续沿 P_1E 方向变化。当体系接近 P_3 的温度时，固体 Bi 还未析出，这时可以析出最多的纯 Cd 固体。当温度达到 140℃（物系为 P_3）时，熔融液体组成变到 E 点，对 Bi 也达饱和，故此时固体 Bi 和固体 Cd 会同时析出，体系三相平衡共存，温度保持不变，直到液相完全凝固，成为固体 Bi 和固体 Cd，温度才又下降，于是体系进入二相区。整个冷却过程各相态变化情况如图 5-23 中密箭头所示。

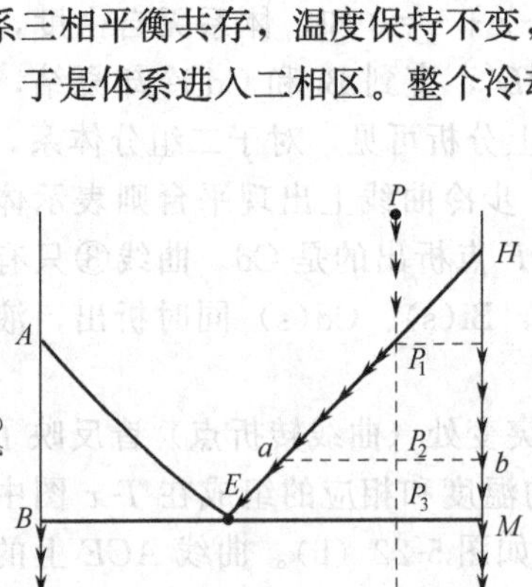

图 5-23 Bi-Cd 相图

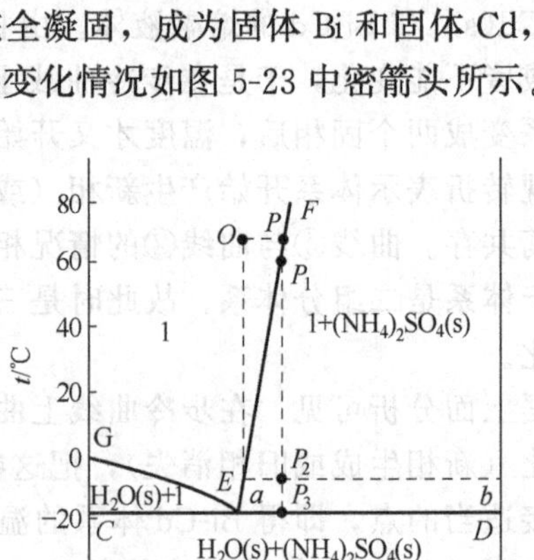

图 5-24 H_2O-$(NH_4)_2SO_4$ 体系相图

(2) 溶解度法 溶解度法是绘制水-盐体系相图的常用方法，这种方法是测定不同温度下盐的溶解度，将其绘制在 T-x 图上。例如 H_2O-$(NH_4)_2SO_4$ 二组分体系，实验测得不同

温度下 $(NH_4)_2SO_4$ 饱和水溶液的浓度与其平衡固相组成见表 5-2 所示。根据这些实验数据可以作出温度-组成图，如图 5-24 所示。

表 5-2 不同温度下 H_2O-$(NH_4)_2SO_4$ 体系固-液平衡数据

t/℃	$w[(NH_4)_2SO_4]$/%	平衡固相	t/℃	$w[(NH_4)_2SO_4]$/%	平衡固相
−5.45	16.7	冰	40	44.8	$(NH_4)_2SO_4$
−11	28.6	冰	50	45.8	$(NH_4)_2SO_4$
−18	37.5	冰	60	46.8	$(NH_4)_2SO_4$
−19.05	38.4	冰+$(NH_4)_2SO_4$	70	47.8	$(NH_4)_2SO_4$
0	41.4	$(NH_4)_2SO_4$	80	48.8	$(NH_4)_2SO_4$
10	42.2	$(NH_4)_2SO_4$	90	49.8	$(NH_4)_2SO_4$
20	43.0	$(NH_4)_2SO_4$	100	50.8	$(NH_4)_2SO_4$
30	43.8	$(NH_4)_2SO_4$	108.9(沸点)	51.8	$(NH_4)_2SO_4$

图 5-24 中曲线 EF 即为 $(NH_4)_2SO_4$ 在不同温度下的溶解度曲线，此曲线一般不能延长到与右坐标轴相交，因为当温度升高到 100℃以上时，$(NH_4)_2SO_4$ 水溶液会沸腾产生气相。GE 曲线为水的凝固点降低曲线，E 点为最低共熔点［温度为 19.05℃、含 $(NH_4)_2SO_4$ 38.4%］。CED 为三相线，在三相线上，水、$(NH_4)_2SO_4$(s) 和组成为 E 的溶液三相平衡共存。各相区稳定存在的相态已注明在图中。当组成在 E 点左边的溶液（$w_B<$ 38.4%）冷却时，首先析出的是冰，组成在 E 点右边的溶液（$w_B>$38.4%）冷却时，首先析出的是 $(NH_4)_2SO_4$(s)。

化工生产中，经常用盐水溶液为低温冷冻操作的循环液，对于具有低共熔组成的水盐体系，按照低共熔混合物的组成来配制的盐水溶液，可使冷冻循环液具有最低的凝固温度。

固-液平衡相图是利用结晶提纯物质的理论依据，它可以确定出工艺操作条件及提纯物质的量。例如，现有一含少量杂质的 $(NH_4)_2SO_4$ 固体原料，为了提纯，可首先将原料在高温下溶于水，过滤除去不溶性杂质。如果溶液组成可用图 5-24 中 P 点表示，将组成为 P 的溶液冷却，当温度降到 P_1 点时，开始有 $(NH_4)_2SO_4$ 固体结晶析出，继续冷却到 P_2 的温度，此时结晶析出的 $(NH_4)_2SO_4$ 固体与组成为 a 的溶液（称为母液）平衡共存，由杠杆规则，可求出析出的 $(NH_4)_2SO_4$ 的量

$$\frac{W(\text{液})}{W(\text{固})}=\frac{\overline{P_2b}}{\overline{aP_2}}$$

或

$$\frac{W(\text{液})+W(\text{固})}{W(\text{固})}=\frac{\overline{P_2b}+\overline{aP_2}}{\overline{aP_2}}=\frac{\overline{ab}}{\overline{aP_2}}$$

即

$$\frac{W(\text{固})}{W(\text{总})}=\frac{\overline{aP_2}}{\overline{ab}}$$

可见析出固相量的多少正比于 $\overline{aP_2}$ 线段的长度。由图可见 P_2 越接近于三相线上的 P_3 点，结晶析出的纯 $(NH_4)_2SO_4$ 固体越多。但是，为了避免有低共熔混合物的形成（固体混合物分离提纯是困难的），P_2 点总是略高于 P_3 点。过滤将结晶与母液分开，即可得纯的 $(NH_4)_2SO_4$ 结晶。过滤后的母液（组成为 a）升温至 o 点，再加入一些原料，使物系点由 o 点移至 P 点，再重复上述操作，如此反复进行，便可从原料中获得纯的 $(NH_4)_2SO_4$ 晶体。

如果最初的原料是比较稀的溶液［例如含 $(NH_4)_2SO_4$ 30%］，由相图可知，直接冷却此溶液首先析出的为固体冰，温度降到 19.05℃时冰和 $(NH_4)_2SO_4$ 晶体同时析出，因此得不到纯 $(NH_4)_2SO_4$ 晶体。此时应先将溶液蒸发除去一些水，使物系点移到 E 点以右，$(NH_4)_2SO_4$ 含量高于 38.4%，再进行上述冷却结晶操作即可获得纯 $(NH_4)_2SO_4$ 晶体。

在分离技术中常可以将固-液和气-液相图联合应用。例如邻硝基氯苯（A）和对硝基氯苯（B）可形成简单低共熔混合物，其相图如图 5-25 所示。低温区为固-液平衡，高温区为气-液平衡。原料氯苯硝化时，粗产品中约含 88%的对硝基氯苯（B），相当于图中 P 点，将其冷却时只能析出固体的对硝基氯苯，而得不到邻硝基氯苯。若将体系冷却到 P_1 的温度，分离出纯固体对硝基氯苯后，溶液组成变到 a 点，将此溶液升温蒸馏（工业上常采用减压蒸馏），如图所示，当温度升至 a_1 时达气-液平衡，平衡液相组成为 c 点，越过了低共熔组成 E 点，再将此溶液冷却即可结晶析出纯的邻硝基氯苯来。

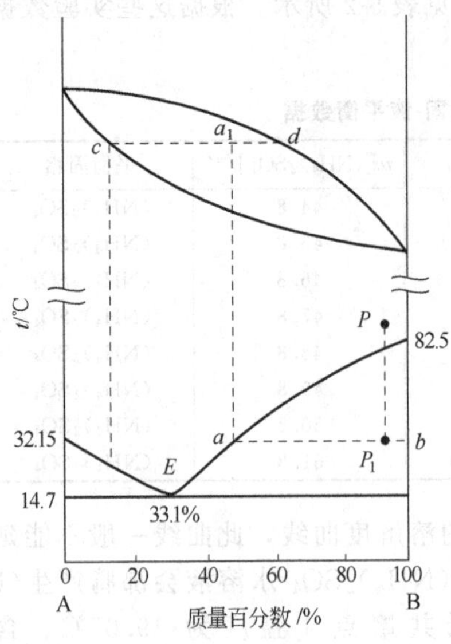

图 5-25　邻硝基氯苯（A）和对硝基氯苯（B）相图

5.6.1.2　生成化合物的二组分体系

某些二组分体系可以生成一种或多种化合物，这种体系又分为生成稳定化合物和生成不稳定化合物两种类型。

（1）生成稳定化合物　如 Mg-Ca 二组分体系，其固-液平衡相图如图 5-26 所示，Ca 与 Mg 可以生成稳定化合物 Ca_3Mg_4 $\left[\text{化合物中 Ca 的百分含量为}\dfrac{3M(\mathrm{Ca})}{3M(\mathrm{Ca})+4M(\mathrm{Mg})}\times 100\%=55.3\%\right]$，可用图中 C 点表示。此化合物温度升到它的熔点温度 721℃（图中 H 点）以前都是稳定的固相，在其熔点熔化后，熔融液相组成与固相组成相同，故 H 点的温度又叫做 Ca_3Mg_4 的相合熔点（congruentmelting point）。

这种类型的相图可以看成是由两个简单低共熔混合物体系的相图左右拼接而成的。左边为 Mg 与 Ca_3Mg_4 的相图，右边为 Ca 与 Ca_3Mg_4 的相图，它们各有一个低共熔点，分别为 E_1、E_2。故相图分析与简单低共熔体系的相图完全相似。

属于这种类型的体系还有：苯酚-苯胺体系，可以生成 $C_6H_5OH \cdot C_6H_4NH_2$ 化合物；CuCl-$FeCl_3$ 体系，可以生成 CuCl·$FeCl_3$ 化合物；Au-Fe 体系，可以生成 $AuFe_2$ 化合物等。

如果 A 与 B 二组分可以生成几种稳定化合物，如 H_2O-H_2SO_4 体系可以生成 $H_2SO_4 \cdot 4H_2O(s)$、$H_2SO_4 \cdot 2H_2O(s)$、$H_2SO_4 \cdot H_2O(s)$ 三种水合物，则在 H_2O-H_2SO_4 的 T-x 图中将出现五个高熔点和四个低熔点，其相图如图 5-27 所示，它可以看成是由四个简单低共

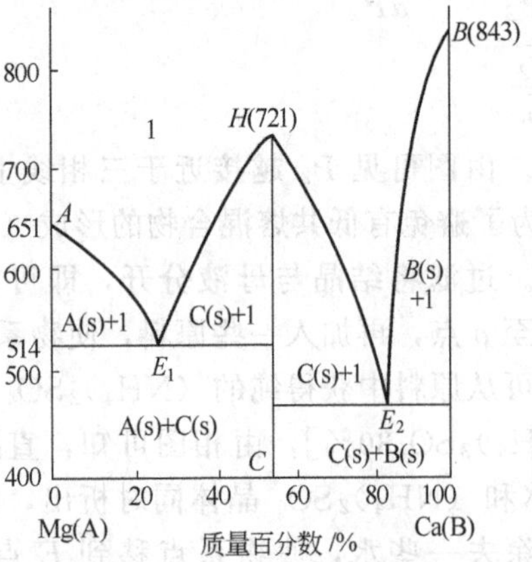

图 5-26　Mg-Ca 体系的相图

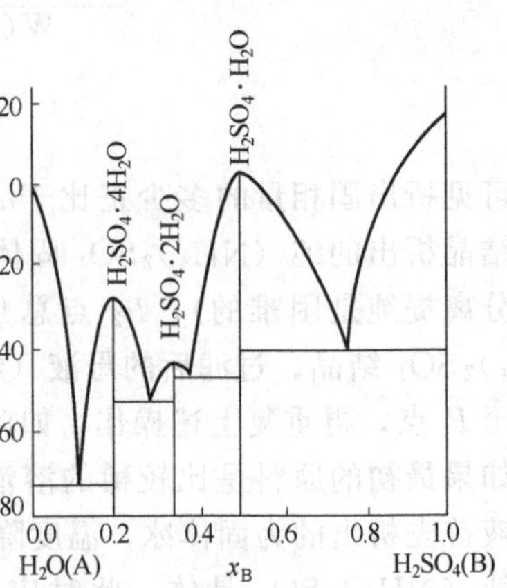

图 5-27　H_2O-H_2SO_4 相图

熔混合物相图左右拼接而成的。

(2) 生成不稳定化合物　如 CaF_2-$CaCl_2$ 体系，其相图如图 5-28 所示。CaF_2 和 $CaCl_2$ 能生成物质的量比为 1∶1 的化合物 $CaF_2 \cdot CaCl_2$，但此化合物加热到 C' 点的温度就发生分解

$$CaF_2 \cdot CaCl_2 \rightleftharpoons CaF_2(s) + 熔化物(E)$$

因此，固体化合物 $CaF_2 \cdot CaCl_2$ 熔化后液相组成（E）与原来的固相组成不同，C' 点的温度称为不相合熔点（incongruent melting point）或转熔温度（peritectic temperature）。此时体系三相平衡共存，$f^* = 2-3+1=0$，在指定压力下体系无变量，温度、各相组成皆不能改变。各相区的相态已注明在图中。

下面分别考查组成为 a、b、d 的熔化物在冷却过程中的相变化情况。组成为 a 的熔化物冷却到 a_1 的温度时，开始析出 $CaF_2(s)$，继续冷却 $CaF_2(s)$ 不断析出，熔化物组成沿 a_1E 变化，当体系冷却到 a_2 的温度（约 737℃）则发生如下转熔反应

$$CaF_2(s) + 熔化物(E) \longrightarrow CaF_2 \cdot CaCl_2(s)$$

此时体系三相平衡共存，$f^* = 0$，温度恒定不变，当熔化物经反应全部消耗完后，体系剩下两个固相 $CaF_2(s) + CaF_2 \cdot CaCl_2(s)$，温度又才降低。若原始熔化物组成在 b 点，冷却到 b_1 的温度时，开始析出 $CaF_2(s)$，熔化物组成沿 b_1E 曲线变化，冷到 b_2 的温度时也发生上面的转熔反应，温度不再变化，直到转熔反应结果恰好使 $CaF_2(s)$ 和熔化合物（E）同时消耗完，体系变为纯物单相 $CaF_2 \cdot CaCl_2(s)$ 后温度才会继续降低。不过，实际冷却过程要得到纯的化合物结晶是困难的。这是因为实际冷却过程总有一定的速度，不可能完全处于平衡条件下进行，体系在 b_2 温度已生成的 CaF_2 晶粒往往还未与熔化物（E）反应完就被后来结晶生成的 $CaF_2 \cdot CaCl_2$ 晶体所包围，形成“包晶”（wrapping crystal）现象，阻止了 $CaF_2(s)$ 与溶液继续反应。因此，通常不用组成为 b 的熔化物冷却来制备纯的化合物 $CaF_2 \cdot CaCl_2(s)$。为了得到纯的化合物 $CaF_2 \cdot CaCl_2(s)$，熔化物组成最好选在 ED 区间。组成为 d 的熔化物冷却过程的相变化可如上相似的步骤进行分析。

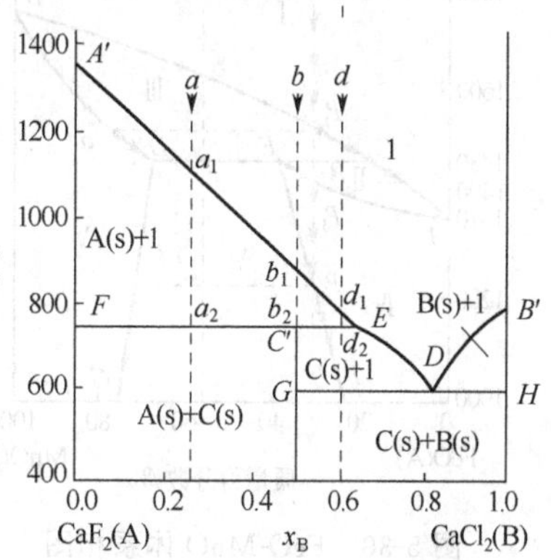

图 5-28　CaF_2-$CaCl_2$ 体系相图

5.6.2　固相部分互溶

前面介绍的相图都是固相完全不互溶、液相完全互溶的固-液平衡体系的相图。如果 A、B 二组分固相只能部分互溶，液相能完全互溶，则相图有所不同，常见的有两种类型：体系有一低共熔点和有转熔温度。

5.6.2.1　体系有一低共熔点

例如 KNO_3-$TlNO_3$ 体系相图如图 5-29 所示，这种体系的相图可以看成是由一个简单低共熔混合物的相图和部分互溶体系的相图上下拼接而成，不过这里部分互溶是指两个组分在固相部分互溶，即在一定组成范围内两固体可形成部分互溶的两个固态混合物——简称固溶体。区域Ⅰ为 KNO_3 和 $TlNO_3$ 的熔融液体混合物为单相区。区域Ⅳ是 $TlNO_3(s)$ 在 $KNO_3(s)$ 中形成的固溶体 α_1，区域Ⅵ是 $KNO_3(s)$ 在 $TlNO_3(s)$ 中形成的固溶体 α_2，

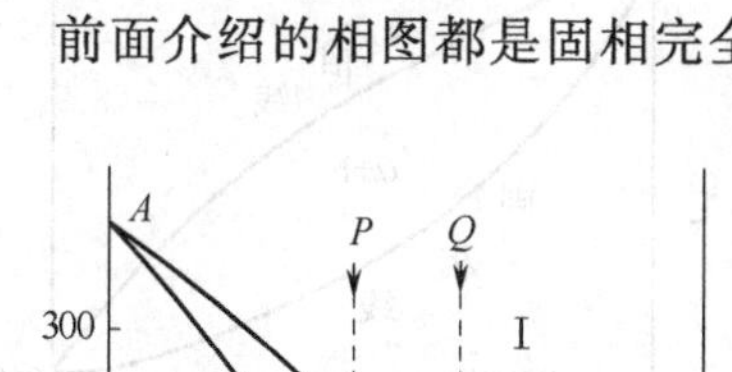

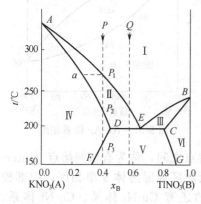

图 5-29　KNO_3-$TlNO_3$ 体系相图

都是单相区。区域Ⅱ、Ⅲ为两相区，前者是固溶体 α_1 与熔融液体平衡共存，后者是固溶体 α_2 与熔融液体平衡共存。区域Ⅴ是两个共轭的固溶体 α_1 和 α_2 平衡共存，不同温度下两共轭固溶体的组成分别由 *DF* 和 *CG* 曲线上的点确定。*E* 点为低共熔点。

AE 和 *BE* 曲线为液相线，*AD* 和 *BC* 曲线分别为与其熔融液体平衡共存的固溶体组成曲线，*DF* 和 *CG* 曲线分别为两个固液体 α_1 和 α_2 平衡组成随温度变化曲线，*DC* 线为三相线，三相组成分别由 *D*、*E*、*C* 点确定。

组成为 *P* 的熔融液体冷却到 P_1 的温度时，开始析出固溶体 α_1，继续冷却，固相组成沿 *aD* 曲线变化，液相组成沿 P_1E 曲线变化，冷却到 P_2 的温度时体系全部凝固变成为固溶体 α_1（单相），冷却到 P_3 的温度时出现固溶体 α_2，以后随温度继续降低两固溶体 α_1、α_2 组成分别沿 P_3F 和 *CG* 方向变化。

属于这种体系的还有 Cu-Ag、Pb-Sb、KNO_3-$NaNO_3$ 等。

5.6.2.2 体系有一转熔温度

图 5-30 为 FeO-MnO 体系的相图，这个相图可以看成是由具有一个不相合熔点的体系和固相部分互溶体系的相图上下拼接而成的。区域Ⅰ为熔化物单相区，区域Ⅳ、Ⅴ分别为固溶体 α_1、α_2 的单相区，而区域Ⅱ、Ⅲ分别是固溶体 α_1 和 α_2 与其熔化物平衡共存的二相区，区域Ⅵ是两个固溶体 α_1、α_2 平衡共存的二相区，*CED* 水平线为三相线。

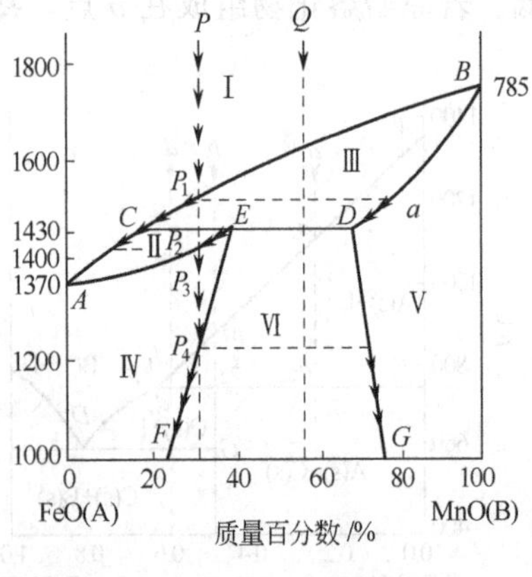

图 5-30 FeO-MnO 体系相图

组成为 *P* 的熔融液体冷却到 P_1 的温度时析出固溶体 α_2（组成为 *a*），继续冷却，固溶体 α_2 组成沿 *aD* 方向变化，熔融液体沿 P_1C 方向变化，当温度冷却到 P_2 的温度时，则发生下面转熔反应

$$\text{熔化物}(C)+\text{固溶体}\,\alpha_2(D)\longrightarrow\text{固溶体}\,\alpha_1(E)$$

此时体系三相平衡共存，$f^*=2-3+1=0$，体系无自由度，温度和组成皆不能变化，直到反应使固溶体 $\alpha_2(D)$ 消耗完后，体系进入二相区，温度又会继续下降，继续冷却固溶体 α_1 不断析出，固相组成沿 EP_3 线变化，熔化物组成沿 *CA* 方向变化，当温度降低到 p_3 的温度时，熔化物因固溶体析出而消失，体系进入 α_1(s) 单相区，继续冷却到 P_4 的温度时固溶体 α_2 又产生，体系变为两共轭固溶体 α_1、α_2 平衡共存，以后随温度降低两固溶体组成分别沿 *EF* 和 *DG* 曲线变化。冷却过程各相组成的变化情况如图中密箭头所示。组成为 *Q* 的体系冷却过程的相变化情况可仿照上面进行分析。

5.6.3 固相完全互溶

两个组分 A 和 B 在固相能以任何比例完全互溶，液相也能完全互溶，这种体系的 *T*-*x* 图与前面介绍过的完全互溶体系的气-液平衡相图完全相似，分为有居间熔点、有最高熔点和最低熔点几种类型。图 5-31 是 Au-Ag 体系的相图。二组分混合物的熔点介于两纯组分 Au 和 Ag 的熔点之间，称为有居间熔点（intermediate melting point）。高温区为熔化物（l）单相区，低温区为固溶体 α 单相区，中部梭形区为固溶体-熔化物两相平衡共存区。属于这种类型的还有 Cu-Ni 体系、Co-Ni 体系、$PbCl_2$-$PbBr_2$ 体系等。

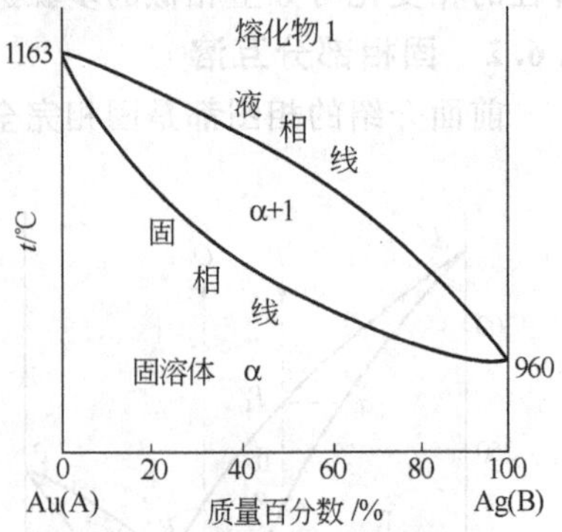

图 5-31 Au-Ag 体系相图

图 5-32 为 d-$C_{10}H_{14}NOH$-i-$C_{10}H_{14}NOH$ 体系的相图，是具有最高熔点的体系，而图 5-33 为 Cu-Au 体系的相图是具有最低熔点的体系。

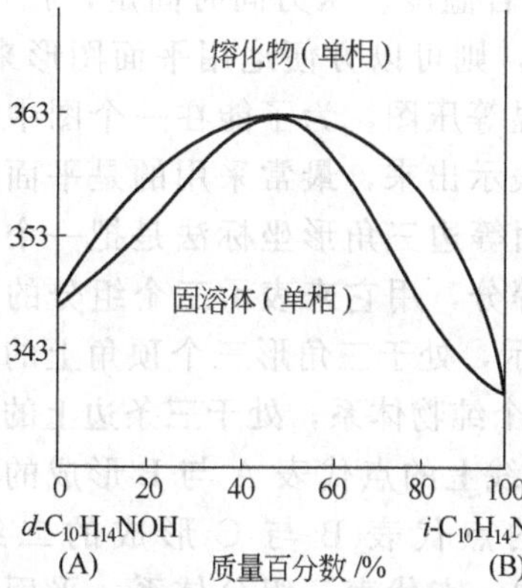

图 5-32　图 d-$C_{10}H_{14}NOH$-i-$C_{10}H_{14}NOH$ 体系相图

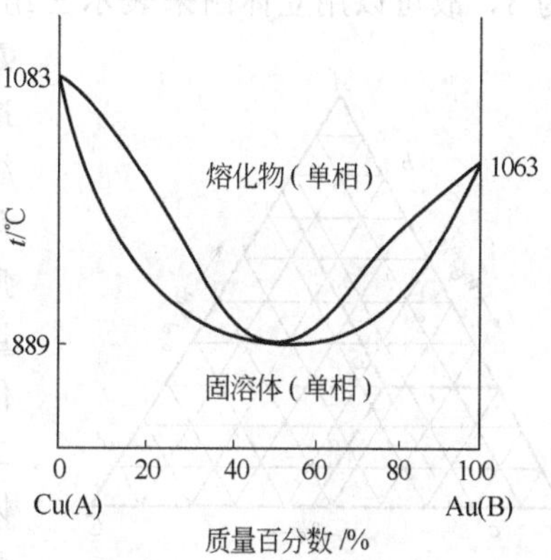

图 5-33　Cu-Au 体系相图

由于科学技术的发展，要求有很高纯度的金属，例如半导体材料锗和硅，要求纯度达 8 个 9 以上（即 99.999999%以上)。这样高的纯度，用一般的化学方法是达不到的。而区域熔炼（zone melting purification）则为制备高纯度物质提供了一个有效的方法。

例如，若金属 A 中含有杂质 B 后熔点降低其局部相图如图 5-34 (a)，杂质含量用 P 点表示，将此金属加热熔融（物系点到达 P' 点)，此时体系固-液两相平衡共存，两相组成不同，固相中杂质 B 的含量减少，液相中杂质 B 含量增加。若将此金属置于管式炉中，炉外有一个可以移动的加热环套如图 5-34 (b) 所示，让加热环套慢慢由左向右移动，则熔化区也由左向右慢慢移动，于是，右边的固体不断熔化，左边熔化的液体慢慢再凝结出来。由于析出的固相中杂质含量减少，液相中杂质含量不断提高，因此随着加热环套的移动，杂质也就由左向右富集，加热环套多次从左向右移动，则杂质也就一次又一次被“扫”到右边去了，而左边可得到纯度极高的金属。

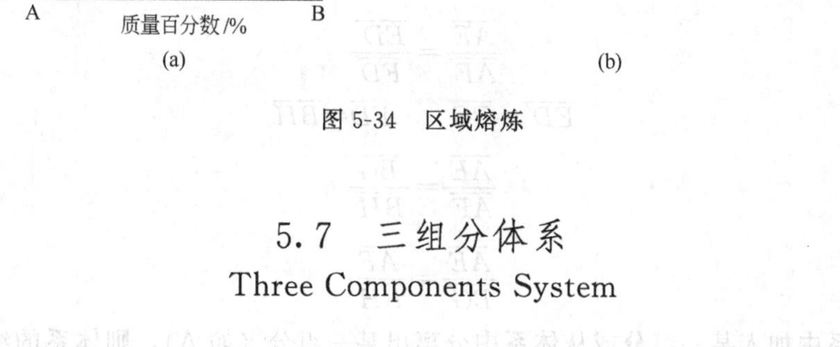

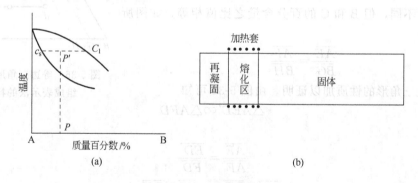

图 5-34　区域熔炼

5.7　三组分体系

Three Components System

5.7.1　等边三角形坐标法

对于三组分体系 $C=3$，根据相律 $f=3-\Phi+2=5-\Phi$，体系最多可有四个自由度（即温度、压力和两个浓度变量)，这时已不能用三维空间的几何图形表示体系的状态。对于一般的凝聚体系，压力对体系平衡影响很小，可以忽略。这时条件自由度 $f^{*}=4-\Phi$，f^{*} 最多可以为 3，故可以用立体图来表示三组分体系的状态。若温度、压力同时固定，$f^{**}=3-\Phi$，f^{**} 最多为 2，则可以方便地用平面图形来表示，这种平面图为等温等压图，为了能在一个图中把三个组分的组成同时表示出来，最常采用的是平面等边三角形坐标法。平面等边三角形坐标法是把一个等边三角形三条边 100 等分，用它来表示三个组分的百分含量。如图 5-35 所示，处于三角形三个顶角上的点分别代表 A、B、C 三个纯物体系，处于三条边上的点代表二组分体系：AB 线上的点代表 A 与 B 形成的二组分体系；BC 线上的点代表 B 与 C 形成的二组分体系……三角形内的一点代表三组分体系。采用反时针方向来表示三个组分的百分含量，即体系中 A 的百分含量由 $C\rightarrow A$ 之间的线段表示，B 的百分含量由 $A\rightarrow B$ 之间的线段来表示……由几何知识可知，过三角形内的一点 O 所引的三条平行于底边的线段 a、b、c 之和等于边长，即

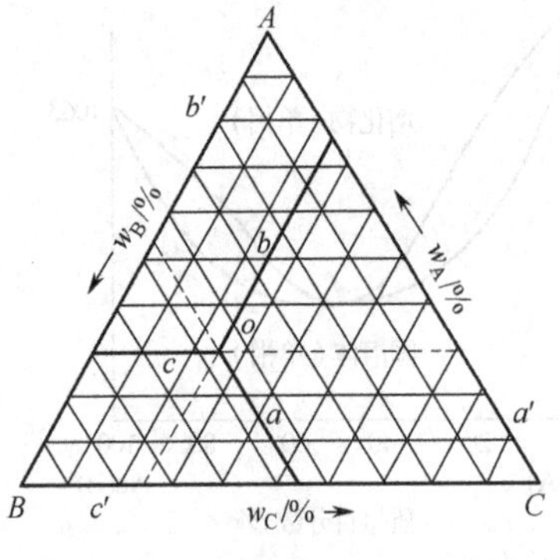

图 5-35　等边三角形坐标组成表示法

$$a+b+c=\overline{AB}=\overline{BC}=\overline{CA}=100\%$$

或

$$a'+b'+c'=100\%$$

故 O 点代表的体系其组成可用 a'、b'、c' 线段的长度来表示：线段 a' 代表体系中 A 的百分含量，b' 代表 B 的百分含量，c' 代表 C 的百分含量。

等边三角形坐标表示的组成有以下几个特点。

① 处于平行于底边的一直线上的不同体系如 d、e、f 代表的体系，其中含顶角 A 组分的百分含量相同，如图 5-36 所示。因为这些体系中 A 的百分含量皆用线段 a' 来表示。

② 处于过顶点 A 的直线上的不同体系 D 和 D'，其中 A 的百分含量不同，但 B 和 C 的百分含量之比值相等。如图所示，即

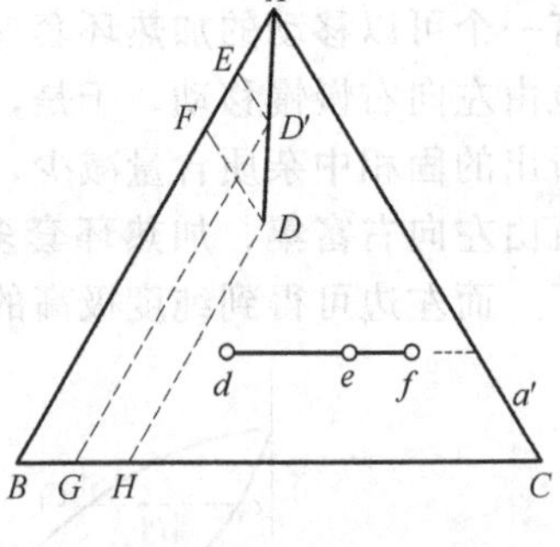

图 5-36　等边三角形坐标的组成表示法的特征

$$\frac{\overline{AE}}{\overline{BG}}=\frac{\overline{AF}}{\overline{BH}}$$

这可由等边三角形的性质加以证明。由图 5-36 可知

$$\triangle AED' \backsim \triangle AFD$$

故

$$\frac{\overline{AE}}{\overline{AF}}=\frac{\overline{ED'}}{\overline{FD}}$$

而

$$\overline{ED'}=\overline{BG} \qquad \overline{FD}=\overline{BH}$$

故

$$\frac{\overline{AE}}{\overline{AF}}=\frac{\overline{BG}}{\overline{BH}}$$

或

$$\frac{\overline{AE}}{\overline{BG}}=\frac{\overline{AF}}{\overline{BH}}$$

③ 在体系中加入某一组分或从体系中分离出某一组分（如 A），则体系的组成将沿着通过 A 点的直线变动（因为其他两组分的量未改变，两组分的百分含量之比值不变），前者加入组分 A 时，体系沿靠近 A 点的方向移动，而当从体系中分离出组分 A 时，体系组成沿远

离 A 点的方向移动。

④ 组成为 D、E 的两个三组分体系合成一个新体系时，新体系 O 的组成必位于 DE 连线上，如图 5-37 所示，并且 D 相和 E 相的量服从杠杆规则，即

$$W_D\,\overline{OD}=W_E\,\overline{OE}$$

下面简单进行证明。设 O 点不在 DE 的连接线上，例如在 O'。过 D、O'、E 三点分别做平行于 AB、BC 的平行线段交底边于 I、J、K 和 I'、J'、K'。延长 $J'O'$ 交 DI 于 G，延长 $K'E$ 交 DI 于 F，交 $O'J$ 于 H，则

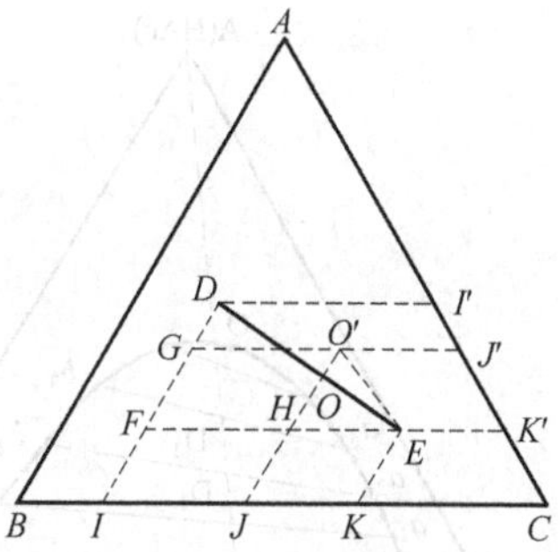

图 5-37　杠杆规则证明

$$\overline{HE}=\overline{JK}$$
$$\overline{FE}=\overline{IK}$$
$$\overline{O'H}=\overline{J'K'}$$
$$\overline{DF}=\overline{I'K'}$$

设体系的总质量为 W，D 相质量为 W_D，E 相质量为 W_E，则总体系中组分 C 的质量等于 D 相和互相中组分 C 的质量之和

$$W\times\overline{BJ}=W_D\,\overline{BI}+W_E\,\overline{BK}=W_D\,\overline{BI}+(W-W_D)\overline{BK}=W_D\,\overline{BI}+W\,\overline{BK}-W_D\,\overline{BK}$$

$$W_D(\overline{BK}-\overline{BI})=W(\overline{BK}-\overline{BJ})$$

或

$$W_D\,\overline{IK}=W\,\overline{JK}$$

即

$$\frac{W_D}{W}=\frac{\overline{JK}}{\overline{IK}} \tag{1}$$

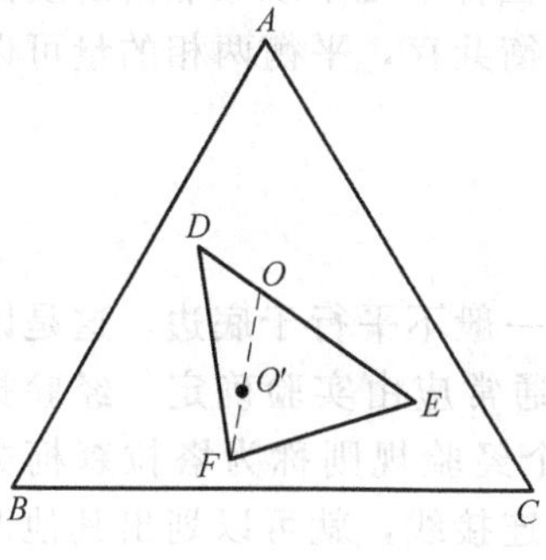

图 5-38　杠杆规则

采用相同的推证可以得到

$$\frac{W_D}{W}=\frac{\overline{J'K'}}{\overline{I'K'}} \tag{2}$$

于是

$$\frac{\overline{JK}}{\overline{IK}}=\frac{\overline{J'K'}}{\overline{I'K'}} \tag{3}$$

即

$$\frac{\overline{HE}}{\overline{FE}}=\frac{\overline{O'H}}{\overline{DF}}$$

又

$$\angle DFE=\angle O'HE$$

所以

$$\triangle O'HE\backsim\triangle DFE$$

即

$$\angle O'EH=\angle DEF$$

故 O' 点必在 DE 连接线上，且必为 O 点，这就是等边三角形坐标的连线规则。

$$\frac{W_D}{W}=\frac{\overline{JK}}{\overline{IK}}=\frac{\overline{OE}}{\overline{DE}}$$

$$\frac{W_D}{W_E}=\frac{\overline{OE}}{\overline{OD}}$$

或

$$W_D\,\overline{OD}=W_E\,\overline{OE}$$

这就是等边三角形坐标的杠杆规则。

⑤ 组成为 D、E、F 的三个体系合成一个新体系时，新体系 O' 必在三角形 DEF 内，并可两次使用杠杆规则求出新体系 O' 来：先利用杠杆规则求出 D 和 E 两个体系合成的新体系 O，再利用杠杆规则求出 O 和 F 体系合成的新体系 O' 来，如图 5-38 所示。

三组分体系相图类型很多，下面我们仅讨论几种简单的类型。

5.7.2 部分互溶三液体系的液-液平衡

5.7.2.1 一对液体部分互溶

三液体中有一对液体部分互溶，例如醋酸(A)-氯仿(B)-水(C) 三液体体系，在一定温度下，氯仿（B）和水（C）只能部分互溶，而醋酸（A）和水（C）、醋酸（A）和氯仿（B）则可以以任意比例完全互溶，其相图如图 5-39 所示，BC 代表氯仿-水二组分体系，当体系中水的百分含量在 Ba 和 bC 之间时，氯仿和水可以完全互溶，但当组成在 ab 之间时（如组成为 D）则体系分为两液层，两液层的组成分别以 a 和 b 表示，a 为水在氯仿中的溶解度（a 层为氯仿层），b 为氯仿在水中的溶解度（b 为水层），a、b 为两个共轭溶液。在组成为 D 的体系中加入第三个组分醋酸（A），体系成为三组分体系，物系点进入三角形内沿着 DA 方向变化，当物系点变到

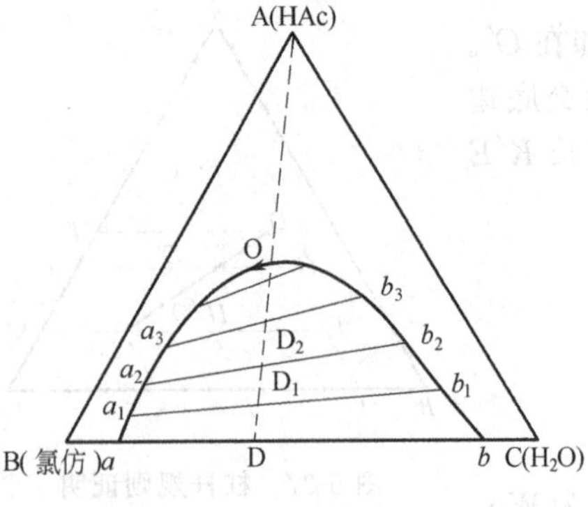

图 5-39 一对液体部分互溶

到 D_1 时，两液层的组成分别变到 a_1 和 b_1。a_1、b_1 也是两个共轭溶液，a_2、b_2 是另两个共轭溶液。a_1b_1，a_2b_2，这些线段为两共轭溶液组成点的连接线。$aa_1a_2\cdots O$ 曲线是水在氯仿中的溶解度随 HAc 的加入而变化的曲线，称为水在氯仿中的溶解度曲线；$bb_1b_2\cdots O$ 曲线为氯仿在水中的溶解度曲线，O 点为临界溶解点或等温会溶点（isothermalplait point），$aa_1\cdots O\cdots b_1b$ 曲线称为双结点溶解度曲线（binodal solubility curve）。当体系处于双结点溶解度曲线围成的帽形区内，如 D_2 点时，体系为两共轭溶液 a_2 和 b_2 平衡共存，平衡两相的量可以由杠杆规则确定，即

$$W(a_2)\overline{a_2D_2}=W(b_2)\overline{D_2b_2}$$

在帽形区以外为三组分互溶的单相区。

与二组分液-液平衡（图 5-17）不同，两共轭溶液的连接线一般不平行于底边，这是因为组分 A(HAc) 在两共轭液层中的含量通常不相等，连接线通常应由实验确定。经验指出，这些连接线的延长线大致交于底边延长线上的一点，这个经验规则称为塔拉森柯夫（Тарасенков）规则。根据这个规则，只要知道了少数的一两条连接线，就可以划出其他两共轭溶液的连接线。同时，由图还可以知道临界溶解点 O 通常也不在帽形区的最高点，这里临界溶解点指组成，不是指温度。

上面的三角形平面图是在指定温度下的等温组成图。如果在恒压下温度发生变化，则得到图 5-40 立体图。侧面 $BB'C'C$ 是组分 B（氯仿）和 C(H_2O) 的二组分体系的温度-组成图，K 点为临界溶解点，底面为 ABC 三组分体系的等温图。随着温度升高，相互溶解度增大，不互溶区域缩小，双结点溶解度曲线所围的区域缩小；$a'o'b'$ 是较高温度下的双结点溶解度曲线，温度继续升高曲线最后可缩为一点 K（K 的位置可能在三棱柱体内）。这种立体图使用起来很不方便，常把不同温度的双结点溶解度曲线投影到底面上，则得到图 5-41 的三组分体系的投影图，图中曲线为等温溶解度曲线，o、o'、o'' 为各温度下的会溶点。当温度升高时，完全互溶区扩大，部分不互溶区缩小，等温溶解度曲线所围的区域越小，如图所示。

5.7.2.2 两对或三对液体部分互溶

有两对液体彼此部分互溶，如乙烯腈（A)-水(B)-乙醇(C) 体系，水与乙醇可以任意比例完全互溶，而乙烯腈与水、乙烯腈与乙醇则只能部分互溶，其相图如图 5-42（a）所示，区域 aEb 和 cFd 为二相区，二相区内两共轭溶液平衡共存，两相组成由连接线确定。两相

的量满足杠杆规则。二相区以外为三组分完全互溶的液相区。温度降低时，部分互溶区域扩大，两个部分互溶区域会连在一起，如图 5-42（b）所示。

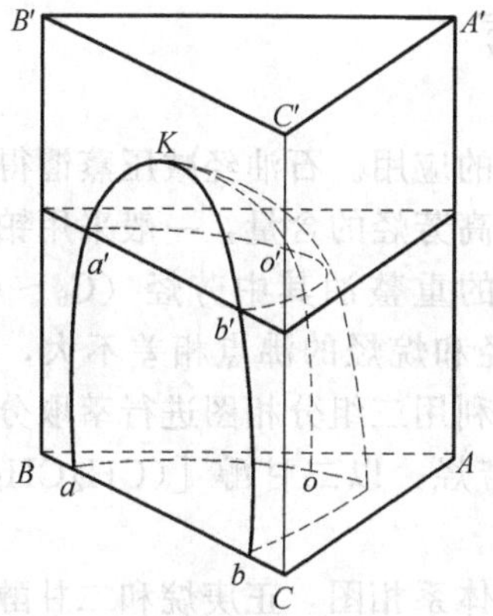

图 5-40 一对液体部分互溶的三组分体系的 T-x 图

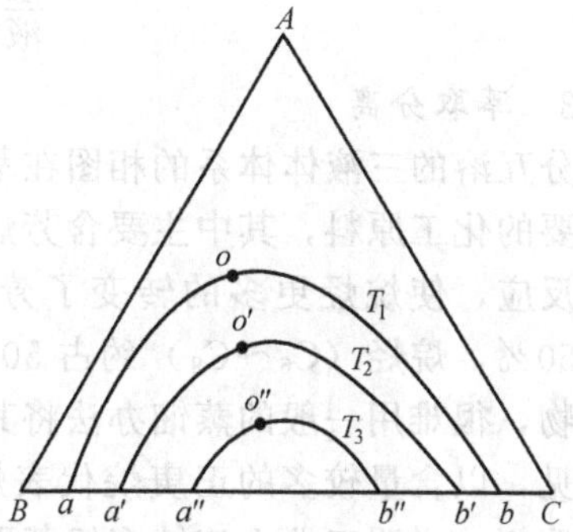

图 5-41 三角形投影图

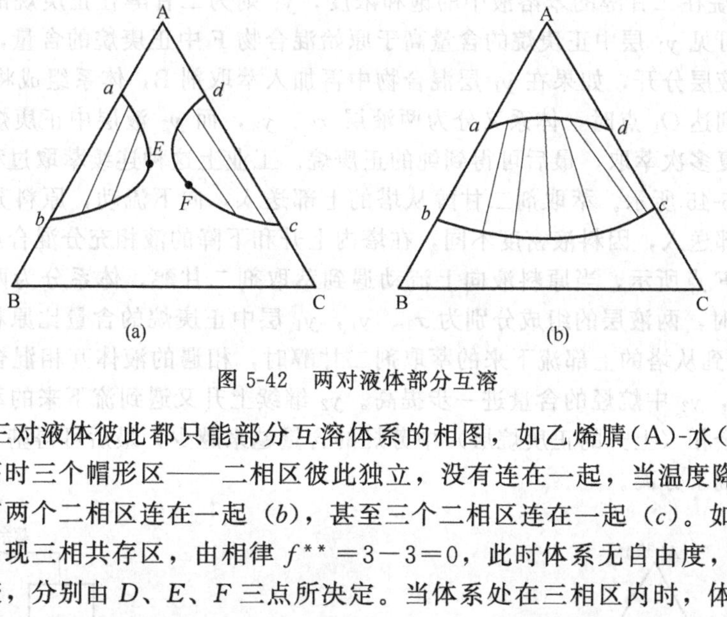

图 5-42 两对液体部分互溶

图 5-43 为三对液体彼此都只能部分互溶体系的相图，如乙烯腈(A)-水(B)-乙醚(C)体系，在温度较高时三个帽形区——二相区彼此独立，没有连在一起，当温度降低时部分互溶区扩大，可能有两个二相区连在一起（b），甚至三个二相区连在一起（c）。如果三个二相区连在一起则会出现三相共存区，由相律 $f^{**}=3-3=0$，此时体系无自由度，温度一定时各相组成不能改变，分别由 D、E、F 三点所决定。当体系处在三相区内时，体系三相平衡共存，三个相的量可由杠杆规则确定。例如若有一体系其组成可用 P 点表示，连接 EP 延长至G，则

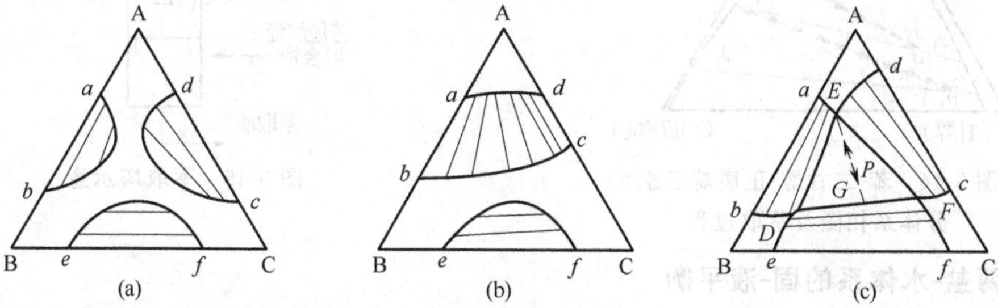

图 5-43 三对液体彼此部分互溶

$$\frac{\text{液相 E 的质量}}{\text{液相(D+E)的质量}}=\frac{\overline{PG}}{\overline{EP}}$$

$$\frac{\text{液相 D 的质量}}{\text{液相 F 的质量}}=\frac{\overline{GF}}{\overline{DG}}$$

5.7.2.3 萃取分离

部分互溶的三液体体系的相图在萃取分离中有广泛的应用。石油经减压蒸馏得到的轻质油是重要的化工原料，其中主要含芳烃和烷烃，为了提高芳烃的含量，一般采用铂催化剂进行重整反应，使烷烃更多的转变了芳烃，经铂重整后的重整油其中芳烃（C_6～C_8）约占30%～50%，烷烃（C_6～C_9）约占50%～70%。但芳烃和烷烃的沸点相差不大，易形成恒沸混合物，很难用一般的蒸馏办法将其分离，这时可以利用三组分相图进行萃取分离。为了简便起见，以含量较多的正庚烷代表烷烃，以苯代表芳烃，以二甘醇［$(CH_2CH_2OH)_2O$］作为萃取剂，说明工业上连续多级萃取过程。

图5-44为苯（A)-正庚烷(C)-二甘醇(B）的三组分体系相图，正庚烷和二甘醇只能部分互溶。一个含苯（A）和正庚烷（C）的混合液体，若原始组成在F点，当在体系中加入萃取剂二甘醇（B），则体系组成沿FB方向变化，当物系点达O点时体系分为两个液层x_1、y_1，x_1为正庚烷在二甘醇的苯溶液中的饱和浓度，y_1则为二甘醇在正庚烷的苯溶液中的饱和浓度。由图可见y_1层中正庚烷的含量高于原始混合物F中正庚烷的含量，这是一次萃取的结果。将两液层分开，如果在y_1层混合物中再加入萃取剂B，体系组成将沿y_1B方向移动，当物系点到达O_1点时，体系又分为两液层x_2、y_2，而y_2液层中正庚烷的含量进一步提高。如此反复多次萃取，最后可得到纯的正庚烷。工业上这种连续萃取过程是在萃取塔中完成的，如图5-45所示。萃取剂二甘醇从塔的上部送入，向下流动，原料芳烃和烷烃的混合物由塔的下部送入，因料液密度不同，在塔内上升和下降的液相充分混合反复萃取。设原料液的组成为F点所示，当原料液向上流动遇到萃取剂二甘醇，体系分为两液层，当萃取剂含量达O点时，两液层的组成分别为x_1、y_1，y_1层中正庚烷的含量比原料液中提高，上升的y_1液层遇到从塔的上部流下来的萃取剂二甘醇时，相遇的液体互相混合又分为两个新的液层x_2、y_2，y_2中烷烃的含量进一步提高。y_2继续上升又遇到流下来的萃取剂，如此连续进行，则萃余相（上升的正庚烷层）中芳烃的含量越来越少，最后可得基本上不含芳烃的烷烃，因而实现了分离。

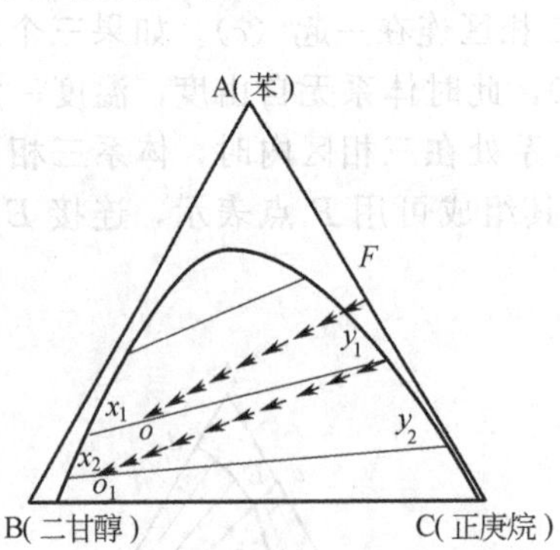

图5-44 苯-二甘醇-正庚烷三组分体系相图及萃取过程

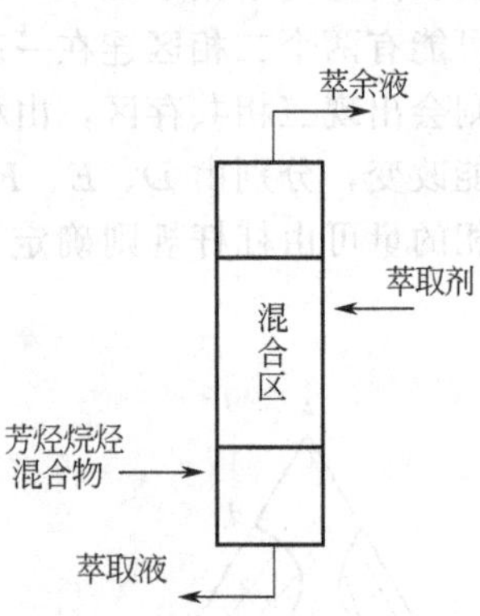

图5-45 萃取塔示意

5.7.3 两盐-水体系的固-液平衡

两盐-水的三组分体系相图类型很多，这里仅讨论固体的两种盐含有一个共同的离子这类三组分体系（否则由于盐的交互作用，体系将变得很复杂，如$NaNO_3$和KCl，由于交互作用可以生成 NaCl 和 KNO_3，这种体系称三元交互体系，不在基础课中讨论)。

5.7.3.1 两种盐不形成水合物或复盐

如 KNO_3-$NaNO_3$-H_2O 体系，其组成如图 5-46 所示：D、F 分别为 B(KNO_3)、C($NaNO_3$) 在水中的饱和浓度(溶解度)，DE 是 B(KNO_3) 在含有 C($NaNO_3$) 的水溶液中的溶解度曲线，曲线上的点表示与固态B(KNO_3) 平衡共存的液相的组成；FE 是 C($NaNO_3$) 在含有 B(KNO_3) 的水溶液中的溶解度曲线，曲线上的点表示与固态 $NaNO_3$ 平衡共存的液相组成。E 点对 KNO_3(s) 和 $NaNO_3$(s) 皆是饱和的称为共晶点。区域 $ADEF$ 为含 KNO_3 和 $NaNO_3$ 的不饱和溶液单相区，区域 BDE 为固相 B(KNO_3) 与其饱和溶液平衡共存的二相区，区域 EFC 为固相 C($NaNO_3$) 与其饱和溶液平衡共存的二相区。二相区内的这些线段为连接固相与其饱和溶液组成的连接线。当一体系处于二相区时如体系 Q，此时体系为两相平衡共存，平衡两相的组成由连接线的两端点所确定，即固相为纯 KNO_3(B 点)，而饱和溶液的组成由 N 点确定，两相的量之间服从杠杆规则

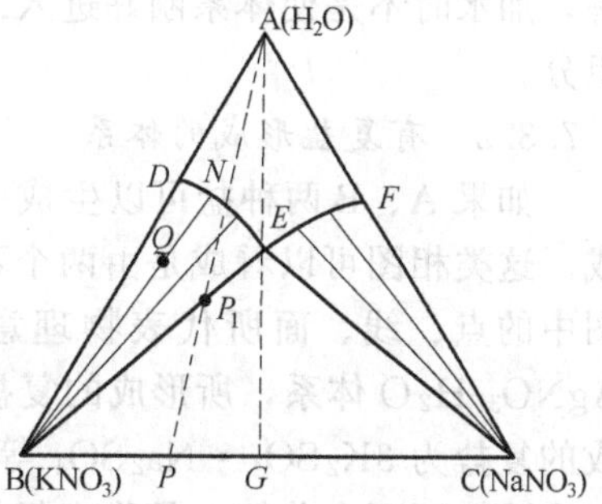

图 5-46 KNO_3-$NaNO_3$-H_2O 相图

$$\frac{W(\text{液相})}{W(\text{固相})}=\frac{\overline{BQ}}{\overline{NQ}}$$

区域 BEC 为三相区，由相律 $f^{**}=3-3=0$，可知此时体系无自由度，三相的组成不能任意变化，分别由 B、C、E 点描述。

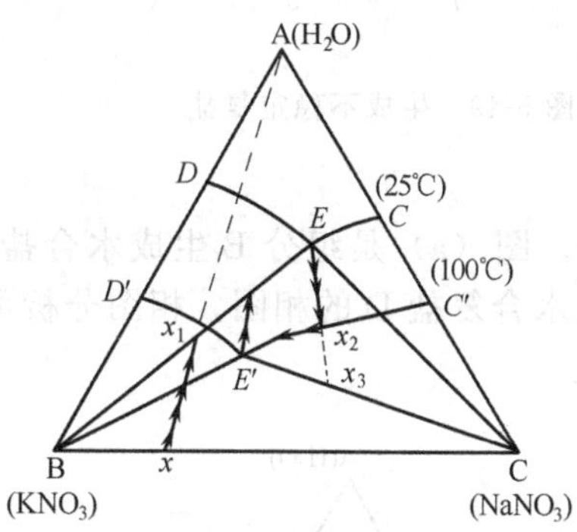

图 5-47 KNO_3-$NaNO_3$-H_2O 体系的双温度图

利用这种相图可以进行盐的分离提纯。例如，有一 KNO_3 和 $NaNO_3$ 的固体混合物其组成为 P（图 5-46），为了分离提纯，可向体系加入水使物系点刚好进入 BDE 二相区，如 P_1 点（加水量可由相图计算），这时固体 $NaNO_3$ 恰好全部溶解完，剩下未溶的固相即为纯 KNO_3(s)，过滤即得纯组分 B(KNO_3)。若原始混合物的组成在 AG 线的右边，加水溶解后可以分离出纯的组分 C($NaNO_3$)；但是，仅仅如上面这样加水溶解（或将含 B、C 的不饱和溶液等温蒸发)，都只能分离出一个纯组分，不能同时将两组分完全分离。为了获得两个纯组分，可以使用双温度投影图。图 5-47 是将两个温度下的等温线画在同一图上得到的双温度投影图。

下面仍以 KNO_3-$NaNO_3$-H_2O 体系的相图为例，讨论如何利用双温度相图进行分离提纯。如图 5-47 所示，图中是 25℃及 100℃时 KNO_3-$NaNO_3$-H_2O 体系的三组分体系的双温度图。E 和 E' 分别为 25℃和 100℃的共晶点（cocrystal point)。设有一 KNO_3 和 $NaNO_3$ 的混合物，其中含 KNO_3 75%，即物系点为图 5-47 中 x 点。在 25℃将混合物加水使物系点刚好落在 BDE 区内（加水量可由相图预先计算）的 x_1 点，此时 $NaNO_3$ 正好全部被溶解在水中，未溶解的固相便是纯 KNO_3，滤出固体 KNO_3，液相组成为 E 点所示。将此溶液加热至 100℃并蒸发除去水分，当物系点达到 x_2 时开始析出 $NaNO_3$ 固体，继续蒸发使物系点接近 x_3，可得到最多的固体 $NaNO_3$，滤出固体，溶液组成为 E'。溶液 E' 还可以继续分离提纯：将溶液 E' 冷却到 25℃，并加入水使体系内 $NaNO_3$ 溶解，体系刚好进入 BDE 二相区又可以分离出部分纯 KNO_3，液相点又落在 E 点……如此升温、蒸发、冷却、加水反复循环操作

即可将 KNO_3 和 $NaNO_3$ 混合物分离开。在实际操作过程中，为了使其中一个组分能完全溶解，加水时不是使体系刚好进入二相区，而是稍过量一点，这样才能保证未溶解的组分是纯组分。

5.7.3.2　*有复盐形成的体系*

如果 A、B 两种盐可以生成一个复盐 mB・nC，其相图如图 5-48 所示，D 表示复盐组成。这类相图可以看成是由两个不生成复盐和水合物的简单体系的相图左右拼接而成的。相图中的点、线、面所代表物理意义可依照前面进行分析。属于这类体系的有 NH_3NO_3-$AgNO_3$-H_2O 体系，所形成的复盐为 $NH_4NO_3 \cdot AgNO_3$；Na_2SO_4-K_2SO_4-H_2O 体系，所形成的复盐为 $3K_2SO_4 \cdot Na_2SO_4$ 等。图 5-48 复盐 D 位于 AI 和 AJ 之间，这类复盐加水时只发生溶解而不会分解，是稳定复盐；但若复盐 D 位于 IJ 之外，则复盐加水时就会分解为组分 B 或组分 C，这种复盐是不稳定的，如图 5-49 所示。

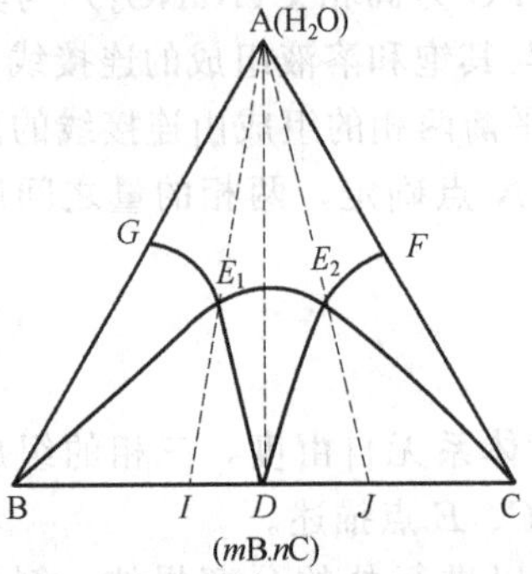

图 5-48　生成稳定复盐

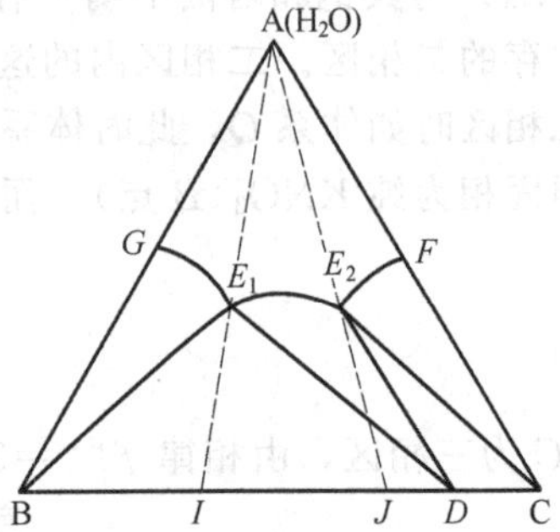

图 5-49　生成不稳定复盐

5.7.3.3　*有水合物生成的体系*

有水合物生成的体系其相图如图 5-50（a）、（b）所示。图（a）是组分 B 生成水合盐，图（b）是组分 C 生成水合盐。图 5-50（c）是 B 与 C 生成水合复盐 D 的相图。相图分析可依照前面进行。

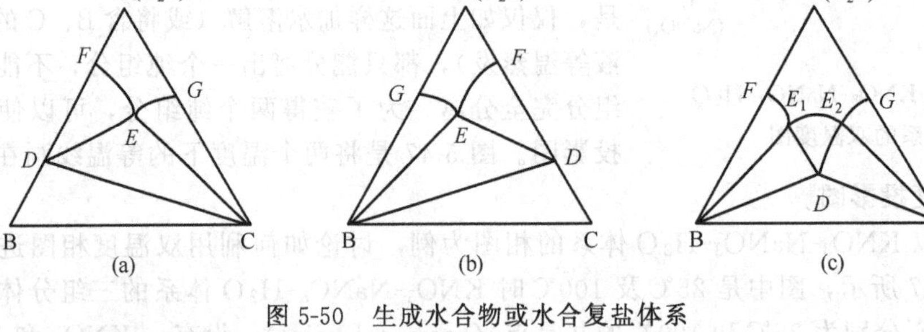

图 5-50　生成水合物或水合复盐体系

5.7.4　三组分低共熔混合物的相图

最后简单介绍三个组分固相完全不互溶，液相完全互溶的简单低共熔混合物体系的相图。图 5-51 是 Bi-Sn-Pb 三组分体系的相图，图中（a）表示在 101.325kPa 下的温度-组成图。这个三棱柱的三个侧面分别为 Bi-Sn、Sn-Pb 和 Bi-Pb 三个二组分简单低共熔体系的相图，L_1、L_2、L_3 为三个二组分体系的低共熔点。L_1L_4 线是 Bi-Sn 体系中加入 Pb 而引起的低共熔点降低曲线，L_2L_4 是 Sn-Pb 体系中加入 Bi 引起低共熔点降低曲线，L_3L_4 是 Bi-Pb 体系中加入 Sn 引起的低共熔点降低曲线，三条曲线的交点 L_4 代表的熔融液体对 Bi(s)、

Sn(s)、Pb(s) 三个组分皆是饱和的，又称为三组分低共熔点。Bi-Sn-Pb 体系的三组分低共熔点的温度为 96℃，低共熔混合物的组成为 53%Bi、15%Sn、32%Pb。若将三条低共熔线 L_1L_4、L_2L_4、L_3L_4 及不同温度下的截面图投影在底面上则得到三组分低共熔体系的多温度投影图［图 5-51 (b)］，这种投影图使用起来比三棱柱立体图方便。

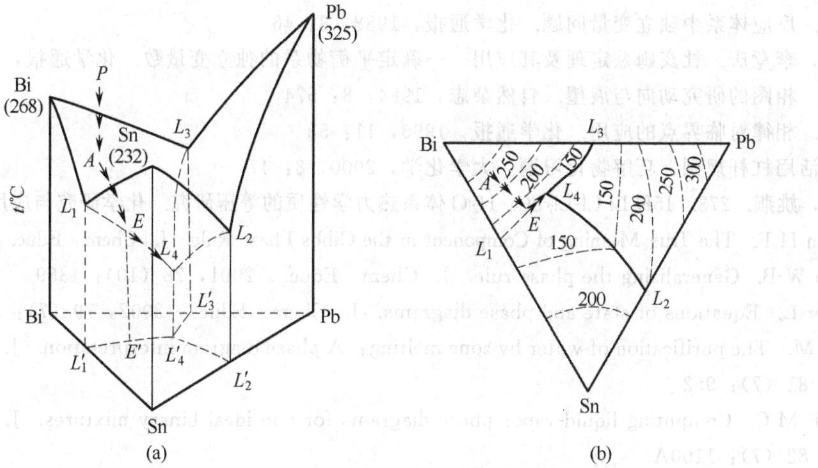

图 5-51　三组分低共熔体系相图

下面，我们利用投影图来分析一个三组分体系在温度逐渐降低过程的相变化情况。设体系组成为 P 点所示，当体系从高温的熔融液体逐渐冷却到 217℃（到达 Bi$L_1L_4L_3$ 曲面 A 点）时开始析出固体 Bi，溶液组成将沿 AE 线变化，当温度降到约 140℃时（液相组成到达 L_1L_4 曲线上 E 点）Sn 开始析出，继续冷却 Bi、Sn 同时析出，液相组成沿 EL_4 方向变化，到达 L_4(96℃）时，Pb 也开始析出，此时四相同时平衡共存，$f^*=3-4+1=0$，体系无变量，继续冷却体系最后全部干涸。以后，温度又可以变化。

相图的种类很多，各种体系的相图有各自的特征，上面介绍的都是一些简单的典型相图，复杂的相图可以看成由这些简单相图的恰当拼接组合而成。通过这些相图的学习，要求能够看懂较为复杂的相图，并能利用相图进行分离提纯。

本章学习要求

1. 掌握相、组分、自由度的准确定义，了解 Gibbs 相律的导出并能利用 Gibbs 相律对相图进行分析。

2. 掌握单组分体系相图的特征，能利用克拉贝龙方程式对单组分体系两相平衡进行定性分析和定量计算。

3. 掌握二组分体系气-液平衡、液-液平衡、固-液平衡等各类典型相图的特征、绘制方法，能根据相图设计出分离提纯物质的工艺操作条件。

4. 能用杠杆规则对相平衡体系进行定量计算。

5. 了解蒸馏、精馏、溶解、结晶、水蒸气蒸馏、区域熔炼等提纯物质的方法。

6. 掌握等边三角形坐标法表示组成的特征。

7. 掌握部分互溶的三液体体系相图的特征以及工业上萃取分离的原理。

8. 掌握两盐-水体系的相图，能利用相图进行分离提纯。

9. 通过简单相图的学习能看懂较为复杂的相图。

参考文献

1 廖兴树．谈谈相律中的组分数．化学通报，1986，10：47

2 潘锟．关于相律中 R' 含义的意见．教材通讯，1987，2：44

3 印永嘉，袁云龙．关于相律中的自由度的概念．大学化学，1989，1：39

4 殷福珊．反应体系中独立变量问题．化学通报，1988，8：46

5 崔志娱，李竟庆．杜亥姆兹定理及其应用——确定平衡物系的独立变量数．化学通报，1988，5：44

6 庄育智．相图的研究动向与展望．自然杂志，1984，8：574

7 王健吉．相律对临界点的应用．化学通报，1990，11：58

8 郑沱．活用杠杆规则，巧解物化习题．大学化学，2000，8：47

9 李飞飞，姚燕．273．15K $LiCl\text{-}Li_2SO_4\text{-}H_2O$ 体系热力学性质的等压研究．化学研究与应用，2004，1：16

10 Franzen H F. The True Meaning of Component in the Gibbs Phase Rule. J. Chem. Educ., 1986, 63: 948

11 Jensen W B. Generalizing the phase rule. J. Chem. Educ., 2001, 78 (10): 1369

12 Glasser L. Equations of state and phase diagrams. J. Chem. Educ., 2002, 79 (7): 874

13 Jemal M. The purification of water by zone melting: A phase diagram interpretation. J. Chem. Educ., 2004, 81 (7): 952

14 Chen F M C. Computing liquid-vapor phase diagrams for non-ideal binary mixtures. J. Chem. Educ., 2005, 82 (7): 1100A

思 考 题

1. NH_4HCO_3(s) 和 $CaCO_3$(s) 分别达分解平衡，体系的组分数各为多少？

2. $CaCO_3$(s) 和 $CaCl_2$(s) 充分研磨混合均匀后体系有几个相？金和银在高温下熔融后冷却为固体，此时体系有几个相？

3. 葡萄糖的水溶液和纯水可以达渗透平衡，此时纯水和葡萄糖水溶液的压力不相等，体系的自由度为多少？

4. 恒温下反应 $FeO(s) \xlongequal{} Fe(s)+\frac{1}{2}O_2(g)$ 达平衡，如果在体系中加入 2molO_2(g)，体系达平衡时的气相压力是否会改变？

5. 一个二组分体系，在一定温度和压力下体系为两相平衡共存，试问两平衡相的组成是否完全被确定？体系的总组成也是否被完全确定？

6. 在恒定温度下保持水和水蒸气平衡共存，若将体系的体积缩小，体系压力是否会升高？将体积增大，体系压力是否会降低？

7. 二组分理想液体混合物达气-液平衡，由于各组分均遵守拉乌尔定律，所以气相组成 y_A、y_B 和液相组成 x_A、x_B 之间存在关系式 $y_A p = p_A^* x_A$ 和 $y_B p = p_B^* x_B$，因此体系有两个浓度限制条件，$R'=2C=S-R'=2-2=0, f=C-\Phi+2=0-2+2=0$，上述结论是否正确？

8. 若 A 和 B 能生成两种稳定化合物，在 A、B 二组分体系的固-液平衡相图中会有几个高熔点？可形成几个低共熔混合物？

9. 试用相律解释为什么恒沸混合物有恒定的沸点？改变体系的压力，恒沸混合物的组成是否会变化？

10. 在二组分固-液平衡相图中，若一物系点处于水平线段上，体系为三相平衡共存，若一物系点处于水平线的端点上，此时体系是否仍有三相平衡共存？

11. 一个二组分体系三相平衡共存，能否用杠杆规则求算三个相的量？为什么？

12. 试证明若组成坐标用质量百分数表示时，杠杆规则仍能适用。

习 题

5-1 试确定 $H_2(g)+I_2(g) \xlongequal{} 2HI(g)$ 平衡体系的独立组分数。

(1) 反应前只有 HI(g)；

(2) 反应前有等物质量的 $H_2(g)$ 和 $I_2(g)$；

(3) 反应前有任意量的 $H_2(g)$、$I_2(g)$ 和 $HI(g)$。

5-2 若体系中有下列物质存在，而且物质之间建立了化学平衡，试确定体系的独立组分数。

(1) 固体 HgO、气体 Hg 和 O_2；

(2) 固体 C、气体 H_2O、H_2、CO 和 CO_2；

(3) 固体 Fe 和 FeO、气体 CO 和 CO_2。

5-3 指出下列各体系的独立组分数、相数和自由度各为多少。

(1) $NH_4Cl(s)$ 部分分解为 $NH_3(g)$ 和 $HCl(g)$；

(2) $NH_4HS(s)$ 和任意量的 $NH_3(g)$ 和 $H_2S(g)$ 混合达平衡；

(3) 25℃、101.325kPa 下固体 NaCl 与其水溶液达平衡。

5-4 指出下列平衡体系的独立组分数和自由度。

(1) 在 101.325kPa 下 NaCl 与含有 HCl 的 NaCl 水溶液平衡共存；

(2) NiO(s)、Ni(s) 和 $H_2O(g)$、$H_2(g)$、CO(g) 及 $CO_2(g)$ 平衡共存。

5-5 将 $NH_4HCO_3(s)$ 放入一抽空的容器中，则 NH_4HCO_3 部分分解达平衡

$$NH_4HCO_3(s) \rightleftharpoons NH_3(g) + CO_2(g) + H_2O(g)$$

求该体系的独立组分数和自由度。若体系中预先充入一定量的 $H_2O(g)$，则独立组分数和自由度又为多少？

5-6 已知 $Na_2CO_3(s)$ 和水 (l) 可以形成三种水合物：$Na_2CO_3 \cdot H_2O(s)$、$Na_2CO_3 \cdot 7H_2O(s)$ 及 $Na_2CO_3 \cdot 10H_2O(s)$。

(1) 在 101.325kPa 下与 Na_2CO_3 水溶液及冰平衡共存的固相含水盐最多可有几种？

(2) 在 293.15K 与水蒸气平衡共存的固相含水盐最多可有几种？

5-7 高温下用碳还原 ZnO(s)，达平衡后体系中有 ZnO(s)、C(s)、Zn(g)、CO(g) 和 $CO_2(g)$ 五种物质存在，写出独立的化学平衡方程式及浓度限制条件，确定体系的独立组分数及自由度。

5-8 液态 As 的蒸气压 p 与温度的关系为 $\ln p/\text{Pa} = -\dfrac{8379}{T/\text{K}} + 22.8$

固态 As 的蒸气压 p 与温度的关系为 $\ln p/\text{Pa} = -\dfrac{23563}{T/\text{K}} + 36.8$

(1) 求 As 的固、液、气三相平衡共存的温度及压力；

(2) 求 As (l) 的摩尔蒸发焓、As (s) 的摩尔熔化焓及升华焓；

(3) 求三相点处熔化过程的摩尔熵变 $\Delta_{fus}S_m$。

5-9 在海拔 4500m 的西藏高原上大气压为 57.3kPa，试根据下面的经验公式计算水的沸点并求水的摩尔蒸发焓（公式适用范围 0～100℃）

$$\ln p/\text{Pa} = -\frac{5216}{T/\text{K}} + 25.551$$

5-10 汞的正常沸点为 356.9℃，试估算 25℃汞的蒸气压。

5-11 Hg 在其正常熔点 −38.9℃时的熔化焓为 $11.8\text{J} \cdot \text{g}^{-1}$，Hg(s) 和 Hg(l) 在 −38.9℃、101.325kPa 下的密度分别为 $14.93\text{g} \cdot \text{cm}^{-3}$ 和 $13.69\text{g} \cdot \text{cm}^{-3}$，求 Hg 在 101.325×10^5Pa 及 810.6×10^5Pa 下的熔点。

5-12 已知固体苯在 273.15K 时蒸气压为 3.27kPa，293.15K 时为 12.303kPa；液体苯的蒸气压在 293.15K 时为 10.021kPa，液体苯的摩尔蒸发焓为 $34.17\text{kJ} \cdot \text{mol}^{-1}$。求：

① 303.15K 时液体苯的蒸气压；

② 苯的摩尔升华焓；

③ 苯的摩尔熔化焓。

5-13 右图为碳的相图，试根据此图回答下列问题：

(1) 说明曲线 AO、CO、BO 分别代表什么？

(2) 说明 O 点的含意；

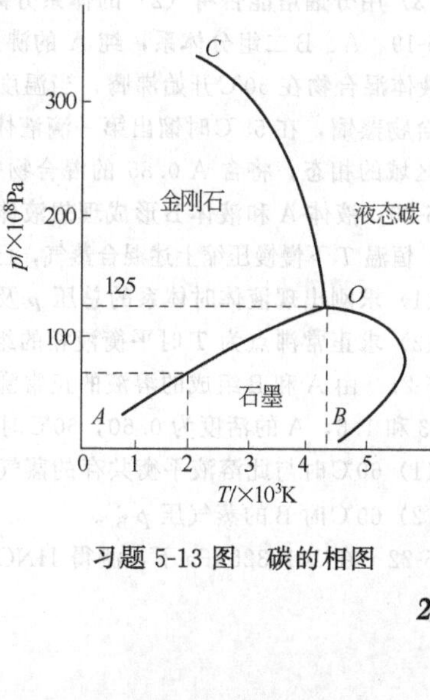

习题 5-13 图 碳的相图

(3) 碳在室温及101.325kPa下，以什么形态稳定存在？

(4) 在2000K时增加压力使石墨转变为金刚石是一个放热反应，试由相图判断两者的摩尔体积 V_m 谁大？

(5) 从图上估计在2000K时将石墨变为金刚石需要加多大压力？

5-14 试根据下列事实粗略绘出HAc（乙酸）的 p-T 图。

(1) 固体HAc的熔点为16.6℃，此时的饱和蒸气为1213Pa；

(2) 固体HAc有α和β两种晶型，其密度都比液态HAc大，且α晶型在低压下稳定；

(3) 在 $2000p^{\ominus}$、55.2℃时α、β和液相平衡共存；

(4) α晶型与β晶型的平衡转化温度随压力降低而下降；

(5) 乙酸的正常沸点为118℃。

5-15 已知苯的下列数据，试粗略画出苯的相图。苯的三相点为 $p=4800\text{Pa}$、5.50℃，$\Delta_{\text{fus}}H_m^{\ominus}=9.80\text{kJ}\cdot\text{mol}^{-1}$，$\Delta_{\text{vap}}H_m^{\ominus}=30.8\text{kJ}\cdot\text{mol}^{-1}$，$\rho(\text{s})=910\text{kg}\cdot\text{m}^{-3}$，$\rho(\text{l})=899\text{kg}\cdot\text{m}^{-3}$。

5-16 已知液体A正常沸点为75℃，$\Delta_{\text{vap}}H_m=40.0\text{kJ}\cdot\text{mol}^{-1}$，它与液体B可形成理想液体混合物，$p^{\ominus}$下达气-液平衡，平衡液相组成为 $x_A=x_B=0.5$，沸点为50℃，试粗略画出50℃时此二组分体系的 p-x 图和 p-y 图，标出各区域的相态。

5-17 已知101.325kPa和不同温度下，CH_3COCH_3 和 $CHCl_3$ 体系的平衡液相组成和平衡蒸气相组成数据如下。

t/℃	56	59	62.5	65	63.5	61
$x(CH_3)_2CO(l)$	0.00	0.20	0.40	0.65	0.80	1.00
$y(CH_3)_2CO(g)$	0.00	0.11	0.31	0.65	0.88	1.00

(1) 画出此二组分体系的沸点-组成图。

(2) 将 $x_{CHCl_3}=0.8$ 的溶液蒸馏，沸点达60℃时馏出物的组成为多少？

(3) 将(2)中的溶液完全分馏，最终可得什么？

5-18 下列数据为乙醇和乙酸乙酯在101.325kPa下蒸馏时所得。

t/℃	77.15	75.0	71.8	71.6	72.8	76.4	78.3
$x(C_2H_5OH)$	0.000	0.100	0.360	0.462	0.710	0.942	1.000
$y(C_2H_5OH)$	0.000	0.164	0.398	0.462	0.600	0.880	1.000

(1) 根据表列数据绘制 T-$x(y)$ 图。

(2) 在 $x(C_2H_5OH)=0.75$ 时最初馏出物的成分是什么？

(3) 用分馏塔能否将(2)的体系分离成纯乙醇和纯乙酸乙酯？

5-19 A、B二组分体系，纯A的沸点为70℃，纯B的沸点为100℃，含A 0.40（摩尔分数）的A和B的液体混合物在50℃开始沸腾，当温度升到65℃时剩下最后一滴液体，其中含A 0.20。又将含A 0.85的混合物蒸馏，在55℃时馏出第一滴液体，其中含A 0.65。试粗略绘出此二组分体系的沸点-组成图，指出各区域的相态，将含A 0.85的混合物完全分馏，最终气相和液相可得何种产物？

5-20 液体A和液体B形成理想液体混合物，A的摩尔分数为0.40的混合蒸气被密封在一带活塞的圆筒中，恒温 T 下慢慢压缩上述混合蒸气，已知 T 时两纯液体的饱和蒸气压为 $p_A^*=0.4p^{\ominus}$，$p_B^*=1.2p^{\ominus}$。

(1) 求刚出现液体时体系的总压 p 及液相的组成 x_A；

(2) 求正常沸点为 T 时平衡液相的组成 x'_A。

5-21 由A和B组成的溶液的正常沸点为60℃，以纯液体为标准态，溶液中A和B的活度系数 γ 分别为1.3和1.6，A的活度为0.60，60℃时 $p_A^*=5.33\times10^4\text{Pa}$，试计算

(1) 60℃时与此溶液平衡共存的蒸气组成 y_A；

(2) 60℃时B的蒸气压 p_B^*。

5-22 在101.325kPa下，测得 HNO_3-H_2O 体系气-液平衡数据如下。

t/℃	100	110	120	122	120	115	110	100	85.5
x_{HNO_3}	0.00	0.11	0.27	0.38	0.45	0.52	0.60	0.75	1.00
y_{HNO_3}	0.00	0.01	0.17	0.38	0.70	0.90	0.96	0.98	1.00

(1) 画出此体系的沸点-组成图。

(2) 将含 $3molHNO_3$ 和 $2molH_2O$ 的溶液温度升至 114℃平衡两相的组成为多少？两相的物质的量之比为若干？

(3) 将（2）的体系完全分馏最终可得何物？

5-23 实验测得酚-水体系溶解度数据如下。

温度 t/℃	20.0	24.0	30.0	32.0	40.0	45.0	50.0	55.0	60.0	62.0	65.0
c_1	7.0	7.8	7.5	8.0	8.5	9.8	11.5	12.0	13.5	15.0	18.5
c_2	75.5	71.2	70.8	69.0	66.5	64.5	62.0	60.0	57.8	54.0	50.0
$\bar{c}$	41.2	39.5	39.2	38.5	37.5	37.2	36.8	36.0	35.7	34.5	34.0

其中 c_1、c_2 分别是酚在水层和酚层中的质量百分数，$\bar{c}$ 为 c_1、c_2 的算术平均值。

(1) 根据表列数据绘制此二组分体系的温度-组成图；

(2) 确定临界溶解温度和组成。

(3) 若在 38.8℃将 50g 水和 50g 酚混合，达溶解平衡后水层、酚层的组成和质量各为若干？

5-24 硝基苯和水可视为完全不互溶的双液体系，在 101.325kPa 下沸腾温度为 99℃，已知 99℃时水的饱和蒸气压为 $p_A^*=97730Pa$，若将水和硝基苯混合物蒸馏以除去不溶性杂质，试求馏出物中硝基苯所占的质量百分数。

5-25 现合成某一新化合物，将其进行水蒸气蒸馏，当天的气压为 99.19kPa，沸腾温度为 95℃，馏出物进行分离后称重知水的质量百分数为 45%，试估计此化合物的摩尔质量（水的摩尔汽化焓为 $\Delta_{vap}H_m=40.67kJ\cdot mol^{-1}$）。

5-26 HAc 及 C_6H_6 的凝聚体系相图如下。

① 指出各区域稳定存在的相态和自由度。

② 此体系最低共熔温度为−8℃、最低共熔混合物的组成为含 C_6H_6 64%（质量百分数）。现将含苯 75%和 25%的两体系各 100g 由 20℃冷却，首先析出的固体为何物？最多可能析出纯固体多少？

③ 将以上两体系冷却至−15℃，叙述冷却时过程中的相变化情况，画出冷却过程的步冷曲线。

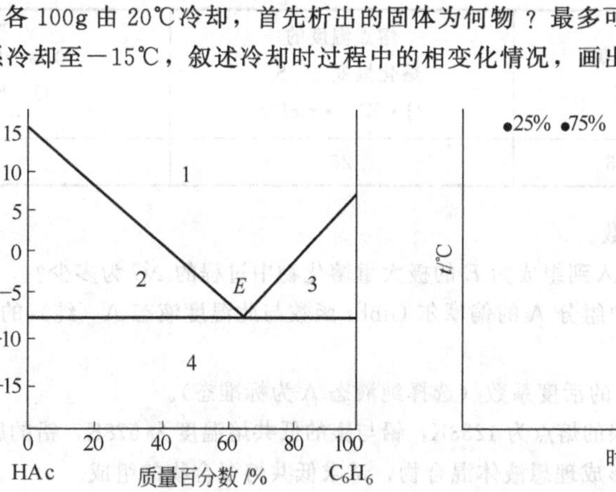

习题 5-26 图 HAc-C_6H_6 体系相图

5-27 钙和镁能生成一稳定化合物，该体系的热分析数据如下。

$w(Ca)$/%	0	10	19	46	55	65	79	90	100
步冷曲线转折点/℃		610	514	700	721	650	466	725	
步冷曲线平台段/℃	651	514	514	514	721	466	466	466	843

① 作出该二组分体系的温度-组成图。

② 指出各区域稳定存在的相态及自由度 f^* 。

③ 求稳定化合物的化学式。将含钙 40％的钙镁混合物 700g 熔化后放置冷却，最多可分离出稳定化合物多少克？

5-28　NaCl-H_2O 二组分体系在 －21℃时有一低共熔点，此时冰、NaCl・$2H_2O$(s) 和浓度为 23.3％（质量百分数）的 NaCl 的水溶液平衡共存。在 －9℃时不稳定化合物（NaCl・$2H_2O$）分解生成 NaCl(s) 和 27％的 NaCl 水溶液，已知 NaCl 在水中的溶解度受温度的影响不大。

① 试由以上数据绘制出 NaCl-H_2O 体系的相图，注明各区稳定存在的相态。

② 若将 1000g 30％的 NaCl 溶液将其冷却，最多可析出多少克纯 NaCl(s)？

5-29　Al-Ca 体系的相图如下

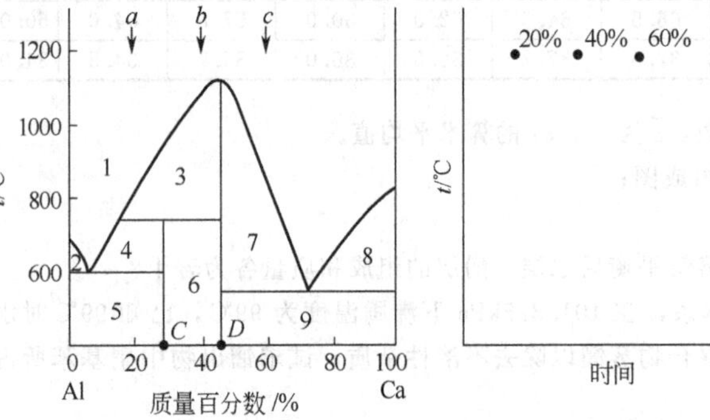

习题 5-29 图　Al-Ca 体系相图

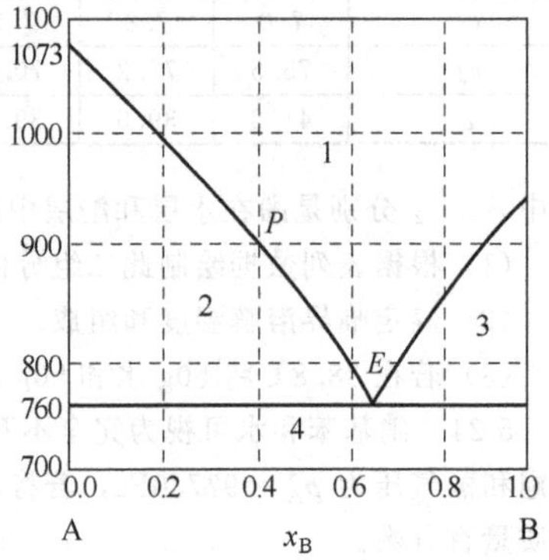

习题 5-30 图

① 标出各区域的相态。

② 分别画出含 Ca20％、40％及 60％（质量百分数）的熔化物的步冷曲线，并叙述 20％的熔化物冷却过程的相变化情况。

5-30　已知下面数据及相图

组　分	熔　点 /K	熔点温度的熔化熵变 $\Delta_{fus}S_m$ /J・K^{-1}・mol^{-1}	$\Delta C_p = C_p(l) - C_p(s)$ /J・K^{-1}・mol^{-1}
A	1073	26	3.3

① 标出各区域的相态及相数。

② 760K 将 1mol 固体 A 加入到组成为 E 的极大量熔化物中过程的 ΔG 为多少？

③ 900K 组成为 P 的溶液中组分 A 的偏摩尔 Gibbs 函数与此温度液态 A（纯）的摩尔 Gibbs 函数之差值为多少？

④ 求 P 点熔化物中组分 A 的活度系数（选择纯液态 A 为标准态）。

5-31　铅的熔点为 600K，银的熔点为 1233K，铅与银的低共熔温度为 578K，铅的摩尔熔化焓 $\Delta_{fus}H_m = 4.858\text{kJ}\cdot\text{mol}^{-1}$，若铅与银能形成理想液体混合物，试求低共熔混合物的组成。

5-32　试由相图回答下列问题

① 标出 1、2、3、4、5 区域的相态。

② A、B、C、D、E、H 点各代表什么？

③ 将 100g 恒沸混合物冷却，先析出的固体是什么？最多可得此纯固体多少？

④ 试由图设计出将恒沸混合物分离为纯 A 和 B 的分离方案。

5-33　25℃丙醇和水体系气-液平衡时蒸气压与液相组成的数据见下表和下图所示。

① 在图中画出蒸气总压-气相组成曲线，注明各区域的相态。

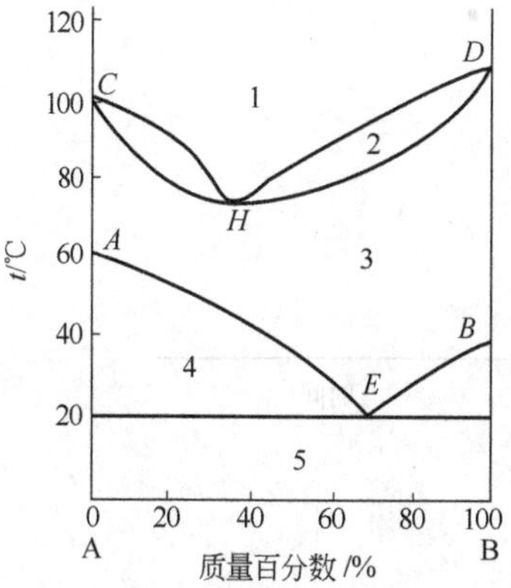

习题 5-32 图

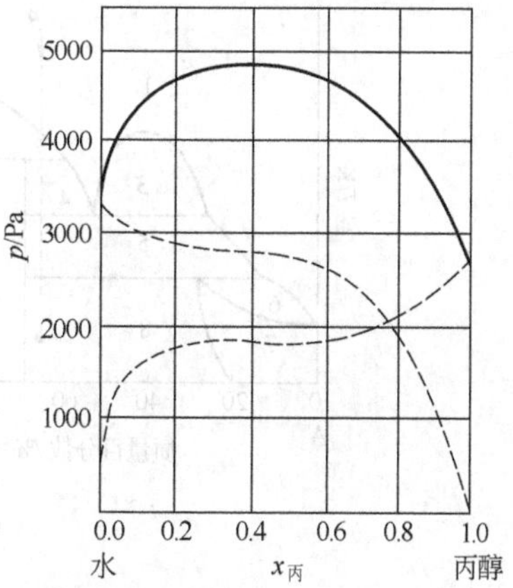

习题 5-33 图　水-丙醇的压力-组成图

$x_丙$	0.00	0.05	0.20	0.40	0.60	0.80	0.90	1.00
$p_丙$/Pa	0	1440	1813	1893	2013	2373	2584	2901
$p_水$/Pa	3168	3093	2906	2893	2653	1787	1084	0
$p_总$/Pa	3168	4533	4719	4786	4666	4160	3668	2901

② 将含丙醇 $x_丙=0.6$ 的水溶液进行精馏，气相可以得到__________，液相可以得到__________。

③ 若以 25℃纯丙醇 (l) 为标准态，求 $x_丙=0.6$ 的水溶液中丙醇的活度及活度系数；若以符合亨利定律的假想的纯液态丙醇为标准态，求此溶液中丙醇的活度及活度系数。

5-34　FeO-MnO 二组分体系，已知 FeO、MnO 的熔点分别为 1370℃和 1785℃，在 1430℃含有 w(MnO)=30%和 60%的二固溶体之间发生转熔变化，与其平衡的液相组成为 MnO 15%，在 1200℃两个固体溶体的组成分别为 MnO 26%和 MnO 64%，试由以上事实

① 绘制此二组分体系的温度-组成图。

② 将含 MnO28%的熔化物由 1600℃缓慢冷却至 1200℃，试简述冷却过程的相变化情况。

5-35　Ni-Cu 体系从高温逐渐冷却时得到下列数据。

Ni 的质量百分数 w(Ni)/%	0	10	40	70	100
开始结晶的温度/K	1356	1413	1543	1648	1725
结晶终了的温度/K	1356	1373	1458	1583	1725

① 由此数据画出此体系的相图并指出各区域的相态。

② 今有含 Ni50%的合金，使之从 1673K 冷到 1475K，问在什么温度开始有固体析出？此时析出的固相组成为多少？最后一滴熔化物凝结时的温度是多少？此时液态熔化物组成为多少？

③ 把浓度为 Ni30%的合金 0.25kg 冷到 1473K，试问 Ni 在熔化物和固溶体中的质量各为若干？

5-36　A-B 二组分凝聚体系的相图如下

① 注明各区域的相态和自由度 f^*。

② 将组成为 P 的熔化物冷却，画出步冷曲线并用箭头表示冷却过程的相变化情况。

5-37　在 101.325kPa、896℃下，$CaCO_3$(s) 平衡分解为 CaO(s) 及 CO_2(g)，试绘出 CaO-CO_2 二组分体系在恒压下的温度-组成图，标出各区域的相态。

5-38　指出下列二组分凝聚体系中各区域的相态及自由度 f^*。

5-39　试由下列数据粗略画出 KNO_3-$NaNO_3$-H_2O 三组分体系在 25℃、101.325kPa 下的等边三角形相图，并标出各区域的相态及自由度 f^{**}。已知 25℃时 KNO_3 在水中的溶解度为 46.2g/100g 水，$NaNO_3$ 在水中的溶解度为 52.2g/100g 水，组成为 H_2O31.3%、$KNO_3$28.9%、$NaNO_3$39.8%的溶液与 KNO_3(s) 和

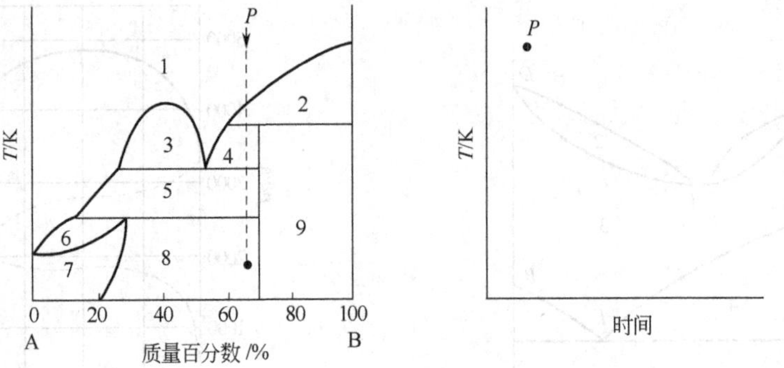

习题 5-36 图

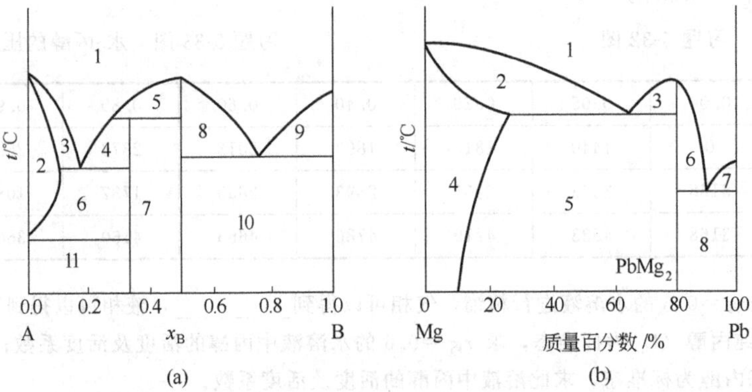

习题 5-38 图

$NaNO_3(s)$ 平衡共存，KNO_3 和 $NaNO_3$ 不生成水合物及复盐。

5-40　在 25℃时 H_2O-C_2H_5OH-C_6H_6 三组分体系在一定浓度范围内部分互溶而分成两液层，两液层的组成列于下表，试画出此三组分体系部分互溶组成图和连接线。

第一层组成(质量百分数)		第二层组成(质量百分数)		第一层组成(质量百分数)		第二层组成(质量百分数)	
H_2O/%	C_6H_6/%	H_2O/%	C_6H_6/%	H_2O/%	C_6H_6/%	H_2O/%	C_6H_6/%
90.6	0.2	0.1	99.3	34.1	12.5	2.1	82.3
70.0	0.5	0.55	95.1	26.4	21.5	2.9	78.1
53.9	3.1	0.9	90.8	15.8	38.8	5.2	68.3
47.0	5.3	1.3	88.1				

5-41　① 试由下列实验数据作 Na_2SO_4-$Al_2(SO_4)_3$-H_2O 三组分体系的相图，注明各区域的相态及自由度。已知 42℃、101.325kPa 下平衡相的组成如下。

液相	$w(Na_2SO_4)$/%	33.2	32.0	31.8	28.8	24.5
	$w[Al_2(SO_4)_3]$/%	0	1.52	1.87	1.71	2.84
固相		Na_2SO_4	Na_2SO_4	Na_2SO_4+复盐	复盐	复盐
液相	$w(Na_2SO_4)$/%	16.8	10.9	4.72	1.75	0
	$w[Al_2(SO_4)_3]$/%	5.63	10.50	17.20	18.60	16.5
固相		复盐	复盐	复盐+$Al_2(SO_4)_3$	$Al_2(SO_4)_3$	$Al_2(SO_4)_3$

② 若有一体系含水 20g、$Al_2(SO_4)_3$ 50g，Na_2SO_4 30g，问此体系中存在有几个相？各相约为多少克？

如何才能从上面体系中获得纯的复盐？[复盐组成为 $Na_2SO_4 \cdot Al_2(SO_4)_3 \cdot 14H_2O$]

5-42　在 30℃ $FeSO_4$-$(NH_4)_2SO_4$-H_2O 体系所获得数据列于下表，试作出相图，指出所形成的化合物。

饱和溶液		湿固体①		饱和溶液		湿固体①	
$w(FeSO_4)$ /%	$w[(NH_4)_2SO_4]$ /%	$w(FeSO_4)$ /%	$w[(NH_4)_2SO_4]$ /%	$w(FeSO_4)$ /%	$w[(NH_4)_2SO_4]$ /%	$w(FeSO_4)$ /%	$w[(NH_4)_2SO_4]$ /%
24.0	—	—	—	6.0	21.0	30.0	30.0
24.0	2.0	41.0	1.0	3.5	28.5	25.0	31.5
25.0	5.0	43.0	2.0	2.0	35.0	23.0	34.0
25.5	6.5	40.0	10.0	0.8	44.0	14.0	55.0
18.0	9.0	30.0	23.0	0.5	44.0	0.1	81.0
10.0	14.0	28.0	26.0				

① 湿固体指有水的固体（不是结晶水）。

综 合 习 题

5-43　根据下列数据绘制碳的相图（用 $\lg p$ 对 T 作图）。①石墨的正常升华温度为 4200K、p=100kPa；②石墨-液体-蒸气三相点为 4300K、1.0×10^4kPa；③石墨的最高熔点为 4900K、5.5×10^6kPa；④金刚石-石墨-液体三相点为 4100K、1.26×10^7kPa；⑤存在着第三种碳固态（固态Ⅲ），而金刚石-固态Ⅲ-液体三相点为 1100K、8.0×10^7kPa；⑥300K 时石墨转化为金刚石其压力约为 1.5×10^5kPa。

5-44　在 101.325kPa 下硝酸铵由室温加热至 305K 时由晶型（Ⅰ）转变为晶型（Ⅱ），到 357K 时晶型（Ⅱ）转化为晶型（Ⅲ），相变过程的 ΔH_m 和 ΔV_m 列于下表。

相变过程	$\Delta H_m/kJ \cdot mol^{-1}$	$\Delta V_m/10^{-6}m^3 \cdot mol^{-1}$
（Ⅰ）→（Ⅱ）	1.68	1.92
（Ⅱ）→（Ⅲ）	1.78	−1.20

① 求由晶型（Ⅰ）直接转化为晶型（Ⅲ）的 ΔH_m 和 ΔV_m。

② 若两相平衡的压力和温度满足直线关系 $p=A+BT$，计算三相点的温度和压力。

③ 粗略绘制出 NH_4NO_3 的 p-T 图，注明各相区的相态。

5-45　饱和乙醚蒸气在 35℃时进行绝热可逆膨胀，试判断乙醚蒸气是否会凝结。已知乙醚蒸气的比热容 $C_p=1.89J \cdot K^{-1} \cdot g^{-1}$，乙醚的蒸发焓为 $\Delta_{vap}H=353J \cdot g^{-1}$。

5-46　已知 A、B 二组分体系的相图如下。

① 标出各区域的相态及水平线段 EF、GH 和垂直线段 DS 上体系的自由度 f^*。

② 画出 a、b、c 代表的三个熔化物体系的步冷曲线。

③ 已知 A 的摩尔熔化熵变 $\Delta_{fus}S_m=30J \cdot K^{-1} \cdot mol^{-1}$，其固体热容较液体热容 $C_{P,m}$ 小 $5J \cdot K^{-1} \cdot mol^{-1}$，低共熔温度 237℃时熔化物组成为 $x_A=0.60$。以 237℃纯液体 A 为标准态，求该熔化物中组分 A

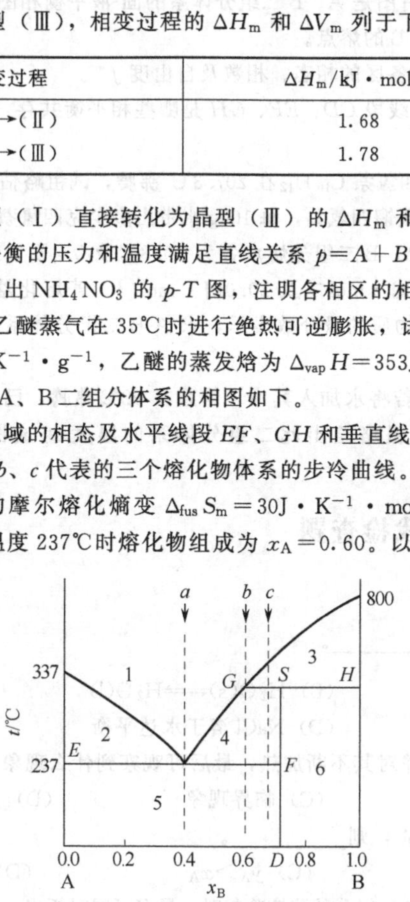

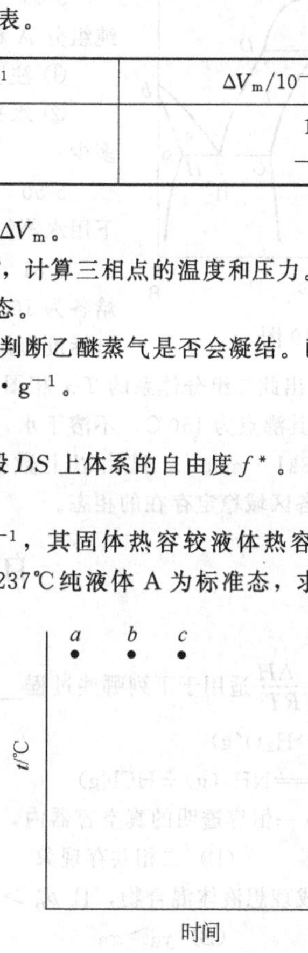

习题 5-46 图

的活度及活度系数。

5-47　已知 H_2O-NaI 体系的相图如下页所示。

① 标出各区域的相态、相数和自由度。

② 以 -10℃的纯水为标准态，求 -10℃与冰平衡共存的 NaI 溶液中水的活度。已知水的摩尔凝固热为 $-600.8\text{J}\cdot\text{mol}^{-1}$。

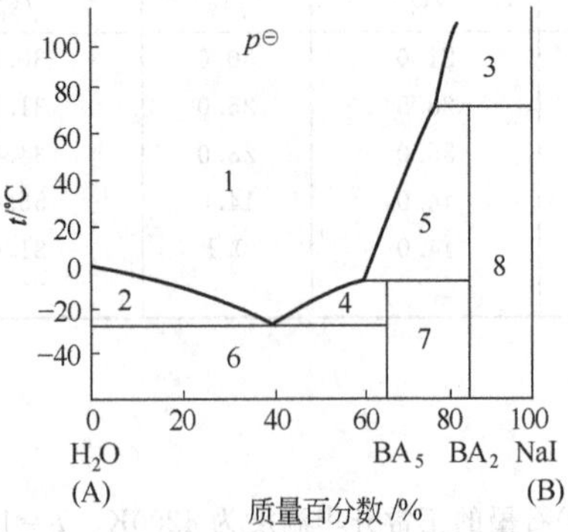

习题 5-47 图

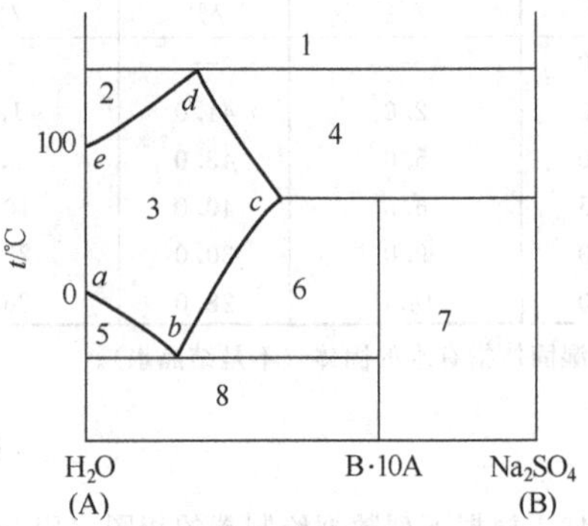

习题 5-48 图

5-48　右上图是 101.325kPa 下 H_2O-Na_2SO_4 二组分体系的相图，指出各区域的相态和相数，并解释曲线 ab、bc、cd 和 de 代表的意义。

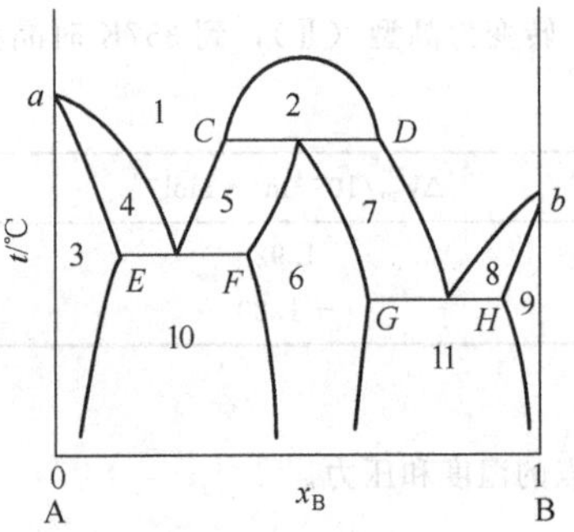

习题 5-49 图

5-49　右图是 A、B 二组分体系的固-液平衡相图，其中 a 及 b 为纯组分 A 和 B 的熔点。

① 注明各区的相态、相数及自由度 f^*。

② 水平线段 CD、EF、GH 是哪些相平衡共存，其自由度 f^* 为多少？

5-50　四氢萘 $C_{10}H_{12}$ 在 207.3℃ 沸腾，试粗略估计在 101.325kPa 下用水蒸气蒸馏四氢萘，每 100g 水带出多少克四氢萘？

5-51　A、B 二组分熔点各为 80.8℃及 5.4℃，纯态时摩尔熔化焓各为 $10.0\text{kJ}\cdot\text{mol}^{-1}$ 及 $20.0\text{kJ}\cdot\text{mol}^{-1}$，若熔化焓不随温度变化，且活度可用物质的量分数表示，求 A-B 二组分体系的最低共熔温度及其组成，并粗略绘出此二组分体系的 T-x 相图。

5-52　某有机物其沸点为 150℃，不溶于水，若将水加入其中，体系在 92℃沸腾，已知水的摩尔蒸发焓为 $\Delta_{vap}H_m = 40.68\text{kJ}\cdot\text{mol}^{-1}$。试由以上数据粗略绘出此二组分体系的温度-组成图（压力为 $p=101.325\text{kPa}$），标出各区域稳定存在的相态。

自我检查题

一、选择题

1. 方程式 $\dfrac{d\ln p}{dT}=\dfrac{\Delta H}{RT^2}$ 适用于下列哪些过程__________。

(A) $H_2O(l) \rightleftharpoons H_2O(g)$　　(B) $H_2O(s) \rightleftharpoons H_2O(l)$

(C) $NH_4Cl(s) \rightleftharpoons NH_3(g)+HCl(g)$　　(D) NaCl 溶于水达平衡

2. 将少量水装入一恒容透明的真空容器内，并对其不断加热，最后可观察到什么现象__________。

(A) 沸腾　　(B) 二相共存现象　　(C) 临界现象　　(D) 升华现象

3. A 和 B 可形成理想液体混合物，且 $p_A^* > p_B^*$，则__________。

(A) $y_A < x_A$　　(B) $y_B > x_B$　　(C) $y_A > x_A$　　(D) $y_A = x_A$

4. A 和 B 可生成三个稳定化合物，恒压下 A、B 二组分的溶液冷却时，最多可同时析出__________个固相。

(A) 1　　(B) 2　　(C) 3　　(D) 4

5. A、B两液体能完全互溶，$p_A^*=40.0\text{kPa}$，$p_B^*=53.3\text{kPa}$，$x_B=0.4$ 的溶液中B的蒸气分压为10.7kPa，A的蒸气分压为16.0kPa，则此二组分体系的沸点-组成图为__________。

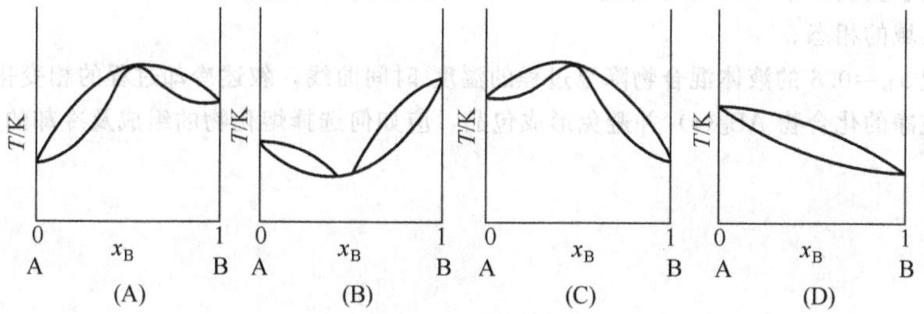

自我检查题一5图

6. A与B形成最低恒沸混合物，且 $T_b^*(B)>T_b^*(A)$，现将任意比例的A、B液体混合物精馏，则从塔顶馏出物为__________。

(A) 纯A组分　　(B) 纯B组分　　(C) 恒沸混合物　　(D) 随原始组成改变

二、填空题

1. 正己烷正常沸点为69℃，25℃时正己烷的蒸气压约为__________ kPa。

2. $NaHCO_3(s)$ 在50℃分解达平衡

$$2NaHCO_3(s) \longrightarrow Na_2CO_3(s)+H_2O(g)+CO_2(g)$$

体系的组分数为__________，自由度为 f^* __________。

3. A、B二组分气-液平衡体系，若在某溶液中加入组分B，溶液的沸点将下降，则A在气相中的浓度 y_A 与液相中的浓度 x_A 谁大__________。

4. 已知温度为 T 时，液体A的蒸气压为13330Pa，液体B的蒸气压为6665Pa，设A与B能形成理想液体混合物，则当 $x_A=0.5$ 时，y_A 为__________。

5. 101.325kPa和30℃时由60g H_2O 及40g C_6H_5OH 组成的体系形成上下两层溶液，在 C_6H_5OH 层中含有70%的 C_6H_5OH，在 H_2O 层中含有92%的 H_2O，试求两层的质量。水层为_________ g，酚层为_________ g。

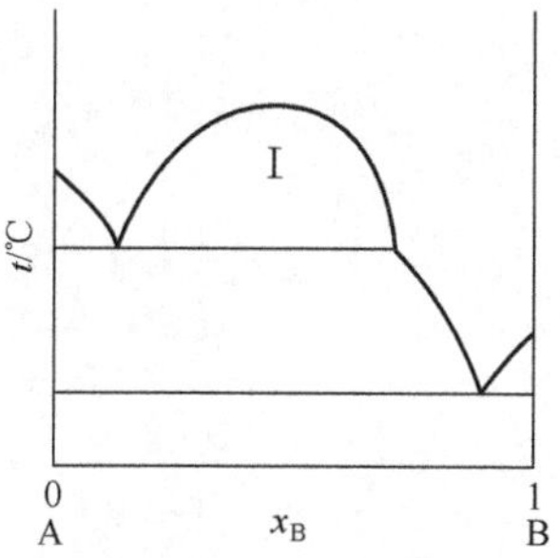

自我检查题二6图

6. 某二组分固-液平衡相图如右，在区域Ⅰ内稳定存在相为_______________。

三、计算题

UF_6 固体蒸气压与温度的关系为

$$\ln p/\text{kPa}=22.5030-\frac{5893.5}{T/\text{K}}$$

液体的蒸气压与温度的关系为

$$\ln p/\text{kPa}=15.3457-\frac{3479.9}{T/\text{K}}$$

① 试求 UF_6 的三相点的温度和压力。

② 在什么温度下 UF_6 与压力为101.325kPa的蒸气平衡？此时 UF_6 是液态还是固态？

四、问答题

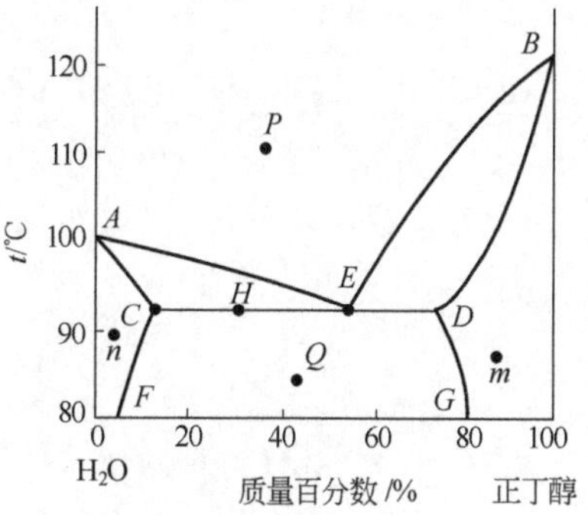

自我检查题四1图

1. 在101.325kPa下水和正丁醇体系的沸点-组成图如左图。

① 注明图中 A、B、P、H、Q、m、n 点代表的体系内存在的相态。

② 将一含正丁醇40%的体系从80℃加热到什么温度体系开始沸腾__________，馏出物的气相中含正丁醇大约为__________，若将其精馏，精馏釜中可得__________。

③ 上述体系在精馏过程中塔釜溶液的沸点如何变化___________________________。

2. 苯（A）和二苯基甲醇（B）的正常熔点分别为6℃和65℃，两种纯固态物不互溶，低共熔点为

1℃，低共熔混合物中含 B 为 $x_B=0.20$，A 和 B 可形成不稳定化合物 AB_2，它在 30℃时分解为纯固体 B 和 $x_B=0.4$ 的熔化物。

① 根据上述事实画出苯-二苯基甲醇的 T-x 图（可直接用摄氏温度）。

② 注明各区域的相态。

③ 画出组成 $x_B=0.6$ 的液体混合物降温过程的温度-时间曲线，叙述冷却过程的相变化情况。

④ 为制备纯净的化合物 AB_2(s) 并避免形成包晶，应如何选择熔化物的组成及冷却的温度范围？

第6章 化 学 平 衡

Chemical Equilibrium

在一定条件（温度、压力、配料比等）下，化学反应总是按确定的方向进行并达到一定限度。如298.2K下将足量的固态NH_4HS置于一抽空的容器中，NH_4HS将分解产生气态的NH_3和H_2，在此条件下反应体系的组成最终将不再发生变化，NH_3和H_2S的分压恒定为33.3kPa，这时我们称反应达到平衡。若反应条件改变，体系将在新的条件下重新建立平衡。如改变温度，由NH_4HS分解产生的NH_3和H_2S分压也随之改变并达到另一个平衡值。化学反应的平衡态既与一定条件下自发化学变化的方向有关，同时又是变化的极限，因此研究化学平衡是研究反应可能性的关键。

实际生产中，总希望一定数量的反应物尽可能多地转变为产物，即要知道一定条件下反应的极限产率（即平衡产率）为多少？如何改变条件以提高极限产率？从热力学看，这些具有重要实际意义的问题都是化学平衡问题。有了热力学计算得到的极限，就可以同现实生产进行比较，看看还有多大的潜力可以提高实际产率，我们应如何改变条件来提高实际产率。

本章中我们将把热力学原理应用于化学反应体系，得出有关化学反应进行方向和限度的判据。化学反应达平衡时，反应体系中各物质的浓度或分压间满足一平衡常数关系式，我们将分别讨论不同类型的反应，如气相反应、溶液中溶质间反应、多相反应等的平衡常数表达式。平衡常数可以由实验测定，也可以从理论上进行计算，本章将介绍平衡常数的热力学和统计热力学的计算方法。最后还将讨论一些因素，如温度、压力、加入惰性气体等对平衡的影响规律。同时对平衡体系及非理想反应体系的化学平衡仅做简要介绍。

6.1 化学反应的方向和平衡判据

The Criterion of the Direction and Equilibrium for Chemical Reactions

6.1.1 化学反应的方向和平衡判据

设封闭体系内发生一化学反应，反应计量式可表示为

$$dD + eE = gG + hH$$

或简写为一通式

$$0 = \sum_B \nu_B B$$

式中，B为任一组分；ν_B为组分B的计量系数，对反应物取负，产物取正。

若在正反应方向上发生一微小变化，由式（4-16）体系的Gibbs函数微小改变为

$$dG = -SdT + Vdp + \sum_B \mu_B dn_B$$

若变化在恒温恒压下进行

$$dG = \sum_B \mu_B dn_B \tag{6-1}$$

将反应进度 ξ 的定义式（1-57）

$$\xi=\frac{n_{\mathrm{B}}-n_{\mathrm{B},0}}{\nu_{\mathrm{B}}} \text{ 或 } \mathrm{d}\xi=\frac{\mathrm{d}n_{\mathrm{B}}}{\nu_{\mathrm{B}}}$$

代入式（6-1）中，其中 $n_{\mathrm{B},0}$ 为反应进度 $\xi=0$ 时 B 组分的物质的量，n_{B} 为反应进度 $\xi=\xi$ 时 B 组分的物质的量，得

$$\mathrm{d}G=\sum_{\mathrm{B}}\nu_{\mathrm{B}}\mu_{\mathrm{B}}\mathrm{d}\xi \tag{6-2}$$

为了导出在指定条件下即恒定温度、压力和组成下自发化学反应的方向和限度的热力学判据，我们设想在无限大的反应体系中，恒 T、恒 P 下按反应计量式进行 1 摩尔反应，这样，反应体系的组成可视为不变，化学势 μ_{B} 为常数。$\xi=0\sim1\mathrm{mol}$ 积分式（6-2）

$$\Delta_{\mathrm{r}}G_{\mathrm{m}}=\int_0^1\sum_{\mathrm{B}}\nu_{\mathrm{B}}\mu_{\mathrm{B}}\mathrm{d}\xi=\sum_{\mathrm{B}}\nu_{\mathrm{B}}\mu_{\mathrm{B}} \tag{6-3a}$$

$\Delta_{\mathrm{r}}G_{\mathrm{m}}$ 为反应的摩尔 Gibbs 函数改变，或称为反应的摩尔 Gibbs 函数（molar Gibbs function of reaction）。由式（6-3a）可以看出，对于恒温恒压和组成一定的反应体系，ν_{B} 和 μ_{B} 为定值，$\Delta_{\mathrm{r}}G_{\mathrm{m}}$ 也为定值，因此，$\Delta_{\mathrm{r}}G_{\mathrm{m}}$ 是状态一定的反应体系的特征。

式（6-2）也可改写为

$$\left(\frac{\partial G}{\partial\xi}\right)_{T,p,n}=\sum_{\mathrm{B}}\nu_{\mathrm{B}}\mu_{\mathrm{B}} \tag{6-3b}$$

$\left(\frac{\partial G}{\partial\xi}\right)_{T,p,n}$ 是恒温恒压下且反应进度为 ξ 时，正方向上再发生一微小变化，体系 Gibbs 函数的微小变化 $\mathrm{d}G$ 与反应进度的微小变化 $\mathrm{d}\xi$ 的比值。在有限反应体系中，$\mathrm{d}\xi$ 如此之小，引起体系组的成变化微乎其微，同样可视为体系的组成不变，μ_{B} 也不变，因此 $\left(\frac{\partial G}{\partial\xi}\right)_{T,p,n}$ 也是一定 T、p 和组成下反应体系的特性。

由热力学第二定律原理，恒温恒压不做非体积功的封闭体系内

$$\mathrm{d}G\leqslant0 \text{ 或 } \Delta G\leqslant0$$

“<”表示在此条件下过程可自动进行，“=”表示体系已达平衡态。即恒温恒压下反应总是朝 Gibbs 函数减小的方向自动进行，若 Gibbs 函数已达极小值不再改变，体系达平衡。不可能自动发生 Gibbs 函数增加的过程。

以上结论结合式（6-3a）和式（6-3b）可得

$$\Delta_{\mathrm{r}}G_{\mathrm{m}}=\left(\frac{\partial G}{\partial\xi}\right)_{T,p,n}=\sum_{\mathrm{B}}\nu_{\mathrm{B}}\mu_{\mathrm{B}}\leqslant0 \quad \left.\begin{matrix}\text{“<” 表示反应可自动正向进行}\\ \text{“=” 表示反应已达平衡态}\end{matrix}\right\} \tag{6-4}$$

由式（6-4），恒温恒压下不做非体积功的封闭体系内，化学反应总是由高化学势一侧向低化学势一侧自动进行，若反应物与产物的化学势总和相等，Gibbs 函数不再变化，反应达平衡。

因此，对于无限大的反应体系和有限量的反应体系，我们可以分别用 $\Delta_{\mathrm{r}}G_{\mathrm{m}}$ 和 $\left(\frac{\partial G}{\partial\xi}\right)_{T,p,n}$ 作为恒温恒压和恒定组成下自发化学反应进行方向和限度的判据。$\Delta_{\mathrm{r}}G_{\mathrm{m}}$ 和 $\left(\frac{\partial G}{\partial\xi}\right)_{T,p,n}$ 均对应于摩尔化学反应的 Gibbs 函数变化，因此是一个强度量。因 ν_{B} 是一个纯数，$\Delta_{\mathrm{r}}G_{\mathrm{m}}$ 或 $\left(\frac{\partial G}{\partial\xi}\right)_{T,p,n}$ 的量纲为 $\mathrm{J\cdot mol^{-1}}$ 或 $\mathrm{kJ\cdot mol^{-1}}$。

式 (6-4) 也适用于恒温恒容下的化学反应，此时化学势的定义为 $\mu_B=\left(\frac{\partial A}{\partial n_B}\right)_{T,V,n_{C\neq B}}$，相应的判据为 $\Delta_r A_m$ 和 $\left(\frac{\partial A}{\partial \xi}\right)_{T,V,n}$。对于其他条件下的化学反应也是如此，只是化学势的定义不同，物理意义也不相同。

这里，应注意反应的摩尔 Gibbs 函数 $\Delta_r G_m$ 与有限反应体系反应过程 Gibbs 函数的改变 ΔG 的区别。化学反应体系的容量性质 Gibbs 函数是体系的状态函数

$$G=G(T,p,\xi)$$

由偏摩尔量的集合公式 (4-12a) 和反应进度 ξ 的定义式 (1-57)

$$G(T,p,\xi)=\sum_B n_B\mu_B=\sum_B (n_{B,0}+\nu_B\xi)\mu_B(T,p_B,\xi)$$

恒温恒压下，随反应进行，反应进度从 ξ_1 变化到 ξ_2，体系的组成变化，n_B 和 μ_B 也随之变化，因此，ΔG 随反应进行反应进度不同而取值不同，量纲为 J 或 kJ，即

$$\Delta G=G(T,p,\xi_2)-G(T,p,\xi_1)$$

只有在无限大反应体系中发生一摩尔反应，或有限量反应体系中发生一微小反应，数值上 $\Delta_r G_m$ 与 ΔG 才相等，但 $\Delta_r G_m$ 或 $\left(\frac{\partial G}{\partial \xi}\right)_{T,p,n}$ 与 ΔG 的物理意义不同。前者与体系所处的状态有关，具有状态函数的特征，并可作为恒温恒压下、恒定组成的体系自发化学反应方向和限度的判据。后者是有限化学反应体系经历某一化学变化过程 Gibbs 函数的改变值，与体系变化的始终态有关即与反应进行的程度有关。下面再做详尽讨论。

6.1.2 有限反应体系反应过程的 G-ξ 曲线分析

对一恒温恒压下的有限反应体系，当 ξ 从 0～1mol 变化时，体系的组成变化，Gibbs 函数在反应过程中将随 ξ 变化，研究发现，G-ξ 曲线总是一条具有极小值的曲线，不同的反应，曲线最低点位置不同，同一反应体系，温度、压力不同，曲线的形状也不同。极小值处 $\left(\frac{\partial G}{\partial \xi}\right)_{T,p,n}=0$，反应达平衡。若反应的平衡态十分接近反应物的始态，我们认为在此条件下，反应几乎不发生；若反应的平衡态十分接近产物的终态，我们认为反应物几乎全部转化为产物，即反应可以进行到底。通常我们指的可逆反应，就是平衡态处在反应物的始态和产物的终态之间，当反应达平衡态，部分反应物转化为产物。

为什么 G-ξ 曲线上会出现一极小值？为什么反应总存在一平衡态？下面以一例子加以说明。设理想气体反应

$$D+F \rightleftharpoons 2H$$

反应从物质的量为化学计量系数的纯 D 和纯 F 开始，体系的温度恒定为 TK，总压恒定为 $p^\ominus$。

	D	F	2H
ξ 为 0 时			
物质的量 $n_{B,0}$/mol	1	1	0
ξ 为 ξmol 时			
物质的量 n_B/mol	n	n	$2(1-n)$
物质的量分数 x_B	$\frac{n}{2}$	$\frac{n}{2}$	$1-n$

ξ 为 ξmol 时，反应体系的 Gibbs 函数由偏摩尔量的集合公式 (4-12a) 得

$$G=\sum_B n_B\mu_B$$

其中 $\mu_{\mathrm{B}}=\mu_{\mathrm{B}}^{\ominus}(T)+RT\ln\dfrac{p_{\mathrm{B}}}{p^{\ominus}}$，将 $p_{\mathrm{B}}=px_{\mathrm{B}}$，$p=p^{\ominus}$ 代入

$$G=\sum_{\mathrm{B}}n_{\mathrm{B}}\mu_{\mathrm{B}}^{\ominus}(T)+RT\sum_{\mathrm{B}}n_{\mathrm{B}}\ln x_{\mathrm{B}}$$

$$=n\mu_{\mathrm{D}}^{\ominus}(T)+n\mu_{\mathrm{F}}^{\ominus}(T)+2(1-n)\mu_{\mathrm{H}}^{\ominus}(T)+RT\left[2n\ln\frac{n}{2}+2(1-n)\ln(1-n)\right]$$

$$=n\left[\mu_{\mathrm{D}}^{\ominus}(T)+\mu_{\mathrm{F}}^{\ominus}(T)-2\mu_{\mathrm{H}}^{\ominus}(T)\right]+2RT\left[n\ln\frac{n}{2}+(1-n)\ln(1-n)\right]+2\mu_{\mathrm{H}}^{\ominus}(T)$$

反应参与物混合过程的 Gibbs 函数改变 $\Delta_{\mathrm{mix}}G$ 由式（4-62）可以得出

$$\Delta_{\mathrm{mix}}G=RT\sum_{\mathrm{B}}n_{\mathrm{B}}\ln x_{\mathrm{B}}$$

$$=2RT\left[n\ln\frac{n}{2}+(1-n)\ln(1-n)\right]$$

即
$$G=n\left[\mu_{\mathrm{D}}^{\ominus}(T)+\mu_{\mathrm{F}}^{\ominus}(T)-2\mu_{\mathrm{H}}^{\ominus}(T)\right]+\Delta_{\mathrm{mix}}G+2\mu_{\mathrm{H}}^{\ominus}(T)$$

上式表明，反应过程体系的 Gibbs 函数 G 是减小的，其中一部分因反应物 D 与 F 反应生成产物 H，G 随 n 的减小线性降低，另一部分则因反应体系内各物质混合，产生一负的混合 Gibbs 函数，使体系的 G 进一步减小。

起始时（$\xi=0$），$n=1\mathrm{mol}$，$G_{始}=\mu_{\mathrm{D}}^{\ominus}(T)+\mu_{\mathrm{F}}^{\ominus}(T)+2RT\ln\dfrac{1}{2}$

若反应完全时（$\xi=1\mathrm{mol}$），$n=0$，$G_{终}=2\mu_{\mathrm{H}}^{\ominus}(T)$

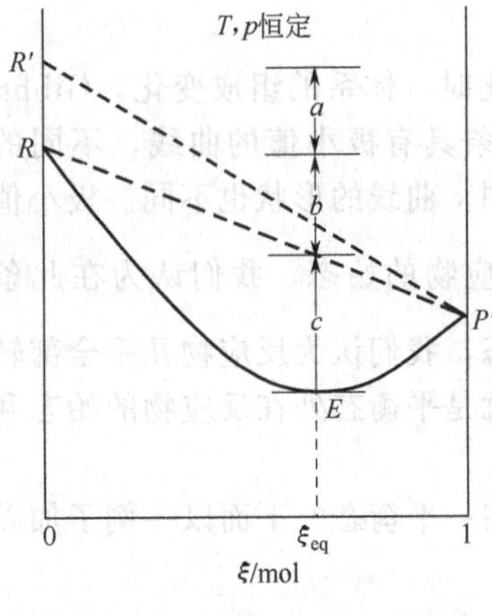

图 6-1　有限反应体系的 G-ξ 曲线
a—反应物混合 G 的降低；
b—自发化学反应 G 的降低；
c—反应物与产物混合 G 的降低

参见图 6-1，我们分析 G-ξ 曲线的特征。G-ξ 曲线的起点（$\xi=0$）不是在代表纯 D 和纯 F 化学势总和的 R^* 点，而是在比 R^* 低 $2RT\ln\dfrac{1}{2}$ 的 R 点。曲线的终点（$\xi=1\mathrm{mol}$）是在代表纯产物 H 化学势总和的 P^* 点。反应过程中（$\xi=0\sim1$ mol）G 将沿过 R、P^* 点且向下凹并具有最低点 E 的曲线变化。最低点处体系的 Gibbs 函数最小，体系最稳定，对应的反应进度 $\xi=\xi_{\mathrm{eq}}$（下标 "eq" 代表平衡）。如果反应继续进行，将自动进行 $\Delta G>0$ 的过程，这违反热力学第二定律，是不可能发生的。G-ξ 曲线如图 6-1 所示。

由以上分析可见，由于反应体系各物质的混合，有一负的 $\Delta_{\mathrm{mix}}G$ 存在，化学反应总是存在一限度，即化学反应总是存在一平衡态，此时 $\xi=\xi_{\mathrm{eq}}$ 极大而 G 极小。对于由产物开始的逆向反应，情况也是如此。

若反应在如图 2-13 所示的 Van't Hoff 平衡箱中进行，完全消除了反应参与物间的混合，则反应过程中体系的 G 将沿 R^*P^* 直线变化，纯的反应物最终可完全反应转化为纯的产物。但这只是一种理想的反应情况。实际的化学反应不可避免各物质间的混合，因此必定存在着一定限度。只是当一些反应的热力学趋势很大，ξ_{eq} 很接近于 1 时，我们近似认为反应物可以完全转变为产物。

由图 6-1 也可以看出，式（6-3b）中的 $\left(\dfrac{\partial G}{\partial\xi}\right)_{T,p,n}$ 是 G-ξ 曲线上 ξ 为一定值处曲线的斜率。对于温度、压力和组成一定的有限反应体系，$\left(\dfrac{\partial G}{\partial\xi}\right)_{T,p,n}$ 为一定值，由 $\left(\dfrac{\partial G}{\partial\xi}\right)_{T,p,n}$ 的符号

可判断在此条件下自发化学反应的方向，曲线极小值处$\left(\frac{\partial G}{\partial \xi}\right)_{T,p,n}=0$，体系处于化学反应的平衡状态。

6.1.3 化学反应的平衡常数及化学反应等温式

恒温恒压下的化学反应

$$0=\sum_{B}\nu_B B$$

体系中B组分的化学势为μ_B，由第4章的讨论μ_B可用一通式表达

$$\mu_B=\mu_B^{\ominus}(T)+RT\ln a_B \tag{6-5}$$

式中，$\mu_B^{\ominus}(T)$是B组分在温度为T、标准态下的化学势；a_B为B组分的活度。

对于气体组分：　　$a_B=\gamma_B p_B/p^{\ominus}$即$a_B=f_B/p^{\ominus}$

对于液体混合物中的任一组分或溶液中的溶剂：　　$a_B=\gamma_B x_B$

对于溶液中的溶质：$a_{B(x)}=\gamma_{B(x)}x_B$或$a_{B(m)}m_B/m^{\ominus}$或$a_{B(c)}=\gamma_{B(c)}c_B/c^{\ominus}$

若为理想体系，逸度系数或活度系数γ_B均取值为1。对于凝聚体系，应忽略压力对化学势的影响，即忽略积分项$\int_{p^{\ominus}}^{p}V_{B,m}\mathrm{d}p$，式（6-5）才能成立。

将式（6-5）代入式$\Delta_r G_m=\sum_B \nu_B\mu_B$中

$$\Delta_r G_m=\sum_B \nu_B\mu_B^{\ominus}+RT\ln\left(\prod_B a_B^{\nu_B}\right) \tag{6-6}$$

反应达平衡时　　$\Delta_r G_m=0$，$a_B=a_{B,eq}$

$$\sum_B \nu_B\mu_B^{\ominus}=-RT\ln\left(\prod_B a_{B,eq}^{\nu_B}\right) \tag{6-7}$$

即

$$\Delta_r G_m=-RT\ln\left(\prod_B a_{B,eq}^{\nu_B}\right)+RT\ln\left(\prod_B a_B^{\nu_B}\right) \tag{6-8}$$

设

$$\prod_B a_{B,eq}^{\nu_B}=K_a \tag{6-9}$$

式中，K_a为反应达平衡态时反应体系各物质的活度积即活度平衡常数。

$$\prod_B a_B^{\nu_B}=Q_a \tag{6-10}$$

式中，Q_a为反应处任意指定态时反应体系各物质的活度积。

则

$$\Delta_r G_m=-RT\ln K_a+RT\ln Q_a \tag{6-11}$$

式（6-11）即为化学反应等温式，它适用于任意恒温反应体系。因活度无量纲，式中不论K_a或Q_a均为纯数。将式（6-4）的结果引入式（6-11）中可以得出

$$\left.\begin{array}{l}\text{若 }K_a>Q_a\text{ 即 }\Delta_r G_m<0\text{，反应将自动正向进行}\\ \text{若 }K_a=Q_a\text{ 即 }\Delta_r G_m=0\text{，反应达平衡态}\\ \text{若 }K_a<Q_a\text{ 即 }\Delta_r G_m>0\text{，反应不能自动正向进行，实际发生的是其逆过程}\end{array}\right\} \tag{6-12}$$

这样，由任意指定态的活度积与平衡态的活度积大小比较，就可判定反应自动进行的方向和限度。

设式（6-6）中的$\sum_B \nu_B\mu_B^{\ominus}(T)=\Delta_r G_m^{\ominus}$，$\Delta_r G_m^{\ominus}$即反应体系各物质均处于温度为$T$、标准态下化学反应的摩尔Gibbs函数改变又称为反应的标准摩尔Gibbs函数。将此结果代回式（6-6）中，并比较式（6-8）和式（6-11）可以得出

$$\Delta_r G_m=\Delta_r G_m^{\ominus}+RT\ln\left(\prod_B a_B^{\nu_B}\right) \tag{6-13}$$

和 $$\Delta_r G_m^{\ominus} = \sum_B \nu_B \mu_B^{\ominus}(T) = -RT\ln K_a \tag{6-14}$$

对式（6-14）我们进行几点讨论。

$\Delta_r G_m^{\ominus}$ 为温度为 T 时反应的标准摩尔 Gibbs 函数，可由热力学方法进行计算，因此式（6-14）提供了从理论上进行平衡计算的热力学基础。

式（6-14）给出了 $\Delta_r G_m^{\ominus}$ 和 K_a 间的数量关系。若 $\Delta_r G_m^{\ominus}$ 为一较大的负（正）值，K_a 则为一较大（小）的数值，表明实际反应达平衡后，产物的浓度或分压相对较高（低），反应物甚至可完全（不）转化为产物，因此由 $\Delta_r G_m^{\ominus}$ 可以判断实际反应有无利用价值和选择适当条件以提高其利用价值。

式（6-14）只代表 $\Delta_r G_m^{\ominus}$ 和 K_a 间的数量关系，而 $\Delta_r G_m^{\ominus}$ 和 K_a 的物理意义截然不同。$\Delta_r G_m^{\ominus}$ 是标准态下化学反应的摩尔 Gibbs 函数改变，K_a 是反应达平衡态时各物质的活度积，若由式（6-14）将标准态和平衡态等同起来是完全错误的。

若 $\Delta_r G_m^{\ominus} < 0$，只表明反应在 TK 和各物质组分处于标准下反应可以自动进行，但实际条件下的反应体系，各物质并非处于标准态，因此不能根据 $\Delta_r G_m^{\ominus}$ 来判断反应自发进行的方向。由式（6-13）可见，通常情况下即使 $\Delta_r G_m^{\ominus}$ 为一正值，也有可能通过调整 Q_a 或 a_B 使 $\Delta_r G_m < 0$，反应仍可自动正向进行。只有 $\Delta_r G_m$ 才是恒 T、恒 p 下化学反应自动进行方向的判据。若 $\Delta_r G_m^{\ominus}$ 是相当大的正值且在实际工作中已难以通过改变 Q_a 来改变 $\Delta_r G_m$ 的符号，这时才能由 $\Delta_r G_m^{\ominus}$ 近似判断实际反应自动进行的方向。

6.2 平衡常数的表达式

The Expression of Equilibrium Constant

恒温恒压下的任一化学反应 $$0 = \sum_B \nu_B B$$

我们定义 $$K^{\ominus} \xlongequal{\text{def}} \exp\left(-\frac{\Delta_r G_m^{\ominus}}{RT}\right) \text{或} \exp\left(-\frac{\sum_B \nu_B \mu_B^{\ominus}}{RT}\right) \tag{6-15}$$

严格满足式（6-15）的平衡常数称为标准平衡常数（standard equilibrium constant），也就是热力学平衡常数（thermodynamic equilibrium constant），记为 $K^{\ominus}$。式（6-15）可作为标准平衡常数的定义式。

由式（6-15）可以得出，因 $K^{\ominus}$ 与 $\Delta_r G_m^{\ominus}$ 有关，所以 $K^{\ominus}$ 与化学反应计量式的写法有关。因标准态的化学势 $\mu_B^{\ominus}$ 只与温度有关，所以对于指定的反应，$K^{\ominus}$ 也只是温度的函数且与标准态的规定有关。只有纯数才能取对数或求指数值，所以 $K^{\ominus}$ 是一个无因次量。聚集状态不同的反应体系，各物质标准态的规定不同，因此 $K^{\ominus}$ 可有不同的具体表达形式，下面将分别进行讨论。

6.2.1 气相反应

恒温恒压下的气相反应 $$0 = \sum_B \nu_B B(g)$$

B 组分的化学势 $$\mu_B(g) = \mu_B^{\ominus}(T) + RT\ln a_B$$

B 组分的活度 $$a_B = f_B/p^{\ominus} = \gamma_B p_B/p^{\ominus}$$

将活度 a_B 代入平衡常数关系式中

$$K^{\ominus} = K_a = \prod_{\mathrm{B}} a_{\mathrm{B,eq}}^{\nu_{\mathrm{B}}}$$
$$= \left(\prod_{\mathrm{B}} f_{\mathrm{B,eq}}^{\nu_{\mathrm{B}}}\right)(p^{\ominus})^{-\sum_{\mathrm{B}}\nu_{\mathrm{B}}}$$
$$= K_f (p^{\ominus})^{-\sum_{\mathrm{B}}\nu_{\mathrm{B}}} = K_f^{\ominus} \tag{6-16}$$

气相反应的标准平衡常数就是活度（或相对逸度 $f_{\mathrm{B}}/p^{\ominus}$）平衡常数。

6.2.1.1 低压下的气相反应

低压下的气相反应，因压力很低，各组分可近似作为理想气体处理，即 $\gamma_{\mathrm{B}} \approx 1$，$f_{\mathrm{B}} \approx p_{\mathrm{B}}$。

$$K^{\ominus} = K_p^{\ominus} = \left(\prod_{\mathrm{B}} p_{\mathrm{B,eq}}^{\nu_{\mathrm{B}}}\right)(p^{\ominus})^{-\sum_{\mathrm{B}}\nu_{\mathrm{B}}} = K_p (p^{\ominus})^{-\sum_{\mathrm{B}}\nu_{\mathrm{B}}} \tag{6-17}$$

式中，$K_p = \prod_{\mathrm{B}} p_{\mathrm{B,eq}}^{\nu_{\mathrm{B}}}$，$p_{\mathrm{B,eq}}$ 是 B 组分的平衡分压；K_p 为压力平衡常数。

因由实验测定平衡体系的总压及组成可求出平衡分压 $p_{\mathrm{B,eg}}$，即 K_p 可由实验方法进行测定，K_p 属于实验平衡常数。

通常 $\left(\sum_{\mathrm{B}} \nu_{\mathrm{B}} \neq 0 \text{ 时}\right) K_p$ 有量纲。由式（6-17）还可以看出，K_p 也只是温度的函数，但 K_p 并不满足热力学关系式（6-15）。

低压下混合气体遵从状态方程 $p_{\mathrm{B}} = \dfrac{n_{\mathrm{B}}RT}{V} = c_{\mathrm{B}}RT$，$c_{\mathrm{B}}$ 为平衡体系中 B 组分的物质的量浓度。将 p_{B} 与 c_{B} 关系式代入 $K_p^{\ominus}$ 的表示式中

$$K_p^{\ominus} = \left(\prod_{\mathrm{B}} c_{\mathrm{B,eq}}^{\nu_{\mathrm{B}}}\right)\left(\frac{RT}{p^{\ominus}}\right)^{\sum_{\mathrm{B}}\nu_{\mathrm{B}}} = K_c \left(\frac{RT}{p^{\ominus}}\right)^{\sum_{\mathrm{B}}\nu_{\mathrm{B}}} \tag{6-18}$$

式中，$K_c = \prod_{\mathrm{B}} c_{\mathrm{B,eq}}^{\nu_{\mathrm{B}}}$，为物质的量浓度平衡常数，$K_c$ 可由实验测定平衡体系的组成后确定，因此也属实验平衡常数。通常 $\left(\sum_{\mathrm{B}} \nu_{\mathrm{B}} \neq 0 \text{ 时}\right) K_c$ 有量纲。由式（6-18）可见，K_c 也只是温度的函数。

低压下气体混合物遵从分压定律 $p_{\mathrm{B}} = x_{\mathrm{B}}p$，所以有

$$K_p^{\ominus} = \left(\prod_{\mathrm{B}} x_{\mathrm{B,eq}}^{\nu_{\mathrm{B}}}\right)\left(\frac{p}{p^{\ominus}}\right)^{\sum_{\mathrm{B}}\nu_{\mathrm{B}}} = K_x \left(\frac{p}{p^{\ominus}}\right)^{\sum_{\mathrm{B}}\nu_{\mathrm{B}}} \tag{6-19}$$

式中，$K_x = \prod_{\mathrm{B}} x_{\mathrm{B,eq}}^{\nu_{\mathrm{B}}}$，$x_{\mathrm{B,eq}}$ 是平衡体系中 B 组分的物质的量分数；K_x 为物质的量分数平衡常数，也可由实验确定，仍属于实验平衡常数。与 K_p 和 K_c 不同，K_x 始终无量纲，由式（6-19）还可以看出，K_x 应是 T、p 的函数，只有在 $\sum_{\mathrm{B}} \nu_{\mathrm{B}} = 0$ 时，K_x 才与压力 p 无关。

引出 K_p、K_c 和 K_x，主要是适应实际工作的需要，即低压下气相反应体系的平衡组成通常可以用平衡分压、平衡量浓度或平衡时物质的量分数来表示。在以后的学习中还可以由它们较直观地讨论各种因素对平衡的影响。由式（6-17）～式（6-19）还可以看出，因它们均不直接满足热力学定义式（6-15），即 K_p、K_c 和 K_x 不等于 $\exp\left(-\dfrac{\Delta_r G_m^{\ominus}}{RT}\right)$ $\left(\text{除} \sum_{\mathrm{B}} \nu_{\mathrm{B}} = 0 \text{ 外}\right)$，因此，均不是标准平衡常数。

6.2.1.2 高压下的气相反应

高压下的气体已偏离理想气体行为，高压下的气相反应就是实际气体间的反应。将 $f_{\mathrm{B}} = \gamma_{\mathrm{B}} p_{\mathrm{B}}$ 代入式（6-16）中

$$K^{\ominus}=K_f^{\ominus}=\Big(\prod_{B} f_{B,eq}^{\nu_B}\Big)(p^{\ominus})^{-\sum_B \nu_B}$$

$$=\Big(\prod_{B} p_{B,eq}^{\nu_B}\Big)\Big(\prod_{B}\gamma_B^{\nu_B}\Big)(p^{\ominus})^{-\sum_B \nu_B}$$

$$=K_p K_\gamma (p^{\ominus})^{-\sum_B \nu_B}=K_f(p^{\ominus})^{-\sum_B \nu_B} \tag{6-20}$$

式中，K_f 为逸度平衡常数（fugacity equilibrium constant）。由式（6-20）可以看出，K_f 只是温度的函数。但因各组分的逸度系数 γ_B 与 T 和 p 有关，所以高压下气相反应的 K_p、K_γ 均与 T 和 p 有关。反应体系中各组分的逸度系数 γ_B 可由第 4 章中所介绍的 Lewis-Randall 近似规则求出，在本章 6.7 节中还将举例进行计算。

表 6-1 列出了合成氨反应在 723K 时的平衡常数。由表例数据可见，压力越低，K_p 与 K_f 值越接近，因此 $p\to 0$ 时 $\gamma_B\to 1$，$K_\gamma\to 1$。随压力升高，两者的差异逐渐显著，同时 K_p 随压力显著变化而 K_f 是常数（压力很高的情况除外，这是由 Lewis-Randall 近似规则引起）。

表 6-1　723K 不同压力下气相反应 $N_2+3H_2 = 2NH_3$ 的平衡常数①

$p/p^{\ominus}$	$K_p/\times 10^{-15}\,\mathrm{Pa}^{-2}$	K_γ	$K_f/\times 10^{-15}\,\mathrm{Pa}^{-2}$（近似值）
10	4.229	0.990	4.179
30	4.452	0.951	4.230
50	4.637	0.893	4.115
100	5.120	0.774	3.940
300	7.612	0.473	3.601
600	16.31	0.247	4.015
1000	60.68	0.188	9.936

① 摘自 W. J. Moore. Physical Chemistry. 4th. 1972. 305（经量纲换算）。

6.2.2　液相反应

恒温恒压下液相中发生的反应　　$0=\sum_B \nu_B \mathrm{B(sln)}$

溶液中各组分的化学势　　$\mu_B^{\mathrm{sln}}=\mu_B^{\ominus}(T)+RT\ln a_B+\int_{p^{\ominus}}^{p} V_{B,m}\,\mathrm{d}p$　　(6-21)

式中，p 是溶液上方总压；$V_{B,m}$是组分 B 的偏摩尔体积。

由平衡条件 $\Delta_r G_m=\sum_B \nu_B\mu_B=0$ 和 $\Delta_r G_m^{\ominus}=\sum_B \nu_B\mu_B^{\ominus}(T)$ 可得

$$-\frac{\Delta_r G_m^{\ominus}}{RT}=\ln\Big(\prod_B a_{B,eq}^{\nu_B}\Big)+\sum_B \nu_B\int_{p^{\ominus}}^{p}\frac{V_{B,m}}{RT}\mathrm{d}p$$

标准平衡常数

$$K^{\ominus}=\exp\Big(-\frac{\Delta_r G_m^{\ominus}}{RT}\Big)$$

$$=\Big(\prod_B a_{B,eq}^{\nu_B}\Big)\exp\Big(\sum_B \nu_B\int_{p^{\ominus}}^{p}\frac{V_{B,m}}{RT}\mathrm{d}p\Big)$$

$$=K_a\exp\Big(\sum_B \nu_B\int_{p^{\ominus}}^{p}\frac{V_{B,m}}{RT}\mathrm{d}p\Big) \tag{6-22a}$$

从式（6-22a）得出，$K^{\ominus}$只是温度的函数，但积分项与压力有关，故 K_a 与温度，压力均有关。通常我们做近似处理，设凝聚态体系的压力 $p\approx p^{\ominus}$，或忽略压力对化学势的影响，即忽略式（6-22a）中的积分项，K_a 才只是温度的函数，且

$$K^{\ominus}\approx K_a=\prod_B a_{B,eq}^{\nu_B} \tag{6-22b}$$

因活度无量纲，K_a 也无量纲。

6.2.2.1　*液体混合物中的化学平衡*

液体混合物中的化学反应，式（6-21）中下标"B"指混合物中的任一组分。由第4章的介绍可以得到 $a_B=\gamma_B x_B$，且忽略压力的影响，式（6-22b）可写为

$$K^{\ominus}\approx\left(\prod_B x_{B,eq}^{\nu_B}\right)\left(\prod_B \gamma_B^{\nu_B}\right)\approx K_x K_\gamma \tag{6-23a}$$

因为 γ_B 与温度和浓度有关，所以 K_x 和 K_γ 均是温度和浓度的函数。

若为理想液体混合物中的化学反应，$\gamma_B=1$，$K_\gamma=1$

则

$$K^{\ominus}\approx K_x \tag{6-23b}$$

这时式（6-23b）中的 K_x 就只是温度的函数了。

6.2.2.2　*液态溶液中的化学平衡*

若溶剂是惰性的，即溶剂不参加化学反应，只考虑溶质间的反应，式（6-21）中下标"B"只代表任一溶质组分。

若溶质的浓度用物质的量分数 x_B 表示，$a_{B(x)}=\gamma_{B(x)}x_B$，忽略压力的影响，式（6-22b）可写为

$$K^{\ominus}\approx\left(\prod_B x_{B,eq}^{\nu_B}\right)\left(\prod_B \gamma_{B,eq}^{\nu_B}\right)=K_x K_\gamma \tag{6-24}$$

若溶质的浓度用质量摩尔浓度 m_B 表示，$a_{B(m)}=\gamma_{B(m)}\dfrac{m_B}{m^{\ominus}}$，式（6-22b）可写为

$$K^{\ominus}\approx\left(\prod_B m_{B,eq}^{\nu_B}\right)\left(\prod_B \gamma_{B(m)}^{\nu_B}\right)(m^{\ominus})^{-\sum_B\nu_B}=K_m K_{\gamma(m)}(m^{\ominus})^{-\sum_B\nu_B} \tag{6-25}$$

若溶质的浓度用物质的量浓度 c_B 表示，$a_{B(c)}=\gamma_{B(c)}\dfrac{c_B}{c^{\ominus}}$，式（6-22b）写为

$$K^{\ominus}\approx\left(\prod_B c_{B,eq}^{\nu_B}\right)\left(\prod_B \gamma_{B(c)}^{\nu_B}\right)(c^{\ominus})^{-\sum_B\nu_B}=K_c K_{\gamma(c)}(c^{\ominus})^{-\sum_B\nu_B} \tag{6-26}$$

若溶液为理想的稀溶液，各溶质组分 $\gamma_B=1$，$K_\gamma=1$，则式（6-24）～式（6-26）可简化为

$$\left.\begin{aligned}K^{\ominus}&\approx K_{a(x)}=K_x\\K^{\ominus}&\approx K_{a(m)}=K_m(m^{\ominus})^{-\sum_B\nu_B}\\K^{\ominus}&\approx K_{a(c)}=K_c(c^{\ominus})^{-\sum_B\nu_B}\end{aligned}\right\} \tag{6-27}$$

式（6-24）～式（6-27）中的 K_x、K_m 和 K_c 分别为溶质的物质的量分数、质量摩尔浓度和物质的量浓度平衡常数，因都可由实验测定平衡体系的组成得出，故均属实验平衡常数。只有当 $\sum_B\nu_B=0$ 时，K_m 和 K_c 才无量纲，也只有在理想稀溶液中溶质间反应和不考虑压力的影响的条件下，K_x、K_m 和 K_c 才只是温度的函数，且数值上等于热力学平衡常数 $K^{\ominus}$。

由于物质的量浓度 c_B 与温度有关，由式（4-7）$\left(\dfrac{\partial c_B}{\partial T}\right)_{p,n}=-c_B\alpha$，$\alpha$ 为溶液的恒压膨胀系数，对于稀溶液，α 可近似作为纯溶剂的恒压膨胀系数 α_A。在讨论化学平衡时，通常不采用 c_B 作为溶质的浓度量纲，因在讨论温度对化学平衡的影响时，会给 $\left(\dfrac{\partial \ln K_c}{\partial T}\right)_{p,n}$ 的表达带来不方便。而质量摩尔浓度 m_B 和物质的量分数 x_B 与温度和压力无关，作为溶质的浓度量纲在处理化学平衡时较为方便。

若溶剂也参与化学反应，反应计量式表示为 $0=\nu_A A+\sum_B\nu_B B$。

式中"A"代表溶剂，"B"代表溶质。由平衡条件

$$\Delta_r G_m = \sum_B \nu_B \mu_B + \nu_B \mu_A = 0$$

其中
$$\mu_B = \mu_B^{\ominus}(T) + RT\ln a_B + \int_{p^{\ominus}}^{p} V_m^{\infty}(B)\mathrm{d}p$$

$$\mu_A = \mu_A^{\ominus}(T) + RT\ln a_A + \int_{p^{\ominus}}^{p} V_m^{*}(A)\mathrm{d}p$$

可得标准平衡常数

$$K^{\ominus} = \exp\left(\frac{-\Delta_r G_m^{\ominus}}{RT}\right) = \exp\left(-\frac{\sum_B \nu_B \mu_B^{\ominus} + \nu_A \mu_A^{\ominus}}{RT}\right)$$

忽略压力的影响

$$K^{\ominus} \approx K_a = a_{A,eq}^{\nu_A}\left(\prod_B a_{B,eq}^{\nu_B}\right) \tag{6-28}$$

若溶液是理想的稀溶液，并选物质的量分数作为溶剂和溶质的浓度量纲

$$K^{\ominus} \approx x_{A,eq}^{\nu_A}\left(\prod_B x_{B,eq}^{\nu_B}\right) \tag{6-29}$$

若溶剂参加化学反应，在处理 $\Delta_r G_m$、$\Delta_r G_m^{\ominus}$ 和 $K^{\ominus}$ 时都应考虑溶剂的单独贡献，这里的“单独”意指不考虑溶剂与溶质分子间复杂的相互作用等其他因素。

6.2.3 复相化学反应

反应体系中存在两个或两个以上的相即反应参与物处于不同的相中，且固相和液相为纯相，则属于复相化学反应。如碳酸钙的热分解就是一个复相化学反应

$$CaCO_3(s) \rightleftharpoons CaO(s) + CO_2(g)$$

任一复相反应
$$0 = \sum_B \nu_B B(g) + \sum_{s或l} \nu_B B(s 或 l)$$

若气相可视为理想气体，气相组分的化学势为

$$\mu_B^g = \mu_B^{\ominus}(T,g) + RT\ln\frac{p_B}{p^{\ominus}}$$

纯固相或液相组分的活度为1，且忽略压力的影响，其化学势为

$$\mu_B^s \approx \mu_B^{\ominus}(T,s) \text{或} \mu_B^l \approx \mu_B^{\ominus}(T,l)$$

恒温恒压下反应达平衡 $\Delta_r G_m = \sum_B \nu_B \mu_B = 0$，代入以上化学势的表达式

$$\sum_g \nu_B \mu_B^{\ominus}(T,g) + \sum_{s或l} \nu_B \mu_B^{\ominus}(T,s 或 l) + RT\ln\left[\left(\prod_g p_{B,eq}^{\nu_B}\right)(p^{\ominus})^{-\sum_B \nu_B}\right] = 0$$

等式左端第一、二项之和为反应体系各物质均处于标准态时化学反应的 Gibbs 函数改变，即反应的标准摩尔 Gibbs 函数，仍用 $\Delta_r G_m^{\ominus}$ 表示，以上结果写为

$$\Delta_r G_m^{\ominus} = \sum_B \nu_B \mu_B^{\ominus}(T) = -RT\ln\left[\prod_g p_{B,eq}^{\nu_B}(p^{\ominus})^{-\sum_B \nu_B}\right]$$

即
$$\Delta_r G_m^{\ominus} = -RT\ln K_p^{\ominus} \tag{6-30}$$

由以上处理可见，$\Delta_r G_m^{\ominus}$ 涉及所有反应参与物，与各组分标准态的化学势 $\mu_B^{\ominus}(T)$ 有关。忽略压力对凝聚相的影响，标准平衡常数就是 $K_p^{\ominus}$。$K_p^{\ominus}$ 中只包含气相组分的平衡分压，$K_p^{\ominus}$ 也只是温度的函数。

对于固体物质的分解反应，恒温下分解达平衡，体系的气相总压为一定值，该压力就是固体物质在此温度下的分解压力或离解压力（dissociation pressure）。随温度变化，分解压

力也会变化，分解压力为 $p^{\ominus}$ 时对应的平衡温度称为分解温度。

如碳酸钙分解反应 $CaCO_3(s) \rightleftharpoons CaO(s)+CO_2(g)$，$K_p^{\ominus}=p_{CO_2}/p^{\ominus}$，不同温度下的分解压力即 CO_2 的平衡分压列于表 6-2 中。由表列数据可见，常温下分解压力极低，随温度升高分解压力增加。1170K 时分解压力为 $p^{\ominus}$ 值，1170K 即为碳酸钙的分解温度。温度高于分解温度时，分解压力大于 $p^{\ominus}$，若在大气压下加热碳酸钙，分解反应将剧烈进行，直到全部碳酸钙分解生成氧化钙和二氧化碳。

表 6-2　不同温度下 $CaCO_3(s)$ 的分解压力

T/K	773	873	973	1073	1170	1273	1373	1473
$p_{CO_2}/p^{\ominus}$	9.6×10^{-5}	2.42×10^{-3}	2.92×10^{-2}	0.220	1.000	3.871	11.52	28.68

若分解的气相产物不止一种，则分解压力为气相组分平衡分压之和。如 $NH_4HS(s)$ 置于抽空的容器中分解达平衡

$$NH_4HS(s) \rightleftharpoons NH_3(g)+H_2S(g)$$

反应的分解压为 $p=p_{NH_3}+p_{H_2S}$，又 $p_{NH_3}=p_{H_2S}$，所以 $K_p^{\ominus}=p_{NH_3}p_{H_2S}(p^{\ominus})^{-2}=\left(\frac{p}{2}\right)^2(p^{\ominus})^{-2}$。

6.3　平衡常数的实验测定及平衡组成的计算
Experimental Measurement of Equilibrium Constant and Calculation of Equilibrium Composition

一定反应条件下化学反应自发进行到 $\xi=\xi_{eq}$ 达到平衡，这时体系的组成为一确定值。若实际反应经一段时间仍未达到这一组成，则可通过加入催化剂等办法来加速反应以缩短达到平衡的时间。若已达到平衡，在条件不变的前提下将无法超越此限度，只有改变条件才能改变反应的限度。平衡计算的基本数据是平衡常数，平衡常数可以由实验测定，也可由热力学方法从理论上计算，本节通过几个实例简单介绍由实验数据求算平衡常数的方法。

6.3.1　平衡常数的实验测定

实验测定平衡常数，首先要测定已达平衡的反应体系中各组分的浓度（或分压），常用的方法有两类。

(1) 物理分析法　通过测定与组成线性相关的物理量如折射率、电导、光密度、压力或体积等来确定体系的平衡组成。物理分析法快速简便，一般不会扰动体系的平衡。

(2) 化学分析法　利用化学分析法确定体系的平衡组成，因加入试剂往往会扰动平衡，使结果产生误差，为此，可采用骤然降温、移去催化剂、加过量溶剂稀释等方法，使平衡移动的速率降到最小以“冻结”平衡。化学分析的操作及数据处理均较复杂。

不论用什么方法测定平衡组成，其前提是必须保证体系已达平衡，所测组成为平衡组成。平衡组成应有如下特点：只要条件不变，组成将不随时间改变而改变；由正反应或逆反应的平衡组成计算的平衡常数应一致；只要温度不变，改变原料配比等反应条件，计算的热力学平衡常数应为定值。

6.3.2　平衡组成的计算

由实验测定的平衡常数及化学反应计量式，可以求出平衡体系的组成，从而求出在此条件下的平衡转化率或最大产率。

平衡转化率即反应达平衡时，某反应物转化了物质的量占该反应物起始时物质的量的百分数

$$平衡转化率=\frac{达平衡时该反应物所消耗的物质的量}{某反应物起始的物质的量}\times 100\%$$

最大产率即达平衡时转化为指定产物的某反应物消耗的物质的量，占该反应物起始时物质的量的百分数

$$最大产率=\frac{达平衡时该反应物转化为指定产物所消耗的物质的量}{某反应物起始的物质的量}\times 100\%$$

若无副反应，最大产率等于平衡转化率，若有副反应存在，前者总是小于后者。

若由实验测定了平衡转化率，就可计算出平衡组成，由此也可计算出平衡常数。以下举几个例子加以说明。

【例 6-1】 298.2K 和总压为 $p^{\ominus}$ 时有 18.5% 的 N_2O_4 离解为 NO_2，求 298.2K 离解反应的 $K_p^{\ominus}$ 及 $0.5p^{\ominus}$ 下 N_2O_4 的离解度及平衡体系中 N_2O_4、NO_2 的分压。

［解］ 若以起始时 N_2O_4 的物质的量为 1mol 为计算基准，设离解度为 α，平衡体系内各物质的物质的量为

$$N_2O_4 \rightleftharpoons 2NO_2$$

	N_2O_4	$2NO_2$	
起始时 $n_{B,0}$/mol	1	0	
平衡时 $n_{B,eq}$/mol	$1-\alpha$	2α	$\sum_B n_{B,eq}=(1+\alpha)$ mol

$$K_p^{\ominus}=\frac{p_{NO_2}^2}{p_{N_2O_4}}(p^{\ominus})^{-1}=\frac{\left(\frac{2\alpha}{1+\alpha}\right)^2(p^{\ominus})^2}{\left(\frac{1-\alpha}{1+\alpha}\right)p^{\ominus}}(p^{\ominus})^{-1}=\frac{4\alpha^2}{1-\alpha^2}$$

代入 $\alpha=0.185$ 得 $$K_p^{\ominus}=\frac{4\times 0.185^2}{1-0.185^2}=0.142$$

设总压 $p=0.5p^{\ominus}$ 时 N_2O_4 的平衡转化率为 α'，温度不变，$K_p^{\ominus}$ 不变

$$0.142=\frac{4\alpha'^2}{1-\alpha_2'}\times\frac{(0.5p^{\ominus})^2}{0.5p^{\ominus}}\times(p^{\ominus})^{-1}$$

即 $$0.284=\frac{4\alpha'^2}{1-\alpha'^2}\qquad 解出\ \alpha'=0.257$$

各组分的平衡分压 $$p_{NO_2}=\left(\frac{2\alpha'}{1+\alpha'}\right)\times p=\frac{2\times 0.257}{1+0.257}\times 0.5p^{\ominus}=0.204p^{\ominus}$$

$$p_{N_2O_4}=\left(\frac{1-\alpha'}{1+\alpha'}\right)\times p=\frac{1-0.257}{1+0.257}\times 0.5p^{\ominus}=0.296p^{\ominus}$$

【例 6-2】 523K 在 $1dm^3$ 的玻璃容器内放入 2.695g $PCl_5(g)$，分解达平衡后容器内压力达 101.3kPa，求 $PCl_5(g)$ 分解为 $PCl_3(g)$ 和 $Cl_2(g)$ 的平衡离解度及此温度下分解反应的平衡常数 $K_p^{\ominus}$、K_c 和 K_x。

［解］ 起始 $PCl_5(g)$ 的物质的量为 $n_0=\frac{2.695g}{208.5g\cdot mol^{-1}}=0.0129mol$，平衡离解度设为 α，平衡时各组分的物质的量

$$PCl_5(g) \rightleftharpoons Cl_2(g)+Cl_2(g)$$

	$PCl_5(g)$	$Cl_2(g)$	$Cl_2(g)$	
起始时 $n_{B,0}$/mol	n_0	0	0	
平衡时 $n_{B,eq}$/mol	$n_0(1-\alpha)$	$n_0\alpha$	$n_0\alpha$	$\sum_B n_{B,eq}=n_0(1+\alpha)$mol

由理想气体状态方程 $p_{总}V=n_{总}RT$ 并代入数据

$$101.3\times10^3\,\text{Pa}\times10^{-3}\,\text{m}^3=[0.0129\times(1+\alpha)]\,\text{mol}\times8.314\,\text{J}\cdot\text{K}^{-1}\cdot\text{mol}^{-1}\times523\,\text{K}$$

解出

$$\alpha=0.806$$

$$K_p^{\ominus}=\frac{p_{Cl_2}p_{PCl_3}}{p_{PCl_5}}(p^{\ominus})^{-1}=\frac{\left(\frac{\alpha p}{1+\alpha}\right)\left(\frac{\alpha p}{1+\alpha}\right)}{\frac{1-\alpha}{1+\alpha}p}(p^{\ominus})^{-1}=\frac{\alpha^2}{1-\alpha^2}p(p^{\ominus})^{-1}$$

因 $p=p^{\ominus}$，$K_p^{\ominus}=\frac{\alpha^2}{1-\alpha^2}$，代入 $\alpha=0.806$ 得

$$K_p^{\ominus}=\frac{0.806^2}{1-0.806^2}=1.85$$

由式（6-17）$K_p=K_p^{\ominus}p^{\ominus}=1.85\times101.3\times10^3\,\text{Pa}=1.87\times10^5\,\text{Pa}$

由式（6-18）$K_c=K_p^{\ominus}\frac{p^{\ominus}}{RT}=1.85\times\frac{101.3\times10^3\,\text{Pa}}{8.314\,\text{J}\cdot\text{K}^{-1}\cdot\text{mol}^{-1}\times523\,\text{K}}=43.10\,\text{mol}\cdot\text{m}^{-3}$

由式（6-19）$K_x=K_p^{\ominus}\left(\frac{p^{\ominus}}{p}\right)=K_p^{\ominus}=1.85$

【例 6-3】 将氨基甲酸铵放入一抽空的容器中，氨基甲酸铵按下式分解

$$NH_2COONH_4(s)\rightleftharpoons 2NH_3(g)+CO_2(g)$$

294K 达平衡后容器内压力为 8.82kPa。在另一次实验中，除氨基甲酸铵外，同时通入 $NH_3(g)$，使其分压达 12.4kPa，若平衡时尚有少量固相存在，求平衡气相各组分的分压及总压。

［解］ 先求反应的平衡常数。在第一种情况下，反应起始时无 $NH_3(g)$ 和 $CO_2(g)$，故达平衡时应有

$$p_{NH_3}=2p_{CO_2},\ p_{NH_3}+p_{CO_2}=p_{总}$$

所以 $K_p^{\ominus}=p_{NH_3}^2p_{CO_2}(p^{\ominus})^{-3}=\left(\frac{2}{3}p_{总}\right)^2\left(\frac{1}{3}p_{总}\right)(p^{\ominus})^{-3}$

$$=\left(8.823\times\frac{2}{3}\right)^2\text{kPa}^2\times\left(8.823\times\frac{1}{3}\right)\text{kPa}\times(101.3)^{-3}\,\text{kPa}^{-3}$$

$$=9.790\times10^{-5}$$

第二种情况下，若平衡时反应产生的 CO_2 分压为 xkPa，设反应体系气相组分的分压

	$NH_2CONH_4(s)\rightleftharpoons$	$2NH_3(g)$	+	$CO_2(g)$
起始时 $p_{B,0}$/kPa		12.44		0
平衡时 $p_{B,eq}$/kPa		$12.44+2x$		x

$$K^{\ominus}=p_{NH_3}^2p_{CO_2}(p^{\ominus})^{-3}$$

$$9.790\times10^{-5}=[(12.44+2x)^2x]\,\text{kPa}^3\times101.3^{-3}\,\text{kPa}^{-3}$$

$$101.77=(12.44+2x)^2x$$

这是一个三次方程，可用 Newton 迭代法求解也可采用图解法求解，本题用图解法求解。

在第二种情况下，反应体系中先充入了 $NH_3(g)$，反应在平衡时，CO_2 的分压不可能超过第一种情况下 CO_2 的分压，即

$$0<x<2.94\,\text{kPa}$$

上式改写为

$$\frac{101.77}{x}=(12.44+2x)^2$$

设 $y_1=\frac{101.77}{x}$和 $y_2=(12.44+2x)^2$

给出不同的 x 值，求出 y_1 和 y_2，将 y_1 和 y_2 分别对 x 作图可得出两曲线，曲线交点的横坐标即为所求 x 值，也就是 p_{CO_2}，将有关数据列于表中并作图。

由图可见，曲线交点的横坐标为

$$x=0.556\text{kPa}$$

故

$$p_{NH_3}=(12.44+2\times 0.556)\text{kPa}$$
$$=13.552\text{kPa}$$
$$p_{CO_2}=0.556\text{kPa}$$

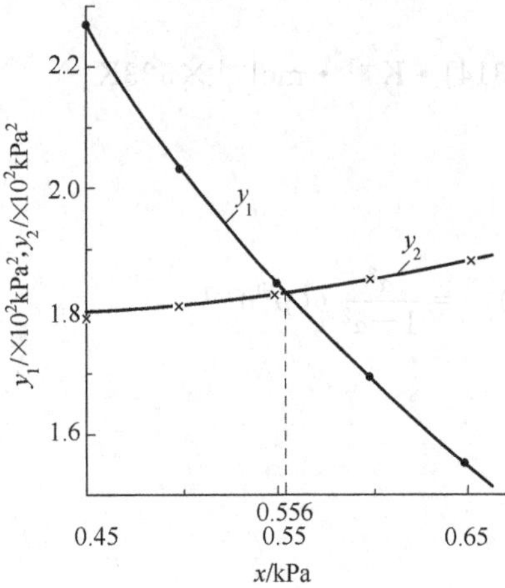

例 6-3 图

$$p_{总}=p_{NH_3}+p_{CO_2}=(13.55+0.556)\text{kPa}=14.106\text{kPa}$$

x/kPa	0.45	0.50	0.55	0.60	0.65
y_1/kPa^2	226.1	203.6	185.0	169.6	156.6
y_2/kPa^2	177.9	180.6	183.3	186.0	188.8

6.4 平衡常数的热力学计算

Calculation of Equilibrium Constant from Thermodynamic Data

化学平衡计算的基本数据是平衡常数，虽然平衡常数可由实验测定平衡体系的组成后进行计算，但因实际化学反应数量极大，有的化学反应速度很慢，有的反应条件十分苛刻（如高温、高压），其平衡常数很难甚至不可能（也无此必要）都通过实验直接测定。由热力学关系式（6-15）$\Delta_r G_m^\ominus=-RT\ln K^\ominus$可以看出，若用热力学方法解决了反应的标准摩尔 Gibbs 函数 $\Delta_r G_m^\ominus$ 的求算，$K^\ominus$则可以从理论上进行计算。本节将介绍 $\Delta_r G_m^\ominus$ 的热力学计算方法。在此之前，我们先定义一个新的热力学量 $\Delta_f G_m^\ominus(\text{B})$，即物质 B 的标准摩尔生成 Gibbs 函数。

6.4.1 标准摩尔生成 Gibbs 函数 $\Delta_f G_m^\ominus$

我们定义温度为 T、处于标准态的稳定单质，完全反应生成 T、标准态下物质的量为 1mol 的物质 B，反应的 Gibbs 函数改变为该物质 B 的标准摩尔生成 Gibbs 函数（standard molar Gibbs function of formation），用符号 $\Delta_r G_m^\ominus(\text{B})$ 表示。这里指的标准态是温度为 T、压力为 $p^\ominus$的纯气态、纯液态或纯固态。如 298.15K、标准压力 $p^\ominus$下，由纯气态的氢和氧完全反应生成物质的量为 1mol 的纯液态水

$$H_2(g)+\frac{1}{2}O_2(g)=\!=\!=H_2O(l)$$

$$\Delta_r G_m^\ominus=\Delta_f G_m^\ominus(H_2O,l)$$

由热力学关系式 $\Delta_r G_m^\ominus=\Delta_r H_m^\ominus-T\Delta_r S_m^\ominus$ 得

$$\Delta_f G_m^\ominus(H_2O,l)=\Delta_f H_m^\ominus(H_2O,l)-T[S_m^\ominus(H_2O,l)-S_m^\ominus(H_2,g)-\frac{1}{2}S_m^\ominus(O_2,g)] \tag{6-31}$$

由 298.15K 时液态水的标准摩尔生成焓 $\Delta_f H_m^\ominus(H_2O, l)$ 及 $H_2O(l)$、$H_2(g)$ 和 $O_2(g)$ 的标准摩尔熵 $S_m^\ominus$，就可按式（6-31）计算得到 298.15K 水的标准摩尔生成 Gibbs 函数 $\Delta_f G_m^\ominus$，其值为 $-237.19\text{kJ}\cdot\text{mol}^{-1}$。

若干纯物质在 298.15K 时的 $\Delta_f G_m^\ominus$ 值已由以上方法计算出来列于热力学数据表中，可直接查用。

由此我们可以看出，$\Delta_f G_m^\ominus(B)$ 并不是物质 B Gibbs 函数的绝对值，它是在热力学第一定律规定了 298.15K 稳定单质的标准摩尔焓 $H_m^\ominus(298.15\text{K})$ 为零，热力学第三定律规定了 0K 时完美晶体的标准摩尔熵值 $S_m^\ominus(0\text{K})$ 为零的基准上得出的相对值。

我们也可以看出，稳定单质的 $\Delta_f G_m^\ominus$ 为零。因由稳定单质生成稳定单质，其状态未变。但由稳定单质生成非稳定态的单质，如 298.15K 下 C（石墨）生成 C（金刚石），$I_2(s)$ 生成 $I_2(g)$，S（正交）生成 $S_2(g)$ 等，均包含相应的物相变化过程，因此，非稳定单质的 $\Delta_f G_m^\ominus$ 不为零。如 $\Delta_f G_m^\ominus(298.15\text{K},\text{金刚石})=2.87\text{kJ}\cdot\text{mol}^{-1}$，$\Delta_f G_m^\ominus[298.15\text{K}, I_2(g)]=19.37\text{kJ}\cdot\text{mol}^{-1}$，$\Delta_f G_m^\ominus[298.15\text{K}, S_2(g)]=80.96\text{kJ}\cdot\text{mol}^{-1}$等。

理想的液体混合物中任一组分及稀溶液中的溶剂，标准态为 T、$p^\ominus$ 态下的纯态，298.15K 时的标准摩尔生成 Gibbs 函数 $\Delta_f G_m^\ominus(B)$ 可直接查热力学数据表。

稀溶液中的溶质，其标准态为 T、$p^\ominus$ 下浓度为 $m^\ominus=1\text{mol}\cdot\text{kg}^{-1}$ 或 $c^\ominus=1\text{mol}\cdot\text{m}^{-3}$ 且服从 Henry 定律的假想态，因标准态不是纯态，标准摩尔生成 Gibbs 函数记为 $\Delta_r G_m^\ominus(B, \text{sln})$，$\Delta_f G_m^\ominus(B,\text{sln})$ 与 $\Delta_f G_m^\ominus(B,*)$ 不同（*代表纯态），两者间关系可由以下热力学过程得出。

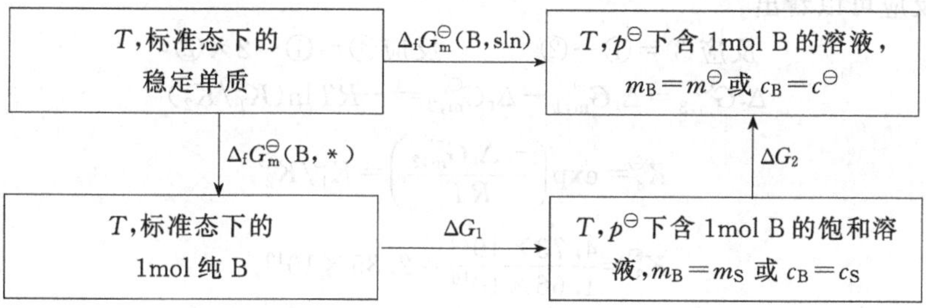

$$\Delta_f G_m^\ominus(B,\text{sln})=\Delta_f G_m^\ominus(B,*)+\Delta G_1+\Delta G_2$$

其中因溶解平衡 $\Delta G_1=0$，$\Delta G_2=RT\ln\dfrac{m^\ominus}{m_S}$ 或 $RT\ln\dfrac{c^\ominus}{c_S}$ 则

$$\left.\begin{aligned}&\Delta_f G_m^\ominus(B,\text{sln})=\Delta_f G_m^\ominus(B,*)+RT\ln\frac{m^\ominus}{m_S}\\ \text{或}\quad&\Delta_f G_m^\ominus(B,\text{sln})=\Delta_f G_m^\ominus(B,*)+RT\ln\frac{c^\ominus}{c_S}\end{aligned}\right\}\tag{6-32}$$

这样，由热力学数据表提供的纯物的标准摩尔生成 Gibbs 函数的 $\Delta_f G_m^\ominus(B,*)$ 及溶液度数据，溶液中溶质的 B 的标准摩尔生成 Gibbs 函数 $\Delta_f G_m^\ominus(B,\text{sln})$ 就可求出。若溶质 B 为稳定单质，则式（6-32）中 $\Delta_f G_m^\ominus(B,*)$ 为零。在一些专业物理化学数据手册上也可直接查到溶质或离子的 $\Delta_f G_m^\ominus(B,\text{sln})$[1]。若溶质 B 易挥发，可由蒸气压数据做类似处理，读者自行导出关系式。

---

[1] 水溶液中离子 B 的标准态为 T、$p^\ominus$ 下 $m_B=m^\ominus=1\text{mol}\cdot\text{kg}^{-1}$，且服从 Henry 定律的状态。$\Delta_f G_m^\ominus(\text{离子 B},\text{sln})$ 是相对于规定 298.15K 时 $\Delta_f G_m^\ominus(H^+)=0$、$\Delta_f H_m^\ominus(H^+)=0$ 和 $S_m^\ominus(H^+)=0$ 的值。

6.4.2 $\Delta_r G_m^{\ominus}$和$K^{\ominus}$的计算

6.4.2.1 由可逆电池电动势计算

若某一化学反应可布置为可逆电池在恒温恒压下进行，由热力学第二定律原理$\Delta G_{T,p}=-W_{电,R}$，$W_{电,R}$为可逆电功。对于标准态下的电池反应

$$\Delta_r G_m^{\ominus}=-zFE^{\ominus} \tag{6-33}$$

式中，$E^{\ominus}$为可逆电池的标准电池电动势；z为电池反应中相应电极反应电子的计量系数；F为Faraday常数。由实验测得$E^{\ominus}$即可计算出$\Delta_r G_m^{\ominus}$。有关这方面的内容在第8章中还将做详细介绍。

6.4.2.2 由几个有关化学反应的$\Delta_r G_m^{\ominus}$（或$K^{\ominus}$值）计算

利用状态函数的改变值只与始终态有关而与途径无关的性质，若已知有关反应的$\Delta_r G_m^{\ominus}$，经过代数运算就可求出待求反应的$\Delta_r G_m^{\ominus}$。

如已知1000K时反应

① $C_{石墨}+O_2(g)=\!=\!=CO_2(g)$ $\qquad K_1^{\ominus}=4.73\times10^{20}$

② $CO(g)+\frac{1}{2}O_2(g)=\!=\!=CO_2(g)$ $\qquad K_2^{\ominus}=1.66\times10^{10}$

求1000K时以下反应的标准平衡常数$K^{\ominus}$和$\Delta_r G_m^{\ominus}$

③ $C_{石墨}+\frac{1}{2}O_2(g)=\!=\!=CO(g)$ $\qquad K_3^{\ominus}, \Delta_r G_{m,3}^{\ominus}$

④ $C_{石墨}+CO_2(g)=\!=\!=2CO(g)$ $\qquad K_4^{\ominus}, \Delta_r G_{m,4}^{\ominus}$

由所列反应可以看出

反应③=①－②　　　反应④=①－2×②

所以

$$\Delta_r G_{m,3}^{\ominus}=\Delta_r G_{m,1}^{\ominus}-\Delta_r G_{m,2}^{\ominus}=-RT\ln(K_1^{\ominus}/K_2^{\ominus})$$

$$K_3^{\ominus}=\exp\left(\frac{-\Delta_r G_{m,3}^{\ominus}}{RT}\right)=K_1^{\ominus}/K_2^{\ominus}$$

直接得

$$K_3^{\ominus}=\frac{4.73\times10^{20}}{1.66\times10^{10}}=2.85\times10^{10}$$

再求出

$$\begin{aligned}\Delta_r G_{m,3}^{\ominus}&=-8.314\text{J}\cdot\text{K}^{-1}\cdot\text{mol}^{-1}\times1000\text{K}\times10^{-3}\times\ln(2.85\times10^{10})\\&=-200.14\text{kJ}\cdot\text{mol}^{-1}\end{aligned}$$

同理

$$K_4^{\ominus}=\frac{K_1^{\ominus}}{(K_2^{\ominus})^2}=\frac{4.73\times10^{20}}{(1.66\times10^{10})^2}=1.717$$

$$\Delta_r G_{m,4}^{\ominus}=-8.314\text{J}\cdot\text{K}^{-1}\cdot\text{mol}^{-1}\times1000\text{K}\times10^{-3}\times\ln(1.717)=-4.494\text{kJ}\cdot\text{mol}^{-1}$$

反应③的平衡常数很难直接测定，因为在碳的氧化过程中，很难控制使碳只氧化为CO而不生成CO_2。这样由反应①和②的平衡常数或$\Delta_r G_m^{\ominus}$值，可求出反应③和④的$K^{\ominus}$或$\Delta_r G_m^{\ominus}$值，$\Delta_r G_m^{\ominus}$间的加减关系，反映到平衡常数$K^{\ominus}$上就成为乘除关系。

6.4.2.3 由标准摩尔反应焓$\Delta_r H_m^{\ominus}$和标准摩尔反应熵$\Delta_r S_m^{\ominus}$计算

恒温下的化学反应有关系式$\Delta_r G_m^{\ominus}=\Delta_r H_m^{\ominus}-T\Delta_r S_m^{\ominus}$，其中$\Delta_r H_m^{\ominus}$可由反应参与物的标准摩尔生成焓或标准摩尔燃烧焓等数据求出，$\Delta_r S_m^{\ominus}$可由反应参与物的标准摩尔熵求出。若反应温度为298.15K，可直接利用热力学数据表所列数据。若温度偏离298.15K，还必须利用反应参与物的热容数据，先计算出任意温度T时的$\Delta_r H_m^{\ominus}(T)$和$\Delta_r S_m^{\ominus}(T)$，再求出$T$时的$\Delta_r G_m^{\ominus}(T)$。

【例6-4】 已知298.15K以下各物质的热力学数据

物　质	$\Delta_f H_m^\ominus$/kJ·mol^{-1}	$S_m^\ominus$/J·K^{-1}·mol^{-1}
CO(g)	−110.52	197.91
H_2(g)	0	130.59
CH_3OH(g)	−201.25	237.6

求 298.15K 反应 $CO(g)+2H_2(g)═══CH_3OH(g)$ 的 $K^\ominus$.

［解］ 298.15K 下反应的

$$\Delta_r H_m^\ominus=\Delta_f H_m^\ominus(CH_3OH,g)-\Delta_f H_m^\ominus(CO,g)$$
$$=[(-201.25)-(-110.52)]\text{kJ}\cdot\text{mol}^{-1}=-90.73\text{kJ}\cdot\text{mol}^{-1}$$
$$\Delta_r S_m^\ominus=S_m^\ominus(CH_3OH,g)-2\times S_m^\ominus(H_2,g)-S_m^\ominus(CO,g)$$
$$=(237.6-2\times130.59-197.91)\text{J}\cdot\text{K}^{-1}\cdot\text{mol}^{-1}=-221.49\text{J}\cdot\text{K}^{-1}\cdot\text{mol}^{-1}$$
$$\Delta_r G_m^\ominus=\Delta_r H_m^\ominus-T\Delta_r S_m^\ominus$$
$$=-90.73\text{kJ}\cdot\text{mol}^{-1}-298.15\text{K}\times(-221.49)\times10^{-3}\text{kJ}\cdot\text{K}^{-1}\cdot\text{mol}^{-1}$$
$$=-24.682\text{kJ}\cdot\text{mol}^{-1}$$
$$K^\ominus=\exp\left(\frac{-\Delta_r G_m^\ominus}{RT}\right)$$
$$=\exp\left(\frac{24682\text{J}\cdot\text{mol}^{-1}}{8.314\text{J}\cdot\text{K}^{-1}\cdot\text{mol}^{-1}\times298.15\text{K}}\right)=2.11\times10^4$$

6.4.2.4　由标准摩尔生成 Gibbs 函数计算

类似于由反应参与物的标准摩尔生成焓计算反应的标准摩尔反应焓，也可由反应参与物的标准摩尔生成 Gibbs 函数计算化学反应的标准摩尔 Gibbs 函数，因为它们都是状态函数的改变值。

设 298.15K、标准态下的化学反应

$$dD + eE \xlongequal{\Delta_r G_m} gG + hH$$

$$d\Delta_f G_m(D)+e\Delta_f G_m(E) \qquad\qquad g\Delta_f G_m(G)+h\Delta_f G_m(H)$$

同样种类和数量的稳定单质

由状态函数的性质

$$\Delta_r G_m^\ominus=[g\Delta_f G_m^\ominus(G)+h\Delta_f G_m^\ominus(H)]-[d\Delta_f G_m^\ominus(D)+e\Delta_f G_m^\ominus(E)]$$

若化学反应用通式表达　　$0=\sum_B \nu_B(B)$

则
$$\Delta_r G_m^\ominus=\sum_B \nu_B\Delta_f G_m^\ominus(B) \tag{6-34}$$

即由热力学数据表查出任一反应参与物 B 在 298.15K 时的 $\Delta_f G_m^\ominus(B)$ 值，就可由式（6-34）计算 298.15K 下化学反应的标准摩尔 Gibbs 函数，此法可直接用于标准态为纯态的各组分间的反应。

【例 6-5】 计算乙苯脱氢和乙苯氧化脱氢制苯乙烯的反应在 298.15K 时的平衡常数。已知以下数据

物　质	$\Delta_f G_m^\ominus$(298.15K)/kJ·mol^{-1}
乙苯(g)	130.60
苯乙烯(g)	213.80
H_2O(g)	−228.59

［解］ 298.15K、标准态下乙苯直接脱氢反应

$$C_6H_5C_2H_5(g,p^\ominus)═══C_6H_5C_2H_3(g,p^\ominus)+H_2(g,p^\ominus)$$

$$\Delta_f G_m^\ominus(298.15\text{K})=\Delta_f G_m^\ominus(H_2,g)+\Delta_f G_m^\ominus(C_6H_5C_2H_3,g)-\Delta_f G_m^\ominus(C_6H_5C_2H_5,g)$$

$$=(0+213.8-130.64)\text{kJ}\cdot\text{mol}^{-1}=83.2\text{kJ}\cdot\text{mol}^{-1}$$

$$K^{\ominus}(298.15\text{K})=\exp\left(\frac{-\Delta_r G_m^{\ominus}}{RT}\right)$$

$$=\exp\left(-\frac{83200\ \text{J}\cdot\text{mol}^{-1}}{8.314\ \text{J}\cdot\text{K}^{-1}\cdot\text{mol}^{-1}\times 298.15\text{K}}\right)=2.6\times10^{-15}$$

因 $K^{\ominus}\ll 1$，常温下反应的趋势极小，没有产物生成。

298.15K、标准态下乙苯氧化脱氢反应

$$C_6H_5C_2H_5(g,p^{\ominus})+\frac{1}{2}O_2(g,p^{\ominus})=\!=\!=C_6H_5C_2H_3(g,p^{\ominus})+H_2O(g,p^{\ominus})$$

$$\Delta_r G_m^{\ominus}(298.15\text{K})=[(-228.59)+213.8-(130.6-0)]\text{kJ}\cdot\text{mol}^{-1}$$

$$=-145.39\text{kJ}\cdot\text{mol}^{-1}$$

$$K^{\ominus}(298.15\text{K})=\exp\left(\frac{145390\text{J}\cdot\text{mol}^{-1}}{8.314\text{J}\cdot\text{K}^{-1}\cdot\text{mol}^{-1}\times298.15\text{K}}\right)=2.94\times10^{25}$$

常温下反应可进行得很完全，但必须选择合适的催化剂加快反应速率及控制深度氧化等副反应。

【例 6-6】 求 298.15K 时 $NH_4HCO_3(s)$ 分解达平衡时体系的离解压 p。所需 $\Delta_f G_m^{\ominus}$ 数据自查。

［解］ 查热力学数据表得

物　质	$NH_4HCO_3(s)$	$NH_3(g)$	$H_2O(g)$	$CO_2(g)$
$\Delta_f G_m^{\ominus}(298.15\text{K})/\text{kJ}\cdot\text{mol}^{-1}$	−666.1	−16.63	−228.59	−394.83

$$NH_4HCO_3(s)=\!=\!=NH_3(g)+H_2O(g)+CO_2(g)$$

$$\Delta_r G_m^{\ominus}(298.15\text{K})=\Delta_f G_m^{\ominus}(CO_2,g)+\Delta_f G_m^{\ominus}(H_2O,g)+\Delta_f G_m^{\ominus}(NH_3,g)-\Delta_f G_m^{\ominus}(NH_4HCO_3,s)$$

$$=[(-394.38)+(-228.59)+(-16.63)-(-666.1)]\text{kJ}\cdot\text{mol}^{-1}$$

$$=26.60\text{kJ}\cdot\text{mol}^{-1}$$

$$K^{\ominus}=\exp\left(-\frac{\Delta_r G_m^{\ominus}}{RT}\right)$$

$$=\exp\left(-\frac{26600\text{J}\cdot\text{mol}^{-1}}{8.314\text{J}\cdot\text{K}^{-1}\cdot\text{mol}^{-1}\times298.15\text{K}}\right)=2.190\times10^{-5}$$

$$K^{\ominus}=p_{CO_2}p_{H_2O}p_{NH_3}(p^{\ominus})^{-3}\ \text{且}\ p_{CO_2}=p_{H_2O}=p_{NH_3}=\frac{p}{3}$$

即
$$K^{\ominus}=\left(\frac{p}{3}\right)^3(p^{\ominus})^{-3}\ \text{或}\ p=3p^{\ominus}\sqrt[3]{K^{\ominus}}$$

离解压　　$p=3\times101325\text{Pa}\times\sqrt[3]{2.190\times10^{-5}}=8504.6\text{Pa}$

下面举一例说明稀溶液中溶质间反应的 $\Delta_r G_m^{\ominus}$ 和 $K^{\ominus}$ 的计算方法。

稀水溶液中丁烯二酸（$C_4H_4O_4$）加氢生成丁二酸（$C_4H_6O_4$），298.15K、标准态下的化学反应为

$$C_4H_4O_4(aq,m=m^{\ominus})+H_2(g,p^{\ominus})=\!=\!=C_4H_6O_4(aq,m=m^{\ominus})$$

反应的标准摩尔 Gibbs 函数

$$\Delta_r G_m^{\ominus}(298.15\text{K})=\Delta_f G_m^{\ominus}(C_4H_6O_4,aq,m=m^{\ominus})-\Delta_f G_m^{\ominus}(C_4H_4O_4,aq,m=m^{\ominus})$$

代入式（6-32）

$$\Delta_r G_m^{\ominus}(298.15\text{K})=\Delta_f G_m^{\ominus}(C_4H_6O_4,s)-\Delta_f G_m^{\ominus}(C_4H_4O_4,s)+RT\ln\frac{m_s(C_4H_4O_4)}{m_s(C_4H_6O_4)}$$

查热力学手册得 298.15K 丁烯二酸（s）和丁二酸（s）的 $\Delta_f G_m^{\ominus}$ 分别为 −653.61kJ·

mol^{-1}和$-747.03kJ\cdot mol^{-1}$，在水中的饱和溶液浓度分别为$5.43\times10^{-2}mol\cdot kg^{-1}$和$0.653mol\cdot kg^{-1}$，代入以上计算式得

$$\Delta_r G_m^{\ominus}(298.15K)=(-747.03)kJ\cdot mol^{-1}-(-653.61)kJ\cdot mol^{-1}+$$
$$8.314J\cdot K^{-1}\cdot mol^{-1}\times298.15K\times\ln\left(\frac{5.43\times10^{-2}}{0.653}\right)\times10^{-3}$$
$$=-99.586kJ\cdot mol^{-1}$$

$$K^{\ominus}=\exp\left(\frac{\Delta_r G_m^{\ominus}}{RT}\right)$$
$$=\exp\left(\frac{99586\ J\cdot mol^{-1}}{8.314J\cdot K^{-1}\cdot mol^{-1}\times298.15K}\right)=2.78\times10^{17}$$

因反应物$H_2(g)$为稳定单质形式，即不考虑H_2在水中的溶解，在计算中取$\Delta_f G_m^{\ominus}(H_2,g)=0$。

【例 6-7】 求298.15K时水溶液中以下反应的$K^{\ominus}$。

丙氨酸$(aq,m=m^{\ominus})$+甘氨酸$(aq,m=m^{\ominus})$ ══ $H_2O(l)$+丙氨酰甘氨酸$(aq,m=m^{\ominus})$

已知298.15K的以下数据

物质	$\Delta_f G_m^{\ominus}(298.15K)/kJ\cdot mol^{-1}$	物质	$\Delta_f G_m^{\ominus}(298.15K)/kJ\cdot mol^{-1}$
丙氨酸$(aq,m=m^{\ominus})$①	-373.6	丙氨酰甘氨酸$(aq,m=m^{\ominus})$①	-491.6
甘氨酸$(aq,m=m^{\ominus})$①	-372.8	$H_2O(l)$	-237.2

① 数据引自 F. H. Carpenter. J. Am. Chem. Soc. 1960，82：1120。

［解］ 反应的标准摩尔Gibbs函数

$$\Delta_r G_m^{\ominus}(298.15K)=[(-237.2)+(-491.6)-(-372.8)-(-373.6)]kJ\cdot mol^{-1}$$
$$=17.6kJ\cdot mol^{-1}$$
$$K^{\ominus}=\exp\left(-\frac{17600\ J\cdot mol^{-1}}{8.314\ J\cdot K^{-1}\cdot mol^{-1}\times298.15K}\right)=8.26\times10^{-4}$$

从以上例题可以看出，温度为T时计算化学反应的标准平衡常数的基本关系式是

$$K^{\ominus}=\exp\left(-\frac{\Delta_r G_m^{\ominus}}{RT}\right)$$

计算$K^{\ominus}$或$\Delta_r G_m^{\ominus}$时，应首先写出T、标准态下的化学反应，反应式中不仅应表示出参与反应的各个物种及其计量系数，还应标明所选择的标准态。反应参与物的标准态可以不相同，但在用关系式$\Delta_r G_m^{\ominus}=\sum_B \nu_B\Delta_f G_m^{\ominus}(B)$计算$\Delta_r G_m^{\ominus}$时，必须使用各组分的标准摩尔生成Gibbs函数$\Delta_f G_m^{\ominus}(B)$。$\Delta_f G_m^{\ominus}(B)$可以从热力学数据表上直接查到，有时还必须设计相应的热力学过程经处理后间接得到。因$\Delta_r G_m^{\ominus}$与各组分标准态的选择有关，所以在给出$K^{\ominus}$的计算结果时，应注明所选择的标准态。

6.5 平衡常数的统计热力学计算

Calculation of $K^{\ominus}$ from Statistical Thermodynamics

从经典热力学看，化学平衡是反应参与物间达到宏观状态平衡，从统计热力学看，化学平衡则是反应体系中不同粒子的运动状态间达到平衡，宏观状态的改变必然伴随着能量的变化，而能量的变化是以粒子的运动状态改变为依据的。因此，化学平衡的统计热力学计算就是各种粒子的运动状态和能量的计算。由于配分函数代表了粒子的运动状态和能量分布，配

分函数和平衡常数 $K^{\ominus}$ 间必然有一定联系，若导出了这种联系，我们就可以用统计热力学方法从分子结构和光谱数据计算 $K^{\ominus}$。化学反应体系中粒子间相互作用十分复杂，为了引用近独立粒子体系的结果，这里我们只涉及理想气体反应。

6.5.1 化学反应体系的公共能量标度

6.5.1.1 两种能量标度

第 3 章统计热力学基础的学习中，在计算单个分子的配分函数时，我们以分子各种运动形式的基态（lowest energy level）作为能量标度的零点。如图 6-2（a），A、B 两种分子有各自的能量标度，其零点为振动、转动运动的基态（$\nu=0$，$J=0$），即取分子运动基态的能量 $\varepsilon_{A,0}=0$ 或 $\varepsilon_{B,0}=0$，i 能级的能量为 ε_i。0K 时分子处于运动的基态，处于内部平衡的纯物质所有热力学函数在 0K 时均为零。在这种能量标度下，不同分子能量标度的零点不同，这在处理只有一种物质存在的体系时，对热力学函数的计算不会有任何影响。

但在有几种物质存在的化学反应体系中，必须选择一个公共的能量标度才能表示出各种物质的能量差，反应前后体系能量的改变也才能表示出来。公共能量标度的零点是任意选择的，设我们选择图 6-2（b）中的 0′ 0 线作为计算各种物质分子能量的起点。这样，在公共能量标度下，一个分子处于基态时相对于公共能量标度零点的能量为 $\varepsilon_0'=\varepsilon_0$，$\varepsilon_0$ 为分子的零点能。0K 时分子一定处于运动的基态，1mol 物质在 0K 时的能量为 $U_m(0K)=\varepsilon_0 L$，$U_m(0K)$ 称为物质的摩尔零点能（molar zero level energy），分子在 i 能级的能量为 ε_i'，由图 6-2（b）可以看出 $\varepsilon_i'=\varepsilon_i+\varepsilon_0$。

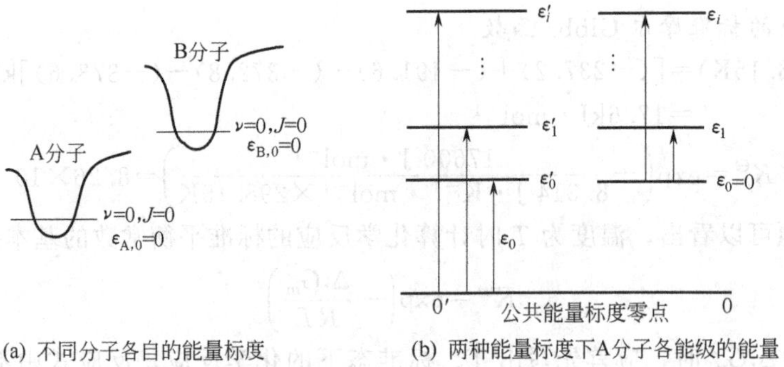

图 6-2 两种能量标度下分子各能级的能量

6.5.1.2 公共能量标度下的配分函数和热力学函数

由分子配分函数的定义

$$q=\sum_i g_i \exp\left(-\frac{\varepsilon_i}{kT}\right)$$

该配分函数是规定分子各种运动形式基态的能量为零导出的。在公共能量标度下，i 能级能量为 ε_i'，分子的配分函数设为 q'，由其定义

$$q'=\sum_i g_i \exp\left(-\frac{\varepsilon_i'}{kT}\right)$$

或

$$q'=\sum_i g_i \exp\left(-\frac{\varepsilon_i+\varepsilon_0}{kT}\right)$$

$$=\exp\left(-\frac{\varepsilon_0}{kT}\right)\sum_i g_i \exp\left(-\frac{\varepsilon_i}{kT}\right)$$

$$=q\exp\left(-\frac{\varepsilon_0}{kT}\right)=q\exp\left[-\frac{U_m(0K)}{RT}\right] \tag{6-35}$$

由式（6-35）可见，能量标度的零点由分子运动的基态移到公共能量标度的零点，配分函数应乘上基态的 Boltzmann 因子 $\exp\left(-\dfrac{\varepsilon_0}{kT}\right)$或 $\exp\left[-\dfrac{U_m(0K)}{RT}\right]$。

将式（6-35）两边取对数

$$\ln q'=\ln q-\frac{U_m(0K)}{RT} \tag{6-36}$$

再对 T 求偏导数

$$\left(\frac{\partial \ln q'}{\partial T}\right)_{V,N}=\left(\frac{\partial \ln q}{\partial T}\right)_{V,N}+\frac{U_m(0K)}{RT^2} \tag{6-37}$$

对独立离域粒子体系，公共能量标度下各种热力学函数的统计表达式可导出如下关系式。

摩尔内能 $U'_m=RT^2\left(\dfrac{\partial \ln q'}{\partial T}\right)_{V,N}$

$$\left.\begin{aligned}&=RT^2\left(\frac{\partial \ln q}{\partial T}\right)_{V,N}+U_m(0K)\\ \text{即}\quad &U'_m=U_m+U_m(0K)\end{aligned}\right\} \tag{6-38}$$

摩尔焓 $H'_m=U'_m+pV_m$

$$\left.\begin{aligned}&=RT^2\left(\frac{\partial \ln q}{\partial T}\right)_{V,N}+pV_m+U_m(0K)\\ \text{即}\quad &H'_m=H_m+U_m(0K)\end{aligned}\right\} \tag{6-39}$$

摩尔 Helmholtz 函数 $A'_m=-kT\ln\dfrac{q'^L}{L!}$

$$\left.\begin{aligned}&=-kT\ln\frac{q^L}{L!}+U_m(0K)\\ \text{即}\quad &A'_m=A_m+U_m(0K)\end{aligned}\right\} \tag{6-40}$$

摩尔 Gibbs 函数 $G'_m=A'_m+pV_m$

$=-kT\ln\dfrac{q^L}{L!}+RT+U_m(0K)$

$$\left.\begin{aligned}&=-RT\ln\frac{q}{L}+U_m(0K)\\ \text{即}\quad &G'_m=G_m+U_m(0K)\end{aligned}\right\} \tag{6-41}$$

摩尔熵 $S'_m=-\left(\dfrac{\partial G'_m}{\partial T}\right)_{p,N}$

$$\left.\begin{aligned}&=R\ln\frac{q}{L}+RT\left(\frac{\partial \ln q}{\partial T}\right)_{p,N}\\ \text{或}\quad &S'_m=-\left(\frac{\partial A'_m}{\partial T}\right)_{V,N}\\ &=k\ln\frac{q^L}{L!}+RT\left(\frac{\partial \ln q}{\partial T}\right)_{V,N}\\ \text{即}\quad &S'_m=S_m\end{aligned}\right\} \tag{6-42}$$

摩尔恒容热容 $C'_{V,m}=\left(\dfrac{\partial U'_m}{\partial T}\right)_{V,N}=\left(\dfrac{\partial U_m}{\partial T}\right)_{V,N}$

$$=\left\{\frac{\partial}{\partial T}\left[RT^2\left(\frac{\partial \ln q}{\partial T}\right)_{V,N}\right]\right\}_{V,N} \tag{6-43}$$

即
$$C'_{V,\mathrm{m}}=C_{V,\mathrm{m}}$$

以上结果表明，由于能量标度的变换，具有能量量纲的热力学函数 U_m、H_m、G_m 和 A_m 的表示式中均多出一个常数项 $U_\mathrm{m}(0\mathrm{K})$，而 S_m 和 $C_{V,m}$ 不受这种变换的影响。

用统计热力学方法处理化学平衡问题时均我们采用公共能量标度，但为了简便，配分函数及热力学函数的上标"′"略去。

6.5.2 平衡常数的统计表达式

温度 T、标准态下理想气体间的化学反应

$$0=\sum_\mathrm{B}\nu_\mathrm{B}\mathrm{B(g)}$$

由式（6-15）$K^\ominus=\exp\left(-\frac{\Delta_\mathrm{r}G_\mathrm{m}^\ominus}{RT}\right)$，其中 $\Delta_\mathrm{r}G_\mathrm{m}^\ominus=\sum_\mathrm{B}\nu_\mathrm{B}\mu_\mathrm{B}^\ominus$，因组分 B 的标准态为 T、$p^\ominus$ 下纯理想气体的状态，即 $\mu_\mathrm{B}^\ominus=G_\mathrm{m}^\ominus(\mathrm{B})$，所以式（6-15）也可以写为

$$K^\ominus=\exp\left[-\frac{\sum_\mathrm{B}\nu_\mathrm{B}G_\mathrm{m}^\ominus(\mathrm{B})}{RT}\right] \tag{6-44}$$

由式（6-41）可得

$$G_\mathrm{m}^\ominus(\mathrm{B})=-RT\ln\frac{q_\mathrm{B}^\ominus}{L}+U_\mathrm{m}^\ominus(\mathrm{B},0\mathrm{K})$$

$q_\mathrm{B}^\ominus$ 为温度 T、标准态下 B 分子的配分函数。反应的标准摩尔 Gibbs 函数 $\Delta_\mathrm{r}G_\mathrm{m}^\ominus$ 与配分函数的关系可导出

$$\begin{aligned}\Delta_\mathrm{r}G_\mathrm{m}^\ominus&=\sum_\mathrm{B}\nu_\mathrm{B}G_\mathrm{m}^\ominus(\mathrm{B})\\&=-RT\ln\left[\prod_\mathrm{B}\left(\frac{q_\mathrm{B}^\ominus}{L}\right)^{\nu_\mathrm{B}}\right]+\sum_\mathrm{B}\nu_\mathrm{B}U_\mathrm{m}^\ominus(\mathrm{B},0\mathrm{K})\\&=-RT\ln\left[\left(\prod_B q_B^{\ominus\nu_\mathrm{B}}\right)L^{-\sum_\mathrm{B}\nu_\mathrm{B}}\right]+\Delta_\mathrm{r}U_\mathrm{m}^\ominus(0\mathrm{K})\end{aligned} \tag{6-45}$$

式中
$$\Delta_\mathrm{r}U_\mathrm{m}^\ominus(0\mathrm{K})=\sum_\mathrm{B}\nu_\mathrm{B}U_\mathrm{m}^\ominus(\mathrm{B},0\mathrm{K}) \tag{6-46}$$

$\Delta_\mathrm{r}U_\mathrm{m}^\ominus(0\mathrm{K})$ 为 0K 时反应的标准摩尔内能改变。将式（6-45）代入式（6-15）中

$$K^\ominus=\left(\prod_\mathrm{B}q_\mathrm{B}^{\ominus\nu_\mathrm{B}}\right)L^{-\sum_\mathrm{B}\nu_\mathrm{B}}\exp\left[-\frac{\Delta_\mathrm{r}U_\mathrm{m}^\ominus(0\mathrm{K})}{RT}\right] \tag{6-47}$$

对 $q_\mathrm{B}^\ominus$ 再做如下处理。将其分离为平动运动和内部运动两项的贡献

$$q_\mathrm{B}^\ominus=q_\mathrm{t}q_\mathrm{int}=\left(\frac{2\pi mkT}{h^2}\right)^{2/3}Vq_\mathrm{int}=f_\mathrm{B}V$$

式中，f_B 是体积为单位值（$1\mathrm{m}^3$）时的配分函数。

$$f_\mathrm{B}=\left(\frac{2\pi mkT}{h^2}\right)^{2/3}q_\mathrm{int} \tag{6-48}$$

f_B 又称为单位体积的配分函数，它与压力无关，只是温度的函数，量纲为 m^{-3}。温度 T、标准态下，含 1mol 粒子的理想气体体系，$V=V_\mathrm{m}=\frac{RT}{p^\ominus}=\frac{LkT}{p^\ominus}$，所以 $q_\mathrm{B}^\ominus=f_\mathrm{B}\frac{RT}{p^\ominus}$。式(6-47)可进一步整理为

$$K_p^{\ominus} = \left(\prod_{\mathrm{B}} f_{\mathrm{B}}^{\nu_{\mathrm{B}}}\right)\left(\frac{kT}{p^{\ominus}}\right)^{\sum_{\mathrm{B}}\nu_{\mathrm{B}}} \exp\left[-\frac{\Delta_{\mathrm{r}}U_{\mathrm{m}}^{\ominus}(0\mathrm{K})}{RT}\right] \tag{6-49}$$

这样，由各组分粒子的配分函数 f_{B} 及 $\Delta_{\mathrm{r}}U_{\mathrm{m}}^{\ominus}(0\mathrm{K})$，就可以计算出标准平衡常数 $K_p^{\ominus}$。

由式（6-49）还可导出各实验平衡常数。

压力平衡常数

$$K_p = K_p^{\ominus}(p^{\ominus})^{\sum_{\mathrm{B}}\nu_{\mathrm{B}}} = \left(\prod_{\mathrm{B}} f_{\mathrm{B}}^{\nu_{\mathrm{B}}}\right)(kT)^{\sum_{\mathrm{B}}\nu_{\mathrm{B}}} \exp\left[-\frac{\Delta_{\mathrm{r}}U_{\mathrm{m}}^{\ominus}(0\mathrm{K})}{RT}\right] \tag{6-50}$$

物质的量浓度平衡常数

$$K_c = K_p^{\ominus}\left(\frac{p^{\ominus}}{RT}\right)^{\sum_{\mathrm{B}}\nu_{\mathrm{B}}} = \left(\prod_{\mathrm{B}} f_{\mathrm{B}}^{\nu_{\mathrm{B}}}\right)L^{-\sum_{\mathrm{B}}\nu_{\mathrm{B}}} \exp\left[-\frac{\Delta_{\mathrm{r}}U_{\mathrm{m}}^{\ominus}(0\mathrm{K})}{RT}\right] \tag{6-51}$$

若浓度用单位体积中的分子数 $\left(\frac{N}{V}\right)$ 表示，称为体积分子浓度（m^{-3}），平衡分压与平衡体积分子浓度间关系为 $p_{\mathrm{B}}=\left(\frac{N_{\mathrm{B}}}{V}\right)kT$，所以

$$K_p = K_{\frac{N}{V}}(kT)^{\sum_{\mathrm{B}}\nu_{\mathrm{B}}} \tag{6-52}$$

$K_{\frac{N}{V}}$ 为体积分子浓度平衡常数，定义为

$$K_{\frac{N}{V}} = \prod_{\mathrm{B}}\left(\frac{N_{\mathrm{B}}}{V}\right)_{\mathrm{eq}}^{\nu_{\mathrm{B}}} \tag{6-53}$$

由式（6-50）和式（6-52）得

$$K_{\frac{N}{V}} = \left(\prod_{\mathrm{B}} f_{\mathrm{B}}^{\nu_{\mathrm{B}}}\right)\exp\left[-\frac{\Delta_{\mathrm{r}}U_{\mathrm{m}}^{\ominus}(0\mathrm{K})}{RT}\right] \tag{6-54}$$

这样我们就得到了各种平衡常数的统计表达式。若反应的分子数不变（$\sum_{\mathrm{B}}\nu_{\mathrm{B}}=0$），以上各式还可简化。

6.5.3 $\Delta_{\mathrm{r}}U_{\mathrm{m}}^{\ominus}(0\mathrm{K})$ 的计算

由式（6-49），对于简单分子，由分子结构和光谱数据可以计算出 f_{B}，若 $\Delta_{\mathrm{r}}U_{\mathrm{m}}^{\ominus}(0\mathrm{K})$ 也已求出，$K^{\ominus}$ 即可计算。我们先介绍 $\Delta_{\mathrm{r}}U_{\mathrm{m}}^{\ominus}(0\mathrm{K})$ 的计算方法。

6.5.3.1 由量热法求算

0K 时因 $\Delta_{\mathrm{r}}H_{\mathrm{m}}^{\ominus}(0\mathrm{K})=\Delta_{\mathrm{r}}U_{\mathrm{m}}^{\ominus}(0\mathrm{K})$，$\Delta_{\mathrm{r}}U_{\mathrm{m}}^{\ominus}(0\mathrm{K})$ 的计算就是 $\Delta_{\mathrm{r}}H_{\mathrm{m}}^{\ominus}(0\mathrm{K})$ 的计算。

温度 T、标准态下的化学反应 $0=\sum_{\mathrm{B}}\nu_{\mathrm{B}}\mathrm{B}$

由 Kirchhoff 定律

$$\Delta_{\mathrm{r}}H_{\mathrm{m}}^{\ominus}(T\mathrm{K}) = \Delta_{\mathrm{r}}H_{\mathrm{m}}^{\ominus}(0\mathrm{K}) + \int_0^T \sum_{\mathrm{B}}\nu_{\mathrm{B}}C_{p,\mathrm{m}}^{\ominus}(\mathrm{B})\mathrm{d}T$$

所以

$$\Delta_{\mathrm{r}}H_{\mathrm{m}}^{\ominus}(0\mathrm{K}) = \Delta_{\mathrm{r}}H_{\mathrm{m}}^{\ominus}(T\mathrm{K}) - \int_0^T \sum_{\mathrm{B}}\nu_{\mathrm{B}}C_{p,\mathrm{m}}^{\ominus}(\mathrm{B})\mathrm{d}T$$

或

$$\Delta_{\mathrm{r}}U_{\mathrm{m}}^{\ominus}(0\mathrm{K}) = \Delta_{\mathrm{r}}H_{\mathrm{m}}^{\ominus}(T\mathrm{K}) - \int_0^T \sum_{\mathrm{B}}\nu_{\mathrm{B}}C_{p,\mathrm{m}}^{\ominus}(\mathrm{B})\mathrm{d}T \tag{6-55}$$

若知道了温度 T 时的标准摩尔反应焓 $\Delta_{\mathrm{r}}H_{\mathrm{m}}^{\ominus}(T)$，由热容数据求出积分项，$\Delta_{\mathrm{r}}U_{\mathrm{m}}^{\ominus}(0\mathrm{K})$ 即可求出。求积分时 0K 附近的热容数据可由 Debye 立方公式给出。

6.5.3.2　由分子的离解能（dissociation energy）求算

若选取气态原子的基态作为计算分子配分函数的公共能量标度零点，则 $\Delta_r U_m^\ominus(0K)$ 可由各分子的离解能数据求出。

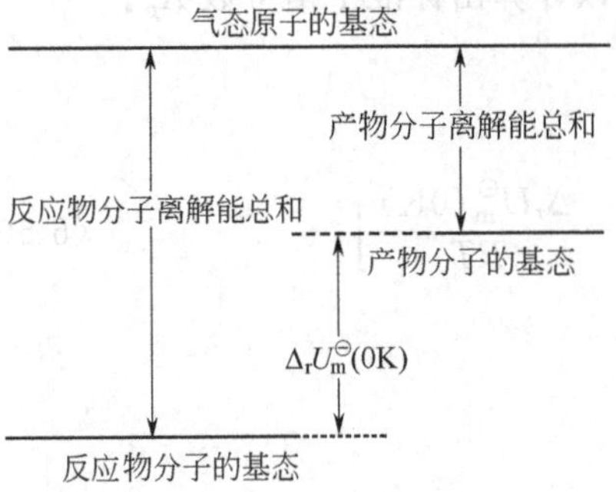

图 6-3　物质分子的离解能示意

图 6-3 给出处于基态的各物质分子能量间关系。由图可见，分子的离解能是组成分子的各原子均处于基态时的能量与分子处于基态时的能量差。气态物质的离解能可由光谱实验获得，表 6-3 列出了常见双原子分子在 0K 时的离解能。

设任一组分 B 分子基态的能量为 $\varepsilon_{B,0}$，离解能为 D_B，因原子基态的能量设为零，离解能 $D_B=0-\varepsilon_{B,0}=-\varepsilon_{B,0}$。组分 B 的摩尔零点能 $U_m^\ominus(0K)=L\varepsilon_{B,0}=-LD_B$，所以

$$\Delta_r U_m^\ominus(0K)=-L\sum_B \nu_B D_B \tag{6-56}$$

表 6-3　0K 时一些气态双原子分子的离解能①

气态物质	D/eV	气态物质	D/eV
H_2	4.481	I_2	1.554
D_2	4.559	HF	5.859
HD	4.517	HCl	4.440
F_2	1.606	HBr	3.758
Cl_2	2.485	HI	3.005
Br_2	1.973		

① 引自 Lange's Hand Book of Chemistry. 13 Ed. 1972，3：127～133。

6.5.3.3　由热焓函数求算

对标准下的 1mol 物质 B，由式（6-38）和式（6-39）得

$$H_m^\ominus(B,T)=U_m^\ominus(B,T)+p^\ominus V_m$$
$$=RT^2\left(\frac{\partial \ln q_B^\ominus}{\partial T}\right)_{V,N}+RT+U_m^\ominus(0K)$$

$$\left[\frac{H_m^\ominus(T)-U_m^\ominus(0K)}{T}\right]_B=RT\left(\frac{\partial \ln q_B^\ominus}{\partial T}\right)_{V,N}+R \tag{6-57}$$

式中，$\left[\frac{H_m^\ominus(T)-U_m^\ominus(0K)}{T}\right]_B$ 或 $\left[\frac{H_m^\ominus(T)-H_m^\ominus(0K)}{T}\right]_B$ 称为物质 B 的标准摩尔热焓函数（standard molar enthalpy function），可由分子的配分函数 $q_B^\ominus$ 按式（6-57）求出。一些气态物质在 298.15K 时的热焓函数值已计算出并列成表可供查用。

温度为 T 时化学反应的标准摩尔反应焓与热焓函数的关系为

$$\Delta_r H_m^\ominus(T)=T\sum_B \nu_B\left[\frac{H_m^\ominus(T)-U_m^\ominus(0K)}{T}\right]_B+\Delta_r U_m^\ominus(0K) \tag{6-58}$$

由热化学方法求出了 $\Delta_r H_m^\ominus(TK)$，再由表列的热焓函数值计算出等式右边第一项，$\Delta_r U_m^\ominus(0K)$ 即可求出。

6.5.4　平衡常数的统计计算

下面我们结合一些实例介绍平衡常数 $K^\ominus$ 的统计热力学计算方法。

6.5.4.1　由标准摩尔自由能函数计算 $K^\ominus$

1mol 物质 B 在温度 T 和标准态下的 Gibbs 函数由式（6-41）可得

$$G_m^{\ominus}(B,T) = -RT\ln\frac{q_B^{\ominus}}{L} + U_m^{\ominus}(B,0K)$$

改写为
$$-\left[\frac{G_m^{\ominus}(T) - U_m^{\ominus}(0K)}{T}\right]_B = R\ln\frac{q_B^{\ominus}}{L} \tag{6-59}$$

式中，$-\left[\frac{G_m^{\ominus}(T)-U_m^{\ominus}(0K)}{T}\right]_B$ 或 $-\left[\frac{G_m^{\ominus}(T)-H_m^{\ominus}(0K)}{T}\right]_B$ 称为B的标准摩尔自由能函数（standard molar free energy function）。由分子结构或光谱数据求出配分函数 $q_B^{\ominus}$，自由能函数值就可以由式（6-59）求出。不同温度下一些气态物质的自由能函数已计算出并列于附录表Ⅱ-10中，可直接查用。

温度 T 下理想气体组分间的化学反应 $0=\sum_B \nu_B B(g)$，表达式 $R\ln K_p^{\ominus} = -\frac{\Delta_r G_m^{\ominus}}{T}$ 由式（6-59）可改写为

$$R\ln K_p^{\ominus} = \sum_B \nu_B\left[-\frac{G_m^{\ominus}(T)-U_m^{\ominus}(0K)}{T}\right]_B - \frac{\Delta_r U_m^{\ominus}(0K)}{T} \tag{6-60}$$

这样由各组分的自由能函数值和由前述方法求出 $\Delta_r U_m^{\ominus}(0K)$，平衡常数 $K_p^{\ominus}$ 即可求出。

【例 6-8】 由统计热力学方法计算500K和1000K时反应

$$CO(g) + H_2O(g) \rightleftharpoons CO_2(g) + H_2(g)$$

的 $K_p^{\ominus}$，所需数据自查附录。

［解］ 由附录表Ⅱ-10查得如下数据

物质	$-\left[\frac{G_m^{\ominus}(T)-H_m^{\ominus}(0K)}{T}\right]/J\cdot K^{-1}\cdot mol^{-1}$		$[H_m^{\ominus}(298.15K)-H_m^{\ominus}(0K)]$ /kJ·mol⁻¹	$\Delta_f H_m^{\ominus}(298.15K)$ /kJ·mol⁻¹
	500K	1000K		
CO	183.51	204.05	8.673	−110.52
H_2O	172.80	196.74	9.910	−241.83
CO_2	199.45	226.40	9.364	−393.51
H_2	117.13	136.98	8.468	0

先由式（6-58）计算 $\Delta_r U_m^{\ominus}(0K)$

$$\Delta_r U_m^{\ominus}(0K) = \Delta_r H_m^{\ominus}(298.15K) - 298.15K\times\sum_B \nu_B\left[\frac{H_m^{\ominus}(298.15K)-H_m^{\ominus}(0K)}{298.15}\right]_B$$

其中
$$\begin{aligned}\Delta_r H_m^{\ominus}(298.15K) &= \Delta_f H_m^{\ominus}(H_2) + \Delta_f H_m^{\ominus}(CO_2) - \Delta_f H_m^{\ominus}(H_2O) - \Delta_f H_m^{\ominus}(CO)\\ &= [0+(-393.51)-(-241.83)-(-110.52)kJ\cdot mol^{-1}]\\ &= -41.170kJ\cdot mol^{-1}\end{aligned}$$

$$\begin{aligned}\sum_B \nu_B\left[\frac{H_m^{\ominus}(298.15K)-H_m^{\ominus}(0K)}{298.15}\right]_B &= \frac{(8.468+9.364-9.910-8.673)kJ\cdot mol^{-1}}{298.15K}\\ &= -2.518\times10^{-3}kJ\cdot K^{-1}\cdot mol^{-1}\end{aligned}$$

$$\begin{aligned}\Delta_r U_m^{\ominus}(0K) &= (-41.170)kJ\cdot mol^{-1} - 298.15K\times(-2.518)\times10^{-3}kJ\cdot K^{-1}\cdot mol^{-1}\\ &= -40.419kJ\cdot mol^{-1}\end{aligned}$$

再由式（6-60）计算 $K_p^{\ominus}$

$$R\ln K_p^{\ominus} = \sum_B \nu_B\left[-\frac{G_m^{\ominus}(T)-H_m^{\ominus}(0K)}{T}\right]_B - \frac{\Delta_r U_m^{\ominus}(0K)}{T}$$

500K 时

$$\ln K_p = \frac{1}{8.314J\cdot K^{-1}\cdot mol^{-1}}\times\left[(117.13+199.45-172.80-183.51)-\left(\frac{-40419}{500}\right)\right]J\cdot K^{-1}\cdot mol^{-1}$$
$$=4.944$$

$$K_p^{\ominus}(500\text{K})=140.33$$

同法得 1000K 时

$$\ln K_p^{\ominus}=\frac{1}{8.314\text{J}\cdot\text{K}^{-1}\cdot\text{mol}^{-1}}\times\left[(136.98+226.40-196.74-204.05)-\left(\frac{-40419}{1000}\right)\right]\text{J}\cdot\text{K}^{-1}\cdot\text{mol}^{-1}$$
$$=0.362$$
$$K_p^{\ominus}(1000\text{K})=1.436$$

6.5.4.2 由分子结构数据计算 $K^{\ominus}$

利用式（6-49）～式（6-51）和式（6-54），可由分配函数 f_B 求算 $K^{\ominus}$ 及各实验平衡常数，下面举两个计算实例。

【例 6-9】 求 500K 时同位素交换反应 $H_2+D_2 = 2HD$ 的 $K_p^{\ominus}$。已知

物 质	$M/\text{kg}\cdot\text{mol}^{-1}$	σ	Θ_r/K	D/eV
H_2	2.015×10^{-3}	2	85.4	4.476
D_2	4.028×10^{-3}	2	42.7	4.553
HD	3.022×10^{-3}	1	64.0	4.511

［解］ 该反应是一个分子数不变的反应，由式（6-49）可得

$$K_p^{\ominus}=\frac{f_{\text{HD}}^2}{f_{\text{H}_2}f_{\text{D}_2}}\exp\left[-\frac{\Delta_r U_m^{\ominus}(0\text{K})}{RT}\right]$$

其中
$$f=\left(\frac{2\pi MkT}{Lh^2}\right)^{3/2}q_{\text{int}}$$

平动配分函数项中只有 M 与物质种类有关，其余的均可在 $K_p^{\ominus}$ 的表达式中消去。

内配分函数 q_{int} 项中，核状态在反应前后不变，核配分函数在 $K_p^{\ominus}$ 计算中可不考虑。温度不太高时，大多数双原子中的电子处于基态且 $g_{e,0}=1$，所以 $q_e=1$。双原子分子的转动配分函数

$$q_r=\frac{8\pi^2 IkT}{\sigma h^2} \quad 或 \quad q_r=\frac{T}{\sigma\Theta_r}$$

只有 σ 和 Θ_r 与物质种类有关，其余的也可在 $K_p^{\ominus}$ 中消去。双原子分子的振动配分函数

$$q_v=\frac{1}{1-\exp\left(\dfrac{h\nu}{kT}\right)}$$

温度不太高时 $\exp\left(-\dfrac{h\nu}{kT}\right)\approx0$，即 $q_v\approx1$。

由以上的近似可得 $K_p^{\ominus}$ 的简化计算式

$$K_p^{\ominus}=\left(\frac{M_{\text{HD}}^2}{M_{\text{H}_2}M_{\text{D}_2}}\right)^{3/2}\left(\frac{\sigma_{\text{H}_2}\sigma_{\text{D}_2}}{\sigma_{\text{HD}}^2}\right)\left(\frac{\Theta_{r,\text{H}_2}\Theta_{r,\text{D}_2}}{\Theta_{r,\text{HD}}^2}\right)\exp\left[-\frac{\Delta_r U_m^{\ominus}(0\text{K})}{RT}\right]$$

其中 $\Delta_r U_m^{\ominus}(0\text{K})$ 可由离解能求出

$$\Delta_r U_m^{\ominus}(0\text{K})=-L\sum_B \nu_B D_B=-L(2D_{\text{HD}}-D_{\text{H}_2}-D_{\text{D}_2})$$
$$=-6.023\times10^{23}\text{mol}^{-1}\times(2\times4.511-4.553-4.476)\text{eV}\times$$
$$1.602\times10^{-19}\text{J}\cdot\text{eV}^{-1}=675.42\text{J}\cdot\text{mol}^{-1}$$

再代入已知数据计算 $K_p^{\ominus}$

$$K_p^{\ominus}=\left[\frac{3.022^2}{2.015\times4.028}\right]^{3/2}\times\left(\frac{2\times2}{1^2}\right)\times\frac{85.4\times42.7}{64.0^2}\times$$
$$\exp\left[-\frac{675.42\text{J}\cdot\text{mol}^{-1}}{8.314\text{J}\cdot\text{K}^{-1}\cdot\text{mol}^{-1}\times500\text{K}}\right]=3.620$$

由计算结果可见，对 $H_2+D_2 = 2HD$ 这一反应，$K_p^{\ominus}$ 主要由分子对称数的比值决定。

【例 6-10】 求离解反应 $I_2(g)$══$2I(g)$ 在 1173K 时的 $K_p^{\ominus}$。已知

物　质	$M/\text{kg}\cdot\text{mol}^{-1}$	σ	Θ_r/K	Θ_v/K	$g_{e,0}$	$g_{e,1}$	$\Delta\varepsilon_{e,1}/\text{J}$	D/eV
I_2	0.2538	2	0.0538	308	电子只处于非简并的基态			1.538
I	0.1269	—	—	—	4	2	1.51×10^{-19}	—

［解］ 反应分子数不等（$\sum_B \nu_B = 1$），由式（6-49）

$$K_p^{\ominus}=\frac{f_I^2}{f_{I_2}}\left(\frac{kT}{p^{\ominus}}\right)\exp\left[-\frac{\Delta_r U_m^{\ominus}(0\text{K})}{RT}\right]$$

对单原子分子 I

$$f_I=\left(\frac{2\pi M_I kT}{Lh^2}\right)^{3/2}\left[g_{e,0}+g_{e,1}\exp-\left(\frac{\Delta\varepsilon_{e,1}}{kT}\right)\right]$$

其中

$$\exp\left(-\frac{\Delta\varepsilon_{e,1}}{kT}\right)=\exp\left(-\frac{1.51\times10^{-19}}{1.38\times10^{-23}\times1173}\right)\approx0$$

所以

$$f_I\approx\left(\frac{2\pi M_I kT}{Lh^2}\right)^{3/2} g_{e,0}=4\times\left(\frac{2\pi M_I kT}{Lh^2}\right)^{3/2}$$

对于同核双原子 I_2 无未成对电子，总自旋量子数 $s=0$，$g_{e,0}=2s+1=1$，所以配分函数为

$$f_{I_2}=\left(\frac{2\pi M_{I_2} kT}{Lh^2}\right)^{3/2}\frac{T}{\sigma\Theta_{r,I_2}}\times\frac{1}{1-\exp\left(-\frac{\Theta_{v,I_2}}{T}\right)}$$

$$\begin{aligned}\Delta_r U_m^{\ominus}(0\text{K}) &= -L\sum_B \nu_B D_B = LD_{I_2}\\ &= 6.023\times10^{23}\text{mol}^{-1}\times1.538\times1.602\times10^{-19}\times10^{-3}\text{kJ}\\ &= 148.4\text{kJ}\cdot\text{mol}^{-1}\end{aligned}$$

将以上结果代入 $K_p^{\ominus}$ 表达式中

$$\begin{aligned}K_p^{\ominus}&=\frac{\left[4\left(\frac{2\pi M_I kT}{Lh^2}\right)^{3/2}\right]^2}{\left(\frac{2\pi M_{I_2} kT}{Lh^2}\right)^{3/2}\frac{T}{\sigma\Theta_{r,I_2}}}\left[1-\exp\left(-\frac{\Theta_{v,I_2}}{T}\right)\right]\frac{kT}{p^{\ominus}}\exp\left[-\frac{\Delta_r U_m^{\ominus}(0\text{K})}{RT}\right]\\ &=4^2\times\left(\frac{2\pi kT}{Lh^2}\right)^{3/2}\left(\frac{M_I}{2}\right)^{3/2}\frac{\sigma\Theta_{r,I_2}}{T}\left[1-\exp\left(-\frac{\Theta_{v,I_2}}{T}\right)\right]\frac{kT}{p^{\ominus}}\exp\left[-\frac{\Delta_r U_m^{\ominus}(0\text{K})}{RT}\right]\\ &=16\times\left[\frac{2\times3.14\times1.38\times10^{-23}\times1173}{6.023\times10^{23}\times(6.626\times10^{-34})^2}\right]^{3/2}\times\left(\frac{0.1269}{2}\right)^{3/2}\times\left(\frac{2\times0.0538}{1173}\right)\times\\ &\quad\left[1-\exp\left(-\frac{308}{1173}\right)\right]\times\left(\frac{1.38\times10^{-23}\times1173}{101325}\right)\times\exp\left(-\frac{148.4\times10^3}{8.314\times1173}\right)\\ &=0.0508\end{aligned}$$

由以上例题看出，按式（6-49）计算 $K_p^{\ominus}$ 相当繁杂，对于结构比较复杂的分子，还缺乏相应的分子结构数据，因此，只能对简单结构分子间的低压气相反应进行 $K^{\ominus}$ 的统计计算。

6.6 各种因素对化学平衡的影响

The Effection of Some Factors upon Chemical Equilibrium

一定条件下化学反应达平衡，若温度、压力、浓度等条件改变或加入惰性气体，已达平衡体系的组成将发生改变即发生平衡的移动，直到达新的平衡体系的组成不再变化。本节将

讨论以上诸因素对化学平衡的影响。

6.6.1 温度对平衡常数的影响

6.6.1.1 Van't Hoff 方程

温度变化将直接改变平衡常数，显著影响化学平衡。若反应参与物均处于标准态，Gibbs-Helmholtz 方程的形式为

$$\frac{\mathrm{d}\left(\frac{\Delta_r G_m^{\ominus}}{T}\right)}{\mathrm{d}T}=-\frac{\Delta_r H_m^{\ominus}}{T^2}$$

因 $\Delta_r G_m^{\ominus}=\sum_B \nu_B \mu_B^{\ominus}$，所以 $\Delta_r G_m^{\ominus}$ 只是温度的函数，等式左端不必用偏导数形式。

将 $\Delta_r G_m^{\ominus}=-RT\ln K^{\ominus}$ 代入后即可得

$$\frac{\mathrm{d}\ln K^{\ominus}}{\mathrm{d}T}=\frac{\Delta_r H_m^{\ominus}}{RT^2} \tag{6-61}$$

式中，$\Delta_r H_m^{\ominus}$ 为反应的标准摩尔反应焓，即反应体系各物均处于标准态时摩尔化学反应的恒压反应热，式（6-61）称为平衡常数的 Van't Hoff 方程。

由式（6-61）可见：

① 若 $\Delta_r H_m^{\ominus}>0$（吸热反应），$\frac{\mathrm{d}\ln K^{\ominus}}{\mathrm{d}T}>0$，$K^{\ominus}$ 随温度升高而增大，提高温度有利于产物生成；

② 若 $\Delta_r H_m^{\ominus}<0$（放热反应），$\frac{\mathrm{d}\ln K^{\ominus}}{\mathrm{d}T}<0$，$K^{\ominus}$ 随温度升高而减小，降低温度有利于产物生成。

具体使用时还应对式（6-61）积分。

如果反应的 $\Delta_r C_{p,m}^{\ominus}\approx 0$ 或温度变化范围不大，可将 $\Delta_r H_m^{\ominus}$ 视为常数，对式（6-61）求定积分

$$\int_{\ln K_1^{\ominus}}^{\ln K_2^{\ominus}}\mathrm{d}\ln K^{\ominus}=\frac{\Delta_r H_m^{\ominus}}{R}\int_{T_1}^{T_2}\frac{\mathrm{d}T}{T^2}$$

$$\ln\frac{K_2^{\ominus}}{K_1^{\ominus}}=\frac{\Delta_r H_m^{\ominus}}{R}\left(\frac{1}{T_1}-\frac{1}{T_2}\right) \tag{6-62}$$

若已知 $\Delta_r H_m^{\ominus}$ 和一个温度 T_1 下的平衡常数 $K_1^{\ominus}$，就可求出另一温度 T_2 下的平衡常数 $K_2^{\ominus}$。

对式（6-61）求不定积分

$$\ln K^{\ominus}=-\frac{\Delta_r H_m^{\ominus}}{R}\frac{1}{T}+K' \tag{6-63}$$

式中，K' 为积分常数。由 $\Delta_r H_m^{\ominus}$ 和某温度 T 时的平衡常数 $K^{\ominus}$，先求出 K'，由 $\ln K^{\ominus}$ 与 $\frac{1}{T}$ 的直线关系就可以确定任意温度下的平衡常数。

若反应的 $\Delta_r C_p^{\ominus}\neq 0$ 或温度变化范围较大，$\Delta_r H_m^{\ominus}$ 不能作为常数处理，由第 1 章所得 $\Delta_r H_m^{\ominus}$ 与 T 的关系式

$$\Delta_r H_m^{\ominus}(T)=\Delta a T+\frac{\Delta b}{2}T^2+\frac{\Delta c}{3}T^3+\cdots+I$$

I 是积分常数。将上式代入式（6-61）中

$$\frac{\mathrm{d}\ln K^{\ominus}}{\mathrm{d}T}=\frac{1}{R}\left(\frac{\Delta a}{T}+\frac{\Delta b}{2}+\frac{\Delta c}{3}T+\cdots+\frac{I}{T^2}\right)$$

求不定积分

$$\ln K^{\ominus}=\frac{1}{R}\left(\Delta a\ln T+\frac{\Delta b}{2}T+\frac{\Delta c}{6}T^2+\cdots-\frac{I}{T}\right)+K \tag{6-64}$$

K 也为积分常数。由一个温度下的 $\Delta_r H_m^{\ominus}$ 可先确定积分常数 I，再由一个温度下的 $K^{\ominus}$ 代入式（6-64）中求出积分常数 K，$K^{\ominus}$ 与 T 的关系式就确定了，任意温度下的平衡常数 $K^{\ominus}$ 也就可以进行计算。

对于低压下的气相反应，还可以导出 K_c 与温度的关系式。由

$$K^{\ominus}=K_p^{\ominus}=K_c\left(\frac{RT}{p^{\ominus}}\right)^{\sum_B \nu_B}$$

得
$$\frac{d\ln K_p^{\ominus}}{dT}=\frac{d\ln K_c}{dT}+\frac{1}{T}\sum_B \nu_B$$

与式(6-61) 相比
$$\frac{d\ln K_c}{dT}=\frac{\Delta_r H_m^{\ominus}}{RT^2}-\frac{1}{RT^2}\sum_B \nu_B RT$$

或
$$\frac{d\ln K_c}{dT}=\frac{\Delta_r U_m^{\ominus}}{RT^2} \tag{6-65}$$

式中，$\Delta_r U_m^{\ominus}$ 为反应的标准摩尔内能改变，即化学反应的恒容反应热。

【例 6-11】 由式（6-62）和式（6-64）求反应 $CO(g)+H_2O(g)═CO_2(g)+H_2(g)$ 在 1000K 时的 $K^{\ominus}$。已知以下数据

物质	$\Delta_f H_m^{\ominus}(298.15K)$ /kJ·mol^{-1}	$\Delta_f G_m^{\ominus}(298.15K)$ /kJ·mol^{-1}	$C_{p,m}^{\ominus}$/J·K^{-1}·mol^{-1}$=a+b(T/K)+c(T/K)^2$		
			a	$b\times10^3$	$c\times10^7$
$CO(g)$	−110.52	−137.27	26.86	6.97	−8.20
$H_2O(g)$	−241.83	−228.59	30.36	9.61	11.8
$CO_2(g)$	−393.51	−394.38	26.00	43.5	−148.3
$H_2(g)$	0.0	0.0	29.07	−0.836	20.1

[解]　(1) 若设 $\Delta_r H_m^{\ominus}$ 为常数，先求式（6-62）中的 $\Delta_r H_m^{\ominus}$，即 $\Delta_r H_m^{\ominus}(298.15K)$。

$$\begin{aligned}\Delta_r H_m^{\ominus}(298.15K)&=\Delta_f H_m^{\ominus}(CO_2,g)+\Delta_f H_m^{\ominus}(H_2,g)-\Delta_f H_m^{\ominus}(CO,g)-\Delta_f H_m^{\ominus}(H_2O,g)\\&=[(-393.51)-(-110.52)-(-241.83)]kJ\cdot mol^{-1}\\&=-41.16kJ\cdot mol^{-1}\end{aligned}$$

为求 298.15K 时的 $K^{\ominus}(298.15K)$，还需求出 $\Delta_r G_m^{\ominus}(298.15K)$。

$$\begin{aligned}\Delta_r G_m^{\ominus}(298.15K)&=\Delta_f G_m^{\ominus}(CO_2,g)+\Delta_f G_m^{\ominus}(H_2,g)-\Delta_f G_m^{\ominus}(CO,g)-\Delta_f H_m^{\ominus}(H_2O,g)\\&=[(-394.38)-(-137.27)-(-228.59)]kJ\cdot mol^{-1}\\&=-28.52kJ\cdot mol^{-1}\end{aligned}$$

$$\begin{aligned}K^{\ominus}(298.15K)&=\exp\left[-\frac{\Delta_r G_m^{\ominus}(298.15K)}{RT}\right]\\&=\exp\left(\frac{28520J\cdot mol^{-1}}{8.314J\cdot K^{-1}\cdot mol^{-1}\times298.15K}\right)=9.93\times10^4\end{aligned}$$

由式（6-62）求 1000K 时的 $K^{\ominus}(1000K)$。

$$\begin{aligned}\ln K^{\ominus}(1000K)&=\ln K^{\ominus}(298.15K)+\frac{\Delta_r H_m^{\ominus}}{R}\left(\frac{1}{T_1}-\frac{1}{T_2}\right)\\&=\ln(9.93\times10^4)+\frac{-41160J\cdot mol^{-1}}{8.314J\cdot K^{-1}\cdot mol^{-1}}\times\left(\frac{1}{298.15}-\frac{1}{1000}\right)K^{-1}\\&=-0.144\end{aligned}$$

$$K^{\ominus}(1000K)=0.866$$

(2) 设 $\Delta_r H_m^\ominus$ 是温度的函数，应先求出式（1-66）中的积分常数 I，由热容数据计算

$\Delta a=(26.00+29.07-26.86-30.36)\mathrm{J\cdot K^{-1}\cdot mol^{-1}}=-2.15\mathrm{J\cdot K^{-1}\cdot mol^{-1}}$

$\Delta b=[43.5+(-0.836)-6.97-9.61]\times10^{-3}\mathrm{J\cdot K^{-2}\cdot mol^{-1}}=0.0261\mathrm{J\cdot K^{-2}\cdot mol^{-1}}$

$\Delta c=[(-148.3)+20.1-(-8.20)-11.8]\times10^{-7}\mathrm{J\cdot K^{-3}\cdot mol^{-1}}$
$=-1.318\times10^{-5}\mathrm{J\cdot K^{-3}\cdot mol^{-1}}$

由式（1-66）得 $$I=\Delta_r H_m^\ominus(T)-\Delta aT-\frac{\Delta b}{2}T^2-\frac{\Delta c}{3}T^3$$

代入 $T=298.15\mathrm{K}$，$\Delta_r H_m^\ominus(298.15\mathrm{K})=-41.16\mathrm{kJ\cdot mol^{-1}}$ 及 Δa、Δb 和 Δc 值

$$I=\left[(-41160)-(-2.15)\times298.15-\frac{0.0261}{2}\times298.15^2-\left(\frac{1.318\times10^{-5}}{3}\right)\times298.15^3\right]\mathrm{J\cdot mol^{-1}}$$
$$=-41562\mathrm{J\cdot mol^{-1}}$$

再求积分数 K。由式（6-64）得

$$K=\ln K^\ominus(T)-\frac{1}{R}\left(\Delta a\ln T+\frac{\Delta b}{2}T+\frac{\Delta c}{6}T^2-\frac{\Delta H_0}{T}\right)$$

代入 $T=298.15\mathrm{K}$，$\ln K^\ominus(298.15\mathrm{K})=\ln(9.93\times10^4)=11.51$ 及 Δa、Δb、Δc 值

$$K=11.51-\frac{1}{8.314\mathrm{J\cdot K^{-1}\cdot mol^{-1}}}\times\left[(-2.15)\ln298.15+\frac{0.0261}{2}\times298.15+\left(\frac{-1.318\times10^{-5}}{6}\right)\times298.15^2-\left(\frac{-41562}{298.15}\right)\right]\mathrm{J\cdot K^{-1}\cdot mol^{-1}}=-4.228$$

最后求出 $T=1000\mathrm{K}$ 时的平衡常数 $K^\ominus(1000\mathrm{K})$。将数据代入式（6-64）中

$$\ln K^\ominus(1000\mathrm{K})=\frac{1}{8.314\mathrm{J\cdot K^{-1}\cdot mol^{-1}}}\times\left[(-2.15)\ln1000+\frac{0.0261}{2}\times1000+\left(\frac{-1.318\times10^{-5}}{6}\right)\times1000^2-\left(\frac{-41562}{1000}\right)\right]\mathrm{J\cdot K^{-1}\cdot mol^{-1}}+(-4.228)$$
$$=0.290$$

$K^\ominus(1000\mathrm{K})=1.336$

由（1）和（2）的结果看出，在较大的温度范围内，近似计算会引入较大误差。

6.6.1.2 $\Delta_r G_m^\ominus(T)$ 与温度的关系

温度对平衡常数的影响也可通过 $\Delta_r G_m^\ominus$ 与温度的关系进行讨论。

温度为 T、标准态下的摩尔反应 $0=\sum_B \nu_B B$，有热力学关系式

$$\Delta_r G_m^\ominus=\Delta_r H_m^\ominus-T\Delta_r S_m^\ominus$$

其中，标准摩尔反应焓

$$\Delta_r H_m^\ominus(T)=\Delta_r H_m^\ominus(298.15\mathrm{K})+\int_{298.15\mathrm{K}}^{T}\Delta_r C_p^\ominus \mathrm{d}T$$

标准摩尔反应熵

$$\Delta_r S_m^\ominus(T)=\Delta_r S_m^\ominus(298.15\mathrm{K})+\int_{298.15\mathrm{K}}^{T}\frac{\Delta_r C_p^\ominus}{T}\mathrm{d}T$$

温度 T 时反应的标准摩尔 Gibbs 函数

$$\Delta_r G_m^\ominus(T)=\Delta_r H_m^\ominus(298.15\mathrm{K})-T\Delta_r S_m^\ominus(298.15\mathrm{K})+\int_{298.15\mathrm{K}}^{T}\Delta_r C_p^\ominus \mathrm{d}T-T\int_{298.15\mathrm{K}}^{T}\frac{\Delta_r C_p^\ominus}{T}\mathrm{d}T \quad (6\text{-}66a)$$

经数学处理上式还可写为

$$\Delta_r G_m^\ominus(T)=\Delta_r H_m^\ominus(298.15\text{K})-T\Delta_r S_m^\ominus(298.15\text{K})-T\int_{298.15\text{K}}^{T}\frac{\mathrm{d}T}{T^2}\int_{298.15\text{K}}^{T}\Delta_r C_p^\ominus \mathrm{d}T \tag{6-66b}$$

这样，由基本的热力学数据如 298.15K 的 $\Delta_f H_m^\ominus(B)$、$\Delta_c H_m^\ominus(B)$、$S_m^\ominus(B)$ 及热容 $C_{p,m}^\ominus(B)$，$\Delta_r G_m^\ominus(T)$ 就可精确计算，$K^\ominus(T)$ 也就可以求出。

若 $\Delta_r C_p^\ominus$ 为常数，即各物质的热容可采用 298.15K～T 间的平均热容值，式（6-66a）可简化为

$$\begin{aligned}\Delta_r G_m^\ominus(T)=&\Delta_r H_m^\ominus(298.15\text{K})-T\Delta_r S_m^\ominus(298.15\text{K})\\&-\Delta_r C_p^\ominus T\left(\ln\frac{T}{298.15}-1+\frac{298.15}{T}\right)\end{aligned} \tag{6-67}$$

若 $\Delta_r C_p^\ominus\approx 0$，即 $\Delta_r H_m^\ominus$、$\Delta_r S_m^\ominus$ 与温度无关，$\Delta_r H_m^\ominus(T)$ 和 $\Delta_r S_m^\ominus(T)$ 均可用 298.15K 时的值代替，式（6-67）简化为

$$\Delta_r G_m^\ominus(T)=\Delta_r H_m^\ominus(298.15\text{K})-T\Delta_r S_m^\ominus(298.15\text{K}) \tag{6-68}$$

式（6-68）表明，$\Delta_r G_m^\ominus(T)$ 仍与温度有关，只不过 $\Delta_r G_m^\ominus(T)$ 与温度呈简单的直线关系。由式（6-67）和式（6-68）均可计算 T 时的 $\Delta_r G_m^\ominus(T)$。

6.6.1.3 转化温度的估算

$\Delta_r G_m^\ominus$ 或 $K^\ominus$ 的值可以量度反应进行的限度，也可作为标准态下反应自发进行方向和限度的判据。

若 $\Delta_r G_m^\ominus<0$ 或 $K^\ominus>1$，标准态下反应可自发正向进行。

若 $\Delta_r G_m^\ominus=0$ 或 $K^\ominus=1$，标准态下反应达平衡。

若反应的 $\Delta_r H_m^\ominus>0$，$\Delta_r S_m^\ominus>0$，随温度升高，$\Delta_r G_m^\ominus$ 可由正变为负值，$K^\ominus$ 也随之增加。反应将存在一个温度值，在这个温度以下 $\Delta_r G_m^\ominus>0$ 或 $K^\ominus<1$，超过这个温度 $\Delta_r G_m^\ominus<0$ 或 $K^\ominus>1$，等于这个温度反应达到平衡。这个温度表示标准态下化学反应将由不能自发正向进行转变为可自发进行，这个温度称为转换温度。若 $\Delta_r H_m^\ominus<0$，$\Delta_r S_m^\ominus<0$，$\Delta_r G_m^\ominus$ 和 $K^\ominus$ 随温度的变化趋势相反，但仍存在一转换温度，由式（6-68）可以估算

$$T_{转换}\approx\frac{\Delta_r H_m^\ominus(298.15\text{K})}{\Delta_r S_m^\ominus(298.15\text{K})} \tag{6-69}$$

【例 6-12】 计算 1473K 时固态 FeO 上氧的平衡压力。已知

物质	$\Delta_f H_m^\ominus(298.15\text{K})/\text{kJ}\cdot\text{mol}^{-1}$	$S_m^\ominus(298.15\text{K})/\text{J}\cdot\text{K}^{-1}\cdot\text{mol}^{-1}$	平均 $C_{p,m}^\ominus/\text{J}\cdot\text{K}^{-1}\cdot\text{mol}^{-1}$
FeO(s)	−268.82	58.79	57.70
Fe(s)	0	27.15	37.66
O_2(g)	0	205.03	33.68

［解］ 为求氧的平衡分压，应先求出反应

$$\text{FeO(s)} = \text{Fe(s)}+\frac{1}{2}O_2(\text{g})$$

在 1473K 时的平衡常数 $K^\ominus(1473\text{K})$。按式（6-67）计算各项

$$\begin{aligned}\Delta_r H_m^\ominus(298.15\text{K})&=\Delta_f H_m^\ominus(\text{FeO,s})+\frac{1}{2}\Delta_f H_m^\ominus(O_2,\text{g})-\Delta_f H_m^\ominus(\text{FeO,s})\\&=-\Delta_f H_m^\ominus(\text{FeO,s})=268.82\text{kJ}\cdot\text{mol}^{-1}\end{aligned}$$

$$\begin{aligned}\Delta_r S_m^\ominus(298.15\text{K})&=S_m^\ominus(\text{Fe,s})+\frac{1}{2}S_m^\ominus(O_2,\text{g})-S_m^\ominus(\text{FeO,s})\\&=\left(27.15+\frac{1}{2}\times205.03-58.79\right)\text{J}\cdot\text{K}^{-1}\cdot\text{mol}^{-1}\end{aligned}$$

$$=70.875\text{J}\cdot\text{K}^{-1}\cdot\text{mol}^{-1}$$

$$\Delta_r C_{p,m}^{\ominus}=C_{p,m}^{\ominus}(\text{Fe,s})+\frac{1}{2}C_{p,m}^{\ominus}(\text{O}_2\text{,g})-C_{p,m}^{\ominus}(\text{FeO,s})$$

$$=\left(37.66+\frac{1}{2}\times 33.68-57.70\right)\text{J}\cdot\text{K}^{-1}\cdot\text{mol}^{-1}$$

$$=-3.20\text{J}\cdot\text{K}^{-1}\cdot\text{mol}^{-1}$$

$$\ln\frac{1473}{298.15}-1+\frac{298.15}{1473}=0.800$$

$$\Delta_r G_m^{\ominus}(1473\text{K})=\Delta_r H_m^{\ominus}(298.15\text{K})-T\Delta_r S_m^{\ominus}(298.15\text{K})-\Delta_r C_p^{\ominus}T\left(\ln\frac{T}{298.15}-1+\frac{298.15}{T}\right)$$

$$=268.82\text{kJ}\cdot\text{mol}^{-1}-1473\text{K}\times 70.875\times 10^{-3}\text{kJ}\cdot\text{K}^{-1}\cdot\text{mol}^{-1}-(-3.20)\times 1473\times 0.800\times 10^{-3}\text{kJ}\cdot\text{mol}^{-1}$$

$$=168.19\text{kJ}\cdot\text{mol}^{-1}$$

$$K^{\ominus}(1473\text{K})=\exp\left[-\frac{\Delta_r G_m^{\ominus}(1473\text{K})}{RT}\right]$$

$$=\exp\left[-\frac{168.19\times 10^3\text{J}\cdot\text{mol}^{-1}}{8.314\text{J}\cdot\text{K}^{-1}\cdot\text{mol}^{-1}\times 1473\text{K}}\right]=1.085\times 10^{-6}$$

又 $K^{\ominus}=(p_{O_2}/p^{\ominus})^{\frac{1}{2}}$　　　$p_{O_2}=p^{\ominus}(K^{\ominus})^2$

氧的平衡分压　$p_{O_2}=101325\text{Pa}\times(1.085\times 10^{-6})^2=1.19\times 10^{-7}\text{Pa}$

计算结果表明，1473K 时 FeO(s) 上方氧的平衡分压极小，表明 FeO(s) 很稳定，或者 Fe 被氧化为 FeO 的热力学趋势很大。

【例 6-13】 近似估算反应 $\frac{1}{2}N_2(g)+\frac{1}{2}O_2(g)$ ══ $NO(g)$ 的转换温度。

[解] 查有关的热力学数据

物　质	$\Delta_f H_m^{\ominus}(298.15\text{K})/\text{kJ}\cdot\text{mol}^{-1}$	$S_m^{\ominus}(298.15\text{K})/\text{J}\cdot\text{K}^{-1}\cdot\text{mol}^{-1}$
$N_2(g)$	0	191.49
$O_2(g)$	0	205.03
NO(g)	90.37	210.62

按式 (6-69) 近似估算 $T_{转换}$

$$\Delta_r H_m^{\ominus}(298.15\text{K})=\Delta_f H_m^{\ominus}(\text{NO,g})=90.37\text{kJ}\cdot\text{mol}^{-1}$$

$$S_m^{\ominus}(298.15\text{K})=S_m^{\ominus}(\text{NO,g})-\frac{1}{2}S_m^{\ominus}(\text{O}_2\text{,g})-\frac{1}{2}S_m^{\ominus}(\text{N}_2\text{,g})$$

$$=\left(210.62-\frac{1}{2}\times 205.03-\frac{1}{2}\times 191.49\right)\text{J}\cdot\text{K}^{-1}\cdot\text{mol}^{-1}$$

$$=12.36\text{J}\cdot\text{K}^{-1}\cdot\text{mol}^{-1}$$

$$T_{转换}=\frac{\Delta_r H_m^{\ominus}(298.15\text{K})}{\Delta_r S_m^{\ominus}(298.15\text{K})}$$

$$=\frac{90.37\times 10^3\text{J}\cdot\text{mol}^{-1}}{12.36\text{J}\cdot\text{K}^{-1}\cdot\text{mol}^{-1}}=7311\text{K}$$

结果表明，一般情况下由 N_2 和 O_2 直接化合为 NO 是不可能的，但在高压放电（雷电）时可能达到这样的高温，空气中的 N_2 与 O_2 将反应生成 NO 气体。

6.6.2　压力对化学平衡的影响

对于低压下的气相反应，因 $K_p^{\ominus}$、K_p 和 K_c 均只与温度有关，恒温下改变反应体系的总压，压力对低压气相反应平衡的影响可通过 K_x 进行讨论。

由式 (6-19) $K_x = K_p^{\ominus}\left(\dfrac{p^{\ominus}}{p}\right)^{\sum_B \nu_B}$，两边取对数后保持温度恒定对压力求偏导数

$$\left(\frac{\partial \ln K_x}{\partial p}\right)_T = -\frac{1}{p}\sum_B \nu_B \tag{6-70}$$

式中，$\sum_B \nu_B$ 为气相组分反应计量系数的改变。

若 $\sum_B \nu_B < 0$（反应的计量系数减小），$\left(\dfrac{\partial \ln K_x}{\partial p}\right)_T > 0$，$K_x$ 随压力增加而增加，即增加压力，反应重新达平衡时，产物的物质的量分数增加而反应物的物质的量分数减小，平衡向产物生成的方向移动。

若 $\sum_B \nu_B > 0$（反应的计量系数增加），$\left(\dfrac{\partial \ln K_x}{\partial p}\right)_T < 0$，$K_x$ 将随压力的增加而减小，增加压力，反应重新达平衡时，产物的物质的量分数减小而反应物的物质的量分数增加，平衡向不利于产物生成的方向移动。

若 $\sum_B \nu_B = 0$（反应的计量系数不变），压力的变化对平衡无影响。

对于高压下实际气体间的反应，压力的变化还将使各组分的逸度系数 γ_B 改变，由式 (6-20) 看出，K_γ、K_p 将同时变化，压力对反应平衡的影响将变得复杂。

凝聚体系的反应，各组分的标准态为 T、$p^{\ominus}$下的纯固态或纯液态。因 $K^{\ominus}$ 只是温度的函数，压力对平衡的影响可通过 K_a 进行讨论。由化学势的表达式 $\mu_B = \mu_B^* + RT\ln a_B$ 及平衡条件 $\Delta_r G_m = \sum_B \nu_B \mu_B = 0$ 可以得出

$$-RT\ln K_a = \sum_B \nu_B \mu_B^*$$

μ_B^* 为纯 B 在温度为 T、压力为 p 时的化学势。所以有

$$\left(\frac{\partial \ln K_a}{\partial p}\right)_T = -\frac{1}{RT}\sum_B \nu_B\left(\frac{\partial \mu_B^*}{\partial p}\right)_T = -\frac{1}{RT}\sum_B \nu_B V_m^*(B) = -\frac{\Delta_r V_m}{RT} \tag{6-71}$$

$\Delta_r V_m$ 为化学反应的摩尔体积改变，通常凝聚体系的 $\Delta_r V_m$ 很小，所以压力对 K_a 的影响不显著，但若压力变化范围很大，则压力的影响就不可忽略。

若 $\Delta_r V_m > 0$（反应的摩尔体积增加），增加压力，K_a 减小，将不利于产物生成。

若 $\Delta_r V_m < 0$（反应的摩尔体积减小），增加压力，K_a 增大，平衡将向产物生成的方向移动。

如常温下压力升高到 1.5×10^9 Pa，石墨碳可自发转化为金刚石碳。

【例 6-14】 合成氨反应 $N_2(g)+3H_2(g) = 2NH_3(g)$ 600K 时 $K^{\ominus}=1.96\times10^{-3}$。若混合气体起始组成符合化学计量比，求此温度和总压 p 在 $10p^{\ominus}\sim100p^{\ominus}$ 的范围内 N_2 的平衡转化率 α 及 NH_3 的平衡组成。设为理想气体反应。

[解] 设 N_2 的平衡转化率为 α，各物质的量为

	$N_2(g)$	$+3H_2(g)$	$=2NH_3(g)$
起始时 $n_{B,0}$/mol	1	3	0
平衡时 $n_{B,eq}$/mol	$1-\alpha$	$3(1-\alpha)$	2α

$$\sum_B n_{B,eq} = 2(2-\alpha)\text{mol}$$

各组分的平衡分压为

$$p_{N_2,eq}=\frac{1-\alpha}{2(2-\alpha)}p \qquad p_{H_2,eq}=\frac{3(1-\alpha)}{2(2-\alpha)}p \qquad p_{NH_3,eq}=\frac{\alpha}{2-\alpha}p$$

$$K^{\ominus}=K_p^{\ominus}=K_p(p^{\ominus})^2$$

$$=\frac{\left(\frac{\alpha}{2-\alpha}\right)^2 p^2}{\left[\frac{1-\alpha}{2(2-\alpha)}\right]p\left[\frac{3(1-\alpha)}{2(2-\alpha)}\right]^3 p^3}(p^{\ominus})^2$$

$$=\frac{2^4(2-\alpha)^2\alpha^2}{3^3(1-\alpha)^4}\left(\frac{p^{\ominus}}{p}\right)^2$$

进一步整理为

$$(1-\alpha)^2\frac{3^{3/2}}{2^2}\sqrt{K_p^{\ominus}}\frac{p}{p^{\ominus}}=1-(1-\alpha)^2$$

$$\alpha=1-\frac{1}{\sqrt{1+\frac{3^{3/2}}{2^2}\frac{p}{p^{\ominus}}\sqrt{K_p^{\ominus}}}}$$

代入 $p^{\ominus}=101325\text{Pa}$，$K_p^{\ominus}=1.96\times10^{-3}$

$$\alpha=1-\frac{1}{\sqrt{1+5.68\times10^{-7}p}}$$

将 p 取不同值代入上式中计算出 α，再由 $NH_3=\frac{\alpha}{2-\alpha}\times100\%$ 计算出 NH_3 的平衡组成，计算结果列于下表中

$p/p^{\ominus}$	0	20	30	40	50	100
α	0.203	0.318	0.394	0.450	0.492	0.615
$NH_3/\%$	11.30	18.91	24.53	29.04	32.63	44.40

可见，随压力升高，N_2 的平衡转化率增加，平衡混合物中 NH_3 的体积（或压力）百分数也升高，表明对于合成氨反应，加压有利于反应正向进行。

6.6.3 气相反应中加入惰性组分对化学平衡的影响

惰性组分是指不参加化学反应的物质组分。气相中惰性组分的存在，将使气相反应体系中物质总量变化，下面就不同情况下加入惰性组分对化学平衡的影响进行讨论。

6.6.3.1 恒温恒压下加入惰性气体

低压下的气相反应，由式（6-19）

$$K_p^{\ominus}=K_x\left(\frac{p}{p^{\ominus}}\right)^{\sum_B \nu_B}$$

代入 $x_{B,eq}=\frac{n_{B,eq}}{\sum_B n_B}$（$n_{B,eq}$为平衡体系中B组分的物质的量），得

$$K^{\ominus}=\left(\prod_B n_{B,eq}^{\nu_B}\right)\left(\frac{p}{p^{\ominus}\sum_B n_B}\right)^{\sum_B \nu_B} \tag{6-72}$$

恒温恒压下加入惰性气体，$K_p^{\ominus}$、p 不变，但 $\sum_B n_B$ 增加，$\left(\prod_B n_{B,eq}^{\nu_B}\right)$项将随 $\sum_B \nu_B$ 的符号不同发生不同变化：

① 若 $\sum_B \nu_B>0$，$\left(\prod_B n_{B,eq}^{\nu_B}\right)$将增加，平衡体系中产物的物质的量相对增加，即有利于

产物的生成；

② 若 $\sum_{B}\nu_B<0$，$\left(\prod_{B} n_{B,eq}^{\nu_B}\right)$将减小，平衡体系中产物的物质的量相对减小，即不利于产物的生成；

③ 若 $\sum_{B}\nu_B=0$，$\left(\prod_{B} n_{B,eq}^{\nu_B}\right)$不会改变，平衡不受加入惰性气体的影响。

在此情况下，由式（6-19）看出 K_x 总是不变，即物质的量分数平衡常数 K_x 仍然保持不变。因温度不变，K_p、K_c 也将保持不变。恒温恒压下通入惰性气体，反应体系的体积应增加，这就相当于稀释了各物种的浓度，与降低体系总压的效果相同。

6.6.3.2 恒温恒容下通入惰性气体

对于气相反应体系，恒温恒容下总有 $K_p^{\ominus}$ 恒定及 $\dfrac{p}{\sum_{B} n_B}=\dfrac{RT}{V}=$ 常数，故由式（6-72）看出，$\left(\prod_{B} n_{B,eq}^{\nu_B}\right)$应保持不变，即恒温恒容下通入惰性气体，因 p 随 $\sum_{B} n_B$ 成比例变化，平衡体系中各组分的物质的量将保持不变即平衡不移动。但由式（6-19）看出，因总压 p 增加，K_x 将会发生变化，变化的情况将随 $\sum_{B}\nu_B$ 不同而异。

【例 6-15】 在例 6-14 中，设温度仍为 600K，总压为 $30p^{\ominus}$，若反应体系中含 10%（体积）的惰性气体（其中 7% 的 CH_4，3% 的 Ar 气），求 N_2 的平衡转化率及平衡混合物中 NH_3 的百分组成。仍视为理想气体反应。

［解］ 设 N_2 的平衡转化率为 α，体系中各组分的物质的量为

	N_2	+ $3H_2$	══ $2NH_3$，	惰性组分
起始时 $n_{B,0}$/mol	0.9	2.7	0	0.4
平衡时 $n_{B,eq}$/mol	$0.9(1-\alpha)$	$2.7(1-\alpha)$	1.8α	0.4

平衡时 $\sum_{B} n_B=2(2-0.9\alpha)\text{mol}$

各组分的平衡分压

$$p_{N_2}=\frac{0.9(1-\alpha)}{2(2-0.9\alpha)}p,\ p_{H_2}=\frac{2.7(1-\alpha)}{2(2-0.9\alpha)}p,\ p_{NH_3}=\frac{1.8\alpha}{2(2-0.9\alpha)}p$$

$$K^{\ominus}=K_p^{\ominus}=K_p(p^{\ominus})^2=\frac{\left[\dfrac{1.8\alpha}{2(2-0.9\alpha)}\right]^2p^2}{\left[\dfrac{0.9(1-\alpha)}{2(2-0.9\alpha)}p\right]\left[\dfrac{2.7(1-\alpha)}{2(2-0.9\alpha)}\right]^3p^3}(p^{\ominus})^2$$

$$=\frac{(1.8\alpha)^2 2^2(2-0.9\alpha)^2}{2.7^3(1-\alpha)^3[0.9(1-\alpha)]}\left(\frac{p^{\ominus}}{p}\right)^2=\frac{2^4(2-0.9\alpha)^2\alpha^2}{3^3\times0.9^2(1-\alpha)^4}\left(\frac{p^{\ominus}}{p}\right)^2$$

$$\sqrt{K_p^{\ominus}}=\frac{2^2(2-0.9\alpha)\alpha}{3^{3/2}\times0.9\times(1-\alpha)^2}\left(\frac{p^{\ominus}}{p}\right)$$

代入 $K_p^{\ominus}=K^{\ominus}=1.96\times10^{-3}$、$\dfrac{p^{\ominus}}{p}=0.033$，并整理得

$$9.874\alpha^2-20.548\alpha+6.274=0$$

解出

$$\alpha=0.372(\alpha\ \text{大于 1 的根舍去})$$

$$NH_3=\frac{1.8\times0.372}{2(2-0.9\times0.372)}\times100\%=20.1\%$$

计算结果表明，惰性组分的加入使 N_2 的平衡转化率及 NH_3 的平衡组成有所下降，随压力的增加，这种影响更为明显，因此在合成氨循环流程生产中，由原料气带入的惰性气体

积累到一定量后应定期放空。

【例 6-16】 常压下乙苯脱氢制苯乙烯

$$C_6H_5C_2H_5(g) \xlongequal{} C_6H_5H_3(g) + H_2(g)$$

(1) 由热力学数据计算 298.15K、压力为 $p^{\ominus}$ 时反应的 $K^{\ominus}$ 及乙苯的平衡转化率 α_1；

(2) 保持压力为 $p^{\ominus}$，升高温度到 873K，计算 $K^{\ominus}$ 及乙苯的平衡转化率 α_2；

(3) 保持温度为 873K，压力降低为 $0.1p^{\ominus}$，计算 $K^{\ominus}$ 及乙苯的平衡转化率 α_3；

(4) 在 873K 及 $p^{\ominus}$ 下，原料气中通入水蒸气，使物质的量比为乙苯：H_2O=1：9，再做同样计算。

［解］ 查有关的热力学数据

物 质	$\Delta_f H_m^{\ominus}$(298.15K) /kJ·mol^{-1}	$S_m^{\ominus}$(298.15K) /J·K^{-1}·mol^{-1}	$C_{p,m}^{\ominus}$/J·K^{-1}·mol^{-1} = $a+bT/K+c(T/K)^2$①		
			a	$b\times10^2$	$c\times10^4$
$C_6H_5C_2H_5$(g)	29.79	360.45	−32.096	64.304	−3.884
$C_6H_5C_2H_3$(g)	147.36	345.096	−35.133	60.866	−3.829
H_2(g)	0	130.59	29.07	−0.0836	0.0201

① 由李汉尼热容的基团参数估算法求出，参见 D. N. Rihani, et al. Ind. Eng. Chem. Fundam., 1965。

(1) 由表列数据计算以下热力学函数

$$\Delta_r H_m^{\ominus}(298.15\text{K}) = (147.36-29.79)\text{kJ}\cdot\text{mol}^{-1} = 117.57\text{kJ}\cdot\text{mol}^{-1}$$

$$\Delta_r S_m^{\ominus}(298.15\text{K}) = (130.59+345.096-360.45)\text{J}\cdot\text{K}^{-1}\cdot\text{mol}^{-1} = 115.34\text{J}\cdot\text{K}^{-1}\cdot\text{mol}^{-1}$$

$$\Delta_r G_m^{\ominus}(298.15\text{K}) = 117.59\text{kJ}\cdot\text{mol}^{-1} - 298.15\text{K}\times115.34\times10^{-3}\text{kJ}\cdot\text{K}^{-1}\cdot\text{mol}^{-1} = 83.20\text{kJ}\cdot\text{mol}^{-1}$$

$$K^{\ominus}(298.15\text{K}) = \exp\left(-\frac{83200\text{J}\cdot\text{mol}^{-1}}{8.314\text{J}\cdot\text{K}^{-1}\cdot\text{mol}^{-1}\times298.15\text{K}}\right) = 2.66\times10^{-15}$$

设乙苯平衡转化率为 α_1，平衡时各物质的量为

$$C_6H_5C_2H_5(g) \xlongequal{} C_6H_5C_2H_3(g) + H_2(g)$$

起始时 $n_{B,0}$/mol　　1　　0　　0

平衡时 $n_{B,eq}$/mol　　$1-\alpha_1$　　α_1　　α_1　　$\sum_B n_{B,eq} = (1+\alpha_1)$mol

$$K^{\ominus} = K_p(p^{\ominus})^{-1} = \frac{\left(\frac{\alpha_1}{1+\alpha_1}\right)^2 p^2}{\left(\frac{1-\alpha_1}{1+\alpha_1}\right)p}(p^{\ominus})^{-1} = \frac{\alpha_1^2}{1-\alpha_1^2}\frac{p}{p^{\ominus}}$$

代入 $K^{\ominus}=2.66\times10^{-15}$ 和 $p=p^{\ominus}$，解出 $\alpha_1=5.15\times10^{-8}$。

计算结果表明常温常压下可以认为没有产物生成。

(2) 由热容数据先求出反应的 $\Delta_r C_{p,m}^{\ominus}$

$$\Delta_r C_{p,m}^{\ominus}/\text{J}\cdot\text{K}^{-1}\cdot\text{mol}^{-1} = \Delta a + \Delta b(T/\text{K}) + \Delta c(T/\text{K})^2$$

$$\Delta_r C_{p,m}^{\ominus} = \{[(29.07-35.133)-(-32.096)]+[(-0.836)+60.866-64.304]\times 10^{-2}(T/\text{K})+[0.0201+(-3.829)-(-3.884)]\times10^{-4}(T/\text{K})^2\}\text{J}\cdot\text{K}^{-1}\cdot\text{mol}^{-1}$$
$$=[26.033-3.522\times10^{-2}(T/\text{K})+0.0748\times10^{-4}(T/\text{K})^2]\text{J}\cdot\text{K}^{-1}\cdot\text{mol}^{-1}$$

再求出 873K 的 $\Delta_r H_m^{\ominus}$、$\Delta_r S_m^{\ominus}$ 和 $\Delta_r G_m^{\ominus}$。

$$\Delta_r H_m^{\ominus}(873\text{K}) = \Delta_r H_m^{\ominus}(298.15\text{K}) + \int_{298.15\text{K}}^{873\text{K}} \Delta_r C_{p,m}^{\ominus}\,dT$$
$$= 117.57\text{kJ}\cdot\text{mol}^{-1} + \Big[26.033\times(873-298.15) - \frac{3.522\times10^{-2}}{2}\times$$

$$(873^2-298.15^2)+\frac{0.0748\times10^{-4}}{3}\times(873^3-298.15^3)\Big]\times10^{-3}\text{kJ}\cdot\text{mol}^{-1}$$

$$=122.275\text{kJ}\cdot\text{mol}^{-1}$$

$$\Delta_r S_m^{\ominus}(873\text{K})=\Delta_r S_m^{\ominus}(298.15\text{K})+\int_{298.15\text{K}}^{873\text{K}}\frac{\Delta_r C_{p,m}^{\ominus}}{T}\text{d}T$$

$$=115.34\text{J}\cdot\text{K}^{-1}\cdot\text{mol}^{-1}+\Big[\Big(26.033\times\ln\frac{873}{298.15}-3.522\times10^{-2}\Big)\times$$

$$(873-298.15)+\frac{0.0748\times10^{-4}}{2}\times(873^2-298.15^2)\Big]\text{J}\cdot\text{K}^{-1}\cdot\text{mol}^{-1}$$

$$=125.59\text{J}\cdot\text{mol}^{-1}$$

$$\Delta_r G_m^{\ominus}(873\text{K})=\Delta_r H_m^{\ominus}(873\text{K})-873\times\Delta_r S_m^{\ominus}(873\text{K})$$

$$=(122.275-873\times125.59\times10^{-3})\text{kJ}\cdot\text{mol}^{-1}=12.653\text{kJ}\cdot\text{mol}^{-1}$$

$$K^{\ominus}(873\text{K})=\exp\Big[-\frac{\Delta_r G_m^{\ominus}(873\text{K})}{RT}\Big]$$

$$=\exp\Big(-\frac{12635\text{J}\cdot\text{mol}^{-1}}{8.314\text{J}\cdot\text{K}^{-1}\cdot\text{mol}^{-1}\times873\text{K}}\Big)=0.175$$

将 $K^{\ominus}$ 代入 $K^{\ominus}$ 与 α 的关系式中，取 $p=p^{\ominus}$，得 $0.175=\frac{\alpha_2^2}{1-\alpha_2^2}$，解出 $\alpha_2=0.386$。可见，对于 $\Delta_r H_m^{\ominus}$ 为正的吸热反应，升高温度，$K^{\ominus}$ 增大，有利于产物生成。

(3) 若温度保持为 873K 但减压到 $p=0.1p^{\ominus}$，$K^{\ominus}$ 将保持不变

$$0.175=\frac{\alpha_3^2}{1-\alpha_3^2}\times0.1\qquad 解出\ \alpha_3=0.798$$

恒温下降低压力，对计量系数增加的气相反应，将有利于产物生成。

(4) 恒温恒压下通入水蒸气，转化率为 α_4

	$C_6H_5C_2H_5(g)$ ═	$C_6H_5C_2H_3(g)$ +	$H_2(g)$，	$H_2O(g)$
起始时 $n_{B,0}$/mol	1	0	0	9
平衡时 $n_{B,eq}$/mol	$1-\alpha_4$	α_4	α_4	9

平衡时
$$\sum_B n_B=(10+\alpha_4)\text{mol}$$

$$K^{\ominus}=\frac{\left(\frac{\alpha_4}{10+\alpha_4}\right)^2p^2}{\left(\frac{1-\alpha_4}{10+\alpha_4}\right)p}(p^{\ominus})^{-1}=\frac{\alpha_4^2}{(1-\alpha_4)(10+\alpha_4)}\frac{p}{p^{\ominus}}$$

代入 $K^{\ominus}=0.175$，$p=p^{\ominus}$，解出 $\alpha_4=0.722$。

可见，恒温恒压下通入水蒸气产生的作用与减压相同，可提高平衡产率，且成本低、安全，是工业上实际采用的工艺。

6.7 复杂反应体系的化学平衡

Chemical Equilibrium of Complicated Reaction Systems

实际反应体系中往往有几个反应同时发生，如有机反应，除主反应外，还会发生副反应，这些反应处于同一体系中，必然会相互影响。对于气相反应，若压力较高，还必须考虑气体的非理想性偏差。本节通过对几个实例的讨论，介绍这类复杂反应体系化学平衡的处理

原则。

6.7.1　同时平衡

体系中一种或几种组分同时参与两个或两个以上的化学反应，当这些反应达平衡时称为同时平衡，此时每一个化学反应均满足式（6-4）的平衡条件和 $\Delta_r G_m^{\ominus}=-RT\ln K^{\ominus}$ 这一热力学关系式。

在处理同时平衡问题时应注意，每一组分不论参与几个化学反应，达同时平衡时其化学势有唯一确定值，也只有一个平衡分压（或浓度），这一分压（或浓度）应同时满足所参与反应的平衡常数关系式。

在计算同时平衡体系的平衡组成时，应先确定物系中有几个独立的化学反应，再由起始组成设未知数，代入平衡常数的关系式中，有几个未知数，就应有几个独立的方程式，最后解联立方程，求出未知数。

【例 6-17】 将 $CH_4:H_2O=1:5$ 的混合气在 873K、$p^{\ominus}$ 下通过镍催化剂，生产合成氨用的氢气，体系中同时发生两个独立的反应

① $CH_4(g)+H_2O(g)=\!=\!=CO(g)+3H_2(g)$

② $CO(g)+H_2O(g)=\!=\!=CO_2(g)+H_2(g)$

由于催化剂活性很高，出转化炉时反应已接近平衡。若 873K、$p^{\ominus}$ 下两反应的平衡常数分别为 $K_{p,1}^{\ominus}=0.574$，$K_{p,2}^{\ominus}=2.21$，计算此条件下平衡混合气的组成。

［解］ 以物质的量为 5mol 的 $H_2O(g)$ 和 1mol 的 $CH_4(g)$ 为计算基准。设平衡时 CH_4 反应掉 $x$mol，故余 $(1-x)$mol。第一个反应生成 $x$mol CO，但因进一步发生第二个反应，将有 $y$mol 的 CO 转化为 $y$mol 的 CO_2。两个反应同时消耗 H_2O 并生成 H_2，故 H_2O 为 $(5-x-y)$ mol。体系中各物质的物质的量为

反应①	CH_4	+	H_2O	$=\!=\!=$	CO	+	$3H_2$
平衡时 $n_{B,eq}$/mol	$1-x$		$5-x-y$		$x-y$		$3x+y$
反应②	CO	+	H_2O	$=\!=\!=$	CO_2	+	H_2
平衡时 $n_{B,eq}$/mol	$x-y$		$5-x-y$		y		$3x+y$

同时平衡时

$$\sum_B n_{B,eq}=(1-x)+(5-x-y)+(x-y)+(3x+y)+y=(6+2x)\text{mol}$$

各组分的平衡分压为

$$p_{CH_4}=\frac{1-x}{6+2x}p^{\ominus}\qquad p_{H_2O}=\frac{5-x-y}{6+2x}p^{\ominus}\qquad p_{CO}=\frac{x-y}{6+2x}p^{\ominus}$$

$$p_{CO_2}=\frac{y}{6+2x}p^{\ominus}\qquad p_{H_2}=\frac{3x+y}{6+2x}p^{\ominus}$$

代入平衡常数表示式中

$$K_{p,1}^{\ominus}=\frac{p_{CO}p_{H_2}^3}{p_{CH_4}p_{H_2O}}(p^{\ominus})^{-2}=\frac{(x-y)(3x+y)^3}{(1-x)(5-x-y)(6+2x)^2}\tag{1}$$

$$K_{p,2}^{\ominus}=\frac{p_{CO_2}p_{H_2}}{p_{CO}p_{H_2O}}=\frac{y(3x+y)}{(x-y)(5-x-y)}\tag{2}$$

两个未知数，两个方程式，原则上解联立方程式就可求出 x 和 y，这里用试差法求解。由题目条件 $0<x<1$，$0<y<x$，先给出一系列 x 值，通过方程（2）可解出一系列 y 值，再将 x、y 代入方程（1）中就可以计算出一组 $K_{p,1}^{\ominus}$。以 $K_{p,1}^{\ominus}$ 对 x 作图，在图上找出满足 $K_{p,1}^{\ominus}=0.574$ 的 x 值，该 x 值即为所求，最后计算出 y。

将 $K_{p,2}^{\ominus}=2.21$ 代入 (2) 中展开并整理为

$$1.21y^2-(3x+11.05)y-2.21x(x+5)=0 \tag{3}$$

设 $x_1=0.900\text{mol}$ 代入 (3) 中

$$1.21y^2-13.75y+8.155=0$$

解出 $y_1=0.628\text{mol}$

将 x_1，y_1 代入 (1) 中得 $K_{p,1(1)}^{\ominus}=0.474$

按此过程将不同的 x 值代入，计算结果列表如下。

x/mol	0.900	0.905	9.910	0.915	0.920	0.925
y/mol	0.628	0.630	0.632	0.634	0.636	0.638
$K_{p,1}^{\ominus}$	0.474	0.513	0.555	0.603	0.657	0.718

作 $K_{p,1}^{\ominus}$-x 图，在图上查出 $K_{p,1}^{\ominus}=0.574$ 处 $x=0.912\text{mol}$，再代入 (3) 中计算出 $y=0.633\text{mol}$。

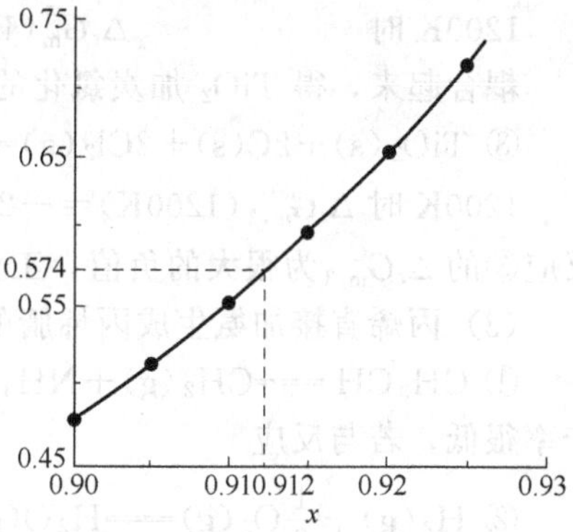

例 6-17 图

平衡混合气组成为

$$CH_4=\frac{1-x}{6+2x}=\frac{1-0.912}{6+2\times0.912}=1.12\%$$

$$H_2O=\frac{5-x-y}{6+2x}=\frac{5-0.912-0.633}{6+2\times0.912}=44.2\%$$

$$CO=\frac{x-y}{6+2x}=\frac{0.912-0.633}{6+2\times0.912}=3.57\%$$

$$CO_2=\frac{y}{6+2x}=\frac{0.633}{6+2\times0.912}=8.09\%$$

$$H_2=\frac{3x+y}{6+2x}=\frac{3\times0.912+0.633}{6+2\times0.912}=43.06\%$$

6.7.2 反应的耦合

体系中如有两个反应，第一个反应的产物为另一个反应的反应物或反应物之一，我们称这两个反应是耦合的。利用反应的耦合，可以由一个热力学趋势很大的反应启动在同样条件下难以自动进行的其他反应，这在设计新的合成路线或选择最佳操作条件时是十分有用的。下面举几个例子加以说明。

(1) 工业上生产甲醛的主要原料为甲醇，最简单的方法是脱氢

① $CH_3OH(g)═HCHO(g)+H_2(g)$

但对此反应的热力学分析得出，298.15K、标准态下

$$\Delta_rG_m^{\ominus}(298.15\text{K})=\Delta_fG_m^{\ominus}(HCHO,g)-\Delta_fG_m^{\ominus}(CH_3OH,g)$$
$$=[(-109.91)-(-161.92)]\text{kJ}\cdot\text{mol}^{-1}$$
$$=52.01\text{kJ}\cdot\text{mol}^{-1}$$

$\Delta_rG_m^{\ominus}(298.15\text{K})$ 是一个较大的正值，$K^{\ominus}(298.15\text{K})=7.72\times10^{-10}$ 很小，因此工业上不能采用此法。实际上采用添加氧气使甲醇部分氧化脱氢的工艺，这时体系中还存在另一独立反应

② $H_2(g)+\frac{1}{2}O_2(g)═H_2O\ (g)$

此反应为一强放热反应，热力学趋势极大

$$\Delta_rG_m^{\ominus}(298.15\text{K})=\Delta_fG_m^{\ominus}(H_2O,g)=-228.59\text{kJ}\cdot\text{mol}^{-1}$$

$$K^{\ominus}(298.15\text{K})=1.12\times10^{40}$$

由于反应②的存在，使体系中 H_2 的分压降至极低，可使反应①中 CH_3OH 不断反应生成 HCHO。将两个反应耦合起来

③ $CH_3OH(g)+\frac{1}{2}O_2(g)$ ══ $HCHO(g)+H_2O(g)$

因反应①、②和③有关①+②=③，其中只有两个反应是独立的。氧化反应是放热的，放出的热部分可供脱氢反应的需要。反应在700℃左右进行，但反应②和③仍有较大的平衡常数，可获得较高的 CH_3OH 转化率。

(2) 利用高钛渣（TiO_2）氯化生成 $TiCl_4$ 是一个吸热反应

① $TiO_2(s)+2Cl_2(g)$ ══ $TiCl_4(g)+O_2(g)$

热力学计算可得 1200K 时 $\Delta_r G_m^{\ominus}(1200K)=152.96kJ \cdot mol^{-1}$，$\Delta_r G_m^{\ominus}$ 为一很大的正值，在此条件下生成的 $TiCl_4$ 是极少的。如果将此反应与碳氧化为 CO 的反应

② $2C(s)+O_2(g)$ ══ $2CO(g)$

1200K 时　　　　　　$\Delta_r G_m^{\ominus}(1200K)=-447.04kJ \cdot mol^{-1}$

耦合起来，得 TiO_2 加炭氯化的反应

③ $TiO_2(s)+2C(s)+2Cl_2(g)$ ══ $TiCl_4(g)+2CO(g)$

1200K 时 $\Delta_r G_{m,3}^{\ominus}(1200K)=-294.08kJ \cdot mol^{-1}$

反应③的 $\Delta_r G_{m,3}^{\ominus}$ 为很大的负值，工业上正是采用这种加炭氯化的方法进行 $TiCl_4$ 的生产。

(3) 丙烯直接加氨生成丙烯腈的反应

① CH_3CH ══ $CH_2(g)+NH_3(g)$ ══ CH_2 ══ $CHCN(g)+3H_2(g)$

产率很低，若与反应

② $H_2(g)+\frac{1}{2}O_2(g)$ ══ $H_2O(g)$

耦合起来

③ CH_3CH ══ $CH_2(g)+NH_3(g)+\frac{3}{2}O_2(g)$ ══ CH_2 ══ $CHCN(g)+3H_2O(g)$

产率大大提高，这正是目前制取丙烯腈最经济的方法。

类似的例子还可举出很多。

以上只是从热力学的角度讨论利用反应的耦合提高预期产物的产率，这些只提供了一种可能性，这种可能性能否实现，还必须同时考虑反应速率（在反应速率较小时必须选择合适的催化剂）、副反应的抑制及产物的分离等一系列问题。

6.7.3 高压下的气相反应

高压下的气相反应，由式 (6-20)

$$K_f^{\ominus}=K_p K_\gamma (p^{\ominus})^{-\sum_B \nu_B}=K_f (p^{\ominus})^{-\sum_B \nu_B}$$

可知，$K_f^{\ominus}$ 和 K_f 只与温度有关，而 K_p 和 K_γ 是温度、压力的函数，要由 K_p 计算高压下气相反应的平衡组成，必须先解决 K_γ 的计算，因 $K_\gamma=\prod_B \gamma_B$，就要解决平衡混合气中各组分在反应温度、压力下逸度系数 γ_B 的计算。

根据 Lewis-Randall 近似规则：温度为 T、总压为 p 的混合气中，某一组分 B 的逸度系数 γ_B 近似等于同温度下该气体单独存在并具有混合气体总压时的逸度系数 γ_B^*。求出了 γ_B^*，K_γ 就可以求出。因 $K_f^{\ominus}$ 可由热力学方法计算，则 K_p 就可得到，平衡气相组成就能进一步加以计算。

【例 6-18】 在例 6-14 中，若设反应混合气为实际气体，计算 600K、$100p^{\ominus}$ 下 N_2 的平衡转化率及平衡混合气中 NH_3 的百分组成。

［解］ 反应 $N_2(g)+3H_2(g)=2NH_3(g)$

$$K^{\ominus}=K_f^{\ominus}=K_p K_\gamma(p^{\ominus})^2=K_f(p^{\ominus})^2$$

当 $p\to 0$ 时 $K_f=K_p$，$K_f^{\ominus}=K_p^{\ominus}$，故由例 6-14 得 $K_f^{\ominus}=1.96\times10^{-3}$。

由普遍化逸度系数图（图 4-10）求各组分的 γ_B^*（近似值）

物　质	T_c/K	p_c/Pa	$\tau=\frac{T}{T_c}$	$\pi=\frac{p}{p_c}$	γ_B^*
N_2	26.2	3.4×10^6	4.75	3.0	1.20
H_2	33.3	1.297×10^6	14.52①	4.8①	1.01
NH_3	405.4	1.128×10^7	1.48	0.90	0.93

① 对 H_2，$\tau=\frac{T}{T_c+8}$，$\pi=\frac{p}{p_c+8p^{\ominus}}$。

$$K_\gamma=\frac{0.93^2}{1.20\times1.01^3}=0.70$$

$$K_p=\frac{K_f^{\ominus}}{K_\gamma(p^{\ominus})^2}$$

$$=\frac{1.96\times10^{-3}}{0.70\times101325^2\,\text{Pa}^2}=2.727\times10^{-13}\,\text{Pa}^{-2}$$

代入相应计算式中［用 $K_p(p^{\ominus})^2$ 代替例 6-14 中的 $K_p^{\ominus}$］

$$\alpha=1-\frac{1}{\sqrt{1+\frac{3^{3/2}}{2^2}p\sqrt{K_p}}}$$

代入 $K_p=2.727\times10^{-13}\,\text{Pa}^{-2}$，$p=100p^{\ominus}$

$$\alpha=1-\frac{1}{\sqrt{1+6.78\times10^{-7}\,\text{Pa}^{-1}p}}$$

$$=1-\frac{1}{\sqrt{1+6.78\times10^{-7}\,\text{Pa}^{-1}\times100\times101.3\times10^3\,\text{Pa}}}=0.644$$

$$NH_3=\frac{\alpha}{2-\alpha}=\frac{0.644}{2-0.644}=47.5\%$$

因压力不是太高，按理想气体处理和按真实气体处理，差异还不太大。

本章学习要求

1. 能由热力学原理熟练导出恒温恒压下化学反应自发进行方向和限度的判据。准确掌握化学反应的 $\Delta_r G_m$ 和 $\Delta_r G_m^{\ominus}$ 间关系、区别以及它们在处理化学平衡问题中的作用。准确掌握 $\Delta_r G_m^{\ominus}$ 与标准平衡常数 $K^{\ominus}$ 间的关系式及应用。

2. 熟练掌握气相反应、液相反应及复相反应标准平衡常数 $K^{\ominus}$ 的热力学表示式、$K^{\ominus}$ 与各实验平衡常数间的关系及相互换算。

3. 熟练掌握 $K^{\ominus}$ 的热力学计算方法，由 $K^{\ominus}$ 计算各实验平衡常数及平衡转化率或平衡体系的组成，或由平衡体系的组成计算 $K^{\ominus}$ 及其他实验平衡常数。

4. 掌握理想气体反应的 $K^{\ominus}$、K_p、K_c 和 $K_{\frac{N}{V}}$ 的统计表达式，掌握 $\Delta_r U_m^{\ominus}(0\text{K})$ 的计算方法。能运用自由能函数或分子结构和光谱数据计算低压气相反应的平衡常数。

5. 掌握平衡常数与温度、压力的关系以及惰性气体的存在对气相反应平衡的影响，各种反应条件变化对平衡组成影响的情况能进行定性讨论及定量计算。

6. 了解同时平衡体系、反应的耦合及高压下气相反应体系平衡的处理方法。

参考文献

1 朱志昂. 热力学标准态及化学反应的标准热力学函数. 物理化学教学文集（二）. 北京：高教出版社，1991. 65

2 刘天和，周恩绚. 液体混合物和液体溶液中的化学平衡. 化学通报，1994，11：19

3 黄希俊. 非理想体系实验平衡常数的热力学计算. 化学通报，1993，6：54

4 朱文涛，邱新平. 热力学标准态与平衡常数. 化学通报，1999，40：50

5 刘天和，骆文仪. 混合物和溶液的组成标度和组成变量，1998，7：43

6 高正虹，崔志娱. 用相律分析固体物质分解反应的同时平衡. 大学化学，2001，2：50

7 Gibbard H F，Emptage M R. Gas Phase Chemical Equilibria. J. Chem. Educ.，1976，53：218

8 Perlumtter-Hayman B. Equilibrium Constants of Chemical Reaction Involving Condensed Phase. J. Chem. Educ.，1984，61：782

9 Kemp H R. The Effect of Temperature and Pressure on Equilibria：A Derivation of the Van't Hoff Rules. J. Chem，Educ.，1987，64：482

10 Rosenberg R M，Klotz I M. Spontaneity and equilibrium constant；advantages of Planck Function. J. Chen. Educ.，1999，76（10）：1448

11 Huddle P A，White M W，Rogers F. Simulations for teaching chemical equilibrium. J. Chem. Educ.，2000，77（7）：920

12 Paiva J C M，Gil V M S，Correia A F. Le Chat：Simulation in chemical equilibrium. J. Chem. Educ.，2000，79（5）：640；2003，80（1）：111

思考题

1. 化学反应达平衡的宏观特征和微观特征是什么？恒温恒压下化学反应达平衡的热力学判据是什么？

2. 为什么指定条件下化学反应均存在一确定的平衡态？

3. 2000K 时反应

① $CO(g)\frac{1}{2}O_2(g)═══CO_2(g)$　　$K_1^{\ominus}$

② $2CO(g)+O_2(g)═══2CO_2(g)$　　$K_2^{\ominus}$

③ $2CO_2(g)═══2CO(g)+O_2(g)$　　$K_2^{\ominus}$

已知 $K_1^{\ominus}=6.443$，求 $K_2^{\ominus}$ 和 $K_3^{\ominus}$。

4. 反应 $N_2O_4═══2NO_2$ 可在气相中进行，也可在 $CHCl_3$ 和 CCl_4 等惰性溶剂中进行。若用物质的量浓度（c_B）作为浓度量纲，相同温度下以上条件下的平衡常数 K_c 是否相同？

5. 标准态选择不同，$\Delta_r G_m^{\ominus}=\sum_B \nu_B\mu_B^{\ominus}$ 也会不同，由化学反应等温式 $\Delta_r G_m=\Delta_r G_m^{\ominus}+RT\ln Q_a$ 计算出来的 $\Delta_r G_m$ 是否也不相同？

6. 化学反应的 $\Delta_r G_m$ 和 $\Delta_r G_m^{\ominus}$ 有什么不同？将化学反应等温式分别应用于平衡体系和处于标准态的反应体系，会得出什么结果？

7. 在化学反应体系的公共能量标度下，分子的配分函数有何变化？各热力学函数的表达式又有什么变化？

8. 何谓平衡移动？平衡常数改变，平衡是否移动？平衡发生移动，平衡常数是否一定改变？

9. 反应 $C(s)+H_2O(g)═══CO(g)+H_2(g)$，$\Delta_r H_m^{\ominus}(298.15K)=131.31kJ\cdot mol^{-1}$。按以下操作改变条件，对平衡有何影响？

（1）提高反应温度；

（2）恒温下增加 $H_2O(g)$ 的分压；

（3）恒温下提高系统的气相总压；

(4) 恒温恒压下通入惰性气体 N_2；

(5) 增加炭的数量；

10. 判断以下说法是否正确。

① 在一定温度和压力下某反应的 $\Delta_r G_m > 0$，但可寻求到合适的催化剂使反应能正向进行。

② 用 $\Delta_r G_m$ 做判据必须在恒温恒压、不做非体积功的条件下才适用。若用化学反应等温式计算反应

$$CO_2(g)+C(s)=\!=\!=2CO(g)$$

的 $\Delta_r G_m$，$\Delta_r G_m=\Delta_r G_m^{\ominus}+RT\ln\dfrac{(p_{CO}/p^{\ominus})^2}{(p_{CO_2}/p^{\ominus})}$，$\Delta_r G_m$ 是在恒温下算得的，所以 $\Delta_r G_m$ 不可做判据。

③ 反应 $2C(s)+O_2(g)=\!=\!=2CO(g)$，$\Delta_r G_m^{\ominus}/J\cdot mol^{-1}=-232600-167.8(T/K)$。温度升高，$\Delta_r G_m^{\ominus}$ 变得越负，$K^{\ominus}$ 越大，因而反应进行得更完全。

④ 反应 $Fe(s)+\frac{1}{2}O_2(g)=\!=\!=FeO(s)$，由 $\Delta_r G_m^{\ominus}=-RT\ln K^{\ominus}$，反应达平衡时 $\Delta_r G_m^{\ominus}=0$，$K^{\ominus}=1$，气相组分的平衡分压为 $p^{\ominus}$。

⑤ 用 H_2 还原 $CrCl_2(s)$ 的反应

$$H_2(g)+CrCl_2(s)=\!=\!=Cr(s)+2HCl(g)$$

1073K 时 $\Delta_r G_m^{\ominus}=61.9kJ\cdot mol^{-1}$。因 $\Delta_r G_m^{\ominus}$ 为一很大的正值，因此 $\Delta_r G_m$ 也是正的，反应不可能正向进行。

习　题

6-1　已知 298.15K 时反应 $N_2O_4(g)=\!=\!=2NO_2(g)$ 的 $\Delta_r G_m^{\ominus}(298.15K)=4.78kJ\cdot mol^{-1}$，试用化学反应等温式判定，在 298.15K 及以下初始条件下反应自动进行的方向。

(1) N_2O_4(101.325kPa)　　NO_2(10×101.325kPa)

(2) N_2O_4(10×101.325kPa)　　NO_2(101.325kPa)

(3) N_2O_4(3×101.325kPa)　　NO_2(2×101.325kPa)

6-2　已知反应 $NO_2(g)+SO_2(g)=\!=\!=NO(g)+SO_3(g)$　298.15K 时 $\Delta_r G_m^{\ominus}=-35.15kJ\cdot mol^{-1}$。

① 计算 298.15K 时反应的 $K_p^{\ominus}$、K_p、K_c 和 K_x。

② 若反应体系总压为 1.5×101.3kPa，气体混合物组成为 NO_2 0.02%，SO_2 0.01%，NO 0.08%，SO_3 99.89%，判断在此条件下反应自发进行的方向。

6-3　已知 457K、101.325kPa 下 NO_2 有 5%按下式分解

$$2NO_2(g)=\!=\!=2NO(g)+O_2(g)$$

求反应的 $K_p^{\ominus}$、K_p、K_c 和 K_x。

6-4　在 720K 及 101.325kPa 下 HI 的离解度为 0.2198。

① 计算 HI 离解反应 $2HI(g)=\!=\!=H_2(g)+I_2(g)$ 的 $K^{\ominus}$、K_p 和 K_c。

② 若以 HI 的物质的量为 1mol 开始，求此条件下反应达平衡时各组分的分压。

③ 若开始时 I_2 和 H_2 的物质的量分别为 0.01mol 和 0.05mol，求反应达平衡时 I_2 的转化率。

6-5　929*K* 硫酸亚铁按下式分解

$$2FeSO_4(s)=\!=\!=Fe_2O_3(s)+SO_2(g)+SO_3(g)$$

达平衡时硫酸亚铁的分解压为 91.193kPa。

① 求 929K 硫酸亚铁分解反应的 $K_p^{\ominus}$ 和 K_p。

② 若开始时温度为 929K 的容器内除 $FeSO_4(s)$ 外，还充有压力为 60.795kPa 的 SO_2，$FeSO_4(s)$ 分解达平衡后仍有少量固相存在，求平衡体系的总压。

6-6　压力保持为 96.04kPa 下将组成为 HCl 49%（体积）、O_2 51%的混合气体加热到 750K，经测定发现有 79%的 HCl 按反应

$$4HCl(g)+O_2(g)=\!=\!=2Cl_2(g)+2H_2O(g)$$

转化，计算 750K 时该反应的 $K^{\ominus}$、K_p、K_c、和 K_x。

6-7　523K、标准大气压下 PCl_5 部分分解为 PCl_3 和 Cl_2

$$PCl_5(g) \rightleftharpoons PCl_3(g) + Cl_2(g)$$

反应达平衡后测得气相混合物的密度为 2.695kg·m^{-3}。试计算：

① $PCl_5(g)$ 的离解度；

② 分解反应的标准平衡常数 $K_p^{\ominus}$。

6-8　在 383.5K 和 60.5kPa 的压力下，测定乙酸蒸气密度得到的平均摩尔质量为乙酸单分子摩尔质量的 1.520 倍，假定气相中只含单分子和双分子缔合体，求反应

$$2CH_3COOH(g) \rightleftharpoons (CH_3COOH)_2(g)$$

的 $K^{\ominus}$ 及 $\Delta_r G_m^{\ominus}$。

6-9　镍和一氧化碳接触在低温下生成羰基镍

$$Ni(s) + 4CO(g) \rightleftharpoons Ni(CO)_4(g)$$

羰基镍对人体危害很大，长期接触会引起呼吸道疾病。423K 时将含 CO 摩尔分数为 0.005 的混合气通过 Ni 表面，若要使平衡混合气中 $Ni(CO)_4(g)$ 的摩尔分数小于 10^{-9}，应控制气体压力最大不超过多少？已知 423K 时上述反应的 $K_p^{\ominus}=2.0\times10^{-6}$。

6-10　① 计算理想液体混合物中的反应

$$C_5H_{10}(l) + CCl_3COOH(l) \rightleftharpoons CCl_3COOC_5H_{11}(l)$$

在 100℃和标准大气压 $p^{\ominus}$ 下的 K_x。已知 2.15mol $C_5H_{10}(l)$ 和 1mol $CCl_3COOH(l)$ 在上述条件下反应生成 0.762mol 的酯。

② 如有 7.13mol C_5H_{10} 和 1mol $CCl_3COOH(l)$ 在相同条件下反应，酯的最高产量为多少？

6-11　298.15K 时碳酸氢钠按下式分解并建立平衡

$$2NaHCO_3(s) \rightleftharpoons Na_2CO_3(s) + H_2O(g) + CO_2(g)$$

利用附录中所列 $\Delta_f G_m^{\ominus}$ 数据，计算 298.15K 时与固体碳酸氢钠平衡的气相总压及 $H_2O(g)$ 和 $CO_2(g)$ 的分压［其中 $\Delta_f G_m^{\ominus}(NaHCO_3, s)=-851.9kJ\cdot mol^{-1}$］。

6-12　计算 298.15K 反应 $H_2(g)+Cl_2(g) \rightleftharpoons 2HCl(g)$ 的平衡常数 $K^{\ominus}$。所需各组分 $\Delta_f H_m^{\ominus}(298.15K)$ 和 $S_m^{\ominus}(298.15K)$ 数据自查。

6-13　已知反应 $Na_2SO_4(s)+10H_2O(l) \rightleftharpoons Na_2SO_4\cdot10H_2O(s)$ 的 $\Delta_r H_m^{\ominus}(298.15K)=-8.117\times10^4 J\cdot mol^{-1}$，$\Delta_r S_m^{\ominus}(298.15K)=-256.9J\cdot K^{-1}\cdot mol^{-1}$。

① 计算反应的 $\Delta_r G_m^{\ominus}(298.15K)$。

② 已知 298.15K，纯水的饱和蒸气压为 3170Pa，求以下反应的 $K_p^{\ominus}$。

$$Na_2SO_4(s)+10H_2O(g) \rightleftharpoons Na_2SO_4\cdot10H_2O(s)$$

③ 求 298.15K 时 $Na_2SO_4\cdot10H_2O(s)$ 的离解压。如果空气的相对湿度为 60%，将 $Na_2SO_4\cdot10H_2O$ (s) 放置在此 298.15K 的空气中是否稳定？

6-14　从下列热力学数据计算 298.15K 以下反应的平衡常数。

$$CO(g)+2H_2(g) \rightleftharpoons CH_3OH(g)$$

物　质	$S_m^{\ominus}(298.15K)/J\cdot K^{-1}\cdot mol^{-1}$	$\Delta_c H_m^{\ominus}(298.15K)/kJ\cdot mol^{-1}$
$CO(g)$	197.6	−283.01
$H_2(g)$	130.57	−285.84
$CH_3OH(l)$	127.0	−726.64

且 298.15K 时甲醇 (l) 的蒸气压为 16.54kPa。

6-15　已知 298.15K 时下列热力学数据

物　质	C(石墨)	$H_2(g)$	$N_2(g)$	$O_2(g)$	$CO(NH_2)_2(s)$	$NH_3(g)$	$CO_2(g)$	$H_2O(g)$
$\Delta_c H_m^{\ominus}/kJ\cdot mol^{-1}$	−393.51	−285.83	0	0	−631.66	−16.5	−394.36	−228.59
$S_m^{\ominus}/J\cdot K^{-1}\cdot mol^{-1}$	5.74	130.57	191.5	205.03	104.6			

① 求 298.15K 时 $CO(NH_2)_2(s)$ 的 $\Delta_f G_m^{\ominus}(298.15K)$。

② 求 298.15K 反应 $CO_2(g)+2NH_3(g)$═══$CO(NH_2)_2(s)+H_2O(g)$ 的平衡常数 $K_p^{\ominus}$。

6-16　取相同体积的 $CO(g)$ 和 $H_2O(g)$ 进行反应

$$CO(g)+H_2O(g) \xlongequal{} CO_2(g)+H_2(g)$$

计算 1000K 反应达平衡时平衡混合气的组成。已知 1000K 时 1mol $H_2(g)$ 燃烧反应的平衡常数 $\ln K_{p,1}^{\ominus}=-20.113$，1mol CO 燃烧反应的平衡常数 $\ln K_{p,2}^{\ominus}=-20.40$。

6-17　已知 $H_2O(g)$、$CH_4(g)$、和 $CO(g)$ 在 298.15K 时的标准摩尔生成 Gibbs 函数分别为 $-228.59\text{kJ}\cdot\text{mol}^{-1}$，$-50.794\text{kJ}\cdot\text{mol}^{-1}$ 和 $-137.29\text{kJ}\cdot\text{mol}^{-1}$，反应①

$$CO_2(g)+4H_2(g) \xlongequal{} 2H_2O(g)+CH_4(g)$$

的 $\Delta_r G_m^{\ominus}(298.15\text{K})=-113.594\text{kJ}\cdot\text{mol}^{-1}$。

求反应② $CO_2(g)+H_2(g)$═══$CO(g)+H_2O(g)$ 的 $\Delta_r G_m^{\ominus}(298.15\text{K})$ 及 $K^{\ominus}(298.15\text{K})$。

6-18　在催化剂作用下将乙烯气体通过水柱生成乙醇水溶液，其反应式为

$$C_2H_4(g)+H_2O(l) \xlongequal{} C_2H_5OH(aq)$$

已知 298.15K 时乙醇 (l) 的蒸气压为 7.599kPa，作为稀溶液中的溶质，处于标准态时 ($c^{\ominus}=1\text{mol}\cdot\text{dm}^{-3}$) 溶液上方的平衡蒸气压为 533.3Pa，各物质的 $\Delta_f G_m^{\ominus}(298.15\text{K})$ 如下。

物　质	$C_2H_5OH(l)$	$H_2O(l)$	$C_2H_4(g)$
$\Delta_f G_m^{\ominus}/\text{kJ}\cdot\text{mol}^{-1}$	-174.96	-237.19	68.12

求以上反应的平衡常数 $K^{\ominus}$。

6-19　利用物质的自由能函数 $\left[-\dfrac{G_m^{\ominus}-U_m^{\ominus}(0\text{K})}{T}\right]$ 求 500K 时以下反应的平衡常数 $K_p^{\ominus}$。

(1) C(石墨)$+H_2O(g)$═══$CO(g)+H_2(g)$；

(2) $CH_4(g)+H_2O(g)$═══$CO(g)+3H_2(g)$。

6-20　① 计算反应 $H_2(g)$═══$2H(g)$ 在 3000K 时的 $K_p^{\ominus}$。已知

分　子	m/kg	σ	Θ_r/K	Θ_v/K	$g_{e,0}$
H	1.673×10^{-27}	—	—	—	2
H_2	3.347×10^{-27}	2	85.4	6100	1

反应的 $\Delta_r U_m^{\ominus}(0\text{K})=432.0\times10^3\text{J}\cdot\text{mol}^{-1}$。

② 计算 3000K 及 $p^{\ominus}$ 下 H_2 的离解度。

6-21　试求理想气体反应 $2HI(g)$═══$H_2(g)+I_2(g)$ 在 1500K 的平衡常数 $K_p^{\ominus}$，有关数据如下。

分　子	对称数 σ	转动惯量 I $/10^{-47}\text{kg}\cdot\text{m}^2$	振动频率 ν $/10^{12}\text{s}^{-1}$	离解能 D $/\text{kJ}\cdot\text{mol}^{-1}$
HI	1	4.84	69.24	294.97
H_2	2	0.4544	132.4	431.96
I_2	2	741.6	6.424	148.74

6-22　已知反应 $(CH_3)_2CH(OH)(g)$═══$(CH_3)_2C{=}O(g)+H_2(g)$ 的 $\Delta_r H_m^{\ominus}(298.15\text{K})=6.150\times10^4\text{J}\cdot\text{mol}^{-1}$，且不随温度改变，457K 时的 $K_p^{\ominus}=0.36$。试导出：

① $\ln K_p^{\ominus}$ 与 T 的关系式；

② 求 600K 时的 $K_p^{\ominus}$。

6-23　四氯化硒遇热分解

$$SeCl_4(s) \xlongequal{} SeCl_2(g)+Cl_2(g)$$

实验测定了不同温度下的平衡气相总压为

t/℃	129.5	140	150	161	170.5	180.5
p/Pa	5333	8733	15652	27118	41410	64261

若设此温度范围内 $\Delta_r H_m^{\ominus}$ 可视为常数，用作图法求 $\Delta_r H_m^{\ominus}$。

6-24　晶型转化反应　HgS(红)══HgS(黑)　$\Delta_r G_m^{\ominus}$ 与温度的关系式为

$$\Delta_r G_m^{\ominus}/\text{J} \cdot \text{mol}^{-1} = 17154 - 25.48(T/\text{K})$$

① 373K、标准压力 $p^{\ominus}$ 下哪一种硫化汞较为稳定？

② 估算反应的转换温度。

6-25　在没有空气的条件下乙炔通过灼热的管子很容易转变为苯：$3C_2H_2(g) = C_6H_6(g)$，利用附录数据计算该反应在 1000K 时的 $K_p^{\ominus}$ 以证实这一途径是可行的。

6-26　通过计算说明：

① 在 25℃、101325Pa 的空气中（其中 CO_2 的分压为 30.4Pa）$CaCO_3$ 能否稳定存在？

② 保持空气压力不变，什么温度下 $CaCO_3$ 才能分解？假定 $CaCO_3$(s) 分解反应的热效应不随温度变化。已知 298.15K 时下列数据

物　质	$\Delta_f H_m^{\ominus}$(298.15K)/kJ · mol^{-1}	$S_m^{\ominus}$(298.15K)/J · K^{-1} · mol^{-1}
$CaCO_3$(s)	−1206.67	92.9
CaO(s)	−635.09	39.7
CO_2(g)	−393.51	213.64

6-27　氯化铵加热至 427℃时测得平衡气相总压为 607.95kPa，温度升高到 459℃时平衡气相总压升高到 1114.58kPa。求氯化铵离解反应

$$NH_4Cl(s) = NH_3(g) + HCl(g)$$

在此温度范围内的标准摩尔熵 $\Delta_r S_m^{\ominus}$ 和标准摩尔焓 $\Delta_r H_m^{\ominus}$（均可作为常数处理）。

6-28　潮湿的 Ag_2CO_3(s) 需在 110℃的空气流中干燥去水，计算说明应控制空气中 CO_2 的分压为多大才不会使 Ag_2CO_3(s) 发生分解。分解反应为

$$Ag_2CO_3(s) = Ag_2O(s) + CO_2(g)$$

已知

物　质	Ag_2CO_3(s)	Ag_2O(s)	CO_2(g)
$S_m^{\ominus}$(298.15K)/J · K^{-1} · mol^{-1}	167.36	121.75	213.8
$\Delta_f H_m^{\ominus}$(298.15K)/kJ · mol^{-1}	−501.66	−30.585	−393.51
$C_{p,m}^{\ominus}$/J · K^{-1} · mol^{-1}	109.62	65.69	37.66

6-29　丁烯脱氢制丁二烯的反应

$$C_4H_8(g) = C_4H_6(g) + H_2(g)$$

为增加丁烯的转化率，加入惰性气体水蒸气，已知物质的量比为 $C_4H_8 : H_2O = 1 : 15$，操作压力为 $2p^{\ominus}$。试问什么温度下丁烯的平衡转化率可达 40%？查得热力学数据如下。

物　质	$\Delta_f H_m^{\ominus}$(298.15K)/kJ · mol^{-1}	$\Delta_f G_m^{\ominus}$(298.15K)/kJ · mol^{-1}
C_4H_8(g)	1.172	72.05
C_4H_6(g)	111.92	153.68
H_2(g)	0	0

假定在此温度范围内 $\Delta_r H_m^{\ominus}$ 可视为常数。

6-30　反应 $C_2H_4(g) + H_2O(g) = C_2H_5OH(g)$ 的标准逸度平衡常数 $K_f^{\ominus}$ 与 T 的关系式为

$$\ln K_f^{\ominus}=\frac{4760}{T/\mathrm{K}}-1.558\ln(T/\mathrm{K})+0.00222(T/\mathrm{K})-0.29\times10^{-6}(T/\mathrm{K})^2-5.56$$

在 523K 和 3.45×10^6 Pa 下，若起始反应物物质的量比为 C_2H_4 ∶ H_2O=1∶5，求乙烯的平衡转化率。已知临界参数如下。

物　质	T_c/K	p_c/Pa
$C_2H_4(g)$	283.1	5.12×10^6
$C_2H_5OH(g)$	516.3	6.38×10^6

水蒸气在此条件下的逸度系数 γ=0.89。

6-31　正戊烷在 600K 时经一异构化催化剂作用发生反应

$$CH_3(CH_2)_3CH_3(g) \nearrow CH_3CH(CH_3)CH_2CH_3(g)$$
$$CH_3(CH_2)_3CH_3(g) \searrow C(CH_3)_4(g)$$

已知 600K 时 $CH_3(CH_2)_3CH_3$、$CH_3CH(CH_3)CH_2CH_3(g)$ 和 $C(CH_3)_4(g)$ 的 $\Delta_f G_m^{\ominus}$ 分别为 142.13kJ · mol^{-1}、136.65kJ · mol^{-1}和 149.20kJ · mol^{-1}，试计算平衡混合物的组成。

6-32　已知 323K 时

反应① $2NaHCO_3(s)$══$Na_2CO_2(s)+H_2O+CO_2(g)$ 的离解压为 4.0×10^3 Pa

反应② $CuSO_4\cdot5H_2O(s)$══$CuSO_4\cdot3H_2O(s)+2H_2O(g)$ 的离解压为 6042Pa

计算 323K 时由 $NaHCO_3(s)$、$CuSO_4\cdot5H_2O(s)$、$CuSO_4\cdot3H_2O(s)$ 和 $Na_2CO_3(s)$ 组成的平衡体系中 CO_2 的平衡分压。

综 合 习 题

6-33　CO 高温变换反应铁系催化剂的活性组分是 Fe_3O_4，出厂商品催化剂为 Fe_2O_3，使用前要用氢气还原，反应如下。

$$3Fe_3O_3(s)+H_2(g)══2Fe_3O_4(s)+H_2O(g)$$

若还原反应在 673K、常压下进行，p_{H_2O}/p_{H_2} 应控制在什么限度内？（$\Delta_r H_m^{\ominus}$ 可做常数处理，所需热力学数据自查附录）

6-34　对于反应 $C_2H_6(g)$══$C_2H_4(g)+H_2(g)$，已知

物　质	$\Delta_f H_m^{\ominus}$(298.15K)/kJ · mol^{-1}	$\Delta_f H_m^{\ominus}$(298.15K)/kJ · mol^{-1}	$C_{p,m}$/J · K^{-1} · mol^{-1}=$a+b(T/K)+c(T/K)^2$		
			a	$b\times10^3$	$c\times10^7$
$C_2H_4(g)$	52.8	68.12	11.32	122.00	−379.0
H_2	0	0	29.07	−0.836	20.1
$C_2H_6(g)$	−84.67	−32.89	5.75	175.109	−578.5

① 求 900K、101.325kPa 下反应的标准平衡常数 $K_p^{\ominus}$；

② 若起始时体系中仅含 1mol $C_2H_6(g)$，求 900K、101.325kPa 反应下平衡混合气的组成。

6-35　丁烯部分氧化脱氢反应

$$C_4H_8(g)+\frac{1}{2}O_2══C_4H_6(g)+H_2O(g)$$

① 利用题 6-29 提供的热力学数据，计算 298K 下反应的平衡常数 $K_p^{\ominus}$。

② 若原料为 $C_4H_8(g)$、空气和水蒸气，其物质的量比为 C_4H_8 ∶ 空气 ∶ $H_2O(g)$=1∶1∶5，计算 298K 和操作压力为 $2p^{\ominus}$ 时丁烯的平衡转化率。

③ 比较题 6-29 和本题的结果，讨论丁烯脱氢和部分氧化脱氢制丁二烯的工艺，哪一种工艺更有发展前景？

6-36　已知反应 $(NH_4)_3PO_4\cdot3H_2O(s)$══$(NH_4)_2HPO_4(s)+3H_2O(g)+NH_3(g)$

其中 $H_2O(g)$ 和 $NH_3(g)$ 的平衡分压在 25～30℃间服从下列关系。

$$\lg(p_{H_2O}/Pa)=-\frac{2240}{T/K}+10.96$$

$$\lg(p_{NH_3}/Pa)=-\frac{3160}{T/K}+13.325$$

(1) 证明上述反应的 $K_p^\ominus$ 与 T 的关系为

$$\lg K_p^\ominus=-\frac{9880}{T/K}+26.18$$

(2) 求反应的 $\Delta_r G_m^\ominus(298.15K)$、$\Delta_r H_m^\ominus(298.15K)$ 和 $\Delta_r S_m^\ominus(298.15K)$。

6-37 反应 $2NaHCO_3(s)$═══$Na_2CO_3(s)+H_2O(g)+CO_2(g)$ 的平衡总压随温度变化的数据为

T/K	303	323	343	363	373	383
$p/\times10^4$Pa	8.266×10^{-2}	0.3999	1.605	5.523	9.746	16.697

(1) 确定反应的 $\ln K_p^\ominus$ 与 $\frac{1}{T}$ 的直线关系式；

(2) 求算 $NaHCO_3(s)$ 的分解温度；

(3) 求算在此温度范围内分解反应的 $\Delta_r H_m^\ominus$。

6-38 计算反应 $F_2(g)$═══$2F(g)$ 在 900K 时的 $K_p^\ominus$。已知

F 原子：摩尔质量为 $0.01899kg\cdot mol^{-1}$，电子基态为四重简并，第一激发态为二重简并，$\tilde{\nu}_1$ 为 $404cm^{-1}$，故电子配分函数为 $q_e=4+2\exp\left(-\frac{8.03\times10^{-21}}{kT}\right)$。

F_2 分子：电子基态为非简并的，在 900K 时不激发；转动惯量为 $31.714\times10^{-47}kg\cdot m^2$；基本振动波数 $892cm^{-1}$；0K 时分子离解能为 $154kJ\cdot mol^{-1}$。

6-39 一定温度和 $p^\ominus$ 下，一定量的 $PCl_5(g)$ 部分分解为 $PCl_3(g)$ 和 $Cl_2(g)$，在平衡时混合物体积为 $1dm^3$，PCl_5 的离解度 α_1 约为 50%，设为理想气体反应。计算：

① 该温度下反应的 $K_p^\ominus$；

② 若降低总压到体积为 $2dm^3$，$PCl_5(g)$ 的离解度 α_2＝？

③ 保持压力为 $p^\ominus$，通入 N_2 气使体积为 $2dm^3$，PCl_5 的离解度 α_3＝？

④ 保持体积 $1dm^3$，通入 N_2 气使压力增加到 $2p^\ominus$，PCl_5 的离解度 α_4＝？

⑤ 同③，但通入 Cl_2 气，PCl 的离解度 α_5＝？

6-40 合成甲醇反应 $CO(g)+2H_2(g)$═══$CH_3OH(g)$，已知平衡常数 $K_f^\ominus$ 与 T 的关系式为

$$\lg K_f^\ominus=\frac{5079}{T/K}-12.283$$

求 673K、$300p^\ominus$ 的压力下，以化学计量比进行合成时平衡混合物中甲醇的摩尔分数。已知

物　质	T_c/K	p_c/Pa
$CO(g)$	132.9	3.50×10^6
$H_2(g)$	33.2	1.30×10^6
$CH_3OH(g)$	513	7.97×10^6

6-41 气态正戊烷和异戊烷的 $\Delta_f G_m^\ominus(298.15K)$ 分别为 $-194.4kJ\cdot mol^{-1}$ 和 $-200.8kJ\cdot mol^{-1}$，纯液体的饱和蒸气压如下。

正戊烷　$$\lg(p/Pa)=-\frac{1065}{T/K-41}+8.9774$$

异戊烷　$$\lg(p/Pa)=-\frac{1024}{T/K-40}+8.9149$$

计算 298.15K 时异构反应　正戊烷═══异戊烷，在气相中的 $K_p^\ominus$ 和液相中的 K_x。假定气相为理想气体混合物，液相为理想体液态混合物。

6-42 1000K 下 $x_{Mn}=0.001$ 的 Fe-Mn 固溶体在含氧的气氛下与 FeO-MnO 固溶体达平衡。已知反应

① $Fe(s)+\frac{1}{2}O_2(g)$ ══ $FeO(s)$　　$\Delta_f G_m^{\ominus}(T)/J\cdot mol^{-1}=-259600+62.55(T/K)$

② $Mn(s)+\frac{1}{2}O_2(g)$ ══ $MnO(s)$　　$\Delta_f G_m^{\ominus}(T)/J\cdot mol^{-1}=-384700+72.8(T/K)$

求：① 氧化物固溶体的平衡组成；

② 计算平衡体系气相氧的分压。

6-43　抽空容器中放有足够量的 $NH_4I(s)$，在 402.5℃时分解达平衡

$$NH_4I(s) = NH_3(g)+HI(g)$$

反应的离解压为 $0.928p^{\ominus}$。分解产生的 HI(g) 可缓慢进一步离解

$$2HI(g) = H_2(g)+I_2(g)$$

402.5℃时 HI 的离解度为 21.5%。若体系中一直有 $NH_4I(s)$ 存在，求容器内最终平衡压力为多少？

6-44　已知反应 $CaSO_4\cdot 2H_2O(s) = CaSO_4(s)+2H_2O(g)$ 的平衡压力和纯水在不同温度下的蒸气压如下。

t/℃		50	55	60	65
$p/\times 10^4 Pa$	$CaSO_4\cdot 2H_2O(s)$	1.07	1.33	1.99	2.72
	$H_2O(l)$	1.23	1.57	1.99	2.51

因硫酸钙的溶解度很小，饱和溶液的蒸气压可视为与纯水蒸气压相等。

① 若将 $CaSO_4\cdot 2H_2O(s)$ 置于抽空容器中加热，当温度从 50℃升到 65℃，有何现象发生？

② 如将 $CaSO_4$ 的溶液分别在 55℃和 65℃时蒸发，有何种晶体析出？为什么？

③ 55℃时将 $CaSO_4$ 溶液蒸发成为饱和溶液，然后加入一定数量的 $CaCl_2$ 使蒸气压降低 16.3%，又将有何种固体析出？为什么？

6-45　复相反应　① $2CuBr_2(s) = 2CuBr(s)+Br_2(g)$

487K 下达平衡时 $p_{Br_2}=0.046p^{\ominus}$。现有一 10L 容器，其中装有过量的 $CuBr_2(s)$，并加入 0.1mol 的 $I_2(g)$，由于发生均相反应　② $Br_2(g)+I_2(g) = 2BrI(g)$

使体系在 487K 平衡时总压为 $p=0.746p^{\ominus}$。求反应②在 487K 时的平衡常数 $K^{\ominus}$。

6-46　298.15K 下反应

① $NH_4COONH_2(s) = 2NH_3(g)+CO_2(g)$　　$K_1^{\ominus}=2.37\times 10^{-4}$

② $LiCl\cdot 3NH_3(s) = LiCl\cdot NH_3(s)+2NH_3(s)$　　$K_2^{\ominus}=2.83\times 10^{-2}$

(1) 求各反应体系的离解压力。

(2) 将 0.05mol CO_2 和 0.2mol $LiCl\cdot 3NH_3(s)$ 放于 2.4L 的真空容器中，求平衡时体系总压和各相中各组分的物质的量。

自我检查题

一、选择题

1. 化学反应 $2A+B = 2C$，恒 T、恒 p 下且 $W_f=0$ 反应达平衡的判据为____。

(A) $\mu_A=\mu_B=\mu_C$　　(B) $\mu_A+\mu_B=\mu_C$

(C) $2\mu_A+\mu_B=2\mu_C$　　(D) $2\mu_C=\mu_B+\mu_A$

2. 某温度下反应 $N_2O_4(g) = 2NO_2(g)$ 达平衡时 $p_{N_2O_4}=69.79kPa$，$p_{NO_2}=31.54kPa$，则反应的 $K^{\ominus}$ 和 K_p 为____。

(A) $K^{\ominus}=0.141$　$K_p=0.141$　　(B) $K^{\ominus}=0.141$　$K_p=0.4519kPa$

(C) $K^{\ominus}=0.4519$　$K_p=0.4519$　　(D) $K^{\ominus}=0.141$　$K_p=14.25kPa$

3. 500K 时反应 $SO_2(g)+\frac{1}{2}O_2(g) = SO_3(g)$ 的 $K_1^{\ominus}=50$，相同温度下反应 $2SO_3(g) = 2SO_2(g)+O_2(g)$ 的 $K_2^{\ominus}$ 为____。

(A) 50　(B) 0.144　(C) 2.0×1^{-2}　(D) 4.0×10^{-4}

4. $Ag_2O(s)$ 分解反应的 $\Delta_r H_m^{\ominus}>0$，若反应式为

$$① \quad Ag_2O(s) = 2Ag(s) + \frac{1}{2}O_2(g) \qquad K_1^{\ominus}, \Delta_r G_{m,1}^{\ominus}$$

$$② \quad 2Ag_2O(s) = 4Ag(s) + O_2(g) \qquad K_2^{\ominus}, \Delta_r G_{m,2}^{\ominus}$$

以下哪一个表述是错误的____。

(A) $K_1^{\ominus}=K_2^{\ominus}$　　(B) $2\Delta_r G_{m,1}^{\ominus}=\Delta_r G_{m,2}^{\ominus}$

(C) 相同温度下 O_2 的平衡分压相同　　(D) 降低温度和压力，可抑制反应正向进行

5. 373K、标准态下反应

$$① \quad H_2(g) + \frac{1}{2}O_2(g) = H_2O(g) \qquad K_1^{\ominus}, \Delta_r G_{m,(1)}^{\ominus}$$

$$② \quad H_2(g) + \frac{1}{2}O_2(g) = H_2O(l) \qquad K_2^{\ominus}, \Delta_r G_{m,(2)}^{\ominus}$$

有____。

(A) $\Delta_r G_{m,(1)}^{\ominus}>\Delta_r G_{m,(2)}^{\ominus}$，$K_1^{\ominus}<K_2^{\ominus}$　　(B) $\Delta_r G_{m,(1)}^{\ominus}=\Delta_r G_{m,2}^{\ominus}$，$K_1^{\ominus}=K_2^{\ominus}$

(C) $\Delta_r G_{m,(1)}^{\ominus}<\Delta_r G_{m,(2)}^{\ominus}$，$K_1^{\ominus}>K_2^{\ominus}$　　(D) $\Delta_r G_{m,(1)}^{\ominus}=\Delta_r G_{m,2}^{\ominus}$，$K_1^{\ominus}\neq K_2^{\ominus}$

6. $FeO(s)$ 的分解压与温度的关系为

$$\lg(p/Pa) = -\frac{26730}{T/K} + 17.96$$

则反应 $FeO(s) = Fe(s) + \frac{1}{2}O_2(g)$ 的 $\Delta_r H_{p,m}^{\ominus}$ 应为____。

(A) $-512kJ\cdot mol^{-1}$　(B) $512kJ\cdot mol^{-1}$　(C) $-256kJ\cdot mol^{-1}$　(D) $256kJ\cdot mol^{-1}$

7. 气态 HNO_3 可按下式分解

$$4HNO_3(g) = 4NO_2(g) + 2H_2O(g) + O_2(g)$$

设反应从纯的 HNO_3 开始，分解达平衡时总压力 p，氧的分压为 p_{O_2}，反应的压力平衡常数 K_p 为____。

(A) $K_p=\dfrac{1024p_{O_2}^7}{(p-7p_{O_2})^4}$　　(B) $K_p=\dfrac{256p_{O_2}^7}{(p-7p_{O_2})^4}$

(C) $K_p=\dfrac{1024p_{O_2}^7}{(p-p_{O_2})^4}$　　(D) $K_p=\dfrac{7p_{O_2}^7}{(p-7p_{O_2})^4}$

8. 298.15K下理想气体反应 $2A(g) = B(g)$，已知 $C_{p,m}^{\ominus}(A)=40J\cdot K^{-1}\cdot mol^{-1}$，$C_{p,m}^{\ominus}(B)=80J\cdot K^{-1}\cdot mol^{-1}$，则以下式子成立的是____。

(A) $\left(\dfrac{\partial \ln K_p^{\ominus}}{\partial T}\right)_p=0$　(B) $\left(\dfrac{\partial \Delta_r S_m^{\ominus}}{\partial T}\right)_p=0$　(C) $\left[\dfrac{\partial \Delta_r G_m^{\ominus}}{\partial T}\right]_p=0$　(D) $\left[\dfrac{\partial(\frac{\Delta_r G_m^{\ominus}}{T})}{\partial T}\right]_p=0$

二、填空题

1. 低压下气相反应 $2O_3(g) = 3O_2(g)$，平衡常数 $K^{\ominus}$、$K_p^{\ominus}$、K_p、K_c、K_x 之间关系为

$$K^{\ominus}=K_p^{\ominus}(\_\_\_\_)=K_p(\_\_\_\_)=K_c(\_\_\_\_)=K_x(\_\_\_\_)。$$

2. 850℃时 $PdO(s)$ 的分解压为66.7kPa，在此温度下金属钯 $Pd(s)$ 在空气中　被氧化。

3. 将1∶3的 N_2 和 H_2 置于封密体系内进行反应 $N_2+3H_2 = 3NH_3$，产生0.5mol NH_3 时的反应进度为____

4. 298.15K某气相反应低压下的压力平衡常数 $K_p=0.08$，10MPa下压力平衡常数为 $K_p=0.12$，则 K_f 为____，298.15K、10MPa下 K_γ 值为____。

5. 395℃和标准大气压下，反应 $COCl_2(g) = CO(g) + Cl_2(g)$ 的平衡离解度 $\alpha_1=0.206$。若在此体系中充入 N_2 气，保持温度和总压不变，使 N_2 气的分压为 $0.4p^{\ominus}$，此时 $COCl_2$ 的离解度 α_2 为____。

6. 293K时水的活度积常数为 0.67×10^{-14}，303K时为 1.45×10^{-14}，水溶液中KOH和HCl中和反应的 $\Delta_r H_m^{\ominus}=$____$kJ\cdot mol^{-1}$，$\Delta_r S_m^{\ominus}=$____$J\cdot K^{-1}\cdot mol^{-1}$。

7. 环已烷异构化为甲基环戊烷的反应

$$C_6H_{12}(l) = C_5H_9CH_3(l)$$

$K^{\ominus}$与温度的关系为 $\ln K^{\ominus}=4.184-\dfrac{2059}{T/K}$，该异构化反应的 $\Delta_r H_m^{\ominus}=$____$kJ\cdot mol^{-1}$，$\Delta_r S_m^{\ominus}=$____$J\cdot K^{-1}\cdot mol^{-1}$。

8. 某反应在 1000K 附近温度升高 1(℃)，K_p 增加 1%，可得此温度附近反应的 $\Delta_r H_m^{\ominus}$ 为____$kJ\cdot mol^{-1}$。

三、计算题

1. 在一抽空的容器中引入氯气和二氧化硫气体，在 102.1℃时其分压分别为 4.78×10^4 Pa 和 4.48×10^4 Pa，容器保持在 102.1℃，经足够长时间后容器内压力为 8.61×1^4 Pa 且不再变化。求反应

$$SO_2Cl_2(g) \longrightarrow SO_2(g)+Cl_2(g)$$

在 102.1℃时平衡常数 $K^{\ominus}$、K_p、K_c 和 K_x。

2. 已知反应①$NH_4HCO_3(s) \longrightarrow NH_3(g)+H_2O(g)+CO_2(g)$ 的 $\Delta_r G_m^{\ominus}/J\cdot mol^{-1}=171500-476.4T/K$；反应②$2NaHCO_3(s) \longrightarrow Na_2CO_3(g)+H_2O(s)+CO_2(g)$ 在 25℃时的分解压为 506.6Pa。如果 25℃时将 $NaHCO_3(s)$、$Na_2CO_3(s)$ 和 $NH_4HCO_3(s)$ 共同存于一密闭容器中以抑制 $NH_4HCO_3(s)$ 分解，计算说明此法是否可行？

3. 甲醛可通过甲醇脱氢制备，其反应式为

$$CH_3OH(g) \longrightarrow HCHO(g)+H_2(g)$$

① 计算 298.15K、标准大气压下该反应的 $K^{\ominus}$ 及甲醇的平衡转化率。

② 若要提高甲醇的转化率，如何改变温度和压力条件？试以热力学关系式加以说明。已知

物　质	$\Delta_f H_m^{\ominus}(298.15K)/kJ\cdot mol^{-1}$	$S_m^{\ominus}(298.15K)/J\cdot K^{-1}\cdot mol^{-1}$
$CH_3OH(g)$	−201.2	237.7
$H_2(g)$	0	130.59
$HCHO(g)$	−115.9	220.1

4. 200℃时向容器内通入一定量的 $NOCl(g)$ 将发生反应 $2NOCl(g) \longrightarrow 2NO(g)+Cl_2(g)$，反应达平衡后体系总压为 $p^{\ominus}$，$NOCl(g)$ 的分压为 $0.64p^{\ominus}$。计算：

① 200℃时反应的 $K^{\ominus}$ 和 K_p；

② 200℃时若温度每升高 1(℃) $K^{\ominus}$ 增加 1.5%，求此温度附近反应的 $\Delta_r H_m^{\ominus}$；

③ 若 $\Delta_r H_m^{\ominus}$ 不随温度变化，求 300℃时的 $K_p^{\ominus}$ 和 K_p。

四、问答题

1. 为改变丙烯氨氧化法制丙烯腈的反应路线，提出下面两条新的途径。

(1) 丙烯和氮直接反应制丙烯腈；

(2) 丙烯和氮原子直接反应制丙烯腈。

试判断这两种途径的可能性。已知 298.15K 的热力学数据如下。

物　质	$\Delta_f G_m^{\ominus}/kJ\cdot mol^{-1}$	$\Delta_f H_m^{\ominus}/kJ\cdot mol^{-1}$
$CH_2=CHCH_3(g)$	62.718	20.418
$CH_2=CHCN(g)$	195.31	184.93
$N(g)$	455.51	472.64

2. 为测定 298.15K 时氨基甲酸铵分解反应

$$NH_2COONH_4(s) \longrightarrow 2NH_3(g)+CO_2(g)$$

的平衡常数 $K^{\ominus}$，需测定 298.15K 时反应体系的气相总压。试设计出由等压计进行实验测定的装置并写出主要的实验步骤。

3. 298.15K 时理想气体反应

① $N_2+3H_2 \longrightarrow 3NH_3$　　$\Delta_r H_m^{\ominus}(l)=-92.38kJ\cdot mol^{-1}$

② $CH_3OH \longrightarrow CO+2H_2$　　$\Delta_r H_m^{\ominus}=-90.67kJ\cdot mol^{-1}$

在下列情况下，$K_p^{\ominus}$、K_c、K_x 如何变化（增大用"↗"表示，减少用"↘"表示，"—"表示不变）？平衡如何移动（右移用"→"表示，左移用"←"表示，"—"表示不移动）？

(A) 恒压下升高温度

(B) 恒温下降低压力

(C) 恒温恒压下向系统内充入惰性气体

(D) 恒温恒容下向系统内充入惰性气体

条件 \ 反应 \ 平衡常数	(A)		(B)		(C)		(D)	
	①	②	①	②	①	②	①	②
$K_p^{\ominus}$								
K_c								
K_x								
平衡移动								

本书采用的符号

1. 物理量符号名称

A	亥姆霍兹函数，指前因子，面积
$A_{B,m}$	偏摩尔亥姆霍兹函数
a	范德华常数
a_B	组分 B 的活度
b	范德华常数
C	热容，独立组分数
C_p	恒压热容
C_V	恒容热容
c_B	组分 B 的物质的量浓度
D	扩散系数，离解能
d	直径
E	能量，电池电动势
E_a	阿累尼乌斯活化能
$E_{a,ad}$	吸附活化能
$E_{a,d}$	脱附活化能
e	电子电荷
F	法拉第常数，亥姆霍兹函数
f	自由度，逸度，力，单位体积配分函数
f^*，f^{**}	条件自由度
G	Gibbs 函数，电导
$G_{B,m}$	组分 B 的偏摩尔 Gibbs 函数
g	简并度，重力加速度
H	热焓
$H_{B,m}$	组分 B 的偏摩尔焓
h	普朗克常数，高度
I	转动惯量，电流强度，离子强度，光强
i	电流密度
J	转动量子数
K	平衡常数
$K^{\ominus}$	标准平衡常数
k	玻尔兹曼常数，反应速率常数
L	阿伏伽德罗常数
l	长度
M	摩尔质量
m_B	组分 B 的质量摩尔浓度
N	体系中的物质微粒数目

n	物质的量，反应级数，折射率
p	压力
p_a	附加压力
Q	热量，电量
q	分子配分函数
R	气体常数，电阻，独立化学平衡关系式数
R'	其他浓度限制数
r	反应速率，半径
S	熵，化学物质种类数，铺展系数
$S_{B,m}$	组分 B 的偏摩尔熵
T	热力学温度
t	时间，摄氏温度
$t_{\frac{1}{2}}$	半衰期
t_B	离子 B 的迁移数
U	内能，淌度
V	体积，势能
V_m	摩尔体积
W	功
W_e	体积功
W_f	非体积功
w_B	组分 B 的质量分数
x_B	组分 B 的物质的量分数（摩尔分数）
y_B	组分 B 在气相中的物质的量分数
Z	压缩因子，任一容量性质，离子电荷数
α	恒压膨胀系数，解离度，转化率
β	对比体积
γ	热容商（C_p/C_V），表面张力
γ_B	组分 B 的活度系数，气相中组分 B 的逸度系数
Γ	Gibbs 吸附量（表面过剩）
ε	能量，介电常数
ζ	电动电势（Zeta 电势）
η	热机效率，热力学效率，超电势，黏度
Θ_r	转动特征温度
Θ_v	振动特征温度
θ	接触角，覆盖度，散射角

κ	恒温压缩系数，电导率
λ	波长
Λ_m	摩尔电导率
μ	折合质量
μ_B	组分 B 的化学势
μ_J	焦耳系数
μ_{J-T}	焦耳-汤姆逊系数
ν	振动频率
ν_B	物质 B 的化学计量系数
ξ	反应进度
$\dot{\xi}$	化学反应速率
Π	渗透压
ρ	密度，电阻率
ρ_B	组分 B 的质量浓度
σ	对称数，碰撞截面
τ	弛豫时间，对比温度，表面应力
Φ	相数，渗透系数，量子效率
φ	电极电势
ψ	波函数，电位
Ω	微观状态数

2. 上、下角标符号名称

A	溶剂
B	任意物质，溶质
b	沸腾，键
c	燃烧，临界
dil	稀释
E	超额
e	电子
f	生成
fus	熔化
IR	不可逆
id	理想
m	摩尔
max	最大
min	最小
mix	混合
n	原子核
pro	产物
R	可逆
re	反应物，实际
r	转动，化学反应
sat	饱和
sln	溶液
sol	溶解
sub	升华
t	平动
v	振动
vap	蒸发（汽化）
$\ominus$	标准状态
*	纯物质
0	基态

3. 其他符号名称

aq	水溶液
d	全微分
def	定义
eq	平衡
g	气态
l	液态
s	固态
∂	偏微分
δ	变分
Δ	增量
$\pm$	离子平均
$\neq$	活化络合物（或过渡态）
Π	连乘号
Σ	求和号
$\langle\ \rangle$	平均值
∞	无限稀释，无穷大

物理化学（上册）习题参考答案

第1章

1-1 ① 7969J
② 20388J
③ 0J

1-2 $Q_p=21441\text{J}$

1-3 $C_{p,m}=29.10\text{J}\cdot\text{K}^{-1}\cdot\text{mol}^{-1}$
$Q_{V,m}=20.785\text{J}\cdot\text{K}^{-1}\cdot\text{mol}^{-1}$
$Q_V=1274.2\text{J}$

1-4 289.7K

1-5 态1 $1p^\ominus$；态2 $2p^\ominus$；态3 $1p^\ominus$
过程A（恒容）：$Q=3405\text{J}$，$W=0\text{J}$，$\Delta U=3405\text{ J}$
过程B（恒温）：$Q=3147\text{ J}$，$W=3147\text{J}$，$\Delta U=0\text{J}$
过程C（恒压）：$Q=-5674\text{J}$，$W=-2270\text{J}$，$\Delta U=-3404\text{J}$

1-6 4764kg

1-7 $Q=17.154\text{kJ}$，$W=1.230\text{kJ}$，
$\Delta U=15.92\text{kJ}$，$\Delta H=17.154\text{kJ}$

1-8 $W=-4.311\text{J}$，提示：恒温下 $dV=-\kappa V dp$，近似取 κ，V 为常数，体积功
$$W=\int_{V_1}^{V_2} p dV=-\kappa V\int_{p_1}^{p_2} p dp$$

1-9 ① $W=172.3\text{J}$，$Q=2.259\text{kJ}$，$\Delta U=2.087\text{kJ}$，$\Delta H=2.259\text{kJ}$
② 先恒外压下汽化，再可逆压缩，
$\Delta U=2.087\text{kJ}$，$W=52.88\text{J}$，$Q=2140\text{J}$
$\Delta H=2.259\text{kJ}$
③ 真空汽化 $W=0\text{J}$，$Q=2.087\text{kJ}$，
$\Delta U=2.087\text{kJ}$，$\Delta H=2.259\text{kJ}$

1-10 $\Delta U=-1702\text{J}$，$\Delta H=-2837\text{J}$，$W=-2270\text{J}$，$Q=-3972\text{J}$

1-11 $\Delta U=4256\text{J}$，$\Delta H=7094\text{J}$，$W=1418.8\text{J}$，$Q=5675\text{J}$

1-17 析出冰6.355g，$\Delta H=0$

1-18 ① $p_2=940.6\text{kPa}$，$T_2=565.6\text{K}$
② $W=-5560\text{J}$，$\Delta U=5560\text{J}$
$\Delta H=7782\text{J}$

1-19 $T_2=216.4\text{K}$，$V_2=1.74\times10^{-2}\text{ m}^3$，$W=411.6\text{J}$

1-20 $\Delta U=-6780.6\text{J}$，$\Delta H=-8824.2\text{J}$，
$W=6780.6\text{J}$，$T_2=175.3\text{K}$

1-21 $\Delta U=-3429\text{J}$，$\Delta H=-4462.4\text{J}$，
$W=3429\text{J}$，$T_2=236.1\text{K}$

1-22 $B\rightarrow C$ 恒压可逆压缩，$\Delta U=-\int_{AEDC}$，
$\Delta H=-(\int_{AEDC}+\int_{BCDE})$

1-23 $\Delta T=-0.152\text{K}$

1-24 设为1mol气体，$\Delta U=0$，$\Delta H=b(p_2-p_1)$，
$W=RT\ln[(V_{m,1}-b)/(V_{m,2}-b)]$
$=RT\ln(p_1/p_2)$，$Q=W$

1-25 ① 略 ② $\Delta H=-29.9\text{J}$

1-27 ① $W=-3468\text{J}$
② $W=-3448\text{J}$

1-28 取 $M(C_7H_{16})=100\text{g}\cdot\text{mol}^{-1}$，
$\Delta_c H_m=-4818\text{kJ}\cdot\text{mol}^{-1}$

1-29 $-904.96\text{kJ}\cdot\text{mol}^{-1}$

1-30 ① $-136.96\text{kJ}\cdot\text{mol}^{-1}$
② $463.87\text{kJ}\cdot\text{mol}^{-1}$

1-31 $-281.7\text{kJ}\cdot\text{mol}^{-1}$

1-32 ① $53.08\text{kJ}\cdot\text{mol}^{-1}$
② $-32.58\text{kJ}\cdot\text{mol}^{-1}$

1-33 $75.73\text{kJ}\cdot\text{mol}^{-1}$

1-34 $-45.57\text{kJ}\cdot\text{mol}^{-1}$

1-35 $\Delta_r H_m^\ominus=110.47\text{kJ}\cdot\text{mol}^{-1}$
$\Delta_r U_m^\ominus=115.5\text{kJ}\cdot\text{mol}^{-1}$

1-36 $-171.93\text{kJ}\cdot\text{mol}^{-1}$

1-37 $\Delta_r H_m^\ominus(C_6H_6,\text{ l})=48.45\text{kJ}\cdot\text{mol}^{-1}$

1-38 $\Delta_r H_m^\ominus(B_2H_6,\text{g})=30.54\text{kJ}\cdot\text{mol}^{-1}$

1-39 $46\text{kJ}\cdot\text{mol}^{-1}$

1-40 $175.9\text{kJ}\cdot\text{mol}^{-1}$

1-41 $-504.75\text{kJ}\cdot\text{mol}^{-1}$

1-42 748.9kJ

1-43 298.15K：$172.47\text{kJ}\cdot\text{mol}^{-1}$，
1273.15K：$157.48\text{kJ}\cdot\text{mol}^{-1}$

1-44 $T_m=1655\text{K}$

1-45 $T=2166\text{K}$，$p=658.5\text{kPa}$

1-46 117.0kPa

1-47 2744.0kJ

1-48 $T=T_0[1+R/C_{V,m}-(n_1/n_0)(p_1/p_0)^{(1-\gamma)/\gamma}+(n_1/n_0)]$

1-49 668.0kJ，提示：加热过程容器内气体的量 n 随温度升高而改变，n 是温度的函数。

1-50 $W=R(T_2-T_1)+(b_2-b_1)p$

1-51 $\Delta H=-1.314$J

1-52 $W=-240.3$J，$Q=-43.08$kJ，$\Delta U=-42.84$kJ

1-53 ① $-282.99\text{kJ}\cdot\text{mol}^{-1}$

② $V_{CO}:V_{O_2}=1:0.045$

1-54 取平均热容计算，移走 7.9kJ 热量

1-55 29.1

1-56 移走 546.6kJ 热量

自我检查题

一、选择题

1.（A） 2.（C） 3.（B） 4.（C） 5.（B）

二、填空题

1. 封闭体系，不做非体积功的微小过程
2. $\alpha=p\beta\kappa$
3. 温度不变
4. 1.9
5. (1) 0 ＋ ＋ 0 0

(2) － 0 ＋ － －

(3) 0 0 0 0 0

三、计算题

1. ① $W=3.101$kJ，$Q=40.9$kJ，$\Delta U=37.8$kJ，$\Delta H=40.9$kJ

② $\Delta_{vap}H_m$（水）$=44.03\text{kJ}\cdot\text{mol}^{-1}$

2. ① $\Delta U=0$，$\Delta H=0$，$Q=W=1718$J，

② $\Delta U=-1378$J，$\Delta H=-2297$J，$W=1378$J，$Q=0$

③ $\Delta U=3726$J，$\Delta H=6212$J，$Q=6207$J，$W=2481$J

3 $\Delta_f H_m$（丙烯腈，g）$=184.2\text{kJ}\cdot\text{mol}^{-1}$，$\Delta_r H_m=-172.2\text{kJ}\cdot\text{mol}^{-1}$

四、略

第 2 章

2-1 $W=133.1$J，$\eta=13.3\%$，ΔS（大气）$=2.96\text{J}\cdot\text{K}^{-1}$，$\Delta S$（水）$=-2.96\text{J}\cdot\text{K}^{-1}$，$\Delta S_{总}=0$

2-2 1molH_2，$\Delta S=13.38\text{J}\cdot\text{K}^{-1}$

2-3 $\Delta U=32.66$kJ，$\Delta H=42.58$kJ，$\Delta S=78.44\text{J}\cdot\text{K}^{-1}$

2-4 $\Delta H=43.83$kJ，$\Delta S=67.40\text{J}\cdot\text{K}^{-1}$

2-5 ΔS（体系）$=-26.76\text{J}\cdot\text{K}^{-1}$，

ΔS（环境）$=66.51\text{J}\cdot\text{K}^{-1}$，

ΔS（总）$=39.752\text{J}\cdot\text{K}^{-1}>0$，为不可逆反自发过程。

2-6 $\Delta S=-27.81\text{J}\cdot\text{K}^{-1}$

2-7 (1) $11.53\text{J}\cdot\text{K}^{-1}$

(2) 0

(3) 0

(4) $-11.53\text{J}\cdot\text{K}^{-1}$

2-8 设全部空气为体系，$\Delta U=0$，$\Delta H=0$，$\Delta S=0.057$，$\text{J}\cdot\text{K}^{-1}$。提示：体系为恒容绝热过程，$Q=0$，$W=0$，$\Delta U=0$，$\Delta T=0$

终态：$V_{左}/V_{右}=n_{左}/n_{右}=2$

$V_{左}=\frac{4}{3}\text{dm}^3$，$V_{右}=\frac{2}{3}\text{dm}^2$

$p_{左}=p_{右}=151.9$kPa

2-9 $11.54\text{J}\cdot\text{K}^{-1}$

2-10 $1.4\text{J}\cdot\text{K}^{-1}$

2-11 $Q=0$，$W=4489.6$J，$\Delta U=-4489.6$J，$\Delta S=21.33\text{J}\cdot\text{K}^{-1}$，可自动进行。提示：设气体为体系，体系反抗恒外压绝热膨胀，$\Delta U=-W$ 且 $\Delta U=\Delta U_{左}+\Delta U_{右}$，可解出气体终态温度为 310.0K

2-12 右侧 $T_2=363.5$K，左侧 $T_2=830.0$K，$\Delta U=12.41$kJ，$\Delta S=24.01\text{J}\cdot\text{K}^{-1}$。提示：右侧气体为绝热可逆压缩过程，由绝热可逆过程方程可求出 T_2（右）$=363.5$K，V_2（右）$=0.0151\text{m}^3$，V_2（左）和 T_2（左）即可求出。

2-13 $Q=-650.5$J，$\Delta U=-960.3$J，$\Delta H=-1600.4$J，$W=309.8$J，$\Delta S=-4.50\text{J}\cdot\text{K}^{-1}$

2-17 $W=RT\ln[(V_{m,2}-\alpha)/(V_{m,1}-\alpha)]$，$Q=W$，$\Delta U=0$，$\Delta S=R\ln[(V_{m,2}-\alpha)/(V_{m,1}-\alpha)]$

2-19 $\Delta U=12.14$kJ，$\Delta H=13.64$kJ，$\Delta S=151.2\text{J}\cdot\text{K}^{-1}$

2-20 $\Delta S=-206.8\text{J}\cdot\text{K}^{-1}$

2-21 ΔS（体系）$=-118.6\text{J}\cdot\text{K}^{-1}$，

ΔS（环境）$=120.9\text{J}\cdot\text{K}^{-1}$，

ΔS（总）$=2.03\text{J}\cdot\text{K}^{-1}>0$，可自动进行。

2-22 ΔS（体系）$=-253.03\text{J}\cdot\text{K}^{-1}$，

ΔS（环境）$=312.2\text{J}\cdot\text{K}^{-1}$，

ΔS（总）$=59.17\text{J}\cdot\text{K}^{-1}>0$，可自动进行

2-23 $S_m^{\ominus}(Br_2,\ l)=150.1\text{J}\cdot\text{K}^{-1}\cdot\text{mol}^{-1}$。

提示：取液溴密度为 $3103\text{kg}\cdot\text{m}^{-3}$，引用关系式 $(\partial S/\partial p)_T=-(\partial V/\partial T)_p=-\alpha V$

2-24 $Q=37.54\text{kJ}$，$W=0$，$\Delta U=37.54\text{kJ}$，$\Delta H=40.64\text{kJ}$，ΔS（体系）$=108.9\text{J}\cdot\text{K}^{-1}$，$\Delta S$（环境）$=-100.6\text{J}\cdot\text{K}^{-1}$，$\Delta S$（总）$=8.30\text{J}\cdot\text{K}^{-1}>0$，可自动进行。

2-25 $\Delta H=0$，ΔS（体系）$=0.71\text{J}\cdot\text{K}^{-1}$，$\Delta S$（环境）$=0$，$\Delta S$（总）$=0.71\text{J}\cdot\text{K}^{-1}>0$ 可自动进行

2-26 $\Delta S=144.62\text{J}\cdot\text{K}^{-1}$

2-27 $W=0$，$Q=\Delta U=75.13\text{kJ}$，$\Delta S=244.7\text{J}\cdot\text{K}^{-1}$，$\Delta S$（环境）$=-201.33\text{J}\cdot\text{K}^{-1}$，$\Delta S$（总）$>0$，可自动进行。

提示：设计热力学过程，水先恒 T 恒 p 可逆汽化，再恒 T 膨胀充满容器，最后与 N_2 恒 T 恒 V 混合。

2-28 $\Delta_r S_m^{\ominus}=-232.5\text{J}\cdot\text{K}^{-1}\cdot\text{mol}^{-1}$

2-29 （1）$-163.17\text{J}\cdot\text{K}^{-1}\cdot\text{mol}^{-1}$

（2）$19.83\text{J}\cdot\text{K}^{-1}\cdot\text{mol}^{-1}$

（3）$-161.91\text{J}\cdot\text{K}^{-1}\cdot\text{mol}^{-1}$

2-30 $31.94\text{J}\cdot\text{K}^{-1}\cdot\text{mol}^{-1}$

2-31 $\Delta_r S_m^{\ominus}=-15.09\text{J}\cdot\text{K}^{-1}\cdot\text{mol}^{-1}$

ΔS（环境）$=727.0\text{J}\cdot\text{K}^{-1}\cdot\text{mol}^{-1}$

ΔS（总）$=711.9\text{J}\cdot\text{K}^{-1}\cdot\text{mol}^{-1}$

2-32 $S_m^{\ominus}(C_2H_5OH, g)=282.42\text{J}\cdot\text{K}^{-1}\cdot\text{mol}^{-1}$

2-33 ① $Q=W=-4442\text{J}$，$\Delta U=\Delta H=0$，

$\Delta A=\Delta G=4442\text{J}$

ΔS（体系）$=-14.9\text{J}\cdot\text{K}^{-1}$

ΔS（环境）$=14.9\text{J}\cdot\text{K}^{-1}$

② $Q=W=-12.396\text{kJ}$

ΔU，ΔH，ΔA，ΔG，ΔS（体系）同①

ΔS（环境）$=41.57\text{J}\cdot\text{K}^{-1}$

2-34 $Q=0$，$W=-4.157\text{kJ}$，$\Delta U=4.157\text{kJ}$

$\Delta H=5.820\text{kJ}$，$\Delta A=-36.850\text{kJ}$

$\Delta G=-35.186\text{kJ}$

ΔS（体系）$=0$，ΔS（环境）$=0$

2-35 $Q=W=\Delta U=\Delta H=0$，

$\Delta S=19.14\text{J}\cdot\text{K}^{-1}$，$\Delta A=\Delta G=-5.742\text{kJ}$

2-36 （1）$\Delta G=-29.49\text{kJ}$

（2）$\Delta G=-26.35\text{kJ}$

（3）$\Delta G=1.574\text{kJ}$

2-37 $\Delta H=4.157\text{kJ}$，$\Delta S=7.33\text{J}\cdot\text{K}^{-1}$

$\Delta G=-27.81\text{kJ}$

2-38 $\Delta G=-10.80\text{J}$

2-39 $\Delta G=141.59\text{J}$，已知 293K 乙醇（l）的摩尔体积 $V_0=M/\rho=5.83\times10^{-5}\text{m}^3\cdot\text{mol}^{-1}$

$$\Delta G=V_0(p_2-p_1)-\frac{1}{2}V_0\beta(p_2^2-p_1^2)$$

2-40 $W=-2.270\text{kJ}$，$\Delta U=-1.702\text{kJ}$，$\Delta H=-2.837\text{kJ}$，$Q=-3.972\text{kJ}$，$\Delta S=-20.14\text{J}\cdot\text{K}^{-1}$

$\Delta A=13.91\text{kJ}$，$\Delta G=12.78\text{kJ}$

2-41 ① $\Delta A=-2.937\text{kJ}$，$\Delta G=0$

② $\Delta A=-3.247\text{kJ}$，$\Delta G=-309.5\text{J}$

2-42 $\Delta_g^l G=-8.591\text{kJ}$

2-43 $p_s=21.026\text{kPa}$

2-44 -22.8kJ

2-45 $\Delta G=-63.82\text{J}<0$，可自动进行

2-46 $\Delta_r G_m^{\ominus}=-817.96\text{kJ}\cdot\text{mol}^{-1}$

2-47 298.2K：$\Delta_r G_m^{\ominus}=43.43\text{kJ}\cdot\text{mol}^{-1}>0$，反应不能自动进行

773.2K：$\Delta_r G_m^{\ominus}=31.23\text{kJ}\cdot\text{mol}^{-1}>0$，反应仍不能自动进行。

2-48 $T_{转}=282.06\text{K}$

2-49 ① 298.15K：$\Delta_r G_m^{\ominus}=2.862\text{kJ}\cdot\text{mol}^{-1}>0$，反应不能自动进行，石墨（s）更稳定。

② $\Delta_r V_m=M(1/\rho_{金}-1/\rho_{石})<0$，加压可使 $\Delta_r G_m$ 减小，当 $p>1.51\times10^9\text{Pa}$ 时 $\Delta_r G_m<0$，反应能自动进行。

2-58 $\Delta S=107.9\text{J}\cdot\text{K}^{-1}$，$\Delta S$（环境）$=-105.1\text{J}\cdot\text{K}^{-1}$，$\Delta S$（总）$=2.85\text{J}\cdot\text{K}^{-1}>0$，可自动进行，或 $\Delta G=-1103\text{J}<0$，可自动进行。

2-59 298.2K：$\Delta_r S_m^{\ominus}=214.53\text{J}\cdot\text{K}^{-1}\cdot\text{mol}^{-1}$

773.2K：$\Delta_r S_m^{\ominus}=248.13\text{J}\cdot\text{K}^{-1}\cdot\text{mol}^{-1}$

2-60 $p=39.7\text{kPa}$，$\Delta U=\Delta H=0$，$\Delta S=16.1\text{J}\cdot\text{K}^{-1}$。

提示：气体为体系，经恒容绝热过程最终两侧压力相等，但温度不等。左侧为绝热不可逆膨胀，右侧为绝热不可逆压缩。热力学效率 $\eta_{左}=\eta_{右}$ 且 $\eta_{左}=W_{左}/W_{左,R}=\Delta T_{左}/\Delta T_{左,R}$

$$\eta_{右}=W_{右,R}/W_{右}=\frac{\Delta T_{右,R}}{\Delta T_{右}},$$

解出终态 $T_{左}=156\text{K}$，$T_{右}=439.7\text{K}$

2-61 $\Delta G=\frac{V_i}{\kappa}\{1-\exp[\kappa(p_i-p)]\}$

对于凝聚相，将 $\exp[\kappa(p_i-p)]$ 按级数展开，忽略三次方以后各项，代入后得

$$\Delta G=V_i(p_i-p)-\frac{1}{2}V_i\kappa(p_i-p)^2$$

2-62 ①、②略

③ $Q_R=-501.8\text{J}$，$W=-19.86\text{J}$，

$\Delta U=-481.97\text{J}$

2-63 $\Delta_l^s G_m=-105.1\text{J}<0$，可自发进行

2-64 $\int_{\text{I}}=\int_{\text{II}}$

2-65 550℃，在压力为 $p^{\ominus}$ 的空气中反应

$2Ag(s)+\frac{1}{2}O_2(g)=Ag_2O(s)$ 的 $\Delta_r G_m^{\ominus}=29.29\text{kJ}\cdot\text{mol}^{-1}>0$，故不是生成 Ag_2O 所致。

2-66　空气中 $p(CO_2) \geqslant 1546.7\text{Pa}$

自我检查题

一、选择题

1.（C）　2.（D）　3.（D）　4.（B）　5.（A）
6.（D）　7.（B）　8.（D）　9.（A）　10.（B）

二、填空题

1.　<u>321.3K</u>　<u>506kPa</u>
2.　<u>$\Delta S=0$</u>　<u>$\Delta S=0$</u>
3.（1）<u>$\Delta H<0$</u>　<u>$\Delta S>0$</u>
（2）<u>$\Delta U=0$</u>　<u>$\Delta H>0$</u>　<u>$\Delta S>0$</u>　<u>$\Delta A<0$</u>
（3）<u>$\Delta H>0$</u>　<u>$\Delta S>0$</u>　<u>$\Delta A<0$</u>　<u>$\Delta G=0$</u>
（4）<u>$\Delta T<0$</u>　<u>$\Delta U<0$</u>　<u>$\Delta S>0$</u>
4　（1）<u>ΔU　ΔH</u>
（2）<u>ΔU　ΔH　ΔS　ΔG　ΔA</u>
（3）<u>ΔH</u>

三、计算题

1. $T_2=897.0\text{K}$，$\Delta H=702.2\text{J}$，
$\Delta S=0.751\text{J}\cdot\text{K}^{-1}$
2. ① $p=49.98\text{kPa}$
② $Q=W=\Delta U=0$，$\Delta S=5.763\text{J}\cdot\text{K}^{-1}$，
$\Delta G=-1718.5\text{J}$
3. $\Delta_l^s G_m=-326.9\text{J}\cdot\text{mol}^{-1}<0$，可自动凝结。
4. 当 $p\geqslant 2854p^{\ominus}$ 时文石为稳定相。

四、略

第 3 章

3-1　$\varepsilon_{t,0}=5.81\times10^{-40}\text{J}$
$\Delta\varepsilon_r=5.81\times10^{-40}\text{J}$

3-2　$\Delta\varepsilon_r=3.07\times10^{-22}\text{J}$
$\Delta\varepsilon_r/kT=0.0742$

3-3　放置方式数为 5

3-5　如指定了 n_x，n_y，n_z 的取值，$g_i=1$，$N_0/N_1=3$，如 n_x，n_y，n_z 可分别选取 1，2，3 中的某一值，$g_i=6$，$N_0/N_1=0.5$

3-6　300K　$N_2/N_1=0.956$
3000K　$N_2/N_1=1.58$

3-7　① 因能级间隔很大，常温下可近似取
$N_1/N\approx N_1/N_0=2.25\times10^{-70}$
② 当 $N_1/N=0.1$ 时，$T=2.19\times10^4\text{K}$

3-8　$\Delta\Omega/\Omega=\exp(3.03\times10^{22})$

3-10　① $q^t(H_2)=2.73\times10^{24}$
② $q^t(CH_4)=6.18\times10^{25}$

3-11　证明略。SI 制中常数 $A=20.27$，
$S_m^t(\text{Ne})=146.2\text{J}\cdot\text{mol}^{-1}$

3-12　$I=7.46\times10^{-45}\text{kg}\cdot\text{m}^2$，$\Theta_r=0.054\text{K}$，
$S_m^r=74.24\text{J}\cdot\text{K}^{-1}\cdot\text{mol}^{-1}$

3-13　证明略。SI 制中常数 $B=105.5$，
$S_m^r=34.695\text{J}\cdot\text{K}^{-1}\cdot\text{mol}^{-1}$

3-14　$q^v=1.074$

3-15　$S_m^v=1.466\text{J}\cdot\text{K}^{-1}\cdot\text{mol}^{-1}$

3-16　（1）证明略
（2）Cl_2 分子：$C_{v,m}^v=4.68\text{J}\cdot\text{K}^{-1}\cdot\text{mol}^{-1}$，
CO 分子：$C_{v,m}^v=0.031\text{J}\cdot\text{K}^{-1}\cdot\text{mol}^{-1}$

3-17　$S_m^t=151.2\text{J}\cdot\text{K}^{-1}\cdot\text{mol}^{-1}$
$S_m^r=48.34\text{J}\cdot\text{K}^{-1}\cdot\text{mol}^{-1}$
$S_m^v=0.01\text{J}\cdot\text{K}^{-1}\cdot\text{mol}^{-1}$
$S_m^e=11.16\text{J}\cdot\text{K}^{-1}\cdot\text{mol}^{-1}$
$S_m^n=9.134\text{J}\cdot\text{K}^{-1}\cdot\text{mol}^{-1}$
$S_m=219.84\text{J}\cdot\text{K}^{-1}\cdot\text{mol}^{-1}$

3-18　证明略，$J\approx6$

3-19　$q^{\text{int}}=q^e q^n=16.11$
$S_n^{\text{Int}}=S_m^e+S_m^n=23.36\text{J}\cdot\text{K}^{-1}\cdot\text{mol}^{-1}$

3-20　$q^e=9.462$，$N_0/N=0.106$，$N_1/N=0.310$，
$N_2/N=0.496$，$N_3/N=0.0863$，
$N_4/N=1.26\times10^{-3}$

3-21　$S_m^t=150.26\text{J}\cdot\text{K}^{-1}\cdot\text{mol}^{-1}$
$S_m^r=41.07\text{J}\cdot\text{K}^{-1}\cdot\text{mol}^{-1}$
$S_m^v=1.152\times10^{-3}\text{J}\cdot\text{K}^{-1}\cdot\text{mol}^{-1}$
$S_m^e=0$。不考虑核运动的贡献，
$S_m=191.33\text{J}\cdot\text{K}^{-1}\cdot\text{mol}^{-1}$，基本与实验值一致。

3-23　（1）证明略
（2）$T=2523\text{K}$
（3）$\varepsilon_t=3kT/2$，$\varepsilon_r=kT$，$\varepsilon_v=3.92\times10^{-20}\text{J}$，
$\varepsilon_v/(\varepsilon_t+\varepsilon_r+\varepsilon_v)=0.311$

3-24　① $\Delta S=R[\ln(q_t^2/q_t^3)-1/2]$，其中
二维平动配分函数 $q_t^2=(2\pi mkT/h^2)A$
三维平动配分函数 $q_t^3=(2\pi mkT/h^2)^{3/2}V$
② $\Delta S=-R[\ln(2\pi mkT/h^2)^{3/2}(V/L)+5/2]$

3-26　（1）证明略。
（2）$q^e=3.114$，$U_m^e=518.8\text{J}\cdot\text{mol}^{-1}$，
$G_m^e=-2814\text{J}\cdot\text{mol}^{-1}$
（3）$N_0/N=0.642$，$N_1/N=0.358$

3-28　S_m（量热）$=S_m$（统计）$-S_m$（残余）$=210.84-2.88=207.91\text{J}\cdot\text{K}^{-1}\cdot\text{mol}^{-1}$

3-29　$U_m=7.438\text{kJ}\cdot\text{mol}^{-1}$，$H_m=9.97\text{kJ}\cdot\text{mol}^{-1}$
$C_{V,m}=24.94\text{J}\cdot\text{K}^{-1}\cdot\text{mol}^{-1}$
$C_{p,m}=33.26\text{J}\cdot\text{K}^{-1}\cdot\text{mol}^{-1}$
$G_m=-63.63\text{kJ}\cdot\text{mol}^{-1}$
$A_m=-66.122\text{kJ}\cdot\text{mol}^{-1}$

$S_m = 245.34 J \cdot K^{-1} \cdot mol^{-1}$

3-30 ① $q_t = 4.28\times10^{30}$，$S_m^t = 152.02 J \cdot K^{-1} \cdot mol^{-1}$

② $q^r = 158.23$，$S_m^r = 50.38 J \cdot K^{-1} \cdot mol^{-1}$

③ $q^e = 3$，$S_m^e = 9.134 J \cdot K^{-1} \cdot mol^{-1}$

④ $S_m^{\ominus} = 211.53 J \cdot K^{-1} \cdot mol^{-1}$

自我检查题

一、选择题

1.（C） 2.（D） 3.（A） 4.（D） 5.（C） 6.（B）
7.（B） 8.（C） 9.（D） 10.（A） 11.（D）
12.（A）

二、填空题

1. 3.411
2. 2.73×10^{-47}
3. $J=4$
4. 0.135
5. 151.16
6. $q^n = 4$

三、（略）

四、计算题

1. $T = 18942K$

2. （1）$\Theta_r = 12.21K$

（2）$q^r = 24.42$

（3）$S_m^r = 34.88 J \cdot K^{-1} \cdot mol^{-1}$

（4）$J=3$，$g_J = 7$

3. $S_m^t = 177.8 J \cdot K^{-1} \cdot mol^{-1}$

$S_m^r = 73.93 J \cdot K^{-1} \cdot mol^{-1}$

$S_m^v = 8.39 J \cdot K^{-1} \cdot mol^{-1}$

$S_m = 260.12 J \cdot K^{-1} \cdot mol^{-1}$

4. $C_{V,m}^t = 3R/2$，$C_{V,m}^r = R$

$C_{V,m}^v = 5.099 J \cdot K^{-1} \cdot mol^{-1}$

$C_{V,m} = 25.884 J \cdot K^{-1} \cdot mol^{-1}$

第 4 章

4-1 （1）$m_B = 1.067\ mol \cdot kg^{-1}$

（2）$c_B = 1548.6 mol \cdot m^{-3}$

（3）$x_B = 0.0189$

4-2 ① $m_B = 3.411 mol \cdot kg^{-1}$

② $c_B = 3125 mol \cdot m^{-3}$

③ $x_B = 0.0579$

④ $w_B = 26.0\%$

⑤ 温度变化，m_B、x_B、w_B 不变，因溶液体积变化，c_B 要变。若知道了 35℃时溶液的密度或体积，c_B 可求出。

4-4 （1）$V_{HAc,m}/m^3 \cdot mol^{-1} = 5.183\times10^{-5} + 2.788\times10^{-7}\ (n_B/mol)$

$V_{H_2O,m}/m^3 \cdot mol^{-1} = 1.805\times10^{-5} - 2.509\times10^{-9}\ (n_B/mol)^2$

（2）$V = 1.013\times10^{-3} m^3$

$V_{HAc,m} = 5.188\times10^{-5} m^3 \cdot mol^{-1}$

$V_{H_2O,m} = 1.805\times10^{-5} m^3 \cdot mol^{-1}$

4-5 ① V（水）$= 5.75 m^3$

② $V = 15.27 m^3$

4-6 作图得 $V_{H_2O,m} = 17.96\times10^{-6} m^3 \cdot mol^{-1}$。

提示：对 1kg 溶液，由密度求出体积 V，由 $w\%$ 求出 1kg 溶液中的 W_{NH_4Cl} 和 W_{H_2O}，n_{NH_4Cl} 和 n_{H_2O} 以及溶液的平均摩尔体积 $\langle V_m \rangle$，最后作 $\langle V_m \rangle$-x_{NH_4Cl} 图，其截距为 $V_{H_2O,m}$。

4-7 对比态法：

$300p^{\ominus}$ $\gamma_1 = 0.48$，$400p^{\ominus}$ $\gamma_2 = 0.45$

近似法：

$300p^{\ominus}$ $\gamma_1 = 0.46$，$400p^{\ominus}$ $\gamma_2 = 0.49$

4-9 ① $p_A^* = 91.193kPa$，$p_B^* = 30.398kPa$

② $y_A = 0.60$，$y_B = 0.40$

4-10 提示：所证第一式为 p-x_A 方程，第二式为 p-y_A 方程，第三式为 y_A-x_A 方程

4-11 $W_{O_2} = 9.62\times10^{-7} kg$，$W_{N_2} = 1.602\times10^{-6} kg$

4-12 ① 水中含氧 $9.62\times10^{-3} kg \cdot m^{-3}$，大于 $1\times10^{-3} kg \cdot m^{-3}$，为不合格水。

② $p \leqslant 6320Pa$

4-13 $\Delta G_1 = 1728.8J$，$\Delta G_2 = 2152.6J$

4-14 （1）$x_{CCl_4} = 0.274$，$x_{SnCl_4} = 0.726$

（2）$y_{CCl_4} = 0.523$，$y_{SnCl_4} = 0.477$

（3）$x_{CCl_4} = 0.144$，$x_{SnCl_4} = 0.856$.

4-15 $M = 0.195 kg \cdot mol^{-1}$

4-16 $p_{CS_2}^* = 32.302kPa$

4-17 ① $\Pi = 693.17kPa$

② $M_B = 0.283 kg \cdot mol^{-1}$

4-18 ① $\Delta T_b = 373.56K$

② $p_A = 3.134kPa$

③ $\Pi = 1932.5kPa$

4-19 $\Delta T_f = 0.0023K$

4-20 在水中 $M_1 = 61.22 g \cdot mol^{-1}$，在苯中 $M_2 = 124.73 g \cdot mol^{-1}$，$M_2/M_1 \approx 2$，表明 HAc 在苯中发生双分子缔合。

4-22 ① $a_{H_2O} = 0.350$，$\gamma_{H_2O} = 0.428$

② $\Delta\mu = -2515 J \cdot mol^{-1}$

4-23 ① $a_A = 0.814$，$\gamma_A = 1.628$

$a_B = 0.894$，$\gamma_B = 1.788$

② $\Delta_{mix}^{re} G_m = -1586J$

③ $\Delta_{mix}^{id} G_m = -6915J$

4-25 (1) $a_B=0.0459$，$\gamma_B=0.7648$

(2) $a_A=0.9485$，$\gamma_A=1.009$

4-26 ① $x_A=0.667$，$x_B=0.333$

$p_{总}=0.667p^{\ominus}$

② $x_A=0.25$，$x_B=0.75$

4-27 $M=0.342\text{kg}\cdot\text{mol}^{-1}$

4-28 ① $K_b=2.34\text{K}\cdot\text{kg}\cdot\text{mol}^{-1}$

② $K_b=2.34\text{K}\cdot\text{kg}\cdot\text{mol}^{-1}$

③ $K_b=2.41\text{K}\cdot\text{kg}\cdot\text{mol}^{-1}$

4-29 ① $a_A=0.5$，$\gamma_A=1.25$

$a_B=0.668$，$\gamma_B=1.13$

② $M=0.659$，$N=0.609$，当 $x_A=0.80$ 时

$a_A=0.8184$，$a_B=0.2992$

4-30 $a_A=(1+x_B)(1-x_B)^2=(2-x_A)x_A^2$

4-31 ① $a_A=0.731$，$a_B=0.512$

$\gamma_A=1.107$，$\gamma_B=1.507$

② $a_A=0.292$，$a_B=0.267$

$\gamma_A=0.441$，$\gamma_B=0.785$

③ 323K 时形成 1mol 混合物，

$\Delta_{mix}G_m=-1166.2\text{J}$，$G_m^E=554.3\text{J}$

4-32 ① $a_A=0.67$，$a_B=0.89$，

$\gamma_A=2.23$，$\gamma_B=1.27$

② $\Delta_{mix}G_m=-553.3\text{J}\cdot\text{mol}^{-1}$

③ 为正偏差体系

4-33 ① $a_{Cd}=0.958$，$\gamma_{Cd}=1.198$

② $T_f=979.93\text{K}$

4-34 $p\leqslant 119.3\text{kPa}$. 提示：忽略压力对 K_H 的影响利用 K_H 与温度的关系求出 313K 的 $K_{H,2}=2.477\times10^8\text{Pa}$，并设不同温度下饮料中 CO_2 的浓度近似相同。

4-35 ① $a_B=1.015\times10^{-2}$，$\gamma_B=1.28$

② 炉渣中 B 的活度 $a'_B=0.001<$ 合金中 B 的活度 $a_B=1.015\times10^{-2}$，即化学势 $\mu'_B<\mu_B$，故可除去合金中的部分 B

4-36 ① $\Delta T_b=0.3\text{K}$

② $\Delta T_b=0.42\text{K}$

③ $\Delta T_b=0.3\text{K}$

④ $\Delta T_b=0.33\text{K}$

⑤ $\Delta T_b=0.39\text{K}$

自我检查题

一、选择题

1. (A) 2. (B) 3. (C) 4. (C) 5. (C) 6. (C) 7. (B) 8. (A) 9. (C) 10. (D)

二、填空题

1. 略

2. 气 液

3. ①③⑥⑧，④⑧

4. 948.9 1.00 0.0177

5. 5705J

6. A 杯水减少，B 杯水增加

7. $\Delta_{mix}^{re}V=RT\sum_B n_B\left(\frac{\partial\ln\gamma_B}{\partial p}\right)_{T,n}$

$\Delta_{mix}^{re}H=-RT^2\sum_B n_B\left(\frac{\partial\ln\gamma_B}{\partial T}\right)_{p,n}$

$\Delta_{mix}^{re}S=-R\sum_B n_B\ln a_B-RT\sum_B n_B\left(\frac{\partial\ln\gamma_B}{\partial T}\right)_{p,n}$

$\Delta_{mix}^{re}G=RT\sum_B n_B\ln a_B$

正规溶液 无热溶液

8. $\leqslant$

三、计算题

1. $p_A^*=192.8\text{kPa}$，$p_B^*=70.84\text{kPa}$

2. $x_{O_2}=0.342$，$x_{N_2}=0.641$，$x_{Ar}=0.0165$

3. ① $p_A^*=26664.4\text{Pa}$

② $K_{A(x)}=2.40\times10^5\text{Pa}$

③ $a_A=0.947$，$\gamma_A=2.368$

4. ① $1.553\text{kJ}\cdot\text{mol}^{-1}$

② $18.7\text{mol}\cdot\text{kg}^{-1}$，提示：两种晶型溶于 CS_2 中，溶质的标准态相同。

四、1. $\Delta_\alpha^\beta S_m=S_m(\beta)-S_m(\alpha)>0$

$\Delta_\alpha^\beta H_m=T\Delta_\alpha^\beta S_m>0$

2. (略)

第 5 章

5-1 (1) $C=1$ (2) $C=1$ (3) $C=2$

5-2 (1) $C=2$ (2) $C=3$ (3) $C=3$

5-3 (1) $C=1$ $\phi=2$ $f=1$

(2) $C=2$ $\phi=2$ $f=2$

(3) $C=2$ $\phi=2$ $f^{**}=0$

5-4 (1) $C=3$ $f^*=2$

(2) $C=4$ $f=3$

5-5 $C=1$，$f=1$。若预先充入一定量的 H_2O(g)，则 $C=2$，$f=2$

5-6 (1) 一种

(2) 两种

5-7 $R=2$：$ZnO(s)+C(s)=Zn(g)+CO(g)$

$ZnO(s)+CO(g)=Zn(g)+CO_2(g)$

$R'=1$：$p_{CO_2}=(p_{Zn}-p_{CO})/2$，$C=2$，$f=1$

5-8 (1) $T=1084.4\text{K}$，$p=3517.1\text{kPa}$

(2) $\Delta_{vap}H_m=69.99\text{kJ}\cdot\text{mol}^{-1}$

$\Delta_{sub}H_m=195.5\text{kJ}\cdot\text{mol}^{-1}$

(3) $\Delta_{fus}S_m=116.5\text{J}\cdot\text{K}^{-1}\cdot\text{mol}^{-1}$

5-9 $T=357.4\text{K}$，$\Delta_{vap}H_m=43.366\text{kJ}\cdot\text{mol}^{-1}$

5-10 $p=0.775\text{Pa}$

5-11 $p=101.325\times10^5\text{Pa}$ 时，熔点为 235.5K

$p=810.6\times10^5\text{Pa}$ 时，熔点为 244.3K

5-12 ① $p=15.91\text{kPa}$

② $\Delta_{sub}H_m=44.107\ \text{kJ}\cdot\text{mol}^{-1}$

③ $\Delta_{fus}H_m=9.937\text{kJ}\cdot\text{mol}^{-1}$

5-13 (1) OA 线，石墨 (s)-金刚石 (s) 平衡共存线

OB 线：石墨 (s)-碳 (l) 平衡共存线

OC 线：金刚石 (s)-碳 (l) 平衡共存

(2) O 点：石墨 (s)-金刚石 (s)-碳 (l) 三相共存点

(3) 以石墨 (s) 形式存在

(4) V_m(金刚石)$<V_m$(石墨)

(5) 约为 $6.8\times10^9\text{Pa}$

5-14 相图略。提示：两个三相点。

$p=2000p^{\ominus}$，$T=55.2℃$ 时

$\alpha(s)\rightleftharpoons\beta(s)\rightleftharpoons HAc(l)$ 三相共存

$p=1213\text{Pa}$，$T=16.6℃$ 时

$\alpha(s)\rightleftharpoons HAc(l)\rightleftharpoons HAc(g)$ 三相共存

正常沸点：$T_b=118.0℃$，$p=p^{\ominus}$

$\alpha(s)\rightleftharpoons\beta(s)$ 共存线斜率 $\frac{dp}{dT}>0$

5-15 相图略。提示：由已知数据得出

$l\rightleftharpoons g\quad \ln p=21.80-3705/T$

$s\rightleftharpoons g\quad \ln p=26.00-4883/T$

$s\rightleftharpoons l\quad p=-5.26\times10^{10}+9.34\times10^9\ln T$

可作三条两相平衡线。

5-16 相图略。

提示：先求出 50℃ 时纯 A 的饱和蒸气压 $p_A^*=34.75\text{kPa}$，等物质的量的 A 和 B 混合物上方 B 的蒸气压 $p_B=p^{\ominus}-p_A^*x_A$，纯 B 的饱和蒸气压 $p_B^*=p_B/x_B=167.9\text{kPa}$。$p_A^*\ p_B^*$ 连线为 $p-x_A$ 线。由 $y_A=\frac{p_A^*x_A}{p^{\ominus}}$ 代入不同 x_A，求出平衡气相组成 y_A，可作出 $p-y_A$ 曲线。

5-17 (1) 相图略

(2) $y_{CHCl_3}=0.85$，$y_{CH_3COCH_3}=0.15$

(3) 气相为纯 $CHCl_3$，残液为恒沸物

5-18 (1) 相图略

(2) $y_{C_2H_5OH}$ 约为 0.65，$y_{酯}=0.35$

(3) 气相为恒沸物，残液为纯 C_2H_5OH

5-19 相图略。含 A85% 的混合物完全分馏，气相为恒沸物，残液为纯 A。

5-20 (1) $p=0.667p^{\ominus}$，$x_A=0.667$

(2) $x'_A=0.25$

5-21 (1) $y_A=0.316$

(2) $p_B^*=80.52\text{kPa}$

5-22 (1) 相图略。

(2) 液相中 $x_{HNO_3}=0.56$

气相中 $y_{HNO_3}=0.92$

$n(g):n(l)\approx1:8$

(3) 气相为纯 HNO_3，残液为恒沸物

5-23 (1) 相图略。

(2) 68℃，含酚约为 34%(w)

(3) 平衡组成：水层中含酚约为 8%，酚层中含酚约为 67%，W(水层)$=28.8\text{g}$，W(酚层)$=71.2\text{g}$

5-24 20%

5-25 $0.129\text{kg}\cdot\text{mol}^{-1}$

5-26 ①（略）

② 含苯 75% 的熔化物冷却，首先析出纯苯，最多可析出 30.6g。含苯 25% 的熔化物冷却，先析出纯醋酸，最多可析出 60.94g。

5-27 ①、②（略）

③ 化合物为 Mg_4Ca_3，可分离出化合物 408.3g

5-28 ①（略）

② 13.7g

5-30 ①（略）

② $\Delta G=0$

③ $-4499\text{J}\cdot\text{mol}^{-1}$。

提示：900K：A(s)$\rightleftharpoons$熔化物 (P)

$\mu_A^*(s)=\mu_A$(熔化物，P)

$=\mu_A^*(l)+RT\ln a_A$

所求为 $\mu_A^*(s)-\mu_A^*(l)=-\Delta_{fus}G_m=-[\Delta_{fus}H_m-T\Delta_{fus}S_m]=RT\ln a_A$

④ $a_A=0.552$，$\gamma_A=0.92$

5-31 $x_{Pb}=0.964$

5-32 ①、②（略）

③ 首先析出纯 A，最多可析出 46.2g

④ 恒沸物冷却到 20℃，分离出纯固体 A，剩低共熔物，低共熔物加热再蒸馏分离，气相为恒沸物，液相为纯 B，循环操作。

5-33 ① 略

② 气相为恒沸物，液相为纯丙醇。

③ 以纯丙醇为标准态，$a_{丙醇}=0.694$

$\gamma_{丙醇}=1.156$。以假想纯丙醇为标准态，$a_{丙醇}=0.0699$，$\gamma_{丙醇}=0.116$

5-44 ① $\Delta_{I}^{III}H_m=3.46\text{kJ}\cdot\text{mol}^{-1}$

$\Delta_{I}^{III}V_m=7.2\times10^{-7}\text{m}^3\cdot\text{mol}^{-1}$

② $T=335.7\text{K}$，$p=8.822\times10^7\text{Pa}$

③ 略

5-45 不会凝结。提示：由热力学关系式导出 $(\partial p/\partial T)_s=(C_p/T)(\partial T/\partial V)_p$，对于理想气体，绝热线上 $(\partial p/\partial T)_s=C_{p,m}/V_m(g)$，而 308K 处气-液平衡线的 $dp/dT=\Delta_{vap}H_m/TV_m(g)$，前者大于后者，故绝热可逆膨胀后仍为气相。

5-46 ①、②（略）

③ $a_A=0.498$，$\gamma_A=0.830$

5-47 ①（略）

② $a_{H_2O}=0.990$

5-48 相图略

ab——$H_2O(l)$ 的凝固点降低曲线

bc——$Na_2SO_4\cdot 10H_2O(s)$ 的溶解度曲线

cd——$Na_2SO_4(s)$ 的溶解度曲线

ed——$H_2O(l)$ 的沸点升高曲线

5-49 ①（略）

② $CD-l_1$，l_2，β固溶体三相共存，

EF——α固溶体，β固溶体，l 三相共存，

GH——β固溶体，γ固溶体，l 三相共存

各水平线上 $f^*=0$

5-50 $W_B:W_{H_2O}=34.9:100$。提示：先由克劳修斯-克拉贝龙方程解出水汽蒸馏时的沸点（371.9K）和此温度下纯水和纯四氢萘的蒸气压，$p^*_{H_2O}=96.79kPa$，$p^*_{C_{10}H_{12}}=4.61kPa$。

5-51 低共熔点处 $T=267.1K$，$x_A=0.327$

5-52 纯水沸点为 373.15K，有机物 B 为 423.15K，恒沸点温度 365.15K。由克劳修斯-克拉贝龙方程求出 365.15K 时的 $p^*_{H_2O}$，$p^*_B=p^\ominus-p^*_{H_2O}$，再求出恒沸物组成 $x_B=0.198$。

自我检查题

一、选择题

1. (A) 2. (C) 3. (C) 4. (B) 5. (C) 6. (C)

二、填空题

1. 21.23kPa
2. 2 0
3. $x_A>y_A$
4. 0.677
5. 48.4 51.6
6. 两平衡液相

三、计算题

① $T=337.2K$，$p=152.4kPa$

② $T=329.5K$，固态 UF_6 与蒸气达平衡

四、问答题

1. ①（略）

② 92℃ 53% 水

③ 开始不变，后升高，最后不变

2. （略）

第 6 章

6-1 （1）反应自动向左进行

（2）反应自动向右进行

（3）反应自动向左进行

6-2 ① $K^\ominus=K_p=K_c=K_x=1.44\times10^6$

② $K^\ominus>Q_a=4.0\times10^4$，反应自动向右进行

6-3 $K^\ominus=6.756\times10^{-5}$，$K_p=6.846Pa$

$K_c=1.802\times10^{-3}mol\cdot m^{-3}$

$K_x=6.756\times10^{-5}$

6-4 ① $K^\ominus=K_p=K_c=0.0198$

② $p_{I_2}=p_{H_2}=11.14kPa$，$p_{HI}=79.05kPa$

③ 97.5%

6-5 ① $K_p^\ominus=0.2025$，$K_p=2079\ (kPa)^2$

② $p=109.6kPa$

6-6 $K^\ominus=31.85$，$K_p=0.3143\ (kPa)^{-1}$

$K_c=1.96m^3\cdot mol^{-1}$，$K_x=30.30$

6-7 ① $\alpha=0.802$；② $K_p^\ominus=1.803$

6-8 $K^\ominus=3.774$，$\Delta_rG_m^\ominus=-4.235kJ\cdot mol^{-1}$

6-9 $p\leqslant9406kPa$

6-10 $K_x=5.51$，$n_{酯}=0.826mol$

6-11 $K^\ominus=1.57\times10^{-6}$，$p_{H_2O}=p_{CO_2}=127.0Pa$，$p_{总}=254.0Pa$

6-12 $K^\ominus=2.405\times10^{33}$

6-13 ① $\Delta_rG_m^\ominus=-4.562kJ\cdot mol^{-1}$

② $K_p^\ominus=7.01\times10^{15}$

③ $p_{H_2O}=2637Pa$，$Na_2SO_4\cdot10H_2O(s)$ 会风化失结晶水

6-14 $K^\ominus=2.10\times10^4$

6-15 ① $\Delta_fG_m^\ominus=-197.4kJ\cdot mol^{-1}$

② $K_p^\ominus=0.575$

6-16 物质的量分数 $x_{CO_2}=x_{H_2}=0.232$，$x_{CO}=x_{H_2O}=0.268$

6-17 $\Delta_rG_m^\ominus=28.5kJ\cdot mol^{-1}$，$K^\ominus=1.016\times10^{-5}$

6-18 $K^\ominus=153.3$

6-19 （1）$K_p^\ominus=2.268\times10^{-7}$

（2）$K_p^\ominus=8.91\times10^{-11}$

6-20 ① 反应温度为 3000K 时

$f_H=6.167\times10^{31}m^{-3}$

$f_{H_2}=1.763\times10^{33}m^{-3}$，$K_p^\ominus=0.0265$

② $\alpha=8.1\%$

6-21 转动特征温度 Θ_r：

HI 9.415K，I_2 0.054K，H_2 88.75K

振动特征温度 Θ_v：

HI 3324.5K，I_2 308.4K，H_2 6355.2K

$\Delta_r U_m^\ominus(0K)=9.04kJ \cdot mol^{-1}$

$K_p^\ominus=2.58\times10^{-4}$

6-22 ① $\ln K_p^\ominus=15.165-7379/(T/K)$

② $K_p^\ominus=17.054$

6-23 $\Delta_r H_m^\ominus\approx155.7kJ \cdot mol^{-1}$

6-24 ① HgS（红）较稳定

② $T_{转}=673.2K$

6-25 1000K 时 $K_p^\ominus=1.11\times10^{13}$，表明这一途径可行

6-26 ① 空气中 $p_{CO_2}=30.40Pa>p_{CO_2,平}=1.44\times10^{-18}Pa$，故 $CaCO_3$ 可稳定存在。

② 当 $T\geqslant782.3K$，$K_p^\ominus\geqslant Q_a$，分解反应可以进行

6-27 $\Delta_r H_m^\ominus=161.37kJ \cdot mol^{-1}$

$\Delta_r S_m^\ominus=248.8J \cdot K^{-1} \cdot mol^{-1}$

6-28 383K 时 $\Delta_r H_m^\ominus=77.02kJ \cdot mol^{-1}$

$\Delta_r S_m^\ominus=166.5J \cdot K^{-1} \cdot mol^{-1}$

$\Delta_r G_m^\ominus=13.25kJ \cdot mol^{-1}$，$K_p^\ominus=0.0156$

空气中当 $p_{CO_2}\geqslant1580Pa$ 时，Ag_2CO_2 就不会分解

6-29 T 时 $\alpha=40\%$，$K_p^\ominus=0.0325$，

$T=\Delta_r H_m^\ominus/(\Delta_r S_m^\ominus-R\ln K_p^\ominus)=878K$

6-30 523K 时 $K_f^\ominus=5.92\times10^{-3}$，由对比态法得 $K_\gamma=0.94$，再得出 $K_p=6.216\times10^{-8}Pa^{-1}$，$\alpha=15.2\%$

6-31 平衡混合气中 $CH_3(CH_2)_2CH_3$ 占 23.6%，$CH_3CH(CH_2)CH_2CH_3$ 占 70.7%

$C(CH_3)_4$ 占 5.7%

6-32 $p_{CO_2,平}$ 占 661.6Pa

6-33 $\Delta_r H_m^\ominus=-17.03kJ \cdot mol^{-1}$

$\Delta_r S_m^\ominus=80.93J \cdot K^{-1} \cdot mol^{-1}$

673K，$\Delta_r G_m^\ominus=-71.48kJ \cdot mol^{-1}$，只要控制 $p_{H_2O}/p_{H_2}\leqslant3.55\times10^5$，反应均可发生。

6-34 ① 900K，$p^\ominus$ 时 $K_p^\ominus=0.0574$

② 平衡混合气中 C_2H_6 占 62.2%，C_2H_4 和 H_2 各占 18.9%

6-35 ① 298K $K_p^\ominus=5.54\times10^{25}$

② $\alpha\to100\%$

③ 部分氧化脱氢 $K_p^\ominus$ 更大，但应寻求合适的催化剂。

6-36 (1) 略

(2) $\Delta_r H_m^\ominus=189.2kJ \cdot mol^{-1}$

$\Delta_r G_m^\ominus=39.69kJ \cdot mol^{-1}$

$\Delta_r S_m^\ominus=501.4J \cdot K^{-1} \cdot mol^{-1}$

6-37 (1) 由 $K_p^\ominus=p_{CO_2}p_{H_2O}=(p/2p^\ominus)^2$ 得出 $2\ln K_p^\ominus=2\ln(p/Pa)-24.44$，计算出不同温度下的 $K_p^\ominus$，由作图法得出

$\ln K_p^\ominus=-15417/(T/K)+39.88$

(2) $T=373.6K$

(3) $\Delta_r H_m^\ominus=128.2kJ \cdot mol^{-1}$

6-38 F_2：$\Theta_r=1.27K$，$\Theta_v=1285K$

$f_F=2.12\times10^{33}$，$f_{F_2}=5.532\times10^{35}$

$K_p^\ominus=1.15\times10^{-3}$

6-39 ① $K_p^\ominus=\frac{1}{3}$

② $\alpha_2=0.62$

③ $\alpha_3=0.62$

④ $\alpha_4=0.50$

⑤ $\alpha_5=0.33$

6-40 673K，$K_f^\ominus=1.837\times10^{-5}$，$300p^\ominus$ 时 $K_\gamma=0.502$，$K_p=3.562\times10^{-15}Pa^{-2}$，$\alpha=67\%$，$x_{CH_3OH}=0.404$

6-41 气相中 $K_p^\ominus=13.24$，液相中 $K_x=10.20$

6-42 ① $x_{FeO}=0.001$，$x_{MnO}=0.999$

② $p_{O_2}=2.64\times10^{-22}Pa$

6-43 $p=1.06\times10^5Pa$

6-44 ① $CaSO_4\cdot2H_2O(s)$ 不断分解，最后全部转化为 $CaSO_4(s)$ 和 $H_2O(l)$

② 55℃下析出 $CaSO_4\cdot2H_2O(s)$，65℃下析出 $CaSO_4(s)$

③ 析出 $CaSO_4(s)$

6-45 $K_p^\ominus=79.24$

6-46 (1) 反应① $p=1.19\times10^4Pa$

反应② $p=1.70\times10^4Pa$

(2) 固相：NH_4COONH_2 为 0.0417mol，

$LiCl\cdot3NH_3$ 为 0.0753mol，

$LiCl\cdot NH_3$ 为 0.1247mol

气相：NH_3 为 0.166mol，

CO_2 为 8.32×10^{-3}mol

气相总压 1.78×10^4Pa

自我检查题

一、选择题

1. (C) 2. (D) 3. (D) 4. (D)

5. (B) 6. (D) 7. (A) 8. (B)

二、填空题

1. $K^\ominus=K_p^\ominus=K_p\ \underline{(p^\ominus)^{-1}}=K_c\ \underline{(RT/p^\ominus)}$ $=K_x\ \underline{(p/p^\ominus)}$

2. <u>不能</u>

3. <u>0.25</u>

4. 0.08　0.67

5. 0.259

6. −56.99　76.84

7. 17.118　34.784

8. 83.14

三、计算题

1. $K^{\ominus}=2.402$，$K_p=2.43\times10^5\,\mathrm{Pa}$

   $K_c=77.88\,\mathrm{mol\cdot m^{-3}}$，$K_x=2.82$

2. 反应②产生的 CO_2 和 H_2O 均小于反应①的，故 $NaHCO_3$ 的存在不能抑制 NH_4HCO_3 的分解。

3. ① $K^{\ominus}=9.12\times10^{-10}$，$\alpha=0.03‰$

   ② 应减压升温。若在常压下进行，近似估算当 $T>755\mathrm{K}$ 时，$\Delta_rG_m^{\ominus}<0$，标准态下可自发进行，$\alpha>70.7\%$

4. ① $K^{\ominus}=0.0169$，$K_p=1.710\mathrm{kPa}$

   ② $\Delta_rH_m^{\ominus}=27.9\mathrm{kJ\cdot mol^{-1}}$

   ③ $K_p^{\ominus}=0.0583$，$K_p=5.908\mathrm{kPa}$

四、1.、2.（略）

3. (A)

平衡常数	$K_p^{\ominus}$	K_c	K_x	平衡移动
反应①	↓	↓	↓	←
反应②	↑	↑	↑	→

(B)

平衡常数	$K_p^{\ominus}$	K_c	K_x	平衡移动
反应①	—	—	—	←
反应②	—	—	↑	→

(C)

平衡常数	$K_p^{\ominus}$	K_c	K_x	平衡移动
反应①	—	—	—	←
反应②	—	—	—	→

(D)

平衡常数	$K_p^{\ominus}$	K_c	K_x	平衡移动
反应①	—	—	↑	—
反应②	—	—	↓	—

附　　录
Appendixes

I　常用的数学公式

I-1 微分　u 和 v 是 x 的函数，a 为常数

$$\frac{da}{dx}=0$$
$$\frac{d(au)}{dx}=a\frac{du}{dx}$$
$$\frac{dx^n}{dx}=nx^{n-1}$$
$$\frac{du^n}{dx}=nu^{n-1}\frac{du}{dx}$$
$$\frac{de^x}{dx}=e^x$$
$$\frac{de^u}{dx}=e^u\frac{du}{dx}$$
$$\frac{da^x}{dx}=a^x\ln a$$
$$\frac{d\ln x}{dx}=\frac{1}{x}$$
$$\frac{da^u}{dx}=a^u\ln a\frac{du}{dx}$$
$$\frac{d\lg x}{dx}=\frac{1}{2.303}\times\frac{1}{x}$$
$$\frac{d\ln u}{dx}=\frac{1}{u}\times\frac{du}{dx}$$
$$\frac{d\lg u}{dx}=\frac{1}{2.303u}\times\frac{du}{dx}$$
$$\frac{d(u+v)}{dx}=\frac{du}{dx}+\frac{dv}{dx}$$
$$\frac{d(uv)}{dx}=u\frac{dv}{dx}+v\frac{du}{dx}$$
$$\frac{d(u/v)}{dx}=\frac{v\frac{du}{dx}-u\frac{dv}{dx}}{v^2}$$
$$\frac{d(\sin x)}{dx}=\cos x$$
$$\frac{d\sin u}{dx}=\cos u\frac{du}{dx}$$
$$\frac{d(\cos x)}{dx}=-\sin x$$
$$\frac{d(\cos u)}{dx}=-\sin u\frac{du}{dx}$$

I-2 积分

$$\int dx=x+C$$
$$\int\frac{dx}{x}=\ln x+C$$
$$\int a^x dx=\frac{a^x}{\ln a}+C$$
$$\int au\,dx=a\int u\,dx$$
$$\int u\,dv=uv-\int v\,du$$
$$\int x^n dx=\frac{x^{n+1}}{n+1}+C$$
$$\int e^x dx=e^x+C$$
$$\int\ln x\,dx=x\ln x-x+C$$
$$\int(u+v)dx=\int u\,dx+\int v\,dx$$
$$\int(ax+b)^n dx=\frac{(ax+b)^{n+1}}{a(n+1)}+C\qquad(n\neq 1)$$
$$\int\frac{dx}{ax+b}=\frac{\ln(ax+b)}{a}+C$$
$$\int\frac{x\,dx}{ax+b}=\frac{x}{a}-\frac{b}{a^2}\ln(ax+b)+C$$
$$\int\frac{x^2 dx}{ax+b}=\frac{1}{a^3}\left[\frac{(ax+b)^2}{2}-2b(ax+b)+b^2\ln(ax+b)\right]+C$$
$$\int e^{ax}x^n dx=\frac{n!e^{ax}}{a^{n+1}}\left[\frac{(ax)^n}{n!}-\frac{(ax)^{n-1}}{(n-1)!}+\frac{(ax)^{n-2}}{(n-2)!}+(-1)^r\frac{(ax)^{n-r}}{(n-r)!}+\cdots+(-1)^n\right]+C$$

定积分 $\int_0^\infty e^{-ax^2}x^n dx$ 的数值，当 n 为偶数或奇数时不同，见下表。

偶　数	数　值	奇　数	数　值
$n=0$	$\int_0^\infty e^{-ax^2}dx=\frac{1}{2}\sqrt{\pi/a}$	$n=1$	$\int_0^\infty e^{-ax^2}xdx=1/2a$
$n=2$	$\int_0^\infty e^{-ax^2}x^2dx=\frac{1}{4}\sqrt{\pi/a^3}$	$n=3$	$\int_0^\infty e^{-ax^2}x^3dx=1/2a^2$
$n=4$	$\int_0^\infty e^{-ax^2}x^4dx=\frac{3}{8}\sqrt{\pi/a^5}$	$n=5$	$\int_0^\infty e^{-ax^2}x^5dx=1/a^3$
…	… … … … … …	…	… … … … … …
通式 $n\geqslant 2$ 的偶数	$\int_0^\infty e^{-ax^2}x^ndx=1\cdot 3\cdot 5\cdots(n-1)\frac{\pi^{\frac{1}{2}}}{2^{(\frac{n}{2}+1)}a^{\frac{1}{2}(n+1)}}$	通式 $n\geqslant 3$ 的奇数	$\int_0^\infty e^{-ax^2}x^ndx=\frac{\left[\frac{1}{2}(n-1)\right]!}{2a^{\frac{1}{2}(n+1)}}$

$$\int_{-\infty}^{\infty}f(x)dx=2\int_0^\infty f(x)dx$$

I-3　函数展成级数

二项式：

$$(1+x)^n=1+nx+\frac{n(n-1)}{2!}x^2+\frac{n(n-1)(n-2)}{3!}x^3+\cdots$$
$$(1-x)^n=1-nx+\frac{n(n-1)}{2!}x^2-\frac{n(n-1)(n-2)}{3!}x^3+\cdots$$
$$(1+x)^{-n}=1-nx+\frac{n(n+1)}{2!}x^2-\frac{n(n+1)(n+2)}{3!}x^3+\cdots$$
$$(1-x)^{-n}=1+nx+\frac{n(n+1)}{2!}x^2+\frac{n(n+1)(n+2)}{3!}x^3+\cdots$$
$$(1+x)^{-1}=1-x+x^2-x^3+\cdots$$
$$(1-x)^{-1}=1+x+x^2+x^3+\cdots$$

对数：

$$\ln(1+x)=x-\frac{1}{2}x^2+\frac{1}{3}x^3-\frac{1}{4}x^4+\cdots \qquad (-1<x<1)$$
$$\ln(1-x)=-\left(x+\frac{1}{2}x^2+\frac{1}{3}x^3+\frac{1}{4}x^4+\cdots\right) \qquad (-1<x<1)$$
$$\ln\frac{1+x}{1-x}=2\left(x+\frac{x^3}{3}+\frac{x^5}{5}+\cdots\right) \qquad (-1<x<1)$$

指数：

$$e^x=1+x+\frac{x^2}{2!}+\frac{x^3}{3!}+\cdots \qquad (-\infty<x<\infty)$$
$$e^{-x}=1-x+\frac{x^2}{2!}-\frac{x^3}{3!}+\cdots$$
$$e^{ix}=1+ix-\frac{x^2}{2}-\frac{ix^3}{3!}+\frac{x^4}{4!}+\frac{ix^5}{5!}+\cdots$$
$$e^{-ix}=1-ix-\frac{x^2}{2!}+\frac{ix^3}{3!}+\frac{x^4}{4!}-\frac{ix^5}{5!}+\cdots$$

三角函数：

$$\sin x=x-\frac{x^3}{3!}+\frac{x^5}{5!}-\cdots \qquad (-\infty<x<\infty)$$
$$\cos x=1-\frac{x^2}{2!}+\frac{x^4}{4!}-\cdots \qquad (-\infty<x<\infty)$$
$$\tan x=x+\frac{1}{3}x^3+\frac{2}{15}x^5+\cdots \qquad (|x|<\pi)$$
$$\cot x=\frac{1}{x}\left(1-\frac{1}{3}x^2-\frac{1}{45}x^4-\cdots\right) \qquad (|x|<\pi, x\neq 0)$$
$$\sec x=1+\frac{1}{2}x^2+\frac{5}{24}x^4+\cdots$$
$$\csc x=\frac{1}{x}\left(1+\frac{1}{6}x^2+\frac{7}{360}x^4+\cdots\right)$$

超越函数：

$$\sinh x=\frac{1}{2}(e^x-e^{-x})=x+\frac{x^3}{3!}+\frac{x^5}{5!}+\cdots$$

$$\cosh x=\frac{1}{2}(e^x+e^{-x})=1+\frac{x^2}{2!}+\frac{x^4}{4!}+\cdots$$

$$\tanh x=x-\frac{1}{3}x^3+\frac{2}{15}x^5-\cdots$$

$$\operatorname{csch} x=\frac{1}{x}\left(1-\frac{1}{6}x^2+\frac{7}{360}x^4-\cdots\right)$$

$$\operatorname{sech} x=1-\frac{1}{2}x^2+\frac{5}{24}x^4-\cdots$$

$$\coth x=\frac{1}{x}\left(1+\frac{1}{3}x^2-\frac{1}{45}x^4+\cdots\right)$$

Ⅱ 常见物质的热力学数据

表Ⅱ-1 101.325kPa、298.15K时一些单质和无机物的标准热力学函数①

单质或无机物	$\Delta_f H_m^\ominus$/kJ·mol^{-1}	$S_m^\ominus$/J·K^{-1}·mol^{-1}	$\Delta_f G_m^\ominus$/kJ·mol^{-1}	$C_{p,m}^\ominus$/J·K^{-1}·mol^{-1}
H_2(g)	0.0	130.59	0.0	28.84
D_2(g)	0.0	144.9	0.0	29.20
H(g)	217.94	114.61	203.24	20.79
D(g)	221.68	123.24	206.51	20.79
零族				
He(g)	0.0	126.06	0.0	20.79
Ne(g)	0.0	144.14	0.0	20.79
Ar(g)	0.0	154.72	0.0	20.79
Kr(g)	0.0	163.97	0.0	20.79
Xe(g)	0.0	169.58	0.0	20.79
Rn(g)	0.0	176.15	0.0	20.79
第一族				
Li(c)	0.0	28.03	0.0	23.64
Li(g)	155.10	138.67	122.13	20.79
Li_2(g)	199.2	196.90	157.32	35.65
Li_2O(c)	−595.8	37.91	−560.24	
LiOH(c)	−487.80	42.81		49.58
LiH(g)	128.4	170.58	105.4	29.54
$LiNO_3$(c)	−482.33	105.44	−389.5	80.12
LiCl(c)	−408.78	155.2	−383.7	
$LiCl_3$(c)	−1070.69	144.35		
Na(c)	0.0	51.0	0.0	28.41
Na(g)	108.70	153.62	78.11	20.79
Na_2(g)	142.13	230.20	103.97	
NaO_2(c)	−259.0		−194.6	
Na_2O(c)	−415.9	72.8	−376.6	68.2
Na_2O_2(c)	−504.6	66.9	−430.1	
NaOH(c)	−426.73	(523)	−377.0	80.3
NaF(c)	−570.3	51.3	−541.0	46.82
NaCl(c)	−411.00	72.4	−384.0	49.71
NaBr(c)	−359.95		−347.6	
NaI(c)	−287.9	91.2	−286.2	54.31
Na_2SO_4(c)	−1384.49	149.49	−1266.83	127.61
$Na_2SO_4\cdot 10H_2O$(c)	−4324.08	592.87	−3643.97	587.4
$NaClO_3$	−358.7	136	−259.0	105

续表

单质或无机物	$\Delta_f H_m^\ominus$/kJ・mol^{-1}	$S_m^\ominus$/J・K^{-1}・mol^{-1}	$\Delta_f G_m^\ominus$/kJ・mol^{-1}	$C_{p,m}^\ominus$/J・K^{-1}・mol^{-1}
第一族				
$NaNO_3$(c)	−466.68	116.3	−365.89	93.05
$Na_2B_4O_7$	−3290	189.5		186.8
Na_2CO_3(c)	−1130.9	136.0	−1047.7	110.50
$Na_2CO_3\cdot 10H_2O$	−4077	2172		536
K(c)	0.0	63.6	0.0	29.16
K(g)	90.0	160.23	61.17	20.79
K_2(g)	128.9	249.75	92.5	
K_2O(c)	−365.1		−318.8	
KNO_3(s)	−492.71	132.9	−393.1	96.27
KOH(c)	−425.85		−374.5	
KBr(c)	−392.04	96.65	−379.20	53.62
KCl(c)	−435.87	82.67	−408.32	51.50
KI(c)	−327.61	104.35	−322.29	55.06
$KMnO_4$(c)	−813.4	171.71	−713.79	119.2
$KClO_3$(c)	−391.20	142.97	−289.91	100.25
$KAl(SO_4)_2$(c)	−2465.4	205	−2235.5	193.0
K_2SO_4(c)	−1433.7	176	−1316.4	130
Rb(c)	0	76.2	0	30.42
Cs(c)	0	84.35	0	31.4
CsCl(c)	−432.9	100		52.63
第二族				
Be(c)	0.0	9.54	0.0	17.82
Mg(c)	0.0	32.51	0.0	23.89
MgO(c)	−601.83	26.8	−569.57	37.40
$MgSO_4$(c)	−1278	95.4	−1165	96.27
$Mg(OH)_2$(c)	−924.66	63.14	−833.74	77.03
$MgCO_3$(c)	−1110	65.7	−1030	75.52
$MgCl_2$(c)	−641.82	89.5	−592.32	71.30
$Mg(NO_3)_2$(c)	−789.60	164	−588.40	142.0
Ca(c)	0.0	41.63	0.0	26.27
CaO(c)	−635.09	39.7	−604.2	42.80
CaS(s)	−482.4	56.5	−477.4	47.4
CaF_2(c)	−1214.6	68.87	−1161.9	67.02
$CaCl_2$(c)	−795.0	114	−750.2	72.63
$CaCO_3$(c,方解石)	−1206.87	92.9	−1128.76	81.88
$Ca(OH)_2$(c)	−986.59	76.1	−896.76	84.95
$CaSiO_3$(c)	−1584.1	82.0	−1498.7	85.27
$CaSO_4$(c,无水)	−1432.68	106.7	−1320.30	99.6
$Ca(NO_3)_2$(c)	−937.22	193	−741.99	149.3
$CaSO_4\cdot\frac{1}{2}H_2O$(c)	−1575.15	130.5	−1435.20	119.7
$CaSO_4\cdot 2H_2O$(c)	−2021.12	193.97	−1795.73	186.2
$Ca_3(PO_4)_2$(c)	−4137.5	236.0	−3899.5	227.82
Sr	0	54	0	25
Ba	0	66.9	0	26.4
$BaCl_2$	−860.06	130	−810.9	75.3
$BaCO_3$	−1219	112	−1139	85.35
$Ba(NO_3)_2$	−991.86	214	−796.6	151
$BaSO_4$	−1465	132	−1353	101.8
第三族				
B(c)	0.0	6.53	0.0	11.97
B_2O_3(c)	−1263.6	54.02	−1184.1	62.26
BF_3(g)	−1110	254.2		50.53

续表

单质或无机物	$\Delta_f H_m^\ominus$/kJ·mol^{-1}	$S_m^\ominus$/J·K^{-1}·mol^{-1}	$\Delta_f G_m^\ominus$/kJ·mol^{-1}	$C_{p,m}^\ominus$/J·K^{-1}·mol^{-1}
第三族				
B_2H_6(g)	31.4	232.88	82.8	56.40
BCl_3(g)	−395.4	289.8	−380.3	62.63
B_5H_9(g)	62.8	275.64	165.7	80
Al(c)	0.0	28.32	0.0	24.34
$AlCl_3$(c)	−697.4	167.0	−636.8	89.1
Al_2O_3(c)	−1699.79	52.99	−1576.41	78.99
Ga(c)	0	41.09	0	26.10
In(c)	0	58.1	0	26.7
Tl(c)	0	64.22	0	26.40
第四族				
C(c,金刚石)	1.90	2.44	2.87	6.05
C(c,石墨)	0.0	5.69	0.0	8.64
C(g)	718.38	157.99	672.97	20.84
CO(g)	−110.52	197.91	−137.27	29.14
CO_2(g)	−393.51	213.64	−394.38	37.13
HCN(g)	130.5	201.79	120.1	35.90
$CO(NH_2)_2$(c)	−333.19	104.6	−197.15	93.14
CS_2(l)	87.9	151.04	63.6	75.7
CS_2(g)	115.3	237.8	65.45	45.65
CCl_4(g)	−106.69	309.41	−64.22	83.51
CCl_4(l)	−139.49	214.43	−68.74	131.75
CH_3Br(g)	−34.3	245.77	−24.69	42.59
$CHCl_3$(g)	−100	296.48	−67	65.81
$CHCl_3$(l)	−131.8	202.9	−71.5	116.3
Si(c)	0.0	18.70	0.0	19.87
SiO_2(c,石英)	−859.4	41.84	−805.0	44.43
$SiCl_4$(l)	−671.4	239.7	−572.8	145.3
Ge	0	42.38	0	28.8
Sn	0	51.4	0	26.36
Pb	0	64.9	0	26.82
PbO_2	−276.6	76.44	−219.0	62.89
PbS	−94.28	91.20	−92.68	35.02
第五族				
N_2(g)	0.0	191.49	0.0	29.12
N(g)	472.64	153.19	455.51	20.79
NO(g)	90.37	210.62	86.69	29.86
NO_2(g)	33.85	240.45	51.84	37.91
N_2O(g)	81.55	219.99	103.60	38.71
N_2O_4(g)	9.66	304.30	98.29	38.71
N_2O_5(c)	−41.84	113.4	133	79.08
NH_3(g)	−46.19	192.51	−16.63	35.66
NH_3(l)	−69.87			80.75
NH_4Cl(c)	−315.39	94.6	−203.89	84.1
NH_4NO_3(c)	−365.10	150.6		139.30
HNO_3(l)	−173.23	155.60	−79.91	109.87
$(NH_4)_2SO_4$(c)	−1179.30	220.3	−900.35	187.07
P(c,白)	0.0	44.0	0.0	23.22
P(c,红)	−18.4	(29.3)	−13.8	
P_4(g)	54.89	279.91	24.35	66.9
PH_3(g)	9.25	210.0	18.24	
PCl_3(g)	−277.0	311.7	−286.27	72.05
PCl_5(g)	−369.45	362.9	−324.64	111.9
As	0	35.1	0	24.64
Sb	0	45.69	0	25.43
Bi	0	56.9	0	25.52
第六族				
O_2(g)	0.0	205.03	0.0	29.36

续表

单质或无机物	$\Delta_f H_m^\ominus$/kJ·mol^{-1}	$S_m^\ominus$/J·K^{-1}·mol^{-1}	$\Delta_f G_m^\ominus$/kJ·mol^{-1}	$C_{p,m}^\ominus$/J·K^{-1}·mol^{-1}
第六族				
O(g)	247.52	160.95	230.09	21.91
O_3(g)	142.3	237.6	163.43	38.16
H_2O(g)	−241.83	188.72	−228.59	33.58
H_2O(l)	−285.84	69.94	−237.19	75.30
H_2O_2(l)	−187.61	(92)	−113.97	
S(c,斜方)	0.0	31.88	0.0	22.59
S(c,单斜)	0.3	32.55	0.10	23.64
SO(g)	79.58	221.92	53.47	
SO_2(g)	−296.06	248.52	−300.37	39.79
SO_3(g)	−395.18	256.22	−370.37	50.63
SO_2Cl_2(g)	−354.8	311.8	−310.45	131.8
H_2S(g)	−20.15	205.64	−33.02	33.97
SF_6(g)	−1096	290.8	−992	
Se	0	42.44	0	25.36
Te	0	49.71	0	25.6
第七族				
F_2(g)	0.0	203.3	0.0	31.46
HF(g)	−268.6	173.51	−270.7	29.08
Cl_2(g)	0.0	222.95	0.0	33.93
HCl(g)	−92.31	186.68	−95.26	29.12
Br_2(l)	0.0	152.3	0.0	
Br_2(g)	30.71	245.34	3.14	35.98
HBr(g)	−36.23	198.40	−53.22	29.12
I_2(c)	0.0	116.7	0.0	54.98
I_2(g)	62.24	260.58	19.37	36.86
HI(g)	25.9	206.33	1.30	29.16
过渡金属				
Pb(c)	0.0	64.89	0.0	26.82
Zn(c)	0.0	41.63	0.0	25.06
ZnS(c,闪锌矿)	−202.9	57.74	−198.3	45.2
ZnS(c,纤维锌矿)	−189.5	(57.74)	−242.5	
Hg(l)	0.0	77.4	0.0	27.82
HgO(c,红)	−90.71	72.0	−58.53	45.77
HgO(c,黄)	−90.21	73.2	−58.40	
Hg_2Cl_2(c)	−264.93	195.8	−210.66	101.7
$HgCl_2$(c)	−230.1	(144.3)	−185	
Cu(c)	0.0	33.30	0.0	24.47
CuO(c)	−155.2	43.51	−127.2	44.4
Cu_2O(c)	−166.69	100.8	−146.36	69.9
$CuSO_4$(c)	−769.86	113.4	−661.9	100.8
$CuSO_4 \cdot 5H_2O$(c)	−2277.98	305.4	−1879.9	281.2
Ag(c)	0.0	42.70	0.0	25.49
Ag_2O(c)	−30.57	121.71	−10.82	65.56
AgCl(c)	−127.03	96.11	−109.72	50.79
$AgNO_3$(c)	−123.14	140.92	−32.17	93.05
Fe(c)	0.0	−27.15	0.0	25.23
Fe_2O_3(c,赤铁矿)	−822.2	90.0	−741.0	104.6
Fe_3O_4(c,磁铁矿)	−1120.9	146.4	−1014.2	
$NiCl_2$(c)	−315.89	107.11	−272.38	71.67
NiO(c)	−244.35	38.58	−216.31	44.35
Mn(c)	0.0	31.76	0.0	26.32
MnO_2(c)	−519.6	53.1	−466.1	54.02
$MnCl_2$(c)	−468.61	117.15	−441.4	72.86

① 摘自 G. M. Barrow. Physical Chemistry. 1973。

表Ⅱ-2　101.325kPa、298.15K时一些有机物的标准热力学函数

物　质	$\Delta_f H_m^\ominus$/kJ·mol^{-1}	$S_m^\ominus$/J·K^{-1}·mol^{-1}	$\Delta_f G_m^\ominus$/kJ·mol^{-1}	$C_{p,m}^\ominus$/J·K^{-1}·mol^{-1}
CH_4(g)甲烷	−74.849	186.19	−50.794	35.715
C_2H_2(g)乙炔	226.371	200.83	−209.20	43.93
C_2H_4(g)乙烯	52.292	219.45	68.178	43.56
C_2H_6(g)乙烷	−84.667	229.49	−32.886	52.68
C_3H_6(g)丙烯	20.418	266.9	62.72	63.89
C_3H_8(g)丙烷	−103.85	269.91	−23.47	73.51
C_4H_6(g)丁二烯〔1,3〕	111.92	279.78	153.68	79.83
C_4H_8(g)丁烯〔1〕	1.172	307.44	72.05	89.33
C_4H_8(g)顺-丁烯〔2〕	−6.990	300.83	67.15	78.91
C_4H_8(g)反-丁烯〔2〕	−10.042	296.48	64.06	87.82
C_4H_8(g)2-甲基丙烯	−13.975	293.59	61.00	89.12
C_4H_{10}(g)正丁烷	−124.725	310.03	−15.690	98.78
C_4H_{10}(g)异丁烷	−131.587	294.64	−17.991	96.82
C_5H_{12}(g)2-甲基丁烷	−154.47	343.00	−14.64	120.62
C_5H_{12}(g)正戊烷	−146.440	348.40	−8.20	122.59
C_5H_{10}(g)环戊烷	−77.24	292.90	38.62	82.93
C_6H_6(g)苯	82.93	269.69	129.076	81.76
C_6H_6(l)苯	49.036	173.264	124.139	135.1
C_6H_{12}(g)环己烷	−123.14	298.24	31.76	106.27
C_6H_{12}(l)环己烷	−156.23	204.35	24.73	156.5
C_6H_{14}(g)正己烷	−167.19	386.81	0.209	146.69
C_7H_8(g)甲苯	49.999	319.74	122.30	103.76
C_7H_8(l)甲苯	12.01	219.24	114.27	156.1
C_7H_{16}(g)正庚烷	−187.82	425.26	8.74	170.79
C_8H_{18}(g)正辛烷	−208.4	463.7	16.53	194.9
C_8H_8(g)苯乙烯	146.90	345.10	213.8	122.09
C_8H_{10}(l)乙苯	−12.47	255.01	119.75	186.44
C_8H_{10}(g)乙苯	29.79	360.45	130.574	129.2
C_8H_{10}(g)邻二甲苯	19.00	352.75	122.09	133.26
C_8H_{10}(l)邻二甲苯	−24.43	246.0	110.42	187.9
C_8H_{10}(g)间二甲苯	17.24	357.69	118.87	127.57
C_8H_{10}(l)间二甲苯	−25.44	253.1	107.32	183.3
C_8H_{10}(g)对二甲苯	17.95	352.42	121.13	126.86
C_8H_{10}(l)对二甲苯	−24.43	247.7	109.91	183.7
C_8H_{10}(s)萘	75.44	166.9	198.7	165.3
$C_{12}H_{10}$(s)联苯	102.63	205.9	258.2	197.1
$C_{14}H_{10}$(s)蒽	70.7	207.5	228.0	207.9
CH_3Cl(g)氯甲烷	−82.01	234.18	−58.6	40.79
$CHCl_3$(g)三氯甲烷	−102.9	295.6	−70.12	65.7
$CHCl_3$(l)三氯甲烷	−132.2	202.92	−71.84	116.3
C_2H_5Cl(g)氯乙烷	−105.02	275.73	−53.1	63
C_2H_3Cl(g)氯乙烯	37.2	263.72	53.6	
C_6H_5Cl(l)氯苯	10.79	209.2	89.20	150.2
C_6H_5Cl(g)氯苯	52.13	313.2		97.1
CH_5N(g)甲胺	−28.03	241.6		−51.7
C_3H_3N(g)丙烯腈	184.93	273.93	195.3	63.76
C_5H_5N(l)吡啶	99.95	177.9		132.7
C_6H_7N(l)苯胺	35.31	191.63	153.22	190.8
$CO(NH_2)_2$(s)尿素	−333.19	104.6	−197.2	93.14
$C_6H_5NO_2$(l)硝基苯	22.2	1224.3	146.23	185.8
C_6H_6O(s)苯酚	−155.89	142.3	−40.75	134.7
$C_6H_4O_2$(s)醌	−186.8			132

物　质	$\Delta_f H_m^\ominus$/kJ·mol^{-1}	$S_m^\ominus$/J·K^{-1}·mol^{-1}	$\Delta_f G_m^\ominus$/kJ·mol^{-1}	$C_{p,m}^\ominus$/J·K^{-1}·mol^{-1}
$C_6H_{12}O_6$(s)葡萄糖		212.1		
$C_{12}H_{22}O_{11}$(s)蔗糖	−2221	360	−1529.7	425
$C_{14}H_{10}$(s)菲	111.50	211.7	267.8	234.3
CH_4O(l)甲醇	−238.57	126.8	−166.23	81.6
CH_4O(g)甲醇	−201.17	237.7	−161.88	45.2
C_2H_6O(l)乙醇	−277.634	160.7	−174.77	111.46
C_2H_6O(g)乙醇	−235.31	282.0	−168.6	73.60
C_3H_8O(l)正丙醇	−304.01	194.6	−170.6	141.6
C_3H_8O(g)正丙醇	−256.4	324.7	−161.8	87.11
C_3H_8O(l)异丙醇	−319.7	179.9	−184.1	163.2
C_3H_8O(g)异丙醇	−268.6	306.3	−175.35	
$C_3H_8O_3$(l)丙三醇	−659.4	207.9	−469.0	223.0
$C_5H_{10}O$(l)环戊醇	−300.2	206		184
C_7H_8O(l)苯甲醇	−161.0	216.7		217.8
$C_4H_{10}O$(l)乙醚	−272.50	253.1	−118.4	168.2
$C_4H_{10}O$(g)乙醚	−190.8		−117.6	
CH_2O(g)甲醛	−115.9	220.1	−110.0	35.35
C_2H_4O(g)乙醛	−166.36	265.7	−133.72	62.8
C_2H_4O(g)环氧乙烷	−52.63	242.42	−13.10	48.28
$C_2H_4O_2$(l)甲酸甲酯	−387.2			121.3
$C_4H_8O_2$(l)乙酸乙酯	−479.03	259.41	−332.7	169.0
$C_2H_6O_2$(g)乙二醇	−388.3	323.55	−299.24	78.7
$C_2H_6O_2$(l)乙二醇	−454.30	166.9	−322.75	149.4
C_7H_8O(l)苯甲醛	−82.0	206.7		169.5
C_3H_6O(l)丙酮	−247.7	200	−155.44	125
C_3H_6O(g)丙酮	−216.69	304.2	−152.7	76.90
CH_2O_2(l)甲酸	−409.2	128.95	−346.0	99.04
CH_2O_2(g)甲酸	−362.63	246.06	−335.72	54.22
$C_2H_4O_2$(l)乙酸	−487.0	159.8	−392.5	123.4
$C_2H_4O_2$(g)乙酸	−436.4	293.3	−381.6	72.4
$C_4H_8O_2$(l)丁酸	−524.3	255		178
$C_2H_2O_4$(s)草酸	−826.8	120.1	−697.9	109
$C_2H_6O_2$(s)苯甲酸	−384.55	170.7	−245.60	145.2

表Ⅱ-3　298.15K 时水溶液中一些物质的标准热力学函数①

水溶液中的物质	$\Delta_f H_m^\ominus$/kJ·mol^{-1}	$S_m^\ominus$/J·mol^{-1}·K^{-1}	$\Delta_f G_m^\ominus$/kJ·mol^{-1}
H^+(aq)	0.0	0.0	0.0
H_3O^+(aq)	−285.85	69.96	−237.19
OH^-(aq)	−229.95	−10.54	−157.27
第一族			
Li^+(aq)	−278.44	14.2	−293.80
Na^+(aq)	−239.66	60.2	−261.88
K^+(aq)	−251.21	102.5	−282.25
Rb^+(aq)	−246.4	124.3	−282.21
Cs^+(aq)	−247.7	133.1	−282.04
第二族			
Be^{2+}(aq)	−353.1	11.3	−329.5
Mg^{2+}(aq)	−461.95	−118.0	−456.01
Ca^{2+}(aq)	−534.59	−55.2	−553.04
Sr^{2+}(aq)	−545.6	−26.4	−557.3
Ba^{2+}(aq)	−538.36	13	−560.7
第三族			
H_3BO_3(aq)	−1067.8	159.8	−963.32

续表

水溶液中的物质	$\Delta_f H_m^\ominus$/kJ·mol^{-1}	$S_m^\ominus$/J·mol^{-1}·K^{-1}	$\Delta_f G_m^\ominus$/kJ·mol^{-1}
第三族			
$H_2BO_3^-$(aq)	−1053.5	30.5	−910.44
Al^{3+}(aq)	−524.7	−313.4	−481.2
第四族			
Ge^{2+}(aq)	−542.96	−55.2	−553.04
CO_2(aq)	−412.92	121.3	−386.22
CN^-(aq)	151.0	118.0	165.7
H_2CO_3(aq)	−698.7	191.2	−623.42
HCO_3^-(aq)	−691.11	95.0	−587.06
CO_3^{2-}(aq)	−676.26	−53.1	−528.10
$C_2O_4^{2-}$(aq)	−824.2	51.0	−674.9
$HCOO^-$(aq)	−410.0	91.6	−334.7
CH_3COOH(aq)	−488.44		−399.61
CH_3COO^-(aq)	−488.86		−372.46
第五族			
NH_3(aq)	−80.83	110.0	−26.61
NH_4^+(aq)	−132.80	112.84	−79.50
HNO_3(aq)	−206.56	146.4	−110.58
NO_2^-(aq)	−106.3	125.1	−35.35
NO_3^-(aq)	−206.56	146.4	−110.58
H_3PO_4(aq)	−1289.5	176.1	−1147.2
$H_2PO_4^-$(aq)	−1302.5	89.1	−1135.1
HPO_4^{2-}(aq)	−1298.7	−36.0	−1094.1
PO_4^{3-}(aq)	−1284.1	−218	−1025.5
第六族			
H_2S(aq)	−39.3	122.2	−27.36
HS^-(aq)	−17.66	61.1	12.59
S^{2-}(aq)	41.8	22.2	83.7
H_2SO_4(aq)	−907.51	17.1	−741.99
HSO_3^-(aq)	−627.98	132.38	−527.31
HSO_4^-(aq)	−885.75	126.85	−752.86
SO_4^{2-}(aq)	−907.51	17.1	−741.99
第七族			
F^-(aq)	−329.11	−9.6	−276.48
HCl(aq)	−167.44	55.2	−131.17
Cl^-(aq)	−167.44	55.2	−131.17
ClO^-(aq)	107.9	43.2	−37.2
ClO_2^-(aq)	−69.0	100.8	14.6
ClO_3^-(aq)	−98.3	163	−2.60
ClO_4^-(aq)	−131.42	182.0	−10.75
Br^-(aq)	−120.92	80.71	−102.80
BrO_3^-(aq)	−40.2	162.8	45.6
I_2(aq)	20.9		16.44
I_3^-(aq)	−51.9	173.6	−51.50
I^-(aq)	−55.94	109.36	−51.67
IO_3^-(aq)	−230.1	115.9	−135.6
过渡金属			
Cu^+(aq)	51.9	−30.5	50.2
Cu^{2+}(aq)	64.39	−98.7	64.98
$Cu(NH_3)_4^{2+}$(aq)	−334.3	806.7	−256.1
Co^{2+}(aq)	−67.4	−155.2	−51.5
Zn^{2+}(aq)	−152.42	−106.48	−147.10
Pb^{2+}(aq)	1.63	21.3	−24.31
Ag^+(aq)	105.90	73.93	77.11
$Ag(NH_3)_2^+$(aq)	−111.80	241.8	−17.40
$Ag(CN)_2^-$(aq)	269.9	205.0	301.46
$Au(CN)_2^-$(aq)	244.3	414	215.5

续表

水溶液中的物质	$\Delta_f H_m^\ominus$/kJ·mol^{-1}	$S_m^\ominus$/J·mol^{-1}·K^{-1}	$\Delta_f G_m^\ominus$/kJ·mol^{-1}
过渡金属			
Ni^{2+}(aq)	−53.97	−128.87	−45.61
$Ni(NH_3)_6^{2+}$(aq)			−251.4
$Ni(CN)_4^{2-}$(aq)	367.8	217.6	471.96
Mn^{2+}(aq)	−218.8	−84	−223.4
MnO_4^-(aq)	−518.4	189.9	−425.1
Cr^{2+}(aq)	−180.7	−73.6	−164
Cr^{3+}(aq)	−270.3	−272	−205.0
$Cr_2O_7^{2-}$(aq)	−1460.6	213.8	−1257.3
CrO_4^{2-}(aq)	−894.33	38.5	−736.8
Hg^{2+}(aq)	174.01	−26.4	164.77

① 摘自 M. X. 卡拉别捷扬茨．化学热力学（中译本）．余国琮译．1955。

表Ⅱ-4　一些物质在 101.325kPa 时的摩尔热容（单位：J·K^{-1}·mol^{-1}）

$C_{p,m}^\ominus=a+bT+cT^2$　　$C_{p,m}^\ominus=a+bT+c'T^{-2}$

物　质	a/J·mol^{-1}·K^{-1}	b/×10^{-3}J·mol^{-1}·K^{-2}	c/×10^{-7}J·mol^{-1}·K^{-3}	c'/×10^{5}J·mol^{-1}·K	使用的温度范围/K
第一部分①					
H_2(g)	29.07	−0.8364	20.13		273～1500
O_2(g)	25.72	12.98	−38.6		273～1500
Cl_2(g)	31.70	10.14	−2.72		273～1500
Br_2(g)	35.24	4.075	−14.9		273～1500
N_2(g)	27.30	5.23	−0.04		273～1500
CO(g)	26.86	6.97	−8.20		273～1500
HCl(g)	28.17	1.82	15.5		273～1500
HBr(g)	27.52	4.00	6.61		273～1500
H_2O(g)	30.36	9.61	11.8		273～1500
CO_2(g)	26.00	43.5	−148.3		273～1500
苯(C_6H_6,g)	−1.18	32.6	−1100		273～1500
正己烷(C_6H_{14},g)	30.60	438.9	−1355		273～1500
CH_4(g)	14.15	75.5	−180		273～1500
第二部分②					
Ag(s)	24.0	5.284		−0.25	273～1234
Al(s)	20.67	12.38			273～931.7
C(s)金刚石	9.12	13.22		−6.19	298～1200
C(s)石墨	17.15	4.27		−8.79	298～2300
Cl_2(g)	36.9	0.25		−2.85	298～1300
Cu(s)	22.64	6.28			298～1357
F_2(g)	34.69	1.84		−3.35	273～2000
H_2(g)	29.066	−0.8364	20.12		300～1500
Fe(α,s)	14.10	29.71		−1.80	273～1033
I_2(s)	40.125	49.79			298～386.8
I_2(g)	36.90				456～1500
N_2(g)	27.9	4.27			298～2500
Na(s)	20.9	22.43			298～373
O_2(g)	36.16	0.845		−4.310	298～1500
O_3(g)	41.3	10.3		5.52	298～2000
P(s)红	19.83	16.32			98～800
Pb(s)	25.82	6.69			273～600.5
S(s)单斜	14.9	29.12			368.6～392
S(s)斜方	15.0	26.11			298～368.6
$AgNO_3$(s)	78.78	67			273～433
AgI	24.35	100.83			298～423
$BaSO_4$(s)	141.4			−35.3	298～1300
CCl_4(g)	97.65	9.62		−15.1	298～1000
CO_2(g)	44.14	9.04		−8.54	298～2500

续表

物质	a/J·mol^{-1}·K^{-1}	b/×10^{-3}J·mol^{-1}·K^{-2}	c/×10^{-7}J·mol^{-1}·K^{-3}	c'/×10^{5}J·mol^{-1}·K	使用的温度范围/K
第二部分②					
$H_2S(g)$	29.37	15.40			298～1800
$H_2O(g)$	30.0	10.7		0.33	298～2500
$HCl(g)$	26.53	4.60		1.1	298～2000
$NH_3(g)$	25.895	32.999	−30.46		291～1000
$N_2O_4(g)$	83.89	39.75		−14.90	298～1000
$NaCl(s)$	45.94	16.32			298～1073
$KNO_3(s)$	60.88	118.8			298～401
$Mg(OH)_2(s)$	43.5	113.0			273～500
$MnO_2(s)$	69.45	10.2		−16.2	298～800
$PCl_5(g)$	19.828	449.060	−4987.3		298～500
$PbO_2(s)$	53.1	33			
$PbS(s)$	44.6	16.4			298～900
$SO_2(g)$	43.43	10.63		−5.94	298～1800
$SO_3(g)$	57.32	26.86		−13.05	298～1200
SiO_2(β,s)	60.29	8.12			848～2000
$TiC(s)$	49.50	3.35		−14.98	298～1800
$TlCl_4(g)$	106.48	1.00		−9.87	298～2000
TiO_2(s)金红石	75.19	1.17		−18.20	298～1800
$ZnSO_4(s)$	71.42	87.03			298～1000
第三部分③					
He Ne Ar Kx Xr	20.79	0		0	298～2000
$S(g)$	22.01	−0.42		1.51	298～2000
$H_2(g)$	27.28	3.26		0.50	298～2000
$O_2(g)$	29.96	4.18		−1.67	298～2000
$N_2(g)$	28.58	3.76		−0.50	298～2000
$S_2(g)$	36.48	0.67		−3.76	298～2000
$CO(g)$	28.41	4.10		−0.46	298～2000
$F_2(g)$	34.56	2.51		−2.51	298～2000
$Cl_2(g)$	37.03	0.67		−2.84	298～2000
$Br_2(g)$	37.32	0.50		−1.25	298～2000
$I_2(g)$	37.40	0.59		−0.71	298～2000
$CO_2(g)$	44.22	8.79		−8.62	298～2000
$H_2O(g)$	30.54	10.29		0	298～2000
$H_2S(g)$	32.68	12.38		−1.92	298～2000
$NH_3(g)$	29.75	25.10		−1.55	298～2000
$CH_4(g)$	23.64	47.86		−1.92	298～2000
$TeF_6(g)$	148.66	6.78		−29.29	298～2000
$I_2(l)$	80.33	0		0	熔点到沸点
$H_2O(l)$	75.48	0		0	熔点到沸点
$NaCl(l)$	66.9	0		0	熔点到沸点
$C_{10}H_8(l)$	79.5	407.5		0	熔点到沸点
C(石墨)	16.86	4.77		−8.54	298K到熔点或2000K
$Al(s)$	20.67	12.38		0	298K到熔点或2000K
$Cu(s)$	22.63	6.28		0	298K到熔点或2000K
$Pb(s)$	22.13	11.72		0.96	298K到熔点或2000K
$I_2(s)$	40.12	49.79		0	298K到熔点或2000K
$NaCl(s)$	45.94	16.32		0	298K到熔点或2000K
$C_{10}H_8(s)$	−115.9	937		0	298K到熔点或2000K

续表

物　质	a/J·mol^{-1}·K^{-1}	b/×10^{-3}J·mol^{-1}·K^{-2}	c/×10^{-7}J·mol^{-1}·K^{-3}	c'/×10^{5}J·mol^{-1}·K	使用的温度范围/K
第四部分[④]					
甲烷 $CH_4(g)$	17.45	60.46	11.17		298～1500
乙烷 $C_2H_6(g)$	4.494	182.26	−748.6		298～1500
丙烷 $C_3H_8(g)$	−4.80	307.3	−1601.6		298～1500
乙烯 $C_2H_4(g)$	4.196	154.59	−810.9		298～1500
乙炔 $C_2H_2(g)$	23.46	85.77	−583.4		298～1500
1,3 丁二烯 $C_4H_6(g)$	−2.96	340.08	−2237		298～1500
苯 $C_6H_6(g)$	−33.90	471.9	−2983		298～1500
环已烷 $C_6H_{12}(g)$	−51.72	598.8	−2300		298～1000
甲醛 $CH_2O(g)$	18.82	58.38	−156.1		298～1500
甲酸 $CH_2O_2(g)$	19.4	112.8	−475		298～1000
甲醇 $CH_3OH(g)$	15.28	105.2	−310.4		298～1000
乙醛 $C_2H_4O(g)$	13.0	153.5	−537		298～1000
乙酸 $C_2H_4O_2(g)$	5.56	243.5	−1519		298～1000
乙醇 $C_2H_6O(g)$	19.07	212.7	−1086		298～1000
丙酮 $C_3H_8O(g)$	22.47	201.8	−635		298～1500
甲苯 $C_7H_8(g)$	−33.88	557.0	−3484		298～1500
氯甲烷 $CH_3Cl(g)$	15.57	92.74	−283.1		298～1500
氯仿 $CHCl_3(g)$	81.38	16.0	−187		298～1000
四氯化碳 $CCl_4(g)$	97.65	9.62	−150.6		298～1000
氯苯 $C_6H_5Cl(g)$	−33.9	558.0	−4452		298～1000
甲胺 $CH_5N(g)$	16.34	130.6	−384.5		298～1500
吡啶 $C_5H_5N(g)$	38.60	479.5	−3266		298～1500

① 摘自 W. J. Moore. Physical Chemistry. 4th. 1972。

② 摘自 M. X. 卡拉别捷扬茨．化学热力学（中译本）（上册）．余国琮等译．1955. 经量纲换算。

③ 摘自 G. M. Barrow. Physical Chemistry. 1973。该书系根据 Lewis and Randall. Thermodynamics. 2nd. 1961，换算为 SI 单位。

④ 摘自大连工学院物理化学教研室编．物理化学例题与习题．人民教育出版社，1980。

表Ⅱ-5　101.325kPa、298.15K 时一些有机物的标准摩尔燃烧焓 $\Delta_c H_m^\ominus$

物　质	$\Delta_c H_m^\ominus$/kJ·mol^{-1}	物　质	$\Delta_c H_m^\ominus$/kJ·mol^{-1}
$CH_4(g)$甲烷	−890.31	$C_{14}H_{10}(s)$蒽	−7059.7
$C_2H_6(g)$乙烷	−1559.88	$C_{14}H_{10}(s)$菲	−7052.6
$C_2H_2(g)$乙炔	−1299.63	$CH_3OH(l)$甲醇	−726.64
$C_2H_4(g)$乙烯	−1410.97	$C_2H_5OH(l)$乙醇	−1366.75
$C_3H_6(g)$丙烯	−2058.5	$(CH_2OH)_2(l)$乙二醇	−1192.9
$C_3H_8(g)$丙烷	−2220.0	$C_5H_{12}O_5(s)$木糖醇	−2564.1
$C_3H_6(g)$环丙烷	−2091.4	$C_3H_9O_3(l)$甘油	−1655.4
$C_4H_{10}(g)$正丁烷	−2878.51	$C_3H_8O(l)$正丙醇	−2019.83
$C_4H_{10}(g)$异丁烷	−2871.65	$C_4H_{10}O(l)$正丁醇	−2675.79
$C_4H_8(g)$丁烯	−2718.58	$CH_3COCH_3(l)$丙酮	−1790.4
$C_5H_{12}(g)$戊烷	−3536.15	$CH_3COOCH_3(l)$乙酸甲酯	−1592.8
$C_6H_{14}(l)$正已烷	−4163.1	$CH_3COOC_2H_5(l)$乙酸乙酯	−2254.21
$C_6H_{12}(l)$环已烷	−3919.91	$C_2H_6O(g)$甲醚	−1460.5
$C_6H_6(l)$苯	−3267.7	$(C_2H_5)_2O(l)$乙醚	−2730.9
$C_7H_6(l)$甲苯	−3909.9	$HCOOH(l)$甲酸	−254.6
$C_8H_{10}(l)$对二甲苯	−4552.86	$CH_3COOH(l)$乙酸	−874.5
$C_{10}H_6$(结晶)萘	−5153.9	$(COOH)_2(\alpha,s)$草酸	−246.0

续表

物质	$\Delta_c H_m^{\ominus}$/kJ·mol^{-1}	物质	$\Delta_c H_m^{\ominus}$/kJ·mol^{-1}
$C_4H_6O_6$(s)L-酒石酸	−1149.3	C_6H_5Cl(l)氯苯	−3140.9
C_6H_5COOH(s)苯甲酸	−3227.5	COS(g)氧硫化碳	−553.1
$C_7H_5O_3$(s)水杨酸	−3022.5	CS_2(l)二硫化碳	−1075
$C_{17}H_{35}COOH$(s)硬脂酸	−11274.6	C_2N_2(g)氰	−1087.8
C_6H_5OH(s)苯酚	−3053.5	CH_5N(l)甲胺	−1060.6
C_7H_8O(s)邻甲苯酚	−3693.3	C_2H_7N(l)乙胺	−1713.3
C_7H_8O(s)间甲苯酚	−3703.9	$CO(NH_2)_2$(s)尿素	−631.99
C_7H_8O(s)对甲苯酚	−3698.6	$C_6H_5NO_2$(l)硝基苯	−3092.8
HCHO(g)甲醛	−570.8	$C_6H_5NH_2$(l)苯胺	−3397.0
CH_3CHO(g)乙醛	−1192.4	$C_{10}H_{16}O$(s)樟脑	−5903.6
CH_3CHO(l)乙醛	−1166.4	$C_6H_{12}O_6$(s)果糖	−2812.9
C_7H_6O(l)苯甲醛	−3527.9	$C_6H_{12}O_6$(s)D-葡萄糖	−2806.8
CCl_4(l)四氯化碳	−156.1	$C_{12}H_{22}O_{11}$(s)麦芽糖	−5645.5
$CHCl_3$(l)三氯甲烷	−373.2	$C_{12}H_{12}O_{11}$(s)蔗糖	−5640.9
CH_3Cl(g)氯甲烷	−689.1	$C_{12}H_{12}O_{11}$(s)β-乳糖	−5648.4

注：摘自 J. Phys. Chem. Ref. Data，1972，1 (2)，经量纲换算。

表Ⅱ-6　实际气体的逸度系数

对比压力 $\pi=\frac{p}{p_c}$，对比温度 $\tau=\frac{T}{T_c}$，表中所列为逸度系数 γ

π	τ														
	1.0	1.1	1.2	1.3	1.4	1.5	1.6	1.7	1.8	2.0	2.2	2.4	2.7	3.0	3.5
0	1.000	1.000	1.000	1.000	1.000	1.000	1.000	1.000	1.000	1.000	1.000	1.000	1.000	1.000	1.000
1	0.612	0.735	0.814	0.870	0.906	0.926	0.948	0.956	0.964	0.976	0.990	1.000	1.006	1.010	1.014
2	0.385	0.560	0.668	0.760	0.824	0.822	0.898	0.914	0.930	0.956	0.980	1.000	1.012	1.020	1.028
3	0.288	0.435	0.560	0.668	0.748	0.806	0.854	0.880	0.902	0.940	0.974	1.000	1.020	1.032	1.046
4	0.248	0.370	0.494	0.602	0.690	0.764	0.824	0.858	0.882	0.930	0.972	1.000	1.030	1.048	1.062
5	0.226	0.338	0.464	0.566	0.654	0.736	0.802	0.842	0.866	0.922	0.972	1.008	1.042	1.062	1.080
6	0.210	0.318	0.442	0.544	0.634	0.720	0.788	0.834	0.860	0.920	0.978	1.014	1.052	1.074	1.098
7	0.202	0.310	0.430	0.532	0.626	0.710	0.780	0.832	0.860	0.926	0.988	1.026	1.068	1.092	1.112
8	0.200	0.308	0.428	0.528	0.621	0.712	0.784	0.834	0.868	0.934	1.000	1.040	1.086	1.110	1.136
9	0.200	0.310	0.430	0.532	0.630	0.720	0.792	0.840	0.878	0.948	1.014	1.058	1.106	1.130	1.158
10	0.202	0.312	0.434	0.542	0.640	0.730	0.806	0.852	0.890	0.964	1.034	1.076	1.128	1.153	1.180
11			0.460	0.552	0.654	0.746	0.810	0.866	0.908	0.582	1.054	1.100	1.152	1.174	1.204
12			0.474	0.566	0.668	0.760	0.834	0.884	0.928	1.008	1.078	1.126	1.174	1.198	1.226
13			0.490	0.582	0.686	0.778	0.852	0.906	0.952	1.014	1.106	1.152	1.202	1.222	1.250
14			0.510	0.598	0.706	0.798	0.874	0.930	0.978	1.066	1.134	1.180	1.228	1.248	1.280
15			0.532	0.620	0.728	0.826	0.902	0.958	1.006	1.100	1.166	1.214	1.256	1.280	1.310
16			0.545	0.646	0.758	0.854	0.934	0.996	1.036	1.114	1.198	1.240	1.290	1.310	1.340
17			0.565	0.672	0.786	0.890	0.970	1.026	1.072	1.172	1.230	1.274	1.322	1.342	1.368
18			0.578	0.706	0.824	0.930	1.006	1.066	1.110	1.208	1.270	1.310	1.354	1.374	1.402
19			0.604	0.738	0.860	0.970	1.050	1.106	1.150	1.248	1.308	1.348	1.392	1.414	1.434
20			0.628	0.768	0.894	1.006	1.088	1.142	1.180	1.288	1.340	1.386	1.432	1.442	1.468
21										1.328	1.406	1.418	1.472	1.476	1.504
22										1.366	1.426	1.466	1.514	1.522	1.534

续表

π	τ=5	6	7	8	9	10	12	14	16	18	20	22	25	30	35
0	1.000	1.000	1.000	1.000	1.000	1.000	1.000	1.000	1.000	1.000	1.000	1.000	1.000	1.000	1.000
5	1.076	1.071	1.063	1.056	1.057	1.048	1.043	1.038	1.036	1.030	1.028	1.024	1.019	1.015	1.012
10	1.167	1.152	1.135	1.120	1.117	1.102	1.088	1.072	1.070	1.061	1.052	1.048	1.039	1.031	1.028
15	1.274	1.244	1.214	1.194	1.181	1.160	1.136	1.110	1.108	1.087	1.080	1.072	1.058	1.045	1.042
20	1.402	1.346	1.302	1.274	1.248	1.210	1.182	1.152	1.148	1.127	1.110	1.100	1.082	1.060	1.054
25	1.540	1.450	1.398	1.356	1.318	1.284	1.234	1.192	1.188	1.158	1.142	1.128	1.106	1.084	1.070
30	1.686	1.570	1.502	1.444	1.392	1.352	1.292	1.234	1.228	1.192	1.176	1.156	1.130	1.106	1.086
35	1.868	1.708	1.612	1.534	1.470	1.424	1.350	1.284	1.270	1.228	1.208	1.184	1.160	1.126	1.104
40	2.028	1.854	1.728	1.630	1.554	1.492	1.410	1.328	1.312	1.266	1.240	1.212	1.178	1.146	1.118
45	2.228	2.018	1.850	1.736	1.644	1.570	1.470	1.380	1.354	1.306	1.274	1.242	1.202	1.168	1.134
50	2.450	2.190	1.986	1.850	1.744	1.654	1.534	1.432	1.400	1.346	1.308	1.272	1.228	1.188	1.152
55	2.694	2.372	2.126	1.968	1.844	1.740	1.598	1.486	1.448	1.388	1.342	1.302	1.252	1.208	1.168
60	2.966	2.570	2.274	2.098	1.952	1.828	1.664	1.546	1.500	1.432	1.380	1.334	1.278	1.230	1.182
65								1.602	1.552	1.476	1.416	1.368	1.306	1.252	1.196
70								1.662	1.608	1.526	1.454	1.380	1.332	1.272	1.214
75								1.728	1.668	1.590	1.494	1.438	1.362	1.292	1.238
80								1.794	1.728	1.622	1.538	1.472	1.390	1.314	1.248
85								1.862	1.790	1.672	1.582	1.512	1.426	1.338	1.268
90								1.930	1.862	1.726	1.626	1.548	1.456	1.360	1.288
95								2.002	1.912	1.774	1.668	1.590	1.490	1.380	1.308
100								2.070	1.978	1.828	1.712	1.628	1.528	1.402	1.328

表Ⅱ-7　某些液态物质的正常沸点 T_b 及在沸点时的摩尔汽化焓 $\Delta_{vap}H_m^{\ominus}$

物　质	T_b/℃	$\Delta_{vap}H_m^{\ominus}$/kJ·mol^{-1}	物　质	T_b/℃	$\Delta_{vap}H_m^{\ominus}$/kJ·mol^{-1}
水	100	40.67	甲醇	64.7	35.23
甲烷	−161.6	8.182	乙醇	78.4	39.38②
乙烷	−88.6	14.7①	丙醇	97.2	41.34
丙烷	−42.1	18.78	正丁醇	118.0	43.82③
环己烷	80.7	30.14	丙酮	56.2	30.25④
乙烯	−103.7	13.55	乙醚	34.6	26.02
丙烯	−47.7	18.42	乙醛	20.2	25.10⑤
苯	80.1	30.77	甲酸	100.8	23.09⑥
甲苯	110.6	33.46	乙酸	118.1	24.32⑦
乙苯	136.2	35.98	氯仿	61.2	20.72⑧
对二甲苯	138.4	36.07	氯苯	132.0	36.55⑨
间二甲苯	139.1	36.43	硝基苯	210.9	40.74⑩
邻二甲苯	144.4	35.98	二硫化碳	46.3	26.79
萘	218.0	40.49	苯胺	184.4	40.41⑪

① 88.9℃时的数值。
② 78.3℃时的数值。
③ 116.8℃时的数值。
④ 56.1℃时的数值。
⑤ 21℃时的数值。
⑥ 101℃时的数值。
⑦ 118.3℃时的数值。
⑧ 61.5℃时的数值。
⑨ 130.6℃时的数值。
⑩ 210℃时的数值。
⑪ 183℃时的数值。

表Ⅱ-8 某些固体物质的熔点 T_f 及在熔点时的摩尔熔化焓 $\Delta_{fus}H_m^\ominus$

物　质	T_f/℃	$\Delta_{fus}H_m^\ominus$/kJ·mol^{-1}	物　质	T_f/℃	$\Delta_{fus}H_m^\ominus$/kJ·mol^{-1}
无机物			$SO_3(\beta)$	32.6	10.33
Ag	961	11.95	$SO_3(\gamma)$	16.86	1.966
Au	1063	12.6	H_2O	0	6.009
B	2300	22.18	**有机物**		
Cu	1083	13.0	甲烷	−182.5	0.937
Cl_2	−103±5	6.76	乙烷	−183.3	2.860
Fe	1530.0	14.88	丙烷	−181.7	3.526
I_2	112.9	15.2	环己烷	6.5	2.630
K	63.7	2.32	苯	5.33	9.95
Li	179	3.03	甲苯	−94.99	6.619
Mg	651	8.95	对二甲苯	−13.2	16.80
Na	97.8	2.61	间二甲苯	−47.8	11.55
N_2	−210	0.72	邻二甲苯	−25.2	13.61
Ni	1452	17.56	甲醇	−97.8	3.177
O_2	−218.8	0.44	乙醇	−114.5	5.021
P(黄或白)	44.1	0.623	正丙醇	−126.1	5.195
P(红)	597	18.83	正丁醇	−89.8	9.28
Pb	327.3	5.1	丙酮	−94.8	5.691
S(单分子)	119	1.23	甲酸	8.3	12.72
Sb	630.5	19.83	乙酸	16.6	11.53
Sn	231.9	7.196	氯仿	−63.5	6.197
W	3380	35.23	氯苯	−45.2	9.61
Zn	419.4	7.385	硝基苯	5.7	11.59
CO_2	−57.6	7.95	二硫化碳	−111.5	4.396
SO_2	−73.2	8.63	苯胺	−6.3	10.56
$SO_3(\alpha)$	62.3	25.48	苯酚	40.9	11.29

表Ⅱ-9 一些体系的恒沸点数据①

(1) 含水的二元恒沸体系

二元恒沸体系		$p^\ominus$下的沸点/℃		恒沸物组成 w_t/%	
第一组分	第二组分	第二组分	恒沸溶液②	第一组分	第二组分
水	**卤代烃**				
	二氯乙烯	83.7	72	18.5	81.5
	胺				
	吡啶	115.5	92.6	43	57
	烃				
	甲苯	110.8	84.1	19.6	81.4
	苯	80.2	69.3	8.9	91.1
	酯				
	乙酸乙酯	77.1	70.4	8.2	91.3
	乙酸丁酯(正)	125	90.2	26.7	73.3
	乙酸丁酯(异)	117.2	87.5	19.5	80.5
	乙酸丙酯(正)	101.6	82.4	12.5	87.5
	乙酸丙酯(异)	91.0	77.4	6.2	93.8
	乙酸戊酯(正)	148.8	95.2	41	59
	乙酸戊酯(异)	142.1	94.05	35.09	64.91
	丁酸乙酯(正)	120.1	87.9	21.5	78.5
	丁酸乙酯(异)	110.1	85.2	15.2	84.8
	丁酸丁酯(正)	165.7	97.2	53	47
	丁酸丁酯(异)	156.8	96.3	46	54
	丁酸甲酯(正)	102.7	82.7	11.5	88.5
	丁酸甲酯(异)	92.3	77.7	6.8	93.2

二元恒沸体系		$p^{\ominus}$下的沸点/℃		恒沸物组成 w_t/%	
第一组分	第二组分	第二组分	恒沸溶液②	第一组分	第二组分
水	丁酸丙酯(正)	142.8	94.1	36.4	63.6
	丁酸丙酯(异)	133.9	92.2	30.8	69.2
	甲酸丁酯(正)	106.8	83.8	15	85
	甲酸丁酯(异)	98.5	80.4	18.9	92.2
	甲酸丙酯	80.9	71.9	3.6	96.4
	丙酸乙酯	99.2	81.2	10	90
	丙酸丁酯(异)	136.9	92.8	32.2	67.8
	丙酸甲酯	79.9	71.4	3.9	96.1
	丙酸丙酯(正)	122.1	88.9	23	77
	肉桂酸甲酯	261.9	99.9	95.5	4.5
	硝酸乙酯	87.7	74.4	22	78
	硝酸丁酯(异)	122.9	89.0	25	75
	硝酸丙酯	110.5	84.8	20	80
	酮				
	戊酮-[2]	102.25	82.9	13.5	86.5
	醇				
	乙醇	78.4	78.1	4.5	95.5
	丁醇(正)	117.8	92.4	38	62
	丁醇(异)	108.0	90.0	33.2	66.8
	丁醇(仲)	99.5	88.5	32.1	67.9
	丁醇(叔)	82.8	79.9	11.7	88.3
	丙醇(正)	97.2	87.7	28.3	71.7
	丙醇(异)	82.5	80.4	12.1	87.9
	戊醇(正)	137.8	96.0	54.0	46.0
	戊醇(异)	131.4	95.2	49.6	50.4
	戊醇-[3]	115.4	91.7	36.0	64.0
	戊醇-[2]	119.3	92.5	38.5	61.5
	戊醇(叔) 2-甲基丁醇-[2]	102.3	87.4	27.5	72.5
	辛醇(正)	195.2	99.4	90	10
	庚醇(正)	176.2	98.7	83	17
	苄醇	205.2	99.9	91	9
	糠醇	169.4	98.5	80	20
	酸				
	丁酸	163.5	99.4	81.6	18.4
	甲酸	100.8	107.3(最高)	22.5	77.5
	丙酸	141.1	99.98	82.3	17.7
	硝酸	86.0	120.5(最高)	32	68
	氢氟酸	19.4	120(最高)	63	37
	氢溴酸	−67	126(最高)	52.5	47.5
	氢碘酸	−34	127(最高)	43	57
	氢氯酸	−84	109(最高)	79.76	20.24
	氯酸	110.0	203(最高)	28.4	71.6
	醚				
	乙丙醚(正)	63.6	59.5	4	96
	二乙醚	34.5	34.2	1.3	98.7
	二苯醚	259.3	99.3	96.8	3.2
	苯乙醚	170.4	97.3	59	41
	苯甲醚	153.9	95.5	40.5	59.5
	醛				
	丁醛 C_3H_7CHO	75.7	68	6	94
	糠醛 CH——CH ‖　　‖ CH—O—C—CHO	161.5	97.5	65	35

(2) 不含水的二元恒沸体系

二元恒沸溶液		$p^{\ominus}$下的沸点/℃			恒沸物组成 w_t/%	
第一组分	第二组分	第一组分	第二组分	恒沸溶液②	第一组分	第二组分
乙酸乙酯	二硫化碳	77.1	46.3	46.1	7.3	92.7
乙酸甲酯	二硫化碳	57.10	46.3	40.2	30	70
	丙酮		56.3	55.6	52	48
	氯仿		61.2	64.5	78	22
间二甲苯	乙酸异戊酯	139.3	142.1	136.0	49.9	50.1
二硫化碳	甲酸乙酯	46.3	54.15	39.4	63	37
丁酮	二硫化碳	79.6	46.3	45.8	15.3	84.7
	甲酸丙酯		80.85	79.55	90.0	10.0
	丙酸甲酯		97.85	79.00	60.0	40.0
	环己烷		82.75	73.0	47.0	53.0
正己烷	苯	68.95	80.2	68.8	95	5
	氯仿		61.2	60.0	28	72
三氯乙醛	乙酸异丙酯	97.6	90.8	98.2	85	15
甲苯	氯甲基环氧乙烷	110.8	116.4	108.3	71	29
丙酮	二硫化碳	56.5	46.3	39.2	34	66
	丙醚(异)		69.0	54.2	61	39
	氯仿		61.2	65.5(最高)	20	80
四氯乙烷	乙酸异戊酯	146.3	142.1	150(最高)	68	32
四氯化碳	乙酸乙酯	76.8	77.1	74.8	57	43
	乙酸丙酯(正)		101.6	74.7	57	43
	丁酮		79.6	73.8	29	71
苯	丁酮	80.2	79.6	78.4	62	38
环己烷	苯	80.8	80.2	77.8	45	55
环己酮	四氯乙烷	156.7	146.4	159	55	45
	苯甲醚		153.85	152.5	25	75
氯仿	甲酸乙酯	61.2	54.15	62.7	87	13

(3) 三元恒沸体系（第一组分为水）

三元恒沸溶液		$p^{\ominus}$下三元恒沸体系沸点/℃		恒沸物组成 w_t/%		
第二组分	第三组分	第三组分	恒沸溶液②	第一组分	第二组分	第三组分
乙醇(沸点 78.3℃)	乙基碘	72.3	61	5	9	86
	乙酸乙酯	77.1	70.3	7.8	9.0	83.2
	亚乙基二氯	83.7	66.7	5	17	78
	乙醛缩二乙醇	103.6	77.8	11.4	27.6	61.0
	二硫化碳	46.25	41.35	1.09	6.55	92.36
	三氯代乙烯	87	67.3	5.0	25.9	69.1
	四氯化碳	76.8	61.8	4.3	9.7	86.0
乙醇(沸点 78.3℃)	甲醛缩二乙醇	87.5	73.2	12.1	18.4	69.5
	均二氯代乙烯(顺)	60.2	53.8	2.8	6.65	90.5
	均二氯代乙烯(反)	48.3	44.4	1.1	4.4	94.5
	苯	80.2	64.9	7.4	18.5	74.1
	环己烷	80.8	62.1	7	17	76
	氯仿	61.2	55.5	3.5	4.0	92.5
丁醇(沸点 117.8℃)	乙酸丁酯	126.2	89.4	37.3	27.4	35.3
	丁醚	141.9	91	29.3	42.9	27.7
	甲酸丁酯	106.6	83.6	21.3	10.3	68.7
丙醇(沸点 97.2℃)	乙酸丙酯	101.6	82.2	21.0	19.5	59.5
	乙醛缩二丙醇	147.7	87.6	27.4	51.6	21.2
	甲酸丙酯	80.9	70.8	13	5	82

三元恒沸溶液		$p^{\ominus}$下三元恒沸体系沸点/℃		恒沸物组成 w_1/%		
第二组分	第三组分	第三组分	恒沸溶液②	第一组分	第二组分	第三组分
	甲醛缩二丙醇	137.4	86.4	8.0	44.8	47.0
	丙醚	91.0	74.8	11.7	20.2	68.1
	四氯化碳	76.8	65.4	5	11	84
	均戊酮	102.2	81.2	—	—	—
	苯	80.2	68.5	8.6	9.0	82.4
	环己烷	80.8	66.6	8.5	10.0	81.5
丙烯醇(沸点 97.0℃)	正己烷	68.95	59.7	5	5	90
	四氯化碳	76.8	65.2	5	11	84
	苯	80.2	68.2	8.6	9.2	82.2
	环己烷	80.8	66.2	8	11	81
戊醇(沸点 137.8℃)	乙酸戊酯	148.8	94.8	56.2	33.3	10.5
	甲酸戊酯	131.0	91.4	37.6	21.1	41.2
异丙醇(沸点 82.5℃)	苯	80.2	66.5	7.5	18.7	73.8
	环己烷	80.8	64.3	7.5	18.5	74.0
异丁醇(沸点 108.0℃)	乙酸异丁酯	117.2	86.8	30.4	23.1	46.5
	甲酸异丁酯	98	80.2	17.3	6.7	76.0
异戊醇(沸点 131.4℃)	乙酸异戊酯	142.0	93.6	44.8	31.2	24.0
	甲酸异戊酯	124.0	89.8	32.4	19.6	48.0
叔丁醇(沸点 82.6℃)	苯	80.2	67.3	8.1	21.4	70.5
	环己烷	80.75	65	8	21	71
二硫化碳(沸点 46.3℃)	丙酮	56.5	38.04	0.81	75.21	23.98

① 摘自 B. Π. 尼柯里斯基等．苏联化学手册（中译本）．陶坤译．科学出版社．1963，Ⅲ297～308。

② 表中未加注明的为最低恒沸点温度。

表Ⅱ-10　一些物质的标准摩尔自由能函数、$H_m^{\ominus}(298.15K)-H_m^{\ominus}(0K)$ 和 $\Delta_f H_m^{\ominus}(0K)$①

物质	$-\frac{[G_m^{\ominus}(T)-H_m^{\ominus}(0K)]}{T}$/J·K^{-1}·mol^{-1}					$H_m^{\ominus}(298.15K)-H_m^{\ominus}(0K)$ /kJ·mol^{-1}	$\Delta_f H_m^{\ominus}(0K)$ /kJ·mol^{-1}
	298K	500K	1000K	1500K	2000K		
$Br(g)$	154.1	164.89	179.28	187.82	193.97	6.197	112.93
$Br_2(g)$	212.76	230.08	254.39	269.07	279.62	9.728	35.02
$Br_2(l)$	104.6					13.556	0
C(石墨)	2.22	4.85	11.63	17.53	22.51	1.050	0
$Cl(g)$	144.06	155.06	170.25	179.20	185.52	6.272	119.41
$Cl_2(g)$	192.17	208.57	231.92	246.23	256.65	9.180	0
$F(g)$	136.77	148.16	163.43	172.21	178.41	6.519	77.0±4
$F_2(g)$	173.09	188.70	211.0	224.85	235.02	8.828	0
$H(g)$	93.81	104.56	118.99	127.40	133.39	215.98	
$H_2(g)$	102.17	117.13	136.98	148.91	157.61	8.468	0
$I(g)$	159.9	170.62	185.06	193.47	199.49	6.197	107.15
$I_2(g)$	226.69	244.60	269.45	284.34	295.06	8.987	65.52
$N_2(g)$	162.42	177.49	197.95	210.37	219.58	8.669	0
$O_2(g)$	175.98	191.13	212.13	225.14	234.72	8.660	0
S(斜方)	17.11	27.11				0.406	0
$CO(g)$	168.41	183.51	204.05	216.65	225.93	8.673	−113.81
$CO_2(g)$	182.66	199.45	226.40	244.68	258.80	9.364	−393.17
$CS_2(g)$	202.00	221.92	253.17	273.80	289.11	10.669	114.60±8
$CH_4(g)$	152.55	170.50	199.37	221.08	238.91	10.029	−66.90
$CH_3Cl(g)$	198.53	217.82	250.12	274.22		10.414	−74.1
$CHCl_3(g)$	248.07	275.35	321.25	352.96		14.184	−96

续表

物　质	$-\frac{[G_m^{\ominus}(T)-H_m^{\ominus}(0K)]}{T}$/J·K^{-1}·mol^{-1}					$H_m^{\ominus}(298.15K)-H_m^{\ominus}(0K)$ /kJ·mol^{-1}	$\Delta_f H_m^{\ominus}(0K)$ /kJ·mol^{-1}
	298K	500K	1000K	1500K	2000K		
$CCl_4(g)$	251.67	285.01	340.62	376.39		17.200	−104
$COCl_2(g)$	240.58	264.97	304.55	331.08	351.12	12.866	−217.82
$CH_3OH(g)$	201.38	222.34	257.65			11.427	−190.25
$CH_2O(g)$	185.14	203.09	230.58	250.25	266.02	10.012	−112.13
$HCOOH(g)$	212.21	232.63	267.73	293.59	314.39	10.883	−370.91
$HCN(g)$	170.79	187.65	213.43	230.75	243.97	9.25	130.1
$C_2H_2(g)$	167.28	186.23	217.61	239.45	256.60	10.008	227.32
$C_2H_4(g)$	84.01	203.93	239.70	267.52	290.62	10.565	60.75
$C_2H_6(g)$	189.41	212.42	255.68	290.62		11.950	−69.12
$C_2H_5OH(g)$	235.14	262.84	314.97	356.27		14.18	−219.28
$CH_3CHO(g)$	221.12	245.48	288.82			12.845	−155.44
$CH_3COOH(g)$	236.40	264.60	317.65	357.10		13.81	−420.5
$C_3H_6(g)$	221.54	248.19	299.45	340.70		13.544	35.44
$C_3H_8(g)$	220.62	250.25	310.03	359.24		14.694	−81.50
$(CH_3)_2CO(g)$	240.37	272.09	331.46	378.82		16.272	−199.74
n-$C_4H_{10}(g)$	244.93	284.14	362.33	426.56		19.435	−99.04
i-$C_4H_{10}(g)$	234.64	271.94	348.86	412.71		17.891	−105.86
n-$C_5H_{12}(g)$	269.95	317.73	413.67	492.54		13.162	−113.93
i-$C_5H_{12}(g)$	269.28	314.97	409.86	488.61		12.083	−120.54
$C_6H_6(g)$	221.46	252.04	320.37	378.44		14.230	100.42
环-$C_6H_{12}(g)$	238.78	277.78	371.29	455.2		17.728	−83.72
$Cl_2O(g)$	228.11	248.91	280.50	300.87		11.380	77.86
$ClO_2(g)$	215.10	234.72	264.72	284.30		10.782	107.07
$HF(g)$	144.85	159.79	179.91	191.92	200.62	8.598	−268.6
$HCl(g)$	157.82	172.84	193.13	205.35	214.35	8.640	−92.127
$HBr(g)$	169.58	184.60	204.97	217.41	226.53	8.650	−33.9
$HI(g)$	177.44	192.51	213.02	225.57	234.82	8.659	28.0
$HClO(g)$	201.84	220.05	246.92	264.20	269.5	10.220	−89.114
$PCl_3(g)$	258.05	288.22	335.09			16.07	−275.8
$H_2O(g)$	155.56	172.80	196.74	211.76	223.41	9.910	−238.993
$H_2O_2(g)$	196.49	216.45	247.54	269.01		10.84	−129.90
$H_2S(g)$	172.30	189.75	214.65	230.84	213.1	9.981	16.36
$NH_3(g)$	158.99	176.94	203.52	221.93	236.70	9.92	−39.21
$NO(g)$	179.87	195.69	217.03	230.04	239.55	9.182	89.89
$N_2O(g)$	187.86	205.53	233.36	252.23		9.588	85.00
$NO_2(g)$	205.86	224.32	252.06	270.27	284.08	10.316	36.33
$SO_2(g)$	212.68	221.77	260.64	279.64	293.8	10.542	−294.46
$SO_3(g)$	217.16	239.13	276.54	302.99	322.7	11.59	−389.46

① 根据 Lewis，G. N. and M. Randall. Thermodynamics，2nd. 1961，数据经量纲换算。

Ⅲ　中华人民共和国法定计量单位

表Ⅲ-1　国际单位制基本单位

量的名称	单位名称	单位符号	量的名称	单位名称	单位符号
长度	米	m	热力学温标	开〔尔文〕	K
质量	千克(公斤)	kg	物质的量	摩〔尔〕	mol
时间	秒	s	发光强度	坎〔德拉〕	cd
电流	安〔培〕	A			

表Ⅲ-2 国际单位制的辅助单位

量的名称	单位名称	单位符号
平面角	弧度	rad
立体角	球面度	sr

表Ⅲ-3 国际单位制中具有专门名称的导出单位

量的名称	单位名称	单位符号	用SI制表示的关系式
频率	赫〔兹〕	Hz	s^{-1}
力；重力	牛〔顿〕	N	$kg\cdot m\cdot s^{-2}$
压力、压强；应力	帕〔斯卡〕	Pa	$N\cdot m^{-2}$
能量；功；热	焦〔耳〕	J	$N\cdot m$
功率；辐射通量	瓦〔特〕	W	$J\cdot s^{-1}$
电荷量	库〔仑〕	C	$A\cdot s$
电位；电压；电动势	伏〔特〕	V	$W\cdot A^{-1}$
电容	法〔拉第〕	F	$C\cdot V^{-1}$
电阻	欧〔姆〕	Ω	$V\cdot A^{-1}$
电导	西〔门子〕	S	$A\cdot V^{-1}$
磁通量	韦〔伯〕	Wb	$V\cdot s$
磁通量密度，磁感应强度	特〔斯拉〕	T	$Wb\cdot m^{-2}$
电感	亨〔利〕	H	$Wb\cdot A^{-1}$
摄氏温度	摄氏度	℃	
光通量	流〔明〕	lm	$cd\cdot sr$
光照度	勒〔克斯〕	lx	$lm\cdot m^{-2}$
放射性活度	贝可〔勒尔〕	Bq	s^{-1}

表Ⅲ-4 国家选定的非国际单位制单位

量的名称	单位名称	单位符号	换算关系和说明
时间	分	min	1min＝60s
	〔小〕时	h	1h＝60min＝3600s
	天(日)	d	1d＝24h＝86400s
平面角	〔角〕秒	(″)	1″＝(π/648000)rad(π为圆周率)
	〔角〕分	(′)	1′＝60″＝(π/10800)rad
	度	(°)	1°＝60′＝(π/180)rad
旋转速度	转每分	$r\cdot min^{-1}$	$1r\cdot min^{-1}=(1/60)r\cdot s^{-1}$
质量	吨	t	$1t=10^3kg$
	原子质量单位	u	$1u\approx1.6605655\times10^{-27}kg$
体积	升	L(l)	$1L=1dm^3=10^{-3}m^3$
能量	电子伏	eV	$1eV\approx1.6021892\times10^{-19}J$

表Ⅲ-5 用于构成十进倍数和分数单位的词头

所表示的因素	词头名称	词头符号	所表示的因素	词头名称	词头符号
10^{18}	艾〔可萨〕	E	10^{-1}	分	d
10^{15}	拍〔它〕	P	10^{-2}	厘	c
10^{12}	太〔拉〕	T	10^{-3}	毫	m
10^{9}	吉〔咖〕	G	10^{-6}	微	μ
10^{6}	兆	M	10^{-9}	纳〔诺〕	n
10^{3}	千	k	10^{-12}	皮〔可〕	p
10^{2}	百	h	10^{-15}	飞〔母托〕	f
10^{1}	十	da	10^{-18}	阿〔托〕	a

注：1. 周、月、年（年的符号为a），为一般常用的时间单位。

2. 〔〕内的字，是在不致混淆的情况下，可以省略的字。

3. （）内的字为前者的同义语。

4. 角度单位度、分、秒的符号不处于数字后时，用括弧。

5. 升的符号中，小写字母“l”为备用符号。

6. r为“转”的符号。

7. 人民生活和贸易中，质量习惯称为重量。

8. 公里为千米的俗称，符号为km。

9. 10^4 称为万，10^8 称为亿，10^{12} 称为万亿，这类数词的使用不受词头名称的影响，但不应与词头混淆。

Ⅳ 一些物理和化学的基本常数①

量	符号	数值	单位	相对不确定/ppm
其中光速	c	299792458(1.2)	$m \cdot s^{-1}$	0.004
真空导磁率	μ_0	$4\pi\times10^{-7}$ 12.5663706144	$N \cdot A^{-2}$ $10^{-7}N \cdot A^{-2}$	
真空电容率，$1/\mu_0 c^2$	ε_0	8.854187818(71)	$10^{-12}F \cdot m^{-1}$	0.008
牛顿引力常数	G	6.6720(41)	$10^{-11}m^3 \cdot kg^{-1} \cdot s^{-2}$	615
普朗克常数	h	6.626176(36)	$10^{-34}J \cdot s$	5.4
$h/2\pi$	$\hbar$	1.0545887(57)	$10^{-34}J \cdot s$	5.4
基本电荷	e	1.6021892(46)	$10^{-19}C$	2.9
电子质量	m_e	0.9109534(17)	$10^{-30}kg$	5.1
质子质量	m_p	1.6726485(86)	$10^{-27}kg$	5.1
质子-电子质量比	m_p/m_e	1836.15152(70)		0.38
精细结构常数	α	7.2973506(60)	10^{-3}	0.82
阿伏伽德罗常数	L, N_A	6.022045(31)	$10^{23}mol^{-1}$	5.1
法拉第常数	F	96484.56(27)	$C \cdot mol^{-1}$	2.8
摩尔气体常数②	R	8.31441(26)	$J \cdot mol^{-1} \cdot K^{-1}$	31
玻耳兹曼常数，R/L	k	1.380662(44)	$10^{-23}J \cdot K^{-1}$	32
斯式藩-玻耳兹曼常数，$\pi^2k^4/60\hbar^3c^3$	σ	5.67032(71)	$10^{-8}W \cdot m^{-2} \cdot K^{-4}$	125
电子伏，$(e/C)J=\{e\}J$	eV	1.6021892(46)	$10^{-19}J$	2.9
(统一)原子质量单位 原子质量常数，$\frac{1}{12}m(^{12}C)$	u	1.6605655(86)	$10^{-27}kg$	5.1

① 引自 J. Phys. Chem. Ref. Data，1973，2 (4)：663，表中只列出一些最有用的数值。圆括弧中的数字是前面给定数值最后位数中的一个标准偏差的不确定度。由于许多项的不确定度是相关的，在由这些常数计算其他量时，必须应用误差传递的普遍规律。

② 摩尔气体常数 R 值的量纲换算（供参阅以前的文献书籍时参考）：

$$R=8.314J \cdot K^{-1} \cdot mol^{-1}=8.314\times10^7 erg \cdot K^{-1} \cdot mol^{-1}$$
$$=1.9872cal \cdot K^{-1} \cdot mol^{-1}$$
$$=0.08206dm^3 \cdot atm \cdot K^{-1} \cdot mol^{-1}$$
$$=62.364dm^3 \cdot mmHg \cdot K^{-1} \cdot mol^{-1}$$

Ⅴ 常用的换算因子

能量

项目	J	cal	erg	$cm^3 \cdot atm$	eV
1J	1	0.2390	10^7	9.869	6.242×10^{13}
1cal	4.184	1	4.184×10^7	41.29	2.612×10^{19}
1erg	10^{-7}	2.390×10^{-3}	1	9.869×10^{-7}	6.242×10^{11}
$1cm^3 \cdot atm$	0.1013	2.422×10^{-2}	1.013×10^5	1	6.325×10^{17}
1eV	1.602×10^{-19}	3.829×10^{20}	1.602×10^{-12}	1.581×10^{-18}	1

相当的能量

项目	$J \cdot mol^{-1}$	$cal \cdot mol^{-1}$	尔格·分子$^{-1}$
$1cm^{-1}$的波数	11.96	2.859	1.986×10^{-16}
每分子1电子伏特(eV)的能量	9.649×10^4	2.306×10^4	1.602×10^{-12}

压力

项　　目	Pa	atm	mmHg	bar(巴)	$dyn \cdot cm^{-2}$ (达因・厘米$^{-2}$)	$lbf \cdot in^{-2}$ (磅力・英寸$^{-2}$)
1Pa	1	9.869×10^{-5}	7.501×10^{-3}	10^{-5}	10	1.450×10^{-4}
1atm	1.013×10^{-5}	1	760.0	1.013	1.013×10^{6}	14.70
1mmHg(Torr)	133.3	1.316×10^{-3}	1	1.333×10^{-3}	1333	1.934×10^{-2}
1bar	10^{5}	0.9869	750.1	1	10^{6}	14.50
$1dyn \cdot cm^{-2}$	10^{-1}	9.86×10^{-7}	7.50×10^{-4}	10^{-6}	1	1.450×10^{-5}
$1lbf \cdot in^{-2}$	6895	6.805×10^{-2}	51.71	6.895×10^{-2}	6.895×10^{4}	1

0℃（冰点）	273.15K
升（L）	$1dm^3$（1964 年后的定义）
升（L）	$1.000028dm^3$（1964 年前的定义）
英寸（in）	2.54×10^{-2}m
磅（lb）	0.4536kg
埃（Å）	1×10^{-10}m＝0.1nm

Ⅵ　物理化学及分子物理学中常用的量和单位①

量　的　名　称	量的符号	单位名称	单位符号	备　　注
物质的量	$n(\upsilon)$	摩[尔]	mol	
元素的相对原子质量	Ar			无量纲，以前称为原子量
元素的相对分子质量	Mr			无量纲，以前称为分子量
摩尔质量	M	千克每摩[尔]	$kg \cdot mol^{-1}$	定义：质量除以物质的量
分子质量	m	千克	kg	$m=Mrm_u$，式中 m_u 为统一的原子质量常数，$m_u=m(^{12}C)/12=(1.6605655\pm0.0000086\times)$ $10^{-27}kg=lu$，u 为原子质量单位
物质 B 的质量分数	w_B			无量纲
分子或其他基本单元数	N			无量纲
质子数	Z			原子核中的质子数，无量纲，周期表中原子序数等于质子数
元电荷	e	库[伦]	C	一个电子的电荷，等于 $-q_e$，$q_e=(1.6021892\pm0.0000046)\times10^{-19}C$
物质 B 的化学计量数	ν_B			出现在化学反应式 $0=\sum\nu_B B$ 中的数字，无量纲，对产物为正，对反应物为负。
反应进度	ξ	摩[尔]	mol	对于反应式 $0=\sum\nu_B B$，$d\xi=\frac{dn_B}{\nu_B}$
摩尔体积	V_m	立方米每摩[尔] 立方分米每摩[尔]	$m^3 \cdot mol^{-1}$ $dm^3 \cdot mol^{-1}$	定义：体积除以物质的量
物质 B 的物质的量浓度	c_B	摩[尔]每立方米 摩[尔]每升	$mol \cdot m^{-3}$ $mol \cdot dm^{-3}$ 或 $mol \cdot L^{-1}$	定义：物质 B 的物质的量除以混合物的体积

量的名称	量的符号	单位名称	单位符号	备注
溶质B的质量摩尔浓度	b_B, m_B	摩[尔]每千克	$mol \cdot kg^{-1}$	定义:溶液中溶质B的物质的量除以溶剂质量
物质B的质量浓度	ρ_B	千克每升	$kg \cdot dm^{-3}$ $kg \cdot L^{-1}$	定义:物质B的质量除以混合物的体积
物质B的分子浓度	N_B	每立方米	m^{-3}	定义:物质B的分子数除以混合物的体积
分子(或粒子)数密度	n	每立方米	m^{-3}	定义:分子(或粒子)数除以体积
密度(质量密度)	ρ	千克每立方米	$kg \cdot m^{-3}$	定义:质量除以体积
物质B的物质的量分数(物质B的摩尔分数)	x_B (y_B)			定义:物质B的物质的量与混合物物质的量之比,无量纲
溶质B的物质的量比(溶质B的摩尔比)	r_B			无量纲,对于单一溶质的溶液 $r=x/(1-x)$
物质B的体积分数	φ_B			无量纲,$\varphi_B=\frac{x_B V_{m,B}}{\sum_B x_B V_{m,B}}$ 式中 $V_{m,B}$ 是纯物质B在相同温度和压力下的摩尔体积,亦可以纯物质B的偏摩尔体积代替
摩尔内能	U_m (E_m)	焦[耳]每摩[尔]	$J \cdot mol^{-1}$	定义:内能除以物质的量 $U_m=\frac{U}{n}$
摩尔焓	H_m	焦[耳]每摩[尔]	$J \cdot mol^{-1}$	定义:焓除以物质的量 $H_m=\frac{H}{n}$
摩尔熵	S_m	焦[耳]每摩[尔]开[尔文]	$J \cdot K^{-1} \cdot mol^{-1}$	定义:熵除以物质的量 $S_m=\frac{S}{n}$
摩尔亥姆霍兹函数(摩尔亥姆霍兹自由能)	A_m	焦[耳]每摩[尔]	$J \cdot mol^{-1}$	定义:亥姆霍兹函数除以物质的量 $A_m=\frac{A}{n}$
摩尔吉布斯函数摩尔吉布斯自由能	G_m	焦[耳]每摩[尔]	$J \cdot mol^{-1}$	定义:吉布斯函数除以物质的量 $G_m=\frac{G}{n}$
物质B的化学势	μ_B	焦[耳]每摩[尔]	$J \cdot mol^{-1}$	
比热容	C	焦[耳]每千克开[尔文]	$J \cdot K^{-1} \cdot kg^{-1}$	定义:热容除以质量
摩尔热容	C_m	焦[耳]每摩[尔]开[尔文]	$J \cdot K^{-1} \cdot mol^{-1}$	定义:热容除以物质的量 $C_m=\frac{C}{n}$
恒压摩尔热容	$C_{p,m}$	焦[耳]每摩[尔]开[尔文]	$J \cdot K^{-1} \cdot mol^{-1}$	定义:恒压热容除以物质的量 $C_{p,m}=\frac{C_p}{n}$
恒容摩尔热容	$C_{V,m}$	焦[耳]每摩[尔]开[尔文]	$J \cdot K^{-1} \cdot mol^{-1}$	定义:恒容热容除以物质的量 $C_{V,m}=\frac{C_V}{n}$
[化学反应]亲和势	A	焦[耳]每摩[尔]	$J \cdot mol^{-1}$	$A=-\sum \nu_B \mu_B$ 如将 A 作为亥姆霍兹函数的符号,则用斜黑体字 A 或无衬线的 A 作为亲和势的符号

续表

量 的 名 称	量的符号	单位名称	单位符号	备 注
标准平衡常数	$K^{\ominus}$			$K^{\ominus}=\exp\left(-\frac{\Delta_r G_m^{\ominus}}{RT}\right)$ 无量纲，此量只是温度的函数，而其他“平衡常数”K_f, K_p, K_m, K_c 并非总是无量纲的
化学反应速率	$\dot{\xi}$	摩[尔]每秒	$mol\cdot s^{-1}$	定义：$\dot{\xi}=d\xi/dt$，式中 t 为时间
电解质电导率	κ, σ	西[门子]每米	$S\cdot m^{-1}$	$\kappa=\frac{i}{E}$，i 为电流密度，E 为电场强度。以前称比电导
摩尔电导率	Λ_m	西[门子]平方米每摩[尔]	$S\cdot m^2\cdot mol^{-1}$	$\Lambda_m=\frac{\kappa}{c}$，$c$ 为电解质的物质的量浓度
离子 B 的迁移数	t_B			无量纲 $t_B=\frac{Q_B}{Q}$，Q_B 为 B 离子运载的电量
解离度	α			无量纲
离子强度	I	摩[尔]每千克	$mol\cdot kg^{-1}$	$I=\frac{1}{2}\sum m_i Z_i^2$
离子电荷数	Z			无量纲，对负离子，此量为负
物质 B 的逸度（在气体混合物中）	$f_B, p_{\tilde{B}}$	帕[斯卡]	Pa	$f_B=\lambda_B \lim_{p\to 0}(x_B p/\lambda_B)$ 式中 λ_B 为绝对活度
物质 B 的绝对活度	λ_B			$\lambda_B=\exp(\mu_B/RT)$，无量纲
物质 B 的标准绝对活度（在气体混合物中）	$\lambda_B^{\ominus}$			无量纲，$\lambda_B^{\ominus}=(p^{\ominus}/x_B)\lim_{p\to 0}(\lambda_B/p)$ 式中 $p^{\ominus}=101.325Pa$；p 为气体总压，$\lambda_B^{\ominus}$ 只是温度的函数
物质 B 的活度系数（在液体或固体混合物中）	f_B			无量纲，$f_B=\lambda_B/(\lambda_B^* x_B)$，式中 λ_B^* 为纯物质 B 在相同温度和压力下的绝对活度
物质 B 的标准绝对活度（在液体或固体混合物中）	$\lambda_B^{\ominus}$			此量只是温度的函数 $\lambda_B^{\ominus}=\lambda_B^*(p^{\ominus})$
溶质 B 的相对活度，溶质 B 的活度（特别是在稀薄液体溶液中）	$a_{m,B}$，$a_{c,B}$			无量纲，$a_{m,B}=\lambda_B \lim_{\sum m_B\to 0}\frac{m_B/m^{\ominus}}{\lambda_B}$ 式中标准质量摩尔浓度 $m^{\ominus}$ 通常为 $1mol\cdot kg^{-1}$，或用 $c_B/c^{\ominus}$ 代替 $m_B/m^{\ominus}$，而标准浓度 $c^{\ominus}$ 通常为 $1mol\cdot dm^{-3}$，相对活度为 $a_{c,B}$
溶质 B 的活度系数（特别是在稀薄液体溶液中）	γ_B			$\gamma_B=\frac{a_B}{(m_B/m^{\ominus})}$，无量纲
溶质 B 的标准绝对活度（特别是在稀薄液体溶液中）	$\lambda_B^{\ominus}$			$\lambda_B^{\ominus}=\lim_{\sum m_B\to 0}[\lambda_B(p^{\ominus})m^{\ominus}/m_B]$， 无量纲，此量只是温度的函数
溶剂 A 的相对活度，溶剂 A 的活度（特别是在稀薄液体溶液中）	a_A			无量纲，$a_A=\frac{\lambda_A}{\lambda_A^*}$，$\lambda_A^*$ 为相同温度和压力下纯溶剂的绝对活度
溶剂 A 的标准绝对活度（特别是在稀薄液体溶液中）	$\lambda_A^{\ominus}$			无量纲，$\lambda_A^{\ominus}=\lambda_A^*(p^{\ominus})$ 此量只是温度的函数
微正则配分函数	Ω			无量纲，$S=k\ln\Omega$

续表

量 的 名 称	量的符号	单位名称	单位符号	备 注
正则配分函数	Q, Z			无量纲，$A=-kT\ln Z$，A 为赫姆霍兹函数
巨正则配分函数	Ξ			无量纲 $A-\sum\mu_B n_B=-kT\ln\Xi$
分子配分函数	q			无量纲，$q=\sum_i g_i\exp(-\varepsilon_i/kT)$
统计权重	g			无量纲，量子能级的多重度
摩尔气体常数	R	焦[耳]每摩尔开[尔文]	$J\cdot K^{-1}\cdot mol^{-1}$	理想气体定律中的普适比例系数 $PV_m=RT$ $R=(8.31441\pm0.00026)J\cdot K^{-1}\cdot mol^{-1}$
玻尔兹曼常数	k	焦[耳]每开[尔文]	$J\cdot K^{-1}$	$k=R/L=(1.380662\pm0.000044)\times10^{-23}J\cdot K^{-1}$
法拉第常数	F	库[仑]每摩[尔]	$C\cdot mol^{-1}$	$F=Le=(9.648456\pm0.000027)\times10^4C\cdot mol^{-1}$
阿伏伽德罗常数	L, N_A	每摩[尔]	mol^{-1}	$N_A=N/n=(6.022045\pm0.000031)\times10^{23}mol^{-1}$ N 为分子数，n 为物质的量

① 引自 ISO 31/Ⅷ和 GB 3102.8—82。

元素周期表

IUPAC 2013

氧化态(单质的氧化态为0，未列入；常见的为红色) — +2 +3 +4 +5 +6

95 Am 镅▲ $5f^7 7s^2$ — 原子序数；元素符号(红色的为放射性元素)；元素名称(注▲的为人造元素)；价层电子构型

以 $^{12}C=12$ 为基准的原子量(注✦的是半衰期最长同位素的原子量) — 243.06138(2)✦

s区元素　p区元素　d区元素　ds区元素　f区元素　稀有气体

周期＼族	1 IA	2 IIA	3 IIIB	4 IVB	5 VB	6 VIB	7 VIIB	8 VIIIB(VIII)	9 VIIIB(VIII)	10 VIIIB(VIII)	11 IB	12 IIB	13 IIIA	14 IVA	15 VA	16 VIA	17 VIIA	18 VIIIA(0)	电子层
1	−1 +1 1 H 氢 $1s^1$ 1.008																	2 He 氦 $1s^2$ 4.002602(2)	K
2	+1 3 Li 锂 $2s^1$ 6.94	+2 4 Be 铍 $2s^2$ 9.0121831(5)											+3 5 B 硼 $2s^2 2p^1$ 10.81	−4 +2 +4 6 C 碳 $2s^2 2p^2$ 12.011	−3 −2 −1 +1 +2 +3 +4 +5 7 N 氮 $2s^2 2p^3$ 14.007	−2 −1 8 O 氧 $2s^2 2p^4$ 15.999	−1 9 F 氟 $2s^2 2p^5$ 18.998403163(6)	10 Ne 氖 $2s^2 2p^6$ 20.1797(6)	L K
3	−1 +1 11 Na 钠 $3s^1$ 22.98976928(2)	+2 12 Mg 镁 $3s^2$ 24.305											+3 13 Al 铝 $3s^2 3p^1$ 26.9815385(7)	−4 +2 +4 14 Si 硅 $3s^2 3p^2$ 28.085	−3 −1 +1 +3 +5 15 P 磷 $3s^2 3p^3$ 30.973761998(5)	−2 +2 +4 +6 16 S 硫 $3s^2 3p^4$ 32.06	−1 +1 +3 +5 +7 17 Cl 氯 $3s^2 3p^5$ 35.45	18 Ar 氩 $3s^2 3p^6$ 39.948(1)	M L K
4	−1 +1 19 K 钾 $4s^1$ 39.0983(1)	+2 20 Ca 钙 $4s^2$ 40.078(4)	+3 21 Sc 钪 $3d^1 4s^2$ 44.955908(5)	−1 0 +2 +3 +4 22 Ti 钛 $3d^2 4s^2$ 47.867(1)	0 +1 +2 +3 +4 +5 23 V 钒 $3d^3 4s^2$ 50.9415(1)	−3 0 +1 +2 +3 +4 +5 +6 24 Cr 铬 $3d^5 4s^1$ 51.9961(6)	−2 0 +1 +2 +3 +4 +5 +6 +7 25 Mn 锰 $3d^5 4s^2$ 54.938044(3)	−2 0 +1 +2 +3 +4 +5 +6 26 Fe 铁 $3d^6 4s^2$ 55.845(2)	0 ±1 +2 +3 +4 +5 27 Co 钴 $3d^7 4s^2$ 58.933194(4)	0 ±1 +2 +3 +4 28 Ni 镍 $3d^8 4s^2$ 58.6934(4)	+1 +2 +3 +4 29 Cu 铜 $3d^{10} 4s^1$ 63.546(3)	+1 +2 30 Zn 锌 $3d^{10} 4s^2$ 65.38(2)	+1 +3 31 Ga 镓 $4s^2 4p^1$ 69.723(1)	+2 +4 32 Ge 锗 $4s^2 4p^2$ 72.630(8)	−3 +3 +5 33 As 砷 $4s^2 4p^3$ 74.921595(6)	−2 +2 +4 +6 34 Se 硒 $4s^2 4p^4$ 78.971(8)	−1 +1 +3 +5 +7 35 Br 溴 $4s^2 4p^5$ 79.904	+2 +4 36 Kr 氪 $4s^2 4p^6$ 83.798(2)	N M L K
5	−1 +1 37 Rb 铷 $5s^1$ 85.4678(3)	+2 38 Sr 锶 $5s^2$ 87.62(1)	+3 39 Y 钇 $4d^1 5s^2$ 88.90584(2)	+1 +2 +3 +4 40 Zr 锆 $4d^2 5s^2$ 91.224(2)	0 ±1 +2 +3 +4 +5 41 Nb 铌 $4d^4 5s^1$ 92.90637(2)	0 ±1 +2 +3 +4 +5 +6 42 Mo 钼 $4d^5 5s^1$ 95.95(1)	0 ±1 +2 +3 +4 +5 +6 +7 43 Tc 锝▲ $4d^5 5s^2$ 97.90721(3)✦	0 +1 +2 +3 +4 +5 +6 +7 +8 44 Ru 钌 $4d^7 5s^1$ 101.07(2)	0 ±1 +2 +3 +4 +5 +6 45 Rh 铑 $4d^8 5s^1$ 102.90550(2)	0 +1 +2 +3 +4 46 Pd 钯 $4d^{10}$ 106.42(1)	+1 +2 +3 47 Ag 银 $4d^{10} 5s^1$ 107.8682(2)	+1 +2 48 Cd 镉 $4d^{10} 5s^2$ 112.414(4)	+1 +3 49 In 铟 $5s^2 5p^1$ 114.818(1)	+2 +4 50 Sn 锡 $5s^2 5p^2$ 118.710(7)	−3 +3 +5 51 Sb 锑 $5s^2 5p^3$ 121.760(1)	−2 +2 +4 +6 52 Te 碲 $5s^2 5p^4$ 127.60(3)	−1 +1 +3 +5 +7 53 I 碘 $5s^2 5p^5$ 126.90447(3)	+2 +4 +6 +8 54 Xe 氙 $5s^2 5p^6$ 131.293(6)	O N M L K
6	−1 +1 55 Cs 铯 $6s^1$ 132.90545196(6)	+2 56 Ba 钡 $6s^2$ 137.327(7)	57~71 La~Lu 镧系	+1 +2 +3 +4 72 Hf 铪 $5d^2 6s^2$ 178.49(2)	0 ±1 +2 +3 +4 +5 73 Ta 钽 $5d^3 6s^2$ 180.94788(2)	0 ±1 +2 +3 +4 +5 +6 74 W 钨 $5d^4 6s^2$ 183.84(1)	0 ±1 +2 +3 +4 +5 +6 +7 75 Re 铼 $5d^5 6s^2$ 186.207(1)	0 +1 +2 +3 +4 +5 +6 +7 +8 76 Os 锇 $5d^6 6s^2$ 190.23(3)	0 ±1 +2 +3 +4 +5 +6 77 Ir 铱 $5d^7 6s^2$ 192.217(3)	0 +2 +3 +4 +5 +6 78 Pt 铂 $5d^9 6s^1$ 195.084(9)	+1 +2 +3 +5 79 Au 金 $5d^{10} 6s^1$ 196.966569(5)	+1 +2 +3 80 Hg 汞 $5d^{10} 6s^2$ 200.592(3)	+1 +3 81 Tl 铊 $6s^2 6p^1$ 204.38	+2 +4 82 Pb 铅 $6s^2 6p^2$ 207.2(1)	−3 +3 +5 83 Bi 铋 $6s^2 6p^3$ 208.98040(1)	−2 +2 +4 +6 84 Po 钋 $6s^2 6p^4$ 208.98243(2)✦	−1 +1 +5 +7 85 At 砹 $6s^2 6p^5$ 209.98715(5)✦	+2 86 Rn 氡 $6s^2 6p^6$ 222.01758(2)✦	P O N M L K
7	+1 87 Fr 钫▲ $7s^1$ 223.01974(2)✦	+2 88 Ra 镭 $7s^2$ 226.02541(2)✦	89~103 Ac~Lr 锕系	104 Rf 𬬻▲ $6d^2 7s^2$ 267.122(4)✦	105 Db 𬭊▲ $6d^3 7s^2$ 270.131(4)✦	106 Sg 𬭳▲ $6d^4 7s^2$ 269.129(3)✦	107 Bh 𬭛▲ $6d^5 7s^2$ 270.133(2)✦	108 Hs 𬭶▲ $6d^6 7s^2$ 270.134(2)✦	109 Mt 鿏▲ $6d^7 7s^2$ 278.156(5)✦	110 Ds 𫟼▲ 281.165(4)✦	111 Rg 𬬭▲ 281.166(6)✦	112 Cn 鿔▲ 285.177(4)✦	113 Nh 鿭▲ 286.182(5)✦	114 Fl 𫓧▲ 289.190(4)✦	115 Mc 镆▲ 289.194(6)✦	116 Lv 𫟷▲ 293.204(4)✦	117 Ts 鿬▲ 293.208(6)✦	118 Og 鿫▲ 294.214(5)✦	Q P O N M L K

★ 镧系	+3 57 La★ 镧 $5d^1 6s^2$ 138.90547(7)	+2 +3 +4 58 Ce 铈 $4f^1 5d^1 6s^2$ 140.116(1)	+2 +3 +4 59 Pr 镨 $4f^3 6s^2$ 140.90766(2)	+2 +3 +4 60 Nd 钕 $4f^4 6s^2$ 144.242(3)	+3 61 Pm 钷▲ $4f^5 6s^2$ 144.91276(2)✦	+2 +3 62 Sm 钐 $4f^6 6s^2$ 150.36(2)	+2 +3 63 Eu 铕 $4f^7 6s^2$ 151.964(1)	+3 64 Gd 钆 $4f^7 5d^1 6s^2$ 157.25(3)	+3 +4 65 Tb 铽 $4f^9 6s^2$ 158.92535(2)	+3 +4 66 Dy 镝 $4f^{10} 6s^2$ 162.500(1)	+3 67 Ho 钬 $4f^{11} 6s^2$ 164.93033(2)	+3 68 Er 铒 $4f^{12} 6s^2$ 167.259(3)	+2 +3 69 Tm 铥 $4f^{13} 6s^2$ 168.93422(2)	+2 +3 70 Yb 镱 $4f^{14} 6s^2$ 173.045(10)	+3 71 Lu 镥 $4f^{14} 5d^1 6s^2$ 174.9668(1)
★ 锕系	+3 89 Ac★ 锕 $6d^1 7s^2$ 227.02775(2)✦	+3 +4 90 Th 钍 $6d^2 7s^2$ 232.0377(4)	+3 +4 +5 91 Pa 镤 $5f^2 6d^1 7s^2$ 231.03588(2)	+2 +3 +4 +5 +6 92 U 铀 $5f^3 6d^1 7s^2$ 238.02891(3)	+3 +4 +5 +6 +7 93 Np 镎 $5f^4 6d^1 7s^2$ 237.04817(2)✦	+3 +4 +5 +6 +7 94 Pu 钚 $5f^6 7s^2$ 244.06421(4)✦	+2 +3 +4 +5 +6 95 Am 镅▲ $5f^7 7s^2$ 243.06138(2)✦	+3 +4 96 Cm 锔▲ $5f^7 6d^1 7s^2$ 247.07035(3)✦	+3 +4 97 Bk 锫▲ $5f^9 7s^2$ 247.07031(4)✦	+2 +3 +4 98 Cf 锎▲ $5f^{10} 7s^2$ 251.07959(3)✦	+2 +3 99 Es 锿▲ $5f^{11} 7s^2$ 252.0830(3)✦	+2 +3 100 Fm 镄▲ $5f^{12} 7s^2$ 257.09511(5)✦	+2 +3 101 Md 钔▲ $5f^{13} 7s^2$ 258.09843(3)✦	+2 +3 102 No 锘▲ $5f^{14} 7s^2$ 259.1010(7)✦	+3 103 Lr 铹▲ $5f^{14} 6d^1 7s^2$ 262.110(2)✦